Eisenbahnbrücken in Österreich
1918–1938

Helmut Brunner · Francesco Aigner

Eisenbahnbrücken in Österreich 1918–1938

Berechnungsgrundlagen und rechnerische Bewertung

Helmut Brunner
Linz, Österreich

Francesco Aigner
St. Radegund, Österreich

ISBN 978-3-658-35953-9   ISBN 978-3-658-35954-6   (eBook)
https://doi.org/10.1007/978-3-658-35954-6

Die Deutsche Nationalbibliothek verzeichnet diese Publikation in der Deutschen Nationalbibliografie; detaillierte bibliografische Daten sind im Internet über http://dnb.d-nb.de abrufbar.

© Der/die Herausgeber bzw. der/die Autor(en), exklusiv lizenziert durch Springer Fachmedien Wiesbaden GmbH, ein Teil von Springer Nature 2022
Das Werk einschließlich aller seiner Teile ist urheberrechtlich geschützt. Jede Verwertung, die nicht ausdrücklich vom Urheberrechtsgesetz zugelassen ist, bedarf der vorherigen Zustimmung des Verlags. Das gilt insbesondere für Vervielfältigungen, Bearbeitungen, Übersetzungen, Mikroverfilmungen und die Einspeicherung und Verarbeitung in elektronischen Systemen.
Die Wiedergabe von allgemein beschreibenden Bezeichnungen, Marken, Unternehmensnamen etc. in diesem Werk bedeutet nicht, dass diese frei durch jedermann benutzt werden dürfen. Die Berechtigung zur Benutzung unterliegt, auch ohne gesonderten Hinweis hierzu, den Regeln des Markenrechts. Die Rechte des jeweiligen Zeicheninhabers sind zu beachten.
Der Verlag, die Autoren und die Herausgeber gehen davon aus, dass die Angaben und Informationen in diesem Werk zum Zeitpunkt der Veröffentlichung vollständig und korrekt sind. Weder der Verlag noch die Autoren oder die Herausgeber übernehmen, ausdrücklich oder implizit, Gewähr für den Inhalt des Werkes, etwaige Fehler oder Äußerungen. Der Verlag bleibt im Hinblick auf geografische Zuordnungen und Gebietsbezeichnungen in veröffentlichten Karten und Institutionsadressen neutral.

Planung/Lektorat: Frieder Kumm
Springer Vieweg ist ein Imprint der eingetragenen Gesellschaft Springer Fachmedien Wiesbaden GmbH und ist ein Teil von Springer Nature.
Die Anschrift der Gesellschaft ist: Abraham-Lincoln-Str. 46, 65189 Wiesbaden, Germany

Vorwort

Für die in der Zwischenkriegszeit in Österreich errichteten Eisenbahnbrücken werden die Grundlagen für eine rechnerische Bewertung gegeben. Es werden die maßgebenden Vorschriften, Verordnungen, Normen und dazugehörige Fachmeinungen aus der Entstehungszeit vorgestellt, die Sicherheitsphilosophie erläutert und der nach 1945 im deterministischen System üblichen gegenübergestellt. Ein weiterer Punkt sind die Regelplanungen der damaligen Zeit. Da bei Brücken aus dieser Zeit die Frage nach der Restlebensdauer eine entscheidende ist, wird diesem Fragenkomplex breiter Raum gegeben einschließlich Hinweisen zur Ermittlung des historischen Verkehrs. Die Vorgänger- und Nachfolgebelastungszüge der Zwischenkriegszeit werden angegeben, somit wird ein Überblick über sämtliche in Österreich als Berechnungsgrundlage verwendeten Belastungszüge möglich. Ein Kapitel über die für die Bewertung von Straßenbrücken notwendigen Vorschriften und Normen ergänzt das Buch.

Für die Erstellung dieses Buches war naturgemäß der Zugriff auf Unterlagen des untersuchten Zeitraumes erforderlich. Daher gilt der Dank auch jenen Institutionen, die das geschichtliche Erbe bewahren und digital oder in Papierform zur Verfügung stellen. Stellvertretend sind genannt anno.onb.ac.at, alex.onb.ac.at, digital.zlb.de, delibra.bg.polsl.pl, stahlbauverband.at bzw. Österreichisches Staatsarchiv und Oö. Landesbibliothek.

Dokumentierte Einheiten aus Literaturquellen werden unverändert übernommen. Damit werden „Gewicht" und „Masse" fallweise synonym verwendet.

Helmut Brunner
Francesco Aigner

Inhaltsverzeichnis Anlagen

Die Kapitel 2, 5, 6 und 7 haben keine Anlagen.

Inhaltsverzeichnis Anlagen Kapitel 1

1. Übersichten Eisenbahnnetz und Völker- und Sprachenkarte
1.1 Reisekarte der österr. ungarischen Monarchie, ca. 1880
 Quelle: Verlag v. Moritz Perles, Wien
1.2 Neue Verkehrskarte von Österreich, ca. 1950
 Quelle: Bellaria-Verlag
1.3 Völkerkarte von Mitteleuropa, ca. 1926
 Quelle: Rothaugs Atlas für Bürgerschulen und Allgemeine Mittelschulen
2. Berichte über Brückenneu- bzw. Umbauten
2.1 Umbau/Verbreiterung Brücken über Linzerstrasse und Schloßallee
2.1.1 Umbau 1920/21
 Quelle: Zeitschrift des ÖIAV 1922, Seiten 61 bis 63, anno.onb.ac
2.1.2 Verbreiterung 1922/23
 Quelle: Zeitschrift des ÖIAV 1924, Seiten 153 und 154, anno.onb.ac
2.2 Umbau der Eisenbahnbrücke über die Lorystrasse
 Quelle: Verkehrswirtschaftliche Rundschau, 1937, Heft 5
2.3 Umbau der Buchser Rheinbrücke
 Quelle: Verkehrswirtschaftliche Rundschau, 1935, Heft 5 und 7
2.4 Umbau der Stadlauer Donaubrücke
 Quelle: Die Wasserwirtschaft, 1933, Seiten 493 und 494, anno.onb.ac
 Quelle: Zeitschrift des ÖIAV 1932, Seiten 239 bis 242 und 253 bis 255, anno.onb.ac
 Quelle: Zeitschrift des ÖIAV 1933, Seite 263, anno.onb.ac

2.5 Neubau der Viehtriebbrücke
   Quelle: Verkehrswirtschaftliche Rundschau, 1935, Heft 9
2.6 Diverse Neubauten
   Quelle: Zeitschrift des ÖIAV 1928, Heft 37–38, anno.onb.ac.at
3. Organisation
3.1 Ministerielle Gliederung 1923
   Quelle: Bundesgesetzblatt 44.Stück N. 199, alex.onb.ac.at
3.2 Gliederung ÖBB 1934
   Quelle: Verkehrswirtschaftliche Rundschau, 1934, Heft 11
4. Elektrifizierung
4.1 Zwischenstand 1927
   N.N.: Die Fortschritte im Elektrisierungsbau der österreichischen Bundesbahnen
   Quelle: Die Lokomotive, 1927, anno.onb.ac.at
4.2 Arlbergstrecke
   Kargl: 10 Jahre elektrischer Betrieb am Arlberg
   Quelle: Zeitschrift des ÖIAV 1935, Heft 23–24, anno.onb.ac.at
4.3 Westbahn
   Orley: Zur Frage der Nichtelektrifizierung der Strecke Wien-Salzburg
   Quelle: Zeitschrift des ÖIAV 1929, Heft 17–18, anno.onb.ac.at

Inhaltsverzeichnis Anlagen Kapitel 3

1. Verordnungen, Dienstschreiben usw. einschließlich Erläuterungen
1.1 Verordnung des Handelsministeriums vom 30. August 1870, Wien 1870
   Quelle: alex.onb.ac.at
1.2 Verordnung des Handelsministeriums vom 15. September 1887, Wien 1887 und 1. Nachtrag vom 29. Jänner 1892
   Quelle: alex.onb.ac.at; Stöckl/Hauser: Hilfs-Tabellen für die Berechnung eiserner Träger mit besonderer Rücksichtnahme auf Eisenbahn- und Straßenbrücken, Wien 1898
1.3 Verordnung des Eisenbahnministeriums vom 28.August 1904, Wien 1904
1.3a Hauser: Die neue Brückenverordnung des österreichischen Eisenbahn-Ministeriums
   Quelle: Wochenschrift für den öffentlichen Baudienst, Jahrgang 1904, Ausgaben 38, 39 und 40 anno.onb.ac.at.

Inhaltsverzeichnis Anlagen

1.4 Besondere Bedingnisse für die Lieferung und Aufstellung von eisernen Brückentragwerken und eisernen Geländer, Wien, 1905
1.5 Vorschriften betreffend die Berechnung gedrückter Konstruktionsteile aus Eisen oder Holz mit Rücksicht auf Knickung, Wien 1907
1.6 Gutachten ÖIAV 1918
1.6.1 Gutachten Emperger
Quelle: Zeitschrift des österreichischen Ingenieur- und Architektenvereines, 1918, Heft 35, anno.onb.ac.at
1.6.2 Gutachten Hauser
Quelle: Zeitschrift des österreichischen Ingenieur- und Architektenvereines, 1918, Heft 38, anno.onb.ac.at
1.7 Übergangslastenzug
Quelle: Melan: Der Brückenbau, III. Band, I. Teil, zweite Auflage, Leipzig und Wien, 1921
1.8 Dienstschreiben N.109/18b vom 23.November 1921 – österreichischer N-Zug
2. Entwicklung Lastenzüge
2.1 Stöckl: Eisenbahnbau und Betrieb
Quelle: Wochenschrift für den öffentlichen Baudienst, Jahrgang 1901, Heft 6, anno.onb.ac.at
2.2 Stöckl: Die neuen Belastungsvorschriften für die eisernen Brücken der preußischen Staatseisenbahn-Verwaltung vom April 1901
Quelle: Wochenschrift für den öffentlichen Baudienst, Jahrgang 1901, Heft 33, anno.onb.ac.at
2.3 Ein Vergleich europäischer und amerikanischer Eisenbahnbrücken
Quelle: Wochenschrift für den öffentlichen Baudienst, Jahrgang 1913, Heft 36, anno.onb.ac.at
2.4 Schönhofer: Einheitliche Brückenvorschriften für Mitteleuropa
Quelle: Der Brückenbau, Heidelberg, 1919, Hefte 16 bis 20
2.5 Kommerell: Welcher Lastenzug soll in Zukunft dem Baue neuer und zu verstärkender Brücken zu Grunde gelegt werden?
Quelle: Organ für die Fortschritte des Eisenbahnwesens, 1922, Heft 1
2.6 Sonntag: Grundlagen für das Entwerfen und Berechnen eiserner Eisenbahnbrücken
Quelle: Der Brückenbau, Heidelberg, 1922, Heft 19
2.7 Ernst: Die neuen Vorschriften für Eisenbauwerke der Deutschen Reichsbahn – Gesellschaft
Quelle: Die Bautechnik, Berlin, 1925, Heft 15

2.8	Pilder: Vergleich der behördlichen Vorschriften für Eisenbahnbrücken aus Flußstahl Quelle: Die Bautechnik, Berlin, 1925, Heft 46
2.9	Gebauer: Die Berechnungsgrundlagen unserer eisernen Eisenbahnbrücken von einst und jetzt Quelle: Tages-Post, Linz 1928, Nummer 78, anno.anb.ac.at
2.10	Kern: Der neue Brückenbelastungszug der Österr. Bundesbahnen und einige Brückenschäden Quelle: Zeitschrift des österreichischen Ingenieur- und Architektenvereines, 1934, Heft 25/26, anno.onb.ac.at
3.	Entwicklung Stähle
3.1	Haberkalt: Neuere Versuche mit hochwertigem Eisen für Tragwerke Quelle: Wochenschrift für den öffentlichen Baudienst, Jahrgang 1914, Hefte 51, 52 und 53 anno.onb.ac.at
3.2	Wallner: Der Neubau der Brücke über die alte Donau bei Wien Quelle: Wochenschrift für den öffentlichen Baudienst, Jahrgang 1919, Heft 3, anno.onb.ac.at
3.3	Melan: Zur Frage der Verwendung hochfester Stähle im Brückenbau Quelle: Zeitschrift des österreichischen Ingenieur- und Architektenvereines, 1929, Heft 17/18, anno.onb.ac.at
3.4	Kroitzsch: Über die Streckgrenze des Flußstahles Quelle: Zeitschrift des österreichischen Ingenieur- und Architektenvereines, 1929, Heft 35/36, anno.onb.ac.at
3.5	Kroitzsch: Der neue Baustahl St 52 der Deutschen Reichsbahn Quelle: Zeitschrift des österreichischen Ingenieur- und Architektenvereines, 1930, Heft 3/4, anno.onb.ac.at
3.6	Kroitzsch: Die hochwertigen Stähle für Stahlbauwerke Quelle: Zeitschrift des österreichischen Ingenieur- und Architektenvereines, 1935, Heft 9/10, anno.onb.ac.at
4.	Entwicklung zulässige Stahlspannung
4.1	Melan: Zur Frage der zulässigen Beanspruchung der eisernen Brücken Quelle: Zeitschrift des österreichischen Ingenieur- und Architektenvereines, 1924, Heft 27/28, anno.onb.ac.at
4.2	Hartmann: Über die Erhöhung der zulässigen Inanspruchnahme von stählernen Brücken Quelle: Zeitschrift des österreichischen Ingenieur- und Architektenvereines, 1935, Hefte 21/22 und 23/24, 1936, Heft 23/24, anno.onb.ac.at
5.	Kontroverse Eisenbrücken gegen Eisenbetonbrücken
5.1	Hartmann: Eisen- und Eisenbetonbrücken

Inhaltsverzeichnis Anlagen　　　　　　　　　　　　　　　　　　　　　　XI

       Quelle: Zeitschrift des österreichischen Ingenieur- und Architektenvereines, 1925, Heft 27/28, anno.onb.ac.at
5.2   Saliger: Bemerkungen zu Artikel Hartmann
       Quelle: Zeitschrift des österreichischen Ingenieur- und Architektenvereines, 1925, Heft 49/50, anno.onb.ac.at
5.3   Hartmann: Erwiderung zu Artikel Saliger
       Quelle: Zeitschrift des österreichischen Ingenieur- und Architektenvereines, 1926, Heft 3/4, anno.onb.ac.at
6.   Eisenbetonbau
6.1   Regelplanung Beton-Eisentragwerke für Eisenbahnbrücken 1903
6.1.1 Regelplanung 1903 Ausgabe 1904
       Quelle: Emperger: Handbuch für Eisenbetonbau in vier Bänden, vierter Band, Berlin 1909
6.1.2 Regelplanung 1903 Ausgabe 1906
       Quelle: Nowak: Der Eisenbetonbau bei den neuen von der k. k. Eisenbahnbaudirektion ausgeführten Bahnlinien Österreichs, Berlin 1907, Verlag Ernst & Sohn
6.2   Berichte zur Normung Überarbeitung 1935
6.2.1 Die neuen österreichischen Normen für Eisenbeton
       Quelle: Zeitschrift des österreichischen Ingenieur- und Architektenvereines, 1935, Hefte 19/20 und 29/30, anno.onb.ac.at
6.2.2 Hafner: Die neuen österreichischen Normen für Eisenbeton
       Quelle: Zeitschrift des österreichischen Ingenieur- und Architektenvereines, 1936, Heft 31/32, anno.onb.ac.at
6.2.3 Saliger: Bemerkungen zur neuen Eisenbetonnorm
       Quelle: Zeitschrift des österreichischen Ingenieur- und Architektenvereines, 1936, Heft 39/40, anno.onb.ac.at
6.3   Anwendungsbereich Eisenbeton
       Der Eisenbeton bei den Bauten der Eisenbahn
       Quelle: Wochenschrift für den öffentlichen Baudienst, Jahrgang 1915, Heft 32, anno.onb.ac.at
7.   Arbeitsbehelfe
7.1   Momenten- und Querkraftvergleich der Belastungszüge
7.2   Zusammenhang R, V, Fliehkraft
7.3   Übersicht Horizontalkräfte (ohne Fliehkraft)
7.4   Übersicht ÖNORMEN Bauwesen Zwischenkriegszeit (Auszug)
7.5   Bemessungstafeln Eisenbeton
       K. Hoffmann: Statische Eisenbetonzahlentafeln, Sallmayer'sche Buchhandlung, Wien und Leipzig, 1938

Inhaltsverzeichnis Anlagen Kapitel 4

1. Regelpläne
1.1 Altschienentragwerke
1.1.1 Regelplan 1004
1.1.2 Regelplan 1004a
1.1.3 Regelplan 1004b
1.2 Schienenbetontragwerke
1.2.1 Regelplan 1006
1.2.2 Regelplan 1006a
1.2.3 Regelplan 1006b
1.3 WIB-Tragwerke
1.3.1 Regelplan 1005
1.3.2 Regelplan 1005a
1.3.3 Regelblatt 1005b
1.3.4 Regelblatt 1005c
1.4 Eisenbetontragwerke
1.4.1 Regelplan 1007a
1.4.2 Regelplan 1007b
2. Historische Walzprofile
2.1 Überblick Walzprofile
2.2 Entwicklung Walzprofile Zwischenkriegszeit
Quelle: Zeitschrift des österreichischen Ingenieur- und Architektenvereines, 1927 Heft 51–52, 1928 Heft 37–38, 1929 Heft 11–12, anno.onb.ac.at.
3. Historische Schienenformen
3.1 Überblick historische Schienenformen
3.2 Beginn Berechnung der Schienen
3.2.1 Fuchs: Die ersten Berechnungen und Versuche über die Tragfähigkeit der Eisenbahnschienen
Quelle: Österreichische Wochenschrift für den öffentlichen Baudienst, 1914, Heft 14, anno.onb.ac
3.3 Schienen – Herstellung, Eigenschaften
3.3.1 Wesely: Der Werdegang der Eisenbahnschiene.
Quelle: Verkehrswirtschaftliche Rundschau, 1935, Heft 04
3.3.2 Pohl: Über alte und neue Schienen.
Quelle: Verkehrswirtschaftliche Rundschau, 1936, Heft 03

Inhaltsverzeichnis Anlagen Kapitel 8

1. Allgemeine Literatur zur Dauerfestigkeit
1.1 Schaper: Die Dauerfestigkeit der Baustähle
 Quelle: Die Bautechnik, 1934, Heft 2
2. Angaben zum γ-Verfahren
2.1 Kommerell: γ-Verfahren zur Berechnung von Fachwerkstäben und auf Biegung beanspruchten Trägern bei wechselnder Beanspruchung
 Quelle: Die Bautechnik, 1933, Heft 9
2.2 Kommerell: γ-Verfahren zur Berücksichtigung wechselnder und schwellender Spannungen bei dynamisch beanspruchten Stahlbauwerken
 Quelle: Die Bautechnik, 1934, Hefte 2 und 3
2.3 Schächterle: Die Bemessung von dynamisch beanspruchten Konstruktionsteilen
 Quelle: Der Bauingenieur 1933, Heft 17/18
2.4 Seltenhammer: Erläuterungen zur ÖNORM B 4300-3. Teil – geschweißte Stahltragwerke.
 Quelle: Sonderdruck Österreichischer Stahlbauverein, Wien, vermutl. 1952
3. EXCEL-Dateien und EXCEL-Blätter
3.1 Datei Beispiele zu Abschn. 8.8
 EXCEL-BLATT ZU ABSCHNITT 8.8 (halbautomatisches Programm für die Ermittlung von Schädigungen und λ-Werten)
 EXCEL–BEISPIELE ZU ABSCHNITT 8.8 (Beispiele zur Erläuterung von „EXCEL-BLATT ZU ABSCHNITT 8.8")
3.2 Datei Beispiele zu Abschn. 8.9
 EXCEL-BLATT ZU ABSCHNITT 8.9 (halbautomatisches Programm für die Ermittlung der Restlebensdauer auf der Grundlage einer Direktberechnung, d. h. ohne λ-Werte)
 EXCEL–BEISPIELE ZU ABSCHNITT 8.9 (Beispiele zur Erläuterung von „EXCEL-BLATT ZU ABSCHNITT 8.9")
4. Histogramme für Berechnungen mit EXCEL-BLÄTTERN
4.1 Ordner „HIST OHNE LASTVERTEILUNG", enthält Unterordner für Momente, Querkräfte und Auflagerkräfte für Berechnungen OHNE Verteilung der Einzellasten der Regelzüge durch den Gleisrost
4.2 Ordner „HIST MIT LASTVERTEILUNG", enthält Unterordner für Momente, Querkräfte und Auflagerkräfte für Berechnungen MIT Verteilung der Einzellasten der Regelzüge durch den Gleisrost

Inhaltsverzeichnis Anlagen Kapitel 9

1. Vorschrift über die Herstellung eiserner Straßenbrücken 1892
   Verordnung des k. k. Ministeriums des Inneren Zl. 21.817 ex 1892
   Auszug
   Quelle: Hilfs-Tabellen für die Berechnung eiserner Träger mit besonderer Rücksichtnahme auf Eisenbahn- und Straßenbrücken von Stöckl und Hauser, Zweite wesentlich vermehrte Auflage, Wien, 1898
2. Vorschrift über die Herstellung der Straßenbrücken mit eisernen oder hölzernen Tragwerken 1905
   Erlass des k.k. Ministeriums des Innern vom 16.März 1906, Z. 49898 ex 1905.
   Quelle: Österreichische Wochenschrift für den öffentlichen Baudienst, XII. Jahrgang, 1906, Heft 15, anno.onb.ac.
2a Bemerkung zur Vorschrift 1905
   Quelle: Österreichische Wochenschrift für den öffentlichen Baudienst, XII. Jahrgang, 1906, Heft 13, anno.onb.ac.
3. Vorschriften des k.k. Ministeriums des Innern, betreffend die Herstellung von Tragwerken aus Stampfbeton oder Beton-Eisen 1907
   Erlass vom 15. November 1907, Z. 37295
   Quelle: Österreichische Wochenschrift für den öffentlichen Baudienst, XIII. Jahrgang, 1907, Heft 49, anno.onb.ac.
3a Bemerkungen zur Vorschrift 1907
   Quellen: Österreichische Wochenschrift für den öffentlichen Baudienst, XII. Jahrgang, 1906, Heft 41 und Heft 45, anno.onb.ac.
3b Bemerkung zur Vorschrift 1907
   Artikel Haberkalt/Postuvanschitz
   Quelle: Allgemeine Bauzeitung 1908, 1. Nummer, anno.onb.ac.
4. Vorschrift über die Herstellung von Tragwerken aus Eisenbeton oder Stampfbeton bei Hochbauten und bei Straßenbrücken 1911
   Erlass Zl.42/30-IXd vom 15.Juni 1911 des k. k. Ministeriums für öffentliche Arbeiten
   Quelle: Österreichische Wochenschrift für den öffentlichen Baudienst, XVII. Jahrgang, 1911, Hefte 25 und 26, anno.onb.ac.
4a Bemerkung zur Vorschrift 1911
   Artikel Saliger
   Quelle: Armierter Beton, 1911, Oktober

Inhaltsverzeichnis Anlagen   XV

4.1   Nachtrag 1918 zur Vorschrift 1911
      Quelle: Österreichische Wochenschrift für den öffentlichen Baudienst,
      1918, Heft 43
4.1a Bemerkung zu Nachtrag 1918
      Artikel Hermann
      Quelle: Österreichische Wochenschrift für den öffentlichen Baudienst,
      1918, Heft 43
4.1b Bemerkung zu Nachtrag 1918
      Artikel Haberkalt
      Quelle: Österreichische Wochenschrift für den öffentlichen Baudienst,
      1918, Hefte 44 und 46
4.1.1 Korrektur des 1.Nachtrages
      Quelle: Österreichische Wochenschrift für den öffentlichen Baudienst,
      25. Jahrgang, 1919, Heft 3/4, anno.onb.ac.
4.2   2. Nachtrag 1921 zur Vorschrift 1911
      Quelle: Österreichische Wochenschrift für den öffentlichen Baudienst,
      1921, Heft 3
5.   Besondere Bedingnisse für die Lieferung und Aufstellung eiserner Tragwerke 1914
      k.k. Ministerium für öffentliche Arbeiten Z.26954 ex 1914
5a   Bemerkung zu Besonderen Bedingnissen 1914
      Quelle: Österreichische Wochenschrift für den öffentlichen Baudienst,
      20. Jahrgang, 1914, Heft29, anno.onb.ac.
6.   Vorschrift über die Herstellung von Tragwerken aus Eisenbeton oder
      Beton bei Straßenbrücken 1921
      Erlass des Bundesministeriums für Handel und Gewerbe, Industrie und
      Bauten Z.19200-IXe von 1921.
7.   Bestimmungen für die Ausführung von Tragwerken aus Eisenbeton bei
      Straßenbrücken 1928
      Bundesministerium für Handel und Verkehr, Z 80.000-2-1928
8.   Besondere Bedingnisse für die Ausführung von Tragwerken aus Beton
      oder Eisenbeton 1930
      Bundesministerium für Handel und Verkehr, Zl. 69.200-2 von 1930.

Inhaltsverzeichnis

1	**Einleitung**		1
1.1	Geschichtliche Rahmenbedingungen		1
1.2	Bauvorhaben der BBÖ		3
	1.2.1	Streckenneubau	3
	1.2.2	Elektrifizierung (seinerzeit als Elektrisierung bezeichnet)	3
	1.2.3	Erhaltung und Erneuerung des Bestandnetzes	5
1.3	Erneuerung der Fahrbetriebsmittel		6
1.4	Sicherheit des Eisenbahnverkehrs		6
1.5	Organisation des Verkehrswesens		7
	1.5.1	Politische Organisation der Staatsbahnen Österreichs 1918–1938	7
	1.5.2	Bundesbahngesetz 1923	8
	1.5.3	Bezeichnungen für die Staatsbahnen Österreichs 1918–1937	9
	1.5.4	Bezeichnungen ab 1938	10
1.6	Quellen für Gesetze, Verordnungen und Dienstanweisungen im Zeitraum 1870 bis 1938 (ohne Landesgesetzgebung)		11
	1.6.1	Gesetze und Verordnungen	11
	1.6.2	Amtsblätter, Nachrichtenblätter	11
2	**Übergang von Verordnungen, Vorschriften zu Normen**		13
2.1	Allgemeines		13
2.2	Normung im Eisenbahnbrückenbau		14
2.3	Normung im Deutschen Reich		16
	2.3.1	Eisenbetonbemessung	16

		2.3.2	Eisenbahnbrücken	17
		2.3.3	Straßenbrücken.	19
3	Berechnungsgrundlagen von Eisenbahnbrücken			21
	3.1	Einleitung.		21
	3.2	Verordnung des Eisenbahnministeriums vom 28. August 1904.		22
		3.2.1	Belastungsnorm I, II und III.	22
		3.2.2	Österreichischer N-Zug	22
		3.2.3	„Übergangslastenzug"	23
	3.3	Darstellung der Lastannahmen.		23
		3.3.1	Einteilung der Lastannahmen laut Verordnung 1904.	24
		3.3.2	Einwirkungen infolge Verkehrslast	24
		3.3.3	Aerodynamische Einwirkungen aus Zugbetrieb	30
		3.3.4	Entgleisung und andere Einwirkungen für Eisenbahnbrücken	30
		3.3.5	Winddruck (§7, Punkte 6 und 7 der Verordnung)	30
		3.3.6	Wärmeschwankungen (§ 7, Punkt 5 der Verordnung)	31
		3.3.7	Durchbiegung (§ 8, Punkt 7 der Verordnung)	31
	3.4	Angaben zum Material.		31
		3.4.1	Anmerkungen zum „Flusseisen"	31
		3.4.2	Anforderungen an Eisen und Stahl laut Verordnung 1904	32
	3.5	Sicherheitsphilosophie – Wahl der zulässigen Spannung		33
		3.5.1	Grundlagen.	33
		3.5.2	Festlegungen	34
		3.5.3	Kombination der Einwirkungen für den Spannungsnachweis	37
		3.5.4	Zulässige Spannungen laut Verordnung 1904 für die Belastungszüge I und II (ursprüngliche Werte)	37
		3.5.5	Zulässige Spannungen laut Verordnung 1904 für die Belastungszüge I und II (Werte mit nachträglicher Änderung 1918 nach den Empfehlungen des ÖIAV).	39
		3.5.6	Zulässige Spannungen für den Österreichischen N-Zug (Werte laut Dienstschreiben N.109/18b vom 23.November 1921)	40
		3.5.7	Zulässige Spannungen für den Österreichischen N-Zug für Stahl der Güte St. 44.12	41
		3.5.8	Zulässige Spannungen für den Übergangslastenzug	43

		3.5.9	Belastungszüge und festgelegte Spannungen	43

		3.5.10	Vergleich Verordnung 1904 mit ÖNORM B 4603 Ausgabe 1964 (Vergleich auf deterministischer Basis)	46
		3.5.11	Überlegungen zur Ermüdungsfestigkeit	101
		3.5.12	Berücksichtigung der Nebenspannungen	113
		3.5.13	Stabilitätsnachweis	113
		3.5.14	Formänderungsnachweis	114
	3.6	Eisenbetonbrücken für Eisenbahnverkehr		114
		3.6.1	Beginn der Eisenbetonbauweise	114
		3.6.2	Entwicklung ab 1920	118
	3.7	Weitere Tragsysteme		131
		3.7.1	WIB	132
		3.7.2	Altschienentragwerke und Schienenbetontragwerke	133
		3.7.3	Bogenbrücken	133
	3.8	Zusammenfassende Bewertung der Verordnung 1904		134
		3.8.1	Nachweise	134
		3.8.2	Zum Inhalt der Verordnung 1904	135
		3.8.3	Zur heutigen Verwendung der nach der Verordnung 1904 errichteten Brücken	135
		3.8.4	Zusammenfassung	135
	3.9	Verordnungen für Belastungsannahmen von Eisenbahnbrücken vor 1904		136
		3.9.1	Einleitung	136
		3.9.2	Verordnung 1870	136
		3.9.3	Verordnung 1887	137
	3.10	Weiterentwicklung der Belastungsannahmen für Eisenbahnbrücken		137
		3.10.1	Normen, Lastenzüge und Lastmodelle	137
		3.10.2	Entwicklung des Lastmodells 71	140
		3.10.3	Übersicht Lastbilder	142
4	Regelplanungen			151
	4.1	Altschienentragwerke		152
	4.2	Schienenbetontragwerke		155
	4.3	Walzträger in Beton Tragwerke (WIB)		157
	4.4	Tragwerke aus Eisenbeton		160
	4.5	Zusammenfassung		162

5	Gewährleistung der Sicherheit von Eisenbahnbrücken	163
5.1	Einleitung	163
5.2	Brückenbücher	164
5.3	Erstmalige Hauptprüfung der Brücken	164
5.4	Prüfung der im Betrieb befindlichen Brücken	184
5.5	Zusammenfassung	184
6	**Fahrbetriebsmittel und Zugbildung**	**185**
6.1	Lokomotiven und Triebwagen	185
	6.1.1 Übersicht Traktionsarten	185
	6.1.2 Dampflokomotiven	186
	6.1.3 Elektrolokomotiven	187
	6.1.4 Diesellokomotiven	188
	6.1.5 Triebwagen	189
6.2	Wagenpark	189
	6.2.1 Übersicht	189
	6.2.2 Reisezugwaggons	190
	6.2.3 Güterzugwaggons	192
6.3	Weiterführende Quellen	193
	6.3.1 Fahrbetriebsmittel (Lokomotiven, Waggons)	193
	6.3.2 Infrastruktur	195
6.4	Zugbildung	195
	6.4.1 Achszahl	195
	6.4.2 Belastung der Lokomotiven	196
	6.4.3 Schwerwagen	196
6.5	Verkehrsvolumen	196
6.6	Richtwerte Achslasten und Zuggewichte	197
	6.6.1 Güterzüge	197
	6.6.2 Durchschnittliches Gewicht von Zügen	197
6.7	Geschwindigkeiten	197
6.8	Einstufung Betriebszüge Zwischenkriegszeit in Streckenklassen laut UIC-Merkblatt 700 VE	198
	6.8.1 Güterwagen N-28	198
	6.8.2 Personenwagen N-28	198
	6.8.3 Lokomotiven	198
	6.8.4 Fahrbetriebsmittel in der Monarchie	199
	6.8.5 Vergleich Fahrbetriebsmittel – Achsdruckverzeichnis 1932	199

Inhaltsverzeichnis

7 Zusammenhang Fahrbetriebsmittel – Infrastruktur 201
    7.1   Verkehr von Schienenfahrzeugen auf eigener und fremder Infrastruktur 201
    7.2   Technische Einheit (TE). 201
    7.3   TV, GRZ, VWÜ, VPÜ 203
        7.3.1   Allgemeines 203
        7.3.2   TV Technische Vereinbarungen über den Bau und Betrieb der Hauptbahnen und Nebenbahnen 203
        7.3.3   GRZ Grundzüge für den Bau und Betrieb der Lokalbahnen. 204
        7.3.4   VWÜ Vereinswagenübereinkommen. 204
        7.3.5   VPÜ Vereinspersonenwagenübereinkommen 204
    7.4   RIC, RIV, AVV, CIV, CIM, COTIF 204
        7.4.1   RIC – Regolamento Internazionale delle carrozze und RIV – Regolamento Internazionale Veicoli 204
        7.4.2   CIV – Regles uniformes concernant le contrat de transport international ferroviaire des voyageurs et des bagages und CIM – Regles uniformes concernant le contrat de transport international ferroviaire des marchandises 205
        7.4.3   COTIF Convention relative aux transports internationaux ferroviaires 205
    7.5   Streckenklassen 206
    7.6   Zuordnung Fahrbetriebsmittel-Infrastruktur bei den ÖBB 208
    7.7   Lastgrenzenanschriften 210
    7.8   Betriebs- und Verkehrsvorschriften 212
        7.8.1   Unterlagen Zwischenkriegszeit 212
        7.8.2   Unterlagen von 1938 bis 1950. 213
        7.8.3   Unterlagen ab 1951 213
        7.8.4   Stand 2019 214

8 Ermüdungsberechnungen von stählernen Eisenbahnbrücken 217
    8.1   Inhalt von Kap. 8 217
    8.2   Grundlagen. 218
        8.2.1   Formulierung nach Wöhler 218
        8.2.2   Begriffe und Darstellungen 219
        8.2.3   Teilsicherheitsbeiwerte. 235
        8.2.4   Dynamische Beiwerte Φ_2 und $1+\varphi$ 236

8.3	Zur Entwicklung der Bestimmungen zum Problemkreis „Ermüdung".	241
8.4	Hinweise zur Schnittgrößen- und Spannungsermittlung	245
8.4.1	Unterlagen	245
8.4.2	Einwirkungen für die Schnittgrößenermittlung	245
8.4.3	Schnittgrößenermittlung.	249
8.4.4	Vollwandige Brücken	250
8.4.5	Längs- und Querträger	250
8.4.6	Fachwerkbrücken	251
8.4.7	Deckbrücken	256
8.4.8	Trogbrücken	260
8.4.9	Mittragende Breiten	260
8.4.10	Tragwerke mit Gleis im Bogen	261
8.4.11	Spannungsberechnung	265
8.5	Hinweise zur Festlegung der Zugbildung und des Verkehrs	266
8.5.1	Angaben aus EN 1991-2:1912 und EN 1993-2:2010.	266
8.5.2	Ermittlung der bisherigen Verkehrsbelastung	268
8.6	Implizite Berücksichtigung der Dynamik und Ermüdung.	271
8.6.1	Normengrundlage.	271
8.6.2	Hinweise zur Berücksichtigung der Ermüdung	271
8.7	Ermüdungsfestigkeitsnachweis (Wöhlerfestigkeitsnachweis) nach dem γ-Verfahren	275
8.7.1	Allgemeines	275
8.7.2	Normengrundlage.	276
8.7.3	Zur Entwicklung des γ-Verfahrens	277
8.7.4	Bezeichnungen.	277
8.7.5	Herleitung der Gleichungen.	278
8.7.6	Die Veröffentlichung (Kommerell, 1934)	283
8.7.7	Geschweißte Konstruktionen: die Dienstvorschrift DV 848	286
8.7.8	Hinweise und Erläuterungen zur Nachweisführung nach dem γ-Verfahren.	286
8.8	Betriebsfestigkeitsnachweis nach EN 1993-1-9:2013 und ÖNORM B 4008-2:2019	294
8.8.1	Allgemeines	294
8.8.2	Normengrundlage.	295

		8.8.3	Definitionen und Symbole	297

		8.8.3	Definitionen und Symbole	297
		8.8.4	Die Einwirkungsseite	302
		8.8.5	Die Widerstandsseite	313
		8.8.6	Formate für den Betriebsfestigkeitsnachweis	324
		8.8.7	Betriebsfestigkeitsnachweis über die Gesamtschädigung	325
		8.8.8	Betriebsfestigkeitsnachweis durch Umrechnung eines Mehrstufenkollektives in ein schädigungsäquivalentes Einstufenkollektiv	331
		8.8.9	Betriebsfestigkeitsnachweis über Schadensäquivalenzfaktoren λ	334
		8.8.10	Tabellen mit Spannweitenbeiwerten λ_1	348
		8.8.11	Anwendungsbeispiele für das λ-Verfahren	444
		8.8.12	Histogramme $\Delta S(N)$: auf Datenträger abgelegte Daten und Anwendung	464
	8.9	Restlebensdauerberechnung		465
		8.9.1	Allgemeines	465
		8.9.2	Ermittlung der Restlebensdauer aus dem Guthaben der Schädigung	466
		8.9.3	Direktauswertung der Wöhlerlinie für die Verkehrsmischungen nach EN 1991-2, Anhang D	469
		8.9.4	Berechnung unter Anwendung von λ-Werten	472
		8.9.5	Zusammenfassung	476
	8.10	Analytische und numerische Methoden		478
	8.11	Hinweise zur Aussagekraft von Ermüdungs- und Restlebensdauerberechnungen		479
	Literatur			481
9	**Straßenbrücken**			483
	9.1	Vorbemerkung		483
	9.2	Zuständigkeiten		483
	9.3	Vorschriften, Verordnungen und Normen für Straßenbrücken 1892 bis 1938		484
Literatur				487

Einleitung 1

1.1 Geschichtliche Rahmenbedingungen

Im Laufe des Jahres 1918 zerbrach die österreichisch-ungarische Monarchie. Dieses Imperium umfasste einen Herrschaftsbereich von ca. 676.000 km^2 mit ca. 52 Mio. Einwohnern. Die Bevölkerung zählte ca. 19 Nationalitäten, die großteils geographisch nicht getrennt wohnten. Die zahlenmäßig größten Nationalitäten waren Deutsche, Magyaren, Tschechen, Polen, Rumänen, Ruthenen (Ukrainer), Slowaken, Kroaten, Slowenen und Italiener.

Am 11. November 1918 erklärte Kaiser Karl seinen Verzicht auf die Teilnahme an den Staatsgeschäften, am Tage danach wurde die Republik Deutsch-Österreich proklamiert, einer von mehreren Nachfolgestaaten der österreichisch-ungarischen Monarchie.

Es war für die Neuordnung des Staates und damit der Eisenbahn ein Beginn in äußerst schwieriger Zeit:

- Die Grenzen des neuen Staates waren nicht klar. Da sich die Republik Deutsch-Österreich als Vertreterin der deutschsprachigen Bevölkerung der ehemaligen Monarchie sah, erhob sie Anspruch auf die Siedlungsgebiete der deutschsprachigen Bewohner in den ehemaligen Kronländern Böhmen, Mähren und Schlesien (ca. drei Millionen deutschsprachige Menschen) und auf den mehrheitlich deutschsprachig bewohnten Teil von Südtirol, einen Teil des ehemaligen Kronlandes Tirol. Weitere strittige Grenzverläufe

---

Ergänzende Information Die elektronische Version dieses Kapitels enthält Zusatzmaterial, auf das über folgenden Link zugegriffen werden kann https://doi.org/10.1007/978-3-658-35954-6_1.

© Der/die Autor(en), exklusiv lizenziert durch Springer Fachmedien Wiesbaden GmbH, ein Teil von Springer Nature 2022
H. Brunner und F. Aigner, *Eisenbahnbrücken in Österreich 1918–1938*, https://doi.org/10.1007/978-3-658-35954-6_1

bestanden in Südkärnten zum Königreich der Serben, Kroaten und Slowenen und in Ostösterreich zu Ungarn (Burgenland). Dementsprechend war auch der Umfang des Eisenbahnnetzes nicht klar. So wurden z. B. in der Verlautbarung betreffend die vorläufige Abgrenzung des deutschösterreichischen Eisenbahnnetzes neue Staatsbahndirektionen in Teplitz-Teplice in Nordböhmen und in Jägerndorf-Krnov in der mährisch-schlesischen Region eingerichtet (Amtsblatt des d.ö. Staatsamtes für Verkehrswesen, 5. Stück, Wien, 11. Dezember 1918).

- Das Eisenbahnsystem hatte große strukturelle Probleme: Wien war das Zentrum eines großen Reiches gewesen, die Hauptlinien verbanden Wien in alle Richtungen mit den einzelnen Ländern. Durch die neue Grenzziehung verblieben von den Hauptlinien nur Rumpfstrecken auf deutsch-österreichischem Staatsgebiet außer bei der Süd- und Westbahn. In Wien waren die großen, nun überdimensionierten Bahnhöfe, die großen Werkstätten für das rollende Material und die großen Lokomotivfabriken. Weiters war in Wien die Zentrale für die Verwaltung des Eisenbahnsystems. So betrug die Betriebslänge in der österreichischen Reichshälfte 1914 ca. 23.000 km, 1924 ca. 6000 km.
- Die Aufteilung der Fahrbetriebsmittel – Lokomotiven und Waggons – auf die Nachfolgestaaten verlief aus politischen Gründen sehr langsam. Von ca. 50.000 Güterwagen verblieben ca. 24.000 in Deutsch-Österreich, von ca. 7000 Lokomotiven verblieben ca. 2000, darunter sehr viele aus alten Lokomotivreihen.
- Die ersten Jahre waren geprägt von einem Mangel an Kohle. Da die Dampflokomotive das dominierende Antriebsmittel der damaligen Zeit war, führte das Ausbleiben der tschechischen Kohle zu äußerst schwierigen Situationen im Bahnverkehr, die starke Einschränkungen im Zugverkehr bis zu dessen zeitweiliger Einstellung erzwangen.
- Das Ende des Krieges stellte an die Eisenbahner große Herausforderungen beim Rücktransport der Soldaten. Es musste innerhalb kurzer Zeit der Transport der Soldaten in ihre Heimatländer bewerkstelligt werden.

Mit dem Staatsvertrag von Saint-Germain-en-Laye im Jahre 1919 wurden unter anderem auch die Grenzen des neuen Staates und der neue Name des Staates mit „Österreich" festgelegt. Innerstaatlich wurde dies mit dem Gesetz vom 21. Oktober 1919 über die Staatsform umgesetzt (StGBl. 1919/484, veröffentlicht im Staatsgesetzblatt für den Staat Deutschösterreich, Jahrgang 1919, 174. Stück, ausgegeben am 23. Oktober 1919).

1.2 Bauvorhaben der BBÖ

Trotz der schwierigen Rahmenbedingungen konnten einige Investitionsschwerpunkte gesetzt werden.

1.2.1 Streckenneubau

Die Strecke Szombathely (Ungarn) – Rechnitz – Alt-Pinkafeld, die 1888 eröffnet worden war, hatte durch die neue Grenzziehung keinen direkten Anschluss an das österreichische Streckennetz. Dieser wurde mit der 14 km langen Neubaustrecke Alt-Pinkafeld – Friedberg an der Aspangbahn hergestellt. Die Betriebsaufnahme fand am 15. November 1925 statt.

Die Zweiglinie der Mariazellerbahn von Ober-Grafendorf bis Ruprechtshofen ging in Teilabschnitten 1898 bzw. 1905 in Betrieb. Der Weiterbau, der 1913 begonnen wurde, kam durch den Krieg zum Stillstand. Der Abschnitt von Ruprechtshofen nach Gresten mit einer Länge von 35,8 km wurde fertiggebaut und am 29. Juni 1927 in Betrieb genommen. Es handelte sich bei dieser Strecke wie bei der Mariazellerbahn um eine Schmalspurbahn mit einer Spurweite von 760 mm.

Bemerkung: Andererseits kam es auch zu Streckenstilllegungen. So wurde in Oberösterreich der Verkehr auf den Strecken Holzleithen – Thomasroith (1932 für den Personen- und 1935 für den Güterverkehr) und Sierning – Bad Hall (1933 zur Gänze) eingestellt. In Niederösterreich wurde die Strecke von Wildendürnbach zur tschechoslowakischen Grenze (in Verlängerung nach Novosedly) 1930 stillgelegt.

1.2.2 Elektrifizierung (seinerzeit als Elektrisierung bezeichnet)

Um die Abhängigkeit von ausländischer Kohle zu reduzieren und der technischen Entwicklung Rechnung zu tragen, beschloss die Nationalversammlung ein Elektrifizierungsprogramm (Gesetz vom 23. Juli 1920, veröffentlicht im Staatsgesetzblatt, 105. Stück, Nr. 359). Entsprechend dem 1913 zwischen den Deutschen, Österreichischen, Schweizerischen, Schwedischen und Norwegischen Staatsbahnen geschlossenem Übereinkommen wurde Wechselstrom mit 16 2/3 Hz und 15.000 V für die Elektrifizierung verwendet. Die Betriebsaufnahme des elektrischen Betriebes erfolgte abschnittsweise folgendermaßen:

1923–1927	Innsbruck Westbahnhof – Feldkirch – Bregenz bzw. Feldkirch – Buchs Bemerkung: auf der Karwendelbahn Innsbruck Hauptbahnhof – Innsbruck Westbahnhof – Scharnitz – (Garmisch) – Reutte war 1912/1913 der elektrische Betrieb aufgenommen worden.
1924	Attnang-Puchheim – Stainach-Irdning
1927	Innsbruck – Wörgl – Staatsgrenze Kufstein
1928–1930	Wörgl – Schwarzach-St. Veit
1928–1934	Innsbruck – Brenner/Brennero
1929	Salzburg – Schwarzach-St. Veit
1933–1935	Schwarzach-St. Veit – Spittal-Millstättersee

Das Elektrifizierungsprogramm war eine wirtschaftliche Notwendigkeit, um die Abhängigkeit von Importkohle zu mindern. Von den Gesamtkohlevorkommen der Monarchie verblieben auf dem Gebiet der Republik Österreich nur ca. ein Prozent und dieses eine Prozent war vorwiegend Braunkohle. Vom Gesamtkohlebedarf in der Nachkriegszeit in Österreich von ca. 14 Mio. t pro Jahr konnten nur ca. 16 % aus eigenen Kohlelagern gewonnen werden. Der Bedarf der Österreichischen Bundesbahnen betrug ca. 3,4 Mio. t pro Jahr.

Die Elektrifizierung bewirkte eine wesentliche Steigerung der Leistungsfähigkeit der Strecken. Diese Steigerung beruhte auf einer größeren Leistungsfähigkeit der Elektrolokomotiven gegenüber den Dampflokomotiven, damit konnten die Züge mehr Waggons ziehen (Erhöhung der Zuggewichte), schneller beschleunigen und eine größere Geschwindigkeit, vor allem bei der Bergfahrt von Güterzügen, erreichen. Dadurch konnten die Reisezeiten und somit die Streckenbelegung verkürzt werden. Dies konnte unter Umständen einen zweigleisigen Streckenausbau vermeiden.

Als Beispiel sei die Elektrifizierung der Arlbergbahn genannt: Bei Dampfbetrieb erreichte der Arlbergexpress, der damals schnellste Zug der Arlbergstrecke, bei der Bergfahrt von Landeck nach Sankt Anton eine Höchstgeschwindigkeit von 30 bis 35 km/h, bei elektrischem Betrieb 60 km/h. Dies bedeutete eine Fahrzeit von Landeck nach Sankt Anton von 60 min bei Dampfbetrieb und 31 min bei elektrischem Betrieb, wobei bei Verspätung die Fahrzeit von 31 min auf 28 min gekürzt werden konnte. Für den Abschnitt Landeck – Bludenz (64 km) betrug die Fahrzeit von Güterzügen bei Dampfbetrieb sechs Stunden, bei elektrischem Betrieb etwas über zwei Stunden (Vergleich 2019: Fahrzeit des Railjet Xpress der ÖBB 59 min). Die Erhöhung der Zuggewichte

1.2 Bauvorhaben der BBÖ

und der Geschwindigkeit verdeutlicht folgendes Beispiel: die Regelbelastung der auf dieser Strecke eingesetzten Elektrolokomotive 1670 betrug bei 50 km/h und 27 Promille Steigung (zutreffend für Landeck – St. Anton) 280 t, die der Dampflokomotive 113 bei 25 km/h und gleicher Steigung 220 t.

Eine weitere Folge der Elektrifizierung und damit der Verkürzung der Reisezeiten war eine Ersparnis an Fahrbetriebsmitteln (Ersparnis an Lokomotiven von ca. 50 %). Zur Bewältigung des gleichen Verkehrsvolumens wurden im Direktionsbereich Innsbruck 1922 bei Dampfbetrieb 385 Dampflokomotiven, 1934 bei elektrischem Betrieb 170 Elektrolokomotiven vorgehalten.

Als Voraussetzung für den elektrischen Betrieb mussten wegen der im Vergleich zu Dampflokomotiven höheren Achslast der Elektrolokomotiven Brückentragwerke ausgewechselt oder verstärkt und die Schienen gewechselt werden (Schienen mit einem Gewicht von 35 kg/m ersetzt durch solche mit 44 kg/m oder 49 kg/m Gewicht). Durch diese Maßnahmen konnte zum Beispiel die zulässige Achslast zwischen Salzburg und Buchs (Grenzbahnhof zur Schweiz) von 15 t im Jahre 1924 auf 18 t im Abschnitt Salzburg – Innsbruck und auf 19 t im Abschnitt Innsbruck – Buchs im Jahre 1934 angehoben werden.

Um die Geschwindigkeit zu erhöhen, wurden im Zusammenhang mit der Elektrifizierung auch weitere Maßnahmen an der Infrastruktur durchgeführt, wie Verbesserung der Richtungsverhältnisse, Auflassung von schienengleichen Wegübersetzungen und ähnliches. Durch dieses Maßnahmenpaket konnte zum Beispiel die Fahrzeit des schnellsten Zuges von Salzburg über Innsbruck nach Buchs (427 km) von 11 h 18 min im Jahre 1924 auf 7 h 10 min im Jahre 1934 verkürzt werden. Die maximal zulässige Höchstgeschwindigkeit zwischen Salzburg und Buchs betrug 90 km/h.

Ein weiterer wichtiger Aspekt der Elektrifizierung sind die wesentlich besseren Arbeitsverhältnisse auf der Elektrolok (geschlossener Führerstand) gegenüber der Dampflok (offener Führerstand, Fahrtwind, extreme Kälte im Winter, glühende Hitze von der Feuerkiste, Schwerarbeit bei der händischen Zufuhr der Kohle vom Tender zur Feuerkiste).

1.2.3 Erhaltung und Erneuerung des Bestandnetzes

Im Zeitraum von 1923 bis 1933 wurden unter anderem ca. 2400 km Gleis erneuert und 1200 Stahlbrücken entweder neu gebaut oder verstärkt. Neu gebaut wurden an größeren Brücken z. B. die Donaubrücke in Steyregg und die Stadlauer

Donaubrücke in Wien (jeweils Tragwerkserneuerungen), die Eisenbeton – Bogenbrücke über die Mur in Bruck an der Mur (1934), die eisernen Tragwerke der beiden Hauptöffnungen der Rheinbrücke auf der Strecke Feldkirch – Buchs (1934), die Brücken über die Linzerstraße und die Schlossallee in km 1,6/7 der Strecke Wien – Salzburg (1920/1921) sowie einige Brücken über die Enns auf den Strecken Amstetten – Selzthal und Bischofshofen – Selzthal.

1.3 Erneuerung der Fahrbetriebsmittel

Zufolge der überalterten Fahrbetriebsmittel wurde ein Programm für den Neubau von Lokomotiven, Güter- und Personenwaggons entwickelt und durchgeführt.

Die Angaben zu diesem Thema sind im Kap. 6 *Fahrbetriebsmittel und Zugbildung* enthalten.

1.4 Sicherheit des Eisenbahnverkehrs

Ein Vergleich der Unfallziffern von 1896 bis 1936 zeigt einen starken Rückgang der verunglückten Reisenden, das heißt, Bahnfahren wurde im betrachteten Zeitraum immer sicherer. Auf 100 Mio. Personenkilometer entfielen (Tab. 1.1):

Tab. 1.1 Verunglückte Reisende

Zeitraum	Verunglückte Reisende
1896–1899	7,0
1924–1927	3,2
1928–1931	1,9
1932–1936	1,5

In absoluten Zahlen bedeutet dies für die Jahre 1934 und 1935:

1934: 19 Eisenbahnunfälle mit zwei Toten und acht Schwerverletzten
1935: 10 Eisenbahnunfälle mit einem Toten und vier Schwerverletzten

Zum Vergleich Angaben aus dem Straßenverkehr, und zwar für Wien allein:

1934: 3913 Autounfälle mit 55 Toten und 490 Schwerverletzten
1935: 3734 Autounfälle mit 70 Toten und 446 Schwerverletzten

1.5 Organisation des Verkehrswesens

1.5.1 Politische Organisation der Staatsbahnen Österreichs 1918–1938

Die Eisenbahnangelegenheiten fielen ab 1918 in die Zuständigkeit wechselnder staatlicher Behörden.

1918–1920: Staatsamt für Verkehrswesen
Der Beschluss der Provisorischen Nationalversammlung für Deutschösterreich vom 30. Oktober 1918 über die grundlegenden Einrichtungen der Staatsgewalt, veröffentlicht im Staatsgesetzblatt für den Staat Deutschösterreich, 1. Stück, Jahrgang 1918, ausgegeben am 15. November 1918, richtete unter anderem ein Staatsamt für Verkehrswesen, entsprechend dem k.k. Eisenbahnministerium, ein. Die Leitung oblag einem Staatssekretär. Die Tätigkeitsaufnahme erfolgte am 3. November 1918.

1920–1923: Bundesministerium für Verkehrswesen
Das Gesetz vom 1. Oktober 1920, womit die Republik Österreich als Bundesstaat eingerichtet wird (Bundes-Verfassungsgesetz), St.G.Bl. Nr. 450, S. 1791–1809, veröffentlicht im Staatsgesetzblatt für die Republik Österreich, Jahrgang 1920, ausgegeben am 5. Oktober 1920, 140. Stück, legt in Artikel 9 Punkt 10 unter anderem fest, dass das Verkehrswesen bezüglich der Eisenbahn Bundessache ist.
Laut Artikel 77 sind die Bundesministerien unter der Leitung der Bundesminister zur Besorgung der Geschäfte der Bundesverwaltung berufen. Eine Ergänzung zu obigem Gesetz ist das Verfassungsgesetz vom 1. Oktober 1920, ST.G.Bl. Nr. 451, S. 1810–1816, betreffend den Übergang zur bundesstaatlichen Verfassung, veröffentlicht im Staatsgesetzblatt für die Republik Österreich, Jahrgang 1920, ausgegeben am 5. Oktober 1920, 140. Stück. Die Kundmachung der Staatskanzlei vom 23. Oktober 1920, veröffentlicht im Bundesgesetzblatt für die Republik Österreich, Jahrgang 1920, ausgegeben am 10. November 1920, 1. Stück, Seite 26, bestimmt den 10. November 1920 für das Inkrafttreten des Bundesverfassungsgesetzes vom 1. Oktober 1920. Dementsprechend führte das Staatsamt für Verkehrswesen vom

	10. November 1920 an die Bezeichnung Bundesministerium für Verkehrswesen und stand unter der Leitung eines Bundesministers statt eines Staatssekretärs.
1923–1938:	Bundesministerium für Handel und Verkehr

Im Zuge der Schaffung des Wirtschaftskörpers *Österreichische Bundesbahnen* wurde das Bundesministerium für Verkehrswesen am 1. Oktober 1923 aufgelöst, nachdem mit der Verordnung der Bundesregierung vom 9. April 1923 über die Besorgung der Geschäfte der obersten Bundesverwaltung, B.G.Bl. Nr. 199, S. 573, veröffentlicht im Gesetzesblatt für die Republik Österreich, Jahrgang 1923, ausgegeben am 11. April 1923, 44. Stück, unter anderem festgelegt wurde, dass das Bundesministerium für Handel und Verkehr die Geschäfte des bisherigen Bundesministeriums für Handel, Gewerbe, Industrie und Bauten sowie des bisherigen Bundesministeriums für Verkehrswesen übernimmt. Alle dem Ministerium vorbehaltenen Angelegenheiten des Verkehrswesens wurden in einer Verkehrssektion behandelt.

1.5.2 Bundesbahngesetz 1923

Aufgrund der schwierigen finanziellen Situation der Bundesbahnen beschloss die Regierung am 19. Juli 1923 das Bundesgesetz über die Bildung eines Wirtschaftskörpers *Österreichische Bundesbahnen* (Bundesbahngesetz). Es wurde veröffentlicht im Bundesgesetzblatt für die Republik Österreich, Jahrgang 1923, 81. Stück, ausgegeben am 25. Juli 1923 (B.G.Bl. Nr. 407, S. 1378–1382).

In Ergänzung zum Bundesgesetz wurde ein Statut für die Österreichischen Bundesbahnen mit der Verordnung der Bundesregierung vom 19. Juli 1923, B.G.Bl. Nr. 453, S. 1561–1563 erlassen, veröffentlicht im Bundesgesetzblatt für die Republik Österreich, Jahrgang 1923, 85. Stück, ausgegeben am 30. Juli 1923.

Die im Eigentum des Bundes stehenden Eisenbahnen wurden aus der staatlichen Verwaltung ausgeschieden und erhielten als eigener Wirtschaftskörper eine selbständige Führung, die nach kaufmännischen Grundsätzen zu erfolgen hatte.

Mit 1. Oktober 1923 nahm die Unternehmung *Österreichische Bundesbahnen* ihre Tätigkeit auf (Abschiedskundgebung des Bundesministers für Handel und Verkehr vom 30. September 1923, Z. 1723/B.M.V., an alle Bediensteten der österr. Bundesbahnen, Amtsblatt der österr. Bundesbahnen, Amtsblatt des

österr. Bundesministeriums für Handel und Verkehr (Verkehr), 45. Stück, Wien, 30. September 1923).
Das Bundesbahngesetz brachte nach 27 Jahren die Wiedererrichtung einer Generaldirektion der staatlichen Eisenbahnen in Form der Generaldirektion der Österreichischen Bundesbahnen.

1.5.3 Bezeichnungen für die Staatsbahnen Österreichs 1918–1937

Die Bezeichnung für die Staatsbahnen wechselte ab 1918 mehrmals.

bis 11. Dezember 1918: **Kaiserlich-königliche Österreichische Staatsbahnen kkStB (seit 01.07.1884)**
ab 11. Dezember 1918: **Deutschösterreichische Staatsbahnen DÖStB**
Mit Erlass des d.ö. Staatsamtes für Verkehrswesen vom 2. Dezember 1918, Z. 1771, veröffentlicht im 5. Stück des Amtsblattes des d.ö. Staatsamtes für Verkehrswesen am 11. Dezember 1918, wurde darauf aufmerksam gemacht, dass die Bezeichnung k.k. Österreichische Staatsbahnen durchwegs in Deutschösterreichische Staatsbahnen zu ändern ist.
Bemerkung: Statt 11. Dezember 1918 wird auch der 12. November 1918 genannt, der Tag der Ausrufung der Republik Deutsch-Österreich.
ab 30. Oktober 1919: **Österreichische Staatsbahnen ÖStB**
Durch den Staatsvertrag von St. Germain wurde die Namensänderung notwendig. Sie wurde mit Erlass des Staatsamtes für Verkehrswesen vom 24. Oktober 1919, Z. 2294/St.V., betreffend Abänderung der amtlichen Bezeichnung *deutschösterreichisch* in *österreichisch* eingeführt. Die Veröffentlichung erfolgte im 65. Stück des Amtsblattes für Verkehrswesen (Wien, 30. Oktober 1919). Grundlage war das Gesetz vom 21. Oktober 1919 über die Staatsform, ST.G.Bl. Nr. 484, veröffentlicht im Staatsgesetzblatt für den Staat Deutschösterreich, Jahrgang 1919, ausgegeben

	am 23. Oktober 1919, 174. Stück. Die Bezeichnung deutschösterreichische Staatsbahnen wurde auf österreichische Staatsbahnen abgeändert.
ab 1. April 1921:	**Österreichische Bundesbahnen BBÖ** Der Bundesminister für Verkehrswesen hat im Sinne des Bundesverfassungsgesetzes vom 1. Oktober 1920, B.G.Bl.Nr. 1 und des Verfassungsgesetzes vom 1. Oktober 1920, betreffend den Übergang zur bundesstaatlichen Verfassung, B.G.Bl. Nr. 2 (§8), beide veröffentlicht im Bundesgesetzblatt für die Republik Österreich, Jahrgang 1920, ausgegeben am 10. November 1920, 1. Stück, mit der Verordnung vom 11. März 1921, veröffentlicht im Bundesgesetzblatt für die Republik Österreich, Jahrgang 1921, ausgegeben am 24. März 1921, 84. Stück, S. 565, angeordnet, dass die österreichischen Staatsbahnen ab 1. April 1921 die Bezeichnung Österreichische Bundesbahnen zu führen haben. Die Fahrbetriebsmittel erhielten das Eigentumsmerkmal B.B. Österreich. Dies war deshalb erforderlich, da die dem Firmenwortlaut entsprechenden Initialen durch die Oensingen-Balsthalbahn in der Schweiz besetzt waren. Als 1947 die österreichischen Staatsbahnen wieder als Österreichische Bundesbahnen bezeichnet wurden, erhielten die Fahrzeuge wieder die Aufschrift B.B. Österreich. Seit 1953 konnten die offiziellen Initialen ÖBB heißen, da der Wagenpark der Oensingen-Balsthalbahn in den Schweizer Privatwagenpool übergegangen war und mit SP bezeichnet wurde.

1.5.4 Bezeichnungen ab 1938

Ab 18.3.1938:	DRB	Deutsche Reichsbahn
Ab 27.4.1945:	ÖStB	Österreichische Staatseisenbahnen
Ab 5.8.1947:	ÖBB	Österreichische Bundesbahnen

1.6 Quellen für Gesetze, Verordnungen und Dienstanweisungen im Zeitraum 1870 bis 1938 (ohne Landesgesetzgebung)

1.6.1 Gesetze und Verordnungen

1. 1870–1918 Reichsgesetzblatt für die im Reichsrathe vertretenen Königreiche und Länder (RGBl.)
2. 1918–1919 Staatsgesetzblatt für den Staat Deutschösterreich (St.G.Bl.)
3. 1919–1920 Staatsgesetzblatt für die Republik Österreich
4. 1920–1933 Bundesgesetzblatt für die Republik Österreich (B.G.Bl.)
5. 1934–1938 Bundesgesetzblatt für den Bundesstaat Österreich

Die vorgenannten Gesetzblätter können unter www.alex.onb.ac.at – Historische Rechts- und Gesetzestexte – abgerufen werden.

1.6.2 Amtsblätter, Nachrichtenblätter

Diese Dokumente beinhalten amtliche Anordnungen und Kundmachungen, Erlässe, Personalverfügungen, Nachrichten.

1. Amtsblatt des d.ö. bzw. des österr. Staatsamtes für Verkehrswesen, herausgegeben vom 1. bis 10. Stück 1918 und 1. bis 64. Stück 1919 vom d.ö. Staatsamt für Verkehrswesen bzw. ab dem 65. Stück bis 75. Stück 1919 und 1. bis 59. Stück 1920 vom Staatsamt für Verkehrswesen.
   Die Namensänderung wurde durch den Staatsvertrag von St. Germain erforderlich.
   Erste Nummer: 1. Stück, Wien, 18. November 1918, Jahrgang 1918.
   Der Jahrgang 1918 umfasst die Stücke 1 bis 10.
   Der Jahrgang 1919 umfasst die Stücke 1 bis 75.
   Der Jahrgang 1920 umfasst die Stücke 1 bis 59.
   Letzte Nummer: 59. Stück aus 1920.
2. Amtsblatt des österr. Bundesministeriums für Verkehrswesen, herausgegeben vom Bundesministerium für Verkehrswesen.
   Die Namensänderung wurde durch das Gesetz vom 1. Oktober 1920 erforderlich, womit die Republik Österreich als Bundesstaat eingerichtet wurde.

Erste Nummer: 60. Stück 1920
Der Jahrgang 1920 umfasst die Stücke 60 bis 66.
Der Jahrgang 1921 umfasst die Stücke 1 bis 58.
Der Jahrgang 1922 umfasst die Stücke 1 bis 52.
Der Jahrgang 1923 umfasst die Stücke 1 bis 19
Letzte Nummer: 19. Stück, Wien, 14. April 1923, Jahrgang 1923
3. Amtsblatt des österr. Bundesministeriums für Handel und Verkehr (Verkehr), herausgegeben vom Bundesministerium für Handel und Verkehr (Verkehr)
Die Namensänderung wurde durch die Zusammenlegung des Bundesministeriums für Verkehrswesen mit dem Bundesministerium für Handel und Gewerbe, Industrie und Bauten erforderlich.
Erste Nummer: 20. Stück, Wien, 20. April 1923, Jahrgang 1923
Letzte Nummer: 45. Stück, Wien, 30. September 1923, Jahrgang 1923
Am 1. Oktober 1923 nahm die Unternehmung *Österreichische Bundesbahnen* ihre Tätigkeit auf. Es ging die Verwaltung der Österreichischen Bundesbahnen aus den Händen des Staates in die Hände der auf kaufmännischer Grundlage gebildeten Unternehmung *Österreichische Bundesbahnen* über.
Die vorgenannten Amtsblätter sind im Bestand der Österreichischen Nationalbibliothek und können dort entlehnt werden.
4. Nachrichtenblätter
4.1. Nachrichtenblatt der Generaldirektion der österreichischen Bundesbahnen
Erstes Stück Wien, 1. Oktober 1923, Jahrgang 1923.
Der Jahrgang 1923 umfasste die Stücke 1 bis 13.
4.2. Nachrichtenblätter der einzelnen Direktionen der ÖBB

Übergang von Verordnungen, Vorschriften zu Normen

2.1 Allgemeines

In der Zeit der Monarchie waren die Regeln für die Berechnung, Ausführung, Querschnittsgestaltung, Überwachung usw. von Eisenbahnbrücken in in Reichsgesetzblättern veröffentlichten Verordnungen, z. B. jene von 1870, 1887 und 1904, bzw. von Straßenbrücken in Erlässen mittels Vorschriften, z. B. jene von 1905, 1907 und 1911, festgelegt. Hier trat durch die Gründung des Österreichischen Normenausschusses für Industrie und Gewerbe eine Änderung ein.

Der Österreichische Normenausschuss für Industrie und Gewerbe (Ö.N.I.G) wurde vom Hauptverband der Industrie Österreichs im September 1920 unter Mitwirkung des Österreichischen Verbandes des Vereines Deutscher Ingenieure gegründet. Er bildete einen Teil der Technischen Abteilung des Hauptverbandes der Industrie. 1932 erfolgte die Umbenennung in Österreichischer Normenausschuss (ÖNA), 1969 eine weitere Umbenennung in Österreichisches Normungsinstitut (ON), seit 2009 tritt das Österreichische Normungsinstitut als Austrian Standards Institute auf (ASI). Ab 2013 treten der Verein Austrian Standards Institute und sein Tochterunternehmen Austrian Standards plus GmbH unter der Dachmarke Austrian Standards auf. Eine Anpassung des Namens erfolgte mit 2018: Austrian Standards steht für Austrian Standards International sowie für das Tochterunternehmen Austrian Standards plus GmbH und Austrian Standards Operation GmbH.

Der Ö.N.I.G umfasste die Abteilungen für Allgemeine Normen, Bauwesen, Berg- und Hüttenwesen, chemische Industrie, Elektrotechnik, Feuerschutzwesen, Haushaltswesen, Krankenhauswesen, Land- und Forstwirtschaft, Maschinenbau und Verkehrswesen.

© Der/die Autor(en), exklusiv lizenziert durch Springer Fachmedien Wiesbaden GmbH, ein Teil von Springer Nature 2022
H. Brunner und F. Aigner, *Eisenbahnbrücken in Österreich 1918–1938*,
https://doi.org/10.1007/978-3-658-35954-6_2

Die von den entsprechenden Ausschüssen des Ö.N.I.G erarbeiteten Entwürfe wurden der Öffentlichkeit in der Zeitschrift *Sparwirtschaft, Zeitschrift für wirtschaftlichen Betrieb*, bzw. in der Zeitschrift *Elektrotechnik und Maschinenbau* zum Einspruch vorgestellt. Falls gegen einen Entwurf Einsprüche erhoben wurden, wurde der Entwurf unter Anwesenheit der Einsprucherhebenden im Ausschuss nochmals solange behandelt, bis eine vollständige Einigung zustande kam. Die Herausgabe als Norm erfolgte nach Prüfung durch die Normprüfstelle und Genehmigung des Vollzugsausschusses.

2.2 Normung im Eisenbahnbrückenbau

Der Übergang von Brückenverordnungen zu ÖNORMen vollzog sich für Eisenbahnbrücken erst im Jahr 1946. Die ÖBB erklärten, dass die Normung von Eisenbahnbrücken innerhalb des Normenwerkes grundsätzlich möglich sei und daher in das Arbeitsprogramm des österreichischen Normenausschusses aufgenommen werden könne. Seit diesem Zeitpunkt arbeiten die Österreichischen Bundesbahnen am Normenwerk mit. Es wurden zu Beginn dieser Mitarbeit in den drei Fachnormenausschüssen Brückenbau-Allgemeines, Massivbau und Stahlbau vornehmlich die folgenden drei Normen geschaffen:

ÖNORM B 4003, 1. Teil: Allgemeine Grundlagen, Eisenbahnbrücken, Ausgabe 1956
ÖNORM B 4203: Massivbau, Eisenbahnbrücken, Ausgabe 1963
ÖNORM B 4603: Stahlbau, Eisenbahnbrücken, Ausgabe 1964.

Die damals vorhandenen ÖNORMen regelten nur einen Teil des Eisenbahnbrückenbaues. Die ÖBB beschritten zwei Wege zur Regelung weiterer notwendiger Festlegungen:

(1) Heranziehung von ausländischen Normen, z. B. DIN 4227 für Spannbeton-Eisenbahnbrücken;
(2) Aufstellung eigener Bedingnishefte, z. B. Bedingnisheft Nr. 1001 Lieferbedingungen für Anstrichstoffe.

2.2 Normung im Eisenbahnbrückenbau

Im Folgenden wird eine kurze Information zur Normenentwicklung im Stahlbau ab 1945 – Übergang B 4300 zu B 4600 – gegeben.
Die erste Sitzung des Fachnormenausschusses Stahlbau fand am 19. Februar 1946 statt. Bis zur hundertsten Sitzung, die am 30. April 1953 abgehalten wurde, lagen folgende Stahlbaunormen der Reihe B 4300 vor:
Grundnorm:

1. Teil: Formelzeichen
2. Teil: Genietete und geschraubte Tragwerke
3. Teil: Geschweißte Tragwerke
4. Teil: Knickung, Kippung, Beulung
5. Teil: Halbrundniete
7. Teil: Anforderungen an Schweißfachleute

Zusatznorm:
Entwurf B 4002 Straßenbrücken

In weiterer Folge erschienen:

6. Teil: Stahlbau-Schrauben
2. Teil: Neuauflage
4. Teil: Neuauflage
B 4302   Straßenbrücken (1. und 2. Auflage)

Außerdem war im März 1955 die erste Lesung der Zusatznorm B 4303 (Stahl-Eisenbahnbrücken) beendet und im Mai 1955 der Beginn der Lesung für die Zusatznorm B 4301 (Stahlhochbau).

Zu diesem Zeitpunkt führten Überlegungen aufgrund von wissenschaftlicher Forschung und Beobachtung der Normenentwicklung in den Nachbarländern zu der Erkenntnis, dass die vorliegende Grundnorm B 4300 nicht mehr dem letzten Stand der Forschung und Praxis entspricht. Es musste das Grundgefüge der Normenreihe B 4300 geändert werden. Es wurde beschlossen, eine neu geordnete Grundnorm mit der Bezeichnung ÖNORM B 4600 herauszugeben. Bei der 200. Sitzung am 18. Jänner 1963 lagen der 2. Teil (Berechnung der Tragwerke), der 3. Teil (Wöhlerfestigkeitsnachweis) und der 4. Teil (Stabilitätsnachweis, Grundfälle) fertig vor. Somit ist ersichtlich, dass keine B 4303 erschienen ist.

2.3 Normung im Deutschen Reich

1917: Normenausschuss der Deutschen Industrie – NADI – gegründet
1926: Umbenennung in Deutscher Normenausschuss DNA. Dieser ist Rechtsvorgänger des Deutschen Institutes für Normung DIN

Die Zeitschrift „Die Baunormung" – Mitteilungen des deutschen Normenausschusses – informierte über die Tätigkeit der Normenausschüsse. Der erste Jahrgang erschien im Jahr 1922.

2.3.1 Eisenbetonbemessung

Das maßgebende Regelwerk waren die Bestimmungen des deutschen Ausschusses für Eisenbeton. Erstellt wurden sie vom Deutschen Ausschuss für Eisenbeton, der 1907 gegründet und 1941 in Deutscher Ausschuss für Stahlbeton umbenannt wurde. Nach nur regional gültigen Vorläufern wurde erstmals mit den 1916 veröffentlichten „Bestimmungen für Ausführung von Bauwerken aus Beton" und den „Bestimmungen für Ausführung von Bauwerken aus Eisenbeton" ein für ganz Deutschland gültiges Regelwerk in Kraft gesetzt. Mit der Ausgabe 1925 erhielten sie eine Gliederung, die bis 1972 aufrecht blieb:

Teil A – DIN 1045 Bestimmungen für Ausführung von Bauwerken aus Eisenbeton;
Teil B – DIN 1046 Bestimmungen für Ausführung ebener Steindecken;
Teil C – DIN 1047 Bestimmungen für Ausführung von Bauwerken aus Beton;
Teil D – DIN 1048 Bestimmungen für Druckversuche an Würfeln bei Ausführung von Bauwerken aus Beton und Eisenbeton.

Auf die Ausgabe 1925 folgten die Ausgaben 1932, ergänzt 1937 und 1938, und 1943/1944. In dieser Ausgabe wurde das Wort Eisen durch Stahl ersetzt, somit Stahlbeton statt Eisenbeton und ein neuer Teil E – DIN 4225 – Fertigbauteile aus Stahlbeton, Richtlinien für Herstellung und Anwendung, aufgenommen.

Nach Kriegsende wurde 1947 der Normenausschuss Bauwesen im DNA gegründet, in dem der Deutsche Ausschuss für Stahlbeton seine Arbeit einbrachte. Die Bestimmungen von 1943/1944 wurden ergänzt durch einen Teil F – Betonzuschlagstoffe aus natürlichen Vorkommen, vorläufige Richtlinien für Lieferung und Abnahme.

2.3 Normung im Deutschen Reich

In den Ausgaben 1916 und 1925 der Bestimmungen waren auch die über den für den Hochbau hinausgehenden Festlegungen für den Brückenbau enthalten. Mit der Herausgabe 1930 der DIN 1075 – Berechnungsgrundlagen für massive Brücken – wurde ein neuer Weg beschritten und es wurden die brückenspezifischen Regeln als Ergänzung zu den Eisenbetonbestimmungen in einer gesonderten Norm zusammengefasst.

Die Ausgaben der DIN 1075 waren:

1930–08	1. Ausgabe Berechnungsgrundlagen für massive Brücken
1933–11	2. Ausgabe Berechnungsgrundlagen für massive Brücken
1938–05	3. Ausgabe Berechnungsgrundlagen für massive Brücken
1951–08	4. Ausgabe Massive Brücken – Berechnungsgrundlagen
1955–04	5. Ausgabe Betonbrücken – Bemessung und Ausführung
1981–04	6. Ausgabe Betonbrücken; Bemessung und Ausführung; zurückgezogen 2011–10

2.3.2 Eisenbahnbrücken

Nach dem Ersten Weltkrieg kam es zu einer Umwandlung der Staatsbahnen der deutschen Bundesstaaten in die Deutsche Reichsbahn. Damit einher ging auch die Schaffung eines neuen, einheitlichen und zeitgemäßen Vorschriftenwerkes. Aus der Vielzahl der Vorschriften werden nachfolgend genannt:

- Berechnungsgrundlagen für eiserne (in späteren Auflagen stählerne) Eisenbahnbrücken (BE);
- Grundsätze für die bauliche Durchbildung eiserner Eisenbahnbrücken (GE) 1925, 1931, 1938, 1940, 1943;
- Vorläufige Fertigungsvorschriften für Eisenbauwerke, 1925;
- Vorläufige besondere Bedingungen für die Entrostung und das Anstreichen von Eisenbauwerken, 1925;
- Vorläufige besondere Bedingungen für die Lieferung von Farben für Eisenbauwerke, 1925
- Vorläufige Richtlinien für die Ausführung und Unterhaltung des Anstriches von Eisenbauwerken, 1925;
- Technische Vorschriften für den Rostschutz von Stahlbauwerken, 1940;
- Vorschriften für die Lieferung von Farben und die Ausführung von Anstrichen für Eisenbauwerke, 1926;

- Vorläufige Vorschriften für geschweißte, vollwandige Eisenbahnbrücken, 1935, 1939 und 1941;
- Vorschriften für die Überwachung und Prüfung der Brücken, Hallen und Dächer, 1926 und 1940;
- Technische Vorschriften für Stahlbauwerke.

Für die Bemessung von Eisenbetonbrücken waren in Ergänzung zur BE – diese für die Belastungsangaben – DIN 1075 und die Bestimmungen des deutschen Ausschusses für Eisenbeton unter Berücksichtigung ergänzender Regelungen der Deutschen Reichsbahn maßgebend.

Anmerkungen zur BE und Übersicht über deren Weiterentwicklung:

Die BE waren die zentrale Vorschrift für Eisenbahnbrücken. Eine vorläufige Fassung erschien 1922 unter dem Titel „Grundlagen für das Entwerfen und Berechnen eiserner Eisenbahnbrücken", die Einführung der endgültigen Fassung erfolgte 1925 mit Verfügung der Hauptverwaltung der Deutschen Reichsbahn-Gesellschaft vom 25. Februar 1925 82 D 2531 unter dem Titel „Berechnungsgrundlagen für eiserne Eisenbahnbrücken". Eine Änderung des Titels wurde notwendig, da die bauliche Durchbildung der Tragwerke in einem eigenen Werk behandelt wurde, in der Vorschrift „Grundsätze für die bauliche Durchbildung eiserner Eisenbahnbrücken" (GE). Es folgten weitere Auflagen, die auf der dritten Auflage von 1934 aufbauten (Auflage 1937, Auflage 1939 mit den Berichtigungsblättern 1–3, Ausgabe 1940 mit den Berichtigungsblättern 1–4, Ausgabe 1942 und Ausgabe 1944 mit den Berichtigungsblättern 1–6 und weiteren Berichtigungen).

Eine Neubearbeitung der BE in der Bundesrepublik Deutschland ab dem Jahre 1948 führte zur Herausgabe der DV 804 „Berechnungsgrundlagen für stählerne Eisenbahnbrücken" der Deutschen Bundesbahn, gültig vom 01.10.1951 an. Die Regellastenzüge S(1950) und L(1950) lösten den N-, E- und G-Zug ab. 1955 erschienen die DV 805 „Grundsätze für die bauliche Durchbildung stählerner Eisenbahnbrücken" (GE) und die DV 848 „Vorschriften für geschweißte Eisenbahnbrücken" (Vorausgabe 1952 erschienen). Die technische Entwicklung und die Einführung des Lastmodells 71 machten eine komplette Überarbeitung der Berechnungsgrundlagen für Eisenbahnbrücken notwendig. Mit 01.01.1979 wurde die DS 804 „Vorschrift für Eisenbahnbrücken und sonstige Ingenieurbauwerke" (VEI) als Vorausgabe, mit 01.01.1983 definitiv eingeführt. Mit der DS 804 wurde der Betriebsfestigkeitsnachweis bei der DB eingeführt. Die Bekanntgaben B 4 (gültig ab 31.07.1996), B 5 (gültig ab 01.01.1997) und B 6 (gültig ab 25.09.2000) waren durch die Auflösung der DB und DR (Eisenbahngesellschaft der DDR) und Neuorganisation als Deutsche Bahn AG erforderlich. Bauaufsichtliche Belange

2.3 Normung im Deutschen Reich

wurden nicht mehr innerhalb der Bahnverwaltung, sondern vom Eisenbahn-Bundesamt wahrgenommen. Mit der Einführung der DIN – Fachberichte im Jahre 2003 war eine Änderung im Vorschriftenwerk erforderlich, die DS 804 wurde abgelöst durch die Ril 804 *Eisenbahnbrücken (und sonstige Ingenieurbauwerke) planen, bauen und instandhalten* (Ausgabe 05 2003). Die Ausgabe 01 2013 berücksichtigt die Einführung der Eurocodes als Berechnungsgrundlage.

Übergang zu den europäischen Regelungen:
Mit Stichtag 1. Mai 2003 waren die DIN – Fachberichte, 2. Auflage, für die Berechnung von Brücken heranzuziehen. Vorausgegangen war ab 2001 eine Erprobungsphase mit der ersten Auflage der DIN – Fachberichte. Basis der Fachberichte sind die Vornormen der Eurocodes (ENV).

Folgende DIN – Fachberichte erschienen:
100 Beton
101 Einwirkungen auf Brücken
102 Betonbrücken
103 Stahlbrücken
104 Stahlverbundbrücken

Zur Unterstützung des Umstieges auf das neue Regelwerk wurden unter anderem sogenannte *Leitfäden* herausgegeben.
2013 wurden die Eurocodes Grundlage für die Berechnung und Ausführung von Brücken.

2.3.3 Straßenbrücken

Neben DIN 1075 und den Bestimmungen des deutschen Ausschusses für Eisenbeton waren für Straßenbrücken wichtige Normen:

DIN 1072   Straßenbrücken, Belastungsannahmen

1. Ausgabe 1925 07
2. Ausgabe 1927 10
3. Ausgabe 1931 09
4. Ausgabe 1939 10
5. Ausgabe 1941 04

DIN 1073   Berechnungsgrundlagen für stählerne Straßenbrücken

1. Ausgabe 1928 04
2. Ausgabe 1931 09
3. Ausgabe 1941 01

DIN 1074   Berechnung und Ausführung hölzerner Straßenbrücken

1. Ausgabe 1930 08
2. Ausgabe 1941 08

DIN 1076   Richtlinien für die Überwachung und Prüfung eiserner Straßenbrücken (1930/08)
DIN 1077   Richtlinien für die Überwachung und Prüfung massiver Straßenbrücken (1933/06)
DIN 1079   Grundsätze für die bauliche Durchbildung stählerner Straßenbrücken

1. Ausgabe 1938 01
2. Ausgabe 1938 11

Berechnungsgrundlagen von Eisenbahnbrücken 3

3.1 Einleitung

In der amtlichen Anordnung Nr.12 des d. ö. Staatsamtes für Verkehrswesen – veröffentlicht am 11. Dezember 1918 im 5. Stück des Amtsblattes des Jahrganges 1918 – wird festgehalten:

> *Im übrigen bleiben aber außer den auf das Eisenbahnwesen bezughabenden Gesetzen auch alle das gleiche Gebiet betreffenden Verordnungen, Erlässe, Instruktionen und Dienstvorschriften insolange in Geltung, als sie nicht durch die bereits verlautbarten oder in Hinkunft zur Verlautbarung gelangenden Beschlüsse des Nationalrates, Vollzugsanweisungen des Staatsrates oder Verfügungen des d.ö. Staatsamtes für Verkehrswesen eine Änderung erfahren.*

Angesichts des historischen Umfeldes ist es nicht erstaunlich, dass die bisherigen Regeln weiterhin Gültigkeit besaßen. Diese Anordnung war alternativlos, da sonst keine gesetzlichen und technischen Regeln vorhanden gewesen wären. Das heißt konkret für den Bereich Eisenbahnbrücken, dass die

> *Verordnung des Eisenbahn-Ministeriums vom 28. August 1904, R.G.Bl. Nr. 97 betreffend die Eisenbahnbrücken, Bahnüberbrückungen und Zufahrtsstraßenbrücken mit eisernen oder hölzernen Tragwerken,*

im Folgenden als Verordnung 1904 bezeichnet, weiterhin Gültigkeit besaß.

Elektronisches Information Die elektronische Version dieses Kapitels enthält Zusatzmaterial, auf das über folgenden Link zugegriffen werden kann https://doi.org/10.1007/978-3-658-35954-6_3.

© Der/die Autor(en), exklusiv lizenziert durch Springer Fachmedien Wiesbaden GmbH, ein Teil von Springer Nature 2022
H. Brunner und F. Aigner, *Eisenbahnbrücken in Österreich 1918–1938*,
https://doi.org/10.1007/978-3-658-35954-6_3

3.2 Verordnung des Eisenbahnministeriums vom 28. August 1904

Diese Verordnung war das zentrale Werk für Eisenbahnbrücken. Sie ist als Universalnorm zu bezeichnen, da sie neben administrativen Angaben sowohl die Einwirkungs- als auch die Widerstandsseite beinhaltete. Sie ist unter **alex.onb.ac.at** einsehbar beziehungsweise im Anhang beigefügt. Die Hauptkapitel tragen folgende Überschriften:

- Bauentwürfe für Brücken: es werden unter anderem die Belastungen der Eisenbahn-, Straßen- und Wegbrücken angegeben sowie die zulässige Inanspruchnahme der Baumaterialien und des Baugrundes.
- Ausführung der Brücken: dieses Kapitel gibt Auskunft über die erforderliche Festigkeit des Eisens und Stahls, des Holzmaterials, Beschaffenheit und Erprobung der Mauerwerkmaterialien sowie Bearbeitung, Zusammensetzung und Aufstellung der Eisenkonstruktion.
- Erstmalige Hauptprüfung der Brücken.
- Prüfung der im Betrieb befindlichen Brücken: Inhalt des Kapitels ist unter anderem die Führung der Brückenbücher und Revisionsberichte.

3.2.1 Belastungsnorm I, II und III

Die in der Verordnung 1904 festgelegten Belastungszüge heißen „Belastungsnorm I und II" für Normalspurstrecken und „III" für 760 mm Spurweite. Auf die „Belastungsnorm III" wird hier nicht eingegangen und auf die Verordnung 1904 verwiesen.

3.2.2 Österreichischer N-Zug

Schon während der Zeit der Monarchie hatten die verantwortlichen Personen erkannt, dass der Belastungszug I/1904 keine Reserven für die Zukunft aufwies und dass ein neuer Belastungszug für die Berechnung neuer Eisenbahnbrücken notwendig ist. Das Ergebnis ist der Österreichische N-Zug. „Österreichisch" deshalb, da im Deutschen Reich ebenfalls neue Berechnungszüge entwickelt wurden und einer davon die Bezeichnung „N-Zug" führte. Die Lokomotive des

Österreichischen N-Zuges wurde in der damaligen Literatur als Normalzugs-Lokomotive bezeichnet. Der Österreichische N-Zug wurde mit Dienstschreiben N.109/18b vom 23. November 1921 eingeführt.
Der Österreichische N-Zug ist eingebettet in die Verordnung 1904. Man schuf kein neues Regelwerk, sondern ergänzte die Verordnung mit dem neu entwickelten Österreichischen N-Zug mit dazugehörigen neuen zulässigen Spannungen und einer neuen Schwerpunktlage.

3.2.3 „Übergangslastenzug"

Als Überbrückung bis zum Inkraftsetzen des Österreichischen N-Zuges wurde in Österreich und in der Tschecho-Slowakei der Berechnung von Brücken ein Lastenzug im Rahmen der Verordnung 1904 mit erhöhten Achslasten zugrunde gelegt. Er bestand aus zwei sechsachsigen Lokomotiven mit je 20 t Achslast, vierachsigen Tendern mit je 16 t Achslast und einseitig angereihten Wagen mit gleichfalls je 16 t Achslast. Er baute ebenfalls auf der Verordnung 1904 auf, hatte jedoch größere zulässige Spannungen als die in der Verordnung 1904 festgelegten. Dieser Übergangslastenzug wurde in Österreich der Berechnung sehr weniger Brücken zugrunde gelegt. Als ein Anwendungsfall sei die Brücke über die Linzerstrasse und die Schlossallee in Wien-Penzing genannt. Im Zuge der Tragwerkserneuerungen für die Gleise 1 und 2 in den Jahren 1920 und 1921 wurde für die Tragwerksbemessung der Übergangslastenzug zugrunde gelegt, bei der Erweiterung um 2 Gleise in den Jahren 1922 und 1923 bereits der Österreichische N-Zug.

3.3 Darstellung der Lastannahmen

Im Folgenden werden die Belastungsannahmen für Eisenbahnbrücken gemäß Verordnung 1904 einschließlich des Österreichischen N-Zuges und des Übergangslastenzuges dargestellt.

3.3.1 Einteilung der Lastannahmen laut Verordnung 1904

Die der Berechnung zugrunde zu legende Belastung setzt sich zusammen aus:

- bleibender Last (Eigengewicht und sonstige bleibende Belastung)
- Verkehrslast (die durch Fahrbetriebsmittel und Menschenansammlung erzeugte zufällige Last)
- Winddruck
- Wärmeschwankungen
- Seitenschwankungen der Fahrbetriebsmittel
- Fliehkraft
- Bremskraft

3.3.2 Einwirkungen infolge Verkehrslast

Die Reihenfolge der Einwirkungen infolge Verkehrslast folgt der Aufzählung nach ÖNORM EN 1991-2.

3.3.2.1 Vertikallasten einschl. Lastverteilung der Achslasten und dynamischer Einwirkungen

3.3.2.1.1 Verordnung 1904 – Belastungsnormen I und II

Für Normalspurstrecken wurden in §7 Punkte 10 und 11 der Verordnung 1904 zwei Lastmodelle angegeben:

- Belastungsnorm I
- Belastungsnorm II

Belastungsnorm I wurde auf Hauptstrecken angewandt, Belastungsnorm II auf Nebenstrecken. Die maximale Achslast bei Belastungsnorm I betrug 16 t beziehungsweise eine Achslast zu 20 t, bei Belastungsnorm II 14 t beziehungsweise eine Achslast zu 16 t.

Die Achsabstände mit 1,4 m beziehungsweise 1,2 m sind im Vergleich zu den Angaben in später erschienenen Regelwerken klein. Dies ist erklärbar durch eine idealisierte Abbildung der damals üblichen Dampflokomotiven (Abb. 3.1 und 3.2).

3.3 Darstellung der Lastannahmen

Belastungsnorm I.

10. Für vollspurige Bahnen: aus zwei der in Abbildung 3 dargestellten Lokomotiven samt Tendern und einseitig angereihten Wagen nach Abbildung 4.

Abb. 3.

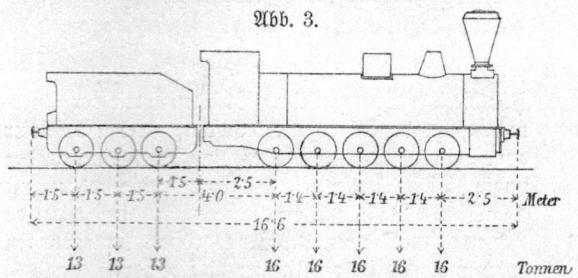

Gewicht der Lokomotive samt Tender 119 Tonnen.

Abb. 4.

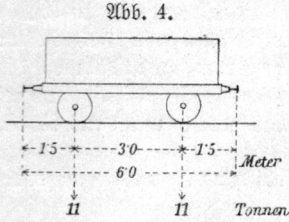

Gewicht des Wagens für das laufende Meter einschließlich der Bufferlänge 3·67 Tonnen.

Für die Berechnung kleiner Brücken sowie der Quer- und Schwellenträger ist, insoferne weniger als fünf Achsen mit einem gegenseitigen Abstande von je 1·4 Meter, von welchen eine, an der ungünstigsten Stelle, mit 20 Tonnen, die übrigen mit 16 Tonnen Belastung anzunehmen sind, größere Einwirkungen ergeben, als die oben dargestellte Lokomotive, dieser Belastungsfall zugrunde zu legen.

Abb. 3.1 Lastbild I-1904

Belastungsnorm II.

11. Für solche vollspurige Bahnen, bei welchen die vorstehende Belastungsnorm I nicht vorgeschrieben ist: aus zwei der in Abbildung 5 dargestellten Lokomotiven samt Tendern oder aus zwei der in Abbildung 6 dargestellten Tenderlokomotiven mit in beiden Fällen einseitig angereihten Wagen nach Abbildung 4. Die Brücken haben beiden Lokomotivgattungen zu entsprechen.

Abb. 5.

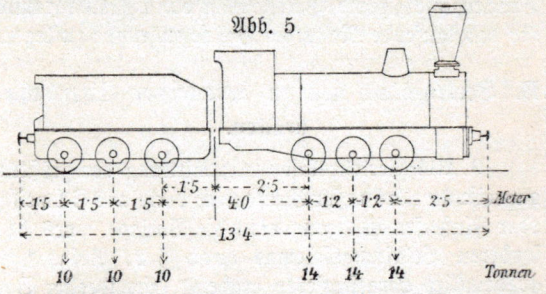

Gewicht der Lokomotive samt Tender 72 Tonnen.

Abb. 6.

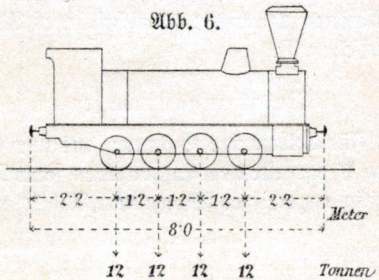

Gewicht der Lokomotive 48 Tonnen.

Für die Berechnung kleiner Brücken, sowie der Quer- und Schwellenträger ist, insoferne zwei 1·2 Meter voneinander entfernte Achsen, von denen eine, an der ungünstigsten Stelle, mit 16 Tonnen, die andere mit 14 Tonnen Belastung anzunehmen ist, oder nur eine Achse mit 16 Tonnen Belastung größere Einwirkungen ergeben als die Lokomotiven nach Abbildung 5 und 6, der ungünstigste Belastungsfall anzunehmen.

Abb. 3.2 Lastbild II-1904

3.3 Darstellung der Lastannahmen

3.3.2.1.2 Verordnung 1904 – Österreichischer N-Zug

Abb. 3.3 zeigt den Österreichischen N-Zug:

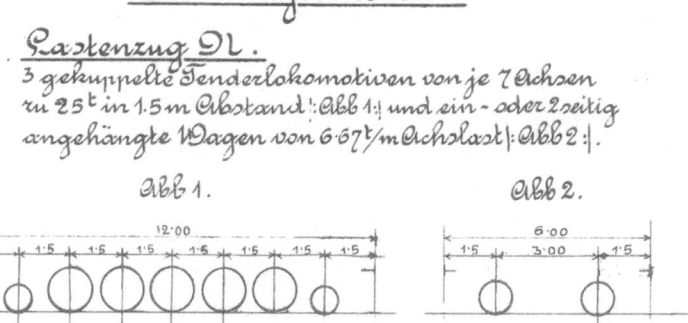

Abb. 3.3 Lastbild Österr. N-Zug

3.3.2.1.3 Verordnung 1904 – Übergangslastenzug

Abb. 3.4 zeigt den Übergangslastenzug:

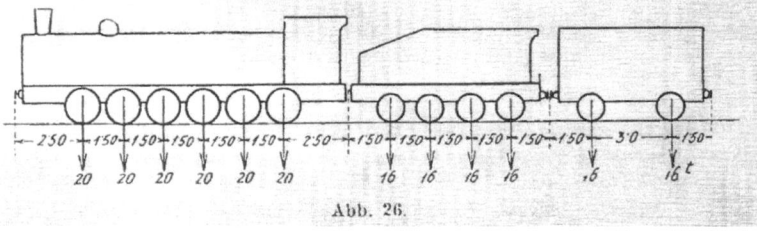

Abb. 3.4 Lastbild Übergangslastenzug

3.3.2.1.4 Lastmodell unbeladener Zug

Die Standsicherheit jeder Brücke gegen Winddruck war sowohl für den belasteten als auch für den unbelasteten Zustand nachzuweisen. Dieser Berechnung waren gemäß § 7 Punkt 8 bei Vollspurbahnen Wagen mit *1,5 t Gewicht für das laufende Meter* zugrunde zu legen.

3.3.2.1.5 Exzentrizität der Vertikallasten

Die Berücksichtigung der seitlichen Exzentrizität der Vertikallasten – Verhältnis der beiden Radlasten aller Achsen von 1,25 – laut ÖNORM EN 1991-2:2012/03/01, Abschn. 6.3.5, war in der Verordnung 1904 nicht vorgesehen.

3.3.2.1.6 Lastverteilung der Achslasten

Bei Stahlbrücken mit offener Fahrbahn war eine Verteilung der Achslasten in Brückenlängsrichtung nicht vorgesehen. Bei Eisenbetonbrücken mit durchgehendem Schotterbett wird im Kapitel „Regelplanungen" näher auf die Lastverteilung der Achslasten eingegangen.

3.3.2.1.7 Vertikale Ersatzlasten für Erdbauwerke

Dieser Lastfall war in der Verordnung 1904 nicht vorgesehen.

3.3.2.1.8 Einwirkungen für Dienstgehwege (§ 7, Punkt 19 der Verordnung)

Die Gehwegkonstruktionen an Eisenbahnbrücken, welche in der Regel nur von Eisenbahnbediensteten benützt werden, sind mit einer Belastung von 340 Kilogramm auf das Quadratmeter Grundrißfläche zu berechnen. Hierbei ist die Annahme gestattet, daß diese Belastung nicht gleichzeitig mit der Zugslast auftritt. Sind die Gehwegkonstruktionen auch für das reisende Publikum bestimmt, so hat die Berechnung unter Zugrundelegung einer mit der Zugslast gleichzeitig auftretend gedachten Belastung von 400 Kilogramm auf das Quadratmeter Grundrißfläche zu erfolgen.

3.3.2.1.9 Dynamische Einwirkung (§7, Punkt 15 der Verordnung)

Bezüglich der dynamischen Einwirkungen ist festgelegt:

Wenn eiserne Tragwerke den Stößen der Fahrzeuge ohne Vermittlung eines elastischen Zwischenteiles ausgesetzt sind, so muß eine um 10 Prozent vergrößerte Einwirkung der Verkehrslast in Rechnung gezogen werden.

Der dynamische Beiwert betrug somit 1,0 beziehungsweise 1,1 und ist im Vergleich zu heute üblichen Werten sehr klein. Grundsätzliche Überlegungen dazu werden im Abschn. 3.5 „Sicherheitsphilosophie" angestellt.

Bemerkung: Die Ermittlung des dynamischen Einflusses der Verkehrslast auf Brücken war zur damaligen Zeit Gegenstand intensiver Forschungen. Joseph Melan, ordentlicher österreichischer Professor des Brückenbaues, gibt für den dynamischen Beiwert zwei Formeln an:

3.3 Darstellung der Lastannahmen

$100\varphi = 14 + 800/(L + 10)$ (für Hauptbahnen)
$100\varphi = 14 + 600/(L + 10)$ (für Nebenbahnen)

$1 + \varphi$ ... dynamischer Beiwert
L ... Belastungslänge in [m]

Die Unterscheidung Hauptbahnen-Nebenbahnen wurde wegen der Geschwindigkeit getroffen.
Quelle: Zeitschrift des Österr. Ingenieur- und Architekten-Vereines, 1893, Seite 293.

In Tab. 3.1 werden die Werte für Hauptbahnen von Melan den Werten laut ÖNORM EN 1991-2 für Betriebslastenzüge gegenübergestellt:

Tab. 3.1 Dynamische Beiwerte nach Melan

L [m]	2,0	4,0	5,0	10,0	15,0	20,0	30,0	40,0	80,0
100φ (Melan)	80	71	67	54	44	41	34	30	23
100φ (ÖNORM EN)	62	62	60	48	41	39	31	27	19
Verhältniswert in %	129	115	112	113	107	105	110	111	121

Die Werte laut EN sind für eine Geschwindigkeit von 160 km/h berechnet. Angegeben ist jeweils das Maximum für die obere beziehungsweise untere Brückeneigenfrequenz.

3.3.2.2 Horizontallasten

3.3.2.2.1 Fliehkräfte (§7, Punkt 21 der Verordnung)

Bei Brücken in Gleiskrümmungen müssen auch die Einflüsse der Überhöhung des äußeren Schienenstranges, der Lage des Gleises und der Fliehkraft berücksichtigt werden. Der Angriffspunkt der Fliehkraft ist auf Vollspurbahnen 1,5 Meter über der Schienenhöhe anzunehmen.

Die Verordnung 1904 gibt einen Zusammenhang zwischen Radius und Geschwindigkeit an.

3.3.2.2.2 Seitenstoß (§7, Punkt 22 der Verordnung)

Die Einflüsse der von den Seitenschwankungen oder den Seitenpressungen der Fahrbetriebsmittel auf Brücken in gerader beziehungsweise gekrümmter Bahn erzeugten waagrechten Kräfte sind für ein Gleis mit 0,05 der lotrechten Einwirkungen der Lokomotivachsen des Zuges der betreffenden Belastungsnorm zu berücksichtigen. Die Angriffspunkte dieser waagrechten Kräfte sind in Schienenhöhe liegend anzunehmen.

3.3.2.2.3 Anfahr- und Bremskräfte (§7, Punkt 23 der Verordnung)

Bei Brücken in Bahnstrecken mit mehr als 10 Promille Neigung sowie bei Brücken, welche in Stationen und Haltestellen oder in den anschließenden Bremsstrecken liegen, ist die Wirkung der Bremskräfte mit 0,10 des Zugsgewichtes in Rechnung zu stellen.

3.3.2.2.4 Gemeinsame Antwort von Tragwerk und Gleis (Interaktion)

Dieser Lastfall war in der Verordnung 1904 nicht vorgesehen. Das Problem war bekannt und durch den Einbau von Schienenauszugsvorrichtungen ab definierten Tragwerkslängen behandelt (§ 5 der Verordnung). Zum Beispiel behandelte das Regelblatt N 114 aus 1885 die Dilatationsvorrichtung für eiserne Brücken von 30 bis 150 m Länge.

Hinweise zum Zusammenhang Dehnungslänge – erforderliche Maßnahmen gibt z. B. ÖNORM B 4008-2:2019/11/15, Anhang F4.

3.3.3 Aerodynamische Einwirkungen aus Zugbetrieb

Dieser Lastfall war in der Verordnung 1904 nicht vorgesehen.

3.3.4 Entgleisung und andere Einwirkungen für Eisenbahnbrücken

Dieser Lastfall war in der Verordnung 1904 nicht vorgesehen. Es war der Einbau von Sicherheitsschienen vorgesehen (§ 5 der Verordnung).

3.3.5 Winddruck (§7, Punkte 6 und 7 der Verordnung)

Die Wirkung des Windes ist unter Annahme eines waagrechten Seitendruckes von 270 Kilogramm auf das Quadratmeter der unbelasteten und von 170 Kilogramm auf das Quadratmeter der belasteten Brücke zu ermitteln und mit dem nachteiligeren dieser beiden Einflüsse in Rechnung zu ziehen.

Das Verkehrsband ist ein 0,5 m über der Schiene sich befindliches volles Rechteck, welches bei Vollspurbahnen 3,0 m hoch ist.

3.3.6 Wärmeschwankungen (§ 7, Punkt 5 der Verordnung)

Die Wärmeschwankungen sind für Temperaturgrenzen von −25 bis +45 Grad Celsius zu berücksichtigen

3.3.7 Durchbiegung (§ 8, Punkt 7 der Verordnung)

Eisenkonstruktionen, deren rechnungsmäßige elastische Durchbiegung unter der Verkehrslast mehr als ein Tausendstel der Stützweite beträgt, sollen in der Regel für Eisenbahnbrücken nicht ausgeführt werden.

3.4 Angaben zum Material

3.4.1 Anmerkungen zum „Flusseisen"

Bemerkung: es wird die Diktion der damaligen Zeit verwendet

Schmiedeeisen war der Überbegriff für Schweiß- und Flusseisen. Die Abgrenzung zum Stahl lag in einem Kohlenstoffgehalt unter 0,5 %. Als *weiches Eisen* bezeichnete man Eisen mit einer Zugfestigkeit zwischen 3700 und 4400 kg/cm^2, Flussstahl mit einer Zugfestigkeit zwischen 4500 und 6000 kg/cm^2 als *harten Flussstahl*. Die Härte ist an einen gewissen Kohlenstoffgehalt gebunden, mit zunehmender Härte, d. h. mit zunehmendem Kohlenstoffgehalt, hat der Stahl eine verminderte Zähigkeit. Deshalb wurde von der Verwendung des harten Flussstahles im kleineren und mittleren Stützweitenbereich abgesehen, da sich hier die dynamischen Einwirkungen der Verkehrslasten besonders stark bemerkbar machen.

Es gab zwei Arten der *Herstellung von Flusseisen:*

(1) Birnen- oder Converterprozess:
 (1a) Saurer oder Bessemerprozess (von Bessemer 1855 erfunden)
  „Sauer": Futter der Birne wird aus Kieselerde hergestellt;
 (1b) Basischer oder Thomasprozess (von Thomas 1897 erfunden)
  „Basisch": Futter der Birne wird aus dolomitischem Kalk hergestellt.
(2) Flammofenprozess (Siemens-Martinprozess):
 Durch entsprechende Ausfütterung kann der Prozess entweder sauer oder basisch durchgeführt werden. Das so hergestellte Eisen heißt *Martinflusseisen*.

Wegen des hohen Phosphorgehaltes der österreichischen Erze und des daraus hergestellten Roheisens kommen hauptsächlich die basischen Prozesse zur Durchführung und somit bilden Thomaseisen und Martineisen den Hauptteil der Eisenproduktion.

Diese beiden Flusseisensorten sind hinsichtlich ihrer Eignung als Konstruktionselement für Brücken einige Zeit als nicht ganz gleichwertig eingestuft worden. Grund dafür waren Versuchsreihen des Österreichischen Ingenieur- und Architekten-Vereines in den Jahren 1889/1990, die für Träger aus Thomaseisen wenig zufriedenstellende Ergebnisse ergaben. In Österreich wurde deshalb im Jahre 1892 zunächst nur das weiche basische Martinflusseisen für den Brückenbau zugelassen (3500 bis 4500 kg/cm^2 Zugfestigkeit, Bruchdehnung 28 bis 22 %). Durch neuerliche Versuche im Jahre 1897 wurde das Thomaseisen neu eingestuft. Beide Flusseisensorten – Martin- und Thomaseisen – sind innerhalb der Festigkeitsgrenzen von 3500 bis 4300 kg/cm^2 gleichwertig einzustufen, Thomaseisen mit einer Zugfestigkeit über 4300 kg/cm^2 weist jedoch nicht die gleiche Zuverlässigkeit wie Martinflusseisen auf und wurde nicht für den Brückenbau zugelassen.

3.4.2 Anforderungen an Eisen und Stahl laut Verordnung 1904

Für die Eisenkonstruktionen der Brücken ist Schweißeisen oder basisches Flusseisen zu verwenden.
Im Folgenden wird nur das Flusseisen behandelt.

- Festlegungen für die Zugfestigkeit:
  - Zugfestigkeit Minimalwert 3,6 t pro Quadratzentimeter;
  - Zugfestigkeit Maximalwert 4,5 t pro Quadratzentimeter bei den im Flammofen erzeugten Flusseisen, das ist Martineisen;
  - Zugfestigkeit Maximalwert 4,2 t pro Quadratzentimeter bei anderer Erzeugungsart, das ist Thomaseisen.
- Festlegungen für die Dehnfähigkeit:
  - die Tetmajersche Qualitätsziffer, das ist das Produkt aus Zerreißfestigkeit in t/cm^2 und Dehnung in Prozenten beim Bruch, muss in Walzrichtung mindestens 100, senkrecht zur Walzrichtung mindestens 90 betragen.
  Dieses weiche Flusseisen hatte einen Kohlenstoffgehalt bis etwa 0,2%, die Elastizitätsgrenze betrug etwa die Hälfte der Zugfestigkeit, die Streckgrenze lag zwischen 2400 und 2800 kg/cm^2.

Zum Vergleich: Nach ÖNORM B 4008-2:2019-11 beträgt für Flusseisen nach 1900 beziehungsweise Flussstahl die Fließgrenze (Streckgrenze) $f_{yk} = 235\,N/mm^2$, die Zugfestigkeit $f_u = 335\,N/mm^2$

- Erprobung des Eisens und Stahles

Es waren Zerreiß-, Biege-, Bruch- und sonstige Proben vorzunehmen. Die Verordnung 1904 gibt Angaben über die Versuchsdurchführung, Maßnahmen bei Nichtentsprechung der Proben und weitere Festlegungen für die Qualitätssicherung wie Nachverfolgbarkeit der Materialien (Chargennummer) und Angabe der Erzeugungsart. Beim Biegeversuch waren folgende Bedingungen einzuhalten: *Im unverletzten Zustand müssen 50 bis 80 mm breite, parallel und quer zur Walzrichtung entnommene Streifen von Blechen usw., ohne Einrisse zu bekommen, eine Biegung über eine Rundung, deren Durchmesser bei Proben in der Walzrichtung gleich der einfachen und bei Proben senkrecht zur Walzrichtung gleich der doppelten Stabstärke ist, bis zu einem Winkel von 180 Grad aushalten. Im verletzten Zustand, das ist nach Einkerbung mittels eines scharfen Meißels senkrecht auf die Walzrichtung und über die ganze Stabbreite bis auf ein Millimeter Tiefe, darf ein 50 bis 80 mm breiter Streifen von Blechen usw. über eine Rundung, deren Durchmesser gleich der fünffachen Stabstärke ist, gebogen, keinen plötzlich durchgehenden Bruch aufweisen, bevor ein Biegewinkel erreicht wird, welcher bei einem Materiale von 4.5 t Zugfestigkeit mindestens 90 Grad, bei einem Materiale von 4.0 Zugfestigkeit mindestens 120 Grad und bei einem Materiale von 3.6 t Zugfestigkeit mindestens 150 Grad zu betragen hat.* Diese Ergebnisse mussten auch Proben erzielen, an denen eine versuchte Härtung des Materials vorgenommen wurde. Die Härtung des Materials war in der Weise zu versuchen, dass der schwach rotglühende Stab in Wasser von etwa 28 °C abgeschreckt wurde. Weiters *durften Streifen von Blechen usw. im rotglühenden Zustande, über eine scharfe Kante gebogen und dann vollständig zusammengeschlagen, keine Anrisse zeigen.*

3.5 Sicherheitsphilosophie – Wahl der zulässigen Spannung

3.5.1 Grundlagen

Die Vorschriftenersteller für die Verordnung 1904 und damit auch für den österreichischen N-Zug und den Übergangslastenzug gingen damals von folgenden Überlegungen aus:

Die Berechnungsannahmen gaben teilweise sehr vereinfacht die realen Verhältnisse wieder. Dies betrifft vor allem folgende Punkte:

- Die Annahme der Verkehrslasten, hier speziell deren dynamischen Einfluss auf die Tragstrukturen;
- Die Systembildung für gewisse Tragstrukturen: z. B. werden bei Fachwerkbrücken gelenkige Knotenanschlüsse unterstellt, bei einseitigen Stabanschlüssen wird deren Ausmittigkeit nicht rechnerisch berücksichtigt, kurz die Nebenspannungen werden im Regelfall bewusst außer Acht gelassen. Dies deshalb, da ihre genaue Ermittlung zur damaligen Zeit aufwendig gewesen wäre;
- Den Einfluss der Ermüdung.

Es war klar, dass die unter diesen Voraussetzungen berechneten Spannungen von den tatsächlichen Spannungen abwichen.

Für die Festlegung der zulässigen Spannungen σ_{zul} galten folgende Forderungen:

- Die vorkommende größte rechnerische Spannung sollte wegen der Formänderungen kleiner als die Streckgrenze sein und wegen des Einflusses der Ermüdung kleiner als die Elastizitätsgrenze;
- σ_{zul} sollte der rechnerischen Nichtberücksichtigung des dynamischen Einflusses und der Nebenspannungen Rechnung tragen.

3.5.2 Festlegungen

3.5.2.1 Festlegungen für Ausgabe 1904 (ursprüngliche Werte) für Belastungszug I und II

Aufgrund der in Abschn. 3.5.1 dargelegten prinzipiellen Überlegungen erfolgten folgende Festlegungen:

- σ_{zul} nimmt mit der Stützweite bis zu einem Grenzwert zu. Dies trägt dem Umstand Rechnung, dass die Wirkungen der Verkehrslast auf Tragkonstruktionen mit kleiner Stützweite ungünstiger sind als auf Tragkonstruktionen mit großer Stützweite.
- Aus diesem Grund bleibt der dynamische Einfluss der Verkehrslast rechnerisch unberücksichtigt und ein eigener Ermüdungsnachweis entfällt.
- Für Eigengewicht und Verkehrslast sollte sich σ_{zul} in der Größenordnung von 800 bis 1100 kg/cm^2 bewegen.

3.5 Sicherheitsphilosophie – Wahl der zulässigen Spannung

Die Verordnung 1904 legte fest:

- für Eigengewicht und Verkehrslast ein stützweitenabhängiges σ_{zul} mit einem Maximalwert von 1000 kg/cm² und
- für sämtliche vorgesehenen Einwirkungen stützweitenunabhängig den Wert σ_{zul} mit 1200 kg/cm².

Mit diesen Werten – 1000 kg/cm² (Maximalwert, stützweitenabhängig) beziehungsweise 1200 kg/cm² – sollte sichergestellt sein, dass die Elastizitätsgrenze unter Berücksichtigung einer realen dynamischen Einwirkung und real vorhandener Nebenspannungen trotz deren rechnerischer Nichtberücksichtigung nicht überschritten wird. Die Elastizitätsgrenze des damals verwendeten Flusseisens betrug etwa die Hälfte der Zugfestigkeit und lag damit zwischen 1800 und 2000 kg/cm².

3.5.2.2 Erhöhung der zulässigen Inanspruchnahme des Eisens 1918 (modifizierte Werte 1918)

Das k. u. k. Kriegsministerium hat mit Zuschrift vom 24. Dezember 1917 an den Österr. Ingenieur-und Architektenverein (ÖIAV) das Ersuchen gestellt, welche Erhöhungen der derzeit (das heißt damals) festgesetzten zulässigen Inanspruchnahme der Baumaterialien möglich wären unter dem Gesichtspunkt der vorherrschenden Materialknappheit und damit gebotener Sparsamkeit. Der Verwaltungsrat des ÖIAV beschloss zur Bearbeitung dieser Anfrage einen Sonderausschuss einzusetzen, der sich am 20. April 1918 konstituierte. Das Ergebnis waren drei Anträge auf Abänderung der bestehenden Vorschriften für Eisenbahnbrücken, Straßenbrücken und Hochbauten, das heißt es wurden neue, höhere Werte für die zulässige Inanspruchnahme in die bestehenden Tabellen eingesetzt. Der Ausschuss begründete diese Erhöhung der Grenzen der zulässigen Inanspruchnahme des Eisens damit, dass sich die Erzeugung des für die Tragwerke infrage kommenden Flußeisens in letzter Zeit wesentlich vervollkommnet habe und die Anarbeitung der Tragwerke in den Werkstätten sowie die Montierung auf dem Bauplatze sehr beachtenswerte Fortschritte gemacht habe. Für alle neu herzustellenden Bauwerke solle nur mehr Flußeisen verwendet werden, da Schweißeisen kaum mehr verwendet würde. Das Gutachten wurde am 20. Juni 1918 an das k. u. k. Kriegsministerium geleitet.

Für Eisenbahnbrücken wurde die zulässige Spannung festgelegt:

- für Eigengewicht und Verkehrslast stützweitenabhängig auf max.1100 kg/cm² (bis dahin 1000 kg/cm²) beziehungsweise

- für sämtliche vorgesehenen Einwirkungen stützweitenunabhängig auf 1300 kg/cm² (bis dahin 1200 kg/cm²)

Für bestehende Tragwerke erfolgte ebenfalls eine Anhebung der zulässigen Werte.

3.5.2.3 Festlegung für den Übergangslastenzug
Diese neuen Werte laut Abschn. 3.5.2.2 wurden angewandt für die Bemessung von Tragwerken für den Übergangslastenzug.

3.5.2.4 Festlegung für den Österreichischen N-Zug
Für den Österreichischen N-Zug betragen für die zwei Lastszenarien die Grenzwerte ebenfalls maximal 1100 kg/cm² (stützweitenabhängig) beziehungsweise 1300 kg/cm², jedoch sind für die stützweitenabhängigen Werte andere Formeln als in der Empfehlung des ÖIAV vorgeschrieben. Diese Festlegungen wurden mit Dienstschreiben N.109/18b vom 23. November 1921 eingeführt.

3.5.2.5 Festlegung für Stahl der Güte St 44.12
Ab ca. 1930 wurde Stahl der Güte St 44.12 bei Eisenbahnbrücken in Österreich eingebaut. Als Beispiele seien die Stadlauer Donaubrücke in Wien und die Rheinbrücke bei Buchs angeführt. Der Stahl war in ÖNORM M 3112 genormt. Wie die Zahl „12" von St 44.12 aussagt, ist eine Übereinstimmung mit DIN 1612 gegeben.

Die Zugfestigkeit σ_B beträgt 44 bis 52 kg/mm² (zum Vergleich der Wert für St 37.12: 37 bis 45 kg/mm²). Das Verhältnis der Zugfestigkeitswerte 44:37 beträgt 1,189, rund 1,2. Mit diesem Wert wurden die zulässigen Spannungen für den Österreichischen N-Zug lt. Dienstschreiben 109 aus 1921 erhöht und als zulässige Spannungen für den österreichischen N-Zug bei Verwendung von St 44.12 festgelegt (Tab. 3.2).

Tab. 3.2 Zulässige Spannungen St.44.12

Lastszenario	Österreichischer N-Zug lt. Dienstschreiben 109 aus 1921	Österreichischer N-Zug mit St 44.12
$\sigma_{zul\,H}$ [t/cm²]	1,1*	1,320*
$\sigma_{zul\,HZ}$ [t/cm²]	1,3	1,560

* Maximalwerte der stützweitenabhängigen zulässigen Spannungen

3.5.3 Kombination der Einwirkungen für den Spannungsnachweis

In der Verordnung 1904 wurden die Einwirkungen in zwei Gruppen zusammengefasst, denen unterschiedlich hohe zulässige Spannungen zugeordnet waren. Diese Einwirkungskombinationen sind ident, aber nicht als solche bezeichnet, mit den Einwirkungskombinationen H – Hauptlasten – und HZ – Haupt– und Zusatzlasten – der beiden deterministischen Belastungsnormen für Eisenbahnbrücken nach dem Zweiten Weltkrieg: ÖNORM B 4003 Ausgaben 1956 beziehungsweise 1984. Tab. 3.3 zeigt der Vergleich zwischen Haupt- und Zusatzlasten.

Tab. 3.3 Vergleich Haupt- und Zusatzlasten

Vorschrift	H	Z
Verordnung 1904	Eigengewicht Verkehrslast Fliehkraft	Winddruck Seitenschwankungen, Seitenpressungen Bremskräfte Wärmeschwankungen Belastungen auf Gehsteigen
B 4003/1956	ständige Lasten Lastenzüge Fliehkräfte dynamische Beiwerte	Seitenstöße Anfahren/Bremsen Belastungen auf Gehsteigen Windlasten Temperaturschwankungen Schneelasten
B 4003/1984	ständige Lasten Lastbilder Fliehkräfte dynamischer Beiwert	Seitenstöße Bremsen/Anfahren Belastungen auf Gehsteigen Windlasten Temperaturänderungen Schneelasten

Bemerkung: ÖNORM B 4003/1984 verwendet nicht die Begriffe Haupt- und Zusatzlasten. Um jedoch die ÖNORM B 4603/1964 weiter verwenden zu können, wurde in der zuständigen DV B 45 der ÖBB die Zuordnung der Lasten der B 4003/1984 in Haupt- und Zusatzlasten getroffen.

3.5.4 Zulässige Spannungen laut Verordnung 1904 für die Belastungszüge I und II (ursprüngliche Werte)

(Siehe Abb. 3.5)

Bezeichnung der Belastung und Art der Beanspruchung	Zulässige größte Inanspruchnahme kg/cm^2	
a) Unter Zugrundelegung der im §7 für Eisenbahnbrücken festgesetzten Belastungen ausschließlich der durch Wind, Seitenschwankungen, Seitenpressungen und Bremskräfte hervorgerufenen Einwirkungen.	Schweißeisen	Flußeisen
1. Beanspruchung auf Zug oder Druck bei Stützweiten von 0 m bis 10 m nach der Formel	$700 + 2\,l$	$750 + 5\,l$
,, ,, ,, 10 ,, ,, 20 ,, ,, ,, ,,	$700 + 2\,l$	$760 + 4\,l$
,, ,, ,, 20 ,, ,, 40 ,, ,, ,, ,,	$700 + 2\,l$	$800 + 2\,l$
,, ,, ,, 40 ,, ,, 80 ,, ,, ,, ,,	$720 + 1{\cdot}5\,l$	$840 + l$
,, ,, ,, 80 ,, ,, 120 ,, ,, ,, ,,	$760 + l$	$840 + l$
,, ,, ,, 120 ,, u. darüber ,, ,, ,,	$820 + 0{\cdot}5\,l$	$840 + l$
,, ,, bis höchstens	900	1000
In diesen Formeln bedeutet ,,l'' die Stützweite der Tragwerke in Metern. Für Pfeiler und Säulen ist ,,l'' als das Mittel aus den Stützweiten der angrenzenden Brückenfelder aufzufassen. Bei Quer- und Längsträgern ist für ,,l'' die Stützweite dieser Träger, bei Konsolen die doppelte Länge derselben anzunehmen.		
2. Beanspruchung auf Abscherung, ausgenommen die Niete	500	600
3. Beanspruchung der Niete auf Abscherung:		
α) in nur einer Richtung	600	700
β) in mehreren Richtungen (gilt auch für die Anschlußniete der Fahrbahnträger)	500	600
4. Druck auf die Nietlochleibung (Nietdurchmesser mal Blechstärke)	1400	1600
b) Unter Zugrundelegung sämtlicher im §7 für Eisenbahnbrücken festgesetzten Belastungen.	Schweißeisen	Flußeisen
5. Beanspruchung auf Zug oder Druck	1000	1200
6. Beanspruchung auf Abscherung, ausgenommen die Niete	600	700
7. Beanspruchung der Niete auf Abscherung	700	800
8. Druck auf die Nietlochleibung (Nietdurchmesser mal Blechstärke)	1600	1800
9. Beanspruchung der Teile aus Roheisenguß, aus welchem Material jedoch kein Glied der freitragenden Konstruktion hergestellt werden darf:	Roheisenguß	
α) auf Druck	700	
β) auf reinen Zug	200	
γ) auf Zug im Falle der Biegung	250	
10. Beanspruchung der Teile aus Flußstahl in Brückenlagern im Falle der Biegung auf Zug oder Druck	Flußstahl 1000	

Abb. 3.5 Zulässige Spannungen Lastbilder I und II

3.5.5 Zulässige Spannungen laut Verordnung 1904 für die Belastungszüge I und II (Werte mit nachträglicher Änderung 1918 nach den Empfehlungen des ÖIAV)

(Siehe Abb. 3.6)

Art der Beanspruchung	Zulässige Inanspruchnahme in kg/cm²			
	Neu zu erbauende Tragwerke		Bestehende Tragwerke	
	unter Zugrundelegung der im § 7 festgesetzten			
	Belastungen, ausschließlich Wind, Seitenschwankungen, Seitenpressungen und Bremskräften	sämtlichen Belastungen	Belastungen, ausschließlich Wind, Seitenschwankungen, Seitenpressungen und Bremskräften	sämtlichen Belastungen
Flußeisen				
1. Zug, Druck oder Biegung	bis 10 m Stützweite 850, über 10 m Stützweite 820+3 l, bis höchstens 1100	1300	bis 15 m Stützweite 950, über 15 m Stützweite 920+2 l, bis höchstens 1100	1300
2. Abscherung ausgenommen Niete	650	750	750	800
3. Niete auf Abscherung				
α) in nur einer Richtung	750	850	850	900
β) in mehreren Richtungen	650	850	850	900
4. Druck auf Nietlochleibung	1800	2000	1800	2000
Gußeisen				
5. Druck		800		
6. Zug bei Biegung		300		
Flußstahl				
7. Zug, Druck oder Biegung		1300		

Abb. 3.6 Zulässige Spannungen Empfehlung ÖIAV

Bemerkung: Die Belastungszüge I und II wurden auch nach dem Zusammenbruch der Monarchie für die Berechnung von Eisenbahnbrücken herangezogen, jedoch wurden nicht die oben dargestellten Werte für die zulässigen Spannungen nach den Empfehlungen des ÖIAV verwendet, sondern die ursprünglichen Werte aus der Verordnung 1904.

3.5.6 Zulässige Spannungen für den Österreichischen N-Zug (Werte laut Dienstschreiben N.109/18b vom 23.November 1921)

(Siehe Abb. 3.7)

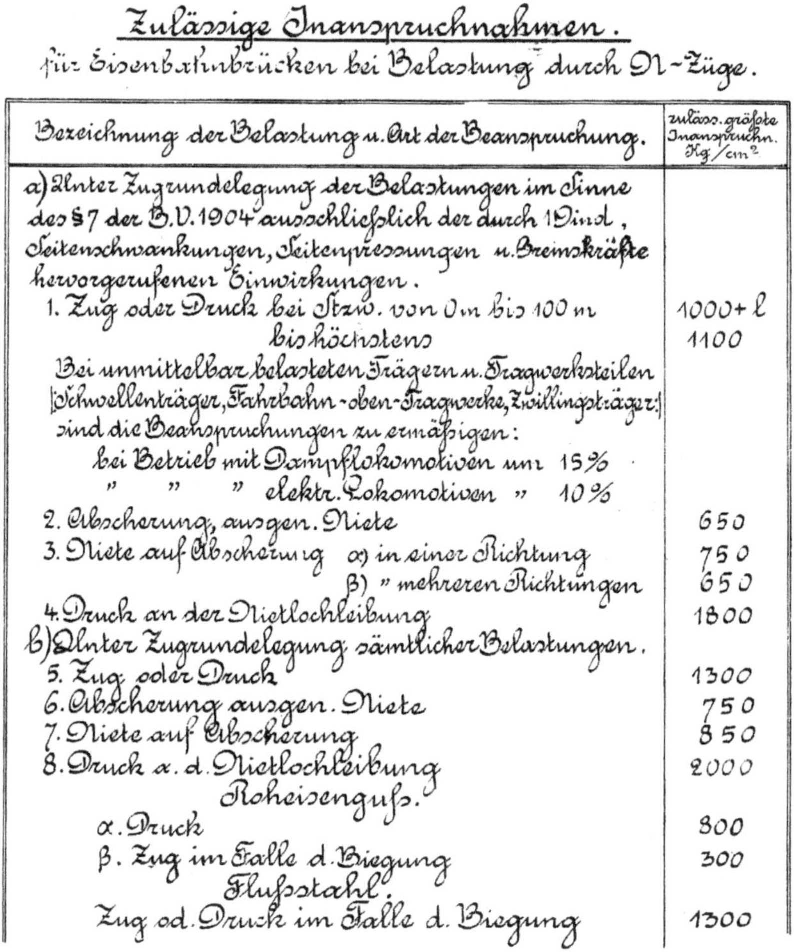

Zulässige Inanspruchnahmen.
für Eisenbahnbrücken bei Belastung durch N-Züge.

Bezeichnung der Belastung u. Art der Beanspruchung.	zuläss. größte Inanspruchn. kg/cm^2
a) Unter Zugrundelegung der Belastungen im Sinne des §7 der B.V.1904 ausschließlich der durch Wind, Seitenschwankungen, Seitenpressungen u. Bremskräfte hervorgerufenen Einwirkungen.	
1. Zug oder Druck bei Stzw. von 0m bis 100 m bis höchstens	$1000+l$ 1100
Bei unmittelbar belasteten Trägern u.Tragwerksteilen [Schwellenträger, Fahrbahn-oben-Tragwerke, Zwillingsträger] sind die Beanspruchungen zu ermäßigen:	
bei Betrieb mit Dampflokomotiven um 15%	
" " " elektr. Lokomotiven " 10%	
2. Abscherung, ausgen. Niete	650
3. Niete auf Abscherung α) in einer Richtung	750
β) " mehreren Richtungen	650
4. Druck an der Nietlochleibung	1800
b) Unter Zugrundelegung sämtlicher Belastungen.	
5. Zug oder Druck	1300
6. Abscherung ausgen. Niete	750
7. Niete auf Abscherung	850
8. Druck a. d. Nietlochleibung	2000
Roheisenguß.	
α. Druck	300
β. Zug im Falle d. Biegung	300
Flußstahl.	
Zug od. Druck im Falle d. Biegung	1300

Abb. 3.7 Zulässige Spannungen Österr. N-Zug

3.5.7 Zulässige Spannungen für den Österreichischen N-Zug für Stahl der Güte St. 44.12

(Siehe Abb. 3.8 und 3.9)

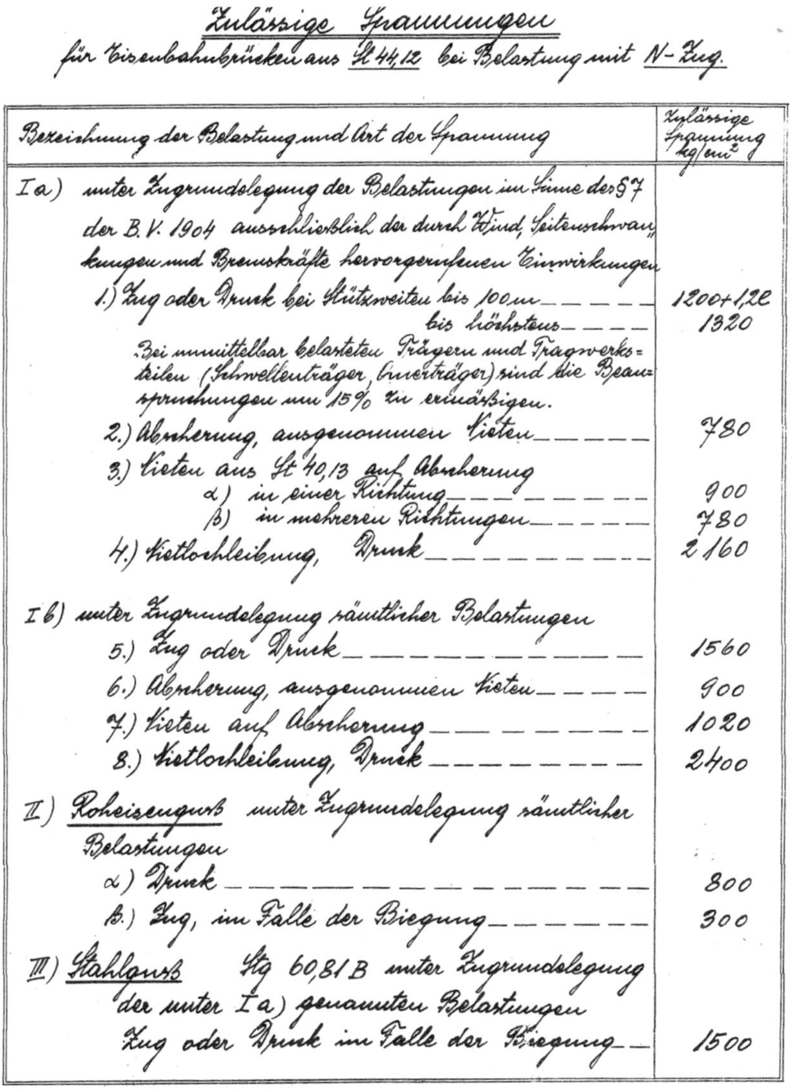

Zulässige Spannungen für Eisenbahnbrücken aus St 44.12 bei Belastung mit N-Zug.

Bezeichnung der Belastung und Art der Spannung	Zulässige Spannung kg/cm²
I a) unter Zugrundelegung der Belastungen im Sinne des §7 der B.V. 1904 ausschließlich der durch Wind, Seitenschwankungen und Bremskräfte hervorgerufenen Einwirkungen	
1.) Zug oder Druck bei Stützweiten bis 100 m	1200+1,2ℓ
bis höchstens	1320
Bei unmittelbar belasteten Trägern und Tragwerksteilen (Schwellenträger, Brückenträger) sind die Beanspruchungen um 15% zu ermäßigen.	
2.) Abscherung, ausgenommen Nieten	780
3.) Nieten aus St 40.13 auf Abscherung	
α) in einer Richtung	900
β) in mehreren Richtungen	780
4.) Nietlochleibung, Druck	2160
I b) unter Zugrundelegung sämtlicher Belastungen	
5.) Zug oder Druck	1560
6.) Abscherung, ausgenommen Nieten	900
7.) Nieten auf Abscherung	1020
8.) Nietlochleibung, Druck	2400
II) Roheisenguß unter Zugrundelegung sämtlicher Belastungen	
α) Druck	800
β) Zug, im Falle der Biegung	300
III) Stahlguß Stg 60,81 B unter Zugrundelegung der unter I a) genannten Belastungen Zug oder Druck im Falle der Biegung	1500

Abb. 3.8 Zulässige Spannungen St. 44.12

Knickzahlen für Stahl St 44,12

σ/i	ω	σ/i	ω	σ/i	ω	σ/i	ω	σ/i	ω
10	1,28								
11	1,29	51	1,52	91	1,86	131	3,48		
12	1,29	52	1,53	92	1,87	132	3,53		
13	1,30	53	1,53	93	1,88	133	3,58		
14	1,30	54	1,54	94	1,89	134	3,64		
15	1,31	55	1,55	95	1,90	135	3,69		
16	1,31	56	1,56	96	1,91	136	3,75		
17	1,32	57	1,56	97	1,92	137	3,80		
18	1,32	58	1,57	98	1,95	138	3,86		$\sigma/i = 150$
19	1,33	59	1,58	99	1,99	139	3,91		
20	1,33	60	1,59	100	2,03	140	3,97		
21	1,34	61	1,59	101	2,07	141	4,03		
22	1,34	62	1,60	102	2,11	142	4,09		
23	1,35	63	1,61	103	2,15	143	4,14		
24	1,35	64	1,62	104	2,19	144	4,20		
25	1,36	65	1,62	105	2,23	145	4,26		
26	1,37	66	1,63	106	2,28	146	4,32		Stäbe mit größerer Schlankheit als σ/i kommen nicht vor.
27	1,37	67	1,64	107	2,32	147	4,38		
28	1,38	68	1,65	108	2,36	148	4,44		
29	1,38	69	1,66	109	2,41	149	4,50		
30	1,39	70	1,66	110	2,45	150	4,56		
31	1,39	71	1,67	111	2,50	151	4,62		
32	1,40	72	1,68	112	2,54	152	4,68		
33	1,41	73	1,69	113	2,59	153	4,74		
34	1,41	74	1,70	114	2,63	154	4,81		
35	1,42	75	1,71	115	2,68	155	4,87		
36	1,42	76	1,71	116	2,73	156	4,93		
37	1,43	77	1,72	117	2,77	157	4,99		
38	1,44	78	1,73	118	2,82	158	5,06		
39	1,44	79	1,74	119	2,87	159	5,12		
40	1,45	80	1,75	120	2,92	160	5,19		
41	1,45	81	1,76	121	2,97				
42	1,46	82	1,77	122	3,02	Berechnungsgrundlage Önorm B 1002			
43	1,47	83	1,78	123	3,07				
44	1,47	84	1,79	124	3,12				
45	1,48	85	1,80	125	3,17	n.σ_{zul} = 4200 kg/cm²			
46	1,49	86	1,81	126	3,22				
47	1,49	87	1,82	127	3,27	σ_s = 2700 -"-			
48	1,50	88	1,83	128	3,32				
49	1,51	89	1,84	129	3,37				
50	1,51	90	1,85	130	3,42				

Abb. 3.9 Knickzahlen St 44.12

3.5.8 Zulässige Spannungen für den Übergangslastenzug

(Siehe Abb. 3.10)

Inanspruchnahme der Flußeisenbrücken unter Zugrundelegung der Belastung durch 2 Lokomotiven, Tendern und Wagen nach Abb. 26

	Belastung durch Eigengewicht und Verkehrslast, aber ohne Winddruck, Seitenpressung der Fahrzeuge und Bremskräfte	bei Berücksichtigung aller einwirkenden Kräfte
für Zug u. Druck { bei Spannweiten bis 10 m	850	1300
„ über 10 m	$820 + 3\,l$	
jedoch höchstens	1100	
Beanspruchung auf Abscheren	650	750
Nieten auf Abscheren in einer Richtung	750	850
Nieten auf Abscheren in mehreren Richtungen	650	
Druck auf die Nietlochleibung	1800	2000
Roheisenguß auf Druck 800 kg, auf Biegung 300 $kg\,cm^2$		
Stahlguß auf Biegung 1300 $kg\,cm^2$		

Abb. 3.10 Zulässige Spannungen Übergangslastenzug

Bemerkung: Diese Werte sind ident mit den Werten der Empfehlung des ÖIAV.

3.5.9 Belastungszüge und festgelegte Spannungen

Tab. 3.4 zeigt eine Übersicht über die Verwendung der Belastungszüge I und II, des österreichischen N-Zuges und des Übergangslastenzuges und zusätzliche Werke für die Anwendung der Verordnung.

Tab. 3.4 Übersicht Belastungszüge

	Belastungszüge I und II	Übergangslastenzug	Österreichischer N-Zug
Zeitraum der Gültigkeit	ca. 1904 bis ca. 1922 beziehungsweise bis ca. 1938	ca. 1918 bis ca. 1922	ca. 1922 bis ca. 1938
Ort der Gültigkeit	ca.1904 – ca.1922 im Gesamtnetz; ca.1922 – ca.1938 für gewisse Hauptbahnen mit geringer Bedeutung sowie für Nebenbahnen	Einzelobjekte	Auf gewissen Hauptstrecken
Art der Änderung gegenüber der Originalverordnung	Keine Änderung	Geänderte zulässige Spannungen	Geänderte zulässige Spannungen
zusätzliche Werke für die Anwendung	Vorschriften betreffend die Berechnung gedrückter Konstruktionsteile aus Eisen und Holz mit Rücksicht auf Knickung, Wien 1907 ÖNORM B 1002: Gedrückte Tragwerksteile; Berechnung auf Knickung Ausgaben 1. Feber 1926 1. Juni 1930 15. März 1933	Vorschriften betreffend die Berechnung gedrückter Konstruktionsteile aus Eisen und Holz mit Rücksicht auf Knickung, Wien 1907	Vorschriften betreffend die Berechnung gedrückter Konstruktionsteile aus Eisen und Holz mit Rücksicht auf Knickung, Wien 1907 ÖNORM B 1002: Gedrückte Tragwerksteile; Berechnung auf Knickung Ausgaben 1. Feber 1926 1. Juni 1930 15. März 1933

3.5 Sicherheitsphilosophie – Wahl der zulässigen Spannung

Bemerkung: In weiterer Folge, ca. ab 1924, wurde der Österreichische N-Zug auf allen Haupt- und Nebenstrecken für die Berechnung der Brücken bei Neubauten der Tragwerke vorgeschrieben. Dadurch sollte erreicht werden, dass die in den nächsten Jahrzehnten zu erwartenden Verkehrslasten von sämtlichen Tragwerken einer Strecke aufgenommen werden können, ohne Verstärkungen durchführen zu müssen. Daher waren Instandsetzungsarbeiten an Tragwerken, die nicht die Belastungen aus dem N-Zug aufnehmen konnten, verboten, außer eine Verstärkung war technisch und wirtschaftlich sinnvoll. Diese Anordnung wurde offenbar nur teilweise befolgt, wie statische Berechnungen aus den Jahren 1924 bis 1938 belegen, in denen weiterhin der Belastungszug I oder II nach Verordnung 1904 mit den in dieser Verordnung festgelegten zulässigen Spannungen verwendet wurde.

Abb. 3.11 zeigt die zulässigen Spannungen, aufgetragen über der Stützweite, getrennt nach Hauptlasten und Haupt- und Zusatzlasten.

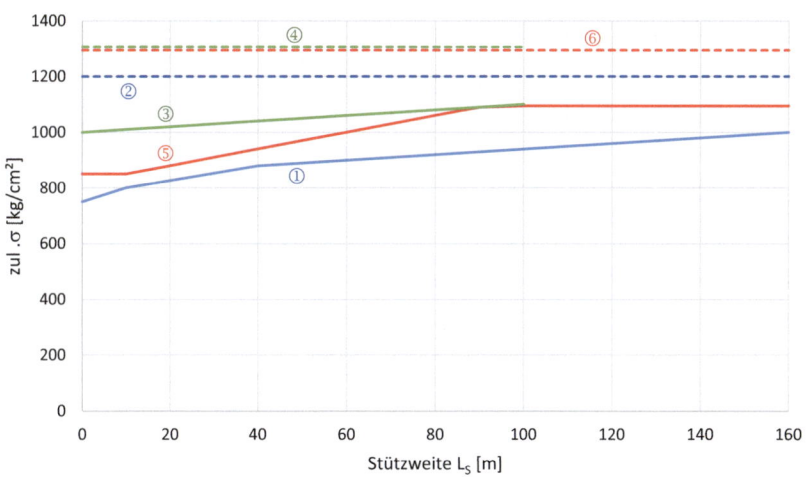

Abb. 3.11 Übersicht zulässige Spannungen

① Vo. 1904/BZ I und BZ II/H Verordnung 1904/Belastungszüge I und II/Hauptlasten

② Vo. 1904/BZ I und BZ II/HZ Verordnung 1904/Belastungszüge I und II/Haupt- und Zusatzlasten

③ Vo. 1904/österr. N-Zug/H Verordnung 1904/österreichischer N-Zug/Hauptlasten

④ Vo. 1904/österr. N-Zug/HZ　Verordnung 1904/österreichischer N-Zug/ Haupt- und Zusatzlasten
⑤ Vo. 1904 – Mod. 1918/Üb.-LZ/H　Verordnung 1904 (Modifizierung 1918)/ Übergangslastenzug/Hauptlasten
⑥ Vo. 1904 – Mod. 1918/Üb.-LZ/HZ　Verordnung 1904 (Modifizierung 1918)/ Übergangslastenzug/Haupt- und Zusatzlasten

3.5.10 Vergleich Verordnung 1904 mit ÖNORM B 4603 Ausgabe 1964 (Vergleich auf deterministischer Basis)

3.5.10.1 Einleitung

Vor der Einführung des semiprobabilistischen Sicherheitskonzeptes mit der Inkraftsetzung von ÖNORM B 4003, Ausgabe 1994, war für die Berechnung von Eisenbahnbrücken die deterministische Zuverlässigkeitsanalyse mit dem Konzept der zulässigen Spannungen üblich. Diese Art der Bemessung baute zu Beginn der technischen Entwicklung aufgrund unvollständiger Angaben über Belastung, Materialeigenschaften, Imperfektionen etc. auf Erfahrung auf. Der Nachweis erfolgte unter Gebrauchslasten (charakteristische Werte der Einwirkungen im Sinne von selten auftretenden Extremwerten) in Bezug auf deterministisch festgelegte Normenwerte der Fließgrenze des Stahles beziehungsweise der Festigkeit des Betons oder des Holzes als charakteristische Materialeigenschaft. In weiterer Entwicklung kamen zusätzlich zum Nachweis gegen Erreichen der Fließgrenze Nachweise der Stabilität, Ermüdung, Standsicherheit und Nutzungsfähigkeit. Die Sicherheit gegen Streuung der Belastung, der Materialeigenschaften und anderer Effekte wurde durch einen aus der Erfahrung gewählten Sicherheitsfaktor ausgedrückt. Je genauer im Laufe der technischen Entwicklung die Kenntnisse über die Einwirkungen und über die Festigkeitseigenschaften des Materials wurden und je besser die gewählten Berechnungsverfahren das wirkliche Tragverhalten der Konstruktion beschreiben, umso kleiner durfte der Sicherheitsfaktor gewählt werden.

$$S_n \leq \frac{R_n}{SF} \text{ mit}$$

S_n, R_n　nominale (charakteristische) Werte der Einwirkung, des Widerstandes
SF　deterministischer Sicherheitsfaktor

3.5 Sicherheitsphilosophie – Wahl der zulässigen Spannung

beziehungsweise

$$\sigma_{zul} \leq \frac{\beta_{Fl}}{v} \text{ mit}$$

σ_{zul} zulässige Normalspannung
β_{Fl} Normalspannung bei Erreichen der Fließgrenze (Streckgrenze)
v globaler Sicherheitsbeiwert

Die Streckgrenze war in Deutschland zum ersten Mal Bezugsgröße für die zulässigen Spannungen in den Vorschriften für Eisenbauwerke, Berechnungsgrundlagen für eiserne Eisenbahnbrücken (BE), Ausgabe 25.2.1925. Diese Vorschrift war in Österreich mit den entsprechenden Änderungen und Ergänzungen von 1938 bis 1945 gültig. Nach 1945 war die erste in Kraft gesetzte Norm für Eisenbahnbrücken aus Stahl ÖNORM B 4603/1964. Die Streckgrenze war Bezugsgröße für die zulässigen Spannungen.

3.5.10.2 Vergleich der globalen Sicherheitsfaktoren

Im Folgenden werden die Sicherheitsfaktoren gegen das Erreichen der Fließgrenze lt. Verordnung 1904 für die Belastungszüge I und II und für den Österreichischen N-Zug mit deren zulässigen Spannungen mit den entsprechenden Werten der ÖNORM B 4603 Ausgabe 1964 (ÖNORM B 4600, 2. Teil im Hintergrund) verglichen. Der Vergleich erfolgt auf Basis des allgemeinen Spannungsnachweises (AN) für die Lastfälle H und HZ.

Bemerkung: Auf die Gegenüberstellung der Werte für den Übergangslastenzug wird wegen der geringen Anzahl der vorhandenen Tragwerke verzichtet. Der Vergleich ist wegen der Gleichheit der zulässigen Spannungen Übergangslastenzug – Österreichischer N-Zug im Lastfall HZ und der maximal zulässigen Spannung im Lastfall H auch für den Übergangslastenzug gültig. Nicht gültig sind Gegenüberstellungen für die stützweitenabhängigen zulässigen Spannungen im Lastfall H.

3.5.10.2.1 Grunddaten

Tab. 3.5 zeigt den Zusammenhang zulässige Spannung (in [t/cm^2]) – Sicherheitsbeiwerte:

Tab. 3.5 Zusammenhang zulässige Spannungen–Sicherheitsbeiwerte

	B 4603/1964	Verordnung 1904 (urspr. Werte)	Verordnung 1904 (mod. Werte für Österr. N-Zug)
	St 37 S, T, TE	Flusseisen	
Zugfestigkeit β_z	3,700–4,500 [a]	3,600–4,500; 3,350 [b]	
Fließgrenze β_{Fl}	2,400 [a]	2,350 [b]	
Proportionalitätsgrenze β_p	1,920 [a]	1,880 [b]	
Lastfall H			
σ_{zul}	1,600	1,000 [c]	1,100 [c]
ν	1,500	2,350	2,136
τ_{zul}	0,920	0,600	0,650
Lastfall HZ			
σ_{zul}	1,800	1,200	1,300
ν	1,333	1,958	1,808
τ_{zul}	1,040	0,700	0,750

Bemerkungen:
[a] Werte für β_z, β_{Fl} und β_p aus ÖNORM B 4600:1964, 2. Teil
[b] Werte aus ÖNORM B 4008-2
[c] Maximalwert, anzusetzende Werte stützweitenabhängig
β_z Zugfestigkeit
β_{Fl} Fließgrenze
β_p Proportionalitätsgrenze $= 0{,}8\beta_{Fl}$
$\tau_{zul} = \sigma_{zul}/\sqrt{3}$ lt. ÖNORM B 4603 beziehungsweise Werte aus Verordnung 1904

Die Fließgrenze des verwendeten Materials ist von zentraler Bedeutung für die Sicherheit eines Tragwerkes, da die Festlegungen für die Berechnung der Widerstandsseite die Fließgrenze als Grundlage benützen. In dieser Untersuchung wurde der Wert für die Fließgrenze der ÖNORM B 4008-2:2019 entnommen, somit beziehen sich die Überlegungen auf das Brückenkollektiv und nicht auf ein Einzelobjekt. Für ein solches ist der Wert der Fließgrenze zu verifizieren.

Ein Vergleich der vorhandenen ν-Werte lt. ÖNORM B 4603 – Verordnung 1904/ursprüngliche Werte beziehungsweise Verordnung 1904 (modifizierte Werte für den Österreichischen N-Zug), zeigt für die Maximalwerte folgendes Ergebnis (Tab. 3.6):

3.5 Sicherheitsphilosophie – Wahl der zulässigen Spannung

Tab. 3.6 Vergleich Sicherheitsbeiwerte

Lastfall	B 4603:1964	Verordnung 1904 (urspr. Werte)	Verordnung 1904 (mod. Werte für Österr. N-Zug)
H	1,500	2,350	2,136
HZ	1,333	1,958	1,808

Bezugswerte sind die Werte aus ÖNORM B 4603, das sind 1,500 für den Lastfall H und 1,333 für den Lastfall HZ. Die Sicherheitsbeiwerte der Verordnung 1904, ursprüngliche und modifizierte Werte, sind größer. Dieses Maß beträgt im

$$\text{Lastfall H}: \frac{2{,}350}{1{,}500} = 1{,}567 \text{ beziehungsweise } \frac{2{,}136}{1{,}500} = 1{,}424 \text{ und im}$$

$$\text{Lastfall HZ}: \frac{1{,}958}{1{,}333} = 1{,}469 \text{ beziehungsweise } \frac{1{,}808}{1{,}333} = 1{,}356$$

Allgemein:

$v = \frac{\beta_{Fl}}{\sigma_{zul}}$, im Speziellen $v = v_{soll}$ = Sollsicherheitsbeiwert aus ÖNORM B 4603

$v_{ver} = \frac{v_{vor}}{v_{soll}} = \frac{\beta_{Fl}}{\sigma_{zul}} \cdot \frac{1}{v_{soll}}$ mit v_{ver} = verfügbarer Anteil von v

v_{vor} = vorhandene v-Werte für ursprüngliche oder modifizierte Werte aus der Verordnung 1904

Die Reserve v_{ver} gegenüber den Werten der ÖNORM B 4603 wird herangezogen für den Nachweis des Einflusses von

- dynamischen Einwirkung und
- Nebenspannungen

Der verfügbare Anteil des vorhandenen globalen Sicherheitsbeiwertes laut Verordnung 1904, ursprüngliche und modifizierte Werte v_{ver}, Lastfall H und Lastfall HZ, wird somit aufgeteilt in:

$$v_{ver} = v_{dyn} \cdot v_{Neb} \text{ mit } v_{ver} = \frac{v_{vor}}{v_{soll}} \text{ mit}$$

v_{soll} ... Sollsicherheitsbeiwerte der ÖNORM B 4603
v_{dyn} ... Sicherheitsbeiwert für den dynamischen Einfluss
v_{Neb} ... Sicherheitsbeiwert für den Einfluss von Nebenspannungen

Das Produkt aus v_{dyn} und v_{Neb} darf dabei folgende Werte nicht überschreiten:

im Lastfall H die Werte 1,567 beziehungsweise 1,424 und
im Lastfall HZ die Werte 1,469 beziehungsweise 1,356

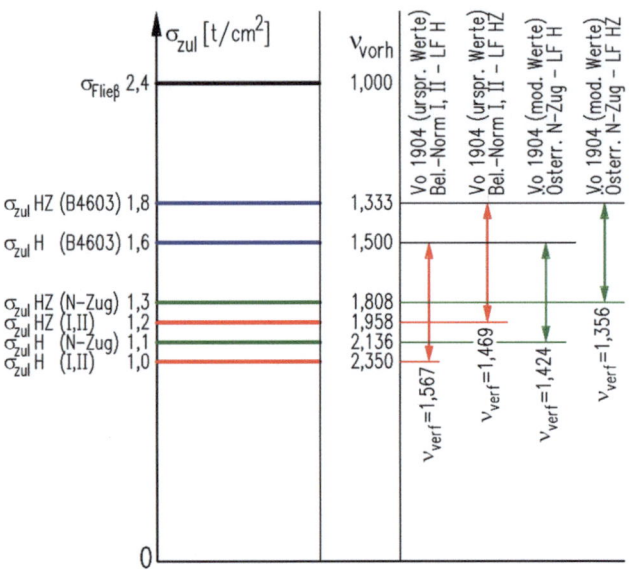

Abb. 3.12 Vergleich Sicherheitsbeiwerte – zulässige Spannungen

3.5.10.2.2 Berücksichtigung Verteilung Achslasten in Brückenlängsrichtung

Die in ÖNORM EN 1991-2 angeführte und unabhängig vom Normenwerk ingenieurmäßig nachweisbare Verteilung der Achslasten bei Stahlbrücken mit offener Fahrbahn wurde in der Verordnung 1904 nicht berücksichtigt. Im kleinen Stützweitenbereich bewirkt eine Berücksichtigung dieser Achslastverteilung – $1,0P$ aufgeteilt auf $0,25P + 0,50P + 0,25P$ auf drei Schwellen – eine Herabsetzung der Schnittkräfte und damit der Spannungen. Diese Herabsetzung der mit der Lastverteilung berechneten Spannungen wird als Herabsetzung der zulässigen Spannungen interpretiert. Mit diesen stützweitenabhängigen neuen zulässigen Spannungen σ_{zul}^* werden neue v-Werte v^* berechnet.

3.5 Sicherheitsphilosophie – Wahl der zulässigen Spannung

Die stützweitenabhängige Verminderung δ der Biegemomente im Bereich von 2 bis 10 m Stützweite zufolge Einwirkung des Belastungszuges I beziehungsweise des Österreichischen N-Zuges beträgt in % (Tab. 3.7):

Tab. 3.7 Berücksichtigung Verteilung Achslasten

Stützweite in [m]	Belastungszug I/1904	Österreichischer N-Zug
	δ	δ
2	20	25
3	3	8
4	9	8
5	5	5
6	4	2
7	3	3
8	3	2
9	2	1
10	2	1
> 10	---	---

Um diese Werte werden abgemindert:

- im Lastfall H die stützweitenabhängigen zulässigen Spannungen σ_{zul} laut Verordnung 1904 (ursprüngliche Werte bzw. modifizierte Werte). Die Maximalwerte betragen:
- $\sigma_{zul} = 1000$ kg/cm² (ursprünglicher Wert) bzw.
- $\sigma_{zul} = 1100$ kg/cm² (modifizierter Wert).
- im Lastfall HZ die stützweitenunabhängigen zulässigen Spannungen σ_{zul} laut Verordnung 1904:
- $\sigma_{zul} = 1200$ kg/cm² (ursprünglicher Wert) bzw.
- $\sigma_{zul} = 1300$ kg/cm² (modifizierter Wert).

Bemerkung: Die volle Anrechnung der Verminderung der Verkehrslast auf σ_{zul} durch die Lastverteilung der Einzelachsen ist nicht exakt, da für den Nachweis gegenüber σ_{zul} noch weitere Lasteinwirkungen anzusetzen sind. Im kleinen Stützweitenbereich ist jedoch die Einwirkung der Verkehrslast vorherrschend. Eine weitere ingenieurmäßig begründbare Abminderung der Verkehrslasten – Ansetzen der verteilten Einzellasten als Linienlasten über die Schwellenbreite statt als Schneidenlast – wurde nicht untersucht. Andererseits wird bei der Betrachtung des dynamischen Beiwertes dieser auf die ganze Einwirkung (g+p) wirkend angenommen.

Zu Vergleichszwecken werden die Werte v und v_{ver} auch im Stützweitenbereich bis 10 m in einzelnen Tabellen angegeben.

3.5.10.2.3 Abminderung der zulässigen Spannungen im Lastfall H

3.5.10.2.3.1 Übersicht Abminderung der ursprünglichen Werte laut Verordnung 1904 (Belastungszug I) (Tab. 3.9)

Die zulässige Spannung ist durch folgende Formeln festgelegt (l in [m] und σ_{zul} in [kg/cm²]):

Tab. 3.8 Zusammenhang zulässige Spannung Belastungszug I – Stützweite im Lastfall H

Stützweitenbereich	0 m bis 10 m	Nach der Formel	750+5l
	10 m bis 20 m		760+4l
	20 m bis 40 m		800+2l
	40 m bis 80 m		840+l
	80 m bis 120 m		840+l
	120 m und darüber		840+l
	Bis höchstens		1000

Hinweise zur Tab. 3.9: Für Stützweiten $l \geq 10$ m ist die Lastverteilung durch das Gleis praktisch ohne Bedeutung. Für Stützweiten ab 160 m gilt der Maximalwert 1,000 t/cm². Bezugswert ist $v_{soll} = 1{,}50$.

Erklärung der Tab. 3.9 – Fragestellung: Wie groß ist im Vergleich zu ÖNORM B 4603:1964 die Sicherheitsreserve in einem Tragwerk mit der Stützweite l = 6 m, das nach der Verordnung 1904 (ursprüngliche zulässige Spannungen) für den Belastungszug I bemessen wurde? (Da der Verordnung 1904 das deterministische Sicherheitskonzept zugrunde lag, erfolgt der Vergleich mit der letzten Norm, die auf diesem Konzept beruht.).

Zulässige Spannung nach Verordnung 1904 für Belastungszug I:

$$l_S = 6{,}0\,\text{m} \Rightarrow \sigma_{zul} = 750 + 5\ell = 750 + 5 \cdot 6{,}0 = 780\,\frac{\text{kg}}{\text{cm}^2} = 0{,}780\,\frac{t}{\text{cm}^2}$$

Berücksichtigung der Lastverteilung durch den Gleisrost ergibt statt σ_{zul} den kleineren Wert σ_{zul}^*:

$$\sigma_{zul}^* = \sigma_{zul} \cdot (1 - 0{,}04) = 0{,}780 \cdot 0{,}96 = 0{,}749\,\frac{t}{\text{cm}^2}$$

Sicherheitsfaktor von σ_{zul}^* gegenüber β_{Fl} nach ÖNORM B 4603:1964:

$$v^* = \frac{\beta_{Fl}}{\sigma_{zul}^*} = \frac{2{,}35}{0{,}749} = 3{,}14$$

3.5 Sicherheitsphilosophie – Wahl der zulässigen Spannung

Tab. 3.9 Zusammenhang zulässige Spannung Belastungszug I mit Lastverteilung – Stützweite Lastfall H

Stützweite	σ_{zul}	δ	σ_{zul}^*	v^*	v_{ver}^*	v	v_{ver}
[m]	[t/cm²]	[%]	[t/cm²]	[-]		[-]	
2	0,760	20	0,608	3,87	2,58	3,09	2,06
3	0,765	3	0,742	3,17	2,11	3,07	2,05
4	0,770	9	0,701	3,35	2,24	3,05	2,03
5	0,775	5	0,736	3,19	2,13	3,03	2,02
6	0,780	4	0,749	3,14	2,09	3,01	2,01
7	0,785	3	0,761	3,09	2,06	2,99	2,00
8	0,790	3	0,766	3,07	2,04	2,97	1,98
9	0,795	2	0,779	3,02	2,01	2,96	1,97
10	0,800	2	0,784	3,00	2,00	2,94	1,96
10	0,800	---	---	---	---	2,94	1,96
20	0,840	---	---	---	---	2,80	1,87
30	0,860	---	---	---	---	2,73	1,82
40	0,880	---	---	---	---	2,67	1,78
50	0,890	---	---	---	---	2,64	1,76
60	0,900	---	---	---	---	2,61	1,74
70	0,910	---	---	---	---	2,58	1,72
80	0,920	---	---	---	---	2,55	1,70
90	0,930	---	---	---	---	2,53	1,68
100	0,940	---	---	---	---	2,50	1,67
120	0,960	---	---	---	---	2,45	1,63
140	0,980	---	---	---	---	2,40	1,60
≥ 160	1,000	---	---	---	---	2,35	1,57

Verfügbarer Teil der Sicherheit gegenüber $v_{soll} \equiv v$ nach ÖNORM B 4603:1964:

$$v_{ver}^* = \frac{v_{vor}^*}{v_{soll}} = \frac{v^*}{v_{soll}} = \frac{3,14}{1,5} = 2,09$$

Die Anteile v^* bzw. v_{ver}^* an Sicherheit stehen für die unberücksichtigten dynamischen Effekte zur Verfügung.

3.5.10.2.3.2 Übersicht Abminderung modifizierte Werte, gültig für den Österreichischen N – Zug

Im Stützweitenbereich von 0 m bis 100 m ist die zulässige Spannung durch folgende Formel festgelegt:

$\sigma_{zul} = 1000 + \ell$ mit ℓ in [m] und σ_{zul} in [kg/cm^2]. Der Maximalwert beträgt 1,000 t/cm^2. Diese Spannung ist bei unmittelbar belasteten Trägern und Tragwerksteilen *(Schwellenträger, Fahrbahn-oben-Tragwerke, Zwillingsträger)* bei Dampfbetrieb auf $0{,}85\sigma_{zul}$, bei E-Betrieb auf $0{,}9\sigma_{zul}$ zu vermindern (Tab. 3.10 und 3.11).

Tab. 3.10 Zusammenhang zulässige Spannung mit Lastverteilung Österr. N–Zug ohne Reduktion – Stützweite Lastfall H

Werte ohne Reduktion

Stützweite	σ_{zul}	δ	σ_{zul}^*	v^*	v_{ver}^*	v	v_{ver}
[m]	[t/cm^2]	[%]	[t/cm^2]	[–]		[–]	
2	1,002	25	0,752	3,13	2,08	2,35	1,56
3	1,003	8	0,923	2,55	1,70	2,34	1,56
4	1,004	8	0,924	2,54	1,70	2,34	1,56
5	1,005	5	0,955	2,46	1,64	2,34	1,56
6	1,006	2	0,986	2,38	1,59	2,34	1,56
7	1,007	3	0,977	2,41	1,60	2,33	1,56
8	1,008	2	0,988	2,38	1,59	2,33	1,55
9	1,009	1	0,999	2,35	1,57	2,33	1,55
10	1,010	1	1,000	2,35	1,57	2,33	1,55
10	1,010	---	---	---	---	2,33	1,55
20	1,020	---	---	---	---	2,30	1,54
30	1,030	---	---	---	---	2,28	1,52
40	1,040	---	---	---	---	2,26	1,51
50	1,050	---	---	---	---	2,24	1,49
60	1,060	---	---	---	---	2,22	1,48
70	1,070	---	---	---	---	2,20	1,46
80	1,080	---	---	---	---	2,18	1,45
90	1,090	---	---	---	---	2,16	1,44
100	1,100	---	---	---	---	2,14	1,42

3.5 Sicherheitsphilosophie – Wahl der zulässigen Spannung

Tab. 3.11 Zusammenhang zulässige Spannung mit Lastverteilung Österr. N-Zug mit Reduktion–Stützweite Lastfall H

Werte mit Reduktion für E-Betrieb

Stützweite [m]	σ_{zul} [t/cm²]	δ [%]	σ_{zul}^* [t/cm²]	v^* [−]	v_{ver}^*	v [−]	v_{ver}
2	0,902	25	0,676	3,47	2,32	2,61	1,74
3	0,903	8	0,830	2,83	1,89	2,60	1,73
4	0,904	8	0,831	2,83	1,88	2,60	1,73
5	0,905	5	0,859	2,73	1,82	2,60	1,73
6	0,905	2	0,887	2,65	1,77	2,60	1,73
7	0,906	3	0,879	2,67	1,78	2,59	1,73
8	0,907	2	0,889	2,64	1,76	2,59	1,73
9	0,908	1	0,899	2,61	1,74	2,59	1,73
10	0,909	1	0,900	2,61	1,74	2,59	1,72
10	0,909	---	---	---	---	2,59	1,72
20	0,918	---	---	---	---	2,56	1,71
30	0,927	---	---	---	---	2,54	1,69
40	0,936	---	---	---	---	2,51	1,67
50	0,945	---	---	---	---	2,49	1,66
60	0,954	---	---	---	---	2,46	1,64
70	0,963	---	---	---	---	2,44	1,63
80	0,972	---	---	---	---	2,42	1,61
90	0,981	---	---	---	---	2,40	1,60
100	0,990	---	---	---	---	2,37	1,58

Hinweise zur Tab. 3.10: Für die Stützweite l = 100 m erhält man ohne Spannungsreduktion durch die Lastverteilung den Maximalwert $\sigma_{zul} = 1,100$ t/cm². Für Stützweiten l ≥ 10 m ist die Lastverteilung durch das Gleis praktisch ohne Bedeutung. Bezugswert ist $v_{soll} = 1,50$.

Hinweise zur Tab. 3.11: Für die Stützweite l = 100 m erhält man ohne Spannungsreduktion durch die Lastverteilung den Maximalwert $\sigma_{zul} = 0,9 \cdot 1,100 = 0,990$ t/cm². Für Stützweiten l ≥ 10 m ist die Lastverteilung durch das Gleis praktisch ohne Bedeutung. Bezugswert ist $v_{soll} = 1,50$.

Erklärung der Tab. 3.11 – Wie groß ist im Vergleich zu ÖNORM B 4603:1964 die Sicherheitsreserve in einem Tragwerk mit der Stützweite $l_S = 6$ m, das nach der Verordnung 1904 (modifizierte zulässige Spannungen) für den Österreichischen N-Zug bemessen wurde? (Da der Verordnung 1904 das deterministische Sicherheitskonzept zugrunde lag, erfolgt der Vergleich mit der letzten Norm, die auf diesem Konzept beruht.)

Zulässige Spannung nach Verordnung 1904/modifiziert für den Österreichischen N-Zug:

$$l_S = 6\,\text{m} \Rightarrow \sigma_{zul} = 1000 + \ell = 1000 + 6{,}0 = 1006\,\frac{\text{kg}}{\text{cm}^2} = 1{,}006\,\frac{\text{t}}{\text{cm}^2}$$

Berücksichtigung der Lastverteilung durch den Gleisrost ergibt statt σ_{zul} den kleineren Wert σ_{zul}^*:

$$\sigma_{zul}^* = \sigma_{zul} \cdot (1 - 0{,}02) = 1{,}006 \cdot 0{,}98 = 0{,}986\,\frac{\text{t}}{\text{cm}^2}$$

Sicherheitsfaktor von σ_{zul}^* gegenüber β_{Fl} nach ÖNORM B 4603:1964 (Elektrobetrieb):

$$v^* = \frac{\beta_{Fl}}{\sigma_{zul}^*} = \frac{2{,}35}{0{,}9 \cdot 0{,}986} = 2{,}65$$

Verfügbarer Teil der Sicherheit gegenüber $v_{soll} \equiv v$ nach ÖNORM B 4603:1964 (Elektrobetrieb):

$$v_{ver}^* = \frac{v_{vor}^*}{v_{soll}} = \frac{v^*}{v_{soll}} = \frac{2{,}65}{1{,}5} = 1{,}77$$

Der Anteil v_{ver}^* an Sicherheit steht für die unberücksichtigten dynamischen Effekte zur Verfügung.

3.5.10.2.4 Abminderung der zulässigen Spannungen im Lastfall HZ

3.5.10.2.4.1 Übersicht Abminderung der ursprünglichen Werte laut Verordnung 1904 (Belastungszug I) (Tab. 3.12)

Hinweise zur Tab. 3.12: Für Stützweiten $l \geq 10$ m ist die Lastverteilung durch das Gleis praktisch ohne Bedeutung. Bezugswert ist $v_{soll} = 1{,}33$.
Zur Erklärung der Tab. 3.12: Siehe Abschn. 3.5.10.2.3.1.

3.5 Sicherheitsphilosophie – Wahl der zulässigen Spannung

Tab. 3.12 Zusammenhang zulässige Spannung mit Lastverteilung Belastungszug I–Stützweite Lastfall HZ

Stützweite	σ_{zul}	δ	σ_{zul}^*	v^*	v_{ver}^*	v	v_{ver}
[m]	[t/cm²]	[%]	[t/cm²]	[-]		[-]	
2	1,200	20	0,960	2,45	1,84	1,96	1,47
3	1,200	3	1,164	2,02	1,51	1,96	1,47
4	1,200	9	1,092	2,15	1,61	1,96	1,47
5	1,200	5	1,140	2,06	1,55	1,96	1,47
6	1,200	4	1,152	2,04	1,53	1,96	1,47
7	1,200	3	1,164	2,02	1,51	1,96	1,47
8	1,200	3	1,164	2,02	1,51	1,96	1,47
9	1,200	2	1,176	2,00	1,50	1,96	1,47
10	1,200	2	1,176	2,00	1,50	1,96	1,47
≥ 10	1,200	---	---	---	---	1,96	1,47

3.5.10.2.4.2 Übersicht Abminderung der modifizierten Werte laut Verordnung 1904, gültig für den Österreichischen N-Zug (Tab. 3.13)

Hinweis zur Tab. 3.13: Für Stützweiten $l \geq 10$ m ist die Lastverteilung durch das Gleis praktisch ohne Bedeutung. Bezugswert ist $v_{soll} = 1,33$.

Zur Erklärung der Tab. 3.13: Siehe Abschn. 3.5.10.2.3.2.

Tab. 3.13 Zusammenhang zulässige Spannung mit Lastverteilung österr. N-Zug–Stützweite Lastfall HZ

Stützweite	σ_{zul}	δ	σ_{zul}^*	v^*	v_{ver}^*	v	v_{ver}
[m]	[t/cm²]	[%]	[t/cm²]	[-]		[-]	
2	1,300	25	0,975	2,41	1,81	1,81	1,36
3	1,300	8	1,196	1,96	1,47	1,81	1,36
4	1,300	8	1,196	1,96	1,47	1,81	1,36
5	1,300	5	1,235	1,90	1,43	1,81	1,36
6	1,300	2	1,274	1,84	1,38	1,81	1,36
7	1,300	3	1,261	1,86	1,40	1,81	1,36
8	1,300	2	1,274	1,84	1,38	1,81	1,36
9	1,300	1	1,287	1,83	1,37	1,81	1,36
10	1,300	1	1,287	1,83	1,37	1,81	1,36
10–100	1,300	---	---	---	---	1,81	1,36

3.5.10.2.5 Berücksichtigung des dynamischen Einflusses

Der dynamische Einfluss ist in der Verordnung 1904 rechnerisch auf der Einwirkungsseite bei der Verkehrslast mit dem Faktor 1,1 zu berücksichtigen, falls die Verkehrslast ohne elastisches Zwischenteil auf die Konstruktion einwirkt. Die im weiteren Zeitablauf erschienenen Normen weisen dynamische Beiwerte auf, die den jeweiligen Wissensstand zur Zeit der Normenerstellung wiedergeben und mit dem zu den Normen gehörigen Belastungszügen und Sicherheitskonzepten verknüpft sind. ÖNORM EN 1991-2 gibt in Anhang C Formeln für die Ermittlung der dynamischen Beiwerte $1 + \varphi$ für Betriebszüge. Diese Werte werden für die Berücksichtigung des dynamischen Einflusses für den Belastungszug I und den österreichischen N-Zug herangezogen. Die Werte wurden der ONR 24008 entnommen.

Die Berücksichtigung des in der Verordnung 1904 nicht explizit vorhandenen dynamischen Beiwertes wird in den folgenden Kapiteln durch einen Vergleich zwischen v_{ver}^* bzw. v_{ver} und dem dynamischen Beiwert laut ÖNORM EN 1991-2 Anhang C für die Geschwindigkeiten von 80 und 100 km/h dargestellt. Die Werte gelten für Gleise mit sorgfältiger Instandhaltung.

3.5.10.2.5.1 Vergleich für Lastfall H

3.5.10.2.5.1.1 Vergleich für Verordnung 1904 ursprüngliche Werte (Belastungszug I) (Tab. 3.14)

Hinweise zur Tabelle:
Die verfügbaren Sicherheiten v_{ver}^* bzw. v_{ver} wurden in Abschn. 3.5.10.2.3.1 ermittelt;
Vorausgesetzt wurde $l_\Phi = l_S$ (Stützweite – Normenvorgabe für Hauptträger);
Für Längen unter 4 m wurden die dynamischen Beiwerte für min.n_0 für den unteren Grenzwert der Stützweite l=4 m berechnet (Grenzwert lt. ÖNORM EN 1991-2);
Für Längen über 100 m wurden die dynamischen Beiwerte für min.n_0 für den oberen Grenzwert der Stützweite l=100 m berechnet (Grenzwert lt. ÖNORM EN 1991-2);
Die Werte v_{ver}^* berücksichtigen die Verteilung der Einzellasten durch das Gleis, die Werte v_{ver} gelten ohne Lastverteilung.
Der Vergleich der Tabellenwerte zeigt, dass der Einfluss des dynamischen Beiwertes durch v_{ver}^* beziehungsweise v_{ver} für die untersuchten Geschwindigkeiten

3.5 Sicherheitsphilosophie – Wahl der zulässigen Spannung

Tab. 3.14 Vergleich Sicherheitsbeiwert – dynamischer Beiwert Belastungszug I Lastfall H

Stützweite [m]	v_{ver}^*	v_{ver}	Dynamischer Beiwert $1 + \varphi$ erste Brückeneigenfrequenz …			
	[-]		… max $V = 80km/h$	… min	… max $V = 100km/h$	… min
2	2,58	2,06	1,49	1,40	1,52	1,45
3	2,11	2,05	1,49	1,40	1,52	1,45
4	2,24	2,03	1,49	1,40	1,52	1,45
5	2,13	2,02	1,49	1,38	1,51	1,43
6	2,09	2,01	1,47	1,36	1,49	1,41
7	2,06	2,00	1,46	1,33	1,48	1,38
8	2,04	1,98	1,44	1,31	1,46	1,36
9	2,01	1,97	1,41	1,29	1,43	1,33
10	2,00	1,96	1,39	1,26	1,41	1,31
10	---	1,96				
20	---	1,87	1,20	1,17	1,22	1,21
30	---	1,82	1,10	1,14	1,11	1,18
40	---	1,78	1,06	1,12	1,07	1,15
50	---	1,76	1,05	1,11	1,06	1,14
60	---	1,74	1,04	1,10	1,06	1,12
70	---	1,72	1,04	1,09	1,05	1,12
80	---	1,70	1,04	1,09	1,05	1,11
90	---	1,68	1,04	1,08	1,05	1,10
100	---	1,67	1,04	1,08	1,05	1,10
120	---	1,63	1,04	1,08	1,05	1,10
140	---	1,60	1,03	1,08	1,04	1,10
160	---	1,57	1,03	1,08	1,04	1,10

abgedeckt ist ($v_{ver}^* > 1 + \varphi$ bzw. $v_{ver} > 1 + \varphi$). Für Längsträger gilt $l_\Phi = l_S + 3{,}0$ m, damit liegen günstigere Verhältnisse vor als bei Hauptträgern. Bei Querträgern liegen ebenfalls günstigere Verhältnisse vor.

3.5.10.2.5.1.2 Vergleich für Verordnung 1904 modifizierte Werte, gültig für den Österr. N-Zug (Tab. 3.15)

Tab. 3.15 Vergleich Sicherheitsbeiwert – dynamischer Beiwert Österr. N-Zug Lastfall H

Stützweite [m]	v_{ver}^*	v_{ver}	Dynamischer Beiwert $1+\varphi$ erste Brückeneigenfrequenz …			
	[-]		… max	… min	… max	… min
			$V = 80\,km/h$		$V = 100\,km/h$	
2	2,32	1,74	1,49	1,40	1,52	1,45
3	1,89	1,73	1,49	1,40	1,52	1,45
4	1,88	1,73	1,49	1,40	1,52	1,45
5	1,82	1,73	1,49	1,38	1,51	1,43
6	1,77	1,73	1,47	1,36	1,49	1,41
7	1,78	1,73	1,46	1,33	1,48	1,38
8	1,76	1,73	1,44	1,31	1,46	1,36
9	1,74	1,73	1,41	1,29	1,43	1,33
10	1,74	1,72	1,39	1,26	1,41	1,31
10	---	1,72				
20	---	1,71	1,20	1,17	1,22	1,21
30	---	1,69	1,10	1,14	1,11	1,18
40	---	1,67	1,06	1,12	1,07	1,15
50	---	1,66	1,05	1,11	1,06	1,14
60	---	1,64	1,04	1,10	1,06	1,12
70	---	1,63	1,04	1,09	1,05	1,12
80	---	1,61	1,04	1,09	1,05	1,11
90	---	1,60	1,04	1,08	1,05	1,10
100	---	1,58	1,04	1,08	1,05	1,10

Hinweise zur Tabelle:
Die Werte wurden der Tabelle mit Reduktion für den E-Betrieb entnommen.
Die verfügbaren Sicherheiten v_{ver}^* bzw. v_{ver} wurden in Abschn. 3.5.10.2.3.2 ermittelt.
Vorausgesetzt wurde $l_\Phi = l_S$ (Stützweite – Normenvorgabe für Hauptträger).
Für Längen unter 4 m wurden die dynamischen Beiwerte für min.n_0 für den unteren Grenzwert der Stützweite $l = 4$ m berechnet (Grenzwert lt. ÖNORM EN 1991-2).

3.5 Sicherheitsphilosophie – Wahl der zulässigen Spannung

Die Werte v_{ver}^* berücksichtigen die Verteilung der Einzellasten durch das Gleis, die Werte v_{ver} gelten ohne Lastverteilung.
Der Vergleich der Tabellenwerte zeigt, dass der Einfluss des dynamischen Beiwertes durch v_{ver}^* beziehungsweise v_{ver} für die untersuchten Geschwindigkeiten abgedeckt ist ($v_{ver}^* > 1+\varphi$ bzw. $v_{ver} > 1+\varphi$). Für Längsträger gilt $l_\Phi = l_S + 3{,}0$ m, damit liegen günstigere Verhältnisse vor als bei Hauptträgern. Bei Querträgern liegen ebenfalls günstigere Verhältnisse vor.

3.5.10.2.5.2 Vergleich für Lastfall HZ

3.5.10.2.5.2.1 Vergleich für Verordnung 1904 ursprüngliche Werte (Belastungszug I) (Tab. 3.16)

Tab. 3.16 Vergleich Sicherheitsbeiwert – dynamischer Beiwert Belastungszug I Lastfall HZ

Stützweite [m]	v_{ver}^*	v_{ver}	Dynamischer Beiwert $1+\varphi$			
			erste Brückeneigenfrequenz …			
	[-]		… max	… min	… max	… min
			$V = 80, km/h$		$V = 100, km/h$	
2	1,84	1,47	1,49	1,40	1,52	1,45
3	1,51	1,47	1,49	1,40	1,52	1,45
4	1,61	1,47	1,49	1,40	1,52	1,45
5	1,55	1,47	1,49	1,38	1,51	1,43
6	1,53	1,47	1,47	1,36	1,49	1,41
7	1,51	1,47	1,46	1,33	1,48	1,38
8	1,51	1,47	1,44	1,31	1,46	1,36
9	1,50	1,47	1,41	1,29	1,43	1,33
10	1,50	1,47	1,39	1,26	1,41	1,31
≥ 10	---	1,47	$\leq 1{,}39$	$\leq 1{,}26$	$\leq 1{,}41$	$\leq 1{,}31$

Hinweise zur Tabelle:
Die verfügbaren Sicherheiten v_{ver}^* bzw. v_{ver} wurden in Abschn. 3.5.10.2.4.1 ermittelt;
Vorausgesetzt wurde $l_\Phi = l_S$ (Stützweite – Normenvorgabe für Hauptträger);
Für Längen unter 4 m wurden die dynamischen Beiwerte für min.n_0 für den unteren Grenzwert der Stützweite $l = 4$ m berechnet (Grenzwert lt. ÖNORM EN 1991-2);

Für Längen über 100 m wurden die dynamischen Beiwerte für min.n_0 für den oberen Grenzwert der Stützweite l = 100 m berechnet (Grenzwert lt. ÖNORM EN 1991-2);
Die Werte v^*_{ver} berücksichtigen die Verteilung der Einzellasten durch das Gleis, die Werte v_{ver} gelten ohne Lastverteilung.
Der Vergleich zeigt, dass der Einfluss des dynamischen Beiwertes durch v^*_{ver} für die untersuchten Geschwindigkeiten abgedeckt ist ($v^*_{ver} \geq 1 + \varphi$). Bei v_{ver} trifft dies nur im Vergleich zu den Werten für die minimale erste Brückeneigenfrequenz zu, bei der maximalen ersten Brückeneigenfrequenz bei 80 km/h ab 6 m Stützweite, bei 100 km/h ab 8 m Stützweite. Für Längsträger gilt $l_\Phi = l_S + 3{,}0$ m, damit liegen günstigere Verhältnisse vor als bei Hauptträgern. Bei Querträgern liegen ebenfalls günstigere Verhältnisse vor.

3.5.10.2.5.2.2 Vergleich für Verordnung 1904 modifizierte Werte, gültig für den Österr. N-Zug (Tab. 3.17)

Tab. 3.17 Vergleich Sicherheitsbeiwert – dynamischer Beiwert Österr. N-Zug Lastfall HZ

Stützweite [m]	v^*_{ver}	v_{ver}	Dynamischer Beiwert $1 + \varphi$			
			erste Brückeneigenfrequenz …			
	[-]		… max	… min	… max	… min
			$V = 80, km/h$		$V = 100, km/h$	
2	1,81	1,36	1,49	1,40	1,52	1,45
3	1,47	1,36	1,49	1,40	1,52	1,45
4	1,47	1,36	1,49	1,40	1,52	1,45
5	1,43	1,36	1,49	1,38	1,51	1,43
6	1,38	1,36	1,47	1,36	1,49	1,41
7	1,40	1,36	1,46	1,33	1,48	1,38
8	1,38	1,36	1,44	1,31	1,46	1,36
9	1,37	1,36	1,41	1,29	1,43	1,33
10	1,37	1,36	1,39	1,26	1,41	1,31
10	---	1,36	1,39	1,26	1,41	1,31
11	---	1,36	1,37	1,24	1,39	1,29
12	---	1,36	1,35	1,23	1,36	1,28
12–100	---	1,36	≤ 1,35	≤ 1,23	≤ 1,36	≤ 1,28

3.5 Sicherheitsphilosophie – Wahl der zulässigen Spannung

Hinweise zur Tabelle:
Die verfügbaren Sicherheiten v^*_{ver} bzw. v_{ver} wurden in Abschn. 3.5.10.2.4.2 ermittelt;

Vorausgesetzt wurde $l_\Phi = l_S$ (Stützweite – Normenvorgabe für Hauptträger);
Für Längen unter 4 m wurden die dynamischen Beiwerte für min.n_0 für den unteren Grenzwert der Stützweite $l = 4$ m berechnet (Grenzwert lt. ÖNORM EN 1991-2);

Für Längen über 100 m wurden die dynamischen Beiwerte für min.n_0 für den oberen Grenzwert der Stützweite $l = 100$ m berechnet (Grenzwert lt. ÖNORM EN 1991-2);

Die Werte v^*_{ver} berücksichtigen die Verteilung der Einzellasten durch das Gleis, die Werte v_{ver} gelten ohne Lastverteilung.

Die unterstrichenen Werte $1 + \varphi$ beziehen sich auf das Verhältnis zu v^*_{ver}.

Der Vergleich zeigt, dass für $V = 80$ km/h der Einfluss des dynamischen Beiwertes durch v^*_{ver} bei der minimalen ersten Eigenfrequenz der Brücke abgedeckt ist ($v^*_{ver} \geq 1 + \varphi$), außer in einem Fall auch für $V = 100$ km/h. Für v_{ver} gilt diese Aussage bei 80 km/h ab 6 m Stützweite, bei 100 km/h ab 8 m Stützweite. Für Brücken, bei denen die maximale erste Eigenfrequenz maßgebend ist, gilt das erst ab $l_S = 12,0$ m ($v^*_{ver} \geq 1 + \varphi$ bzw. $v_{ver} > 1 + \varphi$). Für Längsträger gilt $l_\Phi = l_S + 3,0$ m, damit liegen günstigere Verhältnisse vor als bei Hauptträgern. Bei Querträgern liegen ebenfalls günstigere Verhältnisse vor.

3.5.10.2.6 Bemerkungen zur Berücksichtigung des dynamischen Einflusses

Prinzipiell ist festzuhalten: v_{ver} bzw. v^*_{ver} beziehen sich auf σ_{zul} und σ^*_{zul} und deren mögliche Anhebung, was wiederum in gleichem Ausmaß eine Anhebung der Gesamteinwirkung bedeutet. Somit beziehen sich v^*_{ver} bzw. v_{ver} auf sämtliche Einwirkungen, während $(1 + \varphi)$ sich nur auf die Einwirkung der Verkehrslast bezieht.

Im Lastfall H erfasst der Sicherheitsbeiwert v die Einwirkungen $g + (1 + \varphi) p$, im Lastfall HZ sämtliche Einwirkungen. In der vorliegenden Untersuchung wurde die Einwirkungsseite nicht in die Einzelwirkungen unterteilt, somit gelten die Werte v^*_{ver} bzw. v_{ver} im Lastfall H und HZ für die Summe der Einwirkungen, das heißt für den Lastfall H: $(1 + \varphi) \cdot (g + p)$, desgleichen für den Lastfall HZ. Die Werte v^*_{ver} bzw. v_{ver} stellen somit untere mögliche Grenzwerte für die Berücksichtigung des dynamischen Einflusses dar.

Folgerungen:

1. Ist v^*_{ver} bzw. $v_{ver} > (1 + \varphi)$, so kann vereinfacht der nicht für die Abdeckung des dynamischen Einflusses benötigte Anteil von v^*_{ver} bzw. v_{ver} für z. B. eine Erhöhung der Einwirkung der Verkehrslast herangezogen werden

($v_{ver}/(1+\varphi)$ bzw. $v^*_{ver}/(1+\varphi)$). Der zur Lasterhöhung herangezogene Anteil von v^*_{ver} bzw. v_{ver} ist genau genommen eine Erhöhung der Gesamteinwirkung.
2. Ist v^*_{ver} bzw. $v_{ver} < (1+\varphi)$, so kann durch Bestimmung des Anteils der Verkehrslast an der Gesamteinwirkung mit einem Vergleich zum Prozentsatz des fehlenden Anteils von v^*_{ver} bzw. v_{ver} an $(1+\varphi)$ festgestellt werden, ob die Einwirkung des dynamischen Einflusses abgedeckt ist. Im Lastfall HZ bei Verkehrslast durch den Österreichischen N-Zug – Punkt 3.5.10.2.5.2.2 – ist v^*_{ver} bzw. v_{ver} um bis zu 7 % kleiner als $(1+\varphi)$, dies bei der Stützweite von 6 m. Der Anteil sonstiger Einwirkungen, hier alle Einwirkungen außer der Verkehrslast, in einer Größenordnung von 7 % an der Gesamteinwirkung darf im Lastfall HZ als gesichert gelten.
3. Im Falle einer konkreten Nachrechnung eines Tragwerkes kann eine genaue Bestimmung des nicht für Abdeckung des dynamischen Einflusses benötigte Anteil von v^*_{ver} bzw. v_{ver} bestimmt werden.

3.5.10.2.7 Bestimmung von v_{ver} durch Vergleich von σ_{zul}

In den Abschn. 3.5.10.2.1 bis 3.5.10.2.4 wurde v_{ver} aus den vorhandenen v in der Verordnung 1904 und in ÖNORM B 4603 berechnet. In diesem Kapitel wird als Alternative v_{ver} durch einen Vergleich der zulässigen Spannungen in der Verordnung 1904 und in der ÖNORM B 4603 ermittelt. Dabei wird ein Faktor α bestimmt, der angibt, um wie viel die zulässigen Spannungen aus der Verordnung 1904 im Verhältnis zu den zulässigen Spannungen aus ÖNORM B 4603 erhöht wurden. Es wurden jeweils die zulässigen Spannungen der ÖNORM B 4603 für die Lastfälle H und HZ dividiert durch die zulässigen Spannungen der Verordnung 1904 Lastfälle H und HZ für den Belastungszug I und für den Österreichischen N-Zug, es ergeben sich somit vier α-Werte. Die Werte für die zulässigen Spannungen für den Belastungszug I und den Österreichischen N-Zug sind Werte ohne Lastverteilung, die Werte für den Österreichischen N-Zug im Lastfall H die Werte mit Reduktion für E-Betrieb.

Die v_{ver} bzw. v^*_{ver}-Werte der Spalten zwei und drei wurden den Abschn. 3.5.10.2.3 und 3.5.10.2.4 entnommen, wobei im Stützweitenbereich 2 bis 10 m die erste Zeile den Wert mit Lastverteilung v^*_{ver}, die zweite Zeile den Wert ohne Lastverteilung v_{ver} angibt.

Der Vergleich der Werte α und v_{ver} ist möglich und zulässig, da die Materialqualitäten vergleichbar sind – siehe Tab. 3.5 in 3.5.10.2.1. Der Wert v drückt das Verhältnis β_{Fl} zu σ_{zul} aus, wobei β_{Fl} laut ÖNORM B 4603 2400 t/cm² und 2350 t/cm² laut ÖNORM B 4008-2 beträgt. Beim Vergleich wird ein gleiches β_{Fl} der Materialien unterstellt.

3.5 Sicherheitsphilosophie – Wahl der zulässigen Spannung

Für Vergleichszwecke wurde für eine Geschwindigkeit von 100 km/h der dynamische Beiwert $(1+\varphi)_{EC}$ gemäß ÖNORM EN 1991-2 Anhang C, Maximalwert je Stützweite aus oberer und unterer Eigenfrequenz, in die Tab. 3.18 und 3.19 aufgenommen. Es werden Gleise mit sorgfältiger Instandhaltung angenommen.

Legende zu Tabelle 3.18

Spalte 1:	Stützweite
Spalte 2:	v_{ver}-Werte (v^*_{ver}-Werte) für den Belastungszug I
Spalte 3:	v_{ver}-Werte (v^*_{ver}-Werte) für den Österreichischen N-Zug
Spalte 4:	σ_{zul} [kg/cm²] gemäß ÖNORM B 4603
Spalte 5:	σ_{zul} [kg/cm²] für den Belastungszug I gemäß Verordnung 1904
Spalte 6:	α für den Belastungszug I gemäß Verordnung 1904
Spalte 7:	σ_{zul} [kg/cm²] für den Österreichischen N-Zug gemäß Verordnung 1904
Spalte 8:	α für den Österreichischen N-Zug gemäß Verordnung 1904
Spalte 9:	dynamische Beiwerte $(1+\varphi)_{EC}$ gemäß ÖNORM EN 1991-2 Anhang C, Maximalwert je Stützweite aus oberer und unterer Eigenfrequenz für 100 km/h.

Legende zu Tabelle 3.19

Spalte 1:	Stützweite
Spalte 2:	v_{ver}-Werte (v^*_{ver}-Werte) für den Belastungszug I
Spalte 3:	v_{ver}-Werte (v^*_{ver}-Werte) für den österreichischen N-Zug
Spalte 4:	σ_{zul} [kg/cm²] gemäß ÖNORM B 4603
Spalte 5:	σ_{zul} [kg/cm²] für den Belastungszug I gemäß Verordnung 1904
Spalte 6:	α für den Belastungszug I gemäß Verordnung 1904
Spalte 7:	σ_{zul} [kg/cm²] für den Österreichischen N-Zug gemäß Verordnung 1904
Spalte 8:	α für den Österreichischen N-Zug gemäß Verordnung 1904
Spalte 9:	dynamische Beiwerte $(1+\varphi)_{EC}$ gemäß ÖNORM EN 1991-2 Anhang C, Maximalwert je Stützweite aus oberer und unterer Eigenfrequenz für 100 km/h.

Kommentar Vergleich Werte v_{ver} bzw. v^*_{ver} zu α:

Die Werte v^*_{ver} wurden im Stützweitenbereich bis 10 m mit Lastverteilung berechnet, die α-Werte ohne Lastverteilung, somit ist in diesem Stützweitenbereich eine Differenz der Werte feststellbar und erklärbar (Lastfall H ca. 8 %, abgesehen von der Stützweite 2 m (20 % bei Belastungszug I und 30 % beim Österreichischen N-Zug), Lastfall HZ ca. 7 %, abgesehen von der Stützweite 2 m (20 % bei Belastungszug I und 30 % beim österreichischen N-Zug)).

Tab. 3.18 Vergleich über zulässige Spannung Lastfall H

l_S	Werte v_{ver}/v^*_{ver} aus Vergleich v		Werte α aus Vergleich σ_{zul}					Werte $(1+\varphi)_{EC}$
			Werte v_{ver} und α Lastfall H					
[m]	I	N	σ_{zul} [kg/cm²] B 4603	σ_{zul} [kg/cm²] I	α I	σ_{zul} [kg/cm²] N	α N	
2,00	2,58	2,32	1600	760	2,11	902	1,77	1,52
	2,06	1,74						
3,00	2,11	1,89	1600	765	2,09	903	1,77	1,52
	2,05	1,73						
4,00	2,24	1,88	1600	770	2,08	904	1,77	1,52
	2,03	1,73						
5,00	2,13	1,82	1600	775	2,06	905	1,77	1,51
	2,02	1,73						
6,00	2,09	1,77	1600	780	2,05	905	1,77	1,49
	2,01	1,73						
7,00	2,06	1,78	1600	785	2,04	906	1,77	1,48
	2,00	1,73						
8,00	2,04	1,76	1600	790	2,03	907	1,76	1,46
	1,98	1,73						
9,00	2,01	1,74	1600	795	2,01	908	1,76	1,43
	1,97	1,73						
10,00	2,00	1,74	1600	800	2,00	909	1,76	1,41
	1,96	1,72						
20,00	1,87	1,71	1600	840	1,90	918	1,74	1,22
30,00	1,82	1,69	1600	860	1,86	927	1,73	1,18
40,00	1,78	1,67	1600	880	1,82	936	1,71	1,15
50,00	1,76	1,66	1600	890	1,80	945	1,69	1,14
60,00	1,74	1,64	1600	900	1,78	954	1,68	1,12
70,00	1,72	1,63	1600	910	1,76	963	1,66	1,12
80,00	1,70	1,61	1600	920	1,74	972	1,65	1,11
90,00	1,68	1,60	1600	930	1,72	981	1,63	1,10
100,00	1,67	1,58	1600	940	1,70	990	1,62	1,10

3.5 Sicherheitsphilosophie – Wahl der zulässigen Spannung

Tab. 3.19 Vergleich über zulässige Spannung Lastfall HZ

Werte v_{ver} und α Lastfall HZ

l_S	Werte v_{ver}/v^*_{ver} aus Vergleich v		Werte α aus Vergleich σ_{zul}					Werte $(1+\varphi)_{EC}$
[m]	I	N	σ_{zul} [kg/cm²] B 4603	σ_{zul} [kg/cm²] I	α I	σ_{zul} [kg/cm²] N	α N	
2,00	1,84	1,81	1800	1200	1,5	1300	1,38	1,52
	1,47	1,36						
3,00	1,51	1,47	1800	1200	1,5	1300	1,38	1,52
	1,47	1,36						
4,00	1,61	1,47	1800	1200	1,5	1300	1,38	1,52
	1,47	1,36						
5,00	1,55	1,43	1800	1200	1,5	1300	1,38	1,51
	1,47	1,36						
6,00	1,53	1,38	1800	1200	1,5	1300	1,38	1,49
	1,47	1,36						
7,00	1,51	1,40	1800	1200	1,5	1300	1,38	1,48
	1,47	1,36						
8,00	1,51	1,38	1800	1200	1,5	1300	1,38	1,46
	1,47	1,36						
9,00	1,50	1,37	1800	1200	1,5	1300	1,38	1,43
	1,47	1,36						
10,00	1,50	1,37	1800	1200	1,5	1300	1,38	1,41
	1,47	1,36						
20,00	1,47	1,36	1800	1200	1,5	1300	1,38	1,22
30,00	1,47	1,36	1800	1200	1,5	1300	1,38	1,18
40,00	1,47	1,36	1800	1200	1,5	1300	1,38	1,15
50,00	1,47	1,36	1800	1200	1,5	1300	1,38	1,14
60,00	1,47	1,36	1800	1200	1,5	1300	1,38	1,12
70,00	1,47	1,36	1800	1200	1,5	1300	1,38	1,12
80,00	1,47	1,36	1800	1200	1,5	1300	1,38	1,11
90,00	1,47	1,36	1800	1200	1,5	1300	1,38	1,10
100,00	1,47	1,36	1800	1200	1,5	1300	1,38	1,10

Werte v_{ver} und α differieren im Lastfall H und HZ um ca. 2 %, das ist der Unterschied der Fließgrenzen (siehe Tab. 3.6).

Beispiel für 6 m Stützweite:

α für Lastfall H und Belastungszug I: $\quad \frac{1600}{780} = 2{,}05$

α für Lastfall H und österreichischen N-Zug: $\quad \frac{1600}{905} = 1{,}77$

α für Lastfall HZ und Belastungszug I: $\quad \frac{1800}{1200} = 1{,}50$

α für Lastfall HZ und österreichischen N-Zug: $\quad \frac{1800}{1300} = 1{,}38$

3.5.10.2.8 Abschätzung der Größe des dynamischen Beiwertes für den Belastungszug I und den Österreichischen N- Zug

In den Abschn. 3.5.10.1 bis 3.5.10.2.4.2 wurde durch einen Vergleich der implizit in der Verordnung 1904 und in ÖNORM B 4603 enthaltenen globalen Sicherheitsfaktoren dargestellt, dass ein über das Sicherheitsniveau der ÖNORM B 4603 hinausgehender Sicherheitsfaktor v_{ver} bzw. v^*_{ver} für den Belastungszug I und den Österreichischen N-Zug für die Lastfälle H und HZ vorhanden ist. In den anschließenden Abschn. 3.5.10.2.5 bis 3.5.10.2.5.2 wurde nachgewiesen, dass der dynamische Beiwert $(1+\varphi)$ laut ÖNORM EN 1991–2 Anhang C für jede Stützweite und eine Geschwindigkeit von 100 km/h im Lastfall H kleiner als v_{ver} bzw. v^*_{ver} ist. In 3.5.10.2.7 wurden die Werte v_{ver} bzw. v^*_{ver} verglichen mit den α-Werten, die über einen Vergleich der zulässigen Spannungen in der Verordnung 1904 und in ÖNORM B 4603 berechnet wurden.

Bei Nachrechnungen oder Einstufung von Streckenklassen oder Schwertransporten im Verhältnis zu Belastungsnormzügen erfolgt in der ersten Stufe ein Vergleich auf statischer Ebene, z. B.

$$D4 < S - Zug\ \ddot{O}NORM\ B\ 4003/1956?$$

In einer zweiten Stufe wird der dynamische Beiwert beim Schnittkraftvergleich mit einbezogen:

$$D4(1+\varphi)_{EC} < (1+\varphi)_{S\text{-Zug}}\ S\text{-Zug}\ \ddot{O}NORM\ B4003/1956?$$

Für diesen Vergleich fehlt für den Belastungszug I und den Österreichischen N-Zug ein dynamischer Beiwert. Im Folgenden wird versucht, dynamische Beiwerte für die beiden Belastungszüge zu ermitteln bzw. nachzuweisen, dass der dynamische Beiwert laut ÖNORM EN 1991-2 Anhang C anwendbar ist.

Historisch gesehen wurden zwei Methoden zur Berücksichtigung der dynamischen Einwirkung der Verkehrslasten auf Tragwerke angewandt:

3.5 Sicherheitsphilosophie – Wahl der zulässigen Spannung

- die dynamische Einwirkung wird auf der Widerstandsseite berücksichtigt. Diese Methode wurde bei der Verordnung 1904 angewandt.

  $\sigma_g + \sigma_p \leq \sigma_{zul1}$
  - p die Verkehrslast wird ohne dynamischen Beiwert in die Berechnung eingeführt;
  - σ_{zul1} reduzierte Werte für die zulässige Spannung berücksichtigen u. a. die dynamische Einwirkung $(1+\varphi)$ der Verkehrslast.

- die dynamische Einwirkung wird auf der Einwirkungsseite berücksichtigt. Diese Methode wurde bei den ÖNORMEN nach 1945 bzw. in den Vorschriften für Eisenbauwerke, Berechnungsgrundlagen für eiserne Brücken (BE) der Deutschen Reichsbahn seit 1925 berücksichtigt.

  $\sigma_g + (1+\varphi) \cdot \sigma_p \leq \sigma_{zul2}$
  - p wird um $(1+\varphi)$ erhöht zur Berücksichtigung der dynamischen Einwirkung

  $\sigma_{zul2} > \sigma_{zul1}$

Im Folgenden wird eine Abschätzung von $(1+\varphi)$ für den Belastungszug I und den österreichischen N-Zug mit folgenden Prämissen vorgenommen:
Die Erhöhung der zulässigen Spannung Verordnung 1904 – ÖNORM B 4603 wird für den dynamischen Beiwert verwendet.
Die Abschätzung erfolgt für den Lastfall H im Stützweitenbereich bis 100 m.
Für σ_{zul1} werden die Werte stützweitenabhängig, getrennt für den Belastungszug I und den österreichischen N-Zug, der Verordnung 1904 entnommen, für σ_{zul2} der ÖNORM B 4603.

$$\sigma_g + \sigma_p = \sigma_{zul1} \tag{3.1}$$

$$\sigma_g + (1+\varphi) \cdot \sigma_p = \sigma_{zul2} \tag{3.2}$$

Die Formeln für σ_{zul1} sind für den Belastungszug I (l in [m] und σ_{zul} in [kg/cm²]) (Tab. 3.20):

Tab. 3.20 Zusammenhang zulässige Spannungen Belastungszug I–Stützweite Lastfall H

Stützweitenbereich	0 m bis 10 m	Nach der Formel	750+5l
	10 m bis 20 m		760+4l
	20 m bis 40 m		800+2l
	40 m bis 80 m		840+l
	80 m bis 120 m		840+l
	120 m und darüber		840+l
	Bis höchstens		1000

und für den Österreichischen N-Zug:
$\sigma_{zul} = 1000 + \ell$ mit ℓ in [m] und σ_{zul} in [kg/cm²]. Der Maximalwert beträgt 1,000 t/cm².
Der Wert σ_{zul2} beträgt 1600 kg/cm²
Für das Verhältnis $\sigma_g : \sigma_p$ werden folgende Werte angesetzt (Stahltragwerke mit offener Fahrbahn) (Tab. 3.21):

Tab. 3.21 Verhältnis Eigengewicht zu Verkehrslast

Stützweite [m]	$g : p$
2–10	1:10
20	1:5
30	1:4
40	1:3
≥40	1:1 angenommen

Für das Verhältnis $\sigma_g : \sigma_p = 1:10$ ergibt sich folgender Formelapparat, der auch für die anderen Verhältnisse beispielhaft gültig ist:

$$\sigma_g = \frac{\sigma_{zul1}}{11} \cdot 1$$

$$\sigma_p = \frac{\sigma_{zul1}}{11} \cdot 10$$

Mit Gleichung (3.2) ergibt sich:

$$(1+\varphi) = \frac{\sigma_{zul2} - \frac{\sigma_{zul1}}{11} * 1}{\frac{\sigma_{zul1}}{11} * 10} \tag{3.3}$$

Tab. 3.22 gibt die Auswertung von Gleichung (3.3), wobei die Werte für $(1+\varphi)$ als rückberechnete Werte bezeichnet werden, kurz $(1+\varphi)_{rück}$.

$(1+\varphi)_{EC}$: dynamischer Beiwert für Betriebslastenzüge laut ÖNORM EN 1991-2 Anhang C; Werte für Gleise mit sorgfältiger Instandhaltung und Maximum aus oberen und unteren Grenzwerten für die erste Biegeeigenfrequenz und für eine Geschwindigkeit von 100 km/h.

Die Werte $(1+\varphi)_{rück}$ sind größer als die in 3.5.10.2.7 ermittelten α-Werte, da der Wert $(1+\varphi)_{rück}$ sich nur auf p bezieht und nicht auf g+p.

3.5 Sicherheitsphilosophie – Wahl der zulässigen Spannung

Tab. 3.22 Rückberechnete dynamische Beiwerte

Stützweite [m]	$(1+\varphi)_{rück}$ für den Belastungszug I	$(1+\varphi)_{rück}$ für den österr. N-Zug	$(1+\varphi)_{EC}$
2,00	2,22	1,66	1,52
3,00	2,20	1,65	1,52
4,00	2,19	1,65	1,52
5,00	2,19	1,65	1,51
6,00	2,16	1,65	1,49
7,00	2,14	1,65	1,48
8,00	2,13	1,65	1,46
9,00	2,11	1,64	1,43
10,00	2,10	1,64	1,41
20,00	2,09	1,68	1,22
30,00	2,08	1,69	1,18
40,00	2,09	1,72	1,15
50,00	2,60	2,05	1,14
60,00	2,56	2,02	1,12
70,00	2,44	1,99	1,12
80,00	2,48	1,96	1,11
90,00	2,44	1,94	1,10
100,00	2,40	1,91	1,10

Bemerkung: in 3.5.10.2.7 wurde für den Österreichischen N-Zug mit der Reduktion für den E-Betrieb gerechnet, dies ergibt größere α-Werte als die hier errechneten Werte $(1+\varphi)_{rück}$. Ohne diese Reduzierung ergeben sich α-Werte im Stützweitenbereich von 2 bis 10 m von 1,60 bis 1,58.

Die Größe der rückgerechneten dynamischen Beiwerte liegt über denen der ÖNORM EN 1991-2, Anhang C. Diese Werte gelten als Stand der Technik für dynamische Beiwerte für Betriebslastenzüge. Der über den Werten der ÖNORM EN 1991–2 liegende Anteil kann für eine Vergrößerung der Einwirkung der Lastenzüge verwendet werden. Es ist nicht sinnvoll, die rückgerechneten dynamischen Beiwerte zu verwenden, da diese rückgerechneten dynamischen Einflüsse laut Stand der Technik nicht zu erwarten sind.

Bemerkung: die Untersuchung wird nur für den Lastfall H durchgeführt. Für den Lastfall HZ können im Vergleich zum Lastfall H folgende Aussagen getroffen werden:

- Im Lastfall HZ ist der Anteil $(1+\varphi) \cdot p$ an der Gesamtbelastung kleiner als im Lastfall H;
- Je größer die Stützweite, desto kleiner ist der Anteil $(1+\varphi) \cdot p$ an der Gesamteinwirkung.

Im Lastfall HZ ist v_{ver} kleiner als im Lastfall H. Dies ist damit begründet, dass die Wahrscheinlichkeit, dass alle Lasteinwirkungen in ihrer maximalen Größe gleichzeitig wirken, geringer ist als im Lastfall H.
Tab. 3.23 gibt eine Übersicht über die Größe von v_{ver}.

Tab. 3.23 Vergleich verfügbarer Sicherheitsbeiwert Lastfall H – Lastfall HZ

Vergleich v_{ver}						
	Belastungszug I/1904			Österreichischer N-Zug		
Stützweite [m]	H	HZ	HZ: H in %	H	HZ	HZ: H in %
2,00	2,06	1,47	70	1,56	1,36	87
10,00	1,96	1,47	75	1,55	1,36	87
100,00	1,67	1,47	88	1,42	1,36	95

Beim Belastungszug I ist im kleinen Stützweitenbereich v_{ver} 25–30 % im Lastfall HZ kleiner als im Lastfall H, beim Österreichischen N-Zug beträgt der Prozentsatz 13. Sollten die für den Lastfall H getroffenen Aussagen auch für den Lastfall HZ Gültigkeit haben, sollte der Anteil von $g+(1+\varphi) \cdot p$ beim Belastungszug I 70 bis 75 % bzw. beim Österreichischen N-Zug 87 % der Gesamteinwirkung des Lastfalles HZ sein, das heißt im kleinen Stützweitenbereich müssen die Einwirkungen von Anfahren/Bremsen, Seitenstoß, Temperatur und Belastung der Gehsteige ca. 25–30 % im Lastfall H und ca. 13 % im Lastfall HZ betragen.

Laut ÖNORM B 4603 beträgt v im Lastfall H 1,5 und im Lastfall HZ 1,333, somit 88 %.

In den Tab. 3.24 und 3.25 werden für den Lastfall H jeweils gesondert für den Belastungszug I und den österreichischen N-Zug die bisher berechneten Werte v_{ver}, α, $(1+\varphi)_{EC}$, $(1+\varphi)_{rück}$ in Zusammenstellung gezeigt. Die Werte wurden ohne Lastverteilung ermittelt. Weiters wurden zwei Werte ermittelt:

3.5 Sicherheitsphilosophie – Wahl der zulässigen Spannung

a) $\hat{v}_{verf} = \dfrac{0{,}8 \cdot v_{ver}}{(1+\varphi)_{EC}}$ (3.4)

Dieser Wert gibt eine mögliche Erhöhung der gesamten Einwirkung (g+p) bei Beibehaltung des Sicherheitsniveaus für eine gewählte Geschwindigkeit an.

b) $0{,}8 \cdot v_{ver} = \dfrac{g}{\Sigma g + p} + \dfrac{p}{\Sigma g + p} \cdot (1+\varphi)_{EC} \cdot \hat{v}_{verf,p}$ (3.5)

$$\hat{v}_{verf,p} = \dfrac{0{,}8 \cdot v_{ver} - \frac{g}{\Sigma g+p}}{\frac{p}{\Sigma g+p} \cdot (1+\varphi)_{EC}}$$ (3.6)

Der Wert $\hat{v}_{verf,p}$ gibt eine mögliche Erhöhung der Verkehrslast bei Beibehaltung des Sicherheitsniveaus für eine gewählte Geschwindigkeit an.

Die Werte v_{ver} wurden um 20 % vermindert zur Berücksichtigung der Unschärfen beim Verhältnis g: p.

In den Tab. 3.24 und 3.25 wurden außerdem die Momente der Streckenklasse D4 für Vergleichszwecke aufgenommen.

Legende zu Tabelle 3.24

v_{ver}	Anteil des Sicherheitsbeiwertes laut Verordnung 1904, Lastenzug I, der größer ist als der Sicherheitsbeiwert in ÖNORM B 4603, siehe Abschn. 3.5.10.2.1;
$(1+\varphi)_{EC}$	dynamischer Beiwert für Betriebslastenzüge laut ÖNORM EN 1991-2 Anhang C; Werte für Gleise mit sorgfältiger Instandhaltung und Maximum aus oberen und unteren Grenzwerten für die erste Biegeeigenfrequenz;
α	Erhöhungsfaktor für $\sigma_{zul,}$ siehe Abschn. 3.5.10.2.7;
g:p	Verhältnis Eigengewicht der Konstruktion zur Verkehrslast;
$(1+\varphi)_{rück}$	rückgerechneter dynamischer Beiwert, siehe Tab. 3.22 in diesem Kapitel
$\hat{v}_{verf}$	möglicher Erhöhungsfaktor für die Summe aus den Einwirkungen g+p, wobei der dynamische Beiwert für diese Erhöhung berücksichtigt ist.
$\hat{v}_{verf,p}$	möglicher Erhöhungsfaktor für die Verkehrslast des Lastenzuges I, wobei der dynamische Beiwert für die Lasterhöhung berücksichtigt ist.

Tab. 3.24 Übersicht Sicherheitsbeiwerte – mögliche Geschwindigkeit – Lastreserve Belastungszug I Lastfall H

Übersicht Sicherheitsbeiwerte – mögliche Geschwindigkeit – Lastreserve Belastungszug I Lastfall H

Werte $\hat{v}_{verf}$ bzw. $\hat{v}_{verf,p}$ für 0,8 v_{ver}

l_S [m]	v_{ver}	0,8 v_{ver}	α	$(1+\varphi)_{EC}$ [100 km/h]	g:p	$(1+\varphi)_{rück}$	$\hat{v}_{verf}$	$\hat{v}_{verf,p}$	Momente I [kNm] 100 %	Momente D4 [kNm], % von I
2,00	2,06	1,65	2,11	1,52	1:10	2,22	1,09	1,13	100,0	112,5
										113
3,00	2,05	1,64	2,09	1,52	1:10	2,20	1,08	1,12	169,6	168,8
										100
4,00	2,03	1,62	2,08	1,52	1:10	2,19	1,07	1,11	296,0	270,2
										91
5,00	2,02	1,62	2,06	1,51	1:10	2,19	1,07	1,11	426,0	378,0
										89
6,00	2,01	1,61	2,05	1,49	1:10	2,16	1,08	1,12	584,2	487,6
										83
7,00	2,00	1,60	2,04	1,48	1:10	2,14	1,08	1,12	752,3	644,2
										86
8,00	1,98	1,58	2,03	1,46	1:10	2,13	1,08	1,12	928,0	812,3
										88
9,00	1,97	1,58	2,01	1,43	1:10	2,11	1,10	1,15	1128,0	1001,2
										89

(Fortsetzung)

3.5 Sicherheitsphilosophie – Wahl der zulässigen Spannung

Tab. 3.24 (Fortsetzung)
Übersicht Sicherheitsbeiwerte – mögliche Geschwindigkeit – Lastreserve Belastungszug I Lastfall H

							Lastfall H		
10,00	1,96	1,57	2,00	1,41	1:10	2,10	1,11	1,15	1328,0	1220,4
										92
20,00	1,87	1,50	1,90	1,22	1:5	2,09	1,23	1,31	3991,9	4099,3
										103
30,00	1,82	1,46	1,86	1,18	1:4	2,08	1,24	1,33	8622,3	9160,0
										106
40,00	1,78	1,42	1,82	1,15	1:3	2,09	1,23	1,36	14.587,7	16.146,0
										111
50,00	1,76	1,41	1,80	1,14	1:1	2,60	1,24	1,60	21.368,9	25.141,2
										118
60,00	1,74	1,39	1,78	1,12	1:1	2,56	1,24	1,59	28.701,3	36.163,1
										126
70,00	1,72	1,38	1,76	1,12	1:1	2,44	1,23	1,57	36.652,3	49.091,9
										134
80,00	1,70	1,36	1,74	1,11	1:1	2,48	1,23	1,55	45.169,6	64.211,0
										142
90,00	1,68	1,34	1,72	1,10	1:1	2,44	1,22	1,53	54.312,4	81.103,7
										149
100,00	1,67	1,34	1,70	1,10	1:1	2,40	1,22	1,53	64.018,6	100.214,6
										157

Tab. 3.25 Übersicht Sicherheitsbeiwerte–mögliche Geschwindigkeit–Lastreserve Österr. N-Zug Lastfall H

Übersicht Sicherheitsbeiwerte–mögliche Geschwindigkeit–Lastreserve Österr. N-Zug Lastfall H

Werte $\hat{v}_{verf}$ bzw. $\hat{v}_{verf,p}$ für 0,8 v_{ver}

l_S [m]	v_{ver}	0,8 v_{ver}	α	$(1+\varphi)_{EC}$ [100 km/h]	g:p	$(1+\varphi)_{rück}$	$\hat{v}_{verf}$	$\hat{v}_{verf,p}$	Momente österr. N-Zug [kNm, 100 %]	Momente D4 [kNm], % von österr. N-Zug
2,00	1,56	1,25	1,60	1,52	1:10	1,66	0,82	0,84	125,0	112,5
										90
3,00	1,56	1,25	1,60	1,52	1:10	1,65	0,82	0,84	210,9	168,8
										80
4,00	1,56	1,25	1,59	1,52	1:10	1,65	0,82	0,84	375,0	270,2
										72
5,00	1,56	1,25	1,59	1,51	1:10	1,65	0,83	0,84	562,5	378,0
										67
6,00	1,56	1,25	1,59	1,49	1:10	1,65	0,84	0,86	773,4	487,6
										63
7,00	1,56	1,25	1,59	1,48	1:10	1,65	0,84	0,86	1062,5	644,2
										61
8,00	1,55	1,24	1,59	1,46	1:10	1,65	0,85	0,87	1375,0	812,3
										59
9,00	1,55	1,24	1,59	1,43	1:10	1,64	0,87	0,88	1710,9	1001,2
										59

(Fortsetzung)

Tab. 3.25 (Fortsetzung)

Übersicht Sicherheitsbeiwerte–mögliche Geschwindigkeit–Lastreserve Österr. N-Zug Lastfall H

10,00	1,55	1,24	1,58	1,41	1:10	1,64	0,88	0,90	2125,0	1220,4
										57
20,00	1,54	1,23	1,57	1,22	1:5	1,68	1,01	1,05	7391,7	4099,3
										56
30,00	1,52	1,22	1,55	1,18	1:4	1,69	1,03	1,08	16.536,0	9160,0
										55
40,00	1,51	1,21	1,54	1,15	1:3	1,72	1,05	1,11	29.383,4	16.146,0
										55
50,00	1,49	1,19	1,52	1,14	1:1	2,05	1,04	1,21	44.009,1	25.141,2
										57
60,00	1,48	1,18	1,51	1,12	1:1	2,02	1,05	1,21	60.302,4	36.163,1
										60
70,00	1,46	1,17	1,50	1,12	1:1	1,99	1,04	1,20	78.263,1	49.091,9
										63
80,00	1,45	1,16	1,48	1,11	1:1	1,96	1,05	1,19	97.891,4	64.211,0
										66
90,00	1,44	1,15	1,47	1,10	1:1	1,94	1,05	1,18	119.187,1	81.103,7
										68
100,00	1,42	1,14	1,45	1,10	1:1	1,91	1,04	1,16	142.150,4	100.214,6
										70

Die Werte α und $(1+\varphi)_{rück}$ sind zu Vergleichszwecken angegeben.
Beispiel für 6 m Stützweite: $\hat{v}_{verf} = \frac{0{,}8 \cdot v_{ver}}{(1+\varphi)_{EC}} = \frac{1{,}61}{1{,}49} = 1{,}08$

$$\hat{v}_{verf,p} = \frac{0{,}8 \cdot v_{ver} - \frac{g}{\Sigma g+p}}{\frac{p}{\Sigma g+p} \cdot (1+\varphi)_{EC}} = \frac{1{,}61 - \frac{1}{11}}{\frac{10}{11} \cdot 1{,}49} = 1{,}12$$

Mögliches statisches Moment für eine Geschwindigkeit von 100 km/h:

$$M = 1{,}12 \cdot 584{,}2 = 654{,}3 \text{ kNm}$$

Mit diesem statischen Moment kann mit anderen statischen Belastungszügen auf statischer Ebene verglichen werden, wobei bei der Geschwindigkeit von 100 km/h mit $(1+\varphi) = 1{,}49$ der Sicherheitsbeiwert $v = 1{,}5$ gegeben ist. Bei einem Schnittkraftvergleich unter Einbeziehung der dynamischen Einwirkung darf für obiges Moment als dynamischer Beiwert 1,49 angesetzt werden.

Legende zu Tabelle 3.25

v_{ver}	Anteil des Sicherheitsbeiwertes laut Verordnung 1904, österreichischer N-Zug, der größer ist als der Sicherheitsbeiwert in ÖNORM B 4603, siehe Abschn. 3.5.10.2.1.
$(1+\varphi)_{EC}$	dynamischer Beiwert für Betriebslastenzüge laut ÖNORM EN 1991-2 Anhang C; Werte für Gleise mit sorgfältiger Instandhaltung und Maximum aus oberen und unteren Grenzwerten für die erste Biegeeigenfrequenz
α	Erhöhungsfaktor für $\sigma_{zul,}$ siehe Abschn. 3.5.10.2.7; hier: α- Werte ohne Reduktion
g:p	Verhältnis Eigengewicht der Konstruktion zur Verkehrslast;
$(1+\varphi)_{rück}$	rückgerechneter dynamischer Beiwert, siehe Tab. 3.22 in diesem Kapitel;
$\hat{v}_{verf}$	möglicher Erhöhungs- bzw. Abminderungsfaktor für die Summe aus den Einwirkungen g+p, wobei der dynamische Beiwert für diese Erhöhung berücksichtigt ist.
$\hat{v}_{verf,p}$	möglicher Erhöhungs- bzw. Abminderungsfaktor für die Verkehrslast des Österreichischen N-Zuges, wobei der dynamische Beiwert für die Lasterhöhung berücksichtigt ist.

Die Werte α und $(1+\varphi)_{rück}$ sind zu Vergleichszwecken angegeben.
Beispiel für 6 m Stützweite:

$$\hat{v}_{verf} = \frac{0{,}8 \cdot v_{ver}}{(1+\varphi)_{EC}} = \frac{1{,}25}{1{,}49} = 0{,}84$$

3.5 Sicherheitsphilosophie – Wahl der zulässigen Spannung

$$\hat{v}_{verf,p} = \frac{0,8 \cdot v_{ver} - \frac{g}{\Sigma g+p}}{\frac{p}{\Sigma g+p} \cdot (1+\varphi)_{EC}} = \frac{1,25 - \frac{1}{11}}{\frac{10}{11} \cdot 1,49} = 0,86$$

Mögliches statisches Moment für eine Geschwindigkeit von 100 km/h:

$$M = 0,86 \cdot 773,4 = 665,1 \text{ kNm}$$

Mit diesem statischen Moment kann mit anderen statischen Belastungszügen auf statischer Ebene verglichen werden, wobei bei der Geschwindigkeit von 100 km/h mit $(1+\varphi)=1,49$ der Sicherheitsbeiwert $v=1,5$ gegeben ist. Bei einem Schnittkraftvergleich unter Einbeziehung der dynamischen Einwirkung darf für obiges Moment als dynamischer Beiwert 1,49 angesetzt werden.

3.5.10.2.9 Vergleich zulässige Spannungen, Momenteneinwirkungen und Sicherheitsbeiwerte Verordnung 1904 Belastungszug I – Österreichischer N-Zug

Die Änderungen bestehen in einer Erhöhung der Einwirkung der Verkehrslast und gleichzeitig in einer Erhöhung der zulässigen Spannungen. Beibehalten wurde das Konzept der Berücksichtigung des dynamischen Einflusses durch eine stützweitenabhängige zulässige Spannung.

Tab. 3.26 zeigt eine Gegenüberstellung der zulässigen Spannungen und der Momenteneinwirkungen im Lastfall H.

Im Lastfall HZ beträgt die Erhöhung der zulässigen Spannung stützweitenunabhängig 8 % ($\sigma_{zull} = 1,200$ t/cm^2, $\sigma_{zul, österr. N-Zug} = 1,300$ t/cm^2).

Die in der Tabelle angegebenen Werte für die zulässigen Spannungen für den Österreichischen N-Zug sind Werte ohne Reduktion der zulässigen Spannungen.

Im Stützweitenbereich bis 4 m ist die Spannungserhöhung größer als die Einwirkungserhöhung, das heißt, die Reduzierung der v und v_{ver}-Werte ist größer als die Zunahme der Momenteneinwirkung, somit ist die Momenteneinwirkung des Österreichischen N-Zuges in diesem Stützweitenbereich bei gleichem Sicherheitsniveau kleiner als die des Belastungszuges I. Ab fünf Metern Stützweite ist die Situation umgekehrt, die Momenteneinwirkung wächst mit zunehmender Stützweite wesentlich stärker als die Spannungserhöhung.

Während zur Berücksichtigung der dynamischen Einwirkung beim Belastungszug I die Einwirkung der Verkehrslast bei eisernen Tragwerken um 10 % zu erhöhen war, falls die Verkehrslast ohne Vermittlung eines elastischen Zwischenteils auf das Bauteil einwirkt – z. B. Längsträger, direkt befahrbare Hauptträger –, ist bei der Berechnung des Österreichischen N-Zuges die

Tab. 3.26 Vergleich Spannungen-Momente Belastungszug I – Österr. N-Zug

Vergleich zulässige Spannungen und Momenteneinwirkungen;
Verordnung 1904 Belastungszug I – Österreichischer N-Zug

l_S	Momente I	Momente öst. N-Zug	Erhöhung Momente	$\sigma_{zul\,I}$	$\sigma_{zul\,öst.\,N\text{-}Zug}$	Erhöhung Spannung
[m]	[kNm]	[kNm]	[-]	[t/cm²]	[t/cm²]	[-]
2,00	100,0	125,0	1,25	0,760	1,002	1,32
3,00	169,6	210,9	1,24	0,765	1,003	1,31
4,00	296,0	375,0	1,27	0,770	1,004	1,30
5,00	426,0	562,5	1,32	0,775	1,005	1,30
6,00	584,2	773,4	1,32	0,780	1,006	1,29
7,00	752,3	1062,5	1,41	0,785	1,007	1,28
8,00	928,0	1375,0	1,48	0,790	1,008	1,28
9,00	1128,0	1710,9	1,52	0,795	1,009	1,27
10,00	1328,0	2125,0	1,60	0,800	1,010	1,26
20,00	3991,9	7391,7	1,85	0,840	1,020	1,21
50,00	21.368,9	44.009,1	2,06	0,890	1,050	1,18
100,00	64.018,6	142.150,4	2,22	0,940	1,100	1,17

zulässige Spannung bei unmittelbar belasteten Trägern und Tragwerksteilen – Schwellenträger, Fahrbahn-oben-Tragwerke, Zwillingsträger – in Abhängigkeit der Traktionsart zu reduzieren, und zwar bei Dampfbetrieb um 15 % und bei E-Betrieb um 10 %. Die Berücksichtigung der unmittelbaren Einwirkung der Verkehrslast erfolgte somit neu auf der Widerstandsseite statt wie bisher auf der Einwirkungsseite.

Die Erhöhung der zulässigen Spannung bedeutet eine Herabsetzung des Sicherheitsbeiwertes. Spannung und Sicherheitsbeiwert verhalten sich indirekt proportional ($\nu = \beta_{Fl} : \sigma_{zul}$). Eine Herabsetzung von ν bedeutet auch eine Reduzierung von ν_{ver}. Um die Einwirkung beider Belastungszüge vergleichen zu können, wird als Basis ν_{ver} des Belastungszuges I herangezogen. Da es sich hier um einen Vergleich handelt, ist dies möglich, da der dynamische Beiwert $(1+\varphi)_{EC}$ für beide Lastenzüge gleich ist und somit die Reduktion von ν_{ver} zu $\hat{\nu}_{verf} = \frac{\nu_{ver}}{(1+\varphi)_{EC}}$ verhältnisgleich ist. Um dasselbe Sicherheitsniveau wie beim Belastungszug I auch beim Österreichischen N-Zug erreichen zu können, ist eine Reduktion der Lasteinwirkung notwendig, die im Verhältnis der vorhandenen

3.5 Sicherheitsphilosophie – Wahl der zulässigen Spannung   81

Tab. 3.27 Verfügbarer Sicherheitsbeiwert – Momente Belastungszug I – Österr. N-Zug

l_S [m]	$v_{\text{ver I 1904}}$	$v_{\text{ver österr. N-Zug}}$	M I 1904 [kNm]	M Österr. N-Zug original [kNm]	M Österr. N-Zug reduziert [kNm]
2,00	2,06	1,56	100	125	95
3,00	2,05	1,56	170	210	160
4,00	2,03	1,56	296	375	285
5,00	2,02	1,56	426	563	434
6,00	2,01	1,56	584	773	595
7,00	2,00	1,55	752	1063	829
8,00	1,98	1,55	928	1375	1073
9,00	1,97	1,55	1128	1710	1351
10,00	1,96	1,55	1328	2125	1679

v_{verf}-Werte des Belastungszuges I und des Österreichischen N-Zuges erfolgt ($v_{\text{ver, N-Zug}}$: $v_{\text{ver, I}}$). Diese Reduktion der Lasteinwirkung ermöglicht die Einhaltung von σ_{zul} des Belastungszuges I und damit die Einhaltung von v und v_{ver} des Belastungszuges I. Tab. 3.27 zeigt für den Stützweitenbereich zwei bis zehn Meter die v_{ver}-Werte, die Momente für den Belastungszug I und für den österreichischen N-Zug, einmal die Originalwerte und einmal die reduzierten Werte.

3.5.10.2.10 Zusammenfassung Sicherheitsphilosophie

Die Gewährleistung der Sicherheit bei Stahlkonstruktionen erfolgt im deterministischen System durch Einhaltung eines gewählten Abstandes der zulässigen Normalspannung σ_{zul} zur Fließgrenze β_{Fl}

$$v = \frac{\beta_{Fl}}{\sigma_{zul}}$$

σ_{zul} zulässige Normalspannung
β_{Fl} Normalspannung bei Erreichen der Fließgrenze (Streckgrenze)
v globaler Sicherheitsbeiwert

Im Eisenbahnstahlbrückenbau beträgt laut ÖNORM B 4603:1964 mit $\beta_{Fl} = 2,400 t/\text{cm}^2$ und $\sigma_{zul} = 1,600 t/\text{cm}^2$:

$$v = \frac{2,400}{1,600} = 1,5$$

Im Gegensatz zur ÖNORM B 4603:1964, in der σ_{zul} stützweitenunabhängig ist, ist in der Verordnung 1904 σ_{zul} im Lastfall H stützweitenabhängig. Deshalb sind die Werte v auch stützweitenabhängig.
Bei dem Maximalwert von $\sigma_{zul,1904} = 1{,}000\,t/\text{cm}^2$, das ist bei Stützweiten ab 160 m, und $\beta_{Fl} = 2{,}35\,t/\text{cm}^2$ beträgt:

$$v = \frac{2{,}350}{1{,}000} = 2{,}35$$

Es wurde gezeigt, dass alle σ_{zul}-Werte der Verordnung 1904 sowohl für den Lastenzug I als auch für den österreichischen N-Zug größere v-Werte aufweisen als der in der ÖNORM B 4603 geforderte Wert von 1,5, das heißt, es ist ein größerer als der geforderte Sicherheitsabstand zur Normalspannung bei Erreichen der Fließgrenze vorhanden. Dieser über den geforderten Sicherheitsabstand hinausgehende Anteil wird als v_{ver} bezeichnet, ist immer größer als 1 und beträgt für die oben angeführten Werte

$$v_{ver} = \frac{2{,}350}{1{,}5} = 1{,}567$$

Bei einem v von 1,5 laut ÖNORM B 4603:1964 darf σ_{zul} von 1,000 t/cm² auf 1,000 · 1,567 t/cm² angehoben werden. Durch diese Anhebung von σ_{zul} wird das Verhältnis $\beta_{Fl} : \sigma_{zul}$ der Verordnung 1904 an das der ÖNORM B 4603:1964 angeglichen:

$$2{,}400 : 1{,}6 = 2{,}350 : 1{,}567$$

$$3{,}76 = 3{,}76$$

Der Wert v_{ver} ist somit ein Faktor, um den die Werte σ_{zul} der Verordnung 1904 angehoben werden können ohne Unterschreitung von $v_{soll} = 1{,}5$, somit

$\sigma_{zul,1904,möglich} = v_{ver}\sigma_{zul,1904}$

Der Wert $\sigma_{zul,1904,möglich}$ ist für alle Stützweiten im Lastfall H gleich 1,567 t/cm².

Die Heranziehung von $v = 1{,}5$ auf die Werte σ_{zul} der Verordnung 1904 bedeutet eine Anhebung von σ_{zul}, das heißt eine Erhöhung der Widerstandsseite, die eine Vergrößerung der Einwirkungsseite unter gewissen Voraussetzungen ermöglicht.

Die formelmäßige Darstellung ist:

$$v = \frac{\beta_{Fl}}{\sigma_{zul}}$$

3.5 Sicherheitsphilosophie – Wahl der zulässigen Spannung

$$v_{ver} = \frac{v}{v_{soll}} = \frac{\beta_{Fl}}{\sigma_{zul}} \cdot \frac{1}{v_{soll}} = \frac{\beta_{Fl,1904}}{\sigma_{zul,1904}} \cdot \frac{\sigma_{zul,B4603}}{\beta_{Fl,B4603}}$$

Bei Anwendung des Verhältnisses β_{Fl} zu σ_{zul} der ÖNORM B 4603:1964 auf die Verordnung 1904
$\beta_{Fl,1904}$: $\beta_{Fl,B4603} = \sigma_{zul,1904,möglich}$: $\sigma_{zul\ B\ 4603}$ ergibt sich

$$\sigma_{zul,1904,möglich} = \frac{\beta_{Fl,1904}}{\beta_{Fl,B4603}} \cdot \frac{\sigma_{zul,B4603}}{1}$$

Mit Erweiterung mit $\sigma_{zul,1904}$ ist

$$\sigma_{zul,1904,möglich} = \frac{\beta_{Fl,1904}}{\beta_{Fl,B4603}} \cdot \frac{\sigma_{zul,B4603}}{\sigma_{zul,1904}} \cdot \frac{\sigma_{zul,1904}}{1} = v_{ver}\sigma_{zul,1904}$$

In der Verordnung 1904 ist explizit kein dynamischer Beiwert in der Berechnung vorgesehen. Dieser wird durch die stützweitenabhängige Herabsetzung von σ_{zul} indirekt berücksichtigt. Damit sind die Lasteinwirkungen der Verordnung 1904 nicht direkt vergleichbar mit den Lasteinwirkungen jener Normen, in denen eine stützweitenunabhängige zulässige Spannung und ein stützweiten- und bauteilabhängiger dynamischer Beiwert die Basis der Berechnung bilden.

Wird nun σ_{zul} erhöht durch Herabsetzung des vorhandenen v bis auf $v = 1,5$ gemäß ÖNORM B 4603:1964, ist gleichzeitig auf der Einwirkungsseite die Verkehrslast mit $(1+\varphi)_{EC}$ zu erhöhen. Solange diese Erhöhung der Einwirkung um $(1+\varphi)_{EC}$ kleiner ist als die Spannungserhöhung, ist das Sicherheitsniveau laut ÖNORM B 4603 gewährleistet. Liegt die durch $(1+\varphi)_{EC}$ hervorgerufene Spannungserhöhung unter der zulässigen Spannungserhöhung $\sigma_{zul,1904,möglich}$, kann die Differenz zwischen den beiden Spannungen für eine Lasterhöhung herangezogen werden. Sollte die Spannungserhöhung zufolge $(1+\varphi)_{EC}$ über den Wert $\sigma_{zul1904,möglich}$ liegen, ist eine Reduktion der statischen Einwirkung, das heißt eine Verminderung der Verkehrslast, erforderlich.

Für den Lastenzug I der Verordnung 1904 ergeben sich beispielhaft für eine Stützweite von 8 m folgende Werte:

$$v_{ver} = 1,98$$

$$(1+\varphi)_{EC\ 100km/h} = 1,46$$

Die Werte sind Abschn. 3.5.10.2.5.1.1 entnommen.

$$\sigma_{zul1904} = 750 + 5l = 790\ kg/cm^2 = 0,790\ t/cm^2$$

Mögliche Spannungserhöhung von $\sigma_{zul,1904}$:

$$\sigma_{zul,1904,möglich} = 0{,}790 \cdot 1{,}98 = 1{,}564 \text{ t/cm}^2$$

Bei dieser Spannung muss für eine Lasterhöhung gelten:

$$(1+\varphi)_{EC} \cdot \sigma_{mög(g+p)} \leq \sigma_{zul,1904,möglich}, \text{ somit}$$

$$\sigma_{mög(g+p)} = \frac{1{,}564}{1{,}46} = 1{,}071 \frac{t}{\text{cm}^2}$$

bezogen auf $\sigma_{zul,1904}$: $\frac{1{,}071}{0{,}790} = 1{,}356$, das heißt, es ist eine Lasterhöhung um 35,6 % möglich.

Bemerkung: es wird auf der sicheren Seite liegend angenommen, dass (g+p), somit auch die Einwirkung des Eigengewichts, mit $(1+\varphi)_{EC}$ erhöht werden. Der Zusammenhang Einwirkung – Spannung – Sicherheitsbeiwert wird insofern angenommen, dass die Einwirkung zufolge $(1+\varphi)_{EC} \cdot (g+p)$ ein $\sigma_{zul1904,möglich}$ hervorruft und damit $\nu = 1{,}5$ ist.

$\sigma_{mög(g+p)}$ ist die Spannung, die bei einem vorgewählten, geschwindigkeitsabhängigen dynamischen Beiwert $(1+\varphi)_{EC}$ die größtmögliche Einwirkung aus (g+p) angibt, bei der der dynamische Beiwert berücksichtigt ist und $\nu = 1{,}5$ ist.

Formelmäßige Darstellung der größtmöglichen Einwirkung aus (g+p):

$$\sigma_{zul,1904,möglich} = \nu_{ver}\sigma_{zul,1904} \tag{3.7}$$

$$(1+\varphi)_{EC}\sigma_{mög(g+p)} = \sigma_{zul,1904,möglich} \tag{3.8}$$

$$\sigma_{mög(g+p)} = \frac{\sigma_{zul,1904,möglich}}{(1+\varphi)_{EC}}$$

aus Formel (3.7) in Formel (3.8) eingesetzt, ergibt

$$\sigma_{mög(g+p)} = \frac{\sigma_{zul,1904}}{(1+\varphi)_{EC}}\nu_{ver} \tag{3.9}$$

mit $\hat{\nu}_{verf} = \frac{\nu_{ver}}{(1+\varphi)_{EC}}$

$$\sigma_{mög(g+p)} = \sigma_{zul1904}\hat{\nu}_{verf} \tag{3.10}$$

Zusammenhang ν_{ver} und $\hat{\nu}_{verf}$

Gleichsetzung der Formeln (3.9) und (3.10):

$$\frac{\sigma_{zul,1904}}{(1+\varphi)_{EC}} \cdot \nu_{ver} = \sigma_{zul,1904} \cdot \hat{\nu}_{verf} \text{ ergibt } \hat{\nu}_{verf} = \frac{\nu_{ver}}{(1+\varphi)_{EC}}$$

3.5 Sicherheitsphilosophie – Wahl der zulässigen Spannung

$\hat{v}_{verf}$: jener Anteil von v_{ver}, für den eine Lasterhöhung bei gewähltem $(1+\varphi)_{EC}$ möglich ist, bzw. jener Faktor, der die mögliche Spannung für (g+p) bei gewähltem $(1+\varphi)_{EC}$ im Verhältnis zu $\sigma_{zul,1904}$ angibt.

Die Verwendung von v und $\hat{v}_{verf}$ vermeidet eine Berechnung von $\sigma_{zul,1904}$.
In Fortführung des obigen Beispiels ergibt sich die mögliche Spannungs- und Einwirkungserhöhung alternativ über:

$$\hat{v}_{verf} = \frac{v_{ver}}{(1+\varphi)_{EC}} = \frac{1,98}{1,46} = 1,356 \text{ bzw.}$$

$$\sigma_{m\ddot{o}g(g+p)} = \sigma_{zul,1904} \hat{v}_{verf} = 0,790 \cdot 1,356 = 1,071 \frac{t}{cm^2}$$

In den Abschn. 3.5.10.2.1 bis 3.5.10.2.8 wurde gezeigt, dass die Verordnung 1904 ein höheres Sicherheitsniveau aufweist als die ÖNORM B 4603. Dieses höhere Sicherheitsniveau ist im Lastfall H stützweitenabhängig und unterschiedlich für den Lastenzug I und für den Österreichischen N-Zug, es ist für den Lastenzug I größer als für den österreichischen N-Zug. Basis für die Gegenüberstellung waren das ab ca. 1900 in Verwendung gelangte Flusseisen mit seinen in der Verordnung 1904 vorgeschriebenen Materialeigenschaften und Stahl der Güte St 37 laut ÖNORM B 4603. Die Vergleiche auf der Einwirkungsseite wurden für die Vertikallasten auf Basis der Momenteneinwirkungen geführt.

Dieser Überschuss des Sicherheitsniveaus v_{ver} wird für den Nachweis des dynamischen Faktors $(1+\varphi)_{EC}$ gemäß ÖNORM EN 1991-2 Anhang C herangezogen. Der Berechnung von $(1+\varphi)_{EC}$ wurde eine Geschwindigkeit von 100 km/h, Gleise mit sorgfältiger Instandhaltung und für die erste Biegeeigenfrequenz der Maximalwert aus oberer und unterer Eigenfrequenz zugrunde gelegt (Ergebnisse siehe Abschn. 3.5.10.2.8). Mit diesen Voraussetzungen lassen sich für den Lastfall H folgende Aussagen treffen:

- wird der gesamte Überschuss für den dynamischen Faktor herangezogen, so deckt er $(1+\varphi)_{EC}$ sowohl beim Belastungszug I als auch beim Österreichischen N-Zug ab;
- werden nur 80 % des Überschusses v_{ver} für $(1+\varphi)_{EC}$ verwendet (20 % Reserve für die Unstetigkeiten bei der Annahme des Verhältnisses g:p), ergibt sich folgendes Ergebnis:

Beim Lastenzug I wird $(1+\varphi)_{EC}$ immer abgedeckt $(0,8 \, v_{ver} > (1+\varphi)_{EC}$ oder $\hat{v}_{verf}$ bzw. $\hat{v}_{verf,p} > 1)$.

Beim österreichischen N-Zug wird im Stützweitenbereich bis ca. 17 m $(1+\varphi)_{EC}$ nicht abgedeckt.

$$(0{,}8 v_{ver} < (1+\varphi)_{EC} \text{ oder } \hat{v}_{verf} \text{ bzw.} \hat{v}_{verf,p} < 1).$$

Die Werte wurden berechnet ohne Verteilung der Einzelachsen und ohne Reduktion der Spannungen für E-Betrieb.

Der Belastungszug I deckt mit Basis $0{,}8\ v_{ver}$ bei Anwendung von $\hat{v}_{verf}$ die Streckenklasse D4 im Stützweitenbereich von 3 bis 50 m, bei Anwendung von $\hat{v}_{verf,p}$ den Stützweitenbereich von 2 bis 90 m ab. Der Österreichische N-Zug deckt mit Basis $0{,}8\ v_{ver}$ bei Anwendung von $\hat{v}_{verf}$ die Streckenklasse D4 ab 3 m Stützweite ab.

In einem weiteren Schritt wurde auch eine Geschwindigkeit von 160 km/h untersucht und beim Österreichischen N-Zug Differenzierungen vorgenommen (Berücksichtigung Verteilung Achslasten und Spannungsreduktion für E-Betrieb). Die Ergebnisse sind im Abb. 3.13 bzw. Tab. 3.28 für den Belastungszug I und in den Abb. 3.14 und 3.15 bzw. Tab. 3.29 und 3.30 für den Österreichischen N-Zug dargestellt.

Belastungszug I/1904 Lastfall H

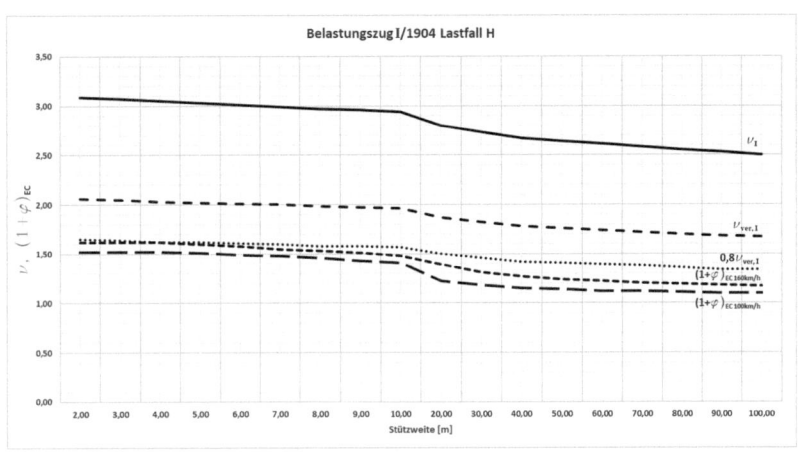

Abb. 3.13 Verfügbarer Sicherheitsbeiwert – Geschwindigkeiten Belastungszug I Lastfall H

3.5 Sicherheitsphilosophie – Wahl der zulässigen Spannung

Tab. 3.28 Verfügbarer Sicherheitsbeiwert – Geschwindigkeiten Belastungszug I Lastfall H

Stützweite l_S [m]	v_I	$v_{ver,I}$	$0{,}8\,v_{ver,I}$	$(1+\varphi)_{EC\ 100\ km/h}$	$(1+\varphi)_{EC\ 160\ km/h}$
2	3,09	2,06	1,65	1,52	1,62
3	3,07	2,05	1,64	1,52	1,62
4	3,05	2,03	1,62	1,52	1,62
5	3,03	2,02	1,62	1,51	1,60
6	3,01	2,01	1,61	1,49	1,58
7	2,99	2,00	1,60	1,48	1,55
8	2,97	1,98	1,58	1,46	1,53
9	2,96	1,97	1,58	1,43	1,51
10	2,94	1,96	1,57	1,41	1,48
20	2,80	1,87	1,50	1,22	1,39
30	2,73	1,82	1,46	1,18	1,31
40	2,67	1,76	1,42	1,15	1,27
50	2,64	1,76	1,41	1,14	1,24
60	2,61	1,74	1,39	1,12	1,22
70	2,58	1,72	1,38	1,12	1,20
80	2,55	1,70	1,36	1,11	1,19
90	2,53	1,68	1,34	1,10	1,18
100	2,50	1,67	1,34	1,10	1,17

v: Sicherheitsbeiwert laut Verordnung 1904 für Belastungszug I, siehe Abschn. 3.5.10.2.3.1

v_{ver}: Anteil des Sicherheitsbeiwertes laut Verordnung 1904, der größer ist als der Sicherheitsbeiwert in ÖNORM B 4603, siehe Abschn. 3.5.10.2.3.1

$(1+\varphi)_{EC}$: dynamischer Beiwert für Betriebslastenzüge laut ÖNORM EN 1991-2 Anhang C; Werte für Gleise mit sorgfältiger Instandhaltung und Maximum aus oberen und unteren Grenzwerten für die erste Biegeeigenfrequenz.

Bemerkung: v_{ver} bezieht sich auf (g+p), enthält somit eine mit zunehmender Stützweite sich vergrößernde Reserve.

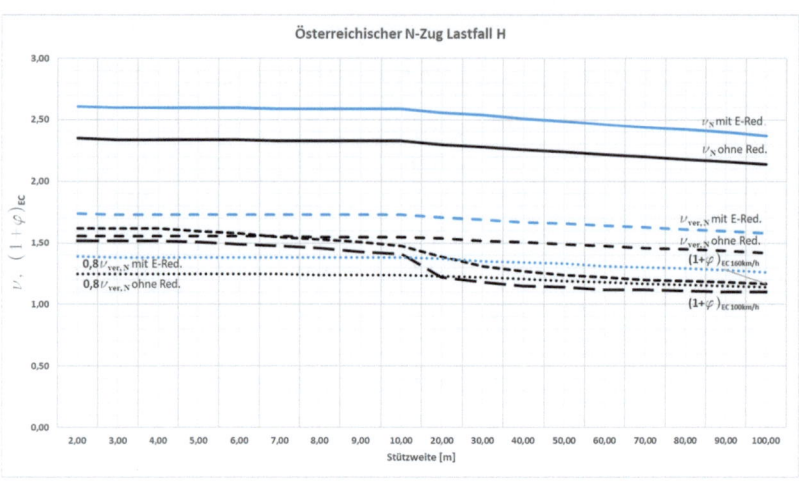

Abb. 3.14 Verfügbarer Sicherheitsbeiwert – Geschwindigkeiten Österr. N-Zug Lastfall H ohne Lastverteilung

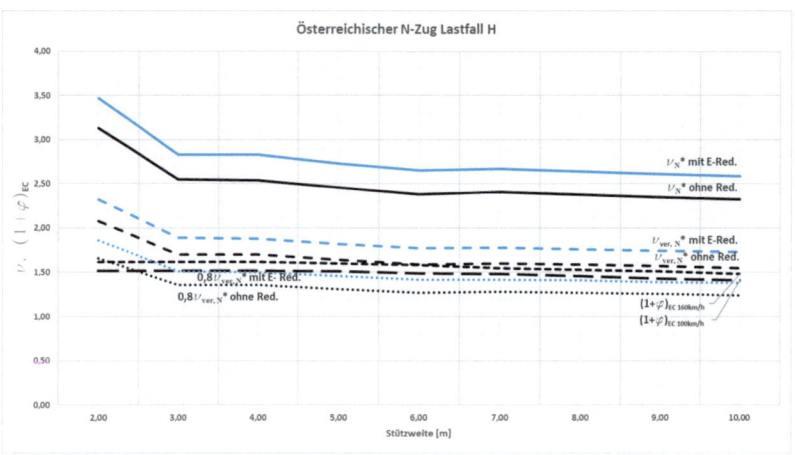

Abb. 3.15 Verfügbarer Sicherheitsbeiwert – Geschwindigkeiten Österr. N-Zug Lastfall H Stützweitenbereich bis 10 m mit Lastverteilung

3.5 Sicherheitsphilosophie – Wahl der zulässigen Spannung   89

Tab. 3.29 Verfügbarer Sicherheitsbeiwert – Geschwindigkeiten Österr. N-Zug Lastfall H

l_S [m]	v_N ohne Red	$v_{ver,N}$ ohne Red	$0{,}8\,v_{ver,N}$ ohne Red	v_N mit Red	$v_{ver,N}$ mit Red	$0{,}8\,v_{ver,N}$ mit Red	$(1+\varphi)_{EC}$ 100 km/h	$(1+\varphi)_{EC}$ 160 km/h
2	2,35	1,56	1,25	2,61	1,74	1,39	1,52	1,62
3	2,34	1,56	1,25	2,60	1,73	1,38	1,52	1,62
4	2,34	1,56	1,25	2,60	1,73	1,38	1,52	1,62
5	2,34	1,56	1,25	2,60	1,73	1,38	1,51	1,60
6	2,34	1,56	1,25	2,60	1,73	1,38	1,49	1,58
7	2,33	1,56	1,25	2,59	1,73	1,38	1,48	1,55
8	2,33	1,55	1,24	2,59	1,73	1,38	1,46	1,53
9	2,33	1,55	1,24	2,59	1,73	1,38	1,43	1,51
10	2,33	1,55	1,24	2,59	1,73	1,38	1,41	1,48
20	2,30	1,54	1,23	2,56	1,71	1,37	1,22	1,39
30	2,28	1,52	1,22	2,54	1,69	1,35	1,18	1,31
40	2,26	1,51	1,21	2,51	1,67	1,34	1,15	1,27
50	2,24	1,49	1,19	2,49	1,66	1,33	1,14	1,24
60	2,22	1,48	1,18	2,46	1,64	1,31	1,12	1,22
70	2,20	1,46	1,17	2,44	1,63	1,30	1,12	1,20
80	2,18	1,45	1,16	2,42	1,61	1,29	1,11	1,19
90	2,16	1,44	1,15	2,40	1,60	1,28	1,10	1,18
100	2,14	1,42	1,14	2,37	1,58	1,26	1,10	1,17

Tab. 3.30 Verfügbarer Sicherheitsbeiwert – Geschwindigkeiten Österr. N-Zug Lastfall H mit Lastverteilung

Werte Diagramm Österreichischer N-Zug Lastfall H

$v_{\text{ohne Reduktion}}$, $v_{\text{ver ohne Reduktion}}$, $0{,}8\, v_{\text{ver ohne Reduktion}}$, $v_{\text{mit E-Reduktion}}$, $v_{\text{ver mit E- Reduktion}}$, $0{,}8\, v_{\text{ver mit E- Reduktion}}$

$v^{*}_{\text{ohne Reduktion}}$, $v^{*}_{\text{ver ohne Reduktion}}$, $0{,}8\, v^{*}_{\text{ver ohne Reduktion}}$, $v^{*}_{\text{mit E- Reduktion}}$, $v^{*}_{\text{ver mit E- Reduktion}}$, $0{,}8\, v^{*}_{\text{ver mit E- Reduktion}}$

$(1+\varphi)_{EC}$

l_S [m]	$v_{\text{ohne Reduktion}}$ $v^{*}_{\text{ohne Reduktion}}$	$v_{\text{ver ohne Reduktion}}$ $v^{*}_{\text{ver ohne Reduktion}}$	$0{,}8\, v_{\text{ver ohne Reduktion}}$ $0{,}8\, v^{*}_{\text{ver ohne Reduktion}}$	$v_{\text{mit E- Reduktion}}$ $v^{*}_{\text{mit E- Reduktion}}$	$v_{\text{ver mit E- Reduktion}}$ $v^{*}_{\text{ver mit E- Reduktion}}$	$0{,}8\, v_{\text{ver mit E- Reduktion}}$ $0{,}8\, v^{*}_{\text{ver mit E- Reduktion}}$	$(1+\varphi)_{EC}$ 100 km/h	$(1+\varphi)_{EC}$ 160 km/h
2,00	2,35	1,56	1,25	2,61	1,74	1,39	1,52	1,62
	3,13	2,08	1,66	3,47	2,32	1,86		
3,00	2,34	1,56	1,25	2,60	1,73	1,38	1,52	1,62
	2,55	1,70	1,36	2,83	1,89	1,51		
4,00	2,34	1,56	1,25	2,60	1,73	1,38	1,52	1,62
	2,54	1,70	1,36	2,83	1,88	1,50		
5,00	2,34	1,56	1,25	2,60	1,73	1,38	1,51	1,60
	2,46	1,64	1,31	2,73	1,82	1,46		
6,00	2,34	1,56	1,25	2,60	1,73	1,38	1,49	1,58
	2,38	1,59	1,27	2,65	1,77	1,42		
7,00	2,33	1,56	1,25	2,59	1,73	1,38	1,48	1,55
	2,41	1,60	1,28	2,67	1,78	1,42		
8,00	2,33	1,55	1,24	2,59	1,73	1,38	1,46	1,53
	2,38	1,59	1,27	2,64	1,76	1,41		
9,00	2,33	1,55	1,24	2,59	1,73	1,38	1,43	1,51
	2,35	1,57	1,26	2,61	1,74	1,39		
10,00	2,33	1,55	1,24	2,59	1,73	1,38	1,41	1,48
20,00	2,30	1,54	1,23	2,56	1,71	1,37	1,22	1,39
30,00	2,28	1,52	1,22	2,54	1,69	1,35	1,18	1,31
40,00	2,26	1,51	1,21	2,51	1,67	1,34	1,15	1,27
50,00	2,24	1,49	1,19	2,94	1,66	1,33	1,14	1,24

(Fortsetzung)

3.5 Sicherheitsphilosophie – Wahl der zulässigen Spannung

Tab. 3.30 (Fortsetzung)

Werte Diagramm Österreichischer N-Zug Lastfall H

$\nu_{\text{ohne Reduktion}}$, $\nu_{\text{ver ohne Reduktion}}$, $0{,}8\ \nu_{\text{ver ohne Reduktion}}$, $\nu_{\text{mit E-Reduktion}}$, $\nu_{\text{ver mit E- Reduktion}}$, $0{,}8\ \nu_{\text{ver mit E- Reduktion}}$

$\nu^*_{\text{ohne Reduktion}}$, $\nu^*_{\text{ver ohne Reduktion}}$, $0{,}8\ \nu^*_{\text{ver ohne Reduktion}}$, $\nu^*_{\text{mit E- Reduktion}}$, $\nu^*_{\text{ver mit E- Reduktion}}$, $0{,}8\ \nu^*_{\text{ver mit E- Reduktion}}$

$(1+\varphi)_{\text{EC}}$

60,00	2,22	1,48	1,18	2,46	1,64	1,31	1,12	1,22
70,00	2,20	1,46	1,17	2,44	1,63	1,30	1,12	1,20
80,00	2,18	1,45	1,16	2,42	1,61	1,29	1,11	1,19
90,00	2,16	1,44	1,15	2,40	1,60	1,28	1,10	1,18
100,00	2,14	1,42	1,14	2,37	1,58	1,26	1,10	1,17

ν: Sicherheitsbeiwert laut Verordnung 1904, Österreichischer N-Zug, siehe Abschn. 3.5.10.2.3.2

$\nu_{\text{ver}}/\nu^*_{\text{ver}}$: Anteil des Sicherheitsbeiwertes laut Verordnung 1904, der größer ist als der Sicherheitsbeiwert in ÖNORM B 4603, siehe Abschn. 3.5.10.2.3.2

$(1+\varphi)_{\text{EC}}$: dynamischer Beiwert für Betriebslastenzüge laut ÖNORM EN 1991-2 Anhang C; Werte für Gleise mit sorgfältiger Instandhaltung und Maximum aus oberen und unteren Grenzwerten für die erste Biegeeigenfrequenz.

Bemerkung: ν_{ver} und ν^*_{ver} beziehen sich auf (g+p), enthalten somit eine mit zunehmender Stützweite sich vergrößernde Reserve.

Die Hauptaussagen sind:
Beim Belastungszug I ist der dynamische Beiwert $(1+\varphi)_{\text{EC}}$ für alle Stützweiten und bis zu einer Geschwindigkeit von 160 km/h sowohl für ν_{ver} als auch $0{,}8\ \nu_{\text{ver}}$ implizit enthalten. Dadurch kann der Vergleich auf statischer Ebene mit anderen Belastungszügen oder mit Streckenklassen direkt geführt werden, da im Hintergrund der dynamische Beiwert $(1+\varphi)_{\text{EC}}$ vorhanden ist. Bei einem Vergleich auf dynamischer Ebene kann für den Belastungszug I der dynamische Beiwert $(1+\varphi)_{\text{EC}}$ laut Eurocode angesetzt werden.

Beim Österreichischen N-Zug ist die Beurteilung komplexer, da mehrere Wahlmöglichkeiten bestehen. Für Längsträger und direkt befahrene Hauptträger (Werte mit E-Reduktion) ist mit $v^*_{\text{ver mit E-Reduktion}}$ eine Geschwindigkeit von 160 km/h möglich. Die Werte $v_{\text{ver ohne Reduktion}}$ und $v^*_{\text{ver ohne Reduktion}}$ sind immer größer als $(1+\varphi)_{EC}$ für 100 km/h. Es ist eine Beurteilung im Einzelfall notwendig unter Berücksichtigung der unten angeführten Parameter.

Ist $(1+\varphi)_{EC}$ für eine gewählte Geschwindigkeit nicht abgedeckt, bestehen mehrere Möglichkeiten, zu einem positiven Ergebnis zu gelangen:

- Wahl einer niedrigeren Geschwindigkeit
- Genauere Bestimmung von g:p
- Genauere Bestimmung der ersten Biegeeigenfrequenz
- Herabsetzung der Einwirkungen des österreichischen N-Zuges
- Verwendung von v^*_{ver} (Berücksichtigung Verteilung Achslasten im kleinen Stützweitenbereich)
- Berücksichtigung der Spannungsreduktion für E-Betrieb beim österreichischen N-Zug
- Herabsetzung der Reduktion um 20 % von v_{ver}
- Bestimmung der Materialkennwerte, speziell von β_{Fl}, für das konkrete Brückenobjekt

Voraussetzung für die Einhaltung des gleichen Sicherheitsniveaus wie in B 4603 ist, dass das Produkt der Einwirkungen nicht größer als v_{ver} werden darf (v_{ver} bzw. $0{,}8v_{ver} \geq (1+\varphi)\hat{v}_{verf}$ bzw. $\hat{v}_{verf,p}$).

Der Überschuss bzw. das Fehlen eines über die Abdeckung des dynamischen Beiwertes hinausgehenden Sicherheitsniveaus ist stützweitenabhängig. Ergibt sich ein über den für den Nachweis des dynamischen Beiwertes hinausgehender Anteil des Überschusses des Sicherheitsniveaus, kann dieser z. B. für die Erhöhung der Verkehrslast herangezogen werden können. Beim österreichischen N-Zug reicht der Überschuss (verfügbare Anteil) des Sicherheitsniveaus im unteren Stützweitenbereich bei gewissen Annahmen nicht zur Abdeckung des dynamischen Beiwertes aus, bedingt durch einen gegenüber dem Belastungszug I geringeren verfügbaren Anteil des Sicherheitsniveaus. Um die Abdeckung von $(1+\varphi)_{EC}$ zu ermöglichen, wird das Originallastbild reduziert.

In Tab. 3.31 sind die möglichen statischen Einwirkungen des Belastungszuges I und des Österreichischen N-Zuges dargestellt unter der Voraussetzung der Anwendung des dynamischen Beiwertes für 100 km/h und des Sicherheitsniveaus der ÖNORM B 4603. Basis ist die Formel $0{,}8v_{ver} = (1+\varphi)_{EC}\hat{v}_{verf,p}$

3.5 Sicherheitsphilosophie – Wahl der zulässigen Spannung

Tab. 3.31 Mögliche statische Einwirkungen für 100 km/h

Mögliche Momente für 100 km/h
Basis 0,8 v_{ver}

l_S	Momente I original	Momente I möglich	Momente Öst. N-Zug original	Momente Öst. N-Zug möglich	Momente D4	Momente LM71
[m]	[kNm]	[kNm]	[kNm]	[kNm]	[kNm]	[kNm]
2,00	100,0	113,0	125,0	105,0	112,5	125,9
3,00	169,6	190,0	210,9	177,2	168,8	204,3
4,00	296,0	328,6	375,0	315,0	270,2	350,0
5,00	426,0	472,9	562,5	472,5	378,0	537,7
6,00	584,2	654,3	773,4	665,1	487,6	733,2
7,00	752,3	842,6	1062,5	913,8	644,2	984,7
8,00	926,0	1039,4	1375,0	1196,3	812,3	1257,1
9,00	1128,0	1297,2	1710,9	1505,6	1001,2	1547,9
10,00	1328,0	1527,2	2125,0	1912,5	1220,4	1859,5
20,00	3991,9	5229,4	7391,7	7761,3	4099,3	6076,5
30,00	8622,3	11.467,7	16.536,0	17.858,9	9160,0	12.294,4
40,00	14.587,7	19.839,3	29.383,4	32.615,6	16.146,0	20.515,2
50,00	21.368,9	34.190,2	44.009,1	53.251,0	25.141,2	30.734,8
60,00	28.701,3	45.635,1	60.302,4	72.965,9	36.163,1	42.950,3
70,00	36.652,3	57.544,1	78.263,1	93.915,7	49.091,9	57.166,2
80,00	45.169,6	70.012,9	97.891,4	116.490,8	64.211,0	73.395,2
90,00	54.312,4	83.098,0	119.187,1	140.640,8	81.103,7	91.613,2
100,00	64.018,6	97.948,5	142.150,4	164.894,5	100.214,6	111.834,2

Beispiel für 6 m Stützweite:

$$\text{Lastenzug I}: M_{mögl} = 584{,}2 \cdot 1{,}12 = 654{,}3 \text{ kNm}$$

$$\text{Österr. N-Zug}: M_{mögl} = 773{,}4 \cdot 0{,}86 = 665{,}1 \text{ kNm}$$

Werte 1,12 und 0,86 aus Tab. 3.24 und 3.25 in Abschn. 3.5.10.2.8.

Die Tab. 3.32 und Tab. 3.33 geben für drei Geschwindigkeiten die mögliche statische Momenteneinwirkung, getrennt für den Belastungszug I/1904

Tab. 3.32 Mögliche statische Einwirkungen Belastungszug I für 40, 100 und 160 km/h

l_S [m]	v_{ver} / v_{ver} 0,8	$(1+\varphi)_{EC}$ 40 km/h	$(1+\hat{\varphi})_{EC}$ 100 km/h	$(1+\varphi)_{EC}$ 160 km/h	$\hat{v}_{verf}$ 80 km/h	$\hat{v}_{verf}$ 100 km/h	$\hat{v}_{verf}$ 160 km/h	M I orig [kNm]	M I mögl 40 km/h [kNm]	M I mögl 100 km/h [kNm]	M I mögl 160 km/h [kNm]	M D4 [kNm]	M LM 71 [kNm]
2,00	2,06	1,45	1,52	1,62	1,42	1,36	1,27	100	142	136	127	113	126
	1,65				1,13	1,09	1,02		113	109	102		
3,00	2,05	1,45	1,52	1,62	1,41	1,35	1,27	170	239	229	215	169	204
	1,64				1,13	1,08	1,01		192	183	171		
4,00	2,03	1,45	1,52	1,62	1,40	1,34	1,25	296	414	397	370	270	350
	1,62				1,12	1,07	1,00		332	317	296		
5,00	2,02	1,45	1,51	1,60	1,39	1,34	1,26	426	592	571	537	378	538
	1,62				1,12	1,07	1,01		477	456	430		
6,00	2,01	1,43	1,49	1,58	1,41	1,45	1,27	584	824	789	742	488	733
	1,61				1,13	1,09	1,02		660	631	596		
7,00	2,00	1,42	1,48	1,55	1,41	1,35	1,29	752	1061	1016	970	644	985
	1,60				1,13	1,08	1,03		850	813	775		
8,00	1,98	1,40	1,46	1,53	1,41	1,36	1,29	952	1308	1262	1197	812	1257
	1,58				1,13	1,08	1,03		1048	1002	955		
9,00	1,97	1,38	1,43	1,51	1,43	1,38	1,30	1128	1613	1557	1466	1001	1548
	1,58				1,14	1,10	1,05		1286	1241	1184		
10,00	1,96	1,36	1,41	1,48	1,44	1,39	1,32	1328	1912	1846	1753	1220	1860
	1,57				1,15	1,11	1,06		1527	1474	1368		

(Fortsetzung)

3.5 Sicherheitsphilosophie – Wahl der zulässigen Spannung   95

Tab. 3.32 (Fortsetzung)

l_S [m]	ν_{ver} / $0{,}8\,\nu_{ver}$	$(1+\varphi)_{EC}$ 40 km/h	$(1+\varphi)_{EC}$ 100 km/h	$(1+\varphi)_{EC}$ 160 km/h	$\hat{v}_{verf}$ 80 km/h	$\hat{v}_{verf}$ 100 km/h	$\hat{v}_{verf}$ 160 km/h	M I orig [kNm]	M I mögl 40 km/h [kNm]	M I mögl 100 km/h [kNm]	M I mögl 160 km/h [kNm]	M D4 [kNm]	M LM 71 [kNm]
20,00	1,87	1,17	1,22	1,39	1,60	1,53	1,35	3992	6387	6108	5389	4099	6077
	1,50				1,28	1,23	1,08		5110	4910	4311		
30,00	1,82	1,07	1,18	1,31	1,70	1,54	1,39	8622	14.658	13.278	11.985	9160	12.294
	1,46				1,36	1,24	1,11		11.726	10.692	9571		
40,00	1,78	1,06	1,15	1,27	1,68	1,55	1,40	14.588	24.507	22.611	20.423	16.146	20.515
	1,42				1,34	1,23	1,12		19.548	17.943	16.338		
50,00	1,76	1,05	1,14	1,24	1,68	1,54	1,42	21.369	35.900	32.908	30.344	25.141	30.735
	1,41				1,34	1,24	1,14		28.634	26.497	24.360		
60,00	1,74	1,05	1,12	1,22	1,66	1,55	1,43	28.701	47.644	44.487	41.043	36.163	42.950
	1,39				1,32	1,24	1,14		37.885	35.589	32.719		
70,00	1,72	1,04	1,12	1,20	1,65	1,54	1,43	36.652	60.476	56.444	52.413	49.092	57.166
	1,38				1,33	1,23	1,15		48.747	45.082	42.150		
80,00	1,70	1,04	1,11	1,19	1,63	1,53	1,43	45.170	73.626	69.109	64.592	64.211	73.395
	1,36				1,31	1,23	1,14		59.172	55.559	51.493		
90,00	1,68	1,04	1,10	1,18	1,62	1,53	1,42	54.312	87.986	83.098	77.124	81.104	91.613
	1,34				1,29	1,22	1,14		70.063	66.261	61.916		
100,00	1,67	1,04	1,10	1,17	1,61	1,52	1,43	64.019	103.070	97.308	91.547	100.215	111.834
	1,34				1,29	1,22	1,15		82.583	78.103	73.612		

Tab. 3.33 Mögliche statische Einwirkungen Österr. N-Zug für 40, 100 und 160 km/h

l_S [m]	v_{ver} / 0,8 v_{ver}	$(1+\varphi)_{EC}$ 40 km/h	$(1+\varphi)_{EC}$ 100 km/h	$(1+\varphi)_{EC}$ 160 km/h	$\hat{v}_{verf}$ 80 km/h	$\hat{v}_{verf}$ 100 km/h	$\hat{v}_{verf}$ 160 km/h	M N orig [kNm]	M N mögl 40 km/h [kNm]	M N mögl 100 km/h [kNm]	M N mögl 160 km/h [kNm]	M D4 [kNm]	M LM 71 [kNm]
2,00	1,56	1,45	1,52	1,62	1,08	1,03	0,96	125	135	129	110	113	126
	1,25				0,86	0,82	0,77		108	103	96		
3,00	1,56	1,45	1,52	1,62	1,08	1,03	0,96	211	228	217	203	169	204
	1,25				0,86	0,82	0,77		181	173	162		
4,00	1,56	1,45	1,52	1,62	1,08	1,03	0,96	375	405	386	360	270	350
	1,25				0,86	0,82	0,77		323	308	289		
5,00	1,56	1,45	1,51	1,60	1,08	1,03	0,98	563	608	580	552	378	538
	1,25				0,86	0,83	0,78		484	467	439		
6,00	1,56	1,43	1,49	1,58	1,09	1,05	0,99	773	843	812	765	488	733
	1,25				0,87	0,84	0,79		673	649	611		
7,00	1,56	1,42	1,48	1,55	1,10	1,05	1,01	1063	1167	1116	1074	644	985
	1,25				0,88	0,84	0,81		935	893	861		
8,00	1,55	1,40	1,46	1,53	1,11	1,06	1,01	1375	1526	1458	1389	812	1257
	1,24				0,89	0,85	0,81		1224	1169	1114		
9,00	1,55	1,38	1,43	1,51	1,12	1,08	1,03	1711	1916	1848	1762	1001	1548
	1,24				0,90	0,87	0,82		1540	1489	1403		
10,00	1,55	1,36	1,41	1,48	1,14	1,10	1,05	2125	2423	2338	2231	1220	1860
	1,24				0,91	0,88	0,84		1934	1870	1785		

(Fortsetzung)

3.5 Sicherheitsphilosophie – Wahl der zulässigen Spannung

Tab. 3.33 (Fortsetzung)

	1,54	1,17	1,22	1,39	1,32	1,26	1,11	7392	9757	9314	8205	4099	6077
20,00	1,54	1,17	1,22	1,39	1,32	1,26	1,11	7392	9757	9314	8205	4099	6077
	1,23										6505		
30,00	1,52	1,07	1,18	1,31	1,42	1,29	1,16	16.536	23.481	21.331	19.182	9160	12.294
	1,22				1,05	1,01	0,88		18.851	17.032	15.378		
40,00	1,51	1,06	1,15	1,27	1,42	1,31	1,19	29.383	41.724	38.492	34.966	16.146	20.515
	1,21				1,14	1,05	0,95		33.497	30.852	27.914		
50,00	1,49	1,05	1,14	1,24	1,42	1,31	1,20	4409	62.493	57.652	52.811	25.141	30.735
	1,19				1,13	1,04	0,96		49.730	45.769	42.249		
60,00	1,48	1,05	1,12	1,22	1,41	1,32	1,21	60.302	85.026	79.599	72.965	36.163	42.950
	1,18				1,12	1,05	0,97		67.583	63.317	58.493		
70,00	1,46	1,04	1,12	1,20	1,40	1,30	1,22	78.263	109.568	101.742	95.481	49.092	57.166
	1,17				1,13	1,04	0,98		88.437	81.394	76.698		
80,00	1,45	1,04	1,11	1,19	1,39	1,31	1,22	978.891	136.068	128.237	119.427	64.211	73.395
	1,16				1,12	1,05	0,97		109.638	102.786	94.954		
90,00	1,44	1,04	1,10	1,18	1,38	1,31	1,22	119.187	164.478	156.135	145.408	81.104	91.613
	1,15				1,11	1,05	0,97		132.298	125.146	115.611		
100,00	1,42	1,04	1,10	1,17	1,37	1,29	1,21	142.150	194.746	183.374	172.002	100.215	111.834
	1,14				1,10	1,04	0,97		156.365	147.836	137.886		

und den Österreichischen N-Zug, für v_{ver} und $0{,}8\,v_{ver}$ und als Vergleich die Momenteneinwirkung zufolge der Streckenklasse D 4 und des LM 71.

Bemerkung: v_{ver} und $\hat{v}_{verf}$ beziehen sich auf (g+p), enthalten somit eine mit zunehmender Stützweite sich vergrößernde Reserve.

Die beiden vorstehenden Tabellen enthalten $\hat{v}_{verf}$ für verschiedene Geschwindigkeiten. Bei $\hat{v}_{verf}$ ist (g+p) mit dem dynamischen Beiwert multipliziert. Wird dieser nur auf p bezogen – $\hat{v}_{verf,p}$ –, so sind die Reserven größer (siehe Tab. 3.24 und 3.25 in 3.5.10.2.8). Dieser Zuwachs an Reserve im Verhältnis $\hat{v}_{verf,p}$ zu $\hat{v}_{verf}$ ist in Abhängigkeit von der Stützweite und vom gewählten Bezug $0{,}8\,v_{verf}$ bzw. $1{,}0\,v_{verf}$ in Tab. 3.34 dargestellt.

Tab. 3.34 Mögliche Vergrößerung der Einwirkung

Vergrößerung $\hat{v}_{verf,p}$ zu $\hat{v}_{verf}$ [%]

Stützweite l_S [m]	Belastungszug I/1904		Österreichischer N-Zug	
	$0{,}8\,v_{verf}$	$1{,}0\,v_{verf}$	$0{,}8\,v_{verf}$	$1{,}0\,v_{verf}$
2–10	4	4	2	4
20	7	10	4	7
30	7	12	5	8
40	10	14	6	11
50	29	44	16	33
60	28	42	15	32
70	27	43	15	31
80	26	41	13	30
90	25	40	12	30
100	25	40	11	29

Die möglichen Lasterhöhungen für Belastungszug I/1904 und den österreichischen N-Zug auf Basis des Sicherheitsniveaus ÖNORM B 4603 wurden für die vertikalen Einwirkungen der Verkehrslast bestimmt. Die angegeben Werte dienen einer schnellen Abschätzung der Tragreserven. Für die Horizontaleinwirkungen ist eine generelle Aussage nicht zu treffen. Wesentliche Parameter für die Beurteilung sind die Lage der Brücke – in der Gerade, im Bogen –, bei Lage im Bogen die Geschwindigkeit, der Tragwerkstyp und die Ausbildung der Horizontalverbände. Als erprobt kann die Belastung der Streckenklasse D4 gelten.

3.5 Sicherheitsphilosophie – Wahl der zulässigen Spannung

3.5.10.3 Vergleich Werte für Schubspannungen

Der Zusammenhang zwischen σ und τ ist nach ÖNORM B 4603 gegeben durch die Formel $\tau_{zul} = \sigma_{zul}/\sqrt{3} = 0{,}577\sigma_{zul}$ (Gestaltänderungshypothese nach Huber-Mises-Hencky). Tab. 3.35 gibt eine Zusammenstellung σ_{zul}, τ_{zul} und deren Verhältniswert $a = \tau_{zul}/\sigma_{zul}$ für ÖNORM B 4603/1964, Verordnung 1904 (ursprüngliche Werte und Werte für den österreichischen N-Zug).

Tab. 3.35 Vergleich Schubspannungen

		B4603/1964	1904/original	1904/Österr. N-Zug
$\sigma_{zul\,H}$	$[t/cm^2]$	1,600	1,000	1,100
$\tau_{zul\,H}$		0,920	0,600	0,650
α_H	[-]	0,575	0,600	0,591
$\sigma_{zul\,HZ}$	$[t/cm^2]$	1,800	1,200	1,300
$\tau_{zul\,HZ}$		1,040	0,700	0,750
α_{HZ}	[-]	0,578	0,583	0,577

Die Zusammenstellung zeigt, dass die Verknüpfung zwischen σ_{zul} und τ_{zul} in der Verordnung 1904 und ÖNORM B 4603 vergleichbar ist.

Bei den üblicherweise eingebauten schlanken Bauteilen ist der Schubnachweis in der Regel ohne Bedeutung. Von Bedeutung sind die Schubspannungen nur bei kurzen, hohen Bauteilen (Konsolen), im Fall auflagernaher Lasten sowie an den Innenstützen von Durchlaufträgern. In diesen Fällen können die Vergleichsspannungen spürbar größer sein als die Biegespannungen und damit maßgebend werden.

Der Schubnachweis ist in der Regel leicht erfüllt beziehungsweise nicht maßgebend bei folgenden Bauteilen:

- Längsträger: Diese Konstruktionselemente sind schlank ausgebildet. Auch im Fall einer auflagernahen Achslast wird die Querkraft und damit die erforderliche Schubfläche nicht allzugroß. Mit dem unklassifizierten Maximalwert der Achslast $Q_k = 250\,kN$ erhält man für einen Längsträger der Länge $L = 3{,}50\,m$ mit dem dynamischen Beiwert $\phi_2 = 1{,}43$ je Längsträger die maximale Querkraft $\phi_2 \cdot max.V_k = 1{,}43 \cdot 407/2 = 291\,kN$. Mit der zulässigen Schubspannung $\tau_{zul.} = 600\,kg/cm^2$ beträgt die erforderliche Schubfläche $A_{V,erf.} = 100 \cdot 291/600 = 48{,}5\,cm^2$, eine Größe, die in den Längsträger-Stegen immer gegeben sein dürfte. Zudem kann man infolge der Biegesteifigkeit der Schienen die Achslast verteilen, damit verkleinert sich die Querkraft und damit die Schubfläche um ca. 17 % auf $0{,}83 \cdot 36{,}3 \approx 30\,cm^2$.

- Querträger: Schon aus Gründen der Steifigkeit wurden die Querträger stets verhältnismäßig hoch ausgeführt (siehe dazu die Regelung in ÖNORM B 4603 aus dem Jahre 1964). Für die Stützweite $L_{QT} = 440$ cm beträgt die Querträgerhöhe $h_{QT} = L_{QT}/7 = 440/7 = 63$ cm. Mit dem unklassifizierten Maximalwert der Achslast $Q_k = 250$ kN erhält man mit Längsträgern der Länge $L = 3{,}50$ m mit dem dynamischen Beiwert $\phi_2 = 1{,}31$ die maximale Querkraft $\phi_2 \cdot max.V_k = 1{,}31 \cdot 543/2 = 356$ kN. Mit der zulässigen Schubspannung $\tau_{zul.} = 600$ kg/cm^2 beträgt die erforderliche Schubfläche $A_{V,erf.} = 100 \cdot 356/600 = 59{,}3$ cm^2, eine Größe, die in den Querträger-Stegen immer gegeben sein dürfte.

3.5.10.4 Vergleich Werte für Nietverbindungen

Die Verbindung der einzelnen Bauteile mittels Nieten war die vorherrschende Verbindungsart. Für das Nietmaterial wurde ein weicherer Stahl verwendet als für die zu verbindenden Bauteile. Die übliche Zuordnung war für den Grundwerkstoff St 37 ein Nietwerkstoff St 34 N und für den Grundwerkstoff St 44 ein Nietwerkstoff St 44 N (Tab. 3.36).

Tab. 3.36 Vergleich Nietverbindungen

	B 4603/1964	Verordnung 1904 (urspr. Werte)	Verordnung 1904 (mod. Werte für Österr. N-Zug)
	St 37 S, T, TE	Flusseisen	
Zugfestigkeit $\beta_{z,\text{Grundwerkstoff}}$	3,700–4,500 [a]	3,600–4,500; 3,350 [b]	
Zugfestigkeit $\beta_{z,\text{Nietwerkstoff}}$	3,400–4,200 [c]	3,600	
Lastfall H			
$\sigma_{zul.,\text{Lochleibung}}$	2,800	1,600	1,800
ν	1,210	2,250	2,000
$\tau_{zul.,\text{Abscheren}}$	1,400	0,600	0,650
Lastfall HZ			
$\sigma_{zul.,\text{Lochleibung}}$	3,400	1,800	2,000
ν	1,000	2,000	1,800
$\tau_{zul.,\text{Abscheren}}$	1,600	0,800	0,850

3.5 Sicherheitsphilosophie – Wahl der zulässigen Spannung

Bemerkungen:
(a) Wert für $\beta_{z,\,Grundwerkstoff}$ aus ÖNORM B 4600:1964, 2. Teil
(b) Wert aus ÖNORM B 4008-2
(c) Wert für $\beta_{z,\,Nietwerkstoff}$ aus ÖNORM M 3113:1956
β_z Zugfestigkeit

$$v = \frac{\beta_{z,Nietwerkstoff}}{\sigma_{zul,Lochleibung}}$$

Bezugswerte sind die Werte aus ÖNORM B 4603 bzw. M 3113, das sind 1,210 für den Lastfall H und 1,000 für den Lastfall HZ. Die Sicherheitsbeiwerte der Verordnung 1904, ursprüngliche und modifizierte Werte, sind größer. Dieses Maß beträgt im.

Lastfall H: $\frac{2,250}{1,210} = 1,860$ beziehungsweise $\frac{2,000}{1,210} = 1,653$ und im

Lastfall HZ: $\frac{2,000}{1,000} = 2,000$ beziehungsweise $\frac{1,800}{1,000} = 1,800$

Diese Reserve an Sicherheit deckt die dynamischen Beiwerte für Betriebslastenzüge bei Gleisen mit sorgfältiger Instandhaltung bis 160 km/h ab.

Die zulässigen Spannungen für Abscheren erhält man gemäß ÖNORM B 4603 durch Abminderung der Werte für die zulässigen Spannungen für Lochleibung mit dem Faktor 0,500 im Lastfall H und 0,471 im Lastfall HZ. Für die Verordnung 1904 (ursprüngliche Werte) betragen die entsprechenden Werte 0,375 statt 0,500 und 0,444 statt 0,471, für die Verordnung 1904 (modifizierte Werte für den Österreichischen N-Zug) 0,361 statt 0,500 und 0,425 statt 0,471. Die Abminderung ist in allen Fällen größer als die in ÖNORM B 4603.

3.5.11 Überlegungen zur Ermüdungsfestigkeit

3.5.11.1 Berücksichtigung des Einflusses der Ermüdung

Der Nachweis mit den Einwirkungen zufolge Eigengewicht und Verkehrslast gegenüber einer stützweitenabhängigen zulässigen Spannung wird in dieser Untersuchung als Ermüdungsnachweis interpretiert. Mit einem stützweitenabhängig angenommenen Verhältnis Eigengewicht zu Verkehrslast ergibt sich der Anteil der Verkehrslast am σ_{zul}, in der Folge als $\sigma^*_{zul,p}$ bezeichnet und als $\Delta\sigma$ aufgefasst. Dieses $\Delta\sigma$ wird umgerechnet in ein $\Delta\sigma_{LM71}$, das den Werten $\Delta\sigma_c$ für genietete Stahlbrücken laut ÖNORM B 4008-2 gegenübergestellt wird ($\Delta\sigma_c$ gibt den Wert für zwei Millionen Lastwechsel). Als Vergleichswert wird $\Delta\sigma_c = 850 \frac{kg}{cm^2}$ herangezogen (kontinuierliche Verbindung zwischen Flanschwinkel und Stegblech in zusammengesetzten Biegeträgern). Unter Berücksichtigung von ϕ_2 ergibt sich ein mögliches, stützweitenabhängiges λ.

$$\gamma_{Ff} \cdot \lambda \cdot \phi_2 \cdot \Delta\sigma_{LM71} \leq \frac{\Delta\sigma_c}{\gamma_{Mf}}$$

$$\lambda \cdot \phi_2 \leq \frac{\Delta\sigma_c}{\Delta\sigma_{LM71} \cdot \gamma_{Mf}}$$

Dabei wurde $\gamma_{Ff} = 1{,}0$ nach ÖNORM EN 1993–2 angesetzt.

$\gamma_{Mf} = 1{,}05$ in Anlehnung an ÖNORM EN 1993–1 – 9.

Die in dieser Norm angegebenen Werte sind für schadenstolerante Konstruktionen bei niedrigen Schadensfolgen mit 1,00 und bei hohen Schadensfolgen mit 1,15 angegeben. Genietete Konstruktionen können als schadenstolerant eingestuft werden. Da die Längs- und Querträger maßgebend für die Restlebensdauer sind und diese im Allgemeinen eine gute Zugänglichkeit für regelmäßige Inspektionen durch qualifiziertes Personal aufweisen, wird $\gamma_{Mf} = 1{,}05$ gewählt.

Das Verhältnis $g:p$ wird wie folgt berücksichtigt (Annahme Tragwerke mit offener Fahrbahn, Tab. 3.37):

Tab. 3.37 Verhältnis Eigengewicht zu Verkehrslast

Stützweite l_S [m]	$g : p$
2–10	1:10
20	1:5
30	1:4
40	1:3
≥ 40	1:1 angenommen

Die Umrechnung der zulässigen Spannungen lt. Verordnung 1904 (Belastungszug I und Österreichischer N-Zug) in die zulässigen Spannungen zufolge des Lastmodells 71 wird im Verhältnis der entsprechenden Momenteneinwirkungen durchgeführt.

Bemerkung zu den Querträgern

Querträger weisen eine von den Längs- und Hauptträgern unterschiedliche Lastabtragung auf. Ihre Belastung erfolgt über die Längsträger und dementsprechend ist ihre Einflusslänge gleich der Summe der bei dem betrachteten

3.5 Sicherheitsphilosophie – Wahl der zulässigen Spannung

Querträger anschließenden, lastabtragenden Längsträger. Auch in die Berechnung des dynamischen Beiwertes gehen die Längen der anschließenden Längsträger ein. Dies findet Berücksichtigung in den ÖNORMen EN 1991-2 (dynamischer Beiwert) und EN 1993-2 (Länge von L_λ). Es gibt daher eine Vielzahl von Kombinationen der Stützweiten der Querträger mit Längsträgerstützweiten. Da die Querträger in den seltensten Fällen gegenüber den Längsträgern und Hauptträgern in Bezug auf die Restlebensdauer ausschlaggebend sind, wird in diesem Kapitel exemplarisch für drei Querträgerstützweiten mit den dazugehörigen Längsträgerstützweiten die Untersuchung durchgeführt. Die Tab. 3.38 gibt eine Übersicht über die geometrischen Verhältnisse und die der Berechnung zugrunde gelegten Daten. Die Aufstellung der Belastungszüge erfolgte entsprechend ihrer Lastabtragung in den Querträger derart, dass die beiden an den Querträger anschließenden Längsträger derart belastet wurden, dass für den Querträger eine maximale Auflagerkraft hervorgerufen wird. Mit diesen Auflagerkräften werden die maximalen Momente am Querträger ermittelt. Diese Momente dienen zur Umrechnung der Einwirkung zufolge des Lastenzuges I/1904 und des Österreichischen N-Zuges in die Einwirkung des Lastmodelles 71. Die Berechnung erfolgte ohne Berücksichtigung der Lastverteilung der Einzellasten und mit einem Verhältnis von g:p von 1:10.

Tab. 3.38 Übersicht Querträgertypen

Größe	Einheit	Typ A Trogbrücke	Typ B Deckbrücke	Typ C Trogbrücke
Querträger-Stützweite $L_{S,LT}$	[m]	5,20	3,40	5,02
Längsträger-Stützweite $L_{S,QT}$		3,94	3,75	4,60
$L_{\Phi,QT} = 2 \cdot L_{S,LT} + 3,0$		10,88	10,50	12,20
$\Phi_{2,QT}$	[-]	1,28	1,29	1,26
$\sigma_{zul,I/1904}$	[t/cm²]	0,776	0,767	0,775
$\sigma_{zul,österr\,N-Zug}$		1,005	1,003	1,005
$M_{QT,LM71}$	[tm]	525	237	561
$M_{QT,I/1904}$		390	176	409
$M_{QT,österr\,N-Zug}$		577	260	621

3.5.11.1.1 Vergleich Ermüdung Verordnung 1904 Belastungszug I – mögliche λ-Werte (Tab. 3.39, 3.40 und 3.41)

Tab. 3.39 Übersicht Längsträger Belastungszug I

Bauteil = Längsträger: $L_\phi = L_{S,LT} + 3{,}0\,m$

l_S	$\sigma_{zul,g+p}$	δ	$\sigma^*_{zul,g+p}$	$\frac{1}{g/p}$	$\sigma^*_{zul,p}$	$\frac{max.M_{71}}{max.M_{BZ}}$	$\Delta\sigma_{LM71}$	$\Delta\sigma_C$	$\frac{\Delta\sigma_C/\gamma_{Mf}}{\Delta\sigma_{LM71}}$	ϕ_2	$\lambda_{mögl.}$
[m]	$\left[\frac{t}{cm^2}\right]$	[%]	$\left[\frac{t}{cm^2}\right]$	[-]	$\left[\frac{t}{cm^2}\right]$	[-]	$\left[\frac{t}{cm^2}\right]$		[-]		
2	0,760	20	0,608	10	0,553	1,259	0,696	0,850	1,16	1,53	0,76
3	0,765	3	0,742	10	0,675	1,205	0,813	0,850	1,00	1,46	0,68
4	0,770	9	0,701	10	0,636	1,182	0,753	0,850	1,07	1,41	0,76
5	0,775	5	0,736	10	0,669	1,262	0,845	0,850	0,96	1,37	0,70
6	0,780	4	0,749	10	0,681	1,255	0,854	0,850	0,95	1,33	0,71
7	0,785	3	0,761	10	0,692	1,309	0,906	0,850	0,89	1,31	0,68
8	0,790	3	0,766	10	0,697	1,355	0,944	0,850	0,86	1,28	0,67
9	0,795	2	0,779	10	0,708	1,372	0,972	0,850	0,83	1,26	0,66
10	0,800	2	0,784	10	0,713	1,400	0,998	0,850	0,81	1,24	0,65

Hinweise zur Tabelle

Die Tabellenwerte $\sigma_{zul,g+p}$, δ und $\sigma^*_{zul,g+p}$ finden sich in der Tabelle in Abschn. 3.5.10.2.3.1, die geschätzten Verhältniswerte g/p in Abschn. 3.5.10.2.8. Die Werte max.M_{71} und max.$M_{BZ} \equiv$ max.$M_{VO\,1904/I}$ sind die maximalen Einfeldträgermomente infolge der angegebenen Lastbilder. Sie sind in der Tabelle nicht gesondert dokumentiert, nur die Verhältniswerte. Der „Kerbfall 85" ist der häufigste Kerbfall für genietete Konstruktionen. Teilsicherheitsbeiwert: $\gamma_{Mt} = 1{,}05$ (siehe Abschn. 3.5.11.1). ϕ_2: dynamischer Beiwert für das Lastmodell 71. Für die in der Tabelle betrachteten Längsträger ist $l_\phi = l_S + 3{,}0$ m. Das „Berechnungsergebnis" $\lambda_{mögl.}$ gibt den größten Schadensäquivalenzbeiwert an, der dem Bauteil hinsichtlich Ermüdung zugemutet werden kann, damit kann man für diesen die Restlebensdauer ermitteln.

Erklärung der Tabelle – Wie groß ist $\lambda_{mögl.}$ für einen Längsträger mit der Stützweite $l_S = 4$ m, der nach der Verordnung 1904 (ursprüngliche zulässige Spannungen) Belastungszug I bemessen wurde?

Formelmäßiger Zusammenhang (siehe Abschn. 3.5.11.1):

$$\lambda \cdot \phi_2 \leq \frac{\Delta\sigma_c}{\Delta\sigma_{LM71} \cdot \gamma_{Mf}} \Rightarrow \lambda_{mögl.} \leq \frac{\Delta\sigma_c}{\phi_2 \cdot \Delta\sigma_{LM71} \cdot \gamma_{Mf}}$$

3.5 Sicherheitsphilosophie – Wahl der zulässigen Spannung

Zulässige Spannung für Belastungszug I nach Verordnung 1904:

$$l_S = 4m \Rightarrow \sigma_{zul,g+p} = \sigma_{zul} = 750 + 5\ell = 750 + 5 \cdot 4{,}0 = 770\frac{kg}{cm^2} = 0{,}770\frac{t}{cm^2}$$

Berücksichtigung der Lastverteilung durch den Gleisrost ergibt statt σ_{zul} den kleineren Wert σ_{zul}^*:

$$\sigma_{zul,g+p}^* = \sigma_{zul,g+p} \cdot (1 - 0{,}09) = 0{,}770 \cdot 0{,}91 = 0{,}701\frac{t}{cm^2}$$

Anteil der Verkehrslast mit $g/p = 0{,}10$:

$$\sigma_{zul,p}^* = \frac{\sigma_{zul,g+p}^*}{1 + g/p} = \frac{0{,}701}{1 + 0{,}10} = 0{,}636\frac{t}{cm^2}$$

Die Umrechnung auf das Lastmodell 71 erfolgt im Verhältnis der entsprechenden Maximalmomente (diese sind in der Tabelle nicht eigens angegeben):

$$\Delta\sigma_{LM71} = \sigma_{LM71} = \sigma_{zul,p}^* \cdot \frac{max.M_{71}}{max.M_{BZ}} = 0{,}636 \cdot \frac{350{,}0}{296{,}0} = 0{,}753\frac{t}{cm^2}$$

$$\frac{\Delta\sigma_C/\gamma_{Mf}}{\Delta\sigma_{LM71}} = \frac{0{,}850/1{,}05}{0{,}753} = 1{,}07$$

Dynamischer Beiwert, anwendbar auf das Lastmodell 71:

$$\ell_\Phi = \ell_S + 3{,}0 = 4{,}0 + 3{,}0 = 7{,}0 m \Rightarrow \Phi_2 = 1{,}41$$

Damit ergibt sich der Schadensäquivalenzbeiwert, der für eine Verkehrsmischung und Gesamttonnage nicht überschritten werden darf:

$$\lambda_{mögl.} = \frac{\Delta\sigma_C/\gamma_{Mf}}{\Delta\sigma_{LM71}} \cdot \frac{1}{\Phi_2} = \frac{1{,}07}{1{,}41} = 0{,}76$$

Hinweise zur Tabelle 3.40:
Es gelten alle Hinweise zur Tabelle 3.39, jedoch ist für die hier betrachteten Hauptträger $l_\Phi = l_S$.
Erklärung der Tabelle 3.40: Es wird auf das Rechenbeispiel zur Tabelle 3.39 verwiesen.

Tab. 3.40 Übersicht Hauptträger Belastungszug I

Bauteil = Hauptträger: $L_\phi = L_S$

l_S [m]	$\sigma_{zul,g+p}$ $\left[\frac{t}{cm^2}\right]$	δ [%]	$\sigma^*_{zul,g+p}$ $\left[\frac{t}{cm^2}\right]$	$\frac{1}{g/p}$ [-]	$\sigma^*_{zul,p}$ $\left[\frac{t}{cm^2}\right]$	$\frac{max.M_{71}}{max.M_{BZ}}$ [-]	$\Delta\sigma_{LM71}$ $\left[\frac{t}{cm^2}\right]$	$\Delta\sigma_C$	$\frac{\Delta\sigma_C/\gamma_{Mf}}{\Delta\sigma_{LM71}}$ [-]	ϕ_2	$\lambda_{mögl.}$
2	0,760	20	0,608	10	0,553	1,259	0,696	0,850	1,16	1,67	0,70
3	0,765	3	0,742	10	0,675	1,205	0,813	0,850	1,00	1,67	0,60
4	0,770	9	0,701	10	0,636	1,182	0,753	0,850	1,07	1,62	0,66
5	0,775	5	0,736	10	0,669	1,262	0,845	0,850	0,96	1,53	0,63
6	0,780	4	0,749	10	0,681	1,255	0,854	0,850	0,95	1,46	0,65
7	0,785	3	0,761	10	0,692	1,309	0,906	0,850	0,89	1,41	0,63
8	0,790	3	0,766	10	0,697	1,355	0,944	0,850	0,86	1,37	0,63
9	0,795	2	0,779	10	0,708	1,372	0,972	0,850	0,83	1,33	0,62
10	0,800	2	0,784	10	0,713	1,400	0,998	0,850	0,81	1,31	0,62

l_S [m]	$\sigma_{zul,g+p}$ $\left[\frac{t}{cm^2}\right]$			$\frac{1}{g/p}$ [-]	$\sigma_{zul,p}$ $\left[\frac{t}{cm^2}\right]$	$\frac{max.M_{71}}{max.M_{BZ}}$ [-]	$\Delta\sigma_{LM71}$ $\left[\frac{t}{cm^2}\right]$	$\Delta\sigma_C$	$\frac{\Delta\sigma_C/\gamma_{Mf}}{\Delta\sigma_{LM71}}$ [-]	ϕ_2	$\lambda_{mögl.}$
10	0,800			10	0,727	1,400	1,018	0,850	0,79	1,31	0,61
20	0,840			5	0,700	1,522	1,066	0,850	0,76	1,16	0,66
30	0,860			4	0,688	1,426	0,981	0,850	0,83	1,09	0,76
40	0,880			3	0,660	1,406	0,928	0,850	0,87	1,06	0,83
50	0,890			1	0,445	1,438	0,640	0,850	1,16	1,03	1,23
60	0,900			1	0,450	1,497	0,673	0,850	1,20	1,01	1,19
70	0,910			1	0,455	1,560	0,710	0,850	1,14	1,00	1,14
80	0,920			1	0,460	1,625	0,747	0,850	1,08	1,00	1,08
90	0,930			1	0,465	1,687	0,784	0,850	1,03	1,00	1,03
100	0,940			1	0,470	1,747	0,821	0,850	0,99	1,00	0,99
120	0,960			1	0,480	1,874	0,899	0,850	0,90	1,00	0,90
140	0,980			1	0,490	1,962	0,962	0,850	0,84	1,00	0,84
160	1,000			1	0,500	2,025	1,012	0,850	0,80	1,00	0,80

3.5 Sicherheitsphilosophie – Wahl der zulässigen Spannung

Tab. 3.41 Übersicht Querträger Belastungszug I

Querträger (3 Typen laut Abschn. 3.5.11.1.1)

Typ	l_{LT}	$\sigma_{zul,g+p}$	$\frac{1}{g/p}$	$\sigma_{zul,p}$	$\frac{max.A_{71}}{max.A_{BZ}}$	$\Delta\sigma_{LM71}$	$\Delta\sigma_C$	$\frac{\Delta\sigma_C/\gamma_{Mf}}{\Delta\sigma_{LM71}}$	ϕ_2	$\lambda_{mögl.}$
	[m]	$[\frac{t}{cm^2}]$	[-]	$[\frac{t}{cm^2}]$	[-]	$[\frac{t}{cm^2}]$		[-]		
A	3,94	0,776	10	0,705	1,346	0,949	0,850	0,85	1,29	0,66
B	3,75	0,767	10	0,697	1,345	0,939	0,850	0,86	1,29	0,67
C	4,60	0,775	10	0,705	1,372	0,967	0,850	0,84	1,26	0,66

Hinweise zur Tabelle 3.41:
Es wird auf die Erklärung zu Beginn dieses Kapitels verwiesen.
Erklärung der Tabelle 3.41: – Wie groß ist $\lambda_{mögl.}$ für den Querträger „Typ A", der nach der Verordnung 1904 (ursprüngliche zulässige Spannungen) Belastungszug I bemessen wurde?
Formelmäßiger Zusammenhang (siehe Abschn. 3.5.11.1):

$$\lambda \cdot \phi_2 \leq \frac{\Delta\sigma_C}{\Delta\sigma_{LM71} \cdot \gamma_{Mf}} \Rightarrow \lambda_{mögl.} \leq \frac{\Delta\sigma_C}{\phi_2 \cdot \Delta\sigma_{LM71} \cdot \gamma_{Mf}}$$

Zulässige Spannung für Belastungszug I nach Verordnung 1904:

$$l_{S,QT} = 5,20m \Rightarrow \sigma_{zul,g+p} = \sigma_{zul} = 750 + 5\ell = 750 + 5 \cdot 5,20 = 776 \frac{kg}{cm^2} = 0,776 \frac{t}{cm^2}$$

Lastverteilung durch den Gleisrost ist in der Tabelle nicht berücksichtigt.
Anteil der Verkehrslast mit g/p = 0,10:

$$\sigma_{zul,p} = \frac{\sigma_{zul,g+p}}{1+g/p} = \frac{0,776}{1+0,10} = 0,705 \frac{t}{cm^2}$$

Die Umrechnung auf das Lastmodell 71 erfolgt im Verhältnis der entsprechenden Auflagerkräfte:

$$\Delta\sigma_{LM71} = \sigma_{LM71} = \sigma_{zul,p} \cdot \frac{max.A_{71}}{max.A_{BZ}} = 0,705 \cdot \frac{618}{459} = 0,949 \frac{t}{cm^2}$$

$$\frac{\Delta\sigma_C/\gamma_{Mf}}{\Delta\sigma_{LM71}} = \frac{0,850/1,05}{0,949} = 0,85$$

Dynamischer Beiwert, anwendbar auf das Lastmodell 71:

$$\ell_\Phi = 2\ell_{S,LT} + 3,0 = 2 \cdot 4,0 + 3,0 = 11,0m \Rightarrow \Phi_2 = 1,29$$

Damit ergibt sich der Schadensäquivalenzbeiwert, der für eine Verkehrsmischung und Gesamttonnage nicht überschritten werden darf:

$$\lambda_{mögl.} = \frac{\Delta\sigma_C/\gamma_{Mf}}{\Delta\sigma_{LM71}} \cdot \frac{1}{\Phi_2} = \frac{0{,}85}{1{,}29} = 0{,}66$$

Hinweis zu diesem Ergebnis: Der einzuhaltende Schadensäquivalenzbeiwert ist kleiner als jener des oben nachgerechneten Längsträgers der Länge $l_{LT} = 4{,}0 \approx 3{,}94$ m. Rechnet man Brücken mit offener Fahrbahn nach, so zeigt sich übereinstimmend, dass für Querträger deutlich kleinere Schadensäquivalenzbeiwerte erhalten werden als für Längsträger, daher ergeben sich für die Querträger wesentlich größere Restlebensdauern als für die Querträger.

3.5.11.1.2 Vergleich Ermüdung Verordnung 1904 Österreichischer N-Zug-mögliche λ-Werte (Tab. 3.42, 3.43 und 3.44)

Hinweise und Erklärung zu den Tabellen: Es wird auf die Punkte der entsprechenden Tabelle in Abschn. 3.5.11.1.1 verwiesen.

Tab. 3.42 Übersicht Längsträger Österr. N-Zug

Bauteil = Längsträger: $L_\phi = L_{S,LT} + 3{,}0m$

l_S [m]	$\sigma_{zul,g+p}$ $[\frac{t}{cm^2}]$	δ [%]	$\sigma^*_{zul,g+p}$ $[\frac{t}{cm^2}]$	$\frac{1}{g/p}$ [-]	$\sigma^*_{zul,p}$ $[\frac{t}{cm^2}]$	$\frac{max.M_{71}}{max.M_{BZ}}$ [-]	$\Delta\sigma_{LM71}$ $[\frac{t}{cm^2}]$	$\Delta\sigma_C$	$\frac{\Delta\sigma_C/\gamma_{Mf}}{\Delta\sigma_{LM71}}$ [-]	ϕ_2	$\lambda_{mögl.}$
2	1,002	25	0,752	10	0,683	1,259	0,860	0,850	0,94	1,53	0,62
3	1,003	8	0,923	10	0,839	1,205	1,011	0,850	0,80	1,46	0,55
4	1,004	8	0,924	10	0,840	1,182	0,993	0,850	0,82	1,41	0,58
5	1,005	5	0,955	10	0,868	1,262	1,096	0,850	0,74	1,37	0,54
6	1,006	2	0,986	10	0,896	1,255	1,125	0,850	0,72	1,33	0,54
7	1,007	3	0,977	10	0,888	1,309	1,162	0,850	0,70	1,31	0,53
8	1,008	2	0,988	10	0,898	1,355	1,217	0,850	0,67	1,28	0,52
9	1,009	1	0,999	10	0,908	1,372	1,246	0,850	0,65	1,26	0,52
10	1,010	1	1,000	10	0,909	1,400	1,273	0,850	0,64	1,24	0,51

3.5 Sicherheitsphilosophie – Wahl der zulässigen Spannung

Tab. 3.43 Übersicht Hauptträger Österr. N-Zug

Bauteil = Hauptträger: $L_\phi = L_S$

l_S	$\sigma_{zul,g+p}$	δ	$\sigma^*_{zul,g+p}$	$\frac{1}{g/p}$	$\sigma^*_{zul,p}$	$\frac{\max.M_{71}}{\max.M_{BZ}}$	$\Delta\sigma_{LM71}$	$\Delta\sigma_C$	$\frac{\Delta\sigma_C/\gamma_{Mf}}{\Delta\sigma_{LM71}}$	ϕ_2	$\lambda_{mögl.}$
[m]	$\left[\frac{t}{cm^2}\right]$	[%]	$\left[\frac{t}{cm^2}\right]$	[-]	$\left[\frac{t}{cm^2}\right]$	[-]			[-]		
2	1,002	25	0,752	10	0,683	1,259	0,860	0,850	0,94	1,67	0,56
3	1,003	8	0,923	10	0,839	1,205	1,011	0,850	0,80	1,67	0,48
4	1,004	8	0,924	10	0,840	1,182	0,993	0,850	0,82	1,62	0,50
5	1,005	5	0,955	10	0,868	1,262	1,096	0,850	0,74	1,53	0,48
6	1,006	2	0,986	10	0,896	1,255	1,125	0,850	0,72	1,46	0,49
7	1,007	3	0,977	10	0,888	1,309	1,162	0,850	0,70	1,41	0,49
8	1,008	2	0,988	10	0,898	1,355	1,217	0,850	0,67	1,37	0,49
9	1,009	1	0,999	10	0,908	1,372	1,246	0,850	0,65	1,33	0,49
10	1,010	1	1,000	10	0,909	1,400	1,273	0,850	0,64	1,31	0,49
l_S	$\sigma_{zul,g+p}$			$\frac{1}{g/p}$	$\sigma_{zul,p}$	$\frac{\max.M_{71}}{\max.M_{BZ}}$	$\Delta\sigma_{LM71}$	$\Delta\sigma_C$	$\frac{\Delta\sigma_C/\gamma_{Mf}}{\Delta\sigma_{LM71}}$	ϕ_2	$\lambda_{mögl.}$
[m]	$\left[\frac{t}{cm^2}\right]$			[-]	$\left[\frac{t}{cm^2}\right]$	[-]			[-]		
10	1,010			10	0,918	0,875	0,803	0,850	1,01	1,31	0,77
20	1,020			5	0,850	0,822	0,699	0,850	1,16	1,16	1,00
30	1,030			4	0,824	0,743	0,613	0,850	1,32	1,09	1,21
40	1,040			3	0,780	0,698	0,545	0,850	1,49	1,06	1,41
50	1,050			1	0,525	0,698	0,367	0,850	2,21	1,03	2,14
60	1,060			1	0,530	0,712	0,377	0,850	2,14	1,01	2,12
70	1,070			1	0,535	0,730	0,391	0,850	2,07	1,00	2,07
80	1,080			1	0,540	0,750	0,405	0,850	2,00	1,00	2,00
90	1,090			1	0,545	0,769	0,419	0,850	1,93	1,00	1,93
100	1,100			1	0,550	0,787	0,433	0,850	1,87	1,00	1,87

Tab. 3.44 Übersicht Querträger Österr. N-Zug

Querträger (3 Typen laut Abschn. 3.5.11.1.1)

Typ	l_{LT}	$\sigma_{zul,g+p}$	$\frac{1}{g/p}$	$\sigma_{zul,p}$	$\frac{\max.A_{71}}{\max.A_{BZ}}$	$\Delta\sigma_{LM71}$	$\Delta\sigma_C$	$\frac{\Delta\sigma_C/\gamma_{Mf}}{\Delta\sigma_{LM71}}$	ϕ_2	$\lambda_{mögl.}$
	[m]	$\left[\frac{t}{cm^2}\right]$	[-]	$\left[\frac{t}{cm^2}\right]$	[-]			[-]		
A	3,94	1,005	10	0,914	0,910	0,832	0,850	0,973	1,29	0,76
B	3,75	1,003	10	0,912	0,912	0,831	0,850	0,974	1,29	0,75
C	4,60	1,005	10	0,914	0,904	0,826	0,850	0,980	1,26	0,78

3.5.11.1.3 Diskussion der λ-Werte

Zum Vergleich und für eine überschlägige Schnellabschätzung sind in Abschn. 8.8.10 die λ-Werte für die in EN 1991-2 angeführten Zugtypen und Verkehrsmischungen für die Ermüdungsberechnung auf Basis der Wöhlerlinien nach EN 1993-1-9 für das Grundmaterial und Schweißdetails sowie nach ÖNORM B 4008-2 für Nietverbindungen angegeben. Auszugsweise sind hier einige Werte auf Basis der Wöhlerlinie nach ÖNORM B 4008-2 zusammengestellt (Tab. 3.45 und 3.46).

EN/T1-EN/T12, EC-Mix: Zugtypen für Ermüdungsberechnung laut ÖNORM EN 1991-2, Anhang D.

Zu den λ-Werten ist festzustellen, dass sie in historischer Hinsicht (Verkehr ab 1900, Betrachtungszeitraum 1900 bis 2000) weder von den Achslasten noch vom Verkehrsvolumen her auf den meisten Strecken des ÖBB-Netzes dem Realverkehr entsprechen, sie stellen für eine Grobabschätzung obere Grenzwerte dar.

Tab. 3.45 λ-Werte EC-Zugtypen Wöhlerlinie B 4008–2 Längsträger

Bauteil = Längsträger: $l_\Phi = l_{S,LT} + 3{,}0$ m									
Stützweite [m]	2,0	3,0	4,0	5,0	6,0	7,0	8,0	9,0	10,0
EN/T1	1,302	1,037	0,801	0,825	0,913	0,915	0,849	0,810	0,780
EN/T2	1,192	1,182	0,794	0,659	0,590	0,534	0,504	0,503	0,510
EN/T3	1,228	1,219	0,820	0,681	0,657	0,644	0,620	0,600	0,689
EN/T4	1,118	1,109	0,857	0,712	0,638	0,649	0,639	0,628	0,615
EN/T5	1,197	1,186	1,098	1,075	1,052	0,894	0,783	0,711	0,594
EN/T6	1,222	1,211	1,027	0,992	0,970	0,910	0,878	0,814	0,783
EN/T7	1,248	1,237	1,025	0,989	0,992	0,985	0,957	0,949	0,936
EN/T8	1,222	1,211	0,934	0,775	0,738	0,738	0,684	0,652	0,627
EN/T9	0,721	0,715	0,552	0,458	0,478	0,467	0,449	0,448	0,454
EN/T10	0,832	0,825	0,636	0,542	0,535	0,507	0,503	0,450	0,410
EN/T11	1,387	1,375	1,016	1,012	1,030	1,058	1,034	1,027	1,012
EN/T12	1,358	1,345	1,038	0,861	0,724	0,725	0,672	0,640	0,616
EC-Mix	1,222	1,211	0,992	0,953	0,948	0,886	0,825	0,762	0,744

3.5 Sicherheitsphilosophie – Wahl der zulässigen Spannung

Tab. 3.46 λ-Werte EC-Zugtypen Wöhlerlinie B 4008–2 Hauptträger

Bauteil = Hauptträger: $l_\Phi = l_{S,HT}$

Stützweite [m]	5,0	10,0	20,0	30,0	40,0	50,0	60,0	70,0	80,0
EN/T1	0,758	0,757	0,682	0,711	0,673	0,624	0,593	0,559	0,519
EN/T2	0,607	0,496	0,488	0,532	0,498	0,454	0,421	0,402	0,380
EN/T3	0,625	0,571	0,543	0,480	0,449	0,411	0,393	0,385	0,368
EN/T4	0,654	0,596	0,580	0,470	0,445	0,426	0,416	0,396	0,374
EN/T5	0,992	0,578	0,589	0,651	0,713	0,753	0,785	0,804	0,817
EN/T6	0,915	0,762	0,650	0,615	0,596	0,595	0,578	0,568	0,544
EN/T7	0,912	0,910	0,671	0,669	0,659	0,673	0,661	0,649	0,652
EN/T8	0,715	0,611	0,569	0,612	0,635	0,633	0,623	0,617	0,609
EN/T9	0,422	0,441	0,369	0,331	0,310	0,321	0,342	0,351	0,346
EN/T10	0,500	0,399	0,377	0,374	0,403	0,423	0,425	0,429	0,432
EN/T11	0,933	0,985	0,684	0,675	0,669	0,694	0,683	0,685	0,691
EN/T12	0,794	0,599	0,573	0,614	0,641	0,646	0,645	0,647	0,643
EC-Mix	0,879	0,723	0,620	0,627	0,637	0,646	0,649	0,652	0,653

Für eine verbesserte Abschätzung dient Tab. 3.47. Hierin wird für den Regelverkehr „EC-Mix" nach ÖNORM EN 1991-2 (2012), Tabelle D.1, unter Beibehaltung der Lebensdauer von 100 Jahren ($\lambda_3 = 1,00$) eine Reduzierung des Verkehrsvolumens vorgenommen mit $\lambda_2 = \sqrt[5]{\frac{G_{[t]}}{25 \cdot 10^6 [t]}}$. Die Werte λ_2 betragen:

Tab. 3.47 λ-Werte EC-Mix

Mio. t / Jahr	λ_2
5	0,725
10	0,833
15	0,903
20	0,956
25	1,000

Tab. 3.48 λ-Werte EC-Mix Längsträger

Bauteil = Längsträger: $l_\Phi = l_{S,LT} + 3,0$ m
Verkehrsmischung: EC Mix

Stützweite l_S [m]	Verkehrsvolumen [t/Jahr]				
	$25 \cdot 10^6$	$5 \cdot 10^6$	$10 \cdot 10^6$	$15 \cdot 10^6$	$20 \cdot 10^6$
2,0	1,222	0,886	1,017	1,103	1,168
3,0	1,211	0,878	1,008	1,093	1,158
4,0	0,992	0,719	0,826	0,896	0,949
5,0	0,953	0,691	0,793	0,860	0,911
6,0	0,948	0,687	0,789	0,856	0,907
7,0	0,886	0,643	0,738	0,800	0,848
8,0	0,825	0,598	0,687	0,745	0,789
9,0	0,762	0,552	0,634	0,688	0,729
10,0	0,744	0,539	0,619	0,671	0,711

Tab. 3.49 λ-Werte EC-Mix Hauptträger.

Bauteil = Hauptträger: $l_\Phi = l_{S,HT}$
Verkehrsmischung: EC Mix

Stützweite l_S [m]	Verkehrsvolumen [t/Jahr]				
	$25 \cdot 10^6$	$5 \cdot 10^6$	$10 \cdot 10^6$	$15 \cdot 10^6$	$20 \cdot 10^6$
5,0	0,879	0,637	0,732	0,794	0,841
10,0	0,723	0,524	0,602	0,653	0,692
20,0	0,620	0,449	0,516	0,560	0,593
30,0	0,627	0,455	0,522	0,566	0,600
40,0	0,637	0,462	0,530	0,575	0,609
50,0	0,646	0,468	0,537	0,583	0,617
60,0	0,649	0,470	0,540	0,586	0,620
70,0	0,652	0,472	0,542	0,588	0,623
80,0	0,653	0,473	0,544	0,590	0,625

Die Tab. 3.48 und 3.49 enthalten die Werte $\lambda_1 \cdot \lambda_2$ unter Beibehaltung von $\lambda_3 = 1,0$ (Werte für 100 Jahre).

3.5 Sicherheitsphilosophie – Wahl der zulässigen Spannung

Für die Ermittlung einer realitätsnahen Restlebensdauer ist die Kenntnis des in der Vergangenheit über die Brücke gefahrenen Verkehrs notwendig. Hinweise zur Ermittlung sind in Kap. 6 und 7 angegeben, Kap. 8 behandelt unter anderem die Berechnung der Restlebensdauer.

3.5.12 Berücksichtigung der Nebenspannungen

Für die Restlebensdauerberechnung von Stahltragwerken mit offener Fahrbahn sind die Längs- und Querträger maßgebend. Deshalb wird hier in Übereinstimmung mit ÖNORM B 4008-2, A.2 nicht näher auf die Ermittlung der aus der Verformung der Knotenfigur resultierenden Biegespannungen eingegangen. Angemerkt sei, dass diese Problematik bekannt war (z. B. Schaper, Bleich, Stüssi) und sowohl rechnerisch als auch konstruktiv berücksichtigt wurde.

Die Mitwirkung der Längs- und Querträger am Haupttragsystem kann belastend (Trogbrücke) oder entlastend (Deckbrücke) wirken. Bei Trogbrücken liegen diese Zusatzspannungen in der Höhe von ca. 5 % bezogen auf das Lastmodell 71 mit $\alpha = 1{,}00$.

Die als Vergleich mit der Verordnung 1904 herangezogene ÖNORM B 4603 gibt konstruktive Hinweise für das Zusammenwirken von Fahrbahn und Hauptträgern, bei deren Einhaltung die Zusatzspannungen, die allein durch die Formänderung der Hauptträger hervorgerufen werden, nicht berücksichtigt werden müssen. Sind diese Zusatzspannungen kleiner als 50 % der zulässigen Spannungen im Lastfall H, brauchen sie nicht berücksichtigt zu werden. Die Berücksichtigung der Nebenspannungen war konstruktiv und durch den Abstand von σ_{zul} zur Streckgrenze gewährleistet. Deshalb wurden die Nebenspannungen in dieser Untersuchung nicht mit einem eigenen Faktor von v_{ver} abgetrennt.

3.5.13 Stabilitätsnachweis

Mit der Veröffentlichung der „Vorschriften betreffend die Berechnung gedrückter Bauteile aus Eisen oder Holz mit Rücksicht auf Knickung" im Jahre 1907 wurde das schon vorher bekannte Stabilitätsproblem geregelt. Nachfolgerin dieser Vorschrift war die ÖNORM B 1002 „Gedrückte Tragwerksteile; Berechnung auf Knickung" mit den Ausgaben 1926, 1930 und 1933.

3.5.14 Formänderungsnachweis

Die Durchbiegung unter Verkehrslast war in der Verordnung 1904 mit einem Tausendstel der Stützweite begrenzt. Dieser Wert gewährleistet einen sicheren Betrieb seit über 100 Jahren.

3.6 Eisenbetonbrücken für Eisenbahnverkehr

3.6.1 Beginn der Eisenbetonbauweise

Die Verordnung 1904 macht keine Angaben für die Dimensionierung von Eisenbetonbrücken. Es war zu jener Zeit die Eisenbetonbauweise in rascher Entwicklung, bei der Verwendung als Eisenbahnbrücken zögerte man jedoch, es wurde ein schädlicher Einfluss der Erschütterungen durch die Verkehrslast auf das Gefüge des Eisenbetons befürchtet. Aufbauend auf weiterer Forschung und Entwicklung sowie auf der Erfahrung mit im Ausland gebauten Eisenbetonbrücken entschloss sich 1903 die k.k. Eisenbahnbaudirektion, den Eisenbetonbau auch im Bahnbau für Dohlendeckel und Durchlässe bis sieben Meter Lichtweite zuzulassen. Es wurde das Merkblatt „Besondere Bestimmungen für die Berechnung und Ausführung von Eisenbetontragwerken für offene Durchlässe im Zuge von Eisenbahnlinien (Vollspurbahnen) 1903" samt Musterblatt „Allgemeine Ausgestaltung von Eisenbeton-Tragwerken für gedeckte und offene Bahndurchlässe" erarbeitet und 1904 veröffentlicht (Ausgabe 1904). 1906 wurde eine ergänzte Fassung herausgegeben.

Die „Besonderen Bestimmungen von 1903 Ausgabe 1906" beinhalten je zwei Typenblätter für normalspurige Haupt- und Lokalbahnen, für Lokalbahnen mit elektrischem Betrieb und 1 m Spurweite und für schmalspurige Lokalbahnen mit 760 mm Spurweite samt Regeln für die Berechnung und Ausführung. Die beiden Typenblätter für Normalspur beinhalten Angaben für Eisenbetonplatten mit Lichtweiten von 0,6 m, 0,8 m, 1,0 m und 1,5 m Lichtweite und für Plattenbalkendecken für Lichtweiten von 2 bis 10 m in Meterschritten. Die Angaben haben die Qualität von Schalungs- und Bewehrungsplänen.

Die Bemessung beruhte auf dem deterministischen Konzept (globaler Sicherheitsfaktor) und für den Eisenbetonbau auf dem Gebrauchslastverfahren (Ebenbleiben der Querschnitte, Zugkräfte werden nur von den Eiseneinlagen

3.6 Eisenbetonbrücken für Eisenbahnverkehr

aufgenommen, für die Betondruckzone und die Eiseneinlagen gilt die Annahme, dass die Spannungen den zugehörigen Längenänderungen verhältnisgleich sind, das heißt geradlinige Spannungszunahme in der Betondruckzone, Verhältnis der E-Moduli von Eisen zu Beton $n = 15$).

Wesentliche Angaben für die Berechnung:

- Verkehrslast: Belastung durch die Lokomotive des Lastenzuges I der Verordnung 1904, das sind 5 Achsen zu 16 t im Abstand von je 1,40 m sowohl für Belastungsnorm I und II. In den Fällen, wo das größte Biegemoment bereits durch die Belastung mit bloß einer Achse erreicht wird, ist dieser Achsdruck auf 20 t zu erhöhen. Das heißt, die Eisenbetonbrücken entsprechen der Belastungsnorm I-1904. Für die Ermittlung der Schnittkräfte können somit die Tabellenwerte der Verordnung 1904 verwendet werden.
- Lastverteilung der Verkehrslast: In Brückenlängsrichtung wurde eine Verteilung der Verkehrslast nicht berücksichtigt. In Brückenquerrichtung wurde, ausgehend vom Maß 10 cm in Schwellenoberkante, unter jeder Schiene unter 1:1 bis zur Oberfläche des Tragwerkes eine Verteilung der Verkehrslast berücksichtigt. Diese Lastverteilung mit 1:1 wurde auch für die Ermittlung der Schubspannungen angesetzt.
- Lastfälle: Laut der Musterstatik sind nur die Einwirkungen zufolge Eigengewicht, bleibender Belastung und Verkehrslast anzusetzen.
- Zulässige Spannungen [kg/cm^2]
  Martinflusseisen: Beanspruchung auf Zug: $750 + 4 \cdot L_{[m]}$ für alle Lichtweiten; Beanspruchung bei Abscherung: 600 für alle Lichtweiten

Für die Eiseneinlagen durfte nur Martinflusseisen entsprechend den Besonderen Bedingnissen für die Lieferung und Aufstellung eiserner Brücken bei den k.k. Staatsbahnen eingebaut werden (d. h. die Zugfestigkeit musste zwischen 3,6 und 4,5 t/cm^2 betragen).

Die zulässigen Betonspannungen gibt Tab. 3.50 wieder.

Tab. 3.50 Zulässige Betonspannungen

Beanspruchung	Lichtweite	σ_{zul}[kg/cm^2]
Beton auf Druck	$\leq 2{,}0$ m	35
	$> 2{,}0$ m, $\leq 5{,}0$ m	30
	$> 5{,}0$ m	25
Beton auf Abscherung	alle	4,5

- Betonqualität: *Der Beton soll nach 28 Tagen feuchter Luftlagerung und einem Mischungsverhältnis von 1:3, das heißt es ist 1 Raumteil Portlandzement zu je 1½ Raumteilen Sand und Kies zu nehmen, eine geringste Druckfestigkeit von 210 kg/cm² bei einer Zugfestigkeit von 25 kg/cm² besitzen.* Die Probekörper hatten Würfelform von 20 cm Seitenlänge.

Die Besonderen Bestimmungen von 1903 Ausgabe 1906 beinhalten wie die Verordnung 1904 für Eisenbrücken alle für die Berechnung von Eisenbetonbrücken notwendigen Angaben. Durch die gleichen Belastungsannahmen für die Verkehrslast (Lastenzug I-1904) wurde die notwendige Übereinstimmung hergestellt.

Die nach den Besonderen Bestimmungen 1903 Ausgabe 1906 errichteten Eisenbetonbrücken waren und sind im Netz der ÖBB in Streckenklasse D 4 eingestuft (225 kN Achslast, 80 kN/m Meterlast).

Im Gegensatz zu Straßenbrücken aus Eisenbeton, deren Berechnung in den Vorschriften von 1907 bzw. 1911 mit Nachtrag 1918 geregelt war (siehe Kapitel Straßenbrücken), erschienen bis zum Ende der Monarchie keine Vorschriften für die Berechnung von Eisenbahnbrücken aus Eisenbeton. Die Technikerversammlung des Vereines deutscher Eisenbahnverwaltungen behandelte 1914 in Teplitz (Teplice in der Tschechischen Republik) das Thema der zulässigen Beanspruchung von Eisenbetontragwerken für Eisenbahnbrücken. Die Ergebnisse sind im „Organ für die Fortschritte des Eisenbahnwesens in technischer Beziehung; fünfzehnter Ergänzungsband: Zweckmäßigkeit und Wirtschaftlichkeit des Eisenbetons bei den Bauten der Eisenbahnen" festgehalten. Vom k.k Eisenbahnministerium wurden gemeinsam mit dem Verwaltungsrat der k.k. priv. Südbahngesellschaft folgende Angaben für die zulässigen Spannungen gemacht (Abb. 3.16).

Die für Eisenbahnbrücken aus Eisenbeton zulässigen Druck- und Zugspannungen des Betons sind vorläufig derart festgelegt worden, dass die für Straßenbrücken gültigen Werte der Verordnung des Ministeriums für öffentliche Arbeiten aus dem Jahre 1911 um 10 % abgemindert wurden. Die zulässigen Schub-, Hauptzug- und mittleren Haftspannungen sind für Straßen- und Eisenbahnbrücken gleich. Für die zulässige Spannung des Eisens auf Zug oder Druck bei Eisenbahnbrücken wurde auf die Verordnung des Eisenbahnministeriums aus dem Jahre 1904 zurückgegriffen mit der Einschränkung, dass die maximale Spannung höchstens 900 kg/cm² statt 1000 kg/cm² betragen darf.

3.6 Eisenbetonbrücken für Eisenbahnverkehr

Abb. 3.16 Zulässige Spannungen laut Technikerversammlung 1914

Eisenbahnministerium und Südbahn:
Zu α — γ.

I. Beton Bei einem Mischungsverhältnis von 1 m³ Gemenge von Sand und Steinmaterial auf:	Zulässige Spannungen in kg auf 1 cm²		bei zentrischem Druck Druckspannung	Schub- und Hauptzugspannung	Mittlere Haftspannung
	im Falle der Biegung und bei exzentrischem Druck				
	Druckspannung	Zugspannung			

α) Eisenbahnbrücken

a) 470 kg { Portlandzement	0,9 (33 + 0,2 l)	0,9 (19 + 0,1 l) bis höchstens 20	22,5	4	5
b) 350 kg do.	0,9 (29 + 0,2 l)	0,9 (18 + 0,1 l) bis höchstens 19	20	3,5	4,5
c) 280 kg do.	0,9 (25 + 0,2 l)	0,9 (16 + 0,1 l) bis höchstens 17,5	17	3	4

β) Straßenbrücken

a) 470 kg { Portlandzement	33 + 0,2 l	19 + 0,1 l bis höchstens 22	25	4	5
b) 350 kg do.	29 + 0,2 l	18 + 0,1 l bis höchstens 21	22	3,5	4,5
c) 280 kg do.	25 + 0,2 l	16 + 0,1 l bis höchstens 19,5	19	3	4

γ) Hochbauten

a) 470 kg { Portlandzement	42	25	28	4,5	5,5
b) 350 kg do.	37	24	25	4,0	5,0
c) 280 kg do.	32	22	22	3,5	4,5

II. Eisen	Schweißeisen	Flußeisen
α) Eisenbahnbrücken Beanspruchung auf Zug und Druck	kg/cm²	kg/cm²
bei Stützw. von 0 m bis 10 m n. d. Formel	700 + 2 l	750 + 5 l
„ „ „ 10 „ „ 20 „ „ „	700 + 2 l	760 + 4 l
„ „ „ 20 „ „ 40 „ „ „	700 + 2 l	800 + 2 l
„ „ „ 40 „ und darüber	720 + 1,5 l	840 + l
bis höchstens	800	900
β) Straßenbrücken Beanspruchung auf Zug und Druck	750 + 2 l	800 + 3 l
bis höchstens	800	900
γ) Hochbauten Beanspruchung auf Zug und Druck	900	1000

Anmerkung: l bedeutet die Stützweite des Tragwerkes oder Tragwerkteiles in m.

Die unter α angegebenen Werte für die zulässigen Druck- und Zugspannungen des Betons sind vorläufig aus den unter β angegebenen Werten durch Verminderung um $1/10$ gewonnen.

3.6.2 Entwicklung ab 1920

3.6.2.1 Normenentwicklung

Mit der Aufnahme der Arbeit des Österreichischen Normenausschusses für Industrie und Gewerbe (Ö.N.I.G.) im September 1920 wurden die österreichischen Bestimmungen für Eisenbeton erarbeitet. Diese österreichischen Eisenbetonbestimmungen sind den Deutschen Bestimmungen nachgebildet und stimmen mit diesen in vielen Abschnitten fast wörtlich überein. Diese ÖNORMen gliedern sich wie folgt (Aufzählung auszugsweise für den Brückenbau):

B 2300   Beton; Bestimmungen für die Ausführung von Bauwerken Ausgabe 1930, abgelöst durch:

B 2300   Beton; Berechnung und Ausführung von Bauwerken Ausgaben 1935 und 1937;

B 2301   Einheitliche Bezeichnung im Eisenbetonbau Ausgaben 1927 und 1928, abgelöst durch:

B 2301   Beton und Eisenbeton Bezeichnungen Ausgaben 1935 und 1936, geprüft und wieder in Kraft gesetzt 1946;

B 2302   Bestimmungen für Eisenbeton Ausgaben 1927 und 1928, abgelöst durch:

B 2302   Eisenbeton Berechnung und Ausführung von Tragwerken Ausgaben 1931 und 1936;

B 2303   Bestimmungen für Versuche an Probewürfeln und Probebalken bei der Ausführung von Bauwerken aus Beton oder Eisenbeton Ausgaben 1927 und 1928, abgelöst durch:

B 2303   Beton und Eisenbeton Probewürfel und Probebalken Ausgabe 1931, abgelöst durch:

B 2303   Beton und Eisenbeton Steifeprüfung Probewürfel Probebalken Ausgabe 1936.

Die Angaben in B 2302 wurden von Ausgabe zu Ausgabe, auch aufgrund des Erscheinens weiterer Normen, z. B. der Materialnormen, immer detaillierter.

Folgende Materialnormen waren ergänzend zur B 2302 anzuwenden:

Zement: B 3311 in allen Ausgaben
Zuschläge: In den Ausgaben 1927, 1928 und 1931 nur verbale Beschreibung der Anforderungen, in der Ausgabe 1936 Hinweis auf B 3109 und B 3621.

3.6 Eisenbetonbrücken für Eisenbahnverkehr

Stahl: Ausgabe 1927 kein Normenverweis, jedoch Forderung für Eisenbahnbrücken, dass Stahl von Übernahmegüte mit Erprobung nach den geltenden behördlichen Vorschriften zu verwenden ist. In der Regel wurde St 37 verwendet; Ausgabe 1928 St 37.06 (Stahl von Übernahmsgüte) ist zu verwenden; Ausgabe 1931 St 37.12 gemäß M 3112 ist zu verwenden. Bemerkung: St 37.12 wurde als „Brückenbaustahl" bezeichnet; Ausgabe 1936 St 37.12 oder höherwertiger Stahl gemäß M 3112 ist zu verwenden; Bemerkung: St 48.12 und St 55.12 wurden in der Ausgabe 1930, St 55.12 in der Ausgabe 1934 als „hochwertiger Baustahl" bezeichnet; Für die zu verwendenden Rundstähle galt B 3331 (Betonrundstahl, Durchmesser).

Beton: In der B 2302 waren unter dem Kapitel „Zubereiten der Betonmasse" Anleitungen für die Zusammensetzung des Betons angegeben. Die Basis für die zulässigen Betondruckspannungen war der Wert W_{b28}. Darunter verstand man die Würfelfestigkeit des Betons, in der gleichen flüssigen Beschaffenheit wie im Tragwerk verarbeitet, nach 28-tägiger Erhärtung. Die Probekörper waren Würfel von 20 cm Seitenlänge. Die Probekörper waren in der gleichen Weise erhärten zu lassen wie das Tragwerk.

Die Bemessung beruhte auf dem deterministischen Konzept (globaler Sicherheitsfaktor) und für den Eisenbetonbau auf dem Gebrauchslastverfahren (Ebenbleiben der Querschnitte, Zugkräfte werden nur von den Eiseneinlagen aufgenommen, für die Betondruckzone und die Eiseneinlagen gilt die Annahme, dass die Spannungen den zugehörigen Längenänderungen verhältnispleich sind, das heißt geradlinige Spannungszunahme in der Betondruckzone, Verhältnis der E-Moduli von Eisen zu Beton $n = 15$).

Es war die Intention der Verfasser der Bestimmungen für Eisenbeton, ein für das gesamte Gebiet des Eisenbetonbaues, das heißt ein für Hochbauten, Straßen- und Eisenbahnbrücken und andere Bauwerke gültiges Regelwerk zu schaffen. Somit enthielt B 2302 auch Angaben für Straßen- und Eisenbahnbrücken. Mit Erscheinen der B 6304 – gemauerte Straßenbrücken, Berechnung und Ausführung – im Jahre 1937 wurde dieser Ansatz aufgegeben und für Brückenbauwerke eine eigene Norm in Ergänzung zur Grundnorm geschaffen.

Der Übergang von den aus der Zeit der Monarchie stammenden und auch nach 1918 noch weiter entwickelten Verordnungen zum Regelwerk der ÖNORMEN ging allmählich und zu unterschiedlichen Zeitpunkten im Eisenbetonbau und im Betonbau bzw. im Hochbau und im Straßenbrückenbau vor sich. Für Eisenbetoneisenbahnbrücken wurde in der Zeit der Monarchie keine Verordnung erlassen.

Als Richtwerte für den Zeitraum des Überganges können im Hochbau das Jahr 1929 und im Straßenbrückenbau die Zeit nach 1932 angenommen werden. Das Erscheinen einer ÖNORM bedingte nicht deren Inkrafttreten, sie musste dazu mit „obrigkeitlicher Kraft" ausgestattet werden. Das Bundesministerium für Handel und Verkehr erkannte für den Hochbau und den Straßenbrückenbau die Normen ganz oder teilweise an und die Länder als Baubehörde führten sie ein. Im Folgenden einige Beispiele für diesbezügliche Erlässe:

- Im November 1928 wurden von der Wiener Baubehörde folgende Normen für die Errichtung von Bauwerken aus Eisenbeton bei Hochbauten mittels Erlasses vom 7.November 1928, Z.1119/28 zur Anwendung vorgeschrieben:

B 2301, Ausgabe 15.09.1927 Einheitliche Bezeichnung im Eisenbetonbau
B 2302, Ausgabe 01.05.1928 Bestimmungen für Eisenbeton
B 2303, Ausgabe 01.05.1928 Bestimmungen für Versuche an Probewürfeln und Probebalken
B 3311, Ausgabe 30.04.1926 Portlandzement
Hintergrund für diese Normeneinführung waren die Erlässe des Bundesministeriums für Handel und Verkehr vom 8.Jänner 1927 ZL.114113-2-1926 für die ÖNORM B 3311 und vom 14.Februar 1928 Zl.119055–2-1927 für die ÖNORMEN B 2301 bis B 2303.

Durch den Erlass vom 14.Februar 1928 des Bundesministeriums und in weiterer Folge vom 7.November 1928 des Magistrates Wien wurde bei der bisher gültigen, mit Verfügung des Bundesministeriums für Handel und Gewerbe, Industrie und Bauten, ZL. 19.200/IXe-1921 in Kraft gesetzten „Vorschrift über die Herstellung von Tragwerken aus Eisenbeton oder Beton bei Hochbauten" der Abschnitt I „Tragwerke aus Eisenbeton" außer Kraft gesetzt. Abschnitt II „Tragwerke aus Beton" blieb weiterhin gültig, da die Norm für Betonbauten noch nicht herausgegeben worden war.

- Die „Besonderen Bedingnisse für die Ausführung von Tragwerken aus Beton oder Eisenbeton" aus dem Jahre 1930 (Z.69.200-2 des Bundesministeriums für Handel und Verkehr) legen unter anderem folgendes fest:

Für die Belastung von Straßenbrücken:

„Vorschrift über die Herstellung von Straßenbrücken mit eisernen oder hölzernen Tragwerken", Erlass des Ministeriums des Inneren, Z.49.898-105 aus dem Jahre 1905.

3.6 Eisenbetonbrücken für Eisenbahnverkehr

Für die Berechnung von Tragwerken aus Beton bei Hochbauten und Straßenbrücken:
„Bestimmungen für Beton"-ÖNORM B 2300, eingeführt mit Erlass des Bundesministeriums für Handel und Verkehr, Z. 74.000-2-1930.

Für die Berechnung von Tragwerken aus Eisenbeton:

bei Hochbauten die „Bestimmungen für Eisenbeton", ÖNORM B 2302, eingeführt mit Erlass des Bundesministeriums für Handel und Verkehr Z.119.055–2-1927
bei Straßenbrücken die „Bestimmungen für die Ausführung von Tragwerken aus Eisenbeton bei Straßenbrücken", eingeführt mit Erlass des Bundesministeriums für Handel und Verkehr Z.80.000–2-1928.

3.6.2.2 Spezielle Angaben für Eisenbahnbrücken

Die Normenreihe B 2302 beinhaltet keine Lastannahmen für Eisenbahnbrücken, sondern ist eine Bemessungsnorm für alle Eisenbetontragwerke, das heißt auch für Eisenbetoneisenbahnbrücken. Es war der Beginn einer neuen Ideologie und Abschied von den „Universalverordnungen", die alle Angaben für z. B. Eisenbahnbrücken enthielten. Die Entwicklung ging zu Belastungsnormen und Bemessungsnormen, Grundnormen und Ergänzungsnormen. In der B 2302 sind in den ersten drei Ausgaben ergänzende Regeln für Eisenbahnbrücken enthalten, in der vierten nicht mehr. Der Weg zu einer ergänzenden Norm, die die Besonderheiten der Eisenbahnbrücken in der Eisenbetonbauweise berücksichtigt, war vorgezeichnet.

Spezielle Regelung für Eisenbahnbrücken in B 2302:

- *Bei Platten, Balken und Plattenbalken dürfen unter Eisenbahngleisen nicht mehr als 2 Reihen Eisen übereinander angeordnet werden.*
- *Der Durchmesser der Eisen darf 50 mm nicht überschreiten*
- *Der kleinste freie Abstand zwischen den Rundeisen muss mindestens dem 1½ fachen Durchmesser der Eisen gleich sein.*
- *Die zur Aufnahme der Schubspannungen dienenden Eisen sind nach dem doppelten oder mehrfachen Strebensystem aufzubiegen.*
- *Aussparungen in Balken (Nischen und Durchbrechungen) zur Gewichtsersparnis sind nicht zulässig.*
- *Die Bettung, gerechnet von der Oberkante der Dichtungsschutzschicht bis zur Schwellenoberkante, muss mindestens 40 cm betragen.*
- *Bei der Standberechnung von Eisenbahnbrücken ist mit Einzellasten zu rechnen, wobei in der Richtung rechtwinkelig zur Stützweite eine Verteilung der Einzellasten unter 45 Grad bis zur Oberkante der tragenden Teile angenommen werden kann.*

Weiters waren für Eisenbahnbrücken eigene zulässige Spannungen angegeben. Diese Regelungen waren in den Ausgaben 1927, 1928 und 1931 enthalten, in der Ausgabe 1936 waren keine Regelungen für Eisenbahnbrücken enthalten. Am 10. April 1936 erschien die Tafel „Eisenbeton und Beton für Eisenbahnbrücken", Richtlinien für Entwurf und Ausführung, herausgegeben von der Generaldirektion der Österreichischen Bundesbahnen, GDZ. 61.166/1936. Hierin sind die bei Eisenbahnbrücken anzuwendenden besonderen Bestimmungen und Abweichungen von den ÖNORMEN, die im Allgemeinen für die Berechnung und Ausführung von Bauwerken aus Eisenbeton oder Beton maßgebend sind, festgelegt. Die Tafel enthält nicht die oben angeführten Punkte aus B 2302, sondern hauptsächlich die zulässigen Spannungen für Beton und Bewehrung.

Festlegungen im Einzelfall:
Für Eisenbetonbrücken, die nicht nach der Regelplanung und vor den Regelungen 1936 errichtet wurden, wurden auch die 0,9-fachen Werte für die zulässigen Spannungen der „Vorschrift über die Herstellung von Tragwerken aus Eisenbeton oder Beton bei Straßenbrücken" aus dem Jahre 1921 herangezogen. Es ist dies ein Rückgriff auf die in Teplitz – Teplice in der Tschechischen Republik – getroffenen Festlegungen.

Nachweis Zugspannungen des Betons für Eisenbetoneisenbahnbrücken:
In den Vorschriften für Eisenbetonstraßenbrücken war auch ein Nachweis über die Begrenzung der Betonzugspannungen enthalten: *bei den auf Biegung beanspruchten Tragwerken sind auch die größten Zugspannungen des Betons nachzuweisen, die sich für eine Formänderungszahl* (Elastizitätsmodul) *des Betons für Zug von 56000 kg auf 1 cm^2 ergeben*. In den „Besonderen Bestimmungen von 1903 Ausgabe 1906" war dieser Nachweis nicht vorgeschrieben. Mit der Mitverwendung der Vorschrift für Straßenbrücken aus dem Jahre 1921 für Eisenbahnbrücken wurde er auch für Eisenbahnbrücken gültig. Die Tafel „Eisenbeton und Beton für Eisenbahnbrücken" aus 1936 verlangt einen Nachweis der Betonzugspannungen für Betonbauwerke, nicht für Eisenbetonbauwerke.

Regelplanung:
Für Eisenbetonbrücken wurde 1932 eine Regelplanung eingeführt. Diese wird im Kapitel Regelplanungen behandelt.

3.6.2.3 Zusammenfassung
Zusammenfassend kann für die Bemessung von Eisenbetoneisenbahnbrücken im Zeitraum 1918 bis 1938 festgestellt werden:

3.6 Eisenbetonbrücken für Eisenbahnverkehr

Es war eine Zeit des Überganges, das heißt, es waren vermutlich mehrere Vorschriftenwerke für die Bemessung parallel in Verwendung. Ob für die Berechnung die speziell für Eisenbahnbrücken festgelegten zulässigen Spannungen aus ÖNORM B 2302 Ausgaben 1 bis 3 entnommen wurden, ist eher zu verneinen. Erst mit der Herausgabe der 4. Auflage der ÖNORM B 2302, in der keine speziellen Regelungen für Eisenbahnbrücken mehr vorhanden waren, und der Tafel „Eisenbeton und Beton für Eisenbahnbrücken", die die zulässigen Spannungen enthielt, war eine klare Linie vorhanden. Somit waren für die Bemessung und Konstruktion maßgebend:

- Die Verordnung 1904;
- das Dienstschreiben Z. 109/18b vom 23. November 1921: Es legt den Österreichischen N-Zug als Verkehrslast fest;
- die „Vorschrift über die Herstellung von Tragwerken aus Eisenbeton oder Beton bei Straßenbrücken" aus 1921 (Z. 19.200-IXe von 1921 des Bundesministeriums für Handel und Gewerbe, Industrie und Bauten): Die in dieser Vorschrift festgelegten zulässigen Spannungen wurden mit dem 0,9-fachen Wert für Eisenbahnbrücken als zulässig erklärt. Diese Vorschrift wurde abgelöst durch
- die Tafel „Eisenbeton und Beton für Eisenbahnbrücken", Richtlinien für Entwurf und Ausführung, herausgegeben von der Generaldirektion der Österreichischen Bundesbahnen, GDZ. 61.166/1936 vom 10. April 1936. Die Tafel legt die zulässigen Spannungen fest;
- die entsprechenden ÖNORMen der Reihe B 2300 bis 2303 (B 2302 jedoch nicht für die zulässigen Spannungen) und die dazugehörenden Materialnormen für Beton und Eisen.

Tab. 3.51 gibt auszugsweise einen Vergleich der zulässigen Spannungen in [kg/cm^2] für Eisenbahnbrücken 1918–1938:

Tab. 3.51 Vergleich zulässige Spannungen Eisenbahnbrücken aus Eisenbeton

Quelle	Beton			Eisen St 37.12
	Druck	Zug	Schub	Zug, Druck
A	≤ 40	k. A	4,0	800
B	$33 + 0,2 \cdot L_S$	$19 + 0,1 \cdot L_S \leq 22$	4,0	$L_S <$ 10 m: 900 $L_S \geq$ 10 m: $860 + 4 \cdot L_S$
C	42 für Platten, Balken	≤ 5 [1]	5,5	Zug: 800 Druck: $1000 + L_S$

A: ÖNORM B 2302, Ausgaben 1927, 1928 und 1931;
B: Vorschrift Straßenbrücken 1921. Werte für eine Würfelfestigkeit des Betons von mindestens 170 kg/cm^2;
C: Richtlinien 1936 für Eisenbahnbrücken; Werte für eine mittlere Würfelfestigkeit des Betons von mindestens 200 kg/cm^2;
k.A.: In der ÖNORM B 2302 war ein Nachweis der Zugfestigkeit des Betons nicht erforderlich, daher keine Angabe;
L_S: Stützweite des Tragwerkes in [m];
^{1}: Gültig nur für Betonbauwerke.

3.6.2.4 Vergleich Sicherheitsniveau Zwischenkriegszeit – Normenreihe B 4200

3.6.2.4.1 Einleitung

Der Vergleich wird anhand der Regelplanung für Tragwerke aus Eisenbeton aus dem Jahre 1932 durchgeführt (siehe Kap. 4, Punkt 4). Die Regelplanung umfasst den Stützweitenbereich von 4 bis 12 m. Nachfolgend werden die Tragwerke mit 4 m und 12 m Stützweite behandelt.

In der Regelplanung 1932 wurden als Einwirkung das Eigengewicht und der österreichische N-Zug (wie in der damaligen Sicherheitsphilosophie üblich ohne dynamischen Beiwert) angesetzt und die Bemessung durchgeführt. Mit den aus der Regelplanung entnommenen Werten (Querschnittsabmessungen, Querschnitt der Bewehrung) wurde folgendermaßen verfahren:

1 Nachweis der zulässigen Spannungen für Eigengewicht und österreichischen N-Zug ohne dynamischen Beiwert auf Basis der Tafel „Eisenbeton und Beton für Eisenbahnbrücken", Richtlinien für Entwurf und Ausführung, herausgegeben von der Generaldirektion der Österreichischen Bundesbahnen, GDZ. 61.166/1936 vom 10. April 1936.
2 Nachweis der zulässigen Spannungen gemäß ÖNORM B 4200 4.Teil, Ausgabe 1957 für Eigengewicht und Österreichischen N-Zug einschließlich des dynamischen Beiwertes. Die Nachweise werden hier – wie damals üblich – auf Basis des deterministischen Konzeptes (globaler Sicherheitsfaktor) und des Gebrauchslastverfahrens durchgeführt. Als Behelf werden die Tabellen aus dem Buch „Lehrbuch des Stahlbetonbaues" von A. Pucher verwendet.

Tab. 3.52 gibt einen Überblick über die Ausgangswerte für die beiden Nachweise:

3.6 Eisenbetonbrücken für Eisenbahnverkehr

Tab. 3.52 Vergleich Regelplanung 1932-B 4200 Grundlagen

REGELWERK	VERKEHRSLAST	MATERIALKENN-WERTE
Tafel Eisenbeton und Beton 1936	Österreichischer N-Zug	$\sigma_{d,zul} = 42$ kg/cm² [1] $\sigma_{e,zul} = 800$ kg/cm² (St.37.12)
B 4200 4. Teil, Ausgabe 1957	$(1+\varphi)$ · Österreichischer N-Zug	$\sigma_{d,zul} = 60$ kg/cm² B 160 $\sigma_{e,zul} = 1400$ kg/cm² (Stahl I)

In Tab. 3.53 sind weitere Materialkennwerte gegenübergestellt (Werte in kg/cm²):

Tab. 3.53 Vergleich Regelplanung 1932-B 4200 Materialkennwerte

MATERIALKENNWERT	REGELWERK/MATERIAL	
	Tafel Eisenbeton und Beton 1936 St.37.12 (ÖNORM M 3112/1930)	B 4200 4.Teil, Ausgabe 1957 Stahl I
Streckgrenze	2035	2200
Zugfestigkeit	3700 … 4500	3700
Sicherheitsbeiwert ν	2035/800 = 2,50	2200/1400 = 1,57
Würfelfestigkeit	200 [1]	Beton B 160 → 160

[1]Keine Bezeichnung in der Tafel Eisenbeton und Beton 1936, sondern Vorgabe einer mittleren Würfelfestigkeit, hier 200 kg/cm²

Aus den beiden Tabellen ist ersichtlich, dass bei vergleichbarer Materialqualität eine Erhöhung der zulässigen Spannung bei Stahl um 75 % (von 800 auf 1400 kg/cm²) und bei Beton um 42 % (von 42 auf 60 kg/cm²) zwischen den Bemessungsgrundlagen stattgefunden hat.

Aus der Regelplanung werden folgende Daten entnommen (Tab. 3.54):

Tab. 3.54 Vergleich Regelplanung-B 4200 Daten Regelplanung

STÜTZWEITE	b	h	fe	BEMESSUNGSMOMENT
[m]	[cm]		[cm²/m]	[tm]
4,0	400	41	48,69	53,1
12,0	400	142	157,08	617,0

b   Querschnittsbreite
h   nutzbare Höhe
fe   Querschnitt der Bewehrung in Feldmitte

3.6.2.4.2 Vergleich ohne Berücksichtigung der Ermüdung

Um die Bemessung nach den beiden Regelwerken vergleichen zu können, muss bei der Bemessung nach B 4200 der dynamische Einfluss berücksichtigt werden. Dazu wird das Bemessungsmoment der Regelplanung, als $M_{Bemessung}$ bezeichnet, als Basis herangezogen. Das Verhältnis g:p beträgt 1:2,4 bei 4 m Stützweite und fällt auf 1:0,9 bei 12 m. Der ungünstigste Fall für die Berücksichtigung der Verkehrslast und des dynamischen Beiwertes ist die kleinste Stützweite, hier 4 m. Aus dem Verhältnis g:p von 1:2,4 ergibt sich ein Anteil der Verkehrslast von 70 % am Bemessungsmoment. Das Bemessungsmoment setzt sich somit zusammen:

$$M_{Bemessung} = 0{,}3 \cdot M_{Bemessung}(\text{zufolge } g) + 0{,}7 \cdot M_{Bemessung}(\text{zufolge } p)$$

Für die Berücksichtigung des dynamischen Einflusses wird der dynamische Beiwert $1 + \varphi$ gemäß Anhang C von EN 1991–2 zu 1,62 ermittelt ($V_{max} = 160$ km/h, untere Eigenfrequenz). Damit ergibt sich das Bemessungsmoment mit Berücksichtigung des dynamischen Einflusses:

$$M_{Bemessung,neu} = 0{,}3 \cdot M_{Bemessung} + 1{,}62 \cdot 0{,}7 \cdot M_{Bemessung}$$

$$M_{Bemessung,neu} = 1{,}43 \cdot M_{Bemessung}$$

Eine Nachbemessung mit Vergleich mit den zulässigen Werten der Tafel Eisenbeton und Beton 1936 liefert

$$\sigma_e = 780 \text{ kg/cm}^2 < \sigma_{e,zul} = 800 \text{ kg/cm}^2 \text{ und}$$

$$\sigma_d \text{ von } 41{,}6 \text{ kg/cm}^2 < \sigma_{d,zul} = 42 \text{ kg/cm}^2.$$

Eine Bemessung nach B 4200 mit den gleichen Querschnittswerten und mit

$$M_{Bemessung,neu} = 1{,}43 \cdot M_{Bemessung} = 1{,}43 \cdot 53{,}1 = 76{,}1 \text{ tm ergibt}:$$

$$\sigma_e = 1116 \text{ kg/cm}^2 < \sigma_{e,zul} = 1400 \text{ kg/cm}^2 \text{ bzw. } 1296 \text{ kg/cm}^2 (= 2035 : 1{,}57) \text{ und}$$

$$\sigma_d = 59{,}6 \text{ kg/cm}^2 < \sigma_{d,zul} = 60 \text{ kg/cm}^2.$$

Für das Tragwerk mit 12 m Stützweite ergeben sich folgende Daten:
g:p im Verhältnis 1:0,9, das heißt der Anteil der Verkehrslast am Bemessungsmoment beträgt 47 %.

$$M_{Bemessung} = 0{,}53 \cdot M_{Bemessung}(\text{zufolge } g) + 0{,}47 \cdot M_{Bemessung}(\text{zufolge } p)$$

Mit $1 + \varphi = 1{,}45$ wird:

3.6 Eisenbetonbrücken für Eisenbahnverkehr

$M_{Bemessung,neu} = 0{,}53 \cdot M_{Bemessung}(\text{zufolge g}) + 1{,}45 \cdot 0{,}47\, M_{Bemessung}(\text{zufolge p})$
$= 1{,}212 \cdot M_{Bemessung}$

Eine Nachbemessung mit Vergleich mit den zulässigen Werten der Tafel Eisenbeton und Beton 1936 liefert:

σ_e von $808\,\text{kg/cm}^2 > \sigma_{e,zul} = 800\,\text{kg/cm}^2$ (vernachlässigbare Überschreitung)
und
σ_d von $41{,}2\,\text{kg/cm}^2 < \sigma_{d,zul} = 42\,\text{kg/cm}^2$.

Eine Bemessung nach B 4200 mit den gleichen Querschnittswerten und mit

$M_{Bemessung,neu} = 1{,}212 \cdot M_{Bemessung} = 1{,}212 \cdot 617 = 747{,}5\,\text{tm}$ ergibt:

$\sigma_e = 979\,\text{kg/cm}^2 < \sigma_{e,zul} = 1400\,\text{kg/cm}^2$ bzw. $1296\,\text{kg/cm}^2 (= 2035 : 1{,}57)$ und

$$\sigma_d = 49{,}9\,\text{kg/cm}^2 < \sigma_{d,zul} = 60\,\text{kg/cm}^2$$

Durch die bewusste Wahl von geringen zulässigen Spannungen im Regelwerk der Zwischenkriegszeit konnte auf einen eigens anzusetzenden dynamischen Beiwert verzichtet werden. Die Vergleichsrechnung zeigt die Einhaltung der zulässigen Spannungen bei beiden verwendeten Regelwerken.

3.6.2.4.3 Vergleich mit Berücksichtigung der Ermüdung Basis B 4203:1963

3.6.2.4.3.1 Basis B 4200

In ÖNORM B 4203:1963 wurde erstmals in Österreich ein eigener Nachweis gegen Ermüdung einer Stahlbetonkonstruktion verlangt. Der Nachweis wurde über eine Erhöhung der Bemessungsschnittkraft geführt. Die Erhöhung war materialseitig abhängig nur von der Stahlgüte. Diese Art der Berücksichtigung der Materialermüdung wurde zahlengleich übernommen in die nachfolgenden Bemessungsnormen für Stahlbetoneisenbahnbrücken, das sind die „Ergänzenden Bestimmungen zur ÖNORM B 4203", 1976 und die B 4703:1995.

Für die Betonstähle I, II und III – für die Regelplanung 1932 maßgebend – war der Erhöhungsfaktor γ folgendermaßen festgelegt:

$$0 \le u/o \le 0{,}5 \rightarrow \gamma = 1{,}3 - 0{,}6 \cdot u/o$$
$$u/o > 0{,}5 \quad\quad \rightarrow \gamma = 1{,}0$$

u: Schnittkraft der ständigen Lasten.
o: Größtwert der Schnittkraft des Bemessungsverfahrens.

Für das Tragwerk mit 4,0 m Stützweite ergibt sich der Ermüdungsnachweis wie folgt (Basis B 4200):

$$u = 0{,}3\,o = 1{,}43 \Rightarrow u/o = 0{,}3/1{,}43 = 0{,}21 < 0{,}5$$

$$\Rightarrow \gamma = 1{,}3 - 0{,}6 \cdot u/o = 1{,}3 - 0{,}6 \cdot 0{,}21 = 1{,}174$$

$$M_{\text{Bemessung Erm}} = 1{,}174 \cdot 1{,}43 \cdot 53{,}1 = 89{,}1 \text{ tm}$$

Eine Bemessung nach B 4200 mit dem neuen Bemessungsmoment $M_{\text{Bemessung,Erm}}$ von 89,1 tm ergibt:

$\sigma_e = 1310$ kg/cm^2 $< \sigma_{e,\text{zul}} = 1400$ kg/cm^2 bzw. eine geringfügige Überschreitung gegenüber 1296 kg/cm^2 ($= 2035{:}1{,}57$) und
$\sigma_d = 70$ kg/cm^2 $> \sigma_{d,\text{zul}} = 60$ kg/cm^2 (Überschreitung um 17%).

Für das Tragwerk mit 12,0 m Stützweite ergeben sich folgende Werte:

$$u = 0{,}53, o = 1{,}21 \Rightarrow u/o = 0{,}53/1{,}212 = 0{,}437 < 0{,}5$$

$$\Rightarrow \gamma = 1{,}3 - 0{,}6 \cdot u/o = 1{,}3 - 0{,}6 \cdot 0{,}437 = 1{,}038$$

Damit ist der Einfluss der Ermüdung auf das Bemessungsmoment minimal.

$$M_{\text{Bemessung Erm}} = 1{,}038 \cdot 1{,}212 \cdot 617 = 776{,}22 \text{ tm}$$

Dazu einige Anmerkungen:

Eine Verteilung der Achslasten wurde nicht berücksichtigt und diese ergibt bei einer Stützweite von 4 m und für den Österreichischen N-Zug eine Minderung des Anteiles der Verkehrslast um 8 % (nur Schiene berücksichtigt, nicht Schotterbett).

Die höchste zugelassene Streckenklasse D4 erlaubt eine Achslast von 22,5 t, dies ist eine Verminderung gegenüber der Achslast des österreichischen N-Zuges um 10 %.

Bei 4 m Stützweite ist die Momenteneinwirkung zufolge des Österreichischen N-Zuges um 39 % größer als die der Streckenklasse D4. Es wird ein Spannungsnachweis mit den vorhandenen Querschnittswerten und der Lasteinwirkung zufolge D4 statt des Österreichischen N-Zuges geführt:

Für den Österreichischen N-Zug war das Verhältnis g:p = 1:2,4, somit beträgt der Anteil der Verkehrslast am Bemessungsmoment 70 %. Das Verhältnis g:p für die Streckenklasse D4 ist g:p = 1:1,46 (1,46 = 2,4 · 0,61), womit der Verkehrslastanteil 59 % beträgt. Somit folgt:

3.6 Eisenbetonbrücken für Eisenbahnverkehr

$$M_{Bemessung,neu} = 0{,}41 \cdot M_{Bemessung} + 1{,}62 \cdot 0{,}59 \cdot M_{Bemessung}$$

$$M_{Bemessung,neu} = 1{,}37 \cdot M_{Bemessung}$$

$$u = 0{,}41, o = 1{,}37 \Rightarrow u/o = 0{,}41/1{,}37 = 0{,}30 < 0{,}5$$

$$\Rightarrow \gamma = 1{,}3 - 0{,}6 \cdot u/o = 1{,}3 - 0{,}6 \cdot 0{,}30 = 1{,}12$$

$$M_{Bemessung\ Erm} = 1{,}120.1{,}37.53{,}1 = 81{,}5\ tm$$

Eine Bemessung nach B 4200 mit dem neuen Bemessungsmoment $M_{Bemessung,Erm}$ von 81,5 tm statt 89,1 tm ergibt

$$\sigma_e = 1198\ kg/cm^2 < \sigma_{ezul} = 1400\ kg/cm^2\ bzw.\ 1296\ kg/cm^2 (= 2035 : 1{,}57)\ und$$

$$\sigma_d = 64\ kg/cm^2 > \sigma_{dzul} = 60\ kg/cm^2\ (\text{Überschreitung um } 7\%)$$

Die Streckenklasse D4 mit einer Geschwindigkeit von 160 km/h entspricht knapp den Regeln der B 4203 hinsichtlich Ermüdung. Mit zunehmender Stützweite wird der Anteil der Verkehrslast, mit dynamischem und ohne dynamischen Beiwert, am Bemessungsmoment immer geringer, das heißt, der Einfluss der Ermüdung auf das Bemessungsmoment sinkt. Bei 12 m Stützweite ist er für die nach der Regelplanung konstruierten Tragwerke praktisch null bei Heranziehung der Ermüdungsregel von B 4203.

Tab. 3.55 zeigt die Eingangswerte in die Bemessung nach B 4002 im Überblick:

u : Schnittkraft aus ständigen Lasten (g)
o : Größtwert der Schnittkraft $(g + (1+\varphi) \cdot p)$ u und o sind bezogen auf das Bemessungsmoment laut Regelplanung
γ : Ermüdungsbeiwert gemäß ÖNORM B 4203

Tab. 3.55 Vergleich Regelplanung- B 4200 Ermüdung

STÜTZWEITE	g:p	VERKEHRS-LAST [%]	$1+\varphi$	u	o	VERKEHRS-LAST [%]	γ
[m]	[-]	ohne $1+\varphi$	[-]	[...]		mit $1+\varphi$	[-]
4,0	1:2,4	70	1,62	0,30	1,43	79	1,174
12,0	1:0,9	47	1,45	0,53	1,21	56	1,038

3.6.2.4.3.2 Basis Tafel 1936

Ein eigener Nachweis der Ermüdung ist nicht notwendig, da durch die Festlegung der zulässigen Spannungen der dynamische Beiwert und die Ermüdung berücksichtigt wurden.

3.6.2.4.3.3 Überschlägige Einschätzung der Ermüdungsfestigkeit nach EC 2

ÖNORM EN 1992-1-1 gibt in Punkt 6.8 als vereinfachten Nachweis folgende Grenzwerte für Stahl und Beton für häufig zyklische Einwirkung an:

Stahl: $\quad\Delta\sigma_s \leq 70 N/mm^2$ für nicht geschweißten Bewehrungsstahl.

Beton unter Druck: $\quad \frac{\sigma_{c,max}}{f_{cd,fat}} \leq 0{,}5 + 0{,}45 \cdot \frac{\sigma_{c,min}}{f_{cd,fat}}$

Sonderfall Einfeldträger: $\quad \sigma_{c,min} = 0 \Rightarrow \frac{\sigma_{c,max}}{f_{cd,fat}} \leq 0{,}5$

Für die Abschätzung wird eine Zylinderfestigkeit f_{ck} des damals verwendeten Betons von 10 N/mm² angenommen (siehe ÖNORM B 4008–2:2019). Mit diesem Wert ergibt sich $f_{cd,fat} = 5{,}4 N/mm^2$ (54 kg/cm²). Für die Berechnung von $f_{cd,fat}$ wurde angenommen: $k_1 = 0{,}85$, $\beta_{cc} = 1{,}0$, $\alpha_{cc} = 1{,}0$ laut ÖNORMen EN 1992-1-1:2015 und EN 1992-2:2012. Eine Nacherhärtung wurde nicht berücksichtigt.

Spannungsvergleich auf Basis der Tafel 1936:
Für das Tragwerk mit 4,0 m Stützweite wurde ermittelt: $\sigma_e = 780$ kg/cm² und $\sigma_d = 41{,}6$ kg/cm². Bei einem Verhältnis g:p von 0,3:0,7 ergibt sich $\Delta\sigma_s = 546 < 700$ kg/cm². Auch der Wert $\sigma_d = 41{,}6$ kg/cm² ist kleiner als der Grenzwert $f_{cd,fat} = 54$ kg/cm².

Für das Tragwerk mit 12 m Stützweite wurde ermittelt: $\sigma_e = 808$ kg/cm² und σ_d mit 41,2 kg/cm². Bei einem Verhältnis g:p von 0,53:0,47 ergibt sich $\Delta\sigma_s = 380 < 700$ kg/cm². Auch der Wert $\sigma_d = 41{,}2$ kg/cm² ist kleiner als der Grenzwert $f_{cd,fat} = 54$ kg/cm².

Die in der Tafel 1936 festgelegten Spannungen $\sigma_{ezul} = 800$ kg/cm² (St.37.12) für Stahl und $\sigma_{dzul} = 42$ kg/cm² für Beton erweisen sich als für die Ermüdung günstige Festlegungen. Die für den vereinfachten Nachweis nach ÖNORMen EN 1992 geltenden Werte sind $\Delta\sigma_s \leq 70$ N/mm² (700 kg/cm²) für Stahl und 54 kg/cm² für den damals verwendeten Beton. Bei 70 % Anteil der Verkehrslast am Bemessungsmoment (ermüdungsrelevanter Anteil) ergibt sich $\Delta\sigma_e = 800 \cdot 0{,}7 = 560$ kg/cm².

Spannungsvergleich auf Basis der ÖNORM B 4200 4. Teil, Ausgabe 1957:
Für das Tragwerk mit 4,0 m Stützweite wurde ermittelt: $\sigma_e = 1116$ kg/cm² und $\sigma_d = 59{,}6$ kg/cm². Bei einem Verhältnis von g:p von 0,3 zu 1,13 ergibt sich

$\Delta\sigma_s = 882 > 700$ kg/cm². Auch der Wert $\sigma_d = 59{,}6$ überschreitet den Grenzwert $f_{cd,fat} = 54$ kg/cm². Die Werte für die Streckenklasse D4 sind $\sigma_e = 1069{,}3$ kg/cm² bzw. $\sigma_d = 57$ kg/cm². Bei einem Verhältnis g:p von 1:1,46 ergibt sich $\Delta\sigma_s = 634 < 700$ kg/cm². Der Wert $\sigma_d = 57$ kg/cm² überschreitet wieder den Grenzwert $f_{cd,fat} = 54$ kg/cm².

Für das Tragwerk mit 12 m Stützweite wurde ermittelt: $\sigma_e = 979$ kg/cm² und $\sigma_d = 49{,}9$ kg/cm². Bei einem Verhältnis g:p von 0,53:0,682 ist $\Delta\sigma_s = 550 < 700$ kg/cm². Auch der Wert $\sigma_d = 49{,}9$ kg/cm² liegt unter dem Grenzwert $f_{cd,fat} = 54$ kg/cm².

Abschließend ist zu bemerken, dass dieser Nachweis ein vereinfachter Nachweis ist und mit dem österreichischen N-Zug einschließlich des dynamischen Beiwertes (bei Berechnung nach ÖNORM B 4200) für 160 km/h und ohne Verteilung der Achslasten geführt wurde. Für 4 m Stützweite konnte nach ÖNORM B 4200 kein positiver Nachweis für die Ermüdungsfestigkeit mit oben angeführten Berechnungsgrundlagen erbracht werden. Eine Verteilung der Achslasten und eine Herabsetzung der Geschwindigkeit können zu einem positiven Ergebnis führen. Der vereinfachte Nachweis berücksichtigt nicht den Realverkehr und die Lebensdauer. Der historische Verkehr in Österreich hat über die längste Zeit wesentlich geringere Einwirkungen verursacht als der österreichische N-Zug bzw. die Streckenklasse D4. Bei Zweifel an der Ermüdungsfestigkeit der in der Zwischenkriegszeit erbauten Eisenbetontragwerke könnte eine genaue Untersuchung ein positives Ergebnis bringen.

3.7 Weitere Tragsysteme

In diesem Kapitel werden weitere häufig gebaute Tragsysteme behandelt. Die Gruppe Walzträger in Beton (WIB)-, Altschienen- und Schienenbetontragwerke sind die am meisten gebauten Tragwerke jener Zeit. Gemeinsam ist ihnen, dass die Lasten nur von den Stahltraggliedern (Schienen oder Stahlprofilen) übernommen werden. Der Beton wird rechnerisch nicht zur Lastabtragung herangezogen, er bildet die Fahrbahntafel und ermöglicht somit die Durchführung des Schotterbettes über die Brücke, ein großer Vorteil für die Fahrdynamik und die Erhaltungskosten. In den meisten Fällen wurde nur eine Tragwerksauswechslung mit Auflagerbankerneuerung bei Erhalt der Widerlager und Flügel durchgeführt.

3.7.1 WIB

Die WIB-Tragwerke werden mit großem Erfolg seit ca. 1900 bis heute errichtet. Ihre Vorteile sind die robuste Bauweise, die geringe Bauhöhe, der Verzicht auf ein Lehrgerüst, sodass bei der Herstellung der unter der Eisenbahn liegende Lichtraum nicht eingeschränkt werden muss und die leichte Herstellbarkeit aus Serienprodukten. Ein weiterer Vorteil ist, dass für WIB-Tragwerke schon früh Regelwerke erstellt wurden, die immer wieder an den Stand der Technik angepasst wurden. Die Mehrzahl der Tragwerke wurde damals nach Regelplänen bzw. in Anlehnung an Regelpläne gebaut. Diese Tragstrukturen werden im Kapitel „Regelpläne" behandelt.

Einige prinzipielle Festlegungen für die Berechnung von WIB-Tragwerken aus der Zwischenkriegszeit:

- Die Einwirkungen werden nur von den Stahlträgern aufgenommen, deshalb war für die Festlegung der zulässigen Stahlspannungen das Dienstschreiben N. 109/18b vom 23. November 1921) maßgebend (siehe Abschn. 3.5.6). Die zulässige Spannung betrug stützweitenabhängig $\sigma zul = 1000 + L$ [kg/cm^2], L in [m];
- die Lastverteilungsbreite betrug 3 m;
- die Einzellasten wurden nicht in Brückenlängsrichtung verteilt.

Zum Vergleich sind die Berechnungsregeln nach der ÖNORMen-Serie B 4600 aufgezählt, die für die Berechnung ab ca. 1956 bis zum Erscheinen des UIC-Kodex 773 E „Empfehlungen für die Berechnung der Eisenbahnbrücken aus Walzträgern in Beton" angewandt wurden.

Angaben aus ÖNORM B 4003/1956 und B 4603/1964:

Dynamischer Beiwert $= 1,30$
Verteilungsbreite:Stützweite $< 4,5$ m: höchstens gleich der Stützweite;
Stützweite $\geq 4,5$ m: 4,5 m
Der allgemeine Spannungsnachweis war auf den Lastfall H beschränkt;
Ein Wöhlerfestigkeitsnachweis (WN) war nicht erforderlich;
Die zulässige Spannung β_p war ÖNORM B 4600, 2. Teil, Tafel 1 zu entnehmen.
Der Wert β_p für St 37 S, T und TE betrug 1920 kg/cm^2.
Tab. 3.56 enthält einen Auszug aus dieser Tafel und zum Vergleich die Werte für Flußeisen nach B 4008-2:

3.7 Weitere Tragsysteme

Tab. 3.56 Materialkennwerte WIB-Tragwerke

Festigkeitswert	ÖNORM B 4600 – 2. Teil	ÖNORM B 4008-2
	St 37 S,T,TE	Flusseisen
Zugfestigkeit β_z	3700	3400
Fließgrenze β_{Fl}	2400	2530
Proportionalitätsgrenze β_p	1920	1880

Mit den Materialkennwerten der B 4008–2 für Flusseisen und Anwendung der Regeln nach B 4003 und B 4603 wird $\sigma_{zul.}$ zu $1880/1{,}3 = 1446 \text{kg/cm}^2$ (β_p um den dynamischen Beiwert vermindert). Für eine Stützweite von 10 m beträgt das Verhältnis der zulässigen Spannungen $1446/(1000 + 10) = 1446/1010 = 1{,}43$. Die mögliche Erhöhung von $\sigma_{zul.}$ um ca. 40 % zeigt die großen Tragreserven der WIB-Bauweise und kann unter Einhaltung der Randbedingungen wie Verteilbreite und Durchbiegung für eine Lasterhöhung genützt werden.

Als weiterer Vergleich sind die Regeln der Deutschen Reichsbahn Zahl 72 Ib 931 vom 16.Juli 1941 angeführt: für WIB-Tragwerke war der letzte Absatz in § 9 Abschn. 1 von DIN 1075 durch folgende Regelung ersetzt:

Die Achslast regelspuriger Eisenbahnfahrzeuge darf bei Platten aus Stahlträgern in Beton mit ausreichender Querbewehrung bei Stützweiten $\geq 4{,}5$ m auf eine Breite von 4,5 m, bei mehreren Gleisen höchstens auf die Breite des Gleisabstandes gleichmäßig verteilt angenommen werden. Als ausreichende Querbewehrung sind unten mindestens 5 Rundeisen von 10 mm oder 4 Rundeisen von 12 mm Durchmesser je m vorgesehen.

3.7.2 Altschienentragwerke und Schienenbetontragwerke

Altschienen- und Schienenbetontragwerke sind historische Tragwerkssysteme, das heißt sie werden im Regelfall schon seit längerer Zeit nicht mehr gebaut. Sie wurden in ihrer Mehrzahl nach Regelplänen gebaut und werden im Kap. 4 „Regelpläne" behandelt.

3.7.3 Bogenbrücken

Vereinzelt wurden Eisenbetonbogenbrücken gebaut. Als größeres Beispiel für diese Tragwerksart wird die im Jahre 1934 errichtete Eisenbahnbrücke über die

Mur in Bruck an der Mur genannt. Deren Hauptöffnung ist ein Eisenbetonbogen mit 70 m Lichtweite (Dreigelenkbogen mit Stahlgelenken im Scheitel und an den beiden Kämpfern). Ein weiteres Objekt war der Neubau der 7. Fritzbachbrücke auf der Strecke Bischofshofen-Selzthal im Jahre 1929. Zwei in Gleisachse hintereinanderliegende Dreigelenkbögen mit schiefen Lichtweiten von 15,8 und 9,4 m in Eisenbeton bildeten die Tragstruktur. Die Gelenke wurden durch Hartbleiplatten gebildet. Der Kreuzungswinkel betrug 45 Altgrad.

3.8 Zusammenfassende Bewertung der Verordnung 1904

3.8.1 Nachweise

Im Vergleich zu den deterministischen Normen nach 1945 kann festgestellt werden, dass die Verordnung 1904 die folgenden nach 1945 gebräuchlichen Nachweise umfasste:

- AN (Allgemeiner Spannungsnachweis)
- WN (Wöhlerfestigkeitsnachweis in implizierter Form)
- KN (Stabilitätsnachweis)

Die Vorschriften betreffend die Berechnung gedrückter Konstruktionsteile aus Eisen und Holz mit Rücksicht auf Knickung wurden im Februar 1907 eingeführt.

- FN (Formänderungsnachweis)
- SN (Standsicherheitsnachweis)

Die Berücksichtigung der Ermüdung (WN) und des dynamischen Beiwertes erfolgte durch gegenüber der nachfolgenden Normengeneration herabgesetzte zulässige Spannungen. Zur Zeit der Entstehung war dieses Konzept auf Basis des damaligen Wissens auch aus heutiger Sicht richtig. Dieses Konzept bis 1938 weiter beizubehalten war im Vergleich zu den 1922 eingeführten Vorschriften der Deutschen Reichsbahn für Eisenbauwerke (BE – Berechnungsgrundlagen für stählerne Eisenbahnbrücken) vom Blickpunkt der technischen Entwicklung nicht nachvollziehbar, aus der schwierigen Lage in Österreich jedoch verständlich.

3.8 Zusammenfassende Bewertung der Verordnung 1904   135

3.8.2 Zum Inhalt der Verordnung 1904

Für die Berechnung von Eisenbetontragwerken gibt die Verordnung 1904 keine Angaben außer den Lastannahmen. Um 1904 war die diesbezügliche Entwicklung stark in Bewegung, die Regelungen wurden außerhalb der Verordnung 1904 getroffen.

3.8.3 Zur heutigen Verwendung der nach der Verordnung 1904 errichteten Brücken

Die nach der Verordnung 1904 – Belastungszug I – einschließlich der ergänzenden Lastannahmen – österreichischer N-Zug – berechneten Stahlbrücken erreichten im Regelfall eine Lebensdauer von über 100 Jahren. Hinsichtlich ihrer Tragfähigkeit konnten die nach dem Belastungszug I/1904 berechneten Brücken in die Streckenklassen D4 (225 kN Achslast, 80 kN/m Gleichlast) beziehungsweise D3 (225 kN Achslast, 72 kN/m Gleichlast) eingestuft werden, die nach dem österreichischen N-Zug berechneten Brücken in die Streckenklasse D4 und waren bei dieser Belastung jahrzehntelang in betriebssicheren Gebrauch. Für Schwertransporte waren, abhängig von der Stützweite des Tragwerkes und Art des Schwertransportes, bei Belastungszug I/1904 -Tragwerken Überschreitungen der Streckenklasse D4 im zweistelligen Bereich üblich. Die Streckenklasse D4 ist derzeit die höchste Streckenklasse im österreichischen Eisenbahnnetz.

3.8.4 Zusammenfassung

Die Ausführungen in Abschn. 3.8.3 (erreichte Lebensdauer bei entsprechender Tragfähigkeit) zeigen, dass die Verordnung 1904 einschließlich ihrer Weiterentwicklung in der Zwischenkriegszeit eine Brückengeneration von höchster Qualität hervorgebracht hat.

3.9 Verordnungen für Belastungsannahmen von Eisenbahnbrücken vor 1904

3.9.1 Einleitung

Die Verordnung 1904 hatte zwei Vorgängerinnen, die Verordnungen von 1870 und 1887. Rechtliche Grundlage für die Verordnungen war die Eisenbahnbetriebsordnung vom 16.November 1851 (Reichsgesetzblatt 1852, Nr. 1).

3.9.2 Verordnung 1870

Die Verordnung des Handelsministeriums vom 30. August 1870 (Reichsgesetzblatt 1870, Nr. 114) legt den Umfang der der Behörde vorzulegenden Unterlagen, die Lastfälle für die Berechnung und deren zulässige Spannungen, weitere Berechnungsregeln, die Kontrolle der Ausführung durch das Ministerium und Festlegungen zur Probebelastung fest.

Die Verkehrslast – damals *zufällige Belastung* genannt – war in Abhängigkeit der Stützweite als gleichmäßig verteilte Belastung pro Laufmeter festgelegt:

Tab. 3.57 Verordnung 1870

Spannweite [m]	Belastung [t/m]
1	20
2	15
5	10
20	5
≥ 30	4

Weiters war nachzuweisen, dass Achslasten von 13 t verkehren dürfen.

Die zulässigen Spannungen für die angegebene Belastung und das Eigengewicht betrugen für das zur Verwendung gelangende *Schmideisen:*

bei *Zug, Pressung oder Schub* $\leq$ 800 kg/cm^2 nutzbare Querschnittsfläche;
bei *Widerstand der Nieten* $\leq$ 600 kg/cm^2;
bei *nach den Regeln der Knickfähigkeit für diejenigen Stücke, welche gegen seitliches Ausweichen nicht gebührend gesichert sind* $\leq$ 600 kg/cm^2.

Die Verordnung umfasste 3½ Seiten DIN A4.

3.9.3 Verordnung 1887

Die Verordnung des Handelsministeriums vom 15. September 1887 (Reichsgesetzblatt 1887, Nr. 109) ist gegenüber ihrer Vorgängerin erweitert. Neu behandelt werden u. a. der Lichtraum auf Brücken, die Berücksichtigung der *Einflüsse des Windes* und der *Temperaturveränderungen, dynamische Wirkungen,* Angaben zur Materialqualität und Materialprüfung, Verpflichtung der Bahnverwaltungen zur periodischen Untersuchung und Erprobung der Brücken (alle 6 Jahre), Bahnüberbrückungen und Zufahrtsstraßenbrücken.

Die Einwirkungen der Verkehrslast sind neu geregelt, und zwar in Abhängigkeit von den Bauteilen. Es gibt zwei Belastungstabellen *(Scala a. und b.),* eine für die Berechnung der Gurtungen und eine für die Berechnung der Verstrebungen. Die Angaben für die anzusetzende Gleichlast sind stützweitenabhängig bzw. von der Belastungslänge abhängig. Für Konstruktionen, auf die diese Regelung nicht anwendbar ist, ist ein ideeller Zug angegeben (drei vierachsige Lokomotiven mit je dreiachsigen Tendern und zweiachsige Wagen). Der Achsdruck betrug bei den Lokomotiven 13 t, bei den Tendern 10 t und bei den Wagen 8 t. *Die Einwirkungen dieses Zuges sind jedoch bei kleinen Stützweiten mit Rücksicht auf vorkommende Achsendrücke zu 14 t entsprechend zu erhöhen, dagegen für sehr große Stützweiten wegen der Wahrscheinlichkeit zu ermäßigen, dass nicht alle Achsenbelastungen und Stände in der ungünstigsten Weise beschaffen sein dürften.*

Die zulässigen Spannungen waren in Abhängigkeit von zwei Lastgruppen angegeben, eine ohne, eine mit Berücksichtigung des Windes.

Die Verordnung 1887 wurde mit dem 1. Nachtrag vom 29. Jänner 1892 ergänzt. Diese Ergänzung bezog sich auf die Materialqualität und die Tragwerksherstellung.

3.10 Weiterentwicklung der Belastungsannahmen für Eisenbahnbrücken

3.10.1 Normen, Lastenzüge und Lastmodelle

Von 1938 bis 1945 waren die Berechnungsgrundlagen für stählerne Brücken (BE) gültig, siehe Kap. 2, Punkt 2.3.2. Die Zeit von 1945 bis 1956 war eine Zeit des Überganges. Es erfolgte neben der Weiterverwendung der BE einerseits ein Rückgriff auf den österreichischen N-Zug (Anwendung vorhandener Regelplanungen), andererseits folgten in rascher zeitlicher Abfolge die Vorläufigen Brückenvorschriften des Bundesministeriums für Verkehr vom 22. August 1947 (Lastenzüge A und B für Normalspur) und die Eisenbahnbrückenvorschrift 1951 (EBV 1951) des Bundesministeriums für Verkehr und Verstaatlichte Betriebe (ebenfalls Lastenzüge A und B benannt, jedoch mit geändertem Lastbild). Die Vorläufigen Brückenvorschriften aus dem Jahre 1947 erklärten die Vorschriften der Deutschen Reichsbahn Fassung 1944 und die sie ergänzenden DIN – Blätter bis auf weiteres für gültig mit gewissen Einschränkungen, wovon die wichtigste der Ersatz der Lastenzüge N, E und G durch die Lastenzüge A und B war. Die Eisenbahnbrückenvorschrift 1951 machte keinen Gebrauch mehr von den Vorschriften der Deutschen Reichsbahn, sondern bezog sich auf die ÖNORMEN, im speziellen auf die B 4300 2.Teil. Weiters wurden bereits Brücken nach Vorentwürfen der ÖNORM B 4003-1:1956 (Lastenzüge S und L) berechnet. Diese Norm lag 1953 im Erstentwurf vor und wurde angewendet. Als Beispiel für diesen Zeitraum sind die Grundlagen für die statische Berechnung zweier Stahlbrücken aufgeführt:

Stahlbrücke eins: Statik aufgestellt Mai 1952: EBV 1951 (Lastenzug A), ÖNORM B 4300, Teile 2 bis 4.

Stahlbrücke zwei: Statik aufgestellt November 1954: ÖNORM B 4003, 2.Entwurf (S-Zug), ÖNORM B 4303, 1.Entwurf, 1.Teil (Eisenbahnbrücken), ÖNORM B 4300, Teile 1 bis 4. Bei dieser Statik wurde sowohl ein Rückgriff auf eine nie veröffentlichte ÖNORM (B 4303) als auch ein Vorgriff auf die in Bearbeitung gewesene B 4003 genommen.

Die in ÖNORM B 4003–1:1956 enthaltenen Lastenzüge S und L wurden von der Deutschen Bundesbahn übernommen. Die Entwicklung dieser Lastenzüge zeigt deutlich den Zusammenhang zwischen Fahrbetriebsmittel und Infrastruktur: Vom Betrieb wurden an den zu entwickelnden Lastenzug folgende Forderungen erhoben:

- Triebfahrzeuge sollten in der Ebene Züge von 2600 t Bruttolast mit einer Geschwindigkeit von 70 km/h befördern können;
- Triebfahrzeuge sollten in einer Steigung von 12,5 % Züge von 1600 t Bruttolast noch anfahren können.

Diese Forderungen wurden für Dampf-, Elektro- und Diesellokomotiven maschinentechnisch untersucht. Das für die Bemessung der Brücken maßgebende Ergebnis war eine fünffach gekuppelte Dampflokomotive mit Achslasten von je 23 t. Für die Brückenbelastung wurde vorsorglich die Achslast von 25 t beibehalten. Für Wagen üblicher Bauart wurden als höchste Lastmerkmale die

3.10 Weiterentwicklung der Belastungsannahmen für Eisenbahnbrücken

international empfohlenen Kennwerte (Achslasten von 20 t und Meterlasten von 8,0 t/m) festgelegt. Mit dem derart erstellten Betriebslastenzug wurden zunächst für den Träger auf zwei Stützen die größten auftretenden Schnittkräfte berechnet. Diese Werte durfte der neue schwere Regellastenzug nicht überschreiten. Als weitere Bedingung wurde vorgegeben, dass die Berechnung der Brücken mit dem zu erarbeitenden Lastenzug möglichst einfach zu handhaben sein sollte. Nach eingehenden Vergleichsrechnungen entstand schließlich der Lastenzug S.

Auf ÖNORM B 4003-1:1956 folgte ÖNORM B 4003–1:1984. Als Grundlage für das Lastbild der Klasse 0 der ÖNORM B 4003-1:1984 diente das Lastbild UIC-71 gemäß UIC-Merkblatt 702 V (dieses Lastbild ist die Basis für das Lastmodel 71 gemäß ÖNORM EN 1991–2). Die Einwirkungen des Lastbildes der Klasse 0 nach ÖNORM B 4003 stimmen mit vernachlässigbaren Abweichungen mit denen des Lastbildes UIC-71 überein. Der Grundgedanke, nicht das UIC-Lastbild genau zu übernehmen, sondern das Lastbild 0 zu entwickeln, war die einfachere rechnerische Anwendung des Lastbildes 0. Den Strecken der ÖBB war ein Brückenrang zugeordnet. Dieser Brückenrang – A_1, A_2 oder B – drückt die Tragfähigkeit der Brücken für Schwertransporte aus. Brückenrang A_1 sieht Schwertransport mit 80 km/h, Brückenrang A_2 Schwertransport mit 10 km/h und Brückenrang B keinen Schwertransport vor. Die anzuwendenden Brückenklassen (Klasse 0,+1,+2,+3) sind je nach Strecke in Abhängigkeit von Stützweite und statischem System festgelegt. Der Sicherheitsbeiwert für den Schwertransport wurde gegenüber den regulären Verkehrslasten von 1,3 auf 1,15 bei der Festlegung des Brückenranges herabgesetzt. Um auf allen Brücken, die nach Lastmodell 0 bemessen wurden, Schwerverkehr in Betrieb setzen zu können, auch in jenem Stützweitenbereich, in dem dies bei einem Schnittkraftvergleich nicht möglich erscheint (20 m bis 120 m), wurde für diesen Anwendungsbereich festgelegt, dass der Teilsicherheitsbeiwert 1,05 betragen darf und dass ein gegenüber dem UIC-Codex 776 veränderter dynamischer Beiwert ϕ_2 in die Norm aufgenommen wurde. Unter diesen Randbedingungen kann die Zulässigkeit des Schwertransportes mit 10 km/h für die Brückenklasse 0 nachgewiesen werden. Die maßgebende Brückenklasse ist bei der Berechnung der Haupttragkonstruktion und deren Unterstützungen anzuwenden. Nebentragglieder (z. B. Fahrbahnträger, Fahrbahnplatten) sind grundsätzlich nach Klasse 0 zu berechnen. Der Ermüdungsfestigkeitsnachweis ist ebenfalls stets nach Klasse 0 zu führen. Durch diese Regelung wurden die Defizite des Lastmodelles 71 (bis zu 15 % kleinere Momentenbeanspruchung bei Durchlaufträgern und Nichtberücksichtigung von Schwertransporten) zumindest teilweise aufgehoben.

Mit der Einführung der ÖNORM B 4003:1994 (Brückenklasse 0/SW) erfolgte der Übergang vom deterministischen zum semiprobabilistischen Sicherheitskonzept. Die Brückenklasse 0 entspricht dem Lastmodell 71, das Lastbild SW dem Lastbild SW/2 nach ÖNORM EN 1991-2.

Seit 1. Juli 2009 sind die ÖNORMen EN 1990 bis EN 1999 samt den dazugehörigen ÖNORMen B 1990 bis B 1999 (Eurocode-Reihe) Grundlage für Entwurf, Berechnung und Ausführung von Eisenbahnbrücken. Der Umstieg vom nationalen Normenwerk auf die Eurocodes erfolgte für Stahlbeton- und Spannbetontragwerke beziehungsweise für Stahl- und Verbundtragwerke unterschiedlich:

- Für Stahlbeton- und Spannbetontragwerke blieb das nationale Normenwerk bis zum Umstieg auf die Eurocodes gültig. Um die Anforderungen hinsichtlich der Interoperabilität zu erfüllen, waren in der ÖBB Infrastruktur Bau B 45 ergänzende Nachweise festgelegt.
- Für Stahl- und Verbundtragwerke wurden ab 2003 die ÖNORMEN ENV und anschließend die ÖNORMEN EN angewandt.

3.10.2 Entwicklung des Lastmodells 71

Das Lastmodell UIC 71, kurz Lastmodell 71 bezeichnet, wurde im Rahmen der UIC (Union internationale des chemins de fer) im Unterausschuss für Brücken entwickelt. Ziel war die Entwicklung eines für alle Verbandsmitglieder einheitlichen Lastmodells für die Berechnung von Eisenbahnbrücken. Dies bedeutete einen Bruch mit den in den einzelnen Staaten über lange Zeit entwickelten Lastbildern und Berechnungsmethoden.

Es verkehren in der Regel Züge sehr unterschiedlicher Art, als Betriebslasten bezeichnet, die sich hinsichtlich Achsfahrmassen, Achsabständen und Geschwindigkeiten sehr unterscheiden. Es musste ein fiktiver Lastenzug für die Berechnung von Eisenbahnbrücken entwickelt werden, dessen Einwirkungen alle auftretenden und zu erwartenden tatsächlichen Beanspruchungen aus den Betriebslasten abdecken sollen. Die realen Betriebslasten wurden durch sechs signifikante ideelle Betriebszüge, verknüpft mit einer für den betreffenden Typenzug entsprechenden Höchstgeschwindigkeit, abgebildet. Als Basis für das fiktive Lastmodell 71 dient die damals größte Belastung je Meter von 80 kN/m. Die symmetrisch angeordneten vier Einzellasten von je 250 kN berücksichtigen einer-

3.10 Weiterentwicklung der Belastungsannahmen für Eisenbahnbrücken

seits die erhöhte Beanspruchung, die durch Einzellasten an Brücken mit kleinen Stützweiten hervorgerufen werden, andererseits wirken sie im Bereich höherer Stützweiten als Ausgleich für die hier nicht mehr in Rechnung gestellte, aber dennoch geringfügig vorhandene dynamische Beanspruchung. Parallel dazu hatte der Sachverständigenausschuss ORE D 23 (Forschungs- und Versuchsamt des Internationalen Eisenbahnverbandes) die Aufgabe, die dynamischen Einflüsse von Eisenbahnlasten auf Eisenbahnbrücken formelmäßig zu erfassen. Über den Weg der statistischen Analyse der Messergebnisse an 38 verschiedenen Brückenbauwerken, an Untersuchungen an einer Modellbrücke usw. wurde ermittelt, dass die wichtigsten Parameter zur Ermittlung der dynamischen Beanspruchung einer Brücke die Geschwindigkeit der Züge, die Stützweite der Brücke und die Eigenfrequenz der belasteten Brücke sind. Das Ergebnis der Untersuchung für die Festlegung des dynamischen Lastzuwachses φ ist folgende Formel:

$$\varphi = \varphi' + a \cdot \varphi'' \text{ mit}$$

φ' Anteil für das geometrisch vollkommen intakte Gleis;
φ'' Anteil, der die Wirkungen der Gleisunregelmäßigkeiten erfasst;
a Faktor in Abhängigkeit von der Instandhaltungsqualität des Gleises (möglicher Wertebereich: $0 \leq a \leq 1$).

Um praxisnah bemessen zu können, wurde der Schwingfaktor Φ eingeführt. Dabei ist aus dem dynamischen Lastzuwachs φ der Schwingfaktor Φ für das Lastmodell 71 derart abgeleitet worden, dass die Momentenbeanspruchungen aus dem Lastmodell 71, multipliziert mit dem Schwingfaktor Φ, die Beanspruchungen aus den sechs Betriebslastenzügen i, multipliziert mit dem jeweiligen dynamischen Beiwert $(1 + \varphi)_i$ abdecken, das heißt:

$M_{LM71} \cdot \phi_2 = Max.\{M_{Betrieb,i} \cdot (\varphi = \varphi' + 0,5 \cdot \varphi'')\}$ für Gleise mit sorgfältiger Instandhaltung.

$M_{LM71} \cdot \phi_3 = Max.\{M_{Betrieb,i} \cdot (\varphi = \varphi' + \varphi'')\}$ für Gleise mit normaler Instandhaltung.

In dieser Gleichung, die für jede Stützweite aufzulösen war, ist die einzige Unbekannte Φ und somit bestimmbar. Die Werte $\varphi = \varphi' + a \cdot \varphi''$ wurden für Brücken mit hohen und niedrigen Eigenfrequenzen berechnet und die ungünstigsten Werte berücksichtigt. Aus diesen Darlegungen geht hervor, dass der Schwingfaktor Φ nur auf das Lastmodell 71 anwendbar ist.

Das Lastmodell 71 wurde nur für Einfeldträger entwickelt. Die daraus sich ergebenden Defizite auf der Einwirkungsseite bei Durchlaufträgern wurden durch die nachträgliche Ergänzung des Lastmodells 71 mit dem Lastbild SW/0 beseitigt. Dieses Lastbild ist dementsprechend nur bei Durchlaufträgern anzusetzen. Weiters wurde durch die Einführung des Lastbildes SW/2 – früher als SW bezeichnet – für Schwertransporte der Verkehr von Schwertransporten besser geregelt.

3.10.3 Übersicht Lastbilder

Im Folgenden werden die Lastbilder der Nachfolgelastenzüge der Verordnung 1904 übersichtsmäßig dargestellt. Für die Lastenzüge von 1904 bis zum LM 71 sind im Anhang zu Kap. 3 die Zahlenwerte der Momente und Querkräfte angegeben.

- **N, E und G-Züge der Deutschen Reichsbahn**
- **Lastenzüge A und B aus 1947**
- **Lastenzüge A und B aus 1951**
- **Lastenzüge S und L ÖNORM B 4003–1:1956**
- **Lastbild Klasse (0) nach ÖNORM B 4003–1:1984**
- **Lastbilder 0 und SW ÖNORM B 4003:1994**
- **Lastmodelle 71, SW/0 und SW/2 ÖNORM EN 1991–2:2012 und 2004**

3.10 Weiterentwicklung der Belastungsannahmen für Eisenbahnbrücken

1) Lastenzug N

2 Tenderlokomotiven nach Bild 14 mit an einem Ende oder an beiden Enden der Lokomotiven angehängten Großgüterwagen nach Bild 15 in ungünstigster Stellung.

Bei großen Brücken muß auch der Einfluß der Lastenstellung nach Bild 16 untersucht werden.

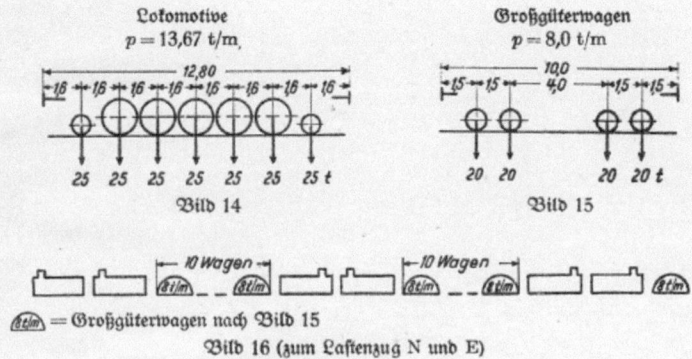

Bild 16 (zum Lastenzug N und E)

2) Lastenzug E

2 Tenderlokomotiven nach Bild 17 mit an einem Ende oder an beiden Enden der Lokomotiven angehängten Großgüterwagen nach Bild 15 in ungünstigster Stellung.

Bei großen Brücken muß auch der Einfluß der Lastenstellung nach Bild 16 untersucht werden.

Wenn die Lastengruppe nach Bild 18 ungünstigere Spannungen hervorruft, muß diese Lastengruppe der Berechnung zugrunde gelegt werden.

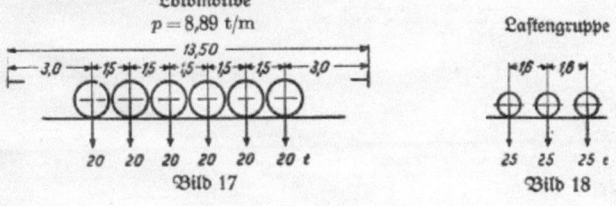

Abb. 3.17 N, E und G-Züge der DR

3) Lastenzug G

2 Tenderlokomotiven nach Bild 19 mit an einem Ende oder an beiden Enden der Lokomotiven angehängten Güterwagen nach Bild 20 in ungünstigster Stellung,

oder 1 Tenderlokomotive nach Bild 19 mit zwei an einem Ende der Lokomotive angehängten Großgüterwagen nach Bild 15 und an diese anschließend Güterwagen nach Bild 20 in ungünstigster Stellung.

Lokomotive
$p = 8{,}18$ t/m

Bild 19

Güterwagen
$p = 4{,}0$ t/m

Bild 20

Bei großen Brücken muß auch der Einfluß der Lastenstellungen nach Bild 21 untersucht werden.

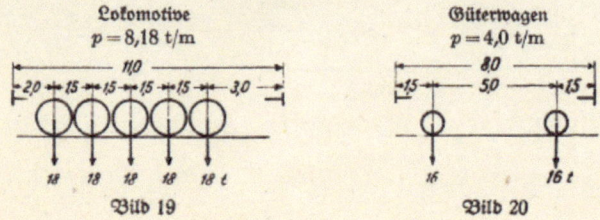

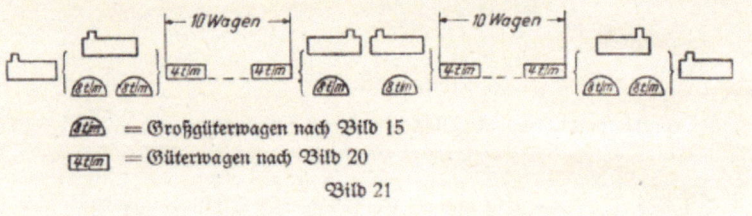

= Großgüterwagen nach Bild 15

= Güterwagen nach Bild 20

Bild 21

Abb. 3.17 (Fortsetzung)

3.10 Weiterentwicklung der Belastungsannahmen für Eisenbahnbrücken

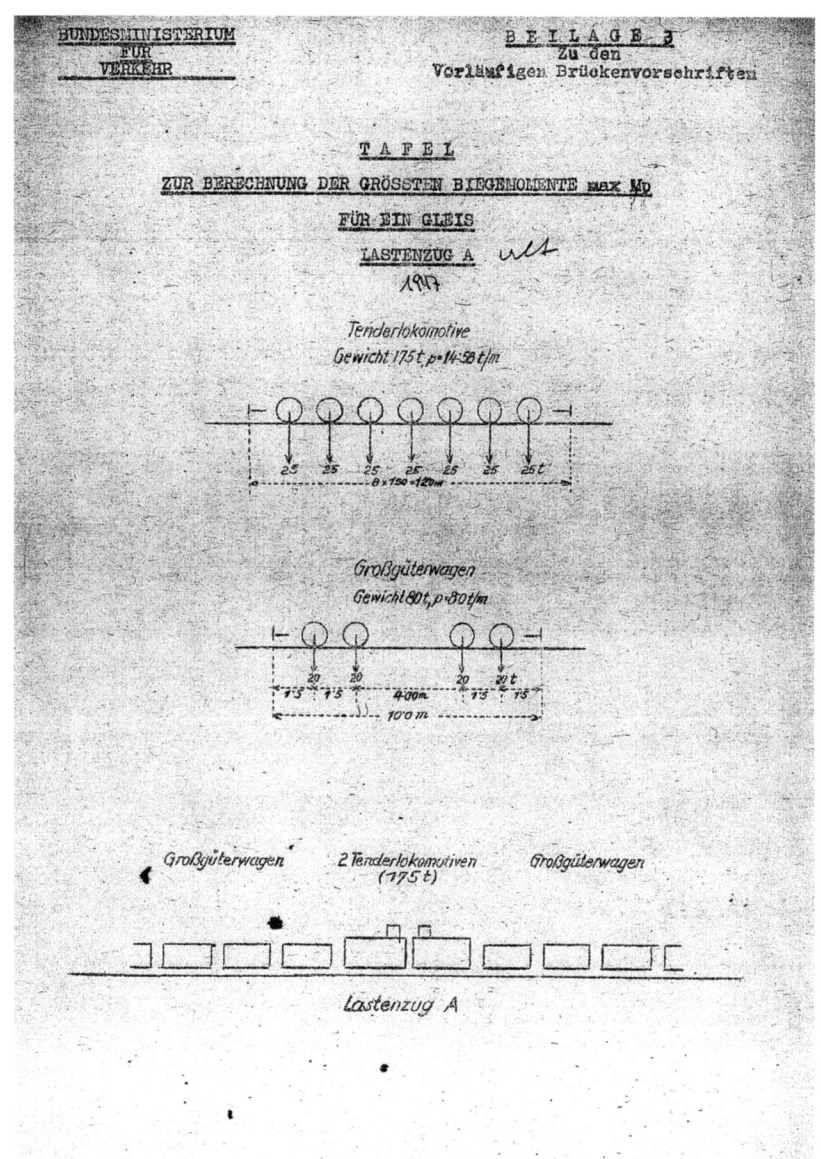

Abb. 3.18 Lastenzüge A und B aus 1947

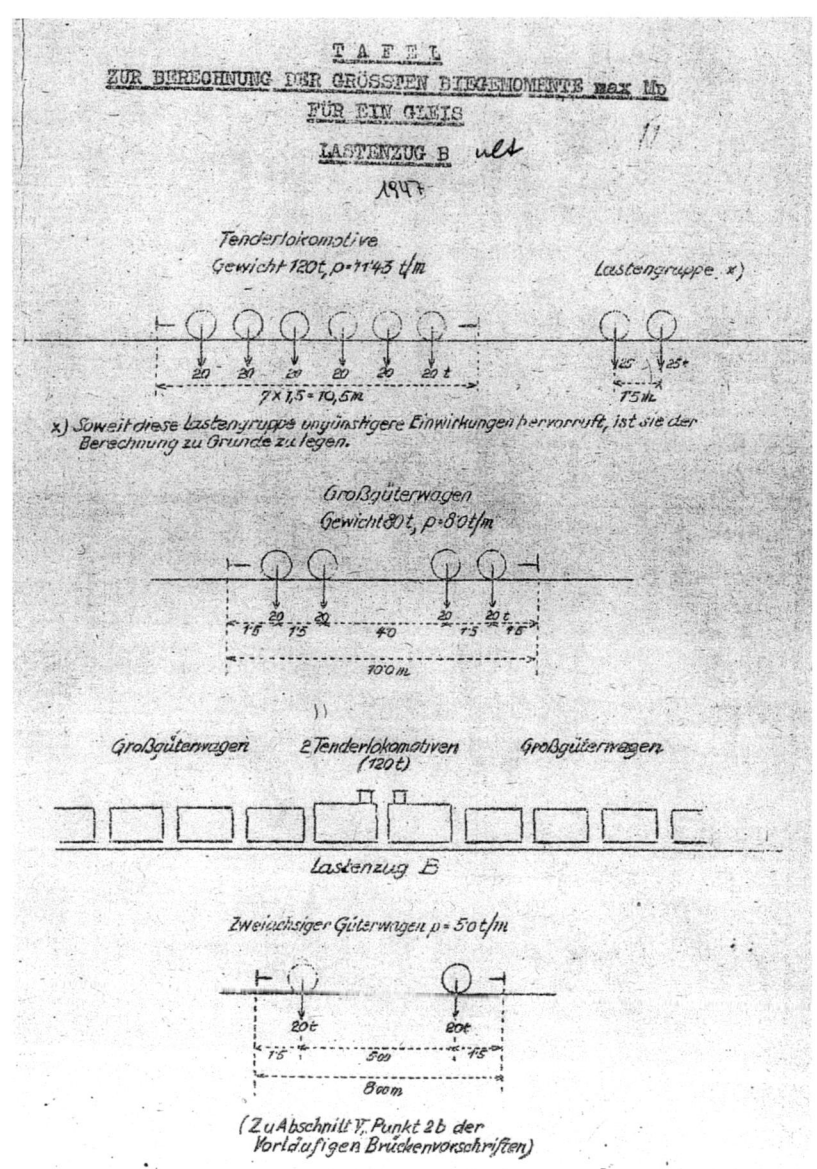

Abb. 3.18 (Fortsetzung)

3.10 Weiterentwicklung der Belastungsannahmen für Eisenbahnbrücken

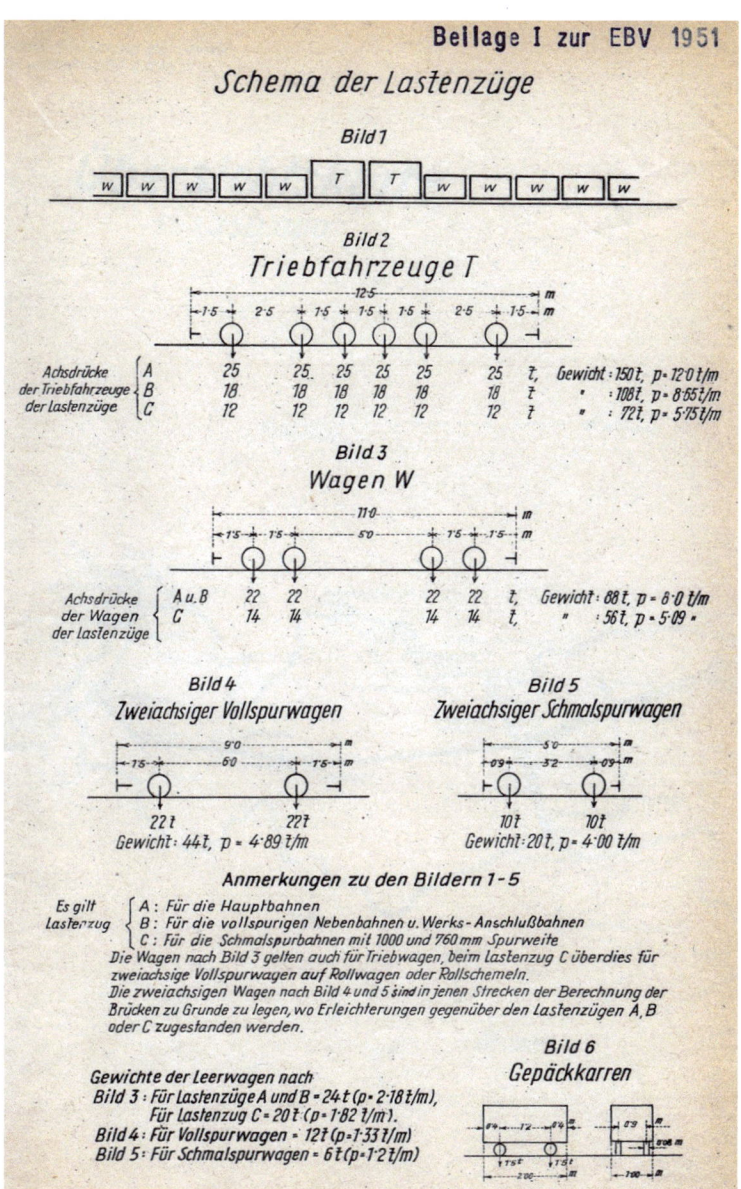

Abb. 3.19 Lastenzüge A und B aus 1951

2,22 Lastenzüge

(1) Als Verkehrslast gelten für Eisenbahnbrücken je Gleis folgende gedachte Lastenzüge.
Für Brücken der Klasse S in Vollspurbahnen der schwere Lastenzug S nach Bild 1 oder dessen Spiegelbild.

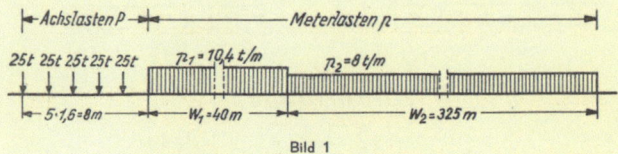

Bild 1

Für Brücken der Klasse L in Vollspurbahnen der leichte Lastenzug L mit 75 % der Lastwerte von „S" oder für kleinere Stützweiten ≟ sofern dies ungünstigere Werte ergibt — die Lastengruppe gemäß Bild 2.

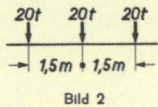

Bild 2

Abb. 3.20 Lastenzüge S und L B 4003–1:1956

LASTBILD DER KLASSE (0)

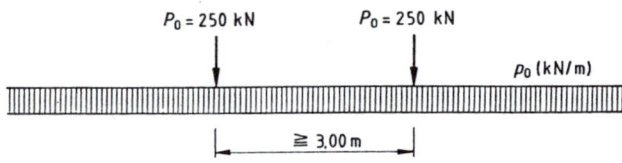

Stützweite L (m)	Gleichlast p_0 (kN/m)
0 m bis 0,80 m	0
0,80 m bis 4,80 m	20 L − 16
über 4,80 m	80

Bei Durchlaufträgern ist in jedem Feld die der jeweiligen Stützweite L entsprechende Gleichlast p_0 anzusetzen.

Abb. 3.21 Lastbild Klasse (0) B 4003–1:1984

3.10 Weiterentwicklung der Belastungsannahmen für Eisenbahnbrücken

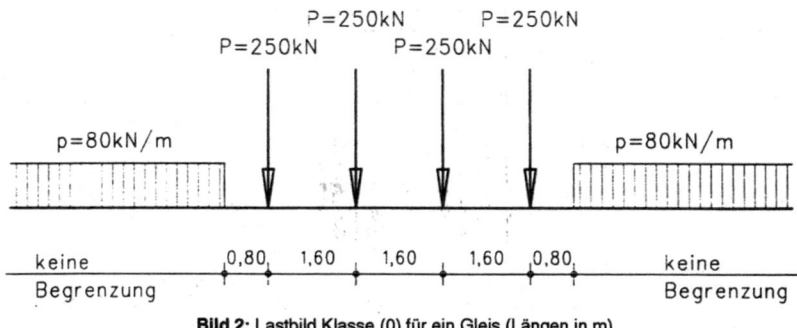

Bild 2: Lastbild Klasse (0) für ein Gleis (Längen in m)

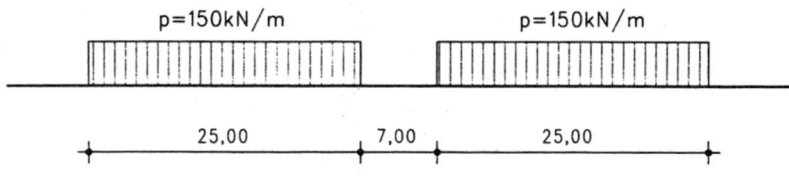

Bild 3: Lastbild SW für ein Gleis (Längen in m)

Abb. 3.22 Lastbilder 0 und SW B 4003:1994

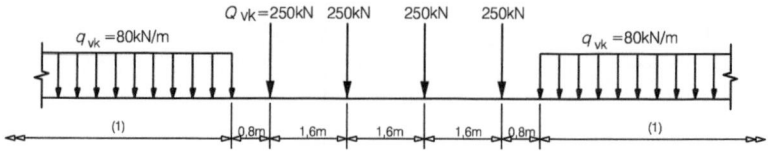

Legende

1   keine Begrenzung

Bild 6.1 — Lastmodell 71 und charakteristische Werte der Vertikallasten

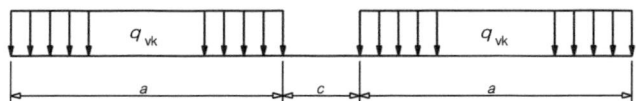

Bild 6.2 — Lastmodelle SW/0 und SW/2

Tabelle 6.1 — Charakteristische Werte der Vertikallasten der Lastmodelle SW/0 und SW/2

Lastmodell	q_{vk} in kN/m	a in m	c in m
SW/0	133	15,0	5,3
SW/2	150	25,0	7,0

Abb. 3.23   Lastmodelle 71, SW/0 und SW/2 ÖNORM EN 1991-2:2004 und 2012

Regelplanungen 4

Bereits während der Zeit der Monarchie gab es eine große Anzahl von Normalkonstruktionen, die viele Bereiche des Eisenbahnwesens abdeckten. Im Bereich Brückenbau und Unterbau erstreckten sich diese Normalkonstruktionen von einfachen Elementen wie z. B. Seehöhentafeln oder Bahnneigungszeiger bis hin zu komplexen Tragwerkskonstruktionen wie gewölbten Durchlässen, Viadukten und Aquädukten, Eisenbrücken für verschiedene Stützweiten mit „Fahrbahn oben" und „Fahrbahn versenkt". Regelplanungen wurden auch in der Zeit nach dem zweiten Weltkrieg weitergeführt.

Der Vorteil der Regelplanung liegt in der raschen und kostengünstigen Verfügbarkeit genormter und bewährter Bauelemente.

Im Folgenden werden Regelpläne, die in der Zwischenkriegszeit veröffentlicht wurden, vorgestellt. Brücken nach den Regelplänen oder in Anlehnung an die Regelpläne für Altschienentragwerke, Schienenbetontragwerke und Walzträger in Beton (WIB-)Tragwerke wurden in großer Zahl gebaut. Dabei handelte es sich meist um Tragwerksauswechslungen. Auf die Wiedergabe der Regelplanung für Bahnbrücken mit Holzüberbau (Regelblätter 1011a und b aus den Jahren 1932 und 1934, Stützweitenbereich 1,1 bis 2,0 m) wird verzichtet, da dieser Tragwerkstyp nicht mehr in Verwendung ist.

Die Tiefe der Aussagen in der folgenden Darstellung variiert unterlagenbedingt je Regelplanung und innerhalb einer Regelplanung je nach Ausgabejahr. Die zitierten Regelpläne sind im Anhang beigefügt.

Ergänzende Information Die elektronische Version dieses Kapitels enthält Zusatzmaterial, auf das über folgenden Link zugegriffen werden kann https://doi.org/10.1007/978-3-658-35954-6_4.

© Der/die Autor(en), exklusiv lizenziert durch Springer Fachmedien Wiesbaden GmbH, ein Teil von Springer Nature 2022
H. Brunner und F. Aigner, *Eisenbahnbrücken in Österreich 1918–1938*, https://doi.org/10.1007/978-3-658-35954-6_4

4.1 Altschienentragwerke

Die Tragstruktur dieses Brückentyps wird im Gleisbereich durch gebrauchte, das heißt aus dem Gleis ausgebaute Schienen gebildet. Diese werden in der Regel in engem Abstand (Maximalentfernung der Schienenfüße: 50 mm) auf einer Lagerschiene oder ähnlichem verlegt. Die Abnützung der Schienen wird bei der Bemessung berücksichtigt. Ein Vorteil dieser Bauart war unter anderem die geringe Bauhöhe.

Altschienentragwerke wurden während der Zeit der Monarchie als Betoneisenbrücken bezeichnet und bis ca. 1965 errichtet (Abb. 4.1).

Eine Variante der Altschienentragwerke weist unter den Fahrschienen eine konzentrierte Anordnung der Schienen durch zusätzliche Schienen mit Schienenfuß oben auf (Abb. 4.2).

Regelpläne erschienen in den Jahren 1925 und 1928:

1925 – Regelplan Nr. 1004

- Darstellung in Längenschnitt und Querschnitt, Materialbedarf.
  Benennt in den Bemerkungen:
  - den Anwendungsbereich,
  - Angaben zu den Berechnungsgrundlagen,
  - Angaben zur Materialqualität,

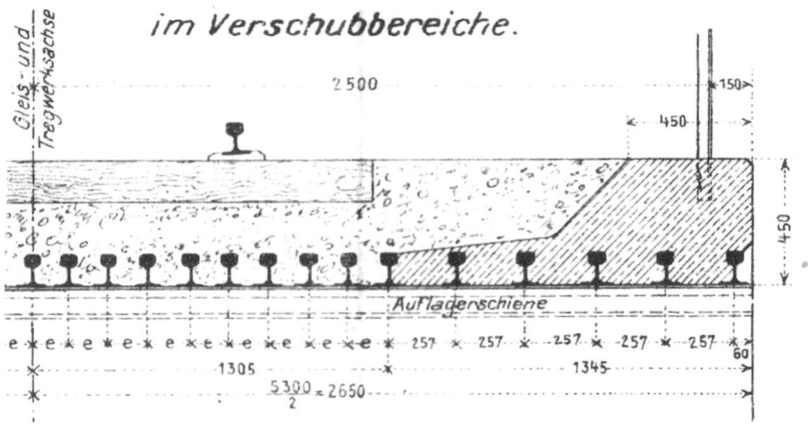

Abb. 4.1   Querschnitt Altschienentragwerk

4.1 Altschienentragwerke 153

Abb. 4.2 Varianten Ausbildung Altschienentragwerk

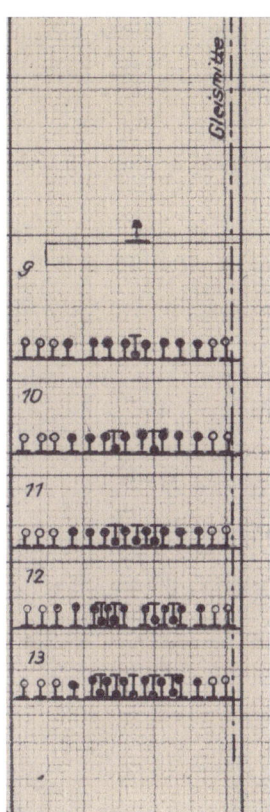

- Angaben zur Ausführung,
- usw.
- Anwendungsbereich: Lichte Weite von 0,60 m bis 2,00 m → Stützweite von 1,10 m bis 2,50 m (= lichte Weite + 0,50 m).
- Berechnungsgrundlage Einwirkungsseite:
  - Österr. N-Zug laut Abschn. 3.3.2.1.2.

1928 – Regelplan Nr. 1004a

- Darstellung in Längenschnitt und Querschnitt, Materialbedarf.
  Benennt in den Bemerkungen:
  - den Anwendungsbereich,
  - Angaben zu den Berechnungsgrundlagen,

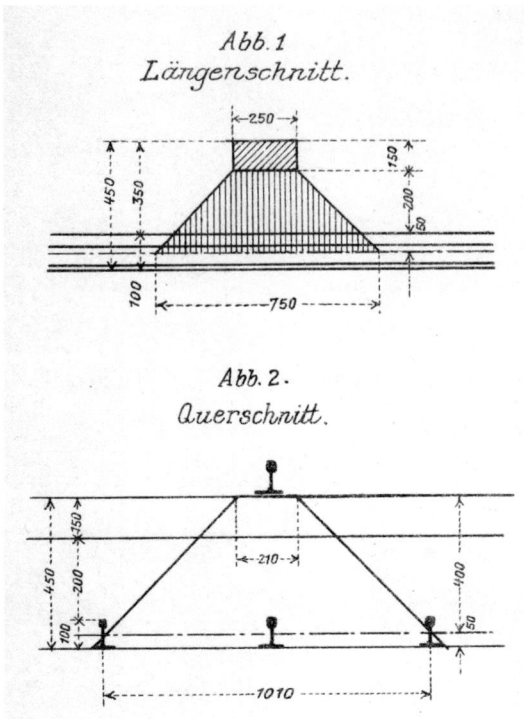

Abb. 4.3 Lastverteilung Altschienentragwerk

- Angaben zur Materialqualität,
- Angaben zur Ausführung,
- usw.
• Regelplan Nr. 1004b (Festigkeitsberechnung zu Regelplan Nr. 1004a).
• Anwendungsbereich: Lichte Weite von 0,60 m bis 2,50 m → Stützweite von 1,10 m bis 3,10 m (= lichte Weite + 0,50 m).
• Berechnungsgrundlage für die Einwirkungsseite:
  - Österr. N-Zug laut Abschn. 3.3.2.1.2;
  - Dynamischer Beiwert: $\varphi = 1{,}00$;
  - Achslastverteilung durch die Schienen wurde nicht in Rechnung gestellt;
  - Achslastverteilung durch Schwellen und Schotterbett wurde wie folgt berücksichtigt:

in Brückenlängsrichtung wurde unter der Schwelle, die mit 25 cm Breite in Rechnung gestellt wurde, mit 1:1 im Schotterbett bis Schienenmitte verteilt; in Brückenquerrichtung wurde von Schwellenoberkante von einer Belastungsbreite von 21 cm ausgehend mit 1:1 bis Schienenmitte verteilt (Abb. 4.3).

- Berechnungsgrundlage für die Widerstands- und Materialseite:
  - Für die Tragschienen sind laut Regelplanung Altschienen aus Flußstahl vorgeschrieben. Laut den Vorschriften für Oberbau- und Brückenmaterialien der k.k. Staatsbahnen müssen Schienen eine Zugfestigkeit von 65 kg/mm² aufweisen;
  - σ_{zul} der Tragschienen: 1000 kg/cm² für die Einwirkungen infolge Eigengewichtes und Verkehrslast;
  - σ_{zul} der Tragschienen: 1300 kg/cm² für sämtliche Lastenwirkungen gemäß den zulässigen Spannungen für den österr. N-Zug.

4.2 Schienenbetontragwerke

Die Tragstruktur dieses Brückentyps wird aus einbetonierten, gebrauchten, das heißt aus dem Gleis ausgebauten Schienen gebildet. Der Schienenabstand ist größer als bei den Altschienentragwerken und beträgt 20 bzw. 25 cm. Die einzelnen Schienen sind durch Rundeisenschließen verbunden. Die Tragwerke weisen im Regelfall eine Abdichtung auf. Schienenbetontragwerke wurden bis ca. 1965 errichtet (Abb. 4.4).
Regelpläne erschienen in den Jahren 1925 und 1928:
1925 – Regelplan Nr. 1006

- Darstellung in Längsschnitt und Querschnitt, Materialbedarf.
  Benennt in den Bemerkungen:
  - den Anwendungsbereich,
  - Angaben zu den Berechnungsgrundlagen,
  - Angaben zur Materialqualität,
  - Angaben zur Ausführung,
  - usw.
- Anwendungsbereich: Lichte Weite von 0,60 m bis 2,00 m → Stützweite von 1,10 m bis 2,50 m (= lichte Weite + 0,50 m).
- Berechnungsgrundlage Einwirkungsseite:
  - Österr. N-Zug laut Abschn. 3.3.2.1.2;
- Achslastverteilung in Brückenquerrichtung: 3,00 m.

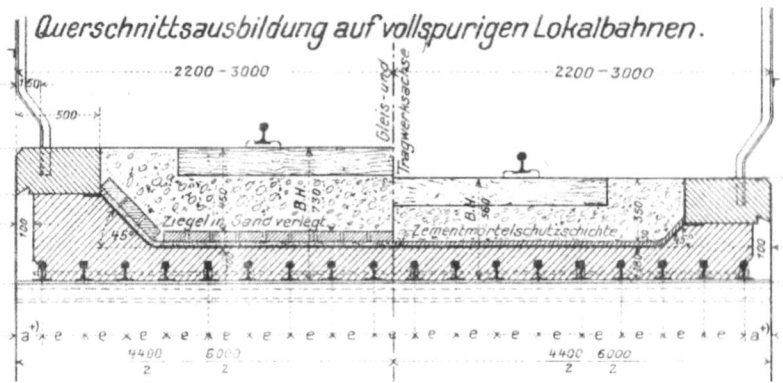

Abb. 4.4 Querschnitt Schienenbetontragwerk

1928 – Regelplan Nr. 1006a

- Darstellung in Längenschnitt und Querschnitt, Materialbedarf. Benennt in den Bemerkungen:
  - den Anwendungsbereich,
  - Angaben zu den Berechnungsgrundlagen,
  - Angaben zur Materialqualität,
  - Angaben zur Ausführung,
  - usw.
- Regelplan Nr. 1006b (Festigkeitsberechnung zum Regelplan Nr. 1006a).
- Anwendungsbereich: Lichte Weite von 0,60 m bis 2,50 m → Stützweite von 1,10 m bis 3,10 m (= lichte Weite + 0,50 m).
- Berechnungsgrundlage für die Einwirkungsseite:
  - Österr. N-Zug laut Abschn. 3.3.2.1.2;
  - Dynamischer Beiwert: $\varphi = 1{,}00$;
  - Achslastverteilung durch die Schienen wurde nicht in Rechnung gestellt;
  - Achslastverteilung durch Schwellen und Schotterbett wurde wie folgt berücksichtigt:
    in Brückenlängsrichtung wurde unter der Schwelle, die mit 25 cm Breite in Rechnung gestellt wurde, mit 1:1 im Schotterbett bis zur Schienenmitte verteilt;
    Achslastverteilung in Brückenquerrichtung: 3,00 m (Abb. 4.5).

4.3 Walzträger in Beton Tragwerke (WIB)

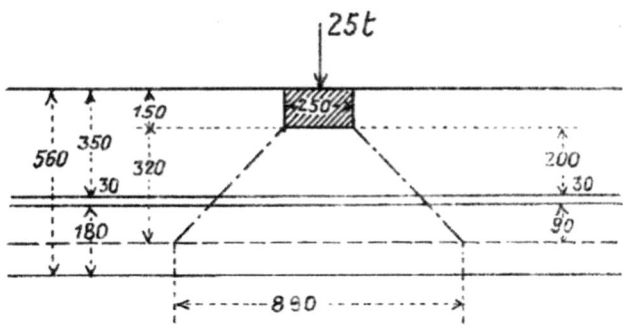

Abb. 4.5 Lastverteilung Schienentragwerk

- Berechnungsgrundlage für die Widerstands- und Materialseite:
  - Für die Berechnung der Lastabtragung wurden nur die Schienen ohne Mitwirkung des Betons herangezogen. Der Füllbeton wurde als Träger auf zwei Stützen zwischen den Schienen nachgewiesen.
  - Für die Tragschienen sind laut Regelplanung Altschienen aus Flussstahl vorgeschrieben. Laut den Vorschriften für Oberbau- und Brückenmaterialien der k.k. Staatsbahnen müssen Schienen eine Zugfestigkeit von 65 kg/mm² aufweisen.
  - σ_{zul} der Tragschienen: 1000 kg/cm² für die Einwirkungen infolge Eigengewichtes und Verkehrslast;
  - σ_{zul} der Tragschienen: 1300 kg/cm² für sämtliche Lastenwirkungen gemäß den zulässigen Spannungen für den Österr. N-Zug.

4.3 Walzträger in Beton Tragwerke (WIB)

Die Tragstruktur dieses Brückentyps wird aus einbetonierten Walzprofilen gebildet. Dieser Brückentyp wird auch heute noch wegen seiner Vorteile (geringe Bauhöhe, einfache Herstellung, Entfall des Lehrgerüstes) gebaut. Die Mitwirkung des Betons in Brückenlängsrichtung wurde rechnerisch erst mit der Veröffentlichung des UIC-Kodex 773 E (Empfehlungen für die Berechnung von Eisenbahnbrücken aus Walzträgern in Beton) berücksichtigt. Bei WIB-Tragwerken handelt es sich demnach um Verbundtragwerke ohne Verbundmittel (Abb. 4.6). Regelpläne erschienen in den Jahren 1922 und 1930:
1922 – Regelplan Nr. 1005

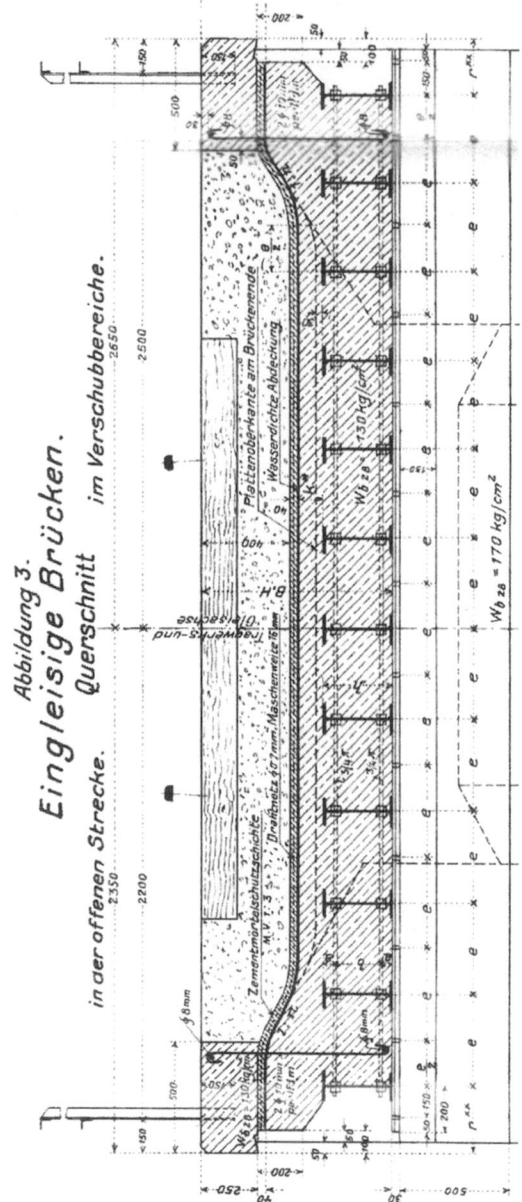

Abb. 4.6 Querschnitt WIB-Tragwerk

4.3 Walzträger in Beton Tragwerke (WIB)

- Darstellung in Längenschnitt und Querschnitt, Materialbedarf.
  Benennt in den Bemerkungen:
  - den Anwendungsbereich,
  - Angaben zu den Berechnungsgrundlagen,
  - Angaben zur Materialqualität,
  - Angaben zur Ausführung,
  - usw.
- Anwendungsbereich: Lichte Weite von 0,60 m bis 7,80 m → Stützweite von 0,80 m bis 8,50 m;
- Berechnungsgrundlage für die Einwirkungsseite:
  - Österr. N-Zug laut Abschn. 3.3.2.1.2;
  - Achslastverteilung in Brückenquerrichtung: 3,00 m.

1930 – Regelplan Nr. 1005a

- Darstellung in Längenschnitt und Querschnitt, Materialbedarf.
  Benennt in den Bemerkungen:
  - den Anwendungsbereich,
  - Angaben zu den Berechnungsgrundlagen,
  - Angaben zur Materialqualität,
  - Angaben zur Ausführung,
  - usw.
- Beilagen zum Regelplan Nr. 1005a:
  - Regelblatt Nr. 1005b (Entwurfslinien zur Ermittlung der Trägerprofile);
  - Regelblatt Nr. 1005c (Festigkeitsberechnung zum Regelplan Nr. 1005a).
- Anwendungsbereich: Stützweite von 2,50 m bis 9,00 m;
- Berechnungsgrundlage für die Einwirkungsseite:
  - Österr. N-Zug laut Abschn. 3.3.2.1.2;
  - Dynamischer Beiwert: $\varphi = 1,00$;
  - Für die Berechnung wurden nur das Eigengewicht und der österr. N-Zug angesetzt;
  - Achslastverteilung durch die Schienen wurde nicht in Rechnung gestellt;
  - Achslastverteilung durch Schwellen und Schotterbett wurde nur in Brückenquerrichtung berücksichtigt (Lastverteilungsbreite: 3,60 m);
- Berechnungsgrundlage für die Widerstands- und Materialseite:
  - Für die Berechnung der Lastabtragung wurden nur die Walzträger ohne Mitwirkung des Betons herangezogen. Der Füllbeton wurde als Träger auf zwei Stützen zwischen den Walzträgern nachgewiesen;

- σ_{zul} der Walzträger stützweitenabhängig 1000+l in [kg/cm²] für die Einwirkungen infolge Eigengewicht und Verkehrslast.
- Die zulässige Durchbiegung zufolge Verkehrslast war auf $l/900$ beschränkt.

4.4 Tragwerke aus Eisenbeton

Diese Regelplanung umfasst Eisenbetonplatten (Stahlbetonplatten) im Stützweitenbereich von 4 Metern bis 12 Metern (Abb. 4.7).
1932 – Regelplan Nr. 1007a

- Darstellung in Längenschnitt und Querschnitt, Materialbedarf. Es handelt sich dabei um einen Schalungs- und Bewehrungsplan.
  Benennt in den Bemerkungen:
  - den Anwendungsbereich,
  - Angaben zu den Berechnungsgrundlagen,
  - Angaben zur Materialqualität,
  - Angaben zur Ausführung,
  - usw.

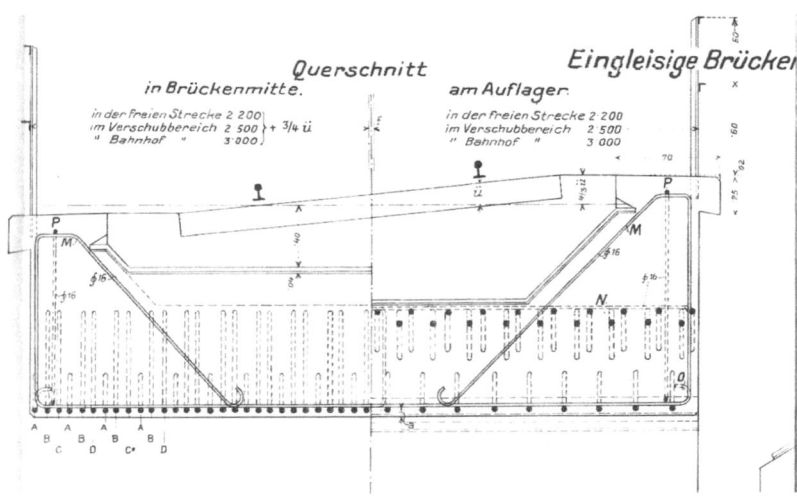

Abb. 4.7 Querschnitt Eisenbetontragwerk

4.4 Tragwerke aus Eisenbeton

- Beilage zum Regelplan Nr. 1007a:
  - Regelplan Nr. 1007b (Festigkeitsberechnung zum Regelplan Nr. 1007a);
- Anwendungsbereich: Stützweite von 4,00 m bis 12,00 m;
- Berechnungsgrundlage für die Einwirkungsseite:
  - Österr. N-Zug laut Abschn. 3.3.2.1.2;
  - Dynamischer Beiwert: $\varphi = 1,00$;
  - Für die Berechnung wurden nur das Eigengewicht und der österreichische N-Zug angesetzt;
  - Achslastverteilung durch die Schienen wurde nicht in Rechnung gestellt;
  - Achslastverteilung durch Schwellen und Schotterbett wurde nur in Brückenquerrichtung berücksichtigt (Lastverteilungsbreite: 4,00 m).
- Baustoffe:
  - Für die Baustoffe waren die ÖNORMen B 2302, B 2303 und B 3311 gültig, falls der Regelplan nichts Anderes bestimmte;
  - Die Bewehrung war aus basischem Flußstahl herzustellen, der die für die Tragwerke der Eisenbahnbrücken aus Flußstahl vorgeschriebenen Eigenschaften haben musste.
  - Beton: Das Betongemenge für die Platten, Randsteine und Auflagerschichten muss mindesten 300 kg Portlandzement auf 1 m³ losen Gemenges von Sand (0–8 mm Körnung) und Zuschlägen (8–70 mm Körnung) enthalten. Raummischungsverhältnis: 1:2:3.
  - Die Würfelfestigkeit hat nach 28-tägiger Erhärtung zu betragen:
    beim erdfeuchten Beton mit Normalstampfung $W_{e28} \geq 350$ kg/cm²
    beim weichen Beton (dem Bauwerksbeton entnommen) $W_{b28} \geq 210$ kg/cm².
- Berechnungsgrundlage für die Widerstands- und Materialseite: Die Bemessung erfolgte im deterministischen Sicherheitssystem mit dem n-Verfahren.
- Zulässige Spannungen:
  - Beton: $\sigma_{d,zul} \leq 42$ kg/cm², das entspricht einer 5-fachen Sicherheit gegenüber der geforderten Mindestfestigkeit von 210 kg/cm²;
  - Betoneisen: Der Regelplan legt keine zulässige Spannung σ_{zul} fest. Die im Regelplan ausgewiesenen Spannungen in der Bewehrung liegen zwischen 774 und 807 kg/cm². Der Wert für Beton entspricht dem in der 1936 erschienen Tafel „Eisenbeton und Beton für Eisenbahnbrücken", der Wert der Tafel für Betoneisen beträgt 800 kg/cm², ist somit bis auf einen Fall erfüllt, wobei die Überschreitung minimal ist.

4.5 Zusammenfassung

Die in den Punkten 4.1 bis 4.4 behandelten Tragsysteme können als äußerst robust eingestuft werden. Sie sind, abgesehen von den Altschienen- und Schienenbetontragwerken im untergeordneten Streckenrang, auch heute noch in Verwendung. Ihre Schwachpunkte waren die mangelnde Querverteilung der Achslasten bei den Altschienentragwerken, die Qualität der Abdichtung und des Betons und die für Gleisbaumaschinen zu geringe Breite des Schotterbettes.

Gewährleistung der Sicherheit von Eisenbahnbrücken

5.1 Einleitung

Die Sicherheit von Eisenbahnbrücken war mehrstufig gewährleistet:

- durch die Führung der Brückenbücher, das heißt, es waren die in der Verantwortung der Bahnverwaltung sich befindlichen Objekte aufgelistet;
- durch die Vorlage an die Behörde und Genehmigung durch die Behörde der Projekte zu errichtender bzw. umzubauender Eisenbahnbrücken;
- durch Verordnungen über Berechnungsannahmen, Materialqualität und Verarbeitung;
- durch Kontrolle der geforderten Materialqualität;
- durch eine Beurteilung der ordnungsgemäß vollzogenen Herstellung der neuen oder umgebauten Brücken im Rahmen einer kommissionellen Prüfung *(erstmalige Hauptprüfung der Brücken);*
- durch Prüfung und Erprobung der Brücken (Prüfung der im Betrieb befindlichen Brücken);
- durch Sicherstellung, dass Brücken nicht mit Fahrbetriebsmitteln befahren werden, die diese ungünstiger beeinflussen als die der Berechnung zugrunde gelegte Belastung.

Ein System ist nur so wirksam wie die Qualität seiner Mitarbeiter. Dieses Wissen war durch entsprechend qualifizierte Mitarbeiter in Fachabteilungen sichergestellt. Träger eines Systems sind wissende Mitarbeiter.

Die nachfolgenden Angaben sind der Verordnung 1904 entnommen.

5.2 Brückenbücher

Die Bahnverwaltungen waren verpflichtet, für jede Brücke ein Brückenbuch anzulegen und diese Brückenbücher nach Bahnlinien geordnet vorzuhalten. Das Brückenbuch musste beinhalten:

- Allgemeine Angaben:
  Kilometrische Lage der Brücke
  Baujahr der Brücke
  Anzahl der Gleise
  Winkel zwischen Bauwerksachse und Bahnachse
  Licht -und Stützweite
  Konstruktionssystem
  Lage der Bahn (oben, versenkt, unten)
- Angaben zum Material:
  Gattung und Herkunft des Materials, Ergebnisse der Güteproben (Festigkeit und Dehnung)
- Angaben zur Belastung:
  die ungünstigste derzeitige Belastung und über die hieraus sich ergebende Inanspruchnahme des Materials
- Angaben zur Genehmigung der Bauentwürfe
- Ergebnisse der ersten Brückenerprobung
- Ergebnisse der bei den regelmäßig wiederkehrenden Untersuchungen gemachten Wahrnehmungen
- Änderungen infolge Auflassung oder Umbaus

5.3 Erstmalige Hauptprüfung der Brücken

Bei dieser kommissionellen Prüfung vor Aufnahme des Verkehrs über die Brücke waren unter anderem die „Geburtsdaten der Brücke" vorzulegen. Die Beilage A gab Auskunft über allgemeine Daten wie kilometrische Lage, Stützweite, Lieferfirmen, Belastungszug und größte Inanspruchnahme. Beilage B war der Auszug aus den Materialerprobungsprotokollen für das Konstruktionsmaterial, Beilage C zeigte den Probezug für die Belastungsprobe (Loktyp, Achslasten und Achsabstände) und Beilage D war der Ausweis über die bei der Belastungsprobe

5.3 Erstmalige Hauptprüfung der Brücken

erzielten Biegungsmomente, über die berechneten elastischen Durchbiegungen und die gemessenen Formänderungen. Weitere Beilagen bestätigten zum Beispiel die Überwachung des Betoniervorgangs. Die gesammelten Qualitätsnachweise, wobei es eigene Vordrucke gab, waren ein eigener Anhang.

Im folgenden werden einige Beispiele für die angeführten Dokumente gezeigt.

1. **Vorschriften Materialgüten 1904:** (Abb. 5.1)
2. **Erforderliche Daten bei der Betriebsaufnahme einer neu gebauten Brücke:** (Abb. 5.2, 5.3, 5.4, 5.5, 5.6)
3. **Prüfprotokoll Granitwürfel:** (Abb. 5.7)
4. **Prüfprotokoll Betonwürfel:** (Abb. 5.8)
5. **Abnahme Baustahl:** (Abb. 5.9)
6. **Abnahme Bewehrungsstahl:** (Abb. 5.10)

Vorschriften.

A. Oberbau- und Brückenmaterialien.

		Zugfestigkeit	Dehnung	Produkt aus Festigkeit u. Dehnung
Roheisenguß:	Brückenmaterial /: Druckfestigkeit -50:/	72	·	·
Schweißeisen:	Brückenmaterial a) in der Walzrichtung *)	36	12	·
	b) quer zur Walzrichtung	30	5	·
	Niet- und Schraubeneisen	36	18	·
	Oberbau-Kleinmaterial	36	18	·
Flußeisen:	Brückenmaterial			
	1.) Basisch vom Flammofen a) in der Walzrichtung	36-45	·	1000
	b) quer zur Walzrichtung	36-45	·	900
	2.) Basisch anderer Erzeugungs-a) in der Walzrichtung	36-42	·	1000
	art b) quer zur Walzrichtung	36-42	·	900
	Niet- und Schraubeneisen	35-40	·	1100
	Oberbau - Kleinmaterial	38-50	·	900
	Bestandteile von Weichen- u. Eisenschwellen	38-50	·	900
Flußstahl:	Schienen	65	·	·
	Kreuzungen	80	·	·
Stahlguß:	Brückenmaterial	57	10	·
	Kreuzungen	60	·	·
	*)Bei geringerer Festigkeit als 36 kg/mm²	33	20	·

B. Werkstätten- u. Zugförderungsmaterialien.

		Zugfestigkeit	Kontraktion	Dehnung	Güteziffer
Roheisenguß:	Dampfzylinder, verschiedene Gehäuse, Lagerbacken u.s.w.	16	·	·	
	Sonstiger Roheisenguß	13			
Flußeisenguß:	Tormgut /: Lokomotiv- u. Tender-Radsterne u.s.w. ausschl. Achslager:/	42-50	·	18-12%	
	Wagenachslagergehäuse	40-50	·	15	
Flußeisen:	Bleche: Marke W/: Weiche, dem Feuer ausgesetzte Kesselbleche:/	33-38	55	26	·
	„ H/: Härtere Bleche f. Langkessel u. äuss. Feuerbüchsen:/	36-42	45	22	·
	„ H /: Rahmenbleche :/	36-42	45	20	·
	„ M /: Montier- u. Behälterbleche :/	35-45	40	20	·
	Gepresste Wagendrehgestell-Bleche	33-38	55	·	·
	Geschmiedete oder gewalzte Radscheiben	42-50	·	18	·
	Zughaken, Zugstangen, Kupplungsbestandteile	40-45	·	20	·
	Zugstangenführungen	33	35	·	·
	Schraubenkuppelbolzen	50	·	12	·
	Steuerteile, Balanciers aus Flußeisen, Marke c	40-50	·	·	Z+2L=90
	Kolbenkörper, Kuppelzapfen, Stehbolzen u.sw. Marke d	32-40	·	·	Z+L=64
Schweißeisen:	Stellteile d. vord. Tr.-Hangenknöpfe, Stopbüchsen f. Armaturen... „ E	33-35	·	·	Z+½L=48
Flußstahl:	Gegenkurbeln mit naturharten Zapfen aus Flußstahl Marke a	60-68	·	·	Z+2L=95
	Treib-, Kuppel- u. Kolbenstangen u.s.w. „ „ „ ā	50-60	·	·	Z+2L=95
	Kropfachs-Seitenteile aus 5%igem Nickelstahl	55-65	50-40	18-14%	Z+C=105
	Achsen u. Mittelstücke für 3-t. Kropfachsen aus basischem Martinflußstahl: Marke A	55-65	·	16	
	„ B	45-55	·	17	
	Radreifen aus basischem Martinflußstahl: Marke 1	75	·	11-9	Z+5L=130
	„ 2	65-75	·	13-11	Z+5L=130
	„ 3	55-65	·	15-13	Z+5L=130
	Blattfedern aus basischem Martinflußstahl, ungehärtet	70	20	10	·
	„ , gehärtet	110	15	6	·
Spezialstahl:	Blattfedern aus Spezialstahl ungehärtet	80	25	12	·
	gehärtet	145	15	45	·
Kupfer:	Feuerbuchsplatten	22	40	35	·
	Rundstangen für Stehbolzen	22	45	35	·
Manganbronze:	Rundstangen für Stehbolzen	30	60	35	·

*) Zwischenwerte für die Dehnung sind geradlinig zu interpolieren.

Die Zahlen bezeichnen stets die untere Grenze, ausgenommen jene Fälle, in welchen auch die obere Grenze angegeben ist.-

Abb. 5.1 Vorschriften Materialgüten aus 1904

5.3 Erstmalige Hauptprüfung der Brücken

> **Befundschrift.**
>
> aufgenommen am 4. Juni 1926 an der Baustelle in Anwesenheit der Gefertigten.
>
> **Gegenstand:**
> ist die über fernmündliche Ermächtigung des B.M.f.H.u.V. vorgenommene vorläufige Prüfung des neuen eisernen Tragwerkes der Brücke über die Laussa in km 79.660 der Strecke Amstetten-Tarvis.
>
> Der Umbau vollzog sich in der Weise, daß das alte Tragwerk zunächst beiderseits auf Holzjoche gelagert, die Widerlager durch Walzträgerprovisorien überbrückt und soweit es die Höhenlage der neuen Auflagerquader erforderte, adaptiert wurden. Das neue Tragwerk wurde l.d.B. auf einem Gerüste aufgestellt und fertig verniete Am heutigen Tage wurde zwischen den Zügen 817 und 813 ein Umsteigeverkehr eingeleitet und in dieser Zeit die alte Tragkonstruktion auf ein Gerüst r.d.B. ausgeschoben und gleichzeitig die neue Konstruktion in die Bahnachse eingeschoben, definitiv gelagert und erprobt.
>
> Die Angaben über die allgemeinen Anlageverhältnisse des in Red stehenden Bauwerkes, die Genehmigungsdaten des Entwurfes und die statischen Verhältnisse sind aus der Beilage A, die Herkunft und die Ergebnisse der Erprobungen der verwendeteten Baustoffe aus Beilage B zu entnehmen. Die Beilage C enthält ein Schema des b der Erprobung verwendeten Lastenzuges, während aus der Beilage die Ergebnisse der vorgenommenen Probelastung zu entnehmen si
>
> Die Besichtigung und stichprobenweise Kontrolle der Abmess <u>im allgemeinen</u>
> des Tragwerkes h t/dessen Plan und sachgemässe Ausführung erg
>
> ./.

Abb. 5.2 Befundschrift Verkehrsfreigabe neue Eisenbahnbrücke

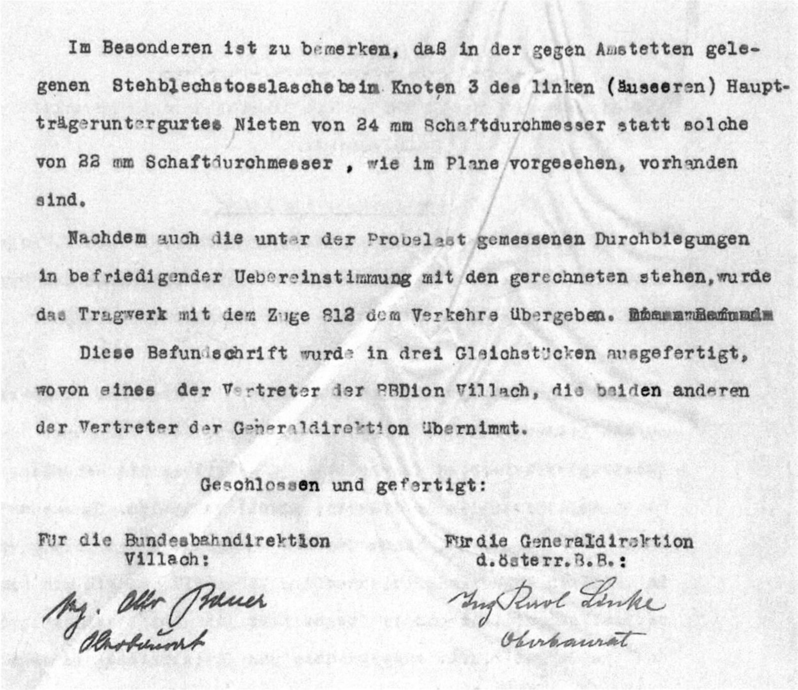

> Im Besonderen ist zu bemerken, daß in der gegen Amstetten gelegenen Stehblechstosslasche beim Knoten 3 des linken (äusseeren) Hauptträgeruntergurtes Nieten von 24 mm Schaftdurchmesser statt solche von 22 mm Schaftdurchmesser, wie im Plane vorgesehen, vorhanden sind.
>
> Nachdem auch die unter der Probelast gemessenen Durchbiegungen in befriedigender Uebereinstimmung mit den gerechneten stehen, wurde das Tragwerk mit dem Zuge 812 dem Verkehre übergeben.
>
> Diese Befundschrift wurde in drei Gleichstücken ausgefertigt, wovon eines der Vertreter der BBDion Villach, die beiden anderen der Vertreter der Generaldirektion übernimmt.
>
> Geschlossen und gefertigt:
>
> Für die Bundesbahndirektion Villach:
>
> Für die Generaldirektion d.österr.B.B.:

Abb. 5.2 (Fortsetzung)

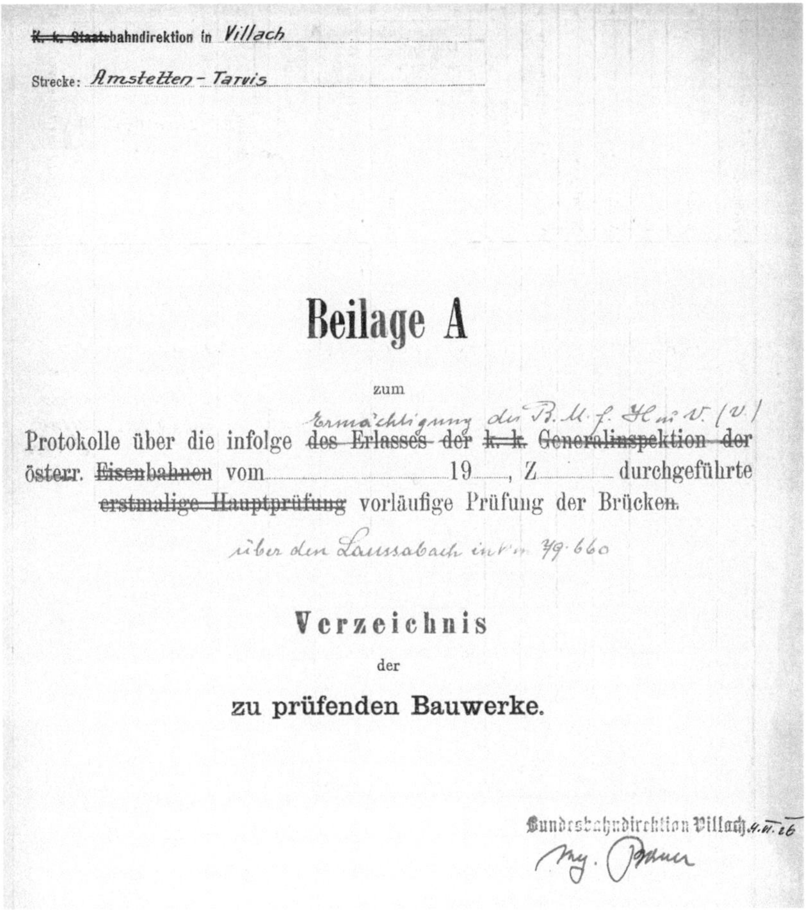

5.3 Erstmalige Hauptprüfung der Brücken

K. k. Staatsbahndirektion in *Villach*

Strecke: *Amstetten - Tarvis*

Beilage A

zum

Protokolle über die infolge ~~des Erlasses~~ der *Ermächtigung* ~~k. k. Generalinspektion der österr. Eisenbahnen~~ *des ...* vom .... 19...., Z........ durchgeführte ~~erstmalige Hauptprüfung~~ vorläufige Prüfung der Brücken.

über den Laussabach in km 79.660

Verzeichnis

der

zu prüfenden Bauwerke.

Bundesbahndirektion *Villach, 4.11.26*

Abb. 5.3   Beilage A zur Befundschrift

Abb. 5.3 (Fortsetzung)

5.3 Erstmalige Hauptprüfung der Brücken

~~K. k. Staats~~*Bundes-*bahndirektion in *Villach*

Strecke: *Amstetten - Tarvis*

Beilage B

zum

Protokolle über die infolge *Ermächtigung des B.M.f.H.u.V. (V.)* ~~des Erlasses der k. k. Generalinspektion der österr. Eisenbahnen~~ vom .... 19...., Z. .... durchgeführte ~~erstmalige Hauptprüfung~~ vorläufige Prüfung der Brücken.

über den Laussabach in km 79.660

Auszug

aus den

Materialerprobungsprotokollen für das Konstruktionsmaterial.

Bundesbahndirektion Villach, 9.␣␣.26

Abb. 5.4 Beilage B zur Befundschrift

172 5 Gewährleistung der Sicherheit von Eisenbahnbrücken

1	2	3	4	5	6	7	8	9	10	11	12	13	14	15	16	17	18	19	20	21	22	23
Postennummer der Beilage A	Brücke in Kilometer	Gattung sämtlicher verwendeten Materialien und Erzeugungsort des Flußeisens und des Stahlgusses	Herkunft sämtlicher verwendeten Materialien		Schweißeisen				Flußeisen					Roheisenguß		Stahlguß		Stein		Zement		
				a) b) c)	Kleinste Zugfestigkeit in Tonnen pro Quadratzentimeter	Größte gehörige Dehnung in Zentimeter samt der zugehörigen Zugfestigkeit in Tonnen pro Quadratzentimeter	Größte Zugfestigkeit in Tonnen pro Quadratzentimeter	Kleinste Dehnung in Prozenten	Kleinste Zugfestigkeit in Tonnen pro Quadratzentimeter	Kleinste Zugfestigkeit samt der zugehörigen Dehnung in Zentimeter	Kleinste Zugfestigkeit in Tonnen pro Quadratzentimeter	Größte Zugfestigkeit in Tonnen pro Quadratzentimeter	Kleinstes Produkt aus Zugfestigkeit mal Dehnung	Kleinste Zugfestigkeit in Tonnen pro Quadratzentimeter	Kleinste Druckfestigkeit in Tonnen pro Quadratzentimeter	Kleinste Dehnung in Prozenten	Druckfestigkeit der Anlagerquader in Kilogramm pro Quadratzentimeter	Druckfestigkeit des übrigen Steinmateriales in Kilogramm pro Quadratzentimeter	Kleinste Zugfestigkeit nach 7 Tagen in Kilogramm pro Quadratzentimeter	Kleinste Zugfestigkeit nach 28 Tagen in Kilogramm pro Quadratzentimeter	Kleinste Druckfestigkeit nach 28 Tagen in Kilogramm pro Quadratzentimeter
				a quer zur Wahrichtung; b) = in der Wahrichtung:					a b c													
1	189660	Bessches Martin Flusseisen	Öst. Alp. Montanges. Donawitz, Wit. Kommerz. Bergbau u. Eisenhütten Gewerkschaft.	a b c					39,8 40,3 37,2 40,7 36,1		398 403 372 407 361	432 444 436 426 367	412 106 419 112 130								
		Martinflußstahlguß														39,5	135					
		Beton für die Auflagsquader (1:3)																				259

Abb. 5.4 (Fortsetzung)

5.3 Erstmalige Hauptprüfung der Brücken

~~K. k. Staats~~*Bundes-*bahndirektion Villach.

Strecke *Amstetten – Selzthal (?)*

Beilage C

zum

Protokolle über die infolge ~~des Erlasses~~ *der Drahtung* der ~~k. k.~~ General~~inspektion~~ *direktion* der österr. ~~Eisen~~*Bundes*bahnen vom *16. April* 19~~20~~*24*, *X. N° 1087* durchgeführte ~~erstmalige Hauptprüfung,~~ ~~vorläufige Prüfung~~ der Brücken *über die Bezirksstraße in km 79.639*

a) Schematische Skizzen der Belastungszüge;
~~b) Ausweis über das Belastungsmateriale und dessen Verteilung bei Straßen- und Wegbrücken.~~

Abb. 5.5 Beilage C zur Befundschrift

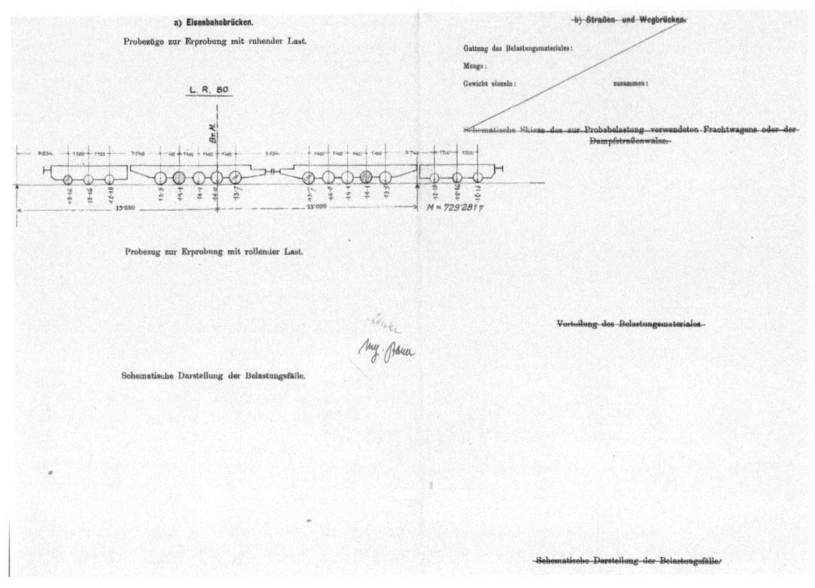

Abb. 5.5 (Fortsetzung)

Bundes-
~~K. k. Staats~~bahndirektion in Villach

Strecke: Amstetten – Tarvis

Beilage D

zum

der Drahtung
dir-
Protokolle über die infolge ~~des Erlasses~~ der ~~k. k.~~ General~~inspektion~~ der österr. ~~Eisen~~bahnen vom 16. April 1926, Z. № 1687 f. durchgeführte
Bundes
erstmalige Hauptprüfung ~~vorläufige Prüfung~~ der Brücke~~n.~~

über die Bezirksstraße in km 79·639

Ausweis

über die

bei der Belastungsprobe erzielten Biegungsmomente, über die berechneten elastischen Durchbiegungen und die gemessenen Formänderungen.

1	2	3	4	5	6	7	8	9	10	11	12	13	14	15	16	17	18	19
Postnummer der Beilage A	Kilometer	Stützweite in Metern = l	Größtes Biegungsmoment in Tonnenmetern: durch die der Festigkeitsberechnung zugrunde gelegten Verkehrslasten = M	Größtes Biegungsmoment in Tonnenmetern: durch den Probezug beziehungsweise das Belastungsmaterial bei ruhender Last = M_1	Größtes Biegungsmoment in Tonnenmetern: durch den Probezug beziehungsweise das Belastungsmaterial bei rollender Last = M_2	Verhältnis in Prozenten: $\frac{M_1}{M}$	Verhältnis in Prozenten: $\frac{M_2}{M}$	Achse in der Trägermitte	Berechnete Durchbiegung in Millimetern: bei ruhender Last	Berechnete Durchbiegung in Millimetern: bei rollender Last	Ergebnisse der Probebelastung, Elastische Durchbiegung, bei ruhender Last: gemessen in Millimetern	Ergebnisse der Probebelastung, Elastische Durchbiegung, bei ruhender Last: umgerechnet auf Rechnungslast, Millimeter	Ergebnisse der Probebelastung, Elastische Durchbiegung, bei ruhender Last: umgerechnet auf Rechnungslast, Promille von l	Ergebnisse der Probebelastung, Elastische Durchbiegung, bei rollender Last: gemessen in Millimetern	Ergebnisse der Probebelastung, Elastische Durchbiegung, bei rollender Last: umgerechnet auf Rechnungslast, Millimeter	Ergebnisse der Probebelastung, Elastische Durchbiegung, bei rollender Last: umgerechnet auf Rechnungslast, Promille von l	Bleibende Durchbiegung in Millimetern	Anmerkung
1	79·639	11·50 l	131·553 ~~133·779~~	61·696 ~~62·739~~	–	46·89		3	3·65	–	3·3	7·1	0·617	*)			0	äußerer Hauptträger
		r	140·572	68·739	–	46·89			3·89		3·9	8·3	0·722				0	innerer "

[illegible]
Ing. Bauer
[illegible]

*) Probe unter rollender Last (Schrittfahrt) konnte mit Rücksicht auf den Zustand der anschließenden Straße nicht durchgeführt werden.

Abb. 5.6 Beilage D zur Befundschrift

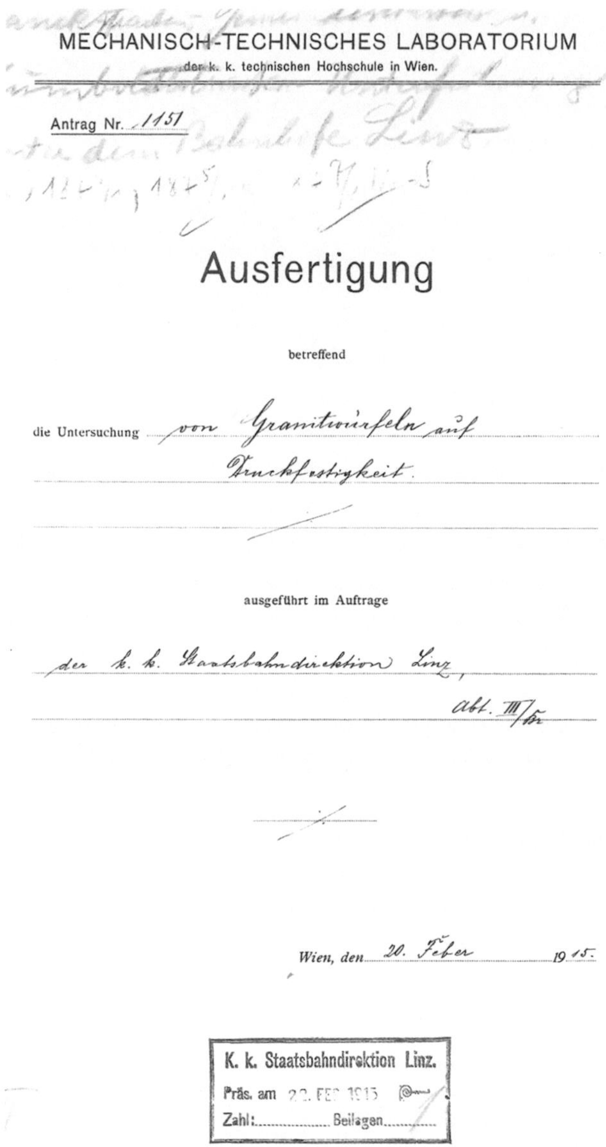

Abb. 5.7 Prüfprotokoll Granitwürfel

5.3 Erstmalige Hauptprüfung der Brücken

MECHANISCH-TECHNISCHES LABORATORIUM
der k. k. technischen Hochschule in Wien.

Ausfertigung.

1151/1915

Ergebnisse der Untersuchung

von Granitwürfeln auf Druckfestigkeit.

Antragsteller: K. k. Staatsbahndirektion Linz, Abt. III/5a mit Dienstschreiben N° 2311 vom 14. Jänner 1915.

Material: 9 Granitwürfel, roh behauen. Dieselben wurden geschliffen, abgeglichen und antragsgemäß dem Druckversuche unterzogen. Bezeichnung, Herkunft und Verwendung sind lt. obigen Schreibens in der Tabelle eingesetzt.

Versuchs-N°	Bezeichnung des Würfels	Dimensionen (cm) Länge	Breite	Höhe	laut Antragschreiben Herkunft	Verwendung	Druckfestigkeit kg/cm²
1	F blau	9.4	9.7	9.5		Auflagsplatten bei der Unterführung der Lokalbahn km 117 6/8	1286
2	F "	9.7	9.6	9.5			1375
3	F rot	9.5	9.2	9.5		Wien - Salzburg	1484
4	G blau	9.4	9.5	9.6		Auflagsplatten bei der Unterführung der Gemeindestraße km 117 6/8	1367
5	G "	8.9	8.8	8.9	Haberfeld, Linzbahn		1146
6	G rot	7.3	7.4	7.3		Wien - Salzburg	1422
7	H blau	9.9	9.8	10.2		Auflagsplatten bei der Unterführung der Lokalbahn km 117 6/8	1257
8	H "	9.7	9.7	9.8			1254
9	H rot	10.1	9.9	9.7		Wien - Salzburg	1174

Wien, am 20. Feber 1915.

Der Versuchsausführende
Ing. Ribshal.

Mechanisch-technisches
Laboratorium
der
k. k. techn. Hochschule, Wien
Der Vorstand
Kirsch

Abb. 5.7 (Fortsetzung)

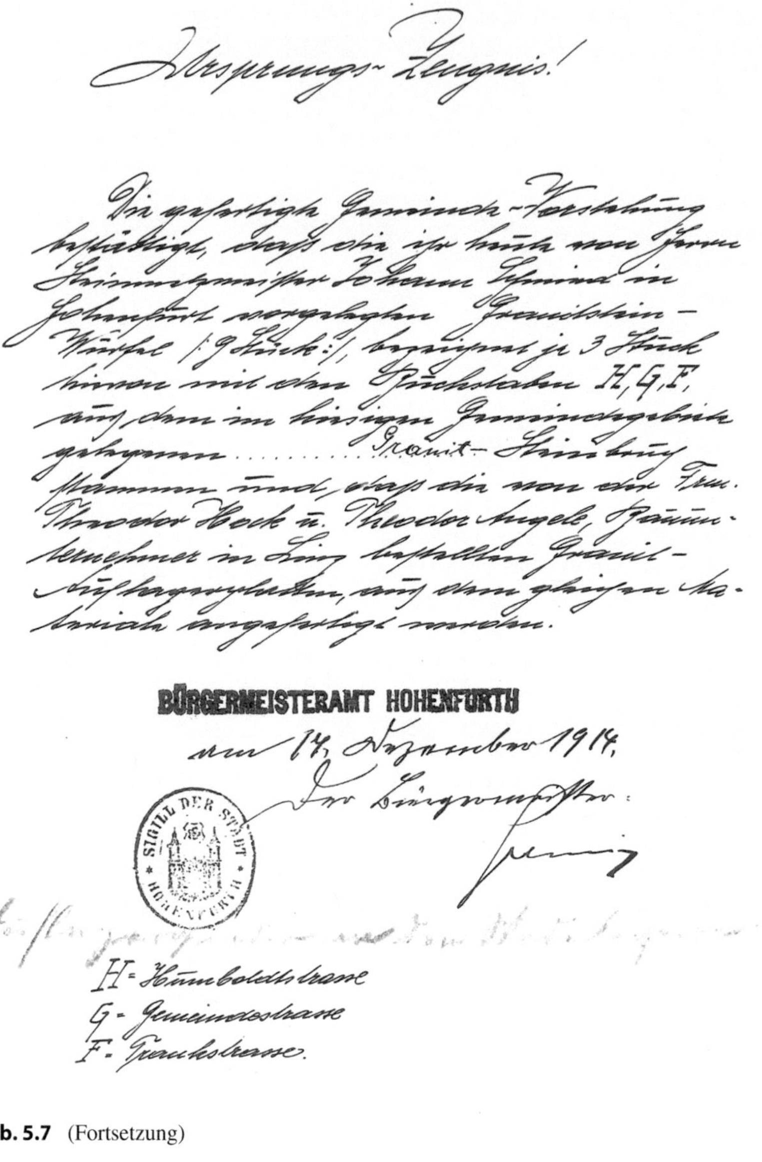

Ursprungs-Zeugnis!

Die gefertigte Gemeinde-Vorstehung bestätigt, daß die ihr heute von Herrn Steinmetzmeister Johann Schmid in Hohenfurt vorgelegten Granitstein-Würfel (9 Stück), bezeichnet je 3 Stück hievon mit den Buchstaben H, G, F, aus dem im hiesigen Gemeindegebiete gelegenen .... Granit-Steinbruch stammen und, daß die von der Firma Theodor Hock u. Theodor Angele, Bauunternehmer in Linz bestellten Granit-Auflagerplatten, aus dem gleichen Materiale angefertigt werden.

BÜRGERMEISTERAMT HOHENFURTH

am 14. Dezember 1914.

Der Bürgermeister:

SIGILL DER STADT HOHENFURTH

H = Humboldtstrasse
G = Gemeindestrasse
F = Frankstrasse.

Abb. 5.7 (Fortsetzung)

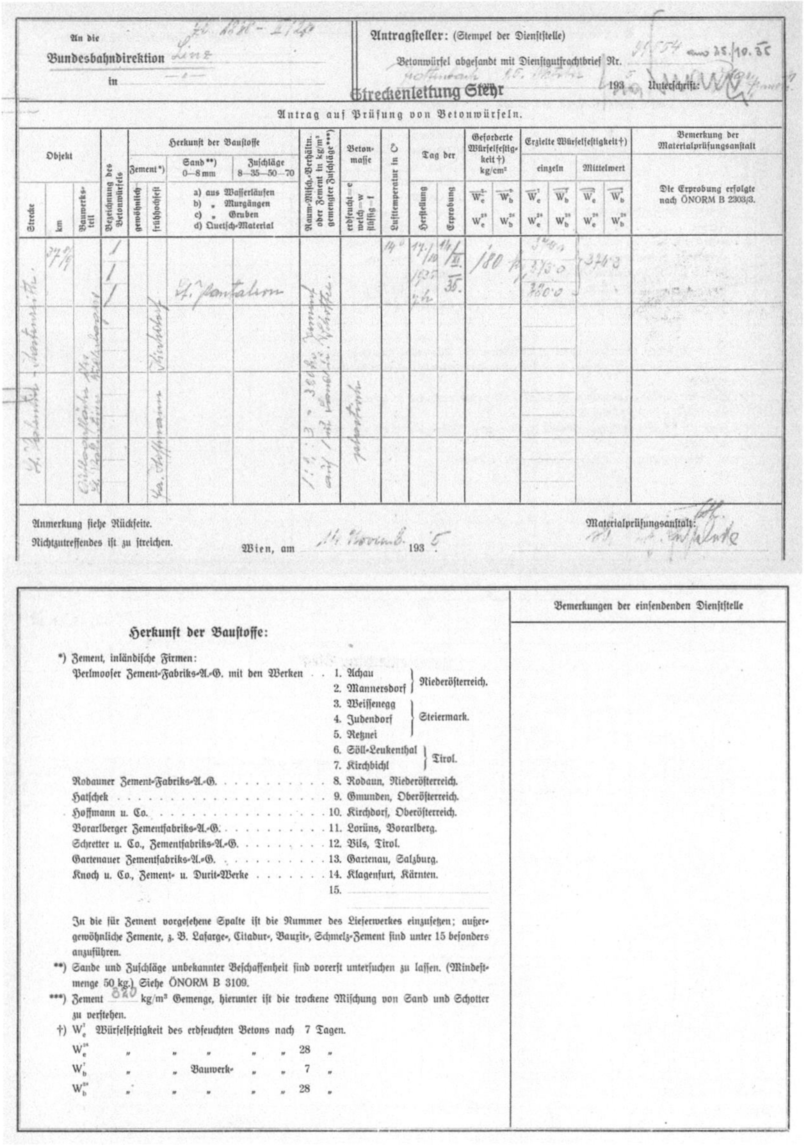

5.3 Erstmalige Hauptprüfung der Brücken

Abb. 5.8 Prüfprotokoll Betonwürfel

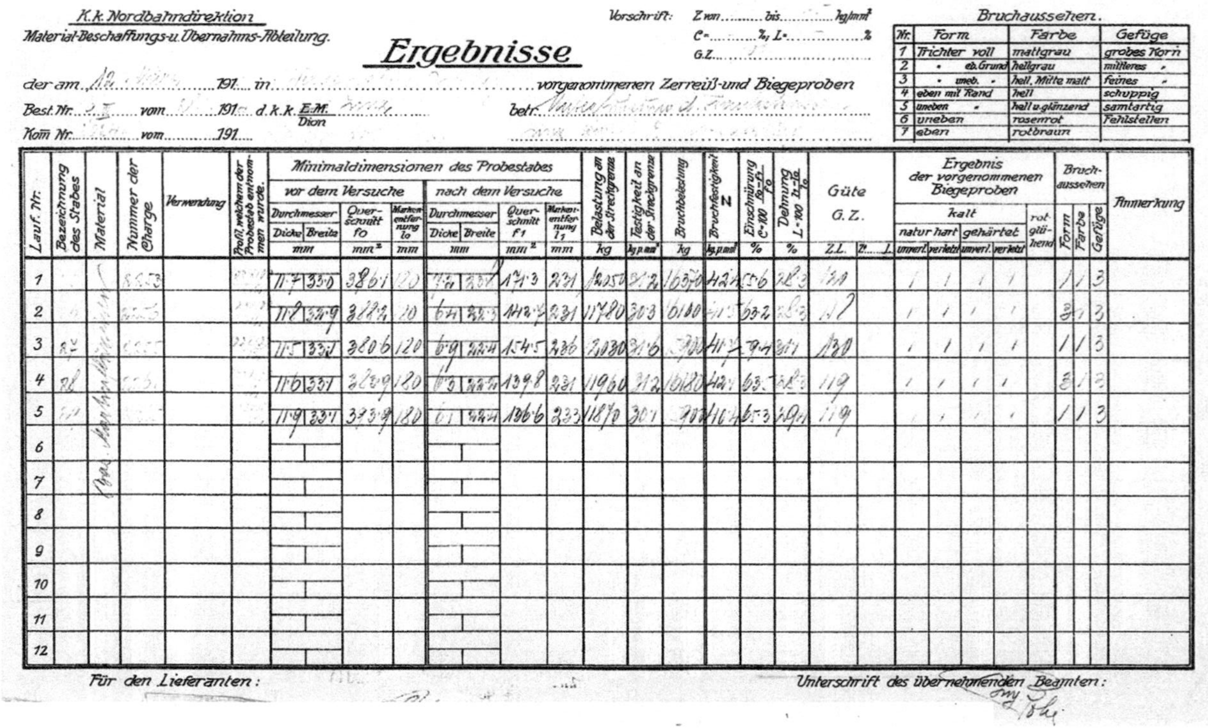

Abb. 5.9 Abnahme Baustahl

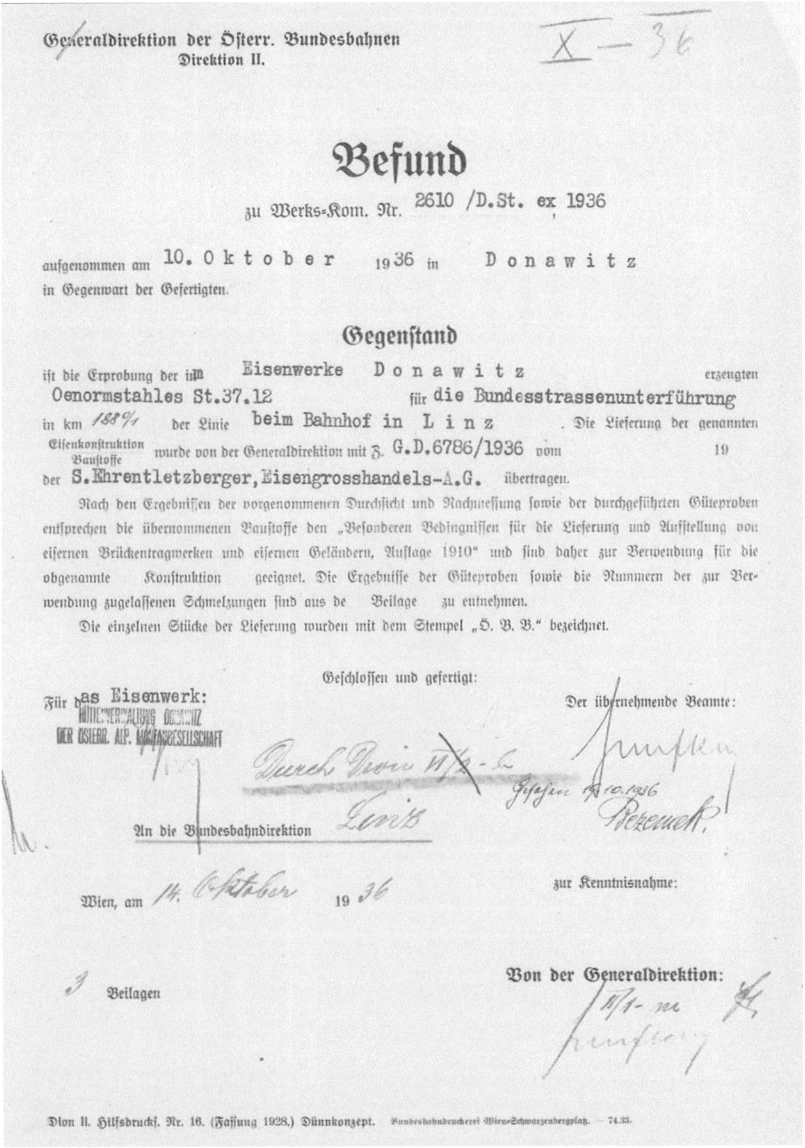

5.3 Erstmalige Hauptprüfung der Brücken

Generaldirektion der Österr. Bundesbahnen
Direktion II.

X — 36

Befund

zu Werks-Kom. Nr. 2610 /D.St. ex 1936

aufgenommen am 10. Oktober 19 36 in Donawitz
in Gegenwart der Gefertigten.

Gegenstand

ist die Erprobung der im Eisenwerke Donawitz erzeugten
Oenormstahles St.37.12 für die Bundesstrassenunterführung
in km 188 9/1 der Linie beim Bahnhof in Linz. Die Lieferung der genannten Eisenkonstruktion
Baustoffe wurde von der Generaldirektion mit Z. G.D.6786/1936 vom 19
der S.Ehrentletzberger,Eisengrosshandels-A.G. übertragen.

Nach den Ergebnissen der vorgenommenen Durchsicht und Nachmessung sowie der durchgeführten Güteproben entsprechen die übernommenen Baustoffe den „Besonderen Bedingnissen für die Lieferung und Aufstellung von eisernen Brückentragwerken und eisernen Geländern, Auflage 1910" und sind daher zur Verwendung für die obgenannte Konstruktion geeignet. Die Ergebnisse der Güteproben sowie die Nummern der zur Verwendung zugelassenen Schmelzungen sind aus der Beilage zu entnehmen.

Die einzelnen Stücke der Lieferung wurden mit dem Stempel „Ö. B. B." bezeichnet.

Geschlossen und gefertigt:

Für das Eisenwerk:
HÜTTENVERWALTUNG DONAWITZ
DER ÖSTERR. ALP. MONTANGESELLSCHAFT

Der übernehmende Beamte:

An die Bundesbahndirektion

Wien, am 14. Oktober 19 36

zur Kenntnisnahme:

3 Beilagen

Von der Generaldirektion:

Dion II. Hilfsdruckf. Nr. 16. (Fassung 1928.) Dünnkonzept.

Abb. 5.10 Abnahme Bewehrungsstahl

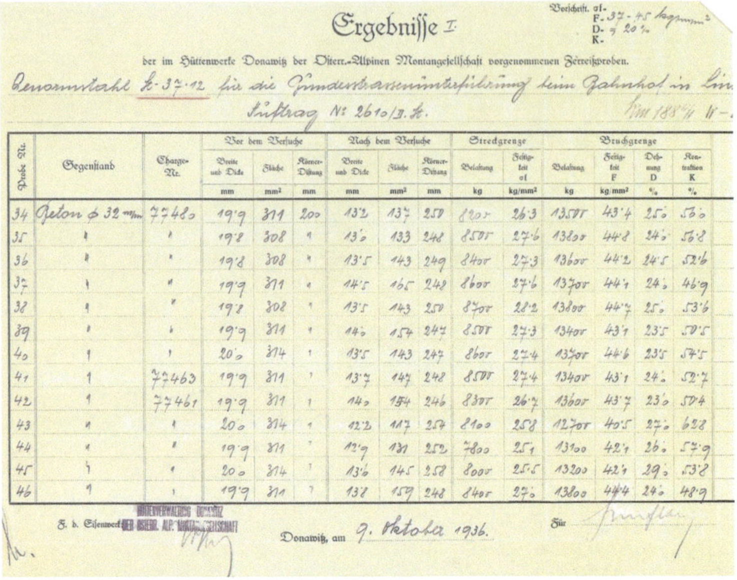

Abb. 5.10 (Fortsetzung)

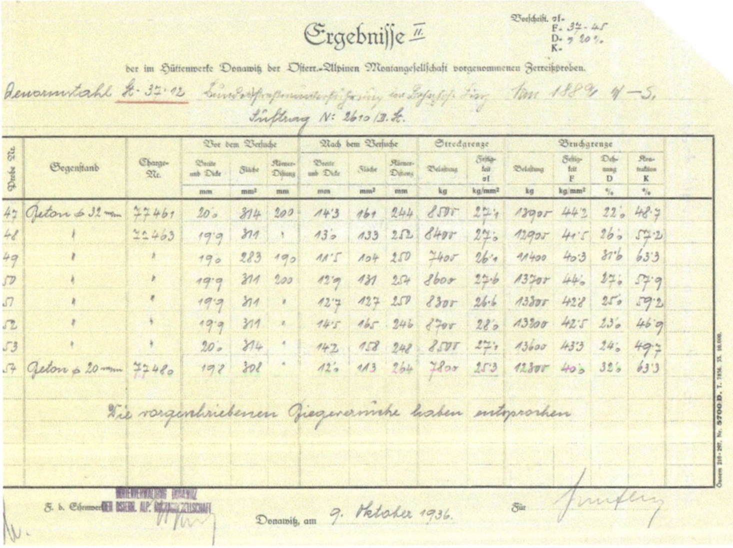

5.3 Erstmalige Hauptprüfung der Brücken

:sterreichisch-Alpine Montangesellschaft, Donawitz.

Besteller: S. Ehrentletzberger, Eisengrosshandels A.G., L i n z .
Objekt: Bundesstrassenunterführung beim Bahnhof in L i n z .
Auftrags-Nr. 2610/D.St.ex 1936   Komm.-Nr. 3099 vom 23./9.1936
Oe.B.B. Nr. G.D. 6786/1936

Marke	Nummer der Charge	Stückzahl		Dimension			Gewicht		Anmerkung
		Einzeln	Zusammen	Länge	Breite	Dicke	berechnet	gewogen	
				Millimeter			Kilogramm		
		Betonrundeisen Oenormstahl St.37.12							
77480		2		2600	⌀	32	33		
"		12		13000		"	985		
"		12		12100		"	990		
"		6		12700		"	480		
77463		6		15000		"	570		
"		12		4900		"	370		
77480		9		14100		"	800		
"		18		11800		"	1340		
"		9		14200		"	806		
"		3		10200		"	193		
"		4		11000		"	277		
77463		2		17500		"	220		
"		4		16000		"	403		
77461		4		14200		"	358		
77480	41								
77461	151	192		14250		"	17264		
77463		84		16700		"	8846		
"		50		14720		"	4644		
"		2		17050		"	215		
"		3		15170		"	290		
77480		54		10300		"	3510		
77463		122		11300		"	8700		
77480		117		7700		"	5690		
"		114		7870		"	5660		
77461		56		9820		"	3470		
77480		186		4800	⌀	20	2200		
"		8		4700		"	95		
						Sa:	68409	kg.	

Abb. 5.10 (Fortsetzung)

5.4 Prüfung der im Betrieb befindlichen Brücken

Sämtliche Brücken waren, abgesehen von der ständigen Überwachung, mindestens alle sechs Jahre eingehend zu untersuchen. Tragwerke mit Stützweiten von fünf Metern und mehr und zwei -und mehrgleisige Tragwerke waren darüber hinaus mit *ruhender und rollender Last zu erproben*. Die gemachten Wahrnehmungen und die Probeergebnisse waren in die Brückenbücher einzutragen.

5.5 Zusammenfassung

Es kann festgestellt werden, dass die Regeln für die Herstellung und Überprüfung der Tragwerke sehr genau eingehalten wurden. Der Nachweis der Qualität der verwendeten Baustoffe und des Baugrundes wurde selbst bei Kleinstobjekten durchgeführt.

Fahrbetriebsmittel und Zugbildung 6

Zweck dieses Abschnittes ist eine Vorstellung der vor allem in der Zwischenkriegszeit auf den BBÖ-Strecken hauptsächlich verkehrenden Fahrbetriebsmittel in Bezug auf Achs- und Meterlasten. Es werden nur normalspurige Fahrbetriebsmittel ohne Schneeschleudern und ohne Fahrzeuge auf Zahnradstrecken behandelt.

6.1 Lokomotiven und Triebwagen

6.1.1 Übersicht Traktionsarten

Die dominierende Traktionsart war die Dampftraktion. Laut der Unterlage „Belastungsbilder der Lokomotiven, Tender, Triebwagen und Schneeschleudern", aufgestellt 1931 von der Generaldirektion der Österreichischen Bundesbahnen, waren die einzelnen Traktionsarten wie folgt vertreten:

Dampflokomotiven	57 Reihen
Tender	20 Reihen
Elektrolokomotiven	19 Reihen
Lokomotiven mit Verbrennungsmotoren	2 Reihen
Dampftriebwagen	1 Reihe
Triebwagen mit Verbrennungsmotoren	19 Reihen
Elektrotriebwagen	4 Reihen

Noch eindeutiger zeigt ein Vergleich nach Stückzahlen die Dominanz der Dampftraktion (Tab. 6.1):

© Der/die Autor(en), exklusiv lizenziert durch Springer Fachmedien Wiesbaden GmbH, ein Teil von Springer Nature 2022
H. Brunner und F. Aigner, *Eisenbahnbrücken in Österreich 1918–1938*,
https://doi.org/10.1007/978-3-658-35954-6_6

Tab. 6.1 Übersicht Traktionsarten

	Dampflokomotiven	Elektrolokomotiven	Diesellokomotiven
01.10.1923	ca. 2400	32	0
31.12.1937	ca. 1800	204	2

6.1.2 Dampflokomotiven

Die Mehrzahl der Dampflokreihen stammte aus der Zeit der Monarchie. Ihre Achslast durfte – wie in der Monarchie üblich – maximal 14,5 t betragen. Gewisse Überschreitungen waren mit Auflagen (z. B. Geschwindigkeitseinschränkungen) akzeptiert. Eine Auswertung der 1931 noch verkehrenden und aus der Monarchie stammenden Dampflokreihen ergibt:

minimale Achslast   10,0 t
maximale Achslast   15,1 t
Mittelwert   13,8 t

Bemerkung: es wurde von jeder Lokreihe die maximale Achslast herangezogen

minimale Meterlast   3,71 t/m
maximale Meterlast   6,99 t/m
Mittelwert   5,69 t/m

In der Zwischenkriegszeit neu entwickelte und gebaute Dampflokomotiven sind – abgesehen vom Einzelstück der Reihe 114 – in Tab. 6.2 angegeben.

Die minimale Achslast dieser Neubaulokomotiven stieg gegenüber den Lokomotiven aus der Zeit der Monarchie von 10,0 auf 11,0 t, die maximale Achslast von 15,1 auf 19,0 t, die Meterlasten stiegen von 3,71 auf 4,13 bzw. von 6,99 auf 8,43 t/m. Die Zunahme ist nicht groß, da die Voraussetzungen für erhöhte Achs- und Meterlasten der Infrastruktur nicht über Nacht geschaffen werden können. Bei obiger Betrachtung sollte die beschränkte Einsatzmöglichkeit der Reihe 214 berücksichtigt werden. Ihr Einsatz war auf die Strecken Wien-Salzburg bzw. Wien-Passau beschränkt. Nach Fertigstellung der Elektrifizierung der Westbahn waren die Lokomotiven von 1953 bis 1956 auf der Südbahn im Einsatz.

Ohne Berücksichtigung der Reihe 214 stieg die maximale Achslast von 15,1 auf 16,2 t, die maximale Meterlast von 6,99 auf 7,21 t/m.

6.1 Lokomotiven und Triebwagen

Tab. 6.2 Übersicht Dampflokomotiven

Bezeichnung der BBÖ in Klammer ÖBB	Achsfolge	Einsatzzeitraum	Höchstgeschwindigkeit km/h	maximale Achslast in t	Meterlast in t/m
113 (33)	2D	1923–1968	85 (100)	15,0	6,81
214 (12)	1D2	1928–1962	100 (120)	19,0	8,43
729 (789)	2C2	1931–1973	95 (105)	16,0	7,21
480 (257)	E	1921–1966	50	14,3	6,42
81 (58)	1E	1920–1961	55	14,2	6,95
181 (158)	1E	1922–1953	55	14,0	6,89
378 (93)	1D1	1927–1982	60	11,0	5,55
478 (392)	D	1927–1972	40	16,2	5,85
82 (95)	1E1	1922–1972	60	14,4	7,04

Für die Dampflokomotiven – ausgenommen Tenderlokomotiven – standen 20 Tenderreihen zur Verfügung. Die Achslasten bewegten sich zwischen 10,4 und 15,0 (14,6) Tonnen, die Meterlasten zwischen 5,07 und 7,96 (7,00) t/m. Die Werte in Klammer sind ohne Berücksichtigung des Tenders für die Lokreihe 214. Die Tender hatten je nach Reihe ein Fassungsvermögen von 10 bis 30 m^3 Wasser und 5 bis 8 t Kohle.

6.1.3 Elektrolokomotiven

Außer den Lokreihen 1060 BBÖ (keine ÖBB Bezeichnung, da vorher ausgemustert) und 1005 BBÖ, 1072 ÖBB, sind die Lokreihen in der Zwischenkriegszeit entwickelt und gebaut worden. Die Lokreihe 1060 verkehrte auf der Karwendelbahn und der Preßburgerbahn, die Reihe 1005 auf der Preßburgerbahn.

Tab. 6.3 gibt die Hauptdaten an.

Anfang und Ende des Einsatzzeitraumes können regional variieren, der Einsatz als Nostalgiefahrzeug blieb unberücksichtigt.

Die Achslast von 20 t der Reihe 1170.200 war 1934 ein Extremwert und ihr Einsatz mit betrieblichen Einschränkungen verbunden. Die zugelassene Höchstgeschwindigkeit betrug für diese Lokreihe z. B. auf der Strecke Salzburg-Innsbruck 1937 60 km/h.

Tab. 6.3 Übersicht E-Lokomotiven

Bezeichnung der BBÖ, in Klammer ÖBB	Achsfolge	Einsatzzeitraum	Höchstgeschwindigkeit km/h	maximale Achslast in t	Meterlast in t/m
1060 (/)	1 C	1912–1945	40	14,0	5,33
1005 (1072)	1B1	1913–1975	60	14,0	5,32
1100 (1089)	1 C+C1	1923–1979	70	15,4	5,80
1100.100 (1189)	1 C+C1	1926–1979	75	15,2	5,81
1029 (1073)	1C1	1923–1975	75	15,0	5,78
1080 (1080)	E	1924–1993	50	15,4	6,04
1080.100 (1180)	E	1926–1993	50	16,3	6,31
1280 (1280)	E	1927–1976	50	16,4	6,77
1570 (1570)	1Do1	1925–1978	85	16,5	6,71
1670 (1670)	1Do1	1928–1983	100	17,5	7,24
1670.100 (1670.100)	1Do1	1931–1983	100	19,0	7,63
1070 (1061)	D	1926–1992	40	13,7	5,54
1070.100 (1161)	D	1928–1993	40	14,0	5,34
1170 (1045)	BoBo	1927–1994	60	15,3	5,93
1170.100 (1145)	BoBo	1929–1990	70	17,1	5,81
1170.200 (1245)	BoBo	1934–1995	80	20,0	6,19

6.1.4 Diesellokomotiven

Die Rolle der Diesellokomotiven – es waren 2 Stück in Verwendung – war äußerst bescheiden.

Tab. 6.4 gibt die Hauptdaten an.

Die Reihe 2000 war im Verschubdienst im Einsatz, die Reihe 2020 auf Nebenbahnen.

6.2 Wagenpark

Tab. 6.4 Übersicht Diesellokomotiven

Bezeichnung der BBÖ, in Klammer ÖBB	Achsfolge	Einsatzzeitraum	Höchstgeschwindigkeit km/h	maximale Achslast in t	Meterlast in t/m
2020 (/)	A1A	1927–1939	60	12,00	3,57
2000 (/)	Bo	1936–1946	60	11,17	3,08

Bemerkung: Die erste Diesellokomotive Österreichs wurde in der Grazer Maschinen- und Waggonfabriks AG 1922/1923 gebaut. Es war eine Lok mit der Achsfolge B und 15 km/h Höchstgeschwindigkeit. Sie war auf BBÖ-Strecken auf Erprobungsfahrt, wurde aber nicht übernommen.

6.1.5 Triebwagen

Dampftriebwagen gab es einen Typ mit 21 Stück mit der Achsfolge 1B1, 13 t Achslast und 4,1 t/m Meterlast.
Dieseltriebwagen gab es 65 Stück in 20 Typen. Deren Achslasten betrugen zwischen 4,2 und 17 t, die Meterlasten zwischen 1,0 und 3,09 t/m.
Elektrotriebwagen gab es 19 Stück in 4 Reihen. Deren Achslasten betrugen zwischen 9,9 und 16 t, die Meterlasten zwischen 1,84 und 4,13 t/m.

6.2 Wagenpark

6.2.1 Übersicht

Der Wagenpark der BBÖ setzte sich nach Aufteilung unter den Nachfolgestaaten der Monarchie aus den verschiedensten Typen zusammen und war zum großen Teil überaltert. So waren die Wagenaufbauten der Personenwagen in ihrer Mehrzahl Holzkonstruktionen. Die letzten vierachsigen Personenwagen mit Holzaufbau wurden 1958 ausgemustert.
Man behalf sich in der ersten Zeit der BBÖ mit Nachbau von Wagentypen der k.k. österreichischen Staatsbahnen.
1928 wurde ein Wagenparkerneuerungsprogramm gestartet, das Typenprogramm N28 (Neubau 1928). Beim Bau dieser Wagen wurde darauf Wert gelegt, dass

viele Bauteile – Räder, Achsen – zwischen den einzelnen Wagentypen austauschbar waren. Außerdem hat man sich bei der Planung weitgehend an die Neubautypen der Deutschen Reichsbahn angelehnt. Das Programm umfasste 300 zweiachsige Personenwagen (Typ C, ÖBB Bih), 190 vierachsige Schnellzugwagen, 210 Dienstwagen und 5550 Güterwagen. Die Personenwagen hatten stählerne Wagenkästen und waren damit schwerer als ihre Vorgänger.

Der Bau dieses Programms N28 dauerte von 1927 bis 1929. Dann stoppte die Wirtschaftskrise dieses Programm.

Erst 1936 war die Abnahme der restlichen bestellten Waggons möglich.

1936 begann eine Auslieferung von ähnlichen, geringfügig modifizierten Wagen, die als N36 (Neubau 1936) bezeichnet wurden.

6.2.2 Reisezugwaggons

6.2.2.1 Reisezugwaggons der k.k. österreichischen Staatsbahnen

Die vierachsigen Schnellzugwagen der Serie I f, nachgebaut nach Regelplänen der k.k. österreichischen Staatsbahnen, wiesen eine Achslast von ca. 10,8 t und eine Meterlast von 2,2 t/m auf, die zweiachsigen Nachbauwagen eine Achslast von ca. 11,2 t, eine Meterlast von 1,7 t/m.

6.2.2.2 Reisezugwaggons Neubau

Abb 6.1 und 6.2 sowie Tab. 6.5 zeigen die Hauptdaten für die Serie N28.
1. Zweiachsige Personenwagen
   – Aufbau gänzlich in Stahlbauweise
   – 300 Wagen hergestellt

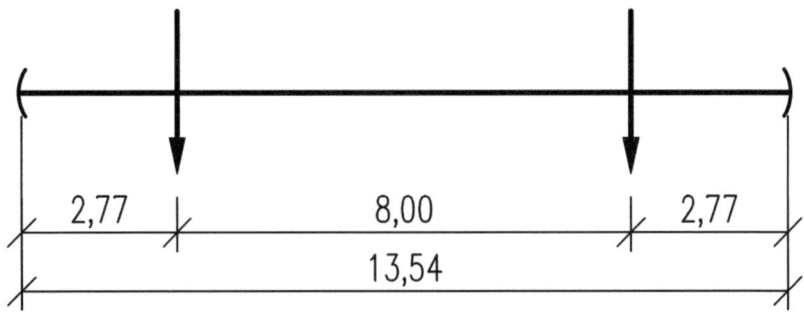

Abb. 6.1 Personenwagen N 28, zweiachsig

6.2 Wagenpark

- 62 Sitzplätze je Wagen
- Eigengewicht 18 t
- ausgeschieden in den 1970er Jahren
- Max. Achslast: $max.A = \frac{G + n \cdot Q}{2} = \frac{18{,}00 + 62 \cdot 0{,}08}{2} = 11{,}5\,\text{t}$

2. Vierachsige Personenwagen
   - Aufbau gänzlich in Stahlbauweise
   - ausgeschieden ab 1983
   - Max. Achslast: $max.A = \frac{max.G + n \cdot Q}{4} = \frac{41{,}00 + 72 \cdot 0{,}08}{4} = 11{,}7\,\text{t}$

Tab. 6.5 Personenwagen N28, vierachsig

Typ	1001	1002	1003	1004	1005	Gepäckwagen 1006	Umgebaute Gepäckwagen 1007
Baujahr/ Umbau	1931	1932	1931	1930/1931	1930/1931 1950/1962	1932/1986	1962/1967
LüP [m]	21,02	21,02	21,02	21,02	21,02	21,02	21,04
Drehzapfenabstand [m]	14,50	14,50	14,50	14,50	14,50	13,50	14,50
Achsabstand im Drehgestell [m]	2,50	2,50	2,50	2,50	2,50	2,50	2,50
Eigengewicht [t]	37	41	41	40	40	34	35
V_{max} [km/h]	120	120	120	120	120	120	120
Sitzplätze	42	51	58	72	72	10,5 t Ladegewicht	10,5 t Ladegewicht

In Abb. 6.2 sind die Abmessungen für die Typen 1001 bis 1005 dargestellt:

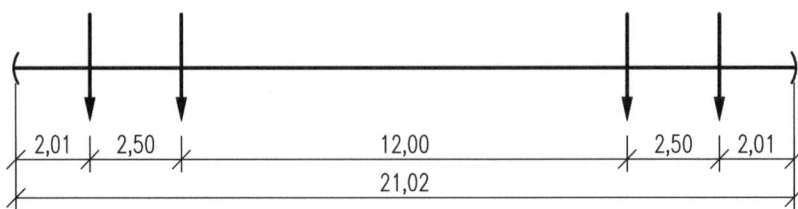

Abb. 6.2   Personenwagen N28, vierachsig

6.2.3 Güterzugwaggons

6.2.3.1 Güterzugwaggons der k.k. österreichischen Staatsbahnen

Für die aus der Monarchie stammenden Güterwagens sind stellvertretend aufgelistet:
gedeckter, mit Spindelbremse ausgerüsteter Normalkastenwagen:
Achslast 10,08 t, Meterlast 2,4 t/m
Güterwagen Lowry:
Achslast 11,7 t, Meterlast 2,3 t/m
Kohlenwagen:
Achslast 10,5 t, Meterlast 2,7 t/m
Weiters gab es Spezialwaggons, z. B. Gastransportwagen und Gefäßwagen. Letztere waren Eisenbahnwagen zur Versendung von Flüssigkeiten für Erdöl, Teer, Spiritus, Wein, Ammoniak etc.

6.2.3.2 Güterzugwagen Neubau

Tab. 6.6 zeigt die Hauptdaten für die Serie N28:

LüP: Länge über Puffer
Achslast: $\dfrac{P+G}{\text{Anzahl der Achsen}}$
P: größtmögliche konstruktionsbedingte Belastung des Wagens
G: Eigengewicht

6.3 Weiterführende Quellen

Tab. 6.6 Übersicht Güterzugwagen N28

Typ	LüP [m]	max Achslast [t]	Meterlast mit max Achslast [t/m]
Omlr(d) mit Handbremse ohne Handbremse	12,28 11,58	(20,00+11,70)/2 = 15,90 (20,00+10,50)/2 = 15,25	2,58 2,64
Gg mit Handbremse ohne Handbremse	9,80 9,10	(20,00+10,15)/2 = 15,08 (20,00+9,85)/2 = 14,93	3,08 3,28
Nmlr mit Handbremse ohne Handbremse	12,28 11,58	(20,00+11,25)/2 = 15,63 (20,00+9,90)/2 = 14,95	2,54 2,58
Nra	20,14	(48,00+24,30)/4 = 18,08	3,59
Km mit Handbremse ohne Handbremse	10,60 9,90	(21,00+10,80)/2 = 15,90 (21,00+9,90)/2 = 15,45	3,00 3,12
Gel	14,80	(18,00+13,80)/2 = 15,90	2,15
Smlnr	11,58	(20,00+10,70)/2 = 15,35	2,65
Xk (N28)	6,90	(21,00+11,10)/2 = 16,05	4,65
Xk (N36)	7,18	(21,00+11,00)/2 = 16,00	4,46
Kza	11,20	(42,00+21,00)/4 = 15,75	5,63

6.3 Weiterführende Quellen

Aufgrund der Vielzahl der Literatur werden nur einige wenige Werke, die die für die Nachbildung historischer Verkehre notwendigen Unterlagen enthalten, angeführt. Die angeführten Bücher greifen inhaltlich über die Kategorie, der sie zugeordnet sind, hinaus. Außerdem wird auf Eisenbahnzeitschriften wie z. B. Eisenbahn Österreich, Schienenverkehr aktuell usw. und diverse Internetforen hingewiesen.

6.3.1 Fahrbetriebsmittel (Lokomotiven, Waggons)

6.3.1.1 Lokomotiven

Der Stationierungsort der Lokomotiven kann unter anderen folgenden Büchern entnommen werden:

Dampfbetrieb in Altösterreich 1837–1918, Verlag Josef Otto Slezak, Wien, 1979;
BBÖ Lokomotiv-Chronik 1923–1938, Verlag Josef Otto Slezak, Wien, 1985;
Die österreichischen Bundesbahnen, Weltbild Verlag, Augsburg 1990;
Gesamtverzeichnis österreichischer Eisenbahn-Triebfahrzeuge und Straßenbahnfahrzeuge, Verlag Pospischil, Wien, 1987.

Technische Daten der Lokomotiven (Achslasten, Achskonfigurationen usw.) können unter anderen folgenden Büchern entnommen werden:

Triebfahrzeuge österreichischer Eisenbahnen Dampflokomotiven BBÖ und ÖBB;
Triebfahrzeuge österreichischer Eisenbahnen Elektrische Lokomotiven und Triebwagen;
Triebfahrzeuge österreichischer Eisenbahnen Diesel-Lokomotiven und Diesel-Triebwagen Werke erschienen im Alba Verlag;
Typenblätter österreichischer Dampflokomotiven 1883–1938, Verlag Josef Otto Slezak, Wien, 1981;
Die Lokomotiven der Republik Österreich, Verlag Josef Otto Slezak, Wien, 1983;
Österreichs Lokomotiven u. Triebwagen, Sonderheft Eisenbahn, Wien, 1954;
Leistungstafeln der Dampflokomotiven, Elektrolokomotiven und Elektrotriebwagen der Österreichischen Staatseisenbahnen, Verlag Der Spurkranz, Sonderheft 2, Wien 1947;
KkStB-Triebfahrzeuge Bände 1– 4 und Ergänzungsband, Verlag bahnmedien.at;
Triebfahrzeuge 1918–1938, Bände 1–3, Verlag bahnmedien.at;
Dampfgetriebene Triebfahrzeuge der österreichischen Staatsbahnen ab 1945, Bände 1–5 Verlag bahnmedien.at.

Für einzelne Lokomotivreihen erschienen eigene Bücher, z. B. in der Buchreihe Bahn im Bild, Verlag Pospischil, Wien und im Verlag Railway-Media-Group. Darin sind sowohl technische Daten der Lokomotiven als auch die Einsatzorte enthalten.

6.3.1.2 Waggons

Folgende Werke geben über die Entwicklung der Eisenbahnwagen insgesamt Auskunft:

Eisenbahnwagen in Originaldokumenten 1847–1874, Steiger Verlag;
Eisenbahnwagen in Originaldokumenten 1875–1909, Steiger Verlag;
Eisenbahnwagen in Originaldokumenten 1910–1943, Steiger Verlag.

6.3.1.2.1 Personenwaggons

Für Personenwaggons kann unter anderem auf folgende Werke zurückgegriffen werden:

Österreichische Personenwaggons 1832–1982, Verlag Josef Otto Slezak, Wien, 2003;
Reisezugwagen österreichischer Eisenbahnen – Vierachsige Reisezugwagen in Ganzstahlart der ÖBB, Alba-Verlag, 2006;
Die k.k.St.B. Reisezugwagen, 4 Bände, Verlag bahnmedien.at.

6.3.1.2.2 Güterwagen

Artikelserie BBÖ Güterwagen-Austauschbau ab 1928 (N28) in der Zeitschrift Güterwagen – Correspondenz, Berlin;
DB 832/1 Angaben über die wichtigsten Güterwagenbauarten, herausgegeben von den ÖBB;
Buchserie Güterwagen in der MIBA edition in der Verlagsgruppe Bahn (VGB);
EK-Güterwagen-Lexikon DB im Eisenbahnkurier-Verlag.

6.3.2 Infrastruktur

Aus der Fülle der Publikationen seien erwähnt:

Reihe Bahn im Bild, Verlag Pospischil, Wien;
Bücher aus den Verlagen bahnmedien.at, Railway-Media-Group, Holzhausen, Bohmann und Minirex.

6.4 Zugbildung

6.4.1 Achszahl

Die Höchstachsenzahl ist abhängig von der Infrastrukturseite-nutzbare Länge der Betriebsgleise in den Bahnhöfen- und vom Lokomotivtyp und der Bremsart. Die Verkehrsvorschrift V 3 Ausgabe 1930 legte auf Grundlage der Eisenbahnbetriebsordnung als Höchstachsenzahl für Schnell- und Personenzüge 100, für Güterzüge

200 fest, Tafel B 3 gab die Höchstachsenzahl für die einzelnen Bahnhöfe an. Die V 3 Ausgabe 1951 legte für durchgehend schnell gebremste Züge 60 Achsen (mit GD-Bewilligung 80), 120 Achsen für durchgehend langsam gebremste Züge (mit GD-Bewilligung 150) und 150 Achsen für handgebremste Züge fest. Tafel B 5 gab die Höchstachsenzahl für die einzelnen Bahnhöfe an. Pro Achse wurden 5 m angesetzt. V 3 Ausgabe 1962 legte fest, dass zur Ermittlung der der Gleislänge entsprechenden zulässigen Achsenzahl für eine Achse 5,5 m, bei Reisezügen 6,5 m zu rechnen ist. Für jedes Tfz sind 4 Achsen je 5,5 m zu rechnen. V 3 Ausgabe 1980 legt die Länge der Züge mit höchstens 700 m fest.

6.4.2 Belastung der Lokomotiven

Tafel B 8 und A 7 (Zwischenkriegszeit) bzw. B 6 und A 6 nach 1945 geben die Regelbelastungen (lok- und streckenbezogen) und Leistungstafeln an.

6.4.3 Schwerwagen

In V 3 Ausgabe 1930 waren Schwerwagen definiert mit einem tatsächlichen Metergewicht größer als 4,0 t/m, in Ausgabe 1951 mit einem Achsdruck größer 18 to und einem Metergewicht größer 4,5 t/m. Eine weitere Ausgabe der V 3 verwendet folgenden Begriff: außergewöhnliche Fahrzeuge und solche, deren Achslast, Meterlast, Achszahl oder Achsstand für die zu befahrende Strecke zu groß ist oder deren Begrenzung oder Ladung die dort zulässigen Maße überschreitet sowie Wagen, die aufgrund einer besonderen Anschrift oder der Bestimmungen der Tafel A 2 Beförderungseinschränkungen unterliegen.

6.5 Verkehrsvolumen

Aus statistischen Unterlagen kann u. a. die Gesamtbruttotonnenbelastung und aus Fahrplänen die Anzahl der verkehrenden Züge entnommen werden. Weitere Angaben liefern streckenbezogene Fachbücher.

6.6 Richtwerte Achslasten und Zuggewichte

6.6.1 Güterzüge

Das Ladegewicht der Güterwagen pro Achse war im Jahresdurchschnitt 1902 6,12 t, im Jahr 1910 6,48 t, im Jahre 1933 7,44 t und 1934 7,37 t. (Die österreichischen Staatsbahnen in den Jahren 1901–1910, Wien 1912, Amtliche Eisenbahnstatistik des Bundesstaates Österreich, Berichtsjahre 1933 und 1934, Wien 1936).

6.6.2 Durchschnittliches Gewicht von Zügen

Das durchschnittliche Zuggewicht im Personenzugsverkehr betrug

1913: 142 t
1934: 115 t,

im Schnellzugverkehr betragen die entsprechenden Werte

1913: 217 t
1934: 255 t.

6.7 Geschwindigkeiten

In Österreich war in der Vergangenheit das Geschwindigkeitsniveau bescheiden. Für die Westbahn war im Abschnitt Wien-Salzburg die maximale Streckenhöchstgeschwindigkeit um 1890 90 km/h, zu Ende der Monarchie 100 km/h, ein Wert, der bis 1958 Bestand hatte. Bis 1968 hielten die ÖBB 120 km/h für ausreichend, ehe ein Umdenken einsetzte. Auf der Westbahn wurde für verschiedene Züge (Reihe 4010 und Mozartexpress mit der DB-Reihe 110) 140 km/h erlaubt. Für Güterzüge galt bis ca. 1970 eine Höchstgeschwindigkeit von 65 km/h, von 1979 bis 1985 80 km/h, ab 1986 war 90 km/h möglich.

6.8 Einstufung Betriebszüge Zwischenkriegszeit in Streckenklassen laut UIC-Merkblatt 700 VE

6.8.1 Güterwagen N-28

Die überwiegende Mehrzahl der in der Zwischenkriegszeit gebauten Güterwagen weisen voll beladen eine Achslast $\leq 16,0$ t und eine Meterlast $\leq 4,0$ t/m auf, sie sind damit zulässig für den Verkehr auf Strecken, die in Streckenklasse A – 16,0 t Achslast; 5,0 t/m Meterlast – eingestuft sind. Die Wagentypen Kza (Achslast 15,75 t, Meterlast 5,63 t/m) und Nra (Achslast 18,08 t, Meterlast 3,59 t/m) erfüllen die Anforderungen der Streckenklassen B 2–18,0 t Achslast; 6,4 t/m Meterlast – und B1–18,0 t Achslast; 5,0 t/m Meterlast-.

6.8.2 Personenwagen N-28

Die N-28 Personenwagen weisen voll besetzt Achslasten von ca. 11,5 t und Meterlasten von ca. 1,7 t/m auf, sie sind damit zulässig für den Verkehr auf Strecken, die in Streckenklasse A – 16,0 t Achslast; 5,0 t/m Meterlast – eingestuft sind.

Bemerkung: Personenwagen sind in der Regel nicht bemessungsrelevant.

6.8.3 Lokomotiven

6.8.3.1 Dampflokomotiven

Abgesehen von den Lokomotiven der Reihe 214 überschritt nur eine Neubaureihe die Achslast von 16,0 t (Reihe 478, 16,2 t Achslast), bei der Mehrzahl bewegte sich die maximale Achslast um 14 t. Die Meterlasten variierten von 5,55 bis 7,21 t/m.

6.8.3.2 Elektrolokomotiven

Die Achslasten der Neubaureihen schwankten zwischen 13,7 und 20,0 t, die Meterlasten zwischen 5,34 und 7,63 t/m.

6.8.4 Fahrbetriebsmittel in der Monarchie

Durch die Begrenzung der Achslast auf 14,5 t fallen die Lokomotiven, die damals und noch lange Zeit das bemessungsentscheidende Fahrbetriebsmittel vor den Güterwagen waren, bezüglich Achslasten in die Streckenklasse A, von der Meterlast hauptsächlich in die Streckenklasse B 2.

6.8.5 Vergleich Fahrbetriebsmittel – Achsdruckverzeichnis 1932

Im Achsdruckverzeichnis 1932 war als Regel für freizügigen Verkehr eine maximale Achslast von 16,0 t und eine maximale Meterlast von 3,6 t/m definiert. Diese Werte entsprechen in Bezug auf die Achslast der Streckenklasse A – ebenfalls 16 t – , liegen in Bezug auf die Meterlast unter den 5,0 t/m der Streckenklasse A.

Die Anforderungen der Streckenklasse A stellten für viele Strecken die maximale Belastbarkeit dar. Diese Anforderungen werden für Personenwagen immer und für Güterwagen für die überwiegende Mehrzahl der Waggons erfüllt, für die Lokomotiven ist im Einzelfall für die Einstufung nach einer Streckenklasse zu entscheiden.

7 Zusammenhang Fahrbetriebsmittel – Infrastruktur

7.1 Verkehr von Schienenfahrzeugen auf eigener und fremder Infrastruktur

Fahrbetriebsmittel und Infrastruktur bilden ein aufeinander abgestimmtes System. Deshalb sind hierfür technische Regeln notwendig, um einen sicheren Betrieb der Fahrbetriebsmittel auf der Infrastruktur zu gewährleisten. Ein weiterer Grund ist die Notwendigkeit des Übergangs der Fahrbetriebsmittel der einen Gesellschaft auf das Netz einer anderen Gesellschaft, das heißt ein freizügiger Verkehr über Netzgrenzen hinweg.

Zu Beginn des Systems Eisenbahn gab es eine Vielzahl von Eisenbahngesellschaften mit voneinander isolierten Netzen und eigenen Vorschriften. In weiterer Entwicklung wuchsen diese Netze zusammen. Eine Harmonisierung der Vorschriften war dringend erforderlich.

7.2 Technische Einheit (TE)

Die Technische Einheit definierte erstmals einheitliche technische Mindestanforderungen für den grenzüberschreitenden Verkehr. In rechtlicher Hinsicht war die Technische Einheit ein Staatsvertrag zwischen allen europäischen Staaten außer Albanien, Großbritannien, Portugal, Spanien und Russland. Sie trat am 01.04.1887 in Kraft und erfuhr mehrere Revisionen (1907, 1912, 1938, die Überarbeitung 1970 wurde nie abgeschlossen). Geschäftsführende Stelle der TE war das Eidgenössische Amt für Verkehr, das im Auftrag des Schweizerischen Bundesrates als geschäftsführende Stelle handelte.

© Der/die Autor(en), exklusiv lizenziert durch Springer Fachmedien Wiesbaden GmbH, ein Teil von Springer Nature 2022
H. Brunner und F. Aigner, *Eisenbahnbrücken in Österreich 1918–1938*,
https://doi.org/10.1007/978-3-658-35954-6_7

Die TE gliederte sich in 6 Artikel und 9 Anlagen. Die einzelnen Artikel behandeln:

1. Spurweite
2. Allgemeine Vorschriften für den Übergang von Wagen
3. Bauart der Wagen
4. Zustand der Wagen
5. Beladung der Güterwagen
6. Vorschriften über die Beförderung von Zollgütern und über die besondere Einrichtung der Wagen zur Beförderung von Zollgütern

Die Anlagen gaben z. B. die Allgemeine Begrenzungslinie der Güterwagen und das Zeichen für Transitwagen.

Im Folgenden sind auszugsweise einige Punkte der TE wiedergegeben:

- Spurweite 1435 mm;
- Erfüllung gewisser Querschnittsmaße bei Güterwagen, um ohne Prüfung auf den dem internationalen Netz dienenden Strecken verkehren zu können (Transitwagen);
- Die Wagen müssen mit Tragfedern versehen sein.
- Höhenlage und Abstand der Puffer, Durchmesser der Pufferscheiben;
- Die Ladung soll so verteilt sein, dass die Räder des Wagens möglichst gleichmäßig belastet werden. Die Belastung eines Wagens darf die Tragfähigkeit (das Höchstladegewicht) nicht überschreiten. Wenn die Tragfähigkeit nicht angeschrieben ist, darf das angeschriebene Ladegewicht bis zu 5 % überschritten werden.
- Achsdruck und Metergewicht dürfen die auf jeder Strecke zulässigen Größen nicht überschreiten. Die Daten dazu waren dem Achsdruckverzeichnis des Vereines Mitteleuropäischer Eisenbahnverwaltungen zu entnehmen.

Nach der Gründung des Internationalen Eisenbahnverbandes – UIC – im Jahre 1922 verlor die Technische Einheit immer mehr an Bedeutung, da im Rahmen der UIC die Regeln für das System Eisenbahn weiterentwickelt wurden.

7.3 TV, GRZ, VWÜ, VPÜ

7.3.1 Allgemeines

In Ergänzung zur TE wurden weitere Regelungen erarbeitet. Federführend für Mitteleuropa war der Verein Deutscher Eisenbahnverwaltungen, ab 1932 als Verein Mitteleuropäischer Eisenbahnverwaltungen bezeichnet.

Der Verein Deutscher Eisenbahnverwaltungen, der aus dem 1846 gegründeten Verband preußischer Eisenbahndirektionen, der kurze Zeit später auf alle im damaligen Deutschen Bund vorhandenen Eisenbahnverwaltungen erweitert wurde, hervorging, war das Gremium, das durch seine Regelwerke die Voraussetzung geschaffen hat, einheitliche technische Einrichtungen für das System Eisenbahn in Mitteleuropa zu schaffen. Diese Regeln waren die Grundlage für die Möglichkeit eines sicheren und freizügigen Verkehrs innerhalb des Verwaltungsgebietes. Neben der einheitlichen Gestaltung der technischen Einrichtungen wurden auch die rechtlichen und wirtschaftlichen Angelegenheiten der Eisenbahnverwaltungen möglichst vereinheitlicht.

Das Vereinsnetz umfasste 2018 111.500 km. Die Mitglieder waren in vier Gruppen unterteilt:

Gruppe A: deutsche Verwaltungen
Gruppe B: österreichische und ungarische Verwaltungen
Gruppe C: niederländische und luxemburgische Verwaltungen
Gruppe D: andere Verwaltungen

Der Verein endete 1945 nach Kriegsende.

7.3.2 TV Technische Vereinbarungen über den Bau und Betrieb der Hauptbahnen und Nebenbahnen

Die TV wurden vom Verein mitteleuropäischer Eisenbahnverwaltungen erarbeitet, um den gegenseitigen Verkehr auf den Hauptbahnen und den vollspurigen Nebenbahnen bezüglich der technischen Einrichtungen zu erleichtern.

Die TV behandelte folgende Gebiete:

- Bau- und Unterhaltung der Bahn
- Bau- und Unterhaltung der Fahrzeuge
- Fernmeldewesen, Signalwesen und Sicherungswesen

- Betriebsdienst
- Elektrische Bahnen
- Schwachstromschutz und Kabelverlegung

7.3.3 GRZ Grundzüge für den Bau und Betrieb der Lokalbahnen

Die GRZ wurden vom Verein mitteleuropäischer Eisenbahnverwaltungen erarbeitet, um den gegenseitigen Verkehr auf den Lokalbahnen untereinander und den Verkehr der Lokalbahnen mit den Haupt- und Nebenbahnen zu erleichtern.

7.3.4 VWÜ Vereinswagenübereinkommen

Grundlage für die Übergangsfähigkeit und Verpflichtung zur Übernahme von Güterwagen innerhalb des Vereinsgebietes waren die Bestimmungen für die gegenseitige Benutzung der Güterwagen im Bereich des Vereines Deutscher Eisenbahnverwaltungen VWÜ (Vereinswagenübereinkommen).

7.3.5 VPÜ Vereinspersonenwagenübereinkommen

Für Personen- und Gepäckwagen galten die Bestimmungen für die gegenseitige Benutzung der Personen- und Gepäckwagen im Bereich des Vereines Deutscher Eisenbahnverwaltungen VPÜ (Vereinspersonenwagenübereinkommen).

7.4 RIC, RIV, AVV, CIV, CIM, COTIF

7.4.1 RIC – Regolamento Internazionale delle carrozze und RIV – Regolamento Internazionale Veicoli

Für den Verkehr von Wagen und Ladungen nach vereinsfremden Bahnen galten ab 01.01.1921 für Güterwagen die Bestimmungen des Übereinkommens für die gegenseitige Benutzung der Güterwagen im internationalen Verkehr RIV (Regolamento Internazionale Veicoli) und für Personen- und Gepäckwagen die Bestimmungen des Übereinkommens für die gegenseitige Benutzung der

Personen- und Gepäckwagen im internationalen Verkehr RIC (Regolamento Internationale delle carrozze).

Das Übereinkommen RIV wurde abgelöst durch den **AVV** – Allgemeiner Vertrag für die Verwendung von Güterwagen.

7.4.2 CIV – Regles uniformes concernant le contrat de transport international ferroviaire des voyageurs et des bagages und CIM – Regles uniformes concernant le contrat de transport international ferroviaire des marchandises

CIV – Einheitliche Rechtsvorschriften für den Vertrag über die internationale Eisenbahnbeförderung von Personen und Gepäck – und CIM – Einheitliche Rechtsvorschriften für den Vertrag über die internationale Eisenbahnbeförderung von Gütern – waren eine Weiterentwicklung der Regeln von Bern. CIV und CIM wurden Bestandteil von COTIF.

In der Zwischenkriegszeit waren die Regeln im Internationalen Übereinkommen über den Eisenbahnfrachtverkehr (IÜG) und im Internationalen Übereinkommen über den Eisenbahnpersonen- und Gepäckverkehr (IÜP), gültig ab 01.10.1928, modifiziert 1933, enthalten.

7.4.3 COTIF Convention relative aux transports internationaux ferroviaires

Das Übereinkommen über den internationalen Eisenbahnverkehr (COTIF) bedeutete die Schaffung einer internationalen Organisation – OTIF Organisation intergouvernementale pour les transports internationaux ferroviaires, Zwischenstaatliche Organisation für den internationalen Eisenbahnverkehr – und Institutionalisierung im völkerrechtlichen Sinn. Es wurde in Bern am 09.05.1980 unterzeichnet, von Österreich 1983 ratifiziert und trat mit 01.05.1985 in Kraft. Die Europäische Union ratifizierte 2011 COTIF vom 09.05.1980 in der Fassung des Änderungsprotokolls von Vilnius vom 03.06.1999.

Inhaltlich brachte das Übereinkommen eine Überarbeitung von CIV und CIM, eine Änderung des Aufbaues und eine neue Revisionsordnung.

Das Übereinkommen besteht aus einem Grundübereinkommen und mehreren Anhängen. Die Anhänge beinhalten:

Anhang A: CIV Einheitliche Rechtsvorschriften für den Vertrag über die internationale Eisenbahnbeförderung von Personen;
Anhang B: CIM Einheitliche Rechtsvorschriften für den Vertrag über die internationale Eisenbahnbeförderung von Gütern;
Anhang C: RID Ordnung für die internationale Eisenbahnbeförderung gefährlicher Güter
Anhang D: CUV Einheitliche Rechtsvorschriften für Verträge über die Verwendung von Wagen im internationalen Eisenbahnverkehr;
Anhang E: CUI Einheitliche Rechtsvorschriften für den Vertrag über die Nutzung der Infrastruktur im internationalen Eisenbahnverkehr;
Anhang F: APTU Einheitliche Rechtsvorschriften für die Verbindlicherklärung technischer Normen und für die Annahme einheitlicher technischer Vorschriften für Eisenbahnmaterial, das zur Verwendung im internationalen Verkehr bestimmt ist;
Anhang G: ATMF Einheitliche Rechtsvorschriften für die technische Zulassung von Eisenbahnmaterial, das im internationalen Verkehr verwendet wird.

7.5 Streckenklassen

Für jede Strecke war und ist die Nutzung durch Fahrbetriebsmittel in technischer Hinsicht insofern geregelt, als es Grenzwerte für

Achslast
Meterlast
Achsstand
Lademaß und Wagenbegrenzungslinie

gab und gibt. Bei Einhaltung der für die betreffende Strecke vorgesehenen Grenzwerte durfte das Fahrbetriebsmittel ohne weitere Behandlung auf dieser Strecke verkehren. Bei Überschreitung der Grenzwerte waren spezielle Untersuchungen notwendig, um eventuell doch die Strecke mit gewissen Vorschreibungen befahren zu können.

Die oben aufgeführten Kategorien waren für Güterwagen, Personenwagen, Postwagen und Gepäckwagen im Achsdruckverzeichnis des Vereins Deutscher Eisenbahnverwaltungen veröffentlicht. Dieser umfasste Deutschland, Österreich, Ungarn, Luxemburg (Prinz Heinrich-Eisenbahngesellschaft), Niederlande als ordentliche Mitglieder und Dänemark, Norwegen, Schweden und Schweiz als

7.5 Streckenklassen

außerordentliche Mitglieder. Weiters wurden die Daten der vereinsfremden Mitglieder Belgien, Bulgarien, Frankreich, Griechenland, Italien, Jugoslawien, Lettland, Litauen, Luxemburg (Wilhelm-Luxemburg-Bahnen), Polen, Rumänien, Tschechoslowakei und Türkei veröffentlicht.

In der Ausgabe Mai 1932 war die Benützbarkeit der Strecken wie folgt festgelegt:

- Wagen, bei denen der Achsdruck höchstens 16 t, das Metergewicht höchstens 3,6 t/m und der kleinste Abstand zweier benachbarte Achsen mindestens 1,5 m beträgt, diese Vorschreibung nur für Güterwagen, dürfen auf allen Strecken des Vereinsgebietes verkehren mit Ausnahme der im Verzeichnis (Anlage 1) angegebenen Strecken. Der auf diesen Strecken zulässige größte Achsdruck ist in der Spalte 3 des Verzeichnisses angegeben;
- Wagen mit einem Achsdruck von mehr als 16 t und einem Metergewicht von mehr als 3,6 t/m dürfen ohne besondere Vereinbarungen auf den in der Zusammenstellung (Anlage 2) aufgeführten Strecken verkehren.

Der Aufbau des Achsdruckverzeichnisses war somit derart, dass eine Regelbelastung – 16 t Achslast, usw. – definiert wurde. Strecken mit Abweichungen nach unten, somit Einschränkungen der Achslast usw. waren in Anlage 1 angeführt. Strecken mit Abweichungen nach oben, somit erhöhte Achslasten, waren in Anlage 2 aufgeführt.

Aus der Anlage 1 sind einige Strecken für Österreich entnommen, um einen Einblick in die damals zulässigen Achsdrücke zu gewinnen:

Salzburg-Wörgl	16,0 t Achslast
Innsbruck-Bregenz	16,0 t Achslast
Stainach-Attnang/Puchheim	16,0 t Achslast
Attnang/Puchheim-Schärding	14,5 t Achslast
Krems-Mauthausen	14,0 t Achslast
Steindorf-Braunau	14,5 t Achslast
Innsbruck/West-Scharnitz	16,0 t Achslast

Die mit 16 t Achslast angegebenen Strecken sind deshalb in der Anlage 1, da sie Einschränkungen des Lichtraumes aufweisen.

Aus der Anlage 2 sind folgende Daten wiedergegeben:
Daten in der Reihenfolge Strecke, Achslast, Meterlast bei geschlossenen Zügen, Meterlast bei einzelnen schweren Wagen in gewöhnlichen Zügen.

Wien West-Salzburg	18,0 t	6,0 t/m	8,0 t/m
Wörgl-Innsbruck	18,0 t	8,0 t/m	8,0 t/m
Innsbruck-Brenner	18,0 t	8,0 t/m	8,0 t/m
Wels-Passau	18,0 t	5,2 t/m	8,0 t/m

In Österreich betrugen 1932 die zugelassenen Achslasten je nach Strecke zwischen 11,0 und 18,0 t.

Im Achsdruckverzeichnis Ausgabe Juni 1938 war die Gliederung derart, dass für jede Strecke die Angaben bezüglich Achslast, Meterlast etc. gesondert aufgelistet wurden. Für den Verkehr im Vereinsgebiet waren die entsprechenden Angaben im Abschnitt II, für den Verkehr nach vereinsfremden Verwaltungen im Abschnitt III. Die maximal zulässige Achslast in Österreich war auf einigen Strecken 18 t.

7.6 Zuordnung Fahrbetriebsmittel-Infrastruktur bei den ÖBB

Bis 1996 waren in der Tafel A2 des Allgemeinen Anhanges zur Signal- und zur Betriebsvorschrift, zuvor in der Tafel A 2 des Allgemeinen Anhanges zu den Fahrplänen, die Verkehrszulässigkeit der Triebfahrzeuge, Schneeschleudern und Wagen, Angaben über Strecken, Achs – und Meterlasten und Angabe über Rollberge enthalten. Im Folgenden wird nur die Verkehrszulässigkeit der Triebfahrzeuge und Wagen auf den einzelnen Strecken laut Tafel A2 behandelt.

Für die Bestimmung der Verkehrszulässigkeit der Triebfahrzeuge werden diese aufgrund ihrer Achs- und Meterlasten in Zulässigkeitsgruppen eingeteilt. Die Zulässigkeitsgruppen werden durch eine Zahl und einen Buchstaben ausgedrückt z. B. 15d, wobei die Zahl die Achslastgruppe und der Buchstabe die Meterlastgruppe bedeutet. Die einem Triebfahrzeug entsprechende Achslastgruppe ergibt sich aus seiner größten Achslast, die Meterlastgruppe aus der Meterlast des Triebfahrzeuges (Eigengewicht geteilt durch die Länge des Triebfahrzeuges einschließlich der nicht eingedrückten Puffer).

Es gab die Achslastgruppen 6 bis 20, denen jeweils ein Achslastbereich zugeordnet war:

7.6 Zuordnung Fahrbetriebsmittel-Infrastruktur bei den ÖBB

Achslastgruppe 6   Achslast von 5,26 t bis 6,30 t
Achslastgruppe 7   Achslast von 6,31 t bis 7,35 t
Achslastgruppe 8   Achslast von 7,36 t bis 8,40 t
....

Achslastgruppe 18   Achslast von 17,86 bis 18,90 t
Achslastgruppe 19   Achslast von 18,91 bis 19,95 t
Achslastgruppe 20   Achslast von 19,96 bis 21,50 t

Es gab 6 Meterlastgruppen a bis f, denen jeweils ein Meterlastbereich zugeordnet war:

Meterlastgruppe a   Meterlast bis 4,0 t/m
Meterlastgruppe b   Meterlast von 4,1 bis 4,8 t/m
Meterlastgruppe c   Meterlast von 4,9 bis 5,6 t/m
Meterlastgruppe d   Meterlast von 5,7 bis 6,4 t/m
Meterlastgruppe e   Meterlast von 6,5 bis 7,2 t/m
Meterlastgruppe f   Meterlast von 7,3 bis 8,0 t/m

Aufgrund dieser Bestimmungen wurde jedes Triebfahrzeug in eine Zulässigkeitsgruppe eingestuft. Das Ergebnis dieser Einstufung für die einzelnen Triebfahrzeuge enthält Tafel A2.

Für jede Strecke war ebenfalls in der Tafel A2 eine Zulässigkeitsgruppe festgelegt, die im Regelverkehr nicht überschritten werden durfte. Somit konnte durch einen einfachen Vergleich Zulässigkeitsgruppe Strecke – Zulässigkeitsgruppe Triebfahrzeug die Verkehrszulässigkeit eines Triebfahrzeuges auf einer bestimmten Strecke festgestellt werden.

In ähnlicher Weise wurde bei der Einstufung von Wagen vorgegangen. Es wurde die maximale Achslast (Eigengewicht und Gewicht der Ladung geteilt durch Anzahl der Achsen) und die maximale Meterlast eines Wagens ermittelt. Ebenfalls in der Tafel A2 war für jede Strecke die maximal zulässige Achs- und Meterlast angegeben.

1996 wurde die Tafel A2 ersetzt durch die Einführung der Streckenklassen laut UIC-Merkblatt 700 V. Die maximale Radsatzlast, die Masse je Längeneinheit und die geometrischen Merkmale der Musterwagen bestimmen die Streckenklasse, die für jede Strecke zu ermitteln ist. Einwirkungen zufolge real verkehrender Schienenfahrzeuge müssen kleiner/gleich den Einwirkungen zufolge der Musterwagen der Streckenklasse sein. Für Brücken bedeutet dies, dass jede Brücke individuell bezüglich ihrer Tragfähigkeit durch eine Vergleichsrechnung in eine Streckenklasse laut UIC-Kodex 700 VE einzustufen ist. Loks, Wagen mit eigenem Antrieb und Triebwagenzüge können ebenfalls nach den Regeln für Güterwagen bestimmten Streckenklassen zugeordnet werden, die Unterscheidung Triebfahrzeuge-Wagen fiel weg. Das UIC-Merkblatt wurde mit erweitertem Inhalt in die ÖNORM EN 15528 (Bahnanwendungen-Streckenklassen zur Behandlung der Schnittstelle zwischen Lastgrenzen der Fahrzeuge und Infrastruktur) übergeführt, wobei jedoch die Definitionen der einzelnen Klassen mit Radsatzlast, Gewicht je Längeneinheit und geometrischen Merkmalen unverändert übernommen wurden. In der Karte Streckenklassen der Österreichischen Bundesbahnen sind für die einzelnen Strecken die jeweils zulässigen Streckenklassen (Achslast bzw. Radsatzlast und Meterlast) laut UIC-Merkblatt angegeben. Die jeweils gültige Streckenklassenkarte ist abrufbar unter:

https://infrastruktur.oebb.at/Geschäftspartner/Schienennetz/Dokumente und Daten/Netzkarten

Abb. 7.1 zeigt die Streckenklassen laut UIC-Kodex 700 VE, 10. Ausgabe, November 2004.

7.7 Lastgrenzenanschriften

Unter Lastgrenze ist das zulässige Höchstgewicht (zulässige Nutzlast, zulässiges Ladegewicht) zu verstehen, bis zu welchem der Wagen für die einzelnen Streckenklassen beladen werden darf. Diese Angaben sind für jeden Güterwagen im Lastgrenzenraster am Güterwagen angegeben. Die Zahl im Schnittpunkt von Streckenklasse und Geschwindigkeitszeile gibt das zulässige höchste Ladegewicht für die Kombination Streckenklasse-Höchstgeschwindigkeit an. Die Zahlen bzw. Zeichen in der ersten Spalte haben folgende Bedeutung:

keine Angabe: 80 km/h Höchstgeschwindigkeit
Zahlenangabe: Zahl gibt Höchstgeschwindigkeit
S: 100 km/h Höchstgeschwindigkeit
SS: 120 km/h Höchstgeschwindigkeit

Beispiel (Tab. 7.1):
Damit beträgt bei $V = 80$ km/h und Streckenklasse A das zulässige Ladegewicht 18,5 t.

7.7 Lastgrenzenanschriften

Anlagen

Anlage A - Lastmodelle (Musterwagen) zur Bestimmung der Streckenklasse

- a = Radsatzabstand
- b = Abstand des Endradsatzes zum nächstgelegenen Pufferende
- c = Abstand der beiden inneren Radsätze
- L = Länge über Puffer

Klasse	Radsatzlast	Gewicht je Längeneinheit	Geometrische Merkmale
A	P = 16 t	p = 5,0 t/m	b 1,50 — a 1,80 — c 6,20 — a 1,80 — b 1,50 ; L = 12,80
B1	P = 18 t	p = 5,0 t/m	b 1,50 — a 1,80 — c 7,80 — a 1,80 — b 1,50 ; L = 14,40
B2	P = 18 t	p = 6,4 t/m	b 1,50 — a 1,80 — c 4,65 — a 1,80 — b 1,50 ; L = 11,25
C2	P = 20 t	p = 6,4 t/m	b 1,50 — a 1,80 — c 5,90 — a 1,80 — b 1,50 ; L = 12,50
C3	P = 20 t	p = 7,2 t/m	b 1,50 — a 1,80 — c 4,50 — a 1,80 — b 1,50 ; L = 11,10
C4	P = 20 t	p = 8,0 t/m	b 1,50 — a 1,80 — c 3,40 — a 1,80 — b 1,50 ; L = 10,00
D2	P = 22,5 t	p = 6,4 t/m	b 1,50 — a 1,80 — c 7,45 — a 1,80 — b 1,50 ; L = 14,05
D3	P = 22,5 t	p = 7,2 t/m	b 1,50 — a 1,80 — c 5,90 — a 1,80 — b 1,50 ; L = 12,50
D4	P = 22,5 t	p = 8,0 t/m	b 1,50 — a 1,80 — c 4,65 — a 1,80 — b 1,50 ; L = 11,25
E4	P = 25 t	p = 8,0 t/m	b 1,50 — a 1,80 — c 5,90 — a 1,80 — b 1,50 ; L = 12,50
E5	P = 25 t	p = 8,8 t/m	b 1,50 — a 1,80 — c 4,75 — a 1,80 — b 1,50 ; L = 11,35

Abb. 7.1 Streckenklassen laut UIC-Kodex 700VE

Tab. 7.1 Beispiel Lastgrenzenanschriften

	A	B	C	Zulässig bis
	18,5 t	22,5 t	26,5 t	80 km/h
S	18,5 t		22,5 t	100 km/h
SS		18,5 t		120 km/h

7.8 Betriebs- und Verkehrsvorschriften

Der folgende Punkt erhebt nicht den Anspruch, einen vollständigen Überblick über die Betriebs- und Verkehrsvorschriften zu geben, er gibt Hinweise auf die Punkte der Vorschriften, die eine Verknüpfung zwischen Infrastruktur und Fahrbetriebsmittel beinhalten.

7.8.1 Unterlagen Zwischenkriegszeit

Die V3 – Verkehrsvorschriften – Ausgabe 1930 baute auf folgenden staatlichen Vorschriften auf:

- Eisenbahnbetriebsordnung
- Eisenbahnverkehrsordnung
- Grundzüge der Vorschriften für den Verkehrsdienst auf Hauptbahnen und jene für den Betrieb auf Lokalbahnen
- Signalordnung

Für den Dienstgebrauch waren Fahrplanbücher, Fahrpläne für Sonderzüge, Bildfahrpläne, Anhänge zu den Fahrplänen und Zugverzeichnisse vorgesehen. Bezüglich Angaben für die Infrastruktur sind die Anhänge von Interesse. Die Anhänge gliederten sich in drei Teile:

1. **Allgemeiner Anhang zu den Fahrplänen,** von der Generaldirektion verantwortet, enthält in den Tafeln A1 bis A13 unter anderem den größten zulässigen Achsdruck und größten zulässigen Achsstand der Wagen und das zulässige Lademaß (Tafel A2), die Verkehrszulässigkeit der Lokomotiven, Tender, Triebwagen und Schneeschleudern (Tafel A5), und die Allgemeinen Belastungstafeln der Lokomotiven (Tafel A7).

7.8 Betriebs- und Verkehrsvorschriften

2. **Besonderer Anhang zu den Fahrplänen,** von der Bundesbahndirektion erstellt, enthält in den Tafeln B 1 bis B 40 unter anderem die zulässige Streckenhöchstgeschwindigkeit und örtliche Geschwindigkeitseinschränkungen (Tafel B1), Höchstachsenzahl der Züge (Tafel B3), Regelbelastungen (Tafel B8).
3. **Ergänzungsheft zu den Fahrplänen,** von der Bundesbahndirektion erstellt, enthält in den Teilen E1 bis E17 Angaben wie z. B. zur Beförderung der Post (E9) und zu Bahnhöfen, in denen Speiseplatten und Speisekörbe verabreicht werden (E13).

Weiters war in Verwendung:
Dienst = Fahrordnungen für die einzelnen Strecken, erstellt von der Bundesbahndirektion, enthalten u. a. die zulässigen Höchstgeschwindigkeiten und deren Einschränkungen zufolge z. B. schwacher Brückentragwerke, Höchstbelastung für die einzelnen Lokomotivreihen, Fahrpläne der Züge.

Die V3 gab als Lastannahmen für Personenwagen das Gewicht eines Reisenden samt allfälligem Handgepäck mit 80 kg, das eines Soldaten bei voller Ausrüstung mit 100 kg (Punkt 293). Weitere Punkte betrafen die Zugbildung, somit die Fahrbetriebsmittel:

- Bedingungen für die Beigabe von Wagen mit Rücksicht auf die Höchstgeschwindigkeit der Züge
- Beigabe von Wagen mit Rücksicht auf deren Rädergattung, Achsdruck, Metergewicht und Achsstand
- Einreihung von Schwerwagen
- Höchstachsenzahl der Züge
- Belastung der Lokomotiven

7.8.2 Unterlagen von 1938 bis 1950

Es galten die deutschen Vorschriften.

7.8.3 Unterlagen ab 1951

Die überarbeitete V3 – Verkehrsvorschrift – trat mit 01.01.1951 in Kraft. Ihr Aufbau war ähnlich dem der Ausgabe 1930. Die Anhänge hießen jetzt Anhänge zur Signal- und Verkehrsvorschrift und gliederten sich in zwei Teile:

1. **Allgemeiner Anhang zur Signal- und Verkehrsvorschrift** enthält in gesonderten Tafeln A1 bis A10 unter anderem die Verkehrszulässigkeit der Triebfahrzeuge, Schneeschleudern und Wagen, Achs- und Meterlasten (Tafel A2).
2. **Besonderer Anhang zur Signal- und Verkehrsvorschrift** enthält in gesonderten Tafeln B1 bis B20 unter anderem die zulässige Streckenhöchstgeschwindigkeit, örtliche Geschwindigkeitsbeschränkungen (Tafel B1), Höchstachsenzahl der Züge (Tafel B5).

Der Allgemeine Anhang wurde von der Generaldirektion erstellt, der Besondere Anhang von der Direktion. Anzahl und Inhalt der Tafeln änderten sich.

Die Zusatzbestimmungen zur Signal- und Verkehrsvorschrift (ZSV), die von der Generaldirektion erstellt wurden, enthielten zusätzliche Bestimmungen und Erläuterungen zu diesen Vorschriften, die wegen ihrer Sonderheit oder ihres Umfanges dort nicht aufgenommen sind.

Streckenlisten ersetzten 1980 den Besonderen Anhang

Die Streckenliste enthält unter anderem Angaben über die höchstzulässige Achs- und Meterlast, Zulässigkeitsgruppe mit eventuellen Reihungsbeschränkungen, Gleislängen.

7.8.4 Stand 2019

Die Betriebs- und Verkehrsvorschriften sind wie folgt gegliedert (Auszug):

1. V1: nicht vergeben
2. V2: Verkehrsvorschrift
3. ZSB: Zusatzbestimmung zur Signal- und Betriebsvorschrift
4. Dienstanweisungen, z. B. zur ZSB
5. Streckenbezogene Fahrplanunterlagen:
   - Fahrplanhilfstafeln: die Fahrplanhilfstafeln (FHT) dienen zur Ermittlung der zulässigen Regelbelastung (Belastungstafel), der zulässigen Geschwindigkeit anhand der vorhandenen Bremshundertsteln (Dispositionsliste) bzw. Zughakengrenz- und Nachschiebelast (s – Tabelle) für die Zugvorbereitung.
   - Belastungstafeln BT: den BT sind Fahrzeitentafeln (FzT) zugrunde gelegt, nach denen die Züge verkehren. Jede FzT ist mit einem bestimmten Triebfahrzeug (Tfz) und definierter Belastung gerechnet. In der zugehörigen BT werden die verschiedenen Tfz-Reihen mit den entsprechenden Tonnagen eingestuft.

7.8 Betriebs- und Verkehrsvorschriften

- Dispositionslisten: Diese dienen zur streckenbezogenen Ermittlung der zulässigen Geschwindigkeit des Zuges bei bremstechnischen Einschränkungen.
- s-Tabellen: Diese dienen zur Ermittlung der Zughakengrenzlast (Wert Z in Tonnen)
- Streckenlisten: Diese enthalten die für das Fahrende Personal erforderlichen Angaben über Besonderheiten
- Zugverzeichnis für Bahnhofsmitarbeiter
6. Verzeichnis der örtlich zulässigen Geschwindigkeit
7. Buchfahrpläne, Bildfahrpläne.

Unter https://infrastruktur.oebb.at/regelwerke sind unter dem Ordner „Öffentlich zugängliche Regelwerke" Betriebliche Richtlinien zur freien Einsicht vorhanden.

Ermüdungsberechnungen von stählernen Eisenbahnbrücken

8.1 Inhalt von Kap. 8

Im vorliegenden Kap. 8 wird davon ausgegangen, dass dem Leser/der Leserin die grundlegenden Zusammenhänge zum Thema „Ermüdung" sowie die heute gängigen Nachweisformate geläufig sind.

In Abschn. 8.2 werden, um die Entwicklung von der impliziten Erfassung der Festigkeitsminderung infolge wiederholter Beanspruchung bis zu dem heute üblichen Betriebsfestigkeitsnachweis verständlich zu machen, einige Begriffe erläutert und die praxisrelevanten Grundlagen zusammenfassend dargestellt und es werden gängige Darstellungen der Zeit- und Dauerfestigkeit gezeigt.

In Abschn. 8.3 wird die *Entwicklung der normenmäßigen Behandlung* des Problemkreises „Ermüdung" beschrieben.

In Abschn. 8.4 werden *Hinweise zur Schnittgrößen- und Spannungsermittlung* für den Ermüdungs- und Betriebsfestigkeitsnachweis und für die Restlebensdauerberechnung gegeben.

In Abschn. 8.5 werden Hinweise zur *Festlegung der Zugbildung und des Verkehrs* gegeben.

In Abschn. 8.6 werden Hinweise zur *impliziten Berücksichtigung* der dynamischen Vergrößerung der Beanspruchungen und der Ermüdung (d. h. ohne gesonderten Ermüdungsfestigkeitsnachweis) gegeben.

In Abschn. 8.7 wird auf den Ermüdungsfestigkeitsnachweis (Wöhlerfestigkeitsnachweis) als Dauerfestigkeitsnachweis nach dem γ-*Verfahren* eingegangen,

---

Ergänzende Information Die elektronische Version dieses Kapitels enthält Zusatzmaterial, auf das über folgenden Link zugegriffen werden kann https://doi.org/10.1007/978-3-658-35954-6_8.

der in Österreich bis zum Auslaufen der (deterministischen) ÖNORMen B 4003, B 4600-3 und B 4603 in Verwendung war.

In Abschn. 8.8 wird der den modernen Normenwerken zugrundeliegende *Betriebsfestigkeitsnachweis* eingehend behandelt, es werden alternative Berechnungsmethoden gezeigt und es werden Zahlentabellen für die rasche Beurteilung beziehungsweise Berechnung zur Verfügung gestellt.

In Abschn. 8.9 werden, aufbauend auf Abschn. 8.8, Besonderheiten der *Restlebensdauerberechnung* behandelt.

In Abschn. 8.10 werden Hinweise zur *numerischen Behandlung* nach der FEM gegeben.

Abschn. 8.11 bringt eine *Zusammenfassung der Aussagen und Folgerungen*, die sich aus einem Ermüdungsnachweis beziehungsweise aus einer Restlebensdauerberechnung ziehen lassen.

Anschließend ist ein Verzeichnis der in Kap. 8 zitierten Literatur angegeben.

Umfassende Darstellungen der phänomenologischen und rechentechnischen Grundlagen der Ermüdung finden sich unter anderem in [1] und [2]. Knappere Darstellungen, speziell für Ingenieurbauwerke, sind in [3] und [4] enthalten. Die rechnerische Behandlung des Betriebsfestigkeitsnachweises unter Anwendung von Schadensäquivalenzfaktoren λ bezieht sich auf [5] und [6].

Kap. 8 behandelt nur Stahltragwerke. Die Ermüdungsnachweise für Betontragwerke unterscheiden sich einerseits deutlich von jenen für Stahltragwerke, andererseits sind Betontragwerke in der Regel kaum ermüdungsgefährdet, siehe [7]. Bei nicht vorgespannten Tragwerken ist das Eigengewicht verhältnismäßig groß, sodass die Verhältniswerte $max.\sigma/min.\sigma$ klein bleiben. Bei vorgespannten Betontragwerken bleiben die Spannungsamplituden klein, siehe [8].

8.2 Grundlagen

8.2.1 Formulierung nach Wöhler

„Der Bruch des Materials, läßt sich auch durch vielfach wiederholte Schwingungen, von denen keine die absolute Bruchgrenze erreicht, herbeiführen. Die Differenzen der Spannungen, welche die Schwingungen eingrenzen, sind dabei für die Zerstörung des Zusammenhanges maßgebend. Die absolute Größe der Grenzspannungen ist nur insoweit von Einfluß, als mit wachsender Spannung die Differenzen, welche den Bruch herbeiführen, sich verringern" (Wöhler 1870, zitiert nach [9]). Diese Definition, die sich auf undefiniert *vielfach wiederholte Schwingungen* bezieht, beschreibt eine Festigkeit, die *vielfach* ertragen werden

8.2 Grundlagen

kann. Dabei kann es sich sowohl um eine „Zeitfestigkeit" (für eine endliche Lastspielzahl) als auch um eine „Dauerfestigkeit" (für „unendlich viele" Lastspiele) handeln. Ebenso kommt zum Ausdruck, dass das Versagen durch *Zerstörung des Zusammenhanges* (Bruch) erfolgt, nicht durch übermäßiges lokales Fließen, und auch, dass die kritische, d. h. zum Bruch führende Spannungsdifferenz vom Spannungsniveau abhängig ist.

Somit ist der Widerstand eines Werkstoffes oder Bauteils gegenüber Bruchversagen nicht nur von den statischen Materialeigenschaften und dem Spannungszustand abhängig, sondern auch von der Häufigkeit, mit der dieser Spannungszustand auftritt. Die Phänomene, die das Abfallen des Materialwiderstandes gegenüber dem Bruch mit zunehmender Lastspielzahl verursachen – die Ursache liegt in mikroskopischem Aufbau der Werkstoffe – werden zusammenfassend als Materialermüdung, kurz Ermüdung, bezeichnet.

8.2.2 Begriffe und Darstellungen

8.2.2.1 Periodische Beanspruchung

Periodische Beanspruchung ist eine zeitlich veränderliche Beanspruchung, die zwischen den beiden Werten σ_u und σ_o pendelt. Festigkeitsuntersuchungen unter periodischen Beanspruchungen sind die wichtigste Grundlage für die experimentelle Erforschung der Ermüdungsproblematik. In Abb. 8.1 sind die Spannungen und Spannungsdifferenzen dargestellt, diese sind in Tab. 8.1 zusammengefasst.

Abb. 8.1 Periodische Beanspruchung

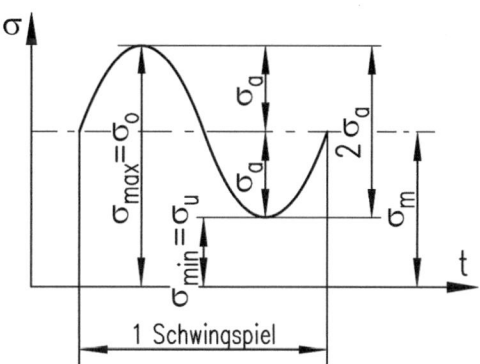

Tab. 8.1 Definitionen für periodische Beanspruchung

Symbol	Bezeichnung	Anmerkungen
σ_o	Oberspannung	---
σ_u	Unterspannung	---
$\sigma_m = \frac{\sigma_o + \sigma_u}{2}$	Mittelspannung	---
$\sigma_a = \frac{\sigma_o - \sigma_u}{2}$	Spannungsamplitude	---
$2\sigma_a = \sigma_o - \sigma_u = \Delta\sigma$	Lastspiel, Schwingspiel, Doppelspannungsamplitude, Schwingbreite	---
$\kappa = \frac{\min.\sigma}{\max.\sigma}$	Spannungsverhältnis	• max.σ ist die betragsmäßig größere Spannung, min.σ die betragsmäßig kleinere Spannung • max.σ und min.σ sind mit ihren Vorzeichen einzusetzen • Es muss angegeben werden, ob max.σ eine Zug- oder Druckspannung ist • Es gilt: $-1 \leq \kappa \leq +1$
---	Lastspiel, Schwingspiel	siehe Abb. 8.1

Periodische Beanspruchungen können im Maschinenbau näherungsweise vorkommen, im Brückenbau stellt sie allenfalls eine sehr grobe Vereinfachung der Realität dar. Sie bildet aber die Grundlage für den klassischen Ermüdungsfestigkeitsnachweis (auch: Wöhlerfestigkeitsnachweis) mit Auslegung des Bauwerkes auf Dauerfestigkeit.

8.2.2.2 Arten periodischer Beanspruchung

Abhängig von den absoluten Größen und Vorzeichen der beteiligten Ober- und Unterspannung lassen sich fünf Fälle unterscheiden (Fall 1 und 2 beziehungsweise 6 und 7 sind gleichbedeutend), diese sind in Abb. 8.2 dargestellt.

8.2 Grundlagen

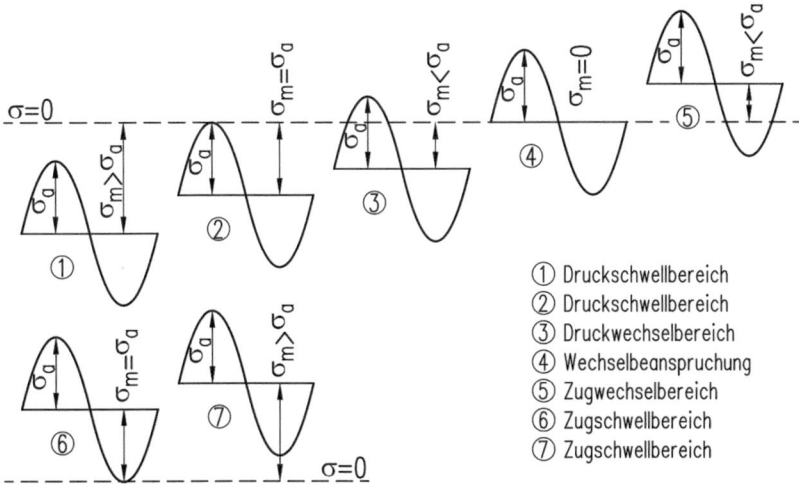

Abb. 8.2 Fälle periodischer Beanspruchung

8.2.2.3 Zeitfestigkeit $\sigma_o(N)$, Dauerfestigkeit σ_D und Wöhlerlinie $\sigma(N)$

An einer Anzahl möglichst identischer Probestücke (gleiches Material, gleiche Geometrie, gleiche Herstellung) werden mit *einer* Prüfmaschine bei festgehaltener Unterspannung σ_u und unterschiedlichen Oberspannungen σ_o Versuche unter periodischer Beanspruchung (siehe Abb. 8.1) bis zum Bruch durchgeführt. Als *Zeitfestigkeit* $\sigma_o(N)$ wird jene Oberspannung σ_o bezeichnet, die bei vorgegebener Lastspielzahl N zum Bruch führt, als *Dauerfestigkeit* jene Oberspannung, die, bei weiterhin festgehaltener Unterspannung, „unendlich oft" ertragen wird. Da Ermüdungsversuche nur mit einer endlichen Anzahl von Lastspielen durchgeführt werden können und auch die Versuchsdauer berücksichtigt werden muss, sind für die Dauerfestigkeit aktuell die Lastspielzahlen $5 \cdot 10^6$ (für Normalspannungen) beziehungsweise 10^8 (für Schubspannungen) definiert (früher generell $2 \cdot 10^6$). Charakteristisch für Ermüdungsversuche ist die starke Streuung der Zeit- und Dauerfestigkeiten, daher werden für weitere Auswertungen Fraktilwerte (5 %-Fraktile, 50 %-Fraktile, 95 %-Fraktile) herangezogen. Als *Wöhlerlinien* werden Kurven $\sigma_o(N)$ mit gleichbleibendem Fraktilwert bezeichnet, welche die experimentell gefundenen Zeitfestigkeiten verbinden. Eine solche Wöhlerlinie ist in Abb. 8.3 qualitativ dargestellt.

Abb. 8.3 Wöhlerlinie σ(N)

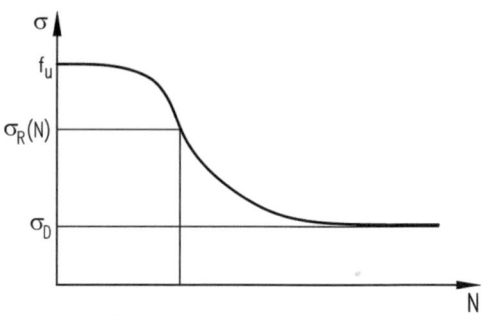

8.2.2.4 Darstellungen

Je nach Abhängigkeit wurden, speziell für den Maschinenbau, mehrere Diagramme entwickelt. Eine gängige Darstellung (Smith-Diagramm) zeigt Abb. 8.4, in dieser Darstellung kommt der Einfluss der Mittelspannung σ_m auf die Dauerfestigkeit zum Ausdruck.

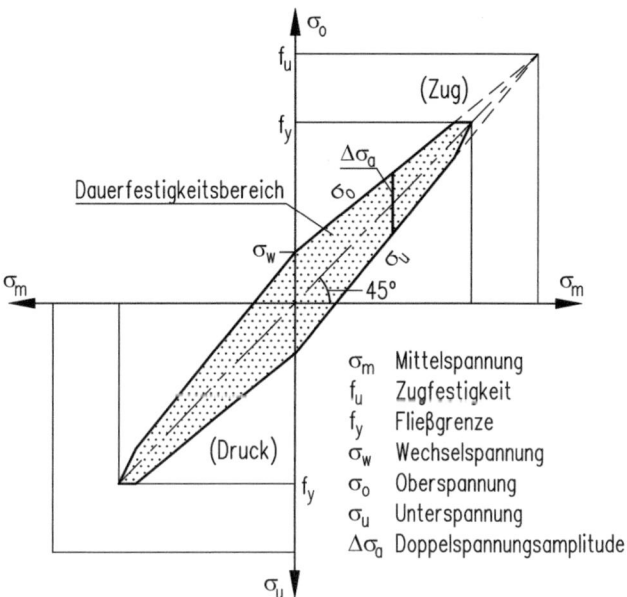

Abb. 8.4 Smith-Diagramm (vereinfachte Darstellung)

8.2 Grundlagen

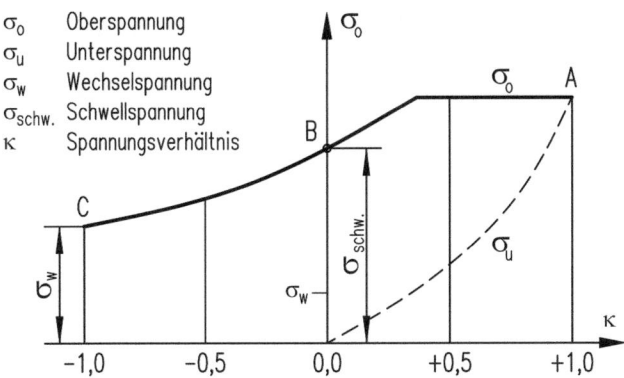

Abb. 8.5 Moore-Diagramm

Das Smith-Diagramm ist ein Dauerfestigkeitsdiagramm. Es zeigt anschaulich das von Wöhler formulierte Gesetz (siehe Abschn. 8.2.1): je größer die betragsmäßig größere Spannung, desto kleiner sind die „unendlich oft" ertragbaren Spannungsspiele $\Delta\sigma_a = \sigma_o - \sigma_u$. Mit zunehmender Kerbempfindlichkeit des betrachteten Details nähern sich die Begrenzungslinien zunehmend zwei parallelen Geraden, wobei deren Abstand geringer wird.

Ebenfalls üblich ist die Darstellung im Moore-Diagramm, siehe Abb. 8.5, auch bei diesem Diagramm handelt es sich um ein Dauerfestigkeitsdiagramm.

Dieses Diagramm bildet die Grundlage für den traditionellen Wöhlernachweis (Dauerfestigkeitsnachweis) nach dem γ-Verfahren, siehe Abschn. 8.7.

8.2.2.5 Ermüdungsfestigkeits-, Wöhlerfestigkeits- und Betriebsfestigkeitsnachweis

Keiner der zu führenden statischen Nachweise wurde im Zuge der Normenentwicklung so grundlegend geändert und an den jeweils aktuellen Wissensstand angepasst wie der Nachweis gegen Versagen durch Ermüdung, und entsprechend wurden die Bezeichnungen für den zu erbringenden Nachweis geändert. Eine Übersicht für die ÖNORMen B 4xxx gibt Tab. 8.2.

Tab. 8.2 Bezeichnungen der zu erbringenden Nachweis gegenüber ermüdungswirksamen Beanspruchungen

ÖNORM B	BEZEICHNUNG	SICHERHEITSKONZEPT	ANMERKUNG
4300-2:1949	Ermüdungsfestigkeits-NW	Deterministisch	„Ermüdungsfestigkeit" und „Wöhlerfestigkeit" wurden synonym verwendet
4300-2:1950			
4300-2:1954			
4300-3:1952			
4600-3:1964	Wöhlerfestigkeits-NW	Deterministisch	
4600-3:1976			
4600-3:1979			
4300-5:1994	Ermüdungsfestigkeits-NW	Semiprobabilistisch	Es handelt sich um einen Betriebsfestigkeitsnachweis
4303:1994			

8.2.2.6 Genormte Lastenzüge und Regelzüge

In den Belastungsnormen bis einschließlich ÖNORM B 4003:1984 bildeten die genormten Belastungszüge außer für die statischen Nachweise auch die Grundlage für den Wöhlerfestigkeitsnachweis. Abb. 8.6 zeigt beispielhaft den genormten Lastenzug S.

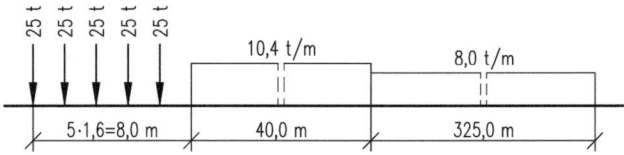

Abb. 8.6 Lastenzug S nach ÖNORM B 4003-1:1956

Mit Einführung des semiprobabilistischen Sicherheitskonzeptes (d. h. mit Einführung der ÖNORM B 4003:1994 beziehungsweise EN 1991-2:2004) wurden zwei Lastmodelle (Lastmodell 71, SW/2) beziehungsweise drei Lastmodelle (Lastmodell 71, SW/0, SW/2) eingeführt, die für die statischen Nachweise heranzuziehen sind. Für den Betriebsfestigkeitsnachweis werden in EN 1991-2, Anhang D, typisierte Regelzüge angegeben. Abb. 8.7 zeigt beispielhaft den Regelzug T6 nach EN 1991-2, Anhang D, Abb. 8.8 das Lastmodell 71, ebenfalls nach EN 1991-2, mit welchem in der Praxis die statischen Nachweise geführt werden. Bezüglich der Zusammenstellung von realen oder idealisiert-realen Zügen wird auf Abschn. 8.5 verwiesen.

8.2 Grundlagen

Typ 6 Lokgezogener Güterzug

$\Sigma\, Q = 14310\,\text{kN}\quad V = 100\,\text{km/h}\quad L = 333{,}10\,\text{m}\quad q = 43{,}0\,\text{kN/m'}$

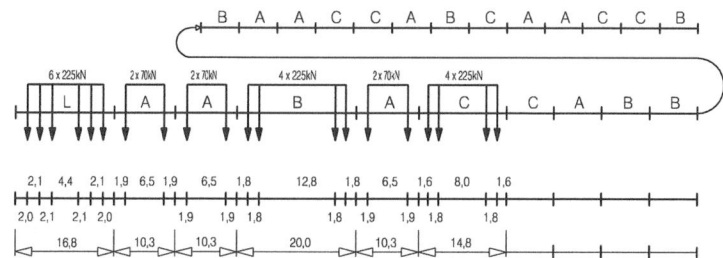

Abb. 8.7 Lokgezogener Güterzug (Regelzug Typ 6 nach EN 1991-2:2012, Anhang D)

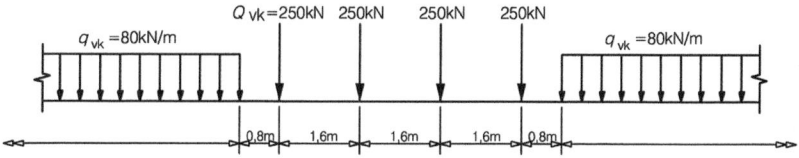

Abb. 8.8 Lastmodell 71

8.2.2.7 Spannungsschwingbreiten, Spannungsspektrum, Spannungskollektiv und ermüdungswirksame Belastung

Im Gegensatz zum periodischen Spannungsverlauf $\sigma(t) = \sigma_m + \sigma_a \cdot \sin \omega t$ (siehe Abb. 8.1) mit der maximalen Spannung (Oberspannung) als bemessungsrelevante Größe für den klassischen Nachweis gegenüber einer Dauerfestigkeit („Wöhlerfestigkeitsnachweis", auch „Ermüdungsfestigkeitsnachweis" nach den in Tab. 8.2 genannten ÖNORMen B 4300-2, B 4300-3 und B 4600-3) kann das Diagramm der Spannungsschwingbreiten als Grundlage für eine getreuere Abbildung der Realität und damit für einen zutreffenderen Nachweis gegenüber Versagen durch Materialermüdung betrachtet werden. Abb. 8.9 zeigt den zeitlichen Momentenverlauf $M(t)$ in Feldmitte eines Balkens mit der Stützweite $L_S = 6\,m$ bei einmaliger Überfahrt durch den Regelzug Typ 6 nach ÖNORM EN 1991-2:2012 (lokgezogener, 333,10 m langer Güterzug mit Achslasten von 225 beziehungsweise 70 kN).

Aus den Momentenschwingbreiten $M(t)$ erhält man durch ein Zählverfahren (siehe Abschn. 8.8.4.6) das Momentenspektrum (siehe Abb. 8.10) und aus diesem das Spannungsspektrum, das die Häufigkeit der ermüdungswirksamen Spannungsdifferenzen angibt.

226   8 Ermüdungsberechnungen von stählernen Eisenbahnbrücken

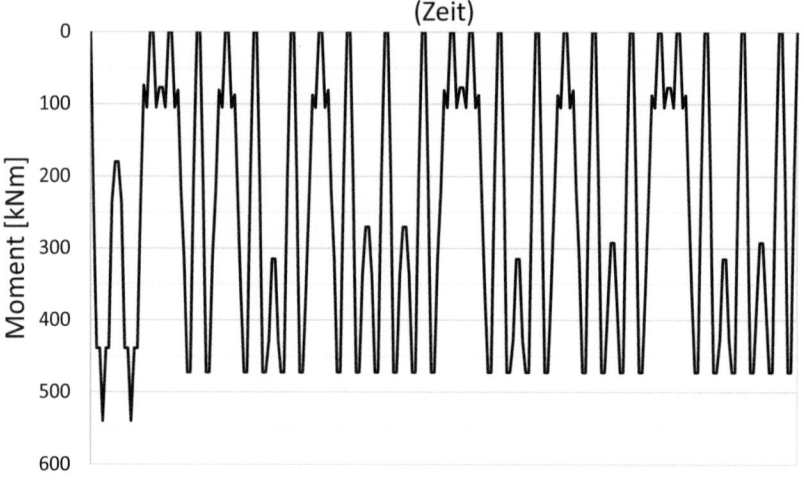

Abb. 8.9 Momenten-Zeitdiagramm

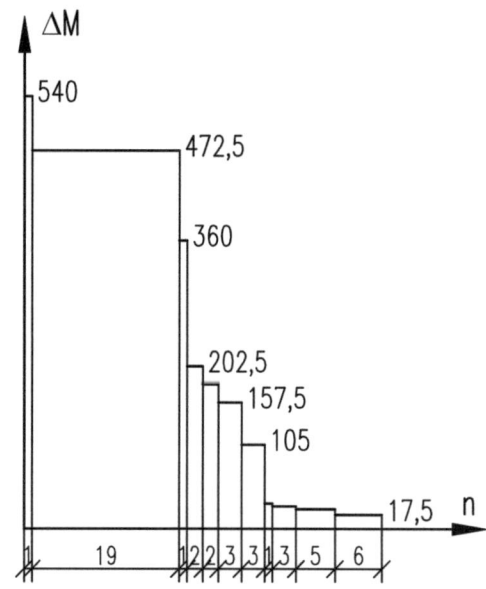

Abb. 8.10 Momentenkollektiv für den Momentenverlauf nach Abb. 8.9

8.2 Grundlagen

Die Biegespannungen erhält man nach der Gleichung $\sigma = M/W$, die Spannungsdifferenzen nach der Gleichung $\Delta \sigma = \Delta M/W$. Gegenüber der dauerfesten Auslegung eines Bauwerkes, bei der die maximale Betriebsspannung abhängig vom Spannungsverhältnis a priori „unendlich oft" (2 Mio. Mal) ertragen werden soll, unterscheidet sich die betriebsfeste Auslegung durch wirklichkeitsnähere Annahmen. Dabei lassen sich die regellose Gesamtheit der Beanspruchungen (unterschiedliche Größe und Häufigkeit) der auf der Strecke verkehrenden Züge und die geforderte Nutzungsdauer des Bauwerkes berücksichtigen.

Schließlich lässt sich das Spannungskollektiv in ein schädigungsäquivalentes Einstufenkollektiv umrechnen, auch der Bezug auf die traditionellen 2 Mio. Lastspiele ist möglich. Das eröffnet die Möglichkeit für einen sehr einfachen Betriebsfestigkeitsnachweis, siehe Abschn. 8.8.8 bis 8.8.11.

8.2.2.8 Kerbwirkung

Der Begriff der Kerbwirkung ist für Ermüdungsberechnungen von zentraler Bedeutung. Man versteht darunter die spannungsvergrößernde Wirkung aus geometrischen Diskontinuitäten (z. B. Löcher und andere Querschnittsänderungen) sowie aus dem Herstellungsprozess („strukturelle Kerben" infolge von Walz- und Schweißvorgängen). Geometrische Diskontinuitäten bewirken eine Umlenkung der Hauptspannungstrajektorien und damit eine Änderung des ungestörten Spannungsflusses, strukturelle Kerben resultieren aus fertigungsbedingten Eigenspannungen, speziell Schweißeigenspannungen, beide Einflüsse beeinflussen das Ermüdungsverhalten negativ. Ist beispielsweise an ein Blech ein weiteres Blech angeschweißt (Verstärkung oder Steife, siehe Abb. 8.11), so gibt es eine geometrische Kerbe aus dem Dickensprung (je unvermittelter der Dickensprung, desto größer die Kerbwirkung) und eine strukturelle Kerbe aus dem Schweißvorgang. Kerben vergrößern lokal die Spannungen aus dem ungestörten Kraftfluss. Sind lokal mehrere Kerben vorhanden, ist immer allein die Kerbe mit der größten Kerbwirkung maßgebend.

Je größer die Kerbwirkung, desto kleiner ist unter sonst gleichen Bedingungen (Spannungsamplitude, Lastspielzahl) der Widerstand gegenüber Ermüdungsbruch. In EN 1993-1-9:2013 beträgt der größte Wert $\Delta \sigma_C = 160 \frac{N}{mm^2}$ (kleinste Kerbwirkung → bester Kerbfall), der kleinste Wert $\Delta \sigma_C = 36 \frac{N}{mm^2}$ (größte Kerbwirkung → schlechtester Kerbfall). Mit diesen Kerbfällen und den Ermüdungsfestigkeitskurven nach EN 1993-1-9 beziehungsweise ÖNORM B 4008-2 lassen sich die geforderten Betriebsfestigkeitsnachweise führen. Für eine Reihe charakteristischer ungeschweißter sowie geschweißter Konstruktionsdetails wurden auf experimentellem Wege Zeitfestigkeitsdiagramme für Normal- und Schubspannungen ermittelt. Referenzwert ist *immer* der Spannungswert $\Delta \sigma_C$ bei der Lastspielzahl $N_C = 2 \cdot 10^6$. Er wird als „Kerbfall" bezeichnet.

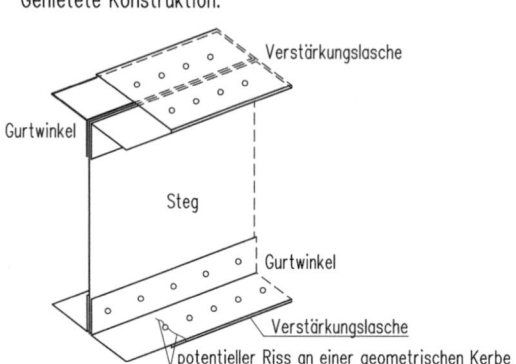

Abb. 8.11 Details mit geometrischen und strukturellen Kerben

Ab der wenige Jahre nach Ende des Zweiten Weltkrieges veröffentlichten ÖNORM B 4300-3:1952 wird die Ermüdungsfestigkeit nicht mehr pauschal, sondern in Abhängigkeit von der vorliegenden Detailkonstruktion angegeben. Bei genieteten Konstruktionen war dies nicht unbedingt notwendig gewesen, da bei genieteten Bauteilen von einer einigermaßen einheitlichen Kerbempfindlichkeit ausgegangen werden konnte.

In ÖNORM B 4300-3:1952 wurden je nach Spannung (Normal- beziehungsweise Schubspannung) und kerbempfindlichem Detail 16 Fälle unterschieden

In ÖNORM B 4600-3 (ab 1964) waren zehn Gruppen angegeben, wobei je Einzelgruppe (A bis I sowie K) mehrere Fälle zusammengefasst wurden, die hinsichtlich Ermüdung als gleichwertig eingestuft werden konnten.

Mit Einführung von EN 1993-1-9 schließlich sind insgesamt 14 Kerbfälle angegeben, diese entsprechen dem 5 %-Fraktilwert der Zeitfestigkeit $\Delta\sigma_C$ beziehungsweise $\Delta\tau_C$ bei der Lastspielzahl $N_C = 2 \cdot 10^6$. Dem besten Kerbfall entspricht $\Delta\sigma_C = 160\,N/mm^2$ (Grundmaterial), dem schlechtesten Kerbfall $\Delta\sigma_C = 36\,N/mm^2$ (nicht-durchgeschweißte T-Stöße sowie große unvermittelte, lokale Steifigkeitsunterschiede). Die 13 Intervalle sind einigermaßen äquidistant

8.2 Grundlagen

aufgeteilt, das Verhältnis zwischen je zwei Kerbfällen beträgt durchschnittlich $\left(\frac{max.\Delta\sigma_c}{min.\Delta\sigma_c}\right)^{1/13} = \left(\frac{160}{36}\right)^{1/13} = 1{,}12.$

Ähnlich wie in EN 1993-1-9 sind für spezifische Nietdetails in ÖNORM B 4008-2 Kerbfälle angegeben. Dem besten Kerbfall entspricht $\Delta\tau_C = 140\,N/mm^2$ (Nietschaft), dem schlechtesten Kerbfall $\Delta\sigma_C = 71\,N/mm^2$. Da nicht nur die Kerbfälle der beiden letztgenannten Normen Unterschiede aufweisen, sondern auch die Wöhlerlinien von einander abweichen, müssen bei genieteten Bauteilen in der Regel die Ermüdungsnachweise nach beiden Normen geführt werden, beispielsweise für das Grundmaterial nach EN 1993-1-9, für Niete und Nietlöcher nach ÖNORM B 4008-2. In dieser Norm sind auch Faktoren $f(\kappa)$ mit $\kappa = \sigma_{min.}/\sigma_{max.}$ zur näherungsweisen Berücksichtigung einer gewissen Mittelspannungsempfindlichkeit genieteter Bauteile angegeben.

8.2.2.9 Mittelspannung

Die Definition einer „Mittelspannung" ergibt nur bei periodischer Belastung (siehe Abb. 8.1) einen Sinn. Sie entspricht dem Mittelwert aus Ober- und Unterspannung, d. h. die periodisch sich verändernde Spannung pendelt um die Mittelspannung. Der Einfluss der Mittelspannung auf das Ermüdungsverhalten ist in der Regel insofern von untergeordneter Bedeutung als, insbesondere bei geschweißten Bauteilen, herstellungsbedingt hohe Eigenspannungen vorliegen, zu diesen kommen noch die mit zunehmender Balkenstützweite wichtiger werdenden Spannungen durch ständige Einwirkungen (Eigengewicht und Ausbaulasten). Daher bleibt in modernen Vorschriften für geschweißte Konstruktionen der Einfluss der Mittelspannung unberücksichtigt, siehe EN 1993-1-9. In dieser Norm ist an Stelle der Wöhlerlinie, bei der in Abhängigkeit von der ertragbaren Lastspielzahl die Oberspannung der Zug-Ursprungsbeanspruchung aufgetragen ist, wiederum in Abhängigkeit von der ertragbaren Lastspielzahl, die Doppelspannungsamplitude $\Delta\sigma = 2\cdot\sigma_a$ aufgetragen. Damit bleibt der Einfluss der Mittelspannung unberücksichtigt. In ÖNORM B 4008-2, die sich auf Details genieteter Konstruktionen mit entsprechend kleineren Eigenspannungen bezieht, wird dagegen die Mittelspannung pauschal berücksichtigt. Abb. 8.12 zeigt eine Ermüdungsfestigkeitskurve für Normalspannungsdifferenzen in doppeltlinearer Darstellung, Abb. 8.13 und 8.14 in doppeltlogarithmischen Darstellung nach Eurocode.

Der einfache Funktionsverlauf in doppeltlogarithmischer Darstellung erlaubt eine sehr einfache mathematische Behandlung von Ermüdungsberechnungen, siehe Abschn. 8.8. Die (günstigere) Ermüdungsfestigkeitskurve für Einstufenkollektive nach Abb. 8.13 findet im Brückenbau keine Anwendung. (Die λ-Werte nach EN 1993-2 basieren sämtlich auf trilinearen Wöhlerlinien laut Abb. 8.14, siehe auch Abschn. 8.8.10).

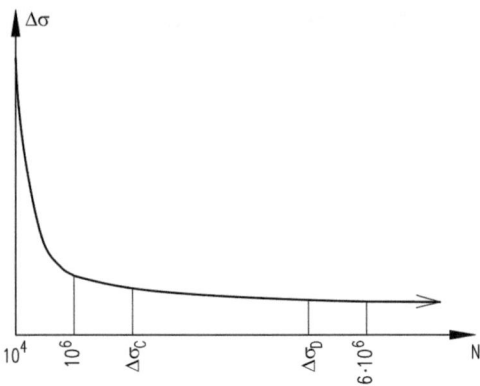

Abb. 8.12 Ermüdungsfestigkeitskurve in doppeltlinearer Darstellung

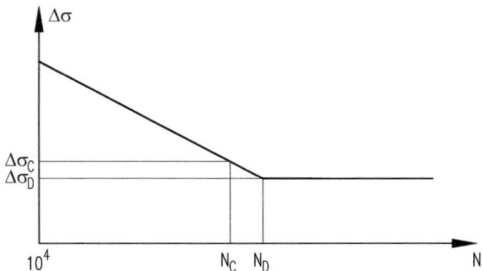

Abb. 8.13 Ermüdungsfestigkeitskurve für Einstufenkollektive in doppeltlogarithmischer Darstellung

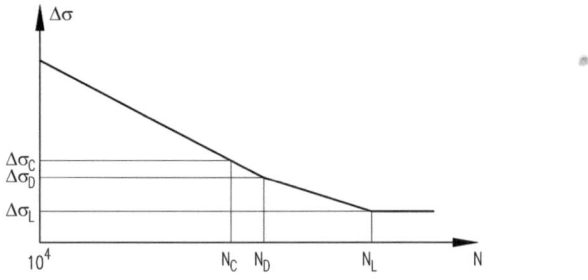

Abb. 8.14 Ermüdungsfestigkeitskurve für Mehrstufenkollektive in doppeltlogarithmischer Darstellung

8.2 Grundlagen

8.2.2.10 Einwirkung und Widerstand bei Ermüdungsberechnungen

Wie bei jedem statischen Nachweis bestehen auch die Ermüdungsnachweise in der Gegenüberstellung einer Einwirkung und eines Widerstandes, hier für ein eng begrenztes Konstruktionsdetail (Fasernachweis). Anders als beim Querschnittsnachweis ergibt sich bei Ermüdungsberechnungen die *Einwirkung* aus dem zeitlichen Verlauf der Beanspruchung im betrachteten Detail, der *Widerstand* aus den Häufigkeiten N_i, bei denen eine Spannungsdifferenz statistisch betrachtet zum *ersten makroskopisch feststellbaren Anriss* führt. Der Widerstand bezieht sich somit auf zwei Größen, zwischen denen ein enger Zusammenhang besteht: dem Spannungszustand und der Lastspielzahl. Mit zunehmender Lastspielzahl (Auftretenshäufigkeit) verkleinert sich der Widerstand und dieser ist zudem auch abhängig von der konstruktiven und herstellungstechnischen Ausführung an der betrachteten Stelle. Eine weitere, häufig mit Vorteil verwendete Lesart bezieht sich auf die Schädigung, die zum Ermüdungsversagen führt. Unterstellt man, dass jedes Lastspiel eine Teilschädigung d_i bewirkt, setzt sich die Gesamtschädigung (Schädigung) D_d aus einer Vielzahl von Teilschädigungen d_i zusammen. Ermüdungsversagen tritt definitionsgemäß auf, wenn die Schädigung $D_d = 1{,}0$ erreicht wird.

8.2.2.11 Ermüdungsnachweis und Restlebensdauer

Kann nachgewiesen werden, dass in jedem Punkt der Konstruktion die Einwirkung nicht größer ist als der Widerstand, so kann die Konstruktion *für die unterstellte Lebensdauer* als ermüdungstauglich angesehen werden. Ein bestehendes Tragwerk weist hinsichtlich Ermüdung eine gewisse Schädigung $D_d \leq 1{,}0$ auf. Für die weitere Nutzung steht die Differenz von D_d auf 1,0 zur Verfügung. Aus dem Wert $1{,}0 - D_d \geq 0$ und dem Verkehrsaufkommen lässt sich die rechnerisch zu erwartende Restlebensdauer des Bauwerkes ermitteln. So betrachtet kann der Nachweis eines ausreichenden Ermüdungswiderstandes auch als Nachweis interpretiert werden, dass die „Restlebensdauer" eines neuen, (d. h. hinsichtlich Ermüdung ungeschädigten) Tragwerkes mindestens der geforderten Lebensdauer entspricht.

8.2.2.12 Ermittlung der Zeit- und Dauerfestigkeit

Das umfassende Problem der Materialermüdung ist in vielen Einzelheiten geklärt, eine durchgängige Theorie, die alle Erscheinungen vom mikroskopischen über den makroskopischen Bereich bis in den Größenbereich von Bauteilen umfasst und ohne Zuhilfenahme spezieller experimenteller Untersuchungen qualitative Aussagen bezüglich Zeitfestigkeit und Dauerfestigkeit erlaubt, konnte bislang jedoch nicht gefunden werden. Nach heutigem Wissensstand können Wöhlerlinien nur experimentell in umfangreichen Versuchsreihen ermittelt werden. Den experimentellen Befunden entsprechend scheint es ein Spanungsniveau zu geben, unterhalb dessen es nennenswerte Ermüdungserscheinungen kaum mehr gibt. Die Ergebnisse von Ermüdungsversuchen können sowohl für den klassischen Ermüdungsnachweis als auch für den aktuellen Betriebsfestigkeitsnachweis verwendet werden.

8.2.2.13 Zum Mechanismus des Ermüdungsbruches
Der unter allen Umständen zu vermeidende Ermüdungsbruch vollzieht sich in mehreren Phasen, siehe Abb. 8.15.

Abb. 8.15 Progressive Zerstörung durch Ermüdung

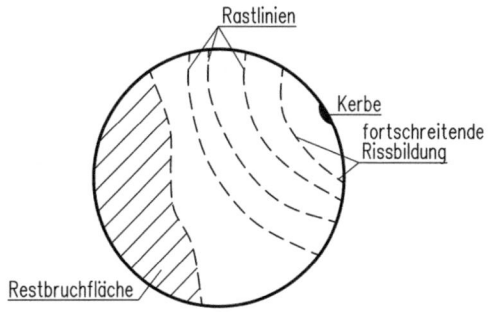

An einer Kerbe entsteht durch kleinste plastische Verformungen zunächst ein kleiner Riss, von welchem ausgehend der Querschnitt flächenhaft getrennt und damit geschwächt wird. Bei weiterer Schwingbelastung vergrößert sich die flächenhafte Trennung, jedoch nicht stetig, sondern in Phasen, zwischen denen die Querschnittsschwächung unverändert bleibt. Die entsprechenden Trennlinien werden als Rastlinien bezeichnet. Wird die verbleibende, zusammenhängende Restfläche schließlich so klein, dass die Materialfestigkeit (Zugfestigkeit) überschritten wird, tritt unangekündigt ein verformungsloser Bruch des Restquerschnittes und damit des Gesamtquerschnittes auf.

8.2.2.14 Einflüsse auf den Widerstand gegenüber Ermüdungsversagen
Die für das Ermüdungsverhalten von Ingenieurbauwerken wichtigsten Parameter sind:

8.2 Grundlagen

• Schwingbreite $\Delta\sigma$	Die Schwingbreite ist unter anderem von der Größe und Gestalt des Querschnittes abhängig.
• Mittelspannung	Gegenüber dem Sonderfall $\sigma_m = 0$ hebt eine positive Mittelspannung (Zugspannung) zwar die Dauerfestigkeit $\sigma_D \equiv \sigma_o$ an, allerdings auch die Unterspannung σ_u, sodass die ertragbare Spannungsdifferenz (Doppelspannungsamplitude $\Delta\sigma = 2 \cdot \sigma_a$) nur unwesentlich kleiner wird. Das gilt sinngemäß auch für eine negative Mittelspannung (Druckspannung).
• Grad der Kerbwirkung	Die Wirkung *geometrischer Kerben* ist unter anderem von der Detailausbildung abhängig. Steifigkeitssprünge wirken sich immer negativ auf das Ermüdungsverhalten aus. Zu den geometrischen Kerben kommen noch *strukturelle Kerben*. Diese entsprechen den Eigenspannungen und sind durch den Herstellungsprozess (Walzen, Schneiden, Schweißen) bedingt. Insbesondere geschweißte Bauteile können hohe Eigenspannungen aufweisen, sodass bei geschweißten Details der Einfluss der *statischen* Mittelspannung σ_m (Mittelspannung ohne Berücksichtigung der Schweißeigenspannungen) von untergeordneter Bedeutung ist. Bei nicht geschweißten Konstruktionsdetails (z. B. bei genieteten Bauteilen) ist hingegen ein Einfluss vorhanden, der beim Ermüdungsnachweis Berücksichtigung finden kann oder auch muss.
• Korrosion	Korrodierte Bereiche weisen eine starke Kerbwirkung auf, d. h. Zeitfestigkeit und Dauerfestigkeit können erheblich kleiner sein als die Werte bei gutem Erhaltungszustand. Damit ist eine regelmäßige Kontrolle hinsichtlich des Erhaltungszustandes von besonderer Bedeutung, falls erforderlich muss ein guter Zustand wiederhergestellt werden.

8.2.2.15 ULS-, SLS- und FLS-Nachweise

In die ULS-Nachweise gegenüber Querschnittsversagen geht die Lastspielzahl nicht ein, für die konstruktive Umsetzung und damit für die Ausführungsqualität sind in Ausführungsnormen Mindestkriterien angegeben. Somit unterscheiden sich ULS-Querschnittsnachweise, bei denen Fließerscheinungen explizit oder implizit vorausgesetzt werden, charakteristisch von FLS-Fasernachweisen, bei denen die tatsächlich auftretenden lokalen Spannungen maßgebend sind und im makroskopischen Bereich Fließerscheinungen nicht zugelassen werden können. Der Tatsache, dass Bauteilen, die häufigen Lastwechseln ausgesetzt sind, nur kleinere, oft auch viel kleinere Spannungen zugemutet werden können als bei ruhender Belastung, muss die Normung Rechnung tragen. Die Notwendigkeit der Berücksichtigung der als *Ermüdung* bezeichneten, für alle Materialien gültigen Eigenschaft fand (anfangs indirekt, später direkt) Eingang in die Vorschriften für die Berechnung von Eisenbahnbrücken. Für solche Bauwerke muss außer den Tragsicherheitsnachweisen (ULS) und Gebrauchstauglichkeitsnachweisen (SLS) auch der Ermüdungsnachweis (FLS) geführt werden. In den Problemkreis *Ermüdung* fallen Konstruktionen und Konstruktionsteile, die einer Vielzahl von Lastspielen unterworfen sind, darunter fallen auch Eisenbahnbrücken und Straßenbrücken. Der Ermüdungsnachweis ist kein Bauteil- oder Querschnittsnachweis, sondern ein *Fasernachweis,* d. h. der Nachweis bezieht sich auf eine einzelne Stelle innerhalb eines Querschnittes innerhalb eines Bauteils innerhalb einer Konstruktion. Innerhalb eines Querschnitts liegen in der Regel Fasern mit unterschiedlicher Kerbempfindlichkeit vor, d. h. je Querschnitt können mehrere Ermüdungsnachweise erforderlich sein. Zu Beginn wurde Ermüdung nicht explizit, sondern *indirekt durch stützweitenabhängige zulässige Spannungen* berücksichtigt. Die Ermittlung der Restlebensdauer ist der allgemeine Fall von Ermüdungsberechnungen nach modernen Vorschriften, der Betriebsfestigkeitsnachweis ist ein Sonderfall. Nach den aktuellen Normenwerken stehen für Betriebsfestigkeits- und Restlebensdauerberechnungen zwei Methoden zur Verfügung, die *vereinfachte Berechnung* und die *Direktberechnung.* Jede dieser beiden Berechnungsmethoden bietet Vor- und Nachteile. Um die Vorteile beider Berechnungsstrategien auszunützen, sind auf dem beigefügten Datenträger Daten zur Verfügung gestellt, mit deren Hilfe man mit bescheidenem Aufwand eine *Direktberechnung* ausführen kann. Wenngleich die physikalischen Grundlagen in beiden Anwendungsfällen die gleichen sind, weist die Restlebensdauerberechnung gegenüber dem Betriebsfestigkeitsnachweis doch einige Besonderheiten auf, auf die in Abschn. 8.9 eingegangen wird. Von Bedeutung ist immer auch die rechentechnische Durchführbarkeit der geforderten Nachweise.

Bei ULS- und SLS-Nachweisen sind auf der Materialseite die Materialkennwerte f_y (Fließgrenze) beziehungsweise R_m (Zugfestigkeit, auch mit f_u bezeichnet) maßgebend: die Fließgrenze gegen unzulässig große örtliche oder globale Verformungen, die Zugfestigkeit gegen Bruch. Diese Materialkennwerte lassen sich sehr einfach in einachsigen Zugversuchen ermitteln. Bei FLS-Nachweisen ist auf der Widerstandseite (Materialseite) die Zeitfestigkeit maßgebend, d. h. die einer bestimmten Lastspielzahl zugeordnete Oberspannung $\sigma_0(N)$ beziehungsweise Spannungsdifferenz $\Delta\sigma(N)$. Dazu benötigt man Diagramme entsprechend Abb. 8.3, solche Diagramme erfordern eine Vielzahl an Ermüdungsversuchen und sind daher aufwendig zu erstellen.

Keiner der drei Nachweise (ULS, SLS, FLS) ist durch einen der anderen Nachweise a priori abgedeckt. Allerdings sind Bauteile mit geringer werdender Stützweite und/oder zunehmender Stahlfestigkeit empfindlicher gegenüber Ermüdung (FLS), Bauteile mit zunehmender Stützweite und/oder abnehmender Stahlfestigkeit gegenüber der Tragsicherheit (ULS).

8.2 Grundlagen

8.2.2.16 Maßgebende Bauteile und Aussagekraft von Ermüdungsberechnungen

Bei Brücken mit offener Fahrbahn ist fast immer das aus Längs- und Querträgern bestehende Fahrbahndeck maßgebend für die rechnerisch vorhandene Restlebensdauer, wobei fast immer die Längsträger weitaus ungünstiger sind als die Querträger (diese sind allein schon wegen der Steifigkeitsanforderungen meist stark überdimensioniert). Charakteristisch für Ermüdungsberechnungen ist, dass quantitative Aussagen immer nur näherungsweise möglich sind, das gilt speziell auch für Restlebensdauerberechnungen. Ermüdungsberechnungen weisen eine ausgeprägte numerische Empfindlichkeit auf, welche auf die starke Abhängigkeit der Lastspielzahl von den ermüdungswirksamen Spannungsdifferenzen zurückzuführen ist. Sind Aussagen hinsichtlich der Restlebensdauer auch kaum je exakt, so können die Ergebnisse von Ermüdungsberechnungen dennoch unter anderem dazu dienen, kritische Stellen innerhalb der Tragwerke zu identifizieren.

8.2.3 Teilsicherheitsbeiwerte

Wie alle statischen Nachweise nach den EUROCODEs erfolgt auch der Betriebsfestigkeitsnachweis nach EN 1993-1-9:2013 nach dem semideterministischen Sicherheitskonzept. γ_{Ff} ist der Teilsicherheitsbeiwert für die Einwirkung, γ_{Mf} jener für den Widerstand. In der Regel wird angesetzt:

$$\gamma_{Ff} = 1{,}0 \tag{8.1}$$

Der Wert von γ_{Mf} liegt zwischen 1,0 und 1,35. Er richtet sich nach den Schadensfolgen bei Versagen und dem zugrunde zu legenden Sicherheitskonzept. Tab. 8.3 enthält die Teilsicherheitsbeiwerte γ_{Mf} nach EN 1993-1-9:2013.

Teilsicherheitsbeiwerte für den Betriebsfestigkeitsnachweis finden sich auch in ÖNORM B 4008-2:2019. Nach dieser Norm wird unter Hinweis auf EN 1993-2:2010 für die ermüdungswirksamen Einwirkungen empfohlen:

$$\gamma_{Ff} = 1{,}0 \tag{8.2}$$

Für den Widerstand ist angegeben:

$$\gamma_{Mf} = 1{,}10 \tag{8.3}$$

Für ältere Tragwerke, die sich über einen langen Zeitraum bewährt haben, die gut kontrollierbar sind und gut unterhalten werden und bei denen ein lokales Ermüdungsversagen keine schwerwiegenden Folgen verursacht, kann der Betreiber einen kleineren Wert angeben, beispielsweise:

$$\gamma_{Mf} = 1{,}05 \tag{8.4}$$

Tab. 8.3 Teilsicherheitsbeiwerte für die Widerstandsseite

BEMESSUNGSKONZEPT	SCHADENSFOLGE	
	Niedrig	Hoch
Schadenstoleranz	1,00	1,15
Sicherheit gegen Ermüdungsversagen ohne Vorankündigung	1,15	1,35

8.2.4 Dynamische Beiwerte Φ_2 und $1 + \varphi$

8.2.4.1 Maßgebende Längen L_Φ

Für die Ermittlung des Spannweitenbeiwertes λ_1 (siehe Abschn. 8.8) und damit der Schädigungen werden die dynamischen Beiwerte Φ_2 und $1 + \varphi$ gebraucht. (Beim Wert Φ_2 handelt es sich eigentlich um einen Anpassungsbeiwert.) Diese Werte sind unter anderem von der maßgebenden Länge L_Φ abhängig. Für L_Φ gelten je nach Norm zum Teil verschiedene Definitionen. Abb. 8.16 zeigt die Geometrie des Fahrbahnrostes im Regelbereich, Tab. 8.4 die maßgebenden Längen je nach betrachteter Norm.

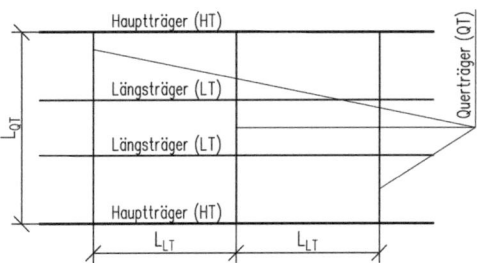

Abb. 8.16 Längs- und Querträger bei offener Fahrbahn

Bei direkten Berechnungen (siehe Abschn. 8.8 und 8.9) können die dynamischen Beiwerte für Querträger ohne weiteres nach dem zugrunde gelegten Normenstand eingesetzt werden. Bei Berechnungen nach dem λ-Verfahren (siehe Abschn. 8.8) wird jedoch die Formulierung nach ÖNORM B 4003/2. Teil (1994) bevorzugt, um einen Parameter (die Querträger-Länge) auszuschalten. Der Unterschied zwischen den beiden Längen L_Φ ist in der Regel unbedeutend: Für die plausible Kombination $L_{LT} = 3,0\,m$ und $L_{QT} = 5,0\,m$ erhält man nach B 4003/2. Teil (1994) $L_{\Phi,QT} = 2 \cdot L_{LT} + 3,0 = 2 \cdot 3,0 + 3,0 = 9,0\,m$ und nach

8.2 Grundlagen

Tab. 8.4 Maßgebende Längen L_Φ

LÄNGSTRÄGER (ohne Trägerrostwirkung)	
NORM	FORMULIERUNG
ÖNORM B 4003/2. Teil (1956)	Abstand der Querträger
ÖNORM B 4003/2. Teil (1994)	Querträgerabstand + 3,0 m
ÖNORM EN 1991-2: 2010	Querträgerabstand + 3,0 m
QUERTRÄGER (ohne Trägerrostwirkung)	
NORM	FORMULIERUNG
ÖNORM B 4003/2. Teil (1956)	Abstand der Hauptträger
ÖNORM B 4003/2. Teil (1994)	Doppelter Querträgerabstand + 3,0 m
ÖNORM EN 1991-2: 2012	Doppelte Länge der Querträger

EN 1991-2:2012 $L_{\Phi,QT} = 2 \cdot L_{QT} = 2 \cdot 5,0 = 10,0\,m$. Der Unterschied zwischen den daraus errechneten dynamischen Beiwerten Φ_2 beziehungsweise $1 + \varphi$ liegt praktisch innerhalb der Rechengenauigkeit.

In Abschn. 8.2.4.2 und 8.2.4.3 ist für einen Längsträger der Stützweite $L_{LT} = 3,0\,m$ und für einen Querträger der Stützweite $L_{QT} = 5,0\,m$ die Berechnung der dynamischen Beiwerte Φ_2 und der dynamischen Beiwerte $1 + \varphi$ für die Geschwindigkeit $V = 100\,km/h$ gezeigt.

8.2.4.2 Ermittlung des dynamischen Beiwertes Φ_2

Um die statischen Berechnungen zu vereinfachen, wird laut EN 1991-2 das Lastmodell 71 verwendet, um – zusammen mit zwei weiteren Lastmodellen – die statischen und dynamischen Beanspruchungen infolge der realitätsnahen Lastmodelle auf der sicheren Seite abzubilden. Dazu müssen die Schnittgrößen des Lastmodells 71 mit den längenabhängigen, jedoch geschwindigkeitsunabhängigen dynamischen Beiwerten Φ_2 multipliziert werden. Der dynamische Beiwert Φ_2 ist nur auf das Lastmodell 71 anzuwenden. Er errechnet sich nach EN 1991-2, Abschn. 6.4.5.2, nach Gl. 8.5.

$$\Phi_2 = \frac{1,44}{\sqrt{L_\Phi} - 0,2} + 0,82 \geq 1,0 \text{ und } \leq 1,67 \quad (8.5)$$

Längsträger:

$$L_\Phi = 3,0 + 3,0 = 6,0\,m$$

$$\Phi_2 = \frac{1,44}{\sqrt{L_\Phi} - 0,2} + 0,82 \geq 1,0 \quad \rightarrow \quad \Phi_2 = \frac{1,44}{\sqrt{6,0} - 0,2} + 0,82 = 1,460$$

Querträger (mit L_Φ nach EN 1991-2:2012):

$$L_\Phi = 2 \cdot 5{,}0 = 10{,}0 \text{ m}$$

$$\Phi_2 = \frac{1{,}44}{\sqrt{L_\Phi} - 0{,}2} + 0{,}82 \geq 1{,}0 \quad \rightarrow \quad \Phi_2 = \frac{1{,}44}{\sqrt{10{,}0} - 0{,}2} + 0{,}82 = 1{,}306$$

Querträger (mit L_Φ nach ÖNORM B 4003/2. Teil (1994)):

$$L_\Phi = 2 \cdot 3{,}0 + 3{,}0 = 9{,}0 \text{ m}$$

$$\Phi_2 = \frac{1{,}44}{\sqrt{L_\Phi} - 0{,}2} + 0{,}82 \geq 1{,}0 \quad \rightarrow \quad \Phi_2 = \frac{1{,}44}{\sqrt{9{,}0} - 0{,}2} + 0{,}82 = 1{,}334$$

Abb. 8.17 zeigt den dynamischen Beiwert Φ_2 in Abhängigkeit von der maßgebenden Länge L_Φ.

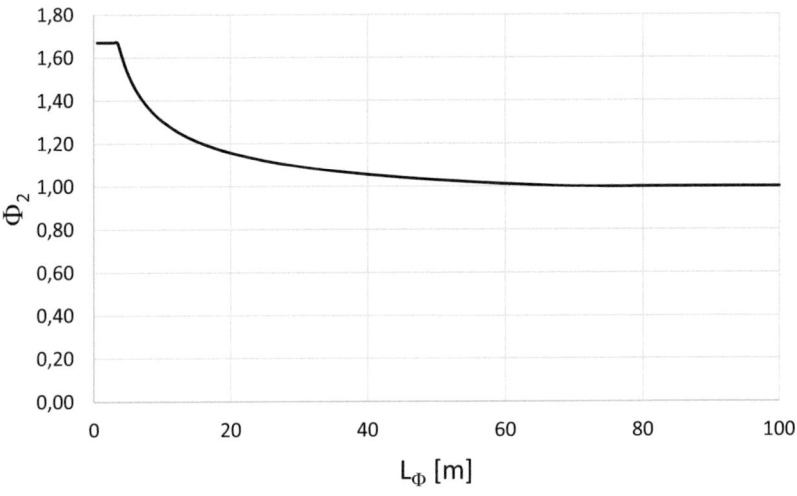

Abb. 8.17 Dynamischer Beiwert Φ_2 für das Lastmodell 71

8.2.4.3 Ermittlung des dynamischen Beiwertes $1 + \varphi$

Der von der Geschwindigkeit abhängige dynamische Beiwert $1 + \varphi$ errechnet sich nach EN 1991-2, Anhang D, nach den Gl. 8.6 bis 8.8.

$$1 + \varphi = 1 + \frac{1}{2} \cdot \left(\varphi' + \frac{\varphi''}{2} \right) \tag{8.6}$$

8.2 Grundlagen

$$\varphi' = \frac{K}{1 - K + K^4} \qquad (8.7)$$

Die geschwindigkeitsabhängige Größe K ist in EN 1991-1-2 für $L_\Phi \leq 20$ m beziehungsweise $L_\Phi > 20$ m Stützweiten angegeben.

$$\varphi'' = 0{,}56 \cdot e^{-\frac{L_\Phi^2}{100}} \qquad (8.8)$$

Längsträger/max.V = 100 km/h

$3{,}0 + 3{,}0 = 6{,}0 < 20\,m$

$K = \frac{v}{160} = \frac{100/3{,}6}{160} = 0{,}174$

$\varphi' = \frac{K}{1-K+K^4} = \frac{0{,}174}{1-0{,}174+0{,}174^4} = 0{,}210$ (nur geschwindigkeitsabhängig)

$\varphi'' = 0{,}56 \cdot e^{-\frac{L_\Phi^2}{100}} = 0{,}56 \cdot e^{-\frac{6{,}0^2}{100}} = 0{,}391$ (nur L_Φ-abhängig)

$1 + \varphi = 1 + \left(\varphi' + \frac{\varphi''}{2}\right) = 1 + \frac{1}{2} \cdot \left(0{,}210 + \frac{0{,}391}{2}\right) = 1{,}203$

Querträger (mit L_Φ nach EN 1991-2:2012)/max.V = 100 km/h

$L_\Phi = 2 \cdot 5{,}0 = 10{,}0$ m

$K = \frac{v}{160} = \frac{100/3{,}6}{160} = 0{,}174$

$\varphi' = 0{,}210$ (wie oben)

$\varphi'' = 0{,}56 \cdot e^{-\frac{L_\Phi^2}{100}} = 0{,}56 \cdot e^{-\frac{10{,}0^2}{100}} = 0{,}206$ (L_Φ-abhängig)

$1 + \varphi = 1 + \left(\varphi' + \frac{\varphi''}{2}\right) = 1 + \frac{1}{2} \cdot \left(0{,}210 + \frac{0{,}206}{2}\right) = 1{,}156$

Querträger (mit L_Φ nach ÖNORM B 4003/2. Teil (1994))/max.V = 100 km/h

$L_\Phi = 2 \cdot 3{,}0 + 3{,}0 = 9{,}0$ m

$K = \frac{v}{160} = \frac{100/3{,}6}{160} = 0{,}174$

$\varphi' = 0{,}210$ (wie oben)

$\varphi'' = 0{,}56 \cdot e^{-\frac{L_\Phi^2}{100}} = 0{,}56 \cdot e^{-\frac{9{,}0^2}{100}} = 0{,}249$ (L_Φ-abhängig)

$1 + \varphi = 1 + \left(\varphi' + \frac{\varphi''}{2}\right) = 1 + \frac{1}{2} \cdot \left(0{,}210 + \frac{0{,}249}{2}\right) = 1{,}167$

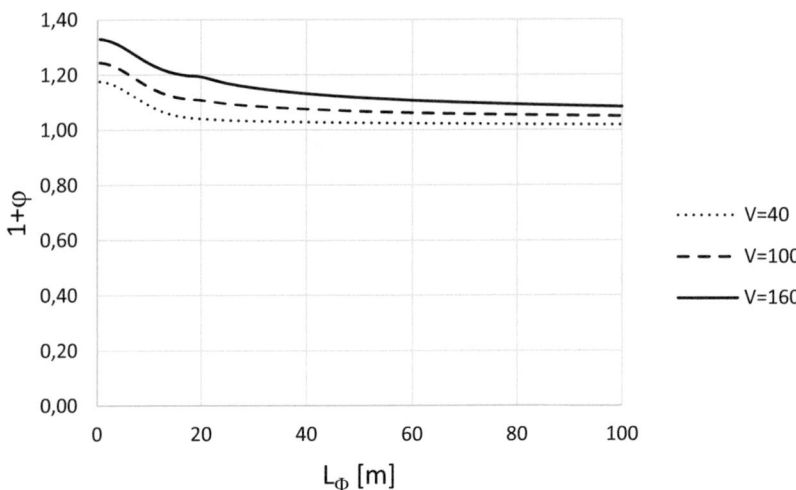

Abb. 8.18 Dynamischer Beiwert Φ_2 für das Lastmodell 71 (0,5 ... 100 m)

Abb. 8.18 zeigt den dynamischen Beiwert $1+\varphi$ in Abhängigkeit von der maßgebenden Länge L_Φ für die Geschwindigkeiten $V = 40\,km/h$, $V = 100\,km/h$, $V = 160\,km/h$, Abb. 8.19 zeigt einen Ausschnitt dieses Diagramms.

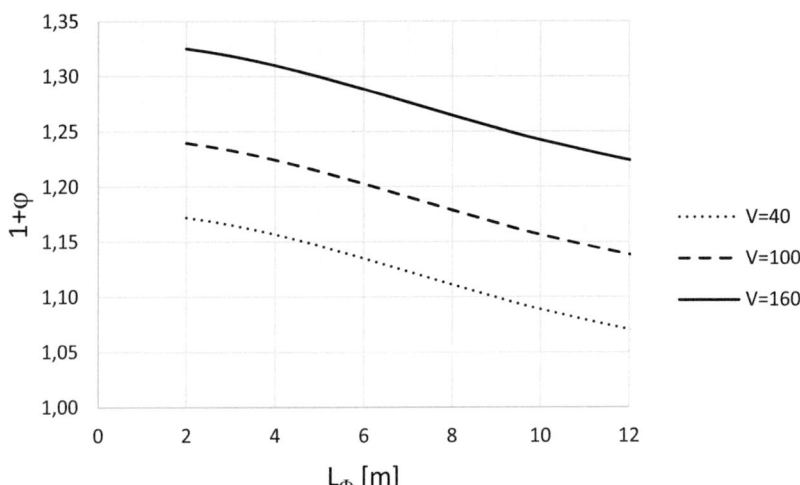

Abb. 8.19 Dynamischer Beiwert Φ_2 für das Lastmodell 71 (Auszug: 2 ... 12 m)

8.3 Zur Entwicklung der Bestimmungen zum Problemkreis „Ermüdung"

Keiner der statischen Nachweise wurde seit Beginn des Eisenbahnbrückenbaus derart grundlegend verändert und dem Stand der Forschung angepasst wie der Nachweis gegen Versagen durch Materialermüdung. Entscheidend ist, dass die Dauerfestigkeit, d. h. die „unendlich oft ertragbare" Spannung, außer im Sonderfall eines kerbfreien (polierten), prismatischen Versuchskörpers, keine Materialeigenschaft ist, sondern maßgeblich von der Geometrie und herstellungsbedingten Eigenspannungen abhängig ist, außerdem vom Erhaltungszustand des Bauteils, vom Verhältnis aus Ober- und Unterspannung, von der Mittelspannung und von der Bauteilgröße. Nur für polierte, prismatische Probekörper lässt sich für Wechselbeanspruchung, d. h. für $\sigma_m = 0$, eine Proportionalität zwischen Dauerfestigkeit und Zugfestigkeit R_m feststellen: $\sigma_{D;-1} \approx 0{,}45 \cdot R_m$, mit zunehmender Kerbwirkung nimmt der Einfluss der statischen Materialfestigkeit bis zur faktischen Bedeutungslosigkeit ab.

Eine geschlossene theoretische Ermüdungstheorie mit quantitativer Aussage konnte bislang nicht gefunden werden, daher ist man weiterhin auf experimentelle Forschung, allenfalls auf numerische Berechnungen mittels Finiter Elemente angewiesen. Die experimentelle Forschung betraf und betrifft sowohl die Einwirkungsseite (Idealisierung der realen Verkehrslasten, Übertragung der Versuchsergebnisse auf reale Bauwerke und Überlegungen zur Sicherheit) als auch die Widerstandsseite (Planung, Durchführung und Auswertung von Versuchen an Kleinteilen sowie an Probekörpern mit Bauteil-Größe).

Eine gute Übersicht über die Entwicklung der Bestimmungen zum Themenkreis „Ermüdung" in Deutschland gibt [10]. Die Entwicklung in Österreich verlief teilweise unterschiedlich, mit dem „Anschluss" 1938 erlangten die deutschen Vorschriften zunächst auch im österreichischen Teil des Staatsgebietes Gültigkeit, nach Ende des Zweiten Weltkrieges verlief die Entwicklung in Österreich und Deutschland auf ähnlicher Grundlage. Mit Einführung der EUROCODEs gelten schließlich für alle Mitgliedsstaaten der Europäischen Union die gleichen Vorschriften. Tab. 8.5 zeigt eine Gegenüberstellung der Nachweisphilosophien in Deutschland und Österreich, Tab. 8.6 die Normengrundlagen in Österreich, im Anschluss an die letztgenannte Tabelle wird die Entwicklung in Österreich detaillierter beschrieben. Genauer behandelt werden die Vorschriften in Abschn. 8.6 bis 8.8, in Abschn. 8.9 wird die rechnerische Ermittlung der Restlebensdauer als allgemeiner Fall des Betriebsfestigkeitsnachweises behandelt.

Tab. 8.5 Nachweisphilosophien der Ermüdungsnachweise für Eisenbahnbrücken

ÖSTERREICH		DEUTSCHLAND	
ZEIT	NACHWEIS	ZEIT	NACHWEIS
bis 1938	Kein gesonderter Nachweis (→ in den Spannungsnachweisen implizit enthalten)/ deterministisch	bis 1922	Nicht geregelt; Bemessungsansätze im Einzelfall festgelegt/ deterministisch
1938–1945	γ-Verfahren wie in „Deutschland"/deterministisch	1922–1945	γ-Verfahren, mehrfach umformuliert und dem jeweiligen Stand der Wissenschaft angepasst/ deterministisch
1946–1994	γ-Verfahren nach Kriegsende zunächst beibehalten, sodann mehrfach umformuliert und dem jeweiligen Stand der Wissenschaft angepasst/deterministisch	1946–1982	
1994–2002	Ermüdungsfestigkeitsnachweis mit Faktoren α (inhaltlich handelt es sich um einen Betriebsfestigkeitsnachweis)/ semiprobabilistisch	1983–2002	Betriebsfestigkeitsnachweis nach DS 804
		2003–2012	Betriebsfestigkeitsnachweis nach DIN-Fachberichten (Grundlage: ENV)
2003–2008	Betriebsfestigkeitsnachweis mit Faktoren λ/semiprobabilistisch (Grundlage: ENV)		
ab 2009	EUROCODEs/semiprobabilistisch	ab 2013	EUROCODEs/semiprobabilistisch

Seit Beginn des 20. Jh. wurden drei Nachweisphilosophien angewandt, dazu kommen die Möglichkeiten experimenteller und, durch die Entwicklung der Rechenleistung moderner Computer, numerischer Methoden:

(1) Implizite (quasi-empirische) Berücksichtigung der Ermüdung durch *stützweitenabhängige zulässige Spannungen* für den in der Verordnung 1904 geforderten Spannungsnachweis. Der Verordnung 1904 liegt das deterministische Sicherheitskonzept zugrunde. Diese Art des Nachweises wurde bis zum „Anschluss" Österreichs an das „Deutsche Reich" 1938 angewendet.

(2) Rechnerische Berücksichtigung der Ermüdung nach dem (stetig weiterentwickelten, auf die 1920er-Jahre zurückgehenden, extrem flexiblen) „γ-Verfahren". Auch dieses Nachweiskonzept basiert auf dem

8.3 Zur Entwicklung der Bestimmungen zum Problemkreis „Ermüdung"

deterministischen Sicherheitskonzept. In Österreich hatte der Ermüdungsnachweis nach dem γ-Verfahren zunächst im Zeitbereich zwischen 1938 und Kriegsende 1945 Gültigkeit.

(3) Auch von 1946 bis 1994 war das γ-Verfahren in mehreren Formulierungen in Verwendung. Die besondere Anpassungsfähigkeit dieses Berechnungsverfahrens erlaubte die Einarbeitung neuer wissenschaftlicher Erkenntnisse und konnte so auch für geschweißte Konstruktionen angewandt werden.

(4) Rechnerische Berücksichtigung der Ermüdung als Betriebsfestigkeitsnachweis (Sonderfall einer Restlebensdauerberechnung). Dieses semiprobabilistische Berechnungskonzept hat die auf dem deterministischen Sicherheitskonzept basierenden, unter (1) bis (3) genannten Vorschriften abgelöst, es bildet auch die Grundlage der EUROCODEs.

(5) Experimentelle Methoden (Versuche an Probekörpern und Bauteilen) und numerische Methoden (im Allgemeinen numerisch mittels Finiter Elemente, in Sonderfällen analytisch mittels Kerbfaktoren).

Detailliert beschrieben sind die drei Strategien (1), (2)/(3) und (4) zur Berücksichtigung der Ermüdung in den Abschn. 8.6 bis 8.8.

Die Normung musste stets auch auf die rechentechnische Durchführbarkeit Rücksicht nehmen, dazu gehört die Vernachlässigung wenig bedeutender Einflüsse und die Reduzierung der Nachweisformate auf wenige Eingangsgrößen. Die praktische Durchführbarkeit der Berechnungen hängt entscheidend von den zur Verfügung stehenden Hilfsmitteln ab.

Dem aktuellen Stand der Wissenschaft entspricht die Restlebensdauerberechnung beziehungsweise der Betriebsfestigkeitsnachweis. Dieser ist, selbst wenn die Regelzüge und Verkehrsmischungen aus Normen übernommen werden können oder durch entsprechende Überlegungen bekannt sind (siehe Abschn. 8.5), verhältnismäßig rechenintensiv, daher finden sich in einigen Normen (unter anderem in EN 1993-2:2010, ÖNORM B 4008-2:2019) Hilfswerte, die einen raschen Betriebsfestigkeitsnachweis ermöglichen. Diese Zahlentabellen werden in Abschn. 8.8.10 wesentlich ergänzt, außerdem sind auf dem beigefügten Datenträger Dateien abgelegt, die weitere Berechnungen erlauben. Informationen zur Ermittlung dieser Hilfswerte λ, Zahlentabellen sowie Hinweise zu deren Anwendung bei der Restlebensdauerberechnung finden sich in Abschn. 8.8 und 8.9.

Tab. 8.6 Vorschriften in Österreich für Ermüdungsnachweise für Eisenbahnbrücken

EINWIRKUNG	JAHR	WIDERSTAND	JAHR	KERBFÄLLE	NACHWEIS
Verordnung 1904	1904	Verordnung 1904	1904	Nicht angegeben	Implizit Dauerfestigkeit
1938–1945 Vorschriften des „Deutschen Reiches"					
1946 Weitere Gültigkeit der o. g. Vorschriften des „Deutschen Reiches"					
Vorläufige Brückenvorschriften	1947	O. g. Vorschriften des „Deutschen Reiches"		Nicht angegeben	
Eisenbahnbrückenvorschrift	1951	ÖNORM B 4300-2	1949 1950 1954		
		ÖNORM B 4300-3	1952	Angegeben	
		B 4300-2 betraf geschraubte und genietete Bauteile, B 4300-3 geschweißte Bauteile			
ÖNORM B 4003-1	1956	ÖNORM B 4300-2	1954	Nicht angegeben	
		ÖNORM B 4300-3	1952	Angegeben	
		B 4300-2 betraf geschraubte und genietete Bauteile, B 4300-3 geschweißte Bauteile			
		ÖNORM B 4603 ÖNORM B 4600-3	1964 1964	Angegeben	
ÖNORM B 4003-1	1984	ÖNORM B 4600-3 ÖNORM B 4600-3 ÖNORM B 4603	1976 1979 1964		
ÖNORM B 4003	1994	ÖNORM B 4300-5 ÖNORM B 4303	1994 1994		Betriebsfestigkeit (Restlebensdauer)
ÖORM ENV 1991-3	2001	ÖNORM ENV 1993-2	1998		
ÖNORM EN 1991-2	2004 2012	EN 1993-1-9	2005, 2013		
		ÖNORM B 4008-2	2019		

8.4 Hinweise zur Schnittgrößen- und Spannungsermittlung

8.4.1 Unterlagen

Im Folgenden werden Hinweise zur Ermittlung der Schnittgrößen beziehungsweise Normal- und Schubspannungen gegeben, die bei den Ermüdungsnachweisen und bei der Ermittlung der Restlebensdauer Verwendung finden. Wie bei jeder Nachrechnung nach dem Ablaufschema

(1) Lastaufstellung
(2) Strukturmodellierung
(3) Schnittgrößenermittlung
(4) Spannungsermittlung
(5) (Spannungs-)Nachweise

müssen zu Beginn der Berechnungen Konstruktionspläne mit der Stabwerksgeometrie und sämtlichen Querschnitten und Anschlüssen der Brücke im aktuellen Zustand vorhanden sein, d. h. unter Berücksichtigung allfälliger Umbauarbeiten gegenüber dem Erstzustand. Hilfreich ist auch die – meist knapp gehaltene – statische Berechnung des Bestandstragwerkes, da sie für das Verständnis der Konstruktion förderlich ist. In seltenen Fällen, wenn die Bauwerksdokumentation unvollständig oder nicht vorhanden ist, müssen durch Messungen am Bauwerk Bestandspläne ergänzt oder neu erstellt werden.

8.4.2 Einwirkungen für die Schnittgrößenermittlung

Die für den Ermüdungsnachweis anzusetzenden äußeren Einwirkungen waren von dem maßgebenden Normenstand abhängig. Mit Einführung der Verordnung 1904 wurde die Ermüdung abgedeckt durch den Spannungsnachweis für die beiden vorgesehenen Lastkombinationen, siehe (1) sowie Kap. 3. Daher gab es auch keine gesonderte Einwirkungskombination für einen Ermüdungsnachweis, wobei die Einwirkungskombination gleich ist wie beim γ-Verfahren (siehe Tab. 8.7).

Mit dem „Anschluss" Österreichs an das „Deutsche Reich" 1938 erlangte die BE einschließlich der DIN-Normen Gültigkeit auch auf dem österreichischen Gebiet. Diese Vorschrift war in Österreich auch nach Kriegsende 1945 gültig, bis sich von Österreichischen Vorschriften und Normen abgelöst wurden.

Mit dem Übergang auf die Normengeneration mit semiprobabilistischer Sicherheitsphilosophie (ÖNORM B 4303:1994 und EUROCODEs) werden – zumal bei Stahlbrücken – nur mehr die Verkehrslasten berücksichtigt. Damit ergibt sich für die drei Phasen (bis 1937, 1938–1945 und 1945–1993, ab 1994) folgende Situation:

(1) **Impliziter Ermüdungsfestigkeitsnachweis (Verordnung 1904)**
Da ein gesonderter Ermüdungsfestigkeitsnachweis nicht vorgesehen war, musste der Spannungsnachweis für die Lastkombinationen „H" *(Hauptlasten)* und „HZ" *(Haupt- und Zusatzlasten)* geführt werden. Die Auflistung findet sich in Abschn. 3.5.3, sie wird übersichtshalber in Tab. 8.7 wiederholt.

Tab. 8.7 Lastkombinationen nach Verordnung 1904

KOMBINATION H	KOMBINATION HZ
Eigengewicht (Konstruktionsgewicht und Ausbaulasten)	Alle aus Kombination H
Verkehrslast („Belastungsnorm I" oder „Belastungsnorm II" oder „Österreichischer N-Zug")	Winddruck
Fliehkraft	Seitenschwankungen, Seitenpressungen
	Bremskräfte
	Wärmeschwankungen
	Belastungen auf Gehsteigen

(2) **γ-Verfahren**
(2.1) *BE und vorläufige Brückenvorschriften 1947*
Mit dem „Anschluss" von Österreich an das „Deutsche Reich" 1938 wurde die BE auch auf österreichischem Gebiet verbindlich eingeführt. Nach Kriegsende wurde die BE (mit einigen Änderungen) bis zum Erscheinen entsprechender ÖNORMen beibehalten. Da der Ermüdungsnachweis nach dem γ-Verfahren zu führen war (siehe Abschn. 8.7), mussten bei der Lastkombination der „Hauptlasten" laut Tab. 8.8 neben den Verkehrslasten auch die ständigen Lasten berücksichtigt werden.

8.4 Hinweise zur Schnittgrößen- und Spannungsermittlung

Tab. 8.8 Haupt- und Zusatzlasten nach BE beziehungsweise nach den Vorläufigen Brückenvorschriften 1947

HAUPTLASTEN	HAUPT- UND ZUSATZLASTEN
Ständige Lasten (Konstruktionsgewicht und Ausbaulasten)	Alle aus „H"
Lastenzug N, E, oder G beziehungsweise A oder B, jeweils mit stützweiten- und baustoffabhängigem dynamischen Beiwert φ	Seitenstöße
	Belastungen auf Gehsteigen
	Anfahren/Bremsen
Fliehkräfte	Windlasten
	Temperaturschwankungen
	Schneelasten

(2.2) Zeitraum 1951–1955

Bis zum Erscheinen der ÖNORM B 4603:1964 war die Lastkombination für den Ermüdungsfestigkeitsnachweis angegeben in ÖNORM B 4300-2:1949 und spätere Ausgaben und in ÖNORM B 4300-3:1952. Der Ermüdungsfestigkeitsnachweis war *auf Laststellungen zu beschränken, die durchschnittlich mehr als 20 mal am Tag auftreten können* (das entspricht annähernd 7300 Lastwechseln pro Jahr und 730.000 Lastwechseln in 100 Jahren, also nur knapp 40 % des Bezugswertes 2 Mio. Lastwechseln). Die Lasten umfassten: ständige Lasten und Verkehrslasten mit dynamischem Beiwert φ, bei Gleisachse im Bogen auch Fliehkräfte. Die Größe der Verkehrslasten war der Eisenbahnvorschrift 1951 zu entnehmen. Umfangreiche Hintergrundinformationen zu ÖNORM B 4300-3:1952 gibt Seltenhammer in [11], dieses Papier findet sich auch im Anhang.

(2.3) ÖNORM B 4003-1:1956

Diese Norm war die erste ÖNORM mit Lastangaben für den Eisenbahnbrückenbau. Mit dem Erscheinen dieser Norm wurde erstmals in einer ÖNORM zwischen Haupt- und Zusatzlasten unterschieden, damit erhielt man die Lastkombinationen aus Hauptlasten (H) und aus Haupt- und Zusatzlasten (HZ). Diese Norm war bis 1984 in Verwendung. Der Wöhlerfestigkeitsnachweis (Abkürzung: WN) musste für die Lastkombination „H" (Hauptlasten, siehe Tab. 8.9) geführt werden und war *auf Laststellungen zu beschränken, die durchschnittlich mehr als 20mal am Tag auftreten können*, siehe ÖNORM B 4300-2:1954, B 4300-3:1952 und B 4600-3:1964.

Tab. 8.9 Haupt- und Zusatzlasten nach ÖNORM B 4003-1:1956

HAUPTLASTEN	ZUSATZLASTEN
Ständige Lasten (Konstruktionsgewicht und Ausbaulasten)	Seitenstöße
Lastenzug S oder Lastenzug L, jeweils mit stützweiten- und baustoffabhängigem dynamischen Beiwert φ	Anfahren/Bremsen
	Belastungen auf Gehsteigen
	Windlasten
	Temperaturschwankungen
Fliehkräfte	Schneelasten

(2.4) ÖNORM B 4003-1:1984
Neu gegenüber der Vorgängernorm ÖNORM B 4003-1:1956 waren unter anderem ein neuer Lastenzug und neue dynamische Beiwerte Φ. Die Unterscheidung zwischen Hauptlasten und Zusatzlasten wurde fallengelassen. Damit blieben die Bestimmungen der Vorgängernorm sinngemäß gültig, der Wöhlerfestigkeitsnachweis (Abkürzung: WN) musste für die Lastkombination aus ständigen Lasten und Verkehrslasten mit dynamischem Beiwert Φ, geführt werden bei Gleisachse im Bogen auch mit Fliehkräften.

(3) **Betriebsfestigkeitsnachweis**
(3.1) *„Ermüdungsfestigkeitsnachweis"* nach ÖNORM B 4300:1994
Der Ermüdungsfestigkeitsnachweis nach ÖNORM B 4303:1994 (Abkürzung EN) war in Wirklichkeit ein Betriebsfestigkeitsnachweis. Für diesen war die Lastkombination III nach ÖNORM 4003:1994 heranzuziehen. In dieser Lastkombination waren auch die ständigen Einwirkungen enthalten, die beim Betriebsfestigkeitsnachweis für *Stahlbrücken* jedoch ohne Bedeutung sind: bei Stahlbrücken – nicht bei Betonbrücken! – fallen bei der Bildung der ermüdungswirksamen Spannungsdifferenzen die Spannungen aus Konstruktionslasten, Vorspannung, Kriechen und Schwinden, Stützenverschiebungen, nicht der Konstruktion primär zugehörigen Teilen, Aufhängung der Fahrleitungen, Erddruck, Wasserstoß, Auftrieb, Eisstoß heraus. (Systeme mit Systemvorspannung kommen hier nicht in Betracht.) Damit beschränkten sich die Einwirkungen für den Ermüdungsnachweis auf den ermüdungswirksamen Anteil der Verkehrslast von Schienenfahrzeugen, d. h. auf das Lastbild der Klasse (n) mit dynamischem Beiwert und Fliehkraft. Die Schnittgrößen aus dem *ermüdungswirksamen Anteil der Verkehrslast von Schienenfahrzeugen* erhält man durch Multiplikation der Schnittgrößen des Lastbildes Klasse (0) aus ÖNORM B 4003:1994 mit dem Betriebsfaktor α. Dieser

8.4 Hinweise zur Schnittgrößen- und Spannungsermittlung

ergibt sich aus vier Einzelfaktoren: $\alpha = \alpha_1 \cdot \alpha_2 \cdot \alpha_3 \cdot \alpha_4$. Die Faktoren α_2, α_3, α_4 sind in der o. g. Norm formelmäßig angegeben, der Faktor α_1 ist in den Widerstand eingearbeitet. Er bewerkstelligt – gemeinsam mit dem dynamischen Beiwert Φ – den Übergang von der Vielzahl an Regelzügen mit ihren dynamischen Beiwerten $1 + \varphi$ zu dem o. g. Normen-Lastbild. Die α-Werte entsprechen im Prinzip den λ-Werten des EUROCODE, diese sind in Abschn. 8.8.9 eingehend beschrieben.

Da der Ermüdungsnachweis nach ÖNORM B 4303:1994 weitgehend dem Betriebsfestigkeitsnachweis nach EN 1993-2:2010 entspricht, wird er hier nicht gesondert behandelt, sondern es wird auf Abschn. 8.8 verwiesen.

(3.2) *Betriebsfestigkeitsnachweis* nach EN 1993-2:2010

Detaillierte Hinweise bezüglich der beim Betriebsfestigkeitsnachweis anzusetzenden Einwirkungen finden sich in EN 1991-2:2012, Abschn. 6.9(9), und in allen späteren Ausgaben. Demnach sind vertikale Verkehrslasten einschließlich dynamischer Einwirkungen sowie Fliehkräfte beim Ermüdungsnachweis zu berücksichtigen, Schlingerkräfte (und in der Regel auch Längskräfte) zu vernachlässigen. Die Exzentrizität infolge ungleichmäßiger Beladung der Wägen ($\pm e_2 = 8{,}3 \: cm$) bleibt unberücksichtigt.

Wie unter (3.1) sind auch hier die auf der Stahlbrücke verkehrenden Regelzüge maßgebend für das Zustandekommen ermüdungswirksamer Spannungen beziehungsweise Spannungsdifferenzen und auch hier kann man, um die Berechnungen praxistauglicher zu machen, vom Lastmodell 71 (dieses entspricht dem Lastbild Klasse (0) nach ÖNORM B 4003:1994) ausgehen. Wiederum wird der Zusammenhang zwischen den Zügen des Realverkehrs mit dynamischen Beiwerten $1 + \varphi$ und dem Lastmodell 71 einerseits durch den dynamischen Beiwert Φ_2, andererseits durch Schadensäquivalenzfaktoren $\lambda = \lambda_1 \cdot \lambda_2 \cdot \lambda_3 \cdot \lambda_4$ hergestellt.

8.4.3 Schnittgrößenermittlung

In der Regel genügt es, die Systeme in ebene Teilsysteme zu zerlegen und für diese die Schnittgrößen zu ermitteln. Von den ebenen Teilsystemen brauchen nur jene untersucht zu werden, für die ermüdungswirksame Beanspruchungen existieren, sei es aus planmäßigen Einwirkungen, sei es durch beabsichtigte oder unbeabsichtigte Mitwirkung am Gesamtsystem. Eine Ausnahme stellen Brücken mit oberem Windverband dar, bei denen eine räumliche Berechnung meist einfacher ist als die Berechnung an ebenen Teilsystemen mit anschließender Überlagerung.

Die Schnittgrößenermittlung erfolgt anhand eines Stabwerkmodells mit dehn-, biege- und schubsteifen geraden Balkenelementen nach Theorie I. Ordnung und unter Berücksichtigung der Verträglichkeitsbedingungen (herkömmliche Schnittgrößenermittlung ohne Umlagerungen – Berechnungsverfahren E-E). Da die Betriebsfestigkeitsnachweise, ebenso wie die früheren Wöhlerfestigkeitsnachweise, auf Nennspannungen basieren, ist eine Berechnung mit Schalenelementen weder notwendig noch ratsam, da sich Spannungsspitzen ergeben können, die nicht Gegenstand von Ermüdungsnachweisen auf der Grundlage von Nennspannungen sind. Die Möglichkeit, die gesamte Struktur mit Finiten Elementen derart zu modellieren, dass sich überall effektive Kerbspannungen ergeben, muss aus heutiger Sicht völlig ausgeschlossen werden.

Bei statisch unbestimmten Systemen (z. B. Durchlaufträgern) ist die Schnittgrößenverteilung außer von der Geometrie und den Einwirkungen auch von der Verteilung der Steifigkeiten abhängig. Das betrifft zunächst die statisch Unbestimmten X_i und folglich die Schnittgrößen $\bar{S}_B$. Da beim Betriebsfestigkeitsnachweis jedoch *nicht einzelne Spannungsgrößen σ, sondern Spannungsdifferenzen Δσ* betrachtet werden, wird in den meisten Fällen eine sorgfältige und gleichzeitig großzügige Erfassung der Steifigkeiten hinreichend gute Ergebnisse ergeben, eine übergenaue Modellierung ist kaum je notwendig.

8.4.4 Vollwandige Brücken

Brücken mit vollwandigen Hauptträgern umfassen den kleinen und mittleren Stützweitenbereich (bis ca. 30 m). Sie wurden in der Regel mit offener Fahrbahn ausgeführt, d. h. ohne Schotterbett, nur ausnahmsweise mit einem (nichttragenden) Raumabschluss, z. B. mit Buckelblechen zur Aufnahme eines Schotterbettes. Die Brücken bestehen aus den genieteten Hauptträgern (Stegblech, Gurte aus Winkelprofilen und einer an die Momentenbeanspruchung angepassten Anzahl an Gurtlamellen), dem aus Längs- und Querträgern bestehenden Fahrbahnrost und den Verbänden (Windverbände, Bremsverband und Schlingerverband). Die Stegbleche sind in der Regel durch Quersteifen, gegebenenfalls auch Längssteifen ausgesteift, die Steifen sind an die Stege genietet.

8.4.5 Längs- und Querträger

Der tragende Teil des Fahrbahndecks wird gebildet durch einen Rost aus Längs- und Querträgern. Längs- und Querträger können vollwandig ausgeführt oder fachwerkartig aufgelöst sein (letzteres vor allem die Querträger). Längsträger können als Einfeldträgerkette oder durchlaufend ausgebildet sein, für beide Fälle gab es bewährte Standardlösungen. Die Querträger sind in den Hauptträgern (Gurte,

Stege) so angeschlossen, dass sie als frei verdrehbar angesehen werden können. In der Regel erhalten die Längsträger aus der Tragwirkung der Hauptträger unplanmäßig Längskräfte, die – sofern ungünstig wirkend – bei den statischen Nachweisen berücksichtigt werden müssen. Dies gilt für Brücken mit vollwandigen sowie fachwerkartig aufgelösten Hauptträgern, Hinweise zu dieser Mitwirkung des Fahrbahndecks an der Haupttragwirkung finden sich in Abschn. 8.4.6.3.

8.4.6 Fachwerkbrücken

8.4.6.1 Anwendung, Nebenspannungen und Gurthöhen

Brücken mit fachwerkartig aufgelösten Hauptträgern umfassen den mittleren und großen Stützweitenbereich (ab ca. 30 m). Fachwerkbrücken wurden ebenso wie Brücken mit vollwandigen Hauptträgern (siehe Abschn. 8.4.4) in der Regel mit offener Fahrbahn und nur in Ausnahmefällen mit Buckelblechen zur Aufnahme eines Schotterbettes ausgeführt.

Die in ÖNORM B 4008-2 unter bestimmten Bedingungen erlaubte Berechnung von Fachwerken als Gelenkfachwerke umfasst nicht den Betriebsfestigkeitsnachweis. Auch bei sorgfältigster Konstruktion ließen sich exzentrische Anschlüsse nicht immer ganz vermeiden. Diese Exzentrizitäten müssen bei der Modellierung zwingend berücksichtigt werden. Auf der sicheren Seite können biegesteife Knoten angenommen werden, auch ist darauf zu achten, dass die Schnittgrößen in allen bemessungsrelevanten Stab-Querschnitten ermittelt werden. Um die Nebenspannungen nicht zu groß werden zu lassen, gab es Konstruktionsregeln zur Begrenzung der Profilhöhen der Gurtquerschnitte. Die nachstehende Gl. 8.9 ist aus [12] entnommen.

$$max.h_{Gurte}[cm] = l_{[m]} - \frac{l_{[m]}^2}{400} \quad (8.9)$$

Die verbesserte (weil monoton steigende) Gl. 8.10 wurde veröffentlicht in [13].

$$max.h_{Gurte}[cm] = \frac{320 \cdot l_{[m]}}{320 + l_{[m]}} \quad (8.10)$$

Für Stützweiten bis ca. 120 m sind die Werte aus beiden Funktionen annähernd gleich. Werden die Gurthöhen nicht überschritten, bleiben die Nebenspannungen (Biegespannungen) in den Füllstäben unter ca. 10 % der Normalspannungen aus den Normalkräften. Die beiden Funktionsverläufe im Stützweitenbereich $40 \leq l \leq 250\ m$ sind in Abb. 8.20 dargestellt.

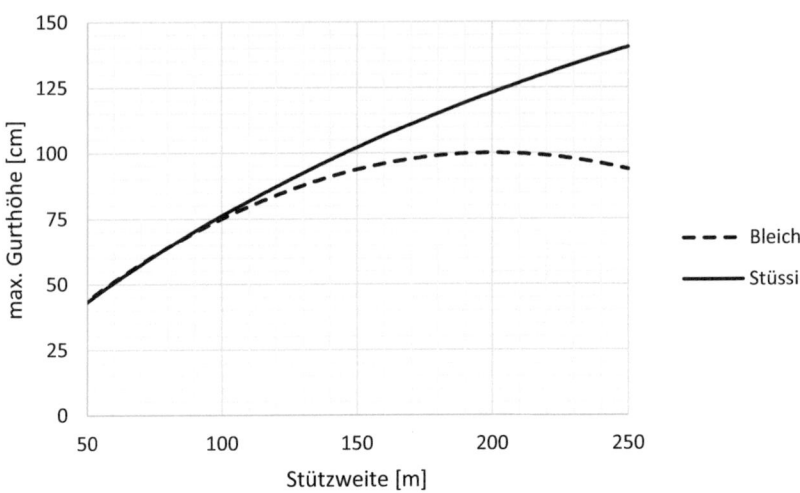

Abb. 8.20 Maximale Gurthöhen in Abhängigkeit von der Stützweite

Aus konstruktiven Gründen wurden für die Füllstäbe sehr oft mehrteilige Stäbe verwendet. Die Mehrteiligkeit betrifft fast immer nur die Tragwirkung quer zur Fachwerkswand und ist daher bei der Modellierung der Hauptträger als ebene, fachwerkartige Rahmen ohne Bedeutung. Muss in Ausnahmefällen auf ein räumliches Modell zurückgegriffen werden, können mehrteilige Stäbe bei Biegung um die stofffreie Achse als einfache, biege- und dehnsteife Stäbe unter Berücksichtigung der Schubnachgiebigkeit erfasst werden.

8.4.6.2 Anwendung, Nebenspannungen und Gurthöhen

Den Ausschnitt eines fachwerkartigen Hauptträgers zeigt Abb. 8.21.

Unter der Gleichlast q und unter der Annahme einer stetigen (parabolischen) Normalkraftverteilung erhält man das Moment

$$M(\xi) = \frac{q \cdot l^2}{2} \cdot (\xi - \xi^2) \qquad (8.11)$$

und mit diesem bei zur Mitte hin fallenden Diagonalen die Gurtkräfte links und rechts des Obergurtknotens i mit dem Abstand $l \cdot \xi_i$ vom linken Trägerende:

$$N_{li} = \frac{q \cdot l^2}{2 \cdot h} \cdot (\xi_i - \xi_i^2) \qquad (8.12)$$

8.4 Hinweise zur Schnittgrößen- und Spannungsermittlung

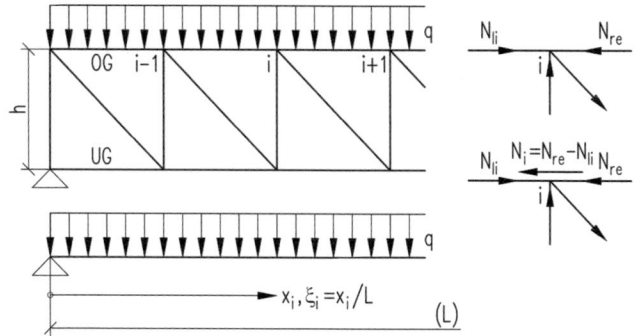

Abb. 8.21 Hauptträger in Fachwerkbauweise (Ausschnitt)

und

$$N_{re} = \frac{q \cdot l^2}{2 \cdot h} \cdot \left(\xi_{i+1} - \xi_{i+1}^2\right) \tag{8.13}$$

Die durch die im Knoten i angeschlossene Diagonale eingebrachte Normalkraftdifferenz (Schubkraft) entspricht der Differenz dieser beiden Normalkräfte. Für einen stetigen (parabolischen) Verlauf der Normalkräfte und bei gleichen Feldweiten erhält man schließlich die in den Knoten i eingeleitete Schubkraft zu

$$N_i = N_{re} - N_{li} = \frac{q \cdot l^2}{2 \cdot h} \cdot \left(\xi_{i+1} - \xi_{i+1}^2 - \xi_i + \xi_i^2\right) \tag{8.14}$$

Für den (unüblichen) Fall, dass die Diagonalen zur Mitte hin steigen, lauten die Gleichungen sinngemäß:

$$N_{li} = \frac{q \cdot l^2}{2 \cdot h} \cdot \left(\xi_{i-1} - \xi_{i-1}^2\right) \tag{8.15}$$

$$N_{re} = \frac{q \cdot l^2}{2 \cdot h} \cdot \left(\xi_i - \xi_i^2\right) \tag{8.16}$$

und die Schubkräfte

$$N_i = N_{re} - N_{li} = \frac{q \cdot l^2}{2 \cdot h} \cdot \left(\xi_i - \xi_i^2 - \xi_{i-1} + \xi_{i-1}^2\right) \tag{8.17}$$

8.4.6.3 Mitwirkung der Längsträger an der Haupttragwirkung

Unter der Annahme einer stetigen (parabolischen) Momentenverteilung und konstanter Gurtflächen verlängern beziehungsweise verkürzen sich die Gurte insgesamt um das Maß

$$u = \frac{q \cdot l^3}{12 \cdot h \cdot EA} \qquad (8.18)$$

Bezieht man diese Längenänderung auf den *relativen Bewegungsnullpunkt* (Feldmitte), so beträgt die Längenänderung

$$u = \frac{q \cdot l^3}{24 \cdot h \cdot EA} \qquad (8.19)$$

Mit Gl. 8.19 wird bei zur Mitte fallenden Diagonalen (Regelausführung) die Verlängerung der Hauptträger-Obergurte unterschätzt, bei zur Mitte steigenden Diagonalen (unübliche Bauweise) in einem ähnlichen Ausmaß überschätzt. Bei den Untergurten verhält es sich genau umgekehrt. Je mehr Felder vorhanden sind, desto genauere Ergebnisse erhält man mit Gl. 8.19.

Belastet man das Fahrbahndeck mit den Knotenkräften N_i laut Abb. 8.21, so erhält man in den Querträgern Querbiegemomente (Momente um die schwache Achse) und in den Längsträgern Normalkräfte, die aus Gleichgewichtsgründen die Gurte in gleichem Ausmaß entlasten, siehe Abb. 8.22.

Diese Entlastung der Gurte durch die erzwungene Mitwirkung der Längsträger wird in der Regel als unbedeutend und auf der sicheren Seite liegend vernachlässigt, hingegen müssen die Normalkräfte in den Längsträgern berücksichtigt werden, sofern sie ungünstig wirken. Liegt das Fahrbahndeck annähernd in der Höhenlage der Obergurte (Deckbrücke), so erhalten die Längsträger

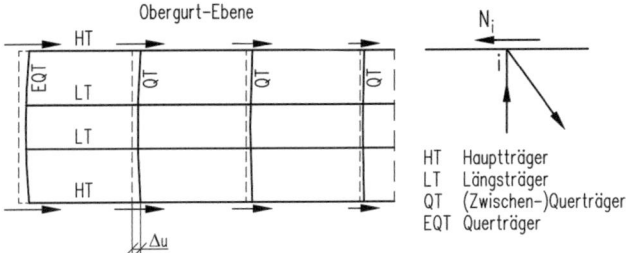

Abb. 8.22 Fahrbahndeck unter der Einwirkung der Knotenkräfte aus der Haupttragwirkung

8.4 Hinweise zur Schnittgrößen- und Spannungsermittlung

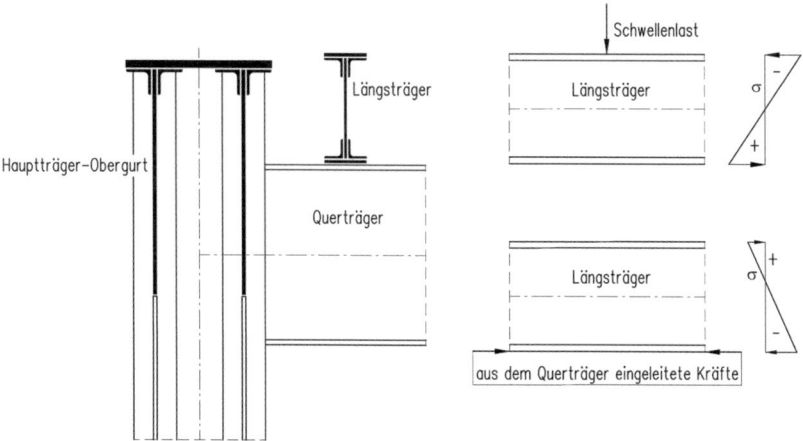

Abb. 8.23 Beanspruchung der Längsträger bei einer Deckbrücke

aus der unmittelbar wirkenden Verkehrslast am oberen Querschnittsrand eine Druckspannung und am unteren Querschnittsrand eine Zugspannung, aus der erzwungenen Mitwirkung am unteren Querschnittsrand eine Druckspannung und am oberen Querschnittsrand eine Zugspannung, siehe Abb. 8.23. Somit wirken die Spannungen in entgegengesetzten Richtungen, die Mitwirkung der Längsträger entlastet diese und sollte daher für die Längsträger unberücksichtigt bleiben. Die Querbiegung der Querträger muss jedoch auf jeden Fall berücksichtigt werden.

Liegt hingegen das Fahrbahndeck annähernd im Bereich der Untergurte (Trogbrücke), so erhalten die Längsträger aus der unmittelbar wirkenden Verkehrslast wiederum am oberen Querschnittsrand eine Druckspannung und am unteren Querschnittsrand eine Zugspannung, aus der erzwungenen Mitwirkung jedoch ebenfalls am unteren Querschnittsrand eine Zugspannung und am oberen Querschnittsrand eine Druckspannung, siehe Abb. 8.24. Somit wirken die Spannungen in die gleiche Richtung, die Mitwirkung der Längsträger belastet diese zusätzlich und muss daher, wie auch die Querbiegung der Querträger, auf jeden Fall berücksichtigt werden.

Die (horizontalen) Systemebenen der Längsträger und Querträger fallen in der Regel nicht zusammen. Die entsprechenden Exzentrizitäten lassen sich dadurch berücksichtigen, dass bei der Ermittlung der Steifigkeiten und bei der Spannungsberechnung nur jene Teile der beteiligten Querschnitte berücksichtigt werden, die der lastaufnehmenden Ebene zugeordnet werden können. Das ist bei der Spannungsberechnung von Bedeutung (siehe Abschn. 8.4.11).

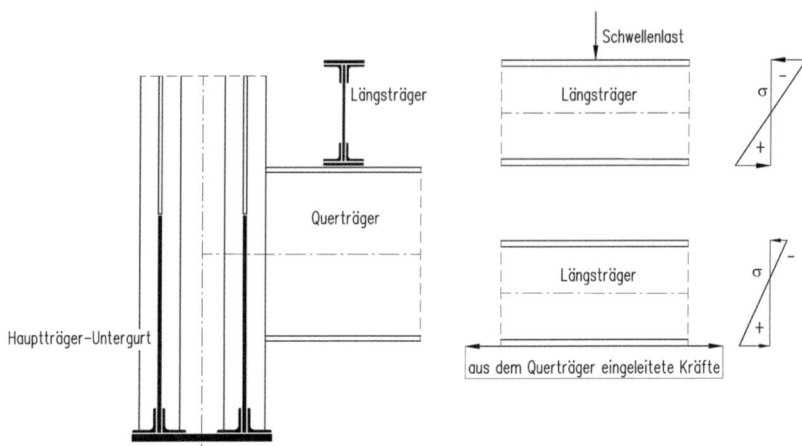

Abb. 8.24 Beanspruchung der Längsträger bei einer Trogbrücke

8.4.7 Deckbrücken

Abb. 8.25 zeigt beispielhaft den oberen Bereich einer Deckbrücke mit Gleis im Bogen, Abb. 8.26 einen Planausschnitt und Abb. 8.27 das Anschlussdetail des Hauptträger-Obergurt – Querträger – Längsträger an der Bogenaußenseite. Wie aus Abb. 8.25 und 8.26 ersichtlich sind bei dieser Brücke mit Gleis im Bogen die Hauptträger gleich ausgebildet und die Querträger liegen waagrecht. Die Überhöhung wird durch die unterschiedliche Querschnittshöhe der Längsträger erreicht. In Abb. 8.25 erkennt man den Schlingerverband und den oberen Windverband, beide liegen in einer horizontalen Ebene. In Abb. 8.26 und 8.27 erkennt man nur den Schlingerverband, dieser nimmt die Fliehkräfte und Seitenstöße auf. Eine Systemskizze eines Teils des Schlingerverbandes (zwei Felder) ist in Abb. 8.28 dargestellt.

8.4 Hinweise zur Schnittgrößen- und Spannungsermittlung

Abb. 8.25 Deckbrücke mit Gleis im Bogen – oberer Bereich

Der Schlingerverband ist statisch bestimmt, daher sind die Schnittgrößen von den Steifigkeiten (Querschnittsflächen) unabhängig. Welche Querschnitte beziehungsweise Querschnittsteile sich an der Aufnahme der Stabkräfte beteiligen, ist erst bei der Spannungsberechnung von Bedeutung (siehe Abschn. 8.4.11). Mit dieser Anordnung der Diagonalen bleiben der durch den äußeren Längsträger-Obergurt gebildete Außengurt und die durch die Querträger gebildeten Außenpfosten der Verbandscheibe kräftefrei.

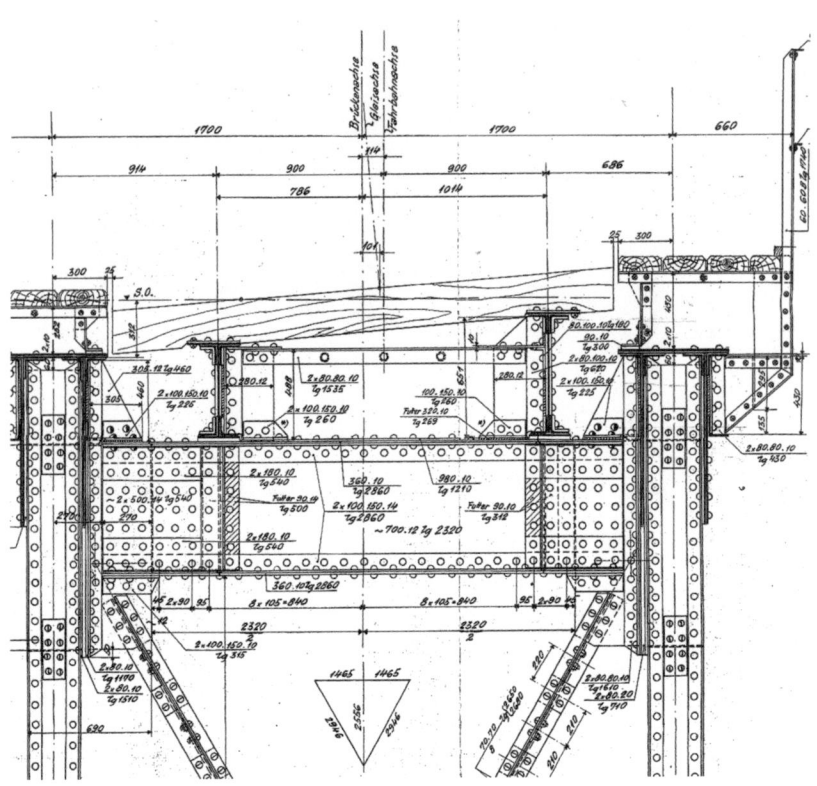

Abb. 8.26 Deckbrücke mit Gleis im Bogen – oberer Bereich

8.4 Hinweise zur Schnittgrößen- und Spannungsermittlung

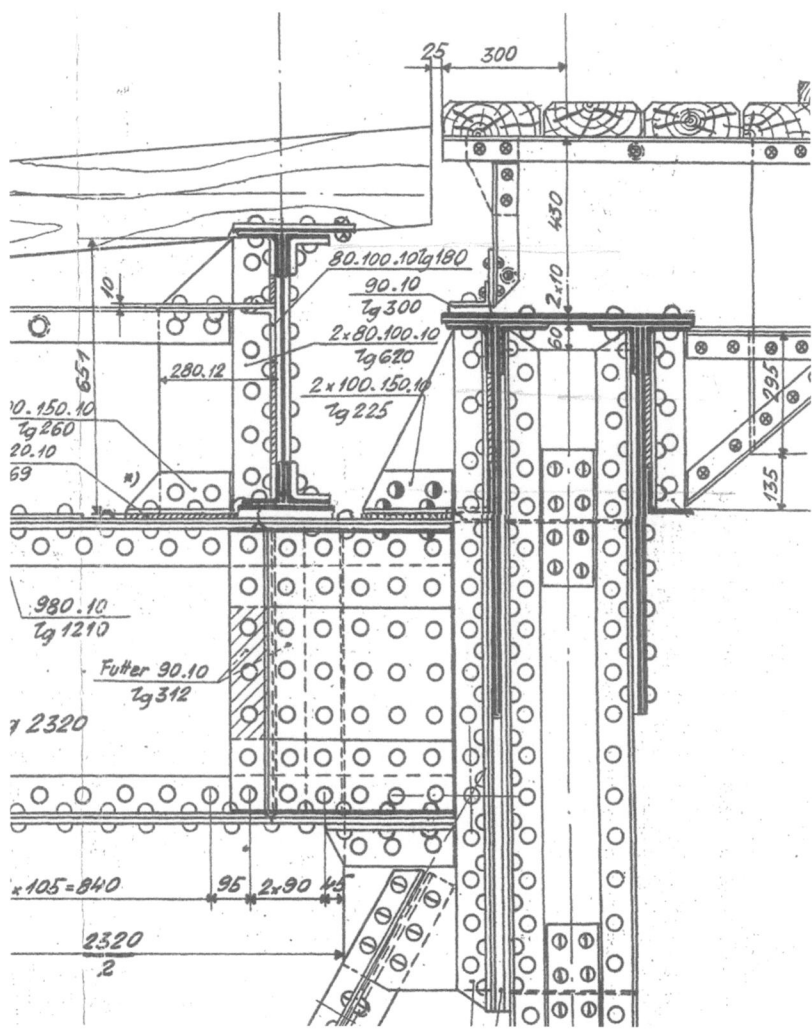

Abb. 8.27 Deckbrücke mit Gleis im Bogen – Anschlussbereich Hauptträger-Obergurt – Querträger – Längsträger

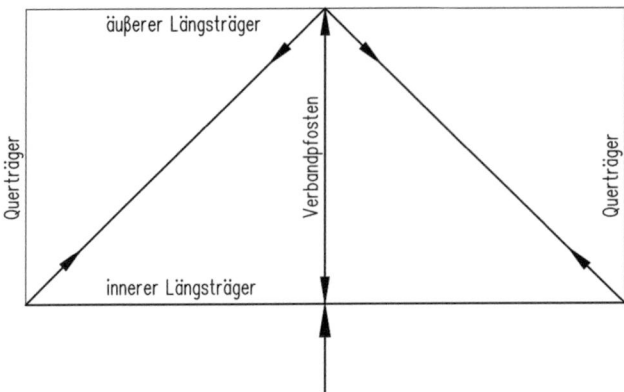

Abb. 8.28 Ausschnitt aus dem Schlingerverband

8.4.8 Trogbrücken

Die in Abschn. 8.4.7 für Deckbrücken angestellten Überlegungen gelten sinngemäß auch für Trogbrücken, ein Unterschied ist bei der unplanmäßigen Mitwirkung des Fahrbahnrostes an der Haupttragwirkung gegeben, siehe Abschn. 8.4.6.

8.4.9 Mittragende Breiten

Mittragende Breiten haben bei eingleisigen Eisenbahnbrücken mit einem aus Längs- und Querträgern bestehenden Fahrbahnrost keine unmittelbare Bedeutung, da eine Entlastung der Hauptträger durch den Fahrbahnrost wegen der beträchtlichen Steifigkeitsunterschiede kaum gegeben ist. Dagegen erhalten die Längs- und Querträger des Fahrbahnrostes aus der erzwungenen Mitverformung der Längsträger infolge Haupttragwirkung zusätzliche Beanspruchungen, darunter auch solche, die beim Betriebsfestigkeitsnachweis berücksichtigt werden müssen. Ist eine Querkraft vorhanden, bleibt die aus den Hauptträger-Gurten und dem Fahrbahnrost bestehende Scheibe nicht eben, die Verformungen infolge Querkraft entsprechen jenen, die bei vollwandiger Ausführung durch den Ansatz mittragender Breiten berücksichtigt werden müssen.

8.4 Hinweise zur Schnittgrößen- und Spannungsermittlung

8.4.10 Tragwerke mit Gleis im Bogen

Bei Tragwerken mit Gleis im Bogen treten zusätzlich zu den (laut Normen beim Betriebsfestigkeitsnachweis nicht anzusetzenden) Schlingerkräften und Windkräften Fliehkräfte auf, die in ihrer Wirkung als ermüdungswirksam zu berücksichtigen sind. Durch die Bogenlage, Gleisüberhöhung und Fliehkräfte sind die Hauptträger und Längsträger an der Kurveninnenseite beziehungsweise Kurvenaußenseite unterschiedlich belastet. Auf der sicheren Seite lassen sich zwei Fälle unterscheiden, wobei vereinfachend zwei Grenzlagen der Gleisachse zugrunde gelegt werden können, siehe Abb. 8.29:

(1) Größerer Lastanteil am Hauptträger an der Kurvenaußenseite:
  Überhöhung „+" Gleislage mit dem kleinsten Abstand zum Hauptträger an der Kurvenaußenseite „+" Zug mit Maximalgeschwindigkeit;
(2) Größerer Lastanteil am Hauptträger an der Kurveninnenseite:
  Überhöhung „+" Gleislage mit dem kleinsten Abstand zum Hauptträger an der Kurveninnenseite „+" Zug im Stillstand.

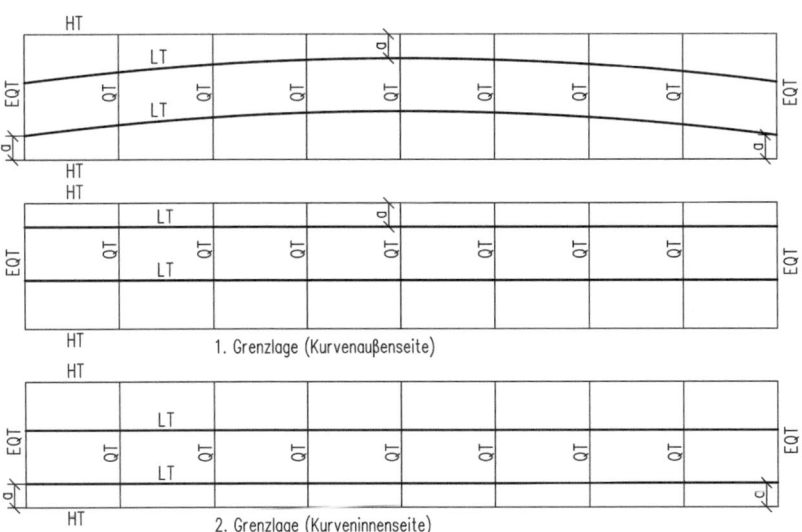

Abb. 8.29 Grenzlagen der Gleisachse

Da an der Kurvenaußenseite beziehungsweise Kurveninnenseite die Hauptträger und Längsträger unterschiedlich belastet sind und zudem in der Regel jeweils unterschiedlich ausgebildet sind, müssen diese Bauteile für beide Fälle untersucht und nachgewiesen werden. Maßgebend für die Beanspruchung durch Fliehkräfte ist die Anordnung der Windverbände. Die vorkommenden Grundfälle sind in Abb. 8.30, 8.31, 8.32 und 8.33 schematisch dargestellt.

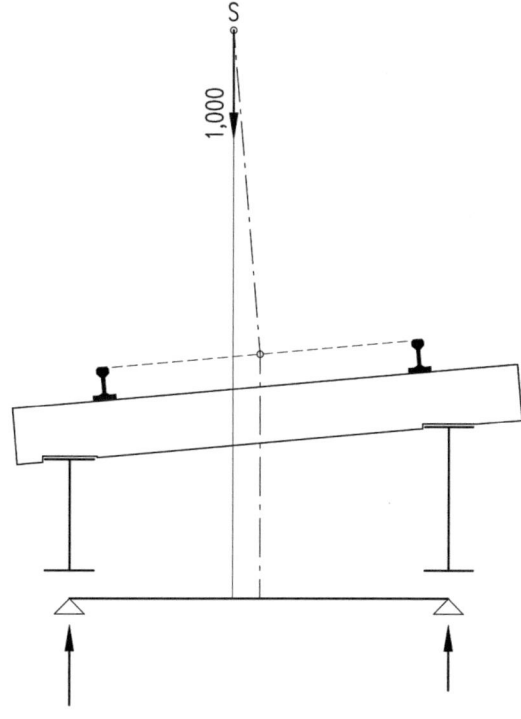

Abb. 8.30 Belastung des inneren und äußeren Längsträgers einer Brücke mit Gleis im Bogen infolge einer vertikalen Einzellast $F_Z = 1,0\,kN$ im Wagenschwerpunkt S

8.4 Hinweise zur Schnittgrößen- und Spannungsermittlung

Abb. 8.31 Belastung des inneren und äußeren Längsträgers einer Brücke mit Gleis im Bogen infolge einer horizontalen Einzellast $F_X = 1{,}0\,kN$ im Wagenschwerpunkt S

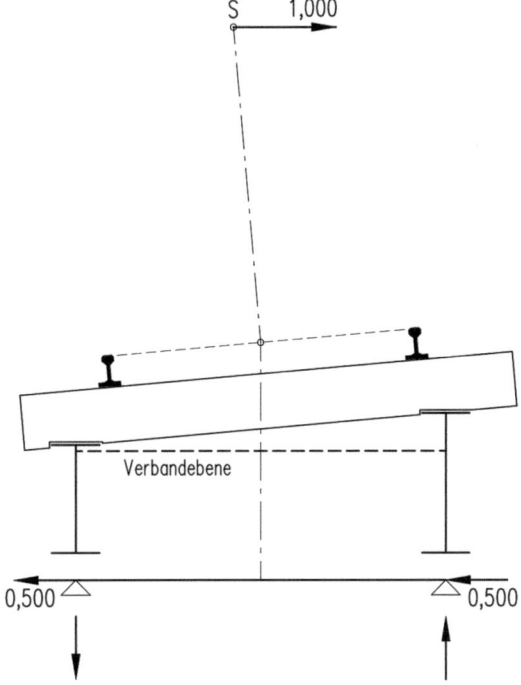

Abb. 8.32 Belastung und Schnittgrößen des Querträgers einer Brücke mit Gleisachse im Bogen infolge einer vertikalen Einzellast $F_Z = 1{,}0\,kN$ im Wagenschwerpunkt S

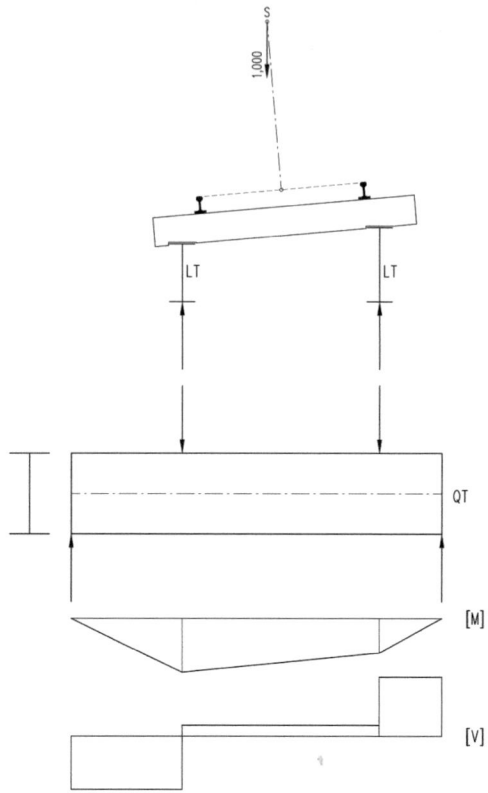

8.4 Hinweise zur Schnittgrößen- und Spannungsermittlung

Abb. 8.33 Belastung und Schnittgrößen des Querträgers einer Brücke mit Gleisachse im Bogen infolge einer horizontalen Einzellast $F_X = 1{,}0\,kN$ im Wagenschwerpunkt S

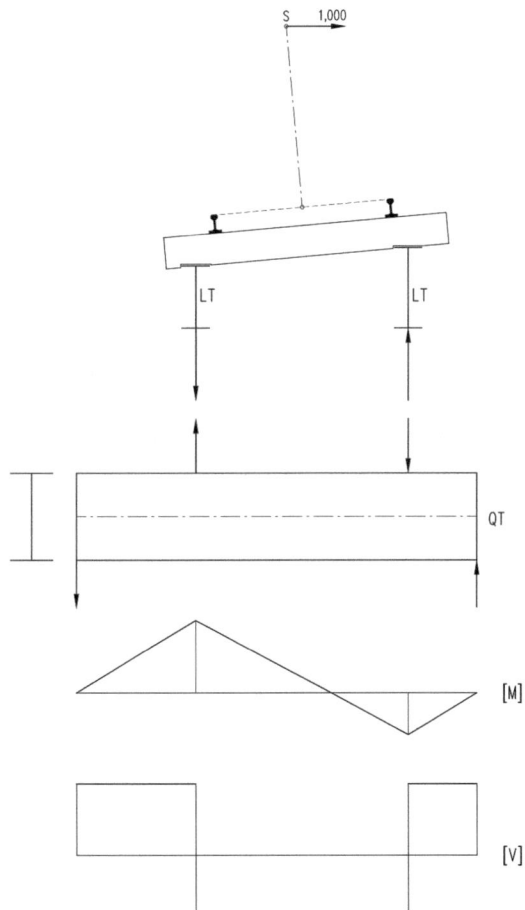

8.4.11 Spannungsberechnung

Die in den Normen tabellierten Kerbfälle beziehen sich auf Nennspannungen, die in aller Regel unter der Annahme ebenbleibender Querschnitte ermittelt werden:

$$\sigma_N = \frac{N}{A} \qquad (8.20)$$

$$\sigma_M = \frac{M}{A_{zz}} \cdot z \qquad (8.21)$$

Die Schubspannungen lassen sich aus den Gleichgewichtsbedingungen zurückrechnen:

$$\tau_V = -\frac{V \cdot A_z}{t \cdot A_{zz}} \tag{8.22}$$

Die Regelungen der für die Spannungsermittlung maßgebenden Querschnitte A, A_z, A_{zz} haben sich im Laufe der Normenentwicklung geändert. Auf eine detaillierte Darstellung der Regelungen in den einzelnen Normen wird hier verzichtet. Mit Einführung von ÖNORM B 4306:1964 gelten folgende Regeln:

- Bleche und Profilteile unter Zugkräften: Löcher sind derart zu berücksichtigen, dass die minimale Querschnittsfläche erhalten wird. Dazu müssen in der Regel mehrere Schnitte (*„Risslinien"*) betrachtet werden;
- Bleche und Profilteile unter Druckkräften: Hier kann angenommen werden, dass die Löcher durch die Verbindungsmittel (Niete, Passschrauben) vollständig ausgefüllt sind, daher entfällt ein Lochabzug;
- Bleche und Profile unter Momenten: In Anlehnung an die Regeln für Normalkräfte sind Löcher in gezogenen Querschnittsteilen zu berücksichtigen, in gedrückten Querschnittsteilen werden sie vernachlässigt;
- Bleche und Profilteile unter Schubkräften: Die Norm gibt keinen konkreten Hinweis, ob mit ohne Lochabzug gerechnet werden muss. Konsequenterweise müssen jedoch die beiden Größen A_{zz} (Trägheitsmoment) und A_z (statische Momente) auf der gleichen Grundlage ermittelt werden, d. h. entweder ohne oder mit Lochabzug. Die Unterschiede im Endergebnis gemäß Gl. 8.22 sind in der Regel sehr gering.

8.5 Hinweise zur Festlegung der Zugbildung und des Verkehrs

8.5.1 Angaben aus EN 1991-2:1912 und EN 1993-2:2010

EN 1991-2:2012 (Verkehrslasten auf Brücken) gibt in Anhang D.3 Zugtypen für die Ermüdungsberechnung an. Diese idealisierten Zugtypen (lokgezogene

8.5 Hinweise zur Festlegung der Zugbildung und des Verkehrs

Reisezüge, Hochgeschwindigkeitszüge, lokgezogene Güterzüge, S-Bahn-Triebwagenzug, U-Bahn-Triebwagenzug) werden in drei Verkehrszusammenstellungen zusammengefasst:

- Regelverkehr mit Achslast $\leq 22{,}5$ t (225 kN),
- Schwerverkehr mit 25 t (250 kN) Achslast und
- Nahverkehr mit Achslasten $\leq 22{,}5$ t (225 kN).

Diese Verkehrszusammenstellungen bilden im Regelfall den Verkehr der Zukunft ab und werden der Ermüdungsberechnung zugrunde gelegt. In EN 1993-2:2010, Abschn. 9, sind für Stahlbrücken Schadenäquivalenzfaktoren $\lambda = \lambda_1 \cdot \lambda_2 \cdot \lambda_3 \cdot \lambda_4$ (λ_1 = Spannweitenbeiwert, λ_2 = Verkehrsstärkebeiwert, λ_3 = Nutzungsdauerbeiwert, λ_4 = Beiwert für mehrgleisige Brücken) angegeben für die Verkehrsmischungen EC-Mix, Schienenverkehr mit 25-t-Achsen sowie für die Einzelzugtypen 9 (S-Bahn-Triebwagenzug) und 10 (U-Bahn-Triebwagenzug). Bedeutung, Ermittlung und Anwendung der Schadenäquivalenzfaktoren λ, weiterhin nur als „λ-Werte" bezeichnet, sind in Abschn. 8.8 und 8.9 behandelt, und es sind Tabellen mit diesen Werten angegeben. Die Bezeichnung „EC-Mix" entspricht der Bezeichnung „Regelverkehr mit Achslast $\leq 22{,}5$ t (225 kN)", die Bezeichnung „Schienenverkehr mit 25-t-Achsen" der Bezeichnung „Schwerverkehr mit 25 t (250 kN) Achslast".

In Vornorm ÖNORM ENV 1991-3:2001 wird die Bezeichnung „Standardmischverkehr mit Achslasten $\leq 22{,}5$ t (225 kN)" bei gleichem Inhalt für die Bezeichnung „Regelverkehr mit Achslast $\leq 22{,}5$ t (225 kN)" laut EN 1991-2:2012 verwendet.

Diese λ-Werte haben die Wöhlerlinien aus ÖNORM EN 1993-1-9 als Basis und gelten somit für das Grundmaterial und für Schweiß- und Schraubverbindungen.

Die in EN 1993-2:2010, Abschn. 9 angegebenen λ_1-Werte gelten für ein Verkehrsaufkommen von $25 \cdot 10^6$ t/Gleis je Jahr und eine Nutzungsdauer von 100 Jahren.

Hinweis: EN 1993-2:2010, Kap. 9, Anmerkung 2 auf EN 1991-2: Anhang F ist offensichtlich falsch, sollte D sein.

Laut EN 1990:2013, Abschn. 1.1(4), kann der EUROCODE auch zur Beurteilung des Tragverhaltens bestehender Bauwerke, bei Instandsetzungs- und Umbaumaßnahmen oder bei beabsichtigten Nutzungsänderungen verwendet werden. Es ist jedoch nicht sinnvoll, die Zugtypen des EUROCODE für die Vergangenheit anzuwenden, da der Verkehr der Vergangenheit vornehmlich in Bezug auf die Achslasten wesentlich von den Anforderungen des EUROCODE abweicht.

Realitätsnäher ist eine Ermittlung des historischen Verkehrs, die abgestimmt ist auf die jeweilige Strecke, auf der die zu untersuchende Brücke liegt.

8.5.2 Ermittlung der bisherigen Verkehrsbelastung

8.5.2.1 Allgemeines

Die Ermittlung der bisherigen Verkehrsbelastung ist von entscheidender Bedeutung für die Restlebensdauer der Brücke. Eine exakte Ermittlung dieser Belastung ist in den meisten Fällen wegen fehlender Unterlagen nicht möglich. Daher ist der real über die Brücke gelaufene Verkehr durch Regelzüge zu erfassen, die den realen Verkehr in idealisierter Form (jedenfalls auf der sicheren Seite), wiedergeben. Diese Vorgangsweise wird im EUROCODE für den Verkehr der Zukunft angewandt. In der Folge werden diese Züge als Typenzüge bezeichnet. Die Angaben für einen Typenzug umfassen:

- Zugzusammensetzung (Lokomotive, Waggons)
- die Achslasten
- somit die Masse (das Gewicht) des Zuges
- die Achsabstände
- die Höchstgeschwindigkeit des Zuges beziehungsweise die Höchstgeschwindigkeit auf der betrachteten Brücke

Im Gegensatz zu im EC angegebenen Zugtypen, die für 100 Jahre gelten, ist die Gültigkeit der Zeitdauer der historischen Typenzüge erst zu ermitteln.

Für den Personen- und Güterverkehr sind für die einzelnen Zeitepochen Typenzüge zu erarbeiten. Die Zeitepochen ergeben sich z. B. durch Änderung der Fahrbetriebsmittel oder der Streckenbelastung. Bei Erarbeitung der Typenzüge ist zu berücksichtigen, dass sich Infrastruktur und Fahrbetriebsmittel gegenseitig beeinflussen. Es muss daher ermittelt werden, welche Züge, wann und wo, mit welcher Geschwindigkeit und in welchem Ausmaß gefahren sind.

Sollten vom Auftraggeber keine oder unzureichende Angaben zur Verkehrsbelastung der Vergangenheit gemacht werden, so kann für die Erarbeitung von Unterlagen nach den folgenden Punkten vorgegangen werden.

8.5.2.2 Allgemeine Streckendaten und Netzdaten

Unter allgemeinen Streckendaten werden verstanden:

- Baujahr der Strecke beziehungsweise des Streckenabschnittes, in dem die Brücke liegt
- Zeitpunkt eines eventuellen zweigleisigen Streckenausbaues und einer eventuellen Elektrifizierung
- allgemeine Angaben zum Verkehr.

Diese Daten können im Internet recherchiert oder aus der Fachliteratur, z. B. der Reihe *Bahn im Bild*, entnommen werden. Hinweise zu den Netzdaten gibt die Amtliche Eisenbahnstatistik beziehungsweise deren Vorläufer:

- 1901–1910 Die Österreichischen Staatsbahnen in den Jahren 1901 bis 1910
- 1927–1936 Amtliche Eisenbahnstatistik des Bundesstaates Österreich
- 1937 Amtliche Eisenbahnstatistik des ehemaligen Bundesstaates Österreich
- 1938–1949 Nicht erschienen
- 1950–1994 Amtliche Eisenbahnstatistik der Republik Österreich

8.5.2.3 Spezifische Streckendaten

- Zulässige Achs- und Meterlasten: Diese ergeben Einschränkungen hinsichtlich der Lokomotiven und Waggons.
- Neigungsverhältnisse der Strecke: Diese beeinflussen die Anhängelast der Lokomotiven.
- Gleislängen in den Bahnhöfen: Diese beschränken die Zuglängen.
- Höchstgeschwindigkeit im Brückenbereich ergibt den dynamischen Beiwert für die Typenzüge.

Hinweis: Ist die Fahrzeughöchstgeschwindigkeit kleiner als die Streckenhöchstgeschwindigkeit, ist erstere zu verwenden.

- Baujahr der Brücke: Diese ergibt den Beginn der ermüdungsrelevanten Schädigung.
- Gleisgeometrie im Brückenbereich: Diese beeinflusst wesentlich die Lastaufteilung auf die Längs-Quer- und Hauptträger.

Die Angaben zu oben angeführten Punkten können für die Vergangenheit entnommen werden:

- *Tafel A 2*, Achsdruckverzeichnis des Vereines Deutscher (mitteleuropäischer) Eisenbahnverwaltungen und Streckenklassenkarte für die zulässige Achs- und Meterlast je Strecke. In der Monarchie war die höchst zulässige Achslast 14,5 t.
- *Tafel B 9* (Zwischenkriegszeit) beziehungsweise B 3 nach 1945 gibt die maßgebenden Neigungsverhältnisse an.
- *Tafel B 3* (Zwischenkriegszeit) beziehungsweise B 5 (nach 1945) gibt die Höchstachsenzahl der Züge und die Streckenliste die signalabhängigen Längen der den durchgehenden Hauptgleisen benachbarten Hauptgleise (bahnhofbezogen) an.
- *Die Tafeln B 8* und *A 7* (Zwischenkriegszeit) beziehungsweise B 6 und A 6 (nach 1945) geben die Regelbelastungen (lok- und streckenbezogen) und Leistungstafeln an.
- *Sonderheft 2 der Zeitschrift der Spurkranz* aus 1947 enthält Leistungstafeln der Dampflokomotiven, Elektrolokomotiven und Elektrotriebwagen der österreichischen Staatseisenbahnen.
- *Tafel B 1 und VzG (Verzeichnis der örtlich zulässigen Geschwindigkeit)* geben Angaben zur Geschwindigkeit.
- *Bahnaufsichtsschaubilder* geben u. a. Angaben zur Höchstgeschwindigkeit, zur Streckenneigung, zu den Krümmungsverhältnissen und zum größten zulässigen Achsdruck.
- *Bogenverzeichnisse* geben Angaben zu den Krümmungsverhältnissen und der Höchstgeschwindigkeit.

Die aktuellen Angaben zu den oben angeführten Punkten liegen beim Infrastrukturbetreiber auf.

8.5.2.4 Verkehrsvolumen und Zugbildung

Für die letzten Jahre liegt die Erfassung des Realverkehrs zuggenau aus Messungen vor (z. B. System Aramis – Advanced Railway Automation Management System bei den ÖBB). Weiter zurückliegend gibt es jahresweise erstellte Tabellen, „Mittlere tägliche Streckenbelastungen" genannt. Sie geben unter anderem je nach Zugart die Streckenbelastung in Tonnen, die Zugzahl und die Achszahl, nicht jedoch Angaben über die real verkehrenden Fahrzeugtypen. Diese lassen sich z. B. aus den Lokomotivstationierungslisten und Streckenbeschreibungen unter Abgleich mit den Infrastrukturdaten in einem iterativen Prozess rekonstruieren. Angaben hierzu sind in Kap. 6 Fahrbetriebsmittel und Zugbildung enthalten. Für den in der Zukunft vorgesehenen Verkehr ist das dafür vorgesehene Betriebsprogramm heranzuziehen.

8.6 Implizite Berücksichtigung der Dynamik und Ermüdung

8.6.1 Normengrundlage

Ohne die Ermüdungsproblematik explizit zu nennen, sind in der Verordnung 1904 die Grundlagen für die Spannungsnachweise unter Hauptlasten beziehungsweise Haupt- und Zusatzlasten angegeben:

- Lastkombinationen
- zulässige Spannungen (für Hauptlasten stützweitenabhängig)

8.6.2 Hinweise zur Berücksichtigung der Ermüdung

In der Verordnung von 1904 wurden Ermüdung und dynamische Effekte in dem zugrunde zu legenden Lastfall H durch die Vorgabe stützweitenabhängiger zulässiger Spannungen pauschal erfasst. Die Berechnung mittels zulässiger Spannungen entspricht dem deterministischen Sicherheitskonzept. Werte für die zulässigen Spannungen finden sich in Abschn. 3.5.4 bis 3.5.8, siehe auch Abb. 3.5, 3.6, 3.7, 3.8 sowie 3.10. Diese pauschale Berücksichtigung des Ermüdungsproblems ist für die durch die Verordnung abgedeckten Bauwerke und Details nachvollziehbar: Einerseits sind die damals ausschließlich eingesetzten genieteten Verbindungen ohnehin ermüdungstechnisch günstig (siehe beispielsweise [14]), andererseits weisen genietete Stahlkonstruktionen nur wenige charakteristische Details auf, sodass eine solche pauschale Berechnungsart als begründbar angesehen werden kann. Die Spannungsamplituden gingen nicht in die Beurteilung des Ermüdungsverhaltens ein, ebenso die Lastspielzahl, damit handelt es sich um einen *nicht implizit zu führenden Dauerfestigkeitsnachweis*.

Die Abhängigkeit der zulässigen Spannung von der Stützweite ist indes nicht sehr ausgeprägt: für den österreichischen N-Zug liegt die zulässige Spannung zwischen $1000\,kg/cm^2$ (unterer Grenzwert) und $1100\,kg/cm^2$ (oberer Grenzwert), d. h. der Unterschied beträgt nur 10 %, das entspricht bei weitem nicht einmal dem dynamischen Beiwert (siehe Tab. 3.1). *Bei unmittelbaren Trägern und Tragwerksteilen* (darunter fallen auch Längsträger) mussten die zulässigen Spannungen abgemindert werden (um 15 % bei Dampfbetrieb, um 10 % bei Elektrobetrieb). Auch dies entspricht der Philosophie eines *impliziten Ermüdungsnachweises*.

In Tab. 8.10 sind beispielhaft die erforderlichen Widerstandsmomente für den *Österreichischen N-Zug* mit den entsprechenden zulässigen Spannungen (siehe Abb. 3.3 und 3.7) den erforderlichen Widerstandsmomenten für die Verkehrsmischung *Regelverkehr mit Achslast ≤225 kN* nach modernen EUROCODEs gegenübergestellt. Für den Österreichischen N-Zug/Lastkombination H (Hauptlasten) genügte ein einziger Momentennachweis, die statischen Nachweise nach EN 1993-2 umfassen den Tragsicherheitsnachweis (ULS) und den Betriebsfestigkeitsnachweis (FLS), zudem die Gebrauchstauglichkeitsnachweise (SLS). Tab. 8.10 enthält einige Zwischenergebnisse und die Endergebnisse im Stützweitenbereich zwischen 2,0 und 100,0 m.

In Tab. 8.10 werden folgende Größen verwendet (die Zahlenwerte gelten für die Stützweite $\ell_S = 6\,m$):

<1>   *Stützweite*
<2>   *Näherungswert für Eigengewicht + ständige Einwirkungen (Stahlgewicht nach [15] für Überbauten ohne Schotterbett zuzüglich 3 kN/m zur Berücksichtigung des Gleiskörpers und weiterer ständiger Einwirkungen)*
<3>   *Maximales Moment für den Österreichischen N-Zug nach Tab. 3.27*
<4>   *Maximales Moment infolge Hauptlasten:*

$$max.M_{g+p} \approx (g_1 + g_2) \cdot \frac{\ell_S^2}{8} + max.M_{N-Zug} = (12+3) \cdot \frac{6{,}0^2}{8} + 773$$
$$= 67 + 773 \approx 834\,kNm$$

<5>   *Zulässige Spannung für den Österreichischen N-Zug nach Tab. 3.28*:

$$zul.\sigma = 1000 + 6 = 1006\,kg/cm^2$$

<6>   *Erforderliches Widerstandsmoment für den Österreichischen N-Zug nach der Vorschrift 1904:*

$$erf.W_{1904} = \frac{max.M_{g+p}}{zul.\sigma} = \frac{834 \cdot 100 \cdot 100}{1006} = 8295\,cm^3$$

8.6 Implizite Berücksichtigung der Dynamik und Ermüdung

<7> Maximalmoment aus dem Lastmodell 71
<8> Dynamischer Beiwert Φ_2 nach Gl. 8.5
<9> Bemessungsmoment für den Tragsicherheitsnachweis:

$$max.M_{Ed} = \gamma_G \cdot (g_1 + g_2) \cdot \frac{\ell_S^2}{8} + \gamma_Q \cdot \Phi_2 \cdot \alpha \cdot max.M_{71} =$$
$$= 1{,}35 \cdot 67 + 1{,}45 \cdot 1{,}46 \cdot 1{,}21 \cdot 732 = 90 + 1875 \approx 1960\, kNm$$

<10> Erforderliches Widerstandsmoment für den ULS-Nachweis nach EN 1993-2 (nicht-maßgebende Werte sind in Klammern gesetzt):

$$erf.W_{ULS} = \frac{max.M_{Ed}}{f_y} = \frac{1960 \cdot 1000}{235} = 8335\, cm^3$$

<11> Schadensäquivalenzfaktor λ für die Verkehrsmischung „Regelverkehr mit 225 kN Achslast" und $250 \cdot 10^6$ kN/Jahr und 100 Jahre laut Tab. 8.117
<12> Ermüdungswirksames Moment für den FLS-Nachweis:

$$max.M_{FLS} = \lambda \cdot \Phi_2 \cdot max.M_{71} = 1{,}017 \cdot 1{,}46 \cdot 732 = 1090\, kNm$$

<13> Erforderliches Widerstandsmoment für den Betriebsfestigkeitsnachweis für die Verkehrsmischung „Regelverkehr mit 225 kN Achslast" (nicht-maßgebende Werte sind in Klammern gesetzt):

$$erf.W_{FLS} = \frac{max.M_{FLS}}{\Delta\sigma_C/\gamma_{Mf}} = \frac{1090 \cdot 1000}{90/1{,}0} \approx 12080\, cm^3$$

<14> Erforderliches Widerstandsmoment nach EN 1993-2:

$$W_{EN} = Max.(W_{ULS}; W_{FLS}) = Max.(8335; 12080) = 12080\, cm^3$$

<15> Verhältniswerte $W_{N-Zug}/W_{EN\,1993-2}$:

$$\frac{W_{1904}}{W_{EN}} = \frac{8295}{12080} = 0{,}69$$

Tab. 8.10 Erforderliche Widerstandsmomente für den Österreichischen N-Zug und nach EN 1993-2 im Vergleich

<1>	<2>	<3>	<4>	<5>	<6>
ℓ_S	g_1+g_2	max.$M_{N\text{-}Zug}$	max.M_{g+p}	$\sigma_{zul.}$	erf.W_{1904}
[m]	[kN/m]	[kNm]		[kg/cm²]	[cm³]
2,0	9	125	131	1002	1309
6,0	11	773	834	1006	8295
10,0	12	2125	2310	1010	22890
15,0	14	4220	4690	1015	46160
20,0	15	7392	8300	1020	81360
30,0	18	16536	18940	1030	183900
40,0	22	29383	34320	1040	330000
50,0	25	44009	52760	1050	502500
75,0	33	90030	115700	1075	1076000
100,0	42	142150	198600	1100	1805000

<1>	<7>	<8>	<9>	<10>	<11>	<12>	<13>	<14>	<15>
ℓ_S	max.M_{71}	Φ_2	max.M_{Ed}	W_{ULS}	λ	max.M_{FLS}	W_{FLS}	W_{EN}	W_{1904}/W_{EN}
[m]	[kNm]	[-]	[kNm]	[cm³]	[-]	[kNm]	[cm³]		[-]
2,0	126	1,67	377	(1604)	1,448	304	3380	3380	0,39
6,0	732	1,46	1960	(8335)	1,017	1087	12080	12080	0,69
10,0	1855	1,31	4500	(19160)	0,841	2038	22640	22640	1,01
15,0	3715	1,21	8530	(36290)	0,757	3409	37880	37880	1,22
20,0	6075	1,16	13560	(57690)	0,669	4703	52252	52252	1,41
30,0	12300	1,09	26820	114100	0,641	8613	(95700)	112200	1,61
40,0	20520	1,06	44640	190000	0,634	13720	(152500)	186500	1,74
50,0	30740	1,03	67330	286500	0,625	19780	(219800)	281100	1,75
75,0	65040	1,00	148700	632900	0,610	39670	(440800)	620700	1,70
100,0	111800	1,00	272400	1159000	0,595	66540	(739400)	1138000	1,56

Die Bemessungsergebnisse nach den beiden Vorschriften weisen deutliche Unterschiede auf. Bei der Stützweite $\ell_S = 10{,}0\,m$ ergeben sich in beiden Fällen, *Österreichischer N-Zug* mit zulässigen Spannungen nach Vorschrift 1904 und Verkehrsmischung *Regelverkehr mit 225 kN Achslast* annähernd die gleichen erforderlichen Widerstandsmomente. Bei der Stützweite $\ell_S \approx 16{,}5\,m$ erhält man nach EN 1993-2 aus der ULS-Anforderung und der FLS-Anforderung annähernd das gleiche Widerstandsmoment. Mit kleiner werdenden Stützweiten wird das Widerstandsmoment nach Vorschrift 1904 immer kleiner gegenüber jenem nach EN 1993-2 (Minimalwert $\approx 0{,}40$), mit größer werdenden Stützweiten wird das Widerstandsmoment nach Vorschrift 1904 immer größer gegenüber jenem nach EN 1993-2 (Maximalwert $= 1{,}75$). Bauteile mit kleinen Stützweiten sind empfindlich gegenüber ermüdungswirksamen Einwirkungen und dynamischen Effekten, worauf die Anpassung der zulässigen Spannungen nach der Gleichung $zul.\sigma = 1000 + \ell_{[m]} \left[\frac{kg}{cm^2}\right]$ vom Prinzip her nicht genügen kann. Allerdings liegen das Spannungsniveau sowie die Verkehrsvolumina in der Vergangenheit hier generell so niedrig, dass in der Regel ein ausreichender Ermüdungswiderstand gegeben war.

8.7 Ermüdungsfestigkeitsnachweis (Wöhlerfestigkeitsnachweis) nach dem γ-Verfahren

8.7.1 Allgemeines

Über sechs Jahrzehnte lang fand das sogenannte γ-Verfahren in unterschiedlichen Formulierungen bei der Bemessung beziehungsweise beim Nachweis von Eisenbahnbrücken Verwendung, erst mit Einführung des Betriebsfestigkeitsnachweises nach dem semiprobabilistischen Sicherheitskonzept wurde der „Wöhlerfestigkeitsnachweis" auf eine neue Grundlage gestellt. Der Vorteil des γ-Verfahrens bestand in der Einfachheit der Anwendung sowie in der Flexibilität und einfachen Anpassung an neue wissenschaftliche Erkenntnisse. Da der Querschnittswiderstand durch Materialermüdung herabgesetzt werden kann, muss entweder die Fließgrenze als Widerstandsgröße abgemindert oder im gleichen Ausmaß die Einwirkung vergrößert werden. Angestrebt wurde die gleiche „Sicherheit" in allen Bauteilen. Das Wesen des hier vorgestellten Verfahrens besteht darin, den betragsmäßig größten Einwirkungswert $max.S$ mit einem Faktor γ derart zu beaufschlagen, dass der Spannungsnachweis in der üblichen Form geführt werden kann, beispielsweise für einen Zugstab (die Bezeichnungen sind in Abschn. 8.7.4 beschrieben):

$$\gamma \cdot max.\sigma \leq \sigma_{zul} = \frac{\sigma_S}{\nu} \quad \text{(Vergrößerung der Einwirkung)} \quad (8.23)$$

oder gleichwertig:

$$max.\sigma \leq \frac{\sigma_{zul}}{\gamma} = \frac{\sigma_S}{\gamma \cdot \nu} \quad \text{(Verkleinerung des Widerstandes)} \quad (8.24)$$

In Abschn. 8.7.5 wird für γ eine allgemeingültige Gleichung hergeleitet. Es zeigt sich, dass die γ-Faktoren durch Geradengleichungen mit

$$\kappa = \frac{min.\sigma}{max.\sigma} \quad (8.25)$$

als Funktionsargument beschrieben werden können:

$$\gamma = A + B \cdot \kappa \quad (8.26)$$

Um die zwei erforderlichen Funktionsparameter A und B zu ermitteln, sind nur wenige experimentell zu ermittelnde, nach Möglichkeit statistisch abgesicherte Größen notwendig: die Ursprungsfestigkeit (beziehungsweise, wenn zwischen Zug- und Druckspannungen unterschieden werden soll, die Ursprungsfestigkeit auf der Zug- beziehungsweise Druckseite) und die Wechselfestigkeit aus Dauerschwingversuchen sowie die Fließgrenze dem statischen Zugversuchen.

Bemerkenswert ist, dass die Anwendung des γ-Verfahrens in den ersten Jahren auf Hauptträger und Querträger beschränkt war. Längsträger, in der Regel die durch Ermüdung am meisten betroffenen Bauteile, wurden *nicht* auf Ermüdung nachgewiesen, statt dessen wurden detaillierte Vorschriften zur Berechnung, Konstruktion und Ausführung dieser Bauteile gegeben. Damit entsprach die Vorgangsweise für Längsträger im Prinzip jener der „impliziten Berücksichtigung der Ermüdung" (siehe Abschn. 8.6).

8.7.2 Normengrundlage

Bis 1938 war in Österreich die Verordnung 1904 in Kraft, siehe Abschn. 8.6. Mit dem „Anschluss" von Österreich an des „Deutsche Reich" im Jahre 1938 wurde die BE auch für das Eisenbahnnetz auf österreichischem Gebiet maßgebend, in dieser Vorschrift war das nachstehend näher erläuterte γ-Verfahren verankert. Dieses Verfahren war mit Änderungen und Anpassungen bis zum Inkrafttreten der EUROCODEs beziehungsweise der EUROCODE-nahen nationalen Normen gültig. Für Österreich lässt sich dieser lange Zeitabschnitt wie folgt unterteilen, wobei die Anwendungsgrenzen stets als fließend anzusehen sind:

1938–1945   BE der Deutschen Reichsbahn

1946–1964   Die o. g. BE wurde zunächst beibehalten und in den *vorläufigen Brückenvorschriften 1947* als verbindlich erklärt. Bereits 1949 erschien die erste Stahlbau-Norm (B 4300-2), in welcher für genietete und geschraubte Bauteile ein Ermüdungsfestigkeitsnachweis gefordert war, 1952 die erste Stahlbau-Norm, in welcher dieser Nachweis für geschweißte Bauteile geregelt war (4003-3). Nach der Eisenbahnvorschrift 1951, welche die BE außer Kraft setzte, erschien 1956 die neue Belastungsnorm für Eisenbahnbrücken (B 4003-1:1956). Damit war bis zum Jahre 1964 eine Normengrundlage vorhanden.

1964–1994   Im Jahre 1964 erschien in Österreich erstmals eine ÖNORM für die Berechnung stählerner Eisenbahnbrücken (ÖNORM B 4603), gleichzeitig erschien die neue ÖNORM B 4600-3 als Nachfolgenorm der o. g. ÖNORMen B 4300-2 und B 4300-3. Diese Norm wurde im Jahre 1976 und nochmals im Jahre 1979 neu herausgegeben, 1984 wurde die neue Belastungsnorm ÖNORM B 4003 veröffentlicht.

8.7 Ermüdungsfestigkeitsnachweis (Wöhlerfestigkeitsnachweis) ...

Mit Einführung der EUROCODE-nahen ÖNORMen B 4003:1994 und B 4303:1994 wurde in Österreich der Wöhlerfestigkeitsnachweis durch den Betriebsfestigkeitsnachweis ersetzt.

8.7.3 Zur Entwicklung des γ-Verfahrens

Eine gute Übersicht findet sich in [10], Abschn. 25.2.5.2.1. Obwohl die erste Bemessung einer Eisenbahnbrücke auf Dauerfestigkeit auf das Jahr 1865 zurückgehen dürfte und obwohl sich Weyrauch bereits 1876 in seinem Buch [16] mit der Ermüdungsproblematik beschäftigt hatte, wurde die Bemessung auf Dauerfestigkeit bis zum Jahre 1922 im Einzelfall geregelt. Im Jahre 1922 wurde bei der Deutschen Reichsbahn die Bemessung auf Dauerfestigkeit normativ geregelt, und bereits die ersten Nachweisformate erfolgten nach dem γ-Verfahren. Eine schöne Einführung in das γ-Verfahren geben [17] und [18], in [19] (beziehungsweise [11] für die neu erschienen ÖNORM B 4300-3:1952) sind die Vorschriften ausführlich kommentiert.

Das Verfahren erwies sich als derart flexibel, dass notwendige Anpassungen an den Stand der Wissenschaft über einen sehr langen Zeitraum leicht eingearbeitet werden konnten. Erst mit Einführung der semiprobabilistischen Sicherheitsphilosophie wurde der Wöhlernachweis durch den Betriebsfestigkeitsnachweis und das γ-Verfahren durch ein völlig neues Nachweisverfahren ersetzt.

8.7.4 Bezeichnungen

8.7.4.1 Allgemeines

Da das γ-Verfahren in einem derart großen Zeitraum gültig war, wurden die Bezeichnungen immer wieder geändert. Um das Lesen zu erleichtern, werden in diesem Buchabschnitt unabhängig von den Quellen gleiche Größen gleich bezeichnet. Werden Abbildungen aus älteren Veröffentlichungen verwendet, erfolgt ein entsprechender Hinweis.

8.7.4.2 Einwirkungen

Unabhängig von den (unterschiedlichen) Formulierungen in den Literaturquellen werden hier für die uns hier interessierenden Einwirkungsgrößen Spannungen betrachtet und mit *max.σ* beziehungsweise *min.σ* bezeichnet. *max.σ* bezeichnet die *betragsmäßig größte*, *min.σ* die *betragsmäßig kleinste* Spannung. Ausgangsparameter für das γ-Verfahren ist der Verhältniswert $\frac{min.\sigma}{max.\sigma}$. Die beiden Größen *max.σ* und *min.σ* sind vorzeichengerecht einzusetzen.

8.7.4.3 Spannungen und Festigkeiten
Wie erwähnt, müssen drei (beziehungsweise vier) Festigkeitswerte bekannt sein:

Fließgrenze, Streckgrenze σ_S
Ursprungsfestigkeit (R = 0) σ_U
Wechselfestigkeit (R = −1) σ_W

Verwendung finden noch folgende Spannungswerte:

Zulässige Spannung für die statischen Spannungsnachweise σ_{zul}
Dauerfestigkeit σ_D

8.7.4.4 Sicherheit
Die Sicherheit gegenüber unzulässig großen plastischen Verformungen wird bezeichnet mit ν. Definitionsgemäß ist für ruhende Belastungen:

$$\sigma_{zul} = \frac{\sigma_S}{\nu} \qquad (8.27)$$

8.7.4.5 Querschnittswerte
Im Zugbereich muss der Lochabzug berücksichtigt werden, im Druckbereich kann davon ausgegangen werden, dass Löcher mit Nieten oder Schrauben durch die Verbindungsmittel vollständig ausgefüllt sind, daher entfällt bei Druck der Lochabzug. Die entsprechenden Querschnittswerte (Flächen, Widerstandsmomente) werden als „maßgebend" bezeichnet. Sie werden hier generell mit A_m (maßgebende Fläche) beziehungsweise W_m (maßgebendes Widerstandsmoment) bezeichnet. Auch in Fällen, in denen die Normen davon abweichende Regeln angeben, werden die o. g. Bezeichnungen beibehalten.

8.7.4.6 κ und γ
Üblich sind die Bezeichnungen $\kappa = \frac{min.\sigma}{max.\sigma}$ als Funktionsparameter und γ als Funktionsname. In [17] wird die Funktion selbst mit κ (statt mit γ) bezeichnet und $\frac{min.\sigma}{max.\sigma}$ explizit angeschrieben. Hier werden die üblichen Bezeichnungen verwendet, d. h. $\gamma = \gamma(\kappa)$, davon betroffen sind Abb. 8.34, 8.35, 8.36, 8.37, 8.38 und 8.39.

8.7.5 Herleitung der Gleichungen

Dieser Abschnitt nimmt Bezug auf [17]. In Abb. 8.34 ist die Dauerfestigkeit σ_D für genietete Konstruktionsteile in Abhängigkeit von der Unterspannung dargestellt, in Abb. 8.35 in Abhängigkeit von der Mittelspannung. Die (in den Abbildungen nicht dargestellten) Stützpunkte wurden experimentell ermittelt.

8.7 Ermüdungsfestigkeitsnachweis (Wöhlerfestigkeitsnachweis) ...

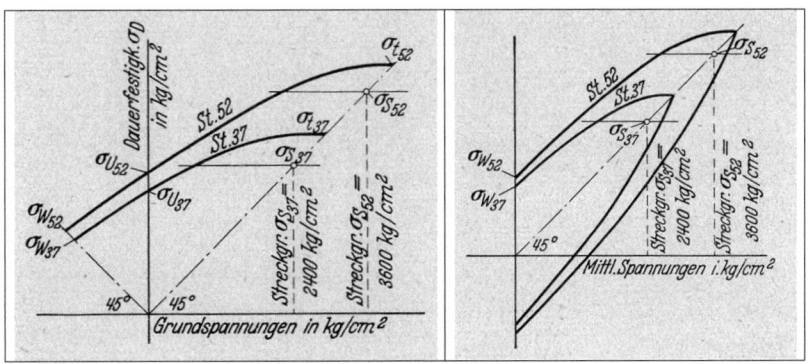

Abb. 8.34 Dauerfestigkeit genieteter Konstruktionsteile

Der Index 37 beziehungsweise 52 bezeichnet die Materialgüte. Die Abbildungen zeigen übereinstimmend,

- dass die Dauerfestigkeit σ_D vom Druckwechselbereich ($-1 \leq \kappa \leq 0$) über die reine Ursprungbelastung bis in den Zugwechselbereich mit zunehmender Materialgüte nur wenig zunimmt;
- dass die Dauerfestigkeit σ_D mit größer werdender Unterspannung σ_U erheblich, wenngleich unterproportional gegenüber σ_U zunimmt und schließlich Werte erhalten werden, die spürbar über den statischen Werten liegen. Daher müssen für die statischen Nachweise die Kurven mit der Fließgrenze begrenzt werden;
- dass die Abhängigkeit von der Mittelspannung bescheiden ist (in Abb. 8.34 verlaufen die Kurven zwar nicht als parallele Geraden unter 45°, doch „verjüngt" sich der Bereich zwischen den oberen und unteren Linien mit zunehmender Mittelspannung nur wenig).

Die einfachen Kurvenverläufe laut Abb. 8.34 erlauben eine weitgehende Vereinfachung durch abschnittsweise Linearisierung. Abb. 8.35 zeigt eine solche vereinfachte Darstellung für die Stahlgüten St 37 und St 52. Die Bereiche innerhalb der Polygone sind „sicher" hinsichtlich Versagens durch Materialermüdung.

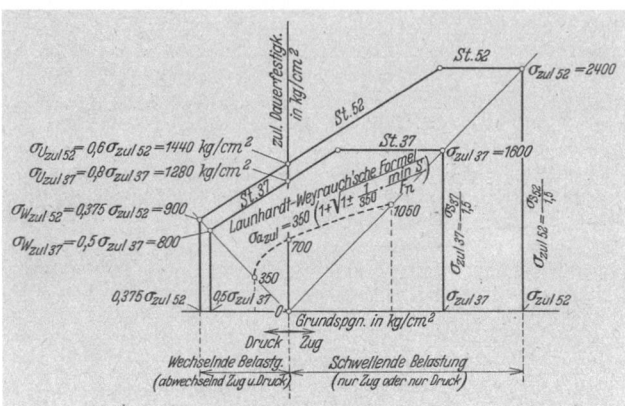

Abb. 8.35 Vereinfachte Darstellung der Begrenzung der „sicheren" Bereiche

Wie Abb. 8.35 zeigt, lassen sich die Polygone, die den sicheren Bereich begrenzen, durch drei Spannungswerte konstruieren:

- die *Wechselbelastung* ($\kappa \leq -1$) begrenzt die Polygone „nach links";
- die *Ursprungsbelastung* ($\kappa \leq 0$) gibt die Achsabschnitte auf der Ordinate an;
- die *Fließgrenzen* begrenzen die von links nach rechts steigenden Geraden und begrenzen gleichzeitig die Polygone „nach rechts".

In Abb. 8.35 ist auch der ältere Ansatz nach Launhardt-Weyrauch [16] dargestellt. Deren Annahme liegt gegenüber den beiden Polygonen deutlich auf der sicheren Seite.

Abb. 8.36 zeigt nochmals ein solches Polygon mit allen Beschriftungen, die zur analytischen Bestimmung der Dauerfestigkeit in Abhängigkeit von der Unterspannung herangezogen werden können.

8.7 Ermüdungsfestigkeitsnachweis (Wöhlerfestigkeitsnachweis) ...

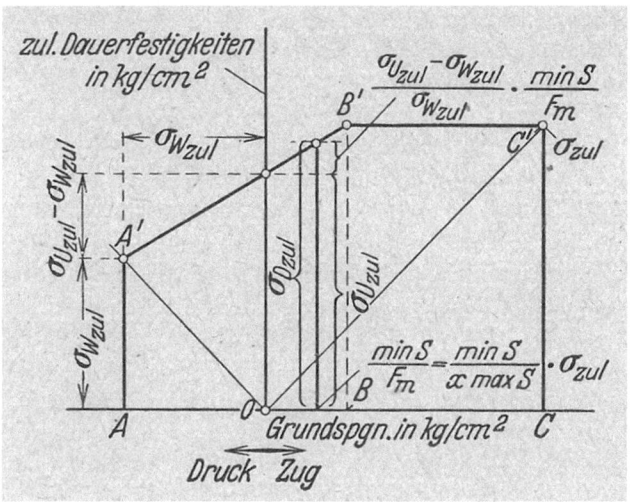

Abb. 8.36 Polygon als Begrenzung der „sicheren" Bereiche

Als Ergebnis für die vom Verhältniswert $\kappa = \frac{max.S}{min.S}$ abhängige Dauerfestigkeit erhält man aus Abb. 8.36 nach kurzer Zwischenrechnung einen hyperbolischen Zusammenhang zwischen σ_D und κ:

$$\sigma_D = \frac{\sigma_u}{1 - \frac{\sigma_u - \sigma_w}{\sigma_w} \cdot \kappa} \tag{8.28}$$

Der Wert σ_D muss (nach oben) durch die Fließgrenze begrenzt werden:

$$\sigma_D \leq \sigma_S \tag{8.29}$$

Aus Gl. 8.28 und 8.29 (mit dem Gleichheitszeichen) erhält man schließlich den Faktor γ, mit dem man die Einwirkung multiplizieren muss, um eine Dimensionierung gegenüber der Fließgrenze vornehmen zu können:

$$\gamma = \frac{\sigma_S}{\sigma_u} - \frac{(\sigma_u - \sigma_w) \cdot \sigma_S}{\sigma_u \cdot \sigma_w} \cdot \kappa = A + B \cdot \kappa \tag{8.30}$$

$\gamma(\kappa)$ beschreibt somit eine Gerade. Auch diese Funktion muss (hier nach unten) begrenzt werden:

$$\gamma \leq 1{,}0 \tag{8.31}$$

Mit dem Faktor $\gamma(\kappa)$ kann der Nachweis gegenüber Versagen durch Ermüdung genau gleich geführt werden wie der Nachweis gegenüber Fließen, siehe Gl. 8.23 beziehungsweise 8.24. Es wird angemerkt, dass die Einwirkungsgröße $max.\sigma$ doppelt vorkommt, einmal unmittelbar in der Nachweisgleichung und einmal mittelbar im Faktor γ. Über $\kappa = \frac{min.\sigma}{max.\sigma}$ aufgetragen ist γ dennoch eine (bi-)lineare Funktion.

Die Funktion nach Gl. 8.26 ist somit sehr einfach zu ermitteln, man benötigt nur die Fließgrenze σ_S und die Verhältniswerte σ_u/σ_S und σ_w/σ_S, deren experimentelle Ermittlung samt statistischer Absicherung freilich einen gewissen Aufwand erfordert. In [17] ist angegeben:

$$\text{für St 37}: \quad \frac{\sigma_u}{\sigma_S} = 0{,}8, \quad \frac{\sigma_w}{\sigma_S} = 0{,}5 \quad \Rightarrow \quad \gamma = 1{,}25 - 0{,}75 \cdot \kappa \tag{8.32}$$

$$\text{für St 52}: \quad \frac{\sigma_u}{\sigma_S} = 0{,}6, \quad \frac{\sigma_w}{\sigma_S} = 0{,}375 \quad \Rightarrow \quad \gamma = 1{,}67 - 1{,}0 \cdot \kappa \tag{8.33}$$

Abb. 8.37 zeigt die Dauerfestigkeitskurven für St 37 und St 52 (in dieser Abbildung ist auch die sehr konservative Annahme von Launhardt-Weyrauch eingetragen), Abb. 8.38 zeigt die entsprechenden γ-Werte. Dabei handelt es sich um Geraden, die nach unten mit dem Wert 1,0 zu begrenzen sind. (Anders als üblich sind in Abb. 8.37 die γ-Werte mit κ bezeichnet.)

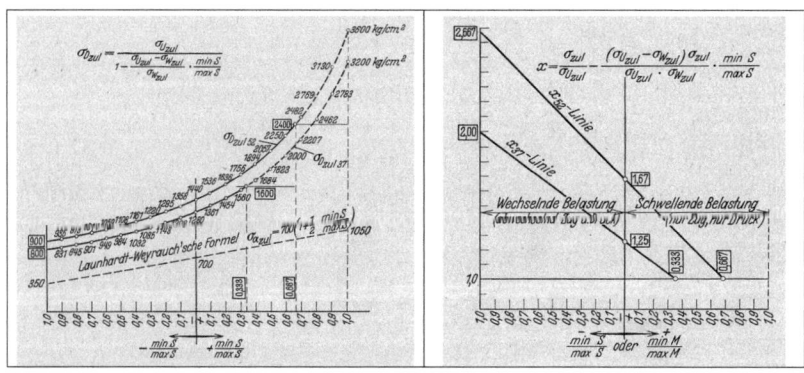

Abb. 8.37 Zulässige Spannungen für Dauerfestigkeit und Faktoren γ für den Ermüdungsfestigkeitsnachweis nach [17]

$A = \sigma_S/\sigma_u$ bezeichnet den Achsabschnitt auf der Ordinate für $\kappa = 0$, d. h. für Ursprungsbelastung. Diese kann nicht größer sein als die Fließgrenze σ_S, daher ist zwingend

$$A \geq 1{,}0 \tag{8.34}$$

Der Grenzwert $A = 1{,}0$ bedeutet, dass der Festigkeitsabfall durch Ermüdung *nur* den Bereich mit Wechselbelastung ($\kappa < 0$) betrifft. Der Funktionsparameter B gibt die Neigung des geraden Funktionsastes an, der Wert ist *immer negativ*. Je größer dieser Wert, d. h. je steiler die Gerade, desto größer ist die Abhängigkeit des Faktors γ vom Eingangsparameter κ. Dem Sonderfall $\sigma_u = \sigma_w$ entspricht $B = 0$. Das würde bedeuten, dass die Dauerfestigkeit vom Spannungsverhältnis κ unabhängig ist, d. h. die Funktionsgerade wäre eine horizontale Linie im Abstand $A = \sigma_S/\sigma_u$ vom Koordinatenursprung. Dieser Fall entspricht genau der Annahme, die dem Betriebsfestigkeitsnachweis nach den EUROCODEs zugrunde liegt (siehe Abschn. 8.8).

8.7.6 Die Veröffentlichung [19] (Kommerell, 1934)

In [19] sind Grundlagen der BE diskutiert – diese wurde erstmals im Jahre 1922 eingeführt und bis zum Ende des Zweiten Weltkrieges mehrmals neu herausgegeben – und es sind für die Stahlgüten St 37 und St. 52 Gleichungen und Tabellen mit zulässigen Spannungen beziehungsweise γ-Werten angegeben. Die BE und damit die Veröffentlichung [19] beziehen sich auf genietete Konstruktionen und es werden keine Kerbfälle unterschieden. Bei Bauteilen aus dem höherfesten, kerbempfindlicheren St 52 wird unterschieden zwischen „schwachem Verkehr" und „starkem Verkehr" sowie ob es sich bei *max.S* um eine Zugkraft oder um eine Druckkraft handelt. „Schwacher Verkehr" und „starker Verkehr" unterscheiden sich *nicht* durch die Größe der Verkehrslast, sondern durch das Verkehrsvolumen. Damit entspricht die Vorgangsweise zumindest teilweise der Philosophie eines Betriebsfestigkeitsnachweises. Im Gegensatz dazu wird bei zweigleisigen Brücken von der Möglichkeit einer Besserstellung nicht Gebrauch gemacht. Tab. 8.11 enthält die Verhältniswerte σ_u/σ_S und σ_w/σ_S, Tab. 8.12 darauf aufbauend die Parameter A und B zur Festlegung der γ-Funktionen.

Tab. 8.11 Verhältniswerte σ_u/σ_S und σ_w/σ_S zur Ermittlung der γ-Funktionen

ZEILE	FALL	max.σ	Verkehr	σ_u/σ_S	σ_w/σ_S
1	St 37	k. A	k. A	1,0	0,769
2	St 52	Zug	stark	0,857	0,514
3	St 52	Druck	stark	1,0	0,514
4	St 52	k. A	schwach	1,0	1,0
5	St 37, St 52	Druck schwellend	k. A	$\gamma = 1,0$	

Tab. 8.12 Parameter A und B der γ-Funktionen nach [19]

ZEILE	FALL	max.σ	Verkehr	A	B	σ_S [kg/cm^2]	ν
1	St 37	k. A	k. A	1,0	−0,3	2400	1,71
2	St 52	Zug	stark	1,167	−0,777	3600	1,71
3	St 52	Druck	stark	1,0	−0,944	3600	1,71
4	St 52	k. A	schwach	1,0	−0,5	2400	1,71
5	St 37, St 52	Druck schwellend	k. A	$\gamma = 1,0$		2400	1,71

Mit Ausnahme von Zeile 2 ist immer $A = 1,0$, d. h. außer bei Brücken aus St 52 mit starkem Verkehr und max.$\sigma =$ Zugspannung betrifft die ermüdungsfestigkeitsbedingte Erhöhung der Einwirkung *max.σ* nur den *Wechselbereich*, *der Schwellbereich bleibt davon unberührt*. In [19] finden sich Erklärungen und Kommentare zur BE sowie quasi-normative Berechnungs-, Ausführungs- und Konstruktionsregeln.

Abb. 8.38 zeigt die γ-Funktion für St 37 (Zeile 1) und jene für St 52 im ungünstigsten Fall (starker Verkehr und *max.σ* ... Zug: Zeile 2), Abb. 8.39 zeigt die γ-Funktion für die drei Fälle bei St 52 (Zeilen 2 bis 4). Der Fall *Druck schwellend* (Zeile 5) wird als nicht ermüdungsrelevant eingestuft ($\gamma = 1,0$) und ist daher nicht dargestellt.

8.7 Ermüdungsfestigkeitsnachweis (Wöhlerfestigkeitsnachweis) ...

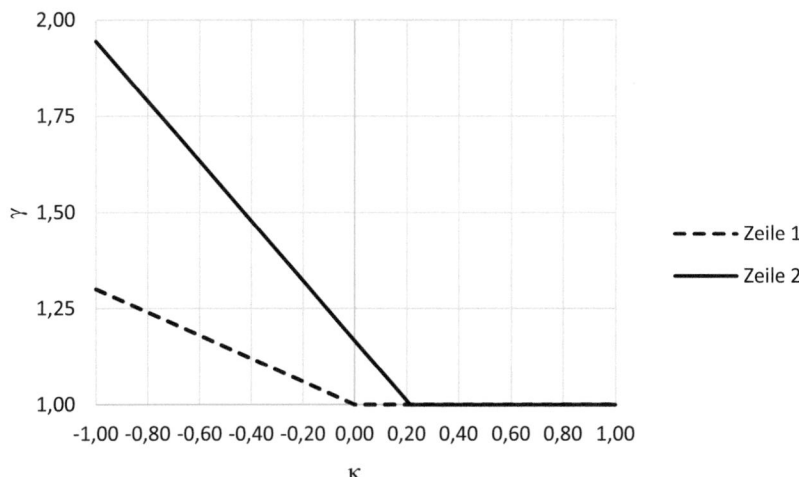

Abb. 8.38 Funktionen γ für St 37 und St 52 nach [19] (außer Druck schwellend – je ein Fall)

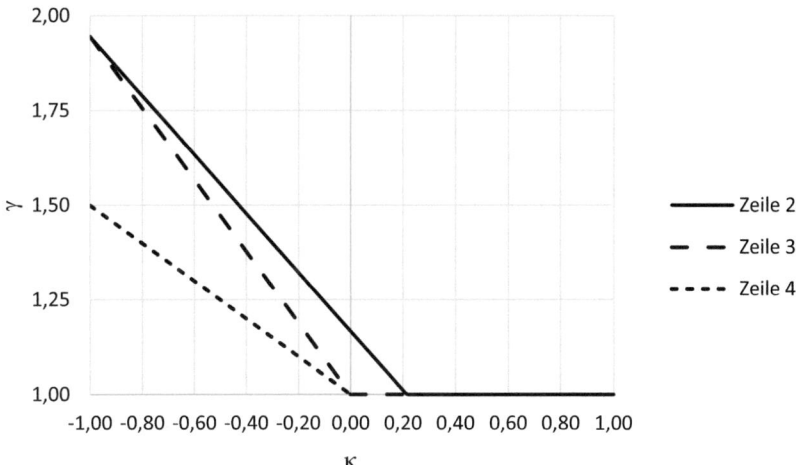

Abb. 8.39 Funktionen γ für St 52 nach [19] (außer Druck schwellend – drei Fälle)

8.7.7 Geschweißte Konstruktionen: die Dienstvorschrift DV 848

Das γ-Verfahren wurde auch für geschweißte Konstruktionen angewandt. Für geschweißte Konstruktionen wurde die DV 848 erarbeitet. Sie erschien 1935 und 1939 unter dem Titel *vorläufige Vorschriften für geschweißte, vollwandige Eisenbahnbrücken* und 1955 unter dem Titel *Vorschriften für geschweißte Eisenbahnbrücken*. Im Unterschied zu den Vorschriften für genietete Konstruktionen wurden von Beginn an abhängig von der Art, Bearbeitung und Beanspruchung der Naht α-Werte angegeben, die faktisch einer Einordnung in Kerbkategorien entsprachen. Die Kerbempfindlichkeit geschweißter Details wurde zurecht als größer eingestuft als jene genieteter Details.

8.7.8 Hinweise und Erläuterungen zur Nachweisführung nach dem γ-Verfahren

8.7.8.1 Inhalt des Abschn. 8.7.8
Beim Ermüdungsnachweis als Dauerfestigkeitsnachweis ist neben dem maximalen Beanspruchungswert $max.\sigma$ (Absolutbetrag) das Verhältnis aus Ober- und Unterspannung $\kappa = min.\sigma/max.\sigma$ maßgebend. Nachstehend sind die Bestimmungen in der in Österreich bis 1951 gültigen BE sowie in den ÖNORMen bis zur Einführung der EUROCODE-nahen ÖNORMen B 4003:1994 und B 4303:1994 angeführt und erläutert.

8.7.8.2 BE 1938–1945 und 1946–1951

Einwirkungen	Maßgebend waren die jeweils ungünstigsten Schnittgrößen infolge der Lastkombination H (Hauptlasten), diese umfassten alle ständigen Einwirkungen sowie die vertikalen Verkehrslasten und, für Brücken mit Gleis in Bogenlage, die Fliehkräfte. Die anzusetzenden Verkehrslasten waren mit einem vom Material (Stahl, Beton) und der Stützweite abhängigen dynamischen Beiwert φ zu multiplizieren.
Spannungen	Auskunft über die für die Spannungsberechnung maßgebenden Querschnitte gibt [17]. Demnach sind, wenn $max.\sigma$ eine Zugspannung ist, die beiden Spannungen $max.\sigma$ und $min.\sigma$ unter Berücksichtigung des Lochabzuges zu ermitteln. Ist hingegen $max.\sigma$ eine Druckspannung, sollen

	die Spannungen *max.σ* und *min.σ* ohne Berücksichtigung des Lochabzuges ermittelt werden.
Funktion $\gamma(\kappa)$:	Je nach Stahlgüte, Verkehrsmenge und davon, ob *max.σ* eine Zug- oder Druckspannung ist, sind die Geradengleichungen für die bilineare Funktion $\gamma(\kappa) \geq 1{,}0$ angegeben. Die Gleichungsparameter sind in Tab. 8.12 angegeben, die Funktionen selbst sind in Abb. 8.38 und 8.39 dargestellt.
Nachweisformat	Die betragsmäßig maximale Spannung *max.σ* wird mit dem Faktor $\gamma(\kappa)$ multipliziert und der zulässigen Spannung $\sigma_{zul} = \sigma_S/\nu$ aus dem statischen Zugversuch gegenübergestellt. Der Nachweis ist erbracht, wenn

$$\gamma \cdot max.\sigma \leq \frac{\sigma_S}{\nu} \qquad (8.35)$$

Gleichbedeutend ist die Gegenüberstellung von *max.σ* und $\sigma_{zul,D}$. Der Nachweis ist erbracht, wenn

$$max.\sigma \leq \sigma_{zul,D} = \frac{\sigma_S}{\gamma \cdot \nu} \qquad (8.36)$$

8.7.8.3 DV 848 1938–1945 und 1946–1952

Einwirkungen	Siehe Abschn. 8.7.8.2.
Spannungen	Siehe Abschn. 8.7.8.2.
Funktion $\gamma(\kappa)$:	Je nach Stahlgüte und Verkehrsmenge und davon, ob *max.σ* eine Zug- oder Druckspannung ist, sind die Geradengleichungen für die bilineare Funktion $\gamma(\kappa) \geq 1{,}0$ angegeben.
Beiwert α	Der Beiwert $\alpha < 1{,}0$ berücksichtigt Art und Ausführungsgüte der Schweißnaht, Zahlenwerte sind in den Vorschriften angegeben.
Nachweisformat	Die betragsmäßig maximale Spannung *max.σ* wird mit dem Faktor γ/α multipliziert und der zulässigen Spannung $\sigma_{zul} = \sigma_S/\nu$ aus dem statischen Zugversuch gegenübergestellt. Der Nachweis ist erbracht, wenn

$$\frac{\gamma}{\alpha} \cdot max.\sigma \leq \frac{\sigma_S}{\nu} \qquad (8.37)$$

8.7.8.4 ÖNORMen bis 1964 – genietete Konstruktionen (B 4300-2:1949, 1950, 1954)

Bezeichnung	Der Nachweis gegen Versagen durch Materialermüdung wurde als *Ermüdungsfestigkeitsnachweis* bezeichnet.

Einwirkungen	Bis zum Jahre 1956 waren die bestehenden Belastungsvorschriften maßgebend (siehe Abschn. 3.10.1), ab 1956 die neu herausgegebene ÖNORM B 4003-1. Wiederum waren die ungünstigsten Schnittgrößen infolge der Lastkombination H (Hauptlasten) zugrunde zu legen. In dieser Belastungsnorm waren auch neue dynamische Beiwerte φ angegeben.
Spannungen	Für genietete Bauteile mussten bei gezogenen Querschnittsteilen die Nietlöcher abgezogen werden, gedrückte Querschnittsteile wurden ohne Lochabzug in die Berechnung eingeführt.
Funktionen $\frac{\alpha}{\gamma}(\kappa)$	Anders als zuvor wurden an Stelle der Funktionen $\gamma(\kappa)$ deren Reziprokwerte $1/\gamma$ angegeben. Diese enthielten jeweils zwei materialabhängige Zahlenwerte und, als Eingangsparameter, das Kräfte-, Schnittgrößen- oder Spannungsverhältnis A/B. A ist der dem Betrage nach kleinere der beiden Grenzwerte, B der dem Betrage nach größere der beiden Grenzwerte, und beide Größen mussten mit ihren Vorzeichen eingesetzt werden. Die Funktionen sind angegeben mit:

$$\frac{1}{\gamma} = 0{,}93 \cdot \left(1 + 0{,}30 \cdot \frac{A}{B}\right) \quad \text{für St 37 S} \tag{8.38}$$

$$\frac{1}{\gamma} = 0{,}87 \cdot \left(1 + 0{,}35 \cdot \frac{A}{B}\right) \quad \text{für St 44 S} \tag{8.39}$$

$$\frac{1}{\gamma} = 0{,}81 \cdot \left(1 + 0{,}42 \cdot \frac{A}{B}\right) \quad \text{für St 52 T} \tag{8.40}$$

Faktor α	Unter festgeschriebenen Bedingungen hinsichtlich der Herstellungsqualität durfte für den Faktor α der Wert 1,4 angesetzt werden, anderenfalls war der Wert 1,0 zu verwenden. Zwischenwerte waren nicht vorgesehen.
Nachweisformat	Die maximale einwirkende Spannung $max.\sigma$ musste mit dem Faktor $\alpha/\gamma < 1{,}0$ multipliziert und der zulässigen Spannung $\sigma_{zul} = \sigma_S/\nu$ für den statischen Nachweis gegenübergestellt werden. Der Nachweis war erbracht, wenn

$$max.\sigma \leq \frac{\alpha}{\gamma} \cdot \frac{\sigma_S}{\nu} \tag{8.41}$$

Der Faktor $\frac{\alpha}{\gamma}$ konnte auch auf der Einwirkungsseite berücksichtigt werden:

$$\frac{\gamma}{\alpha} \cdot max.\sigma \leq \frac{\sigma_S}{\nu} \tag{8.42}$$

8.7.8.5 ÖNORMen bis 1964 – geschweißte Konstruktionen (ÖNORM B 4300-3:1952)

Hinweis	Umfangreiche Hintergrundinformationen zu ÖNORM B 4300-3 gibt Seltenhammer in [11], dieses Papier findet sich im Anhang.
Bezeichnung	Der Nachweis gegen Versagen durch Materialermüdung wurde als *Ermüdungsfestigkeitsnachweis* bezeichnet.
Einwirkungen	Siehe Abschn. 8.7.8.4.
Spannungen	In der Regel liegen ungeschwächte Querschnitte vor, d. h. ein Lochabzug entfällt hier.
Funktionen $\gamma(\kappa)$	Wie in ÖNORM B 4300-2:1949 (siehe Abschn. 8.7.8.4) sind auch hier Werte $1/\gamma$ angegeben. Für die Stahlgüten St 37 T und St 44 T sind die gleichen Funktionen angegeben wie für genietete Bauteile, siehe Gl. 8.38 und 8.39, für St 52 T wird auf Versuche verwiesen.
Faktoren α	In ÖNORM B 4300-3:1952 sind Faktoren α in Abhängigkeit vom Schweißdetail (zwölf Fälle), dem Verhältniswert $min.\sigma/max.\sigma$ und davon, ob die überwiegende Spannung eine Zug- oder eine Druckspannung ist, in einer Tabelle angegeben. Die Faktoren α umfassen der großen Bereich zwischen 0,25 und 1,50.
Nachweisformate	Tab. 8.13 enthält die für die Spannungsnachweise maßgebenden Spannungen und Werte α.

Tab. 8.13 Spannungen und Werte α für den Ermüdungsnachweis von Schweißnähten

BEDEUTUNG	FORMELZEICHEN	α
Normalspannung parallel	$\sigma_\parallel$	$\alpha_\parallel$
Normalspannung normal	$\sigma_\perp$	$\alpha_\perp$
Schubspannung	τ	α_τ

Es wird angemerkt, dass den Faktoren α hier eine völlig andere Bedeutung zukommt als jenen für geschraubte/ genietete Konstruktionen nach Abschn. 8.7.8.4. Die einwirkenden Spannungswerte sind einzeln den mit den Faktoren α/γ multiplizierten zulässigen Spannungen gegenüberzustellen, beispielsweise:

$$max.\sigma_\| \leq \frac{\alpha_{II}}{\gamma} \cdot \sigma_{zul} = \frac{\alpha_{II}}{\gamma} \cdot \frac{\sigma_S}{\nu} \tag{8.43}$$

Zusätzlich musste aus sämtlichen Werten der o. g. Tabelle eine Spannung σ_V ermittelt werden, durch den Faktor $\eta \geq 1{,}0$ (1,1 für St 37 T und St 44 T) dividiert werden und der mit dem Faktor $\frac{1}{\gamma}$ multiplizierten zulässigen (Normal-)Spannung gegenüberzustellen. Der Nachweis war erbracht, wenn

$$\sigma_V \leq \frac{\alpha \cdot \sigma_S}{\gamma \cdot \nu} \tag{8.44}$$

8.7.8.6 ÖNORMen ab 1964 (ÖNORM B 4603:1964, 1976, 1979)

Vorbemerkung In den ÖNORMen ab 1964 kommt der Begriff „γ" nicht mehr vor, sondern es sind zulässige Spannungen für den Wöhlerfestigkeitsnachweis in Abhängigkeit von der Stahlgüte und Kerbgruppe in Tabellen angegeben.

Bezeichnung Mit Einführung der ÖNORM B 4603:1964 wurde der Nachweis gegen Versagen durch Materialermüdung als *Wöhlerfestigkeitsnachweis (WN)* bezeichnet.

Einwirkungen Bis zum Jahre 1984 war die bereits erwähnte ÖNORM B 4003-1:1956 in Kraft und damit die Unterscheidung in Hauptlasten (Lastkombination H) beziehungsweise Haupt- und Zusatzlasten (Lastkombination HZ). Maßgebend waren wieder die jeweils ungünstigsten Schnittgrößen infolge der Lastkombination H (Hauptlasten), und wieder waren die anzusetzenden Verkehrslasten mit einem von der Stützweite abhängigen dynamischen Beiwert φ zu multiplizieren.
Mit Einführung der ÖNORM B 4003:1984 wurde die Unterscheidung in Haupt- und Zusatzlasten fallengelassen, die für den Wöhlerfestigkeitsnachweis heranzuziehenden Einwirkungen blieben aber mit Ausnahme des neu eingeführten

8.7 Ermüdungsfestigkeitsnachweis (Wöhlerfestigkeitsnachweis) ...

Spannungen:	Lastenzuges und neuer dynamischer Beiwerte im Wesentlichen unverändert. Für genietete und geschraubte Konstruktionen wird auf Abschn. 8.7.8.4 verwiesen, für geschweißte Konstruktionen auf Abschn. 8.7.8.5. Bemerkenswerterweise durften für die Ermittlung der Randspannungen die Widerstandsmomente von Biegeträgern (wie beim Allgemeinen Spannungsnachweis – AN) um 7 % vergrößert werden.
$\sigma_{F,zul}$:	Die zulässigen Spannungen, in den o. g. Normen ausdrücklich als $\sigma_{F,zul}$ beziehungsweise $\tau_{F,zul}$ bezeichnet, sind je nach Stahlgüte, nach Kerbgruppe und davon, ob $max.\sigma$ eine Zug- oder Druckspannung ist, in Tabellen angegeben. Insgesamt sind zehn Kerbgruppen angegeben: sechs für Normalspannungen, zwei für Schubspannungen in Blechen und Schweißnähten und weitere zwei für Nietverbindungen. Abb. 8.40 zeigt exemplarisch Details, die der (zweitschlechtesten) Gruppe „E" zugeordnet sind:

Abb. 8.41 zeigt die zulässigen Spannungen für die Kerbgruppe E für St 37 (schwarze Linien) und St 52 (rote Linien). Die Volllinien gelten für den Fall, dass $max.\sigma$ eine Zugspannung ist, die gestrichelten Linien für den Fall, dass

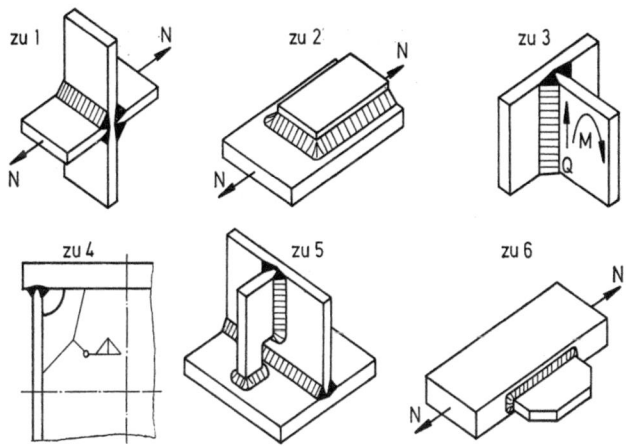

Abb. 8.40 ÖNORM B 4600-3:1964 – Schweißdetails der Gruppe E

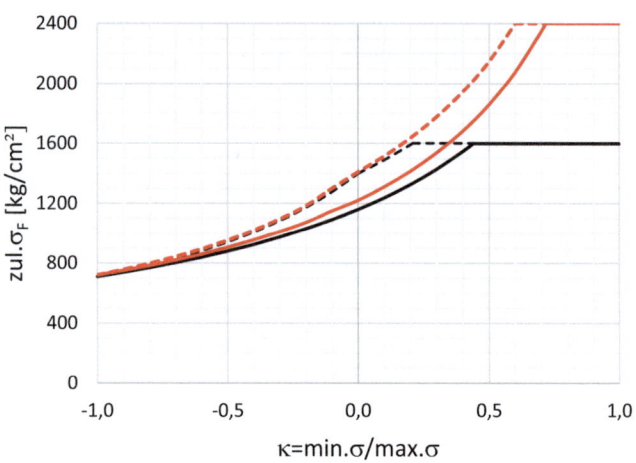

Abb. 8.41 Zulässige Spannungen in Abhängigkeit von $\kappa = min.\sigma/max.\sigma$

Nachweisformate

$max.\sigma$ eine Druckspannung ist. Man erkennt den nahezu vernachlässigbar geringen Einfluss der Stahlgüte speziell im Wechselbereich ($\kappa \leq 0$). Hingegen ist gemäß dieser Normenfamilie und für diesen Kerbfall für $\kappa > -0{,}5$ das Ermüdungsverhalten gegenüber einer Zugspannung spürbar ungünstiger als gegenüber einer Druckspannung.

Die betragsmäßig maximale Spannung $max.\sigma$ musste der zulässigen Spannung $\sigma_{F,zul} = \sigma_F/v$ gegenübergestellt werden. Der Nachweis war erbracht, wenn

$$max.\sigma \leq \sigma_{F,zul} \qquad (8.45)$$

beziehungsweise

$$max.\tau \leq \tau_{F,zul} \qquad (8.46)$$

Zusätzlich waren für ebene Spannungszustände in Schweißnähten und den davon beeinflussten Querschnittsteilen die Hauptspannungen nach Gl. 8.47 zu ermitteln.

$$\pm max.\sigma_I = \frac{1}{2} \cdot \left[\sigma_x + \sigma_y \pm \sqrt{(\sigma_x - \sigma_y)^2 + 4\tau^2} \right] \qquad (8.47)$$

Diese Hauptspannungen mussten wiederum den zulässigen, von κ abhängigen Werten gegenübergestellt werden. Ergänzend waren auch Regeln für ausgeprägt räumliche Spannungszustände angegeben.

8.7.8.7 Vergleich der γ-Werte nach unterschiedlichen Vorschriften

Die Entwicklung der zulässigen Spannungen für den Ermüdungsnachweis nach dem γ-Verfahren lässt auch die zeitliche Entwicklung dieses Nachweises erkennen. Von besonderer praktischer Bedeutung ist im Stahlbrückenbau der Fall der *Ursprungsbelastung* (diese entspricht den Teilbildern ② und ⑥ in Abb. 8.2). Für diesen Fall beträgt das Spannungsverhältnis $min.\sigma/max.\sigma = 0$, der (für $g \ll q$) dem Grenzwert für Einfeldträger entspricht. Für $min.\sigma/max.\sigma > 0$ liegt diese Annahme auf der sicheren Seite. In [17], siehe Abb. 8.37, betrug für den Grenzfall die Abminderung der zulässigen Spannung 20 % des Wertes ohne Einfluss der Ermüdung für St 37 (1600 $\rightarrow$ 1280 kg/cm^2) und 40 % für St 52 (2400 $\rightarrow$ 1440 kg/cm^2). Damit wurde bereits dem Umstand Rechnung getragen, das unter ermüdungswirksamen Einwirkungen von Bauteilen die Stahlgüte von geringerer Bedeutung ist. Der Einfluss der Stützweite ist nur dadurch berücksichtigt, dass mit deren Zunehmen die ständigen Einwirkungen und damit deren Beanspruchungen anwachsen, die Verkehrslasten, verstanden als [kN/m] tendenziell abnehmen, d. h. *min.M* stärker wächst als *max.M*, doch ist der Einfluss gering. Noch günstiger wird das Ermüdungsverhalten in [19] beurteilt: Für Ursprungsbelastung ist die zulässige Spannung gegenüber jener für den statischen Querschnittsnachweis nur für St 52 abzumindern, bei $\kappa = 0$ um ca. 15 %. Dieser Wert ist allerdings deutlich kleiner als das Verhältnis der zulässigen Spannungen für den statischen Nachweis. Besonders interessant ist der letzte Schritt der Entwicklung, siehe ÖNORM B 4600-3:1979. Zwar wurde noch zwischen Druck- und Zugspannungen unterschieden, bei Ursprungsbelastung musste jedoch für kerbmilde Details (Linien A bis C) und St 37 nicht und bei Details laut Linie D nur wenig abgemindert werden, bei ungünstigeren Kerbdetails (Linien E und F) schon deutlich, und bereits ab Linie C war, wiederum bei Ursprungsbelastung, kaum mehr eine Abhängigkeit von der Stahlgüte gegeben.

8.8 Betriebsfestigkeitsnachweis nach EN 1993-1-9:2013 und ÖNORM B 4008-2:2019

8.8.1 Allgemeines

Mit Einführung der semiprobabilistischen Sicherheitsphilosophie (Berechnung von Tragwerken auf der Grundlage der Versagenswahrscheinlichkeit gegen das Erreichen von Grenzzuständen) musste auch der Nachweis gegenüber Materialversagen durch Ermüdung auf eine neue Grundlage gestellt werden. Obwohl bereits bei der Einführung der BE in den 1930-er Jahren Gedanken zur Berücksichtigung des realen Verkehrs angestellt wurden und während eines kurzen Zeitfensters zwischen „schwerem" und „leichtem" Verkehr unterschieden wurde (siehe Abschn. 8.7.6), wurden erst mit Einführung der neuen Normengeneration (in Österreich im Jahre 1994) realitätsnahe Verkehre beziehungsweise Verkehrsmischungen als Grundlage für den Ermüdungsnachweis, fortan als Betriebsfestigkeitsnachweis bezeichnet, herangezogen. Die grundlegende Änderung des Wöhlerfestigkeitsnachweises wurde notwendig,

- weil seit Einführung des γ-Verfahrens (siehe Abschn. 8.7) eine Vielzahl an experimentellen und theoretischen Untersuchungen zum Thema Ermüdung durchgeführt wurde und die Normung an den Stand der Wissenschaft angepasst werden musste;
- weil für eine objektive Beurteilung der Versagenswahrscheinlichkeit („Sicherheit") die Berücksichtigung einiger weniger, fest vorgegebener Eingangsgrößen (konstante Lastwechsel, Bemessung gegenüber der Dauerfestigkeit) nicht ausreicht;
- weil durch die sicherheitstheoretisch erforderliche Trennung von Einwirkungsseite und Widerstandsseite eine wirklichkeitsnahe Erfassung des Verkehrs (nach Höhe und Häufigkeit der Beanspruchungen) und des Ermüdungswiderstandes von Bauteilen notwendig wurde;
- weil erkannt worden war, dass einzelne Beanspruchungen oberhalb der Dauerfestigkeit zugelassen werden können;
- weil, um eine Aussage hinsichtlich der Versagenswahrscheinlichkeit treffen zu können, statistisch abgesicherte Einwirkungen und Widerstände bekannt sein müssen;
- weil durch die aufgrund des Alters vieler Brücken hinsichtlich der Sicherheit und Wirtschaftlichkeit wichtige Beurteilung der Restlebensdauer – außer durch Anwendung der Bruchmechanik – nur mit diesem Berechnungsverfahren möglich ist (siehe Abschn. 8.9);

8.8 Betriebsfestigkeitsnachweis nach EN 1993-1-9:2013 ...

- weil durch die konsequente Anwendung der Schweißtechnik als wichtigste Fügetechnik im Brückenbau die Abhängigkeit von der Mittelspannung stark an Bedeutung verliert, weshalb in EN 1991-1-9 eine Abhängigkeit von $\kappa = \frac{min.S}{max.S}$ fallengelassen werden konnte.

Die Abschn. 8.8.2 und 8.8.3 betreffen die Normengrundlage sowie Symbole und Bezeichnungen, Abschn. 8.8.4 widmet sich der Einwirkungsseite einschließlich der Aufbereitung der Berechnungs- oder Messergebnisse für die Verwendung bei Ermüdungsberechnungen, Abschn. 8.8.5 widmet sich der Widerstandsseite. Die Nachweisformate selbst sind in Abschn. 8.8.6 zusammengefasst und in Abschn. 8.8.7 bis 8.8.9 detailliert beschrieben. Abschn. 8.8.10 enthält Spannweitenbeiwerte λ_1 für Momente, Querkräfte und Auflagerkräfte (diese für die Berechnung der Querträger). Abschn. 8.8.11 enthält das Inhaltsverzeichnis von Daten, die auf einer CD abgelegt sind und bei eigenständigen Berechnungen Anwendung finden können, beispielsweise in einem Tabellenkalkulationsprogramm. Kap. 8 ist auch die Grundlage für die in Abschn. 9 behandelte Restlebensdauerberechnung.

Der wirklichkeitsnahe und hinsichtlich der Versagenswahrscheinlichkeit objektive Betriebsfestigkeitsnachweis erfordert einen wesentlich größeren Rechenaufwand als der lange angewandte Nachweis nach dem γ-Verfahren und wurde erst durch die Möglichkeit moderner EDV praktikabel. Um seine Anwendung zu erleichtern beziehungsweise den Nachweis praxistauglich zu machen, wurden Zahlentabellen mit Spannweitenbeiwerten λ_1 erarbeitet und in den Normen niedergeschrieben.

Zum Verständnis des Berechnungsverfahrens werden hier die Grundlagen des Betriebsfestigkeitsnachweises und der Berechnungsgang gezeigt, umfassende Darstellungen zu Ermüdungsproblemen finden sich in [1] und [2].

8.8.2 Normengrundlage

8.8.2.1 Die Normengeneration ÖNORM B 4xxx:1994

Das erste in Österreich veröffentlichte, geschlossene Normenkonvolut für den Betriebsfestigkeitsnachweis stählerner Eisenbahnbrücken umfasste folgende Einzelnormen:

- ÖNORM B 4003:1994 (Eisenbahn- und Straßenbahnbrücken – Allgemeine Grundlagen für die Berechnung und Ausführung) – diese Norm enthält u. a. die anzusetzenden Einwirkungen und Einwirkungskombinationen;

- ÖNORM B 4300-5:1994 (Stahlbau – Ermüdungsfestigkeit) – diese Norm enthält die Grundlagen für den Betriebsfestigkeitsnachweis ermüdungsgefährdeter Bauteile;
- ÖNORM B 4303:1994 (Stahlbau – Eisenbahnbrücken) – diese Norm enthält u. a. Zahlentabellen für den Nachweis der Hauptträger sowie der Längs- und Querträger offener Fahrbahnen.

In den beiden Stahlbaunormen B 43xx ist der Betriebsfestigkeitsnachweis als *Ermüdungsfestigkeitsnachweis (EN)* bezeichnet, diese Bezeichnung war bis 1964 verwendet worden und mit Einführung der Normenreihen ÖNORM B 46xx in *Wöhlerfestigkeitsnachweis (WN)* geändert worden. Die o. g. Normen wurden bis zum Jahr 2002 verwendet und 2003 durch die Vornormen der ENV-Serie abgelöst, die ihrerseits 2009 durch die EUROCODEs EN ersetzt wurden. Da die Vorgangsweise nach den o. g. Stahlbaunormen weitgehend jener der EUROCODEs entspricht, werden die folgenden Ausführungen auf letztere beschränkt.

8.8.2.2 Die EUROCODEs

Der aktuelle Stand an EUROCODEs, die beim Betriebsfestigkeitsnachweis Verwendung finden, umfasst folgende Einzelnormen:

- EN 1991-2:2012 (Einwirkungen auf Tragwerke: Verkehrslasten auf Brücken) – diese Norm enthält u. a. das Lastmodell 71, die Formel zur Ermittlung des dynamischen Beiwertes Φ_2, die Regelzüge, Formeln zur Ermittlung des dynamischen Beiwertes $1 + \varphi$ für Ermüdungsberechnungen sowie drei Standard-Verkehrsmischungen für die ermüdungstaugliche Auslegung von Neubauten;
- EN 1993-1-9:2013 (Bemessung und Konstruktion von Stahlbauten: Ermüdung) – diese Norm enthält die Grundlagen für den Betriebsfestigkeitsnachweis ermüdungsgefährdeter Bauteile;
- EN 1993-2:2010 (Bemessung und Konstruktion von Stahlbauten: Stahlbrücken) – diese Norm enthält u. a. Zahlentabellen für den Betriebsfestigkeitsnachweis der Hauptträger infolge einer Momentenbeanspruchung und zusätzliche Regeln für andere Bauteile oder Beanspruchungen.

Dazu kommt noch eine zurückgezogene Vornorm:

- ENV 1993-2:1998 (Bemessung und Konstruktion von Stahlbauten: Stahlbrücken) – diese Norm enthält wesentlich mehr Zahlenmaterial für den

Betriebsfestigkeitsnachweis als die aktuell gültige EN 1993-2:2010. Da diese Norm nicht mehr leicht greifbar ist, sind in Abschn. 8.8.10 auch diese Tabellen mit λ_1-Werten enthalten (Neuberechnungen).

8.8.2.3 ÖNORM B 4008-2:2019

Das Ermüdungsverhalten von Nietverbindungen ist in ÖNORM B 4008-2:2019 (Bewertung der Tragfähigkeit bestehender Tragwerke – Brückenbau) geregelt. Diese Norm enthält u. a. (implizit) eine standardisierte Verkehrsmischung für historischen Verkehr. Wie in Abschn. 8.5 erwähnt, ist jedoch eine fundierte Aussage bezüglich der Restlebensdauer nur möglich, wenn der vergangene Verkehr zutreffend ermittelt wurde und der zukünftige Verkehr realistisch abgeschätzt wird.

8.8.3 Definitionen und Symbole

8.8.3.1 Definitionen nach ÖNORM EN 1993-1-9, Abschn. 1.3.2 und 1.3.3

Belastungszyklus:

Ein bestimmter Ablauf der Belastung auf ein Tragwerk, der zu einem Spannungs-Zeit-Verlauf führt, mit einer in der Regel definierten Anzahl von Wiederholungen während der Nutzungsdauer des Tragwerks.

Spannungs-Zeit-Verlauf:

Gemessene oder berechnete Zeitfolge der Spannungen an einem bestimmten Tragwerkspunkt für einen Belastungszyklus.

Rainflow-Methode:

Zählverfahren zur Bestimmung des Spektrums der Spannungsschwingbreiten aus einem Spannungs-Zeit-Verlauf.

Reservoir-Methode:

Zählverfahren zur Bestimmung des Spektrums der Spannungsschwingbreiten aus einem Spannungs-Zeit-Verlauf.

Spannungsschwingbreite:

> *Algebraische Differenz zwischen zwei Extremwerten einer Spannungsänderung in einem Spannungs-Zeit-Verlauf.*

Spektrum der Spannungsschwingbreiten:

> *Darstellung der Auftrittshäufigkeit der Spannungsschwingbreiten verschiedener Größen aus Messungen oder Berechnungen für einen bestimmten Belastungszyklus.*

Bemessungsspektrum:

> *Gesamtheit aller Spektren der Spannungsschwingbreiten während der Nutzungsdauer, die für den Ermüdungsnachweis zugrunde gelegt werden.*

Nutzungsdauer:

> *Bezugszeitraum, für den mit ausreichender Zuverlässigkeit planmäßiges Verhalten des Verhaltens des Tragwerks ohne Versagen durch Ermüdung verlangt wird.*

Lebensdauer (Zeitgröße):

> *Voraussichtlicher Zeitraum mit der Gesamtzahl von Spannungsschwindspielen, die zu Ermüdungsversagen führen können.*

Miner-Regel:

> *Lineare Schadensakkumulationshypothese nach Palmgren-Miner.*

Schadensäquivalente konstante Spannungsschwingbreite:

> *Konstante Spannungsschwingbreiten, die nach der Miner-Regel zu derselben Lebensdauer führen würde wie das Spektrum der Spannungsschwingbreiten.*

Ermüdungsbelastung:

> *Eine Reihe von Einwirkungsparametern, die mit typischen Belastungszyklen bestimmt werden und die Anordnung der Größe und Lasten, ihre relative Auftretenshäufigkeit und ihre Zeitfolge beschreiben.*

8.8 Betriebsfestigkeitsnachweis nach EN 1993-1-9:2013 ...

Schadensäquivalente konstante Ermüdungsbelastung:

Vereinfachte konstante Ermüdungsbelastung, die nach der Miner-Regel zu der gleichen Lebensdauer führt wie die wirklichen Belastungszyklen mit veränderlicher Belastung.

Ermüdungsfestigkeitskurve (Wöhlerlinie):

Quantitative Beziehung zwischen den Spannungsschwingbreiten und der Anzahl der Spannungsspiele, die zum Ermüdungsversagen führen; sie wird für den Ermüdungsnachweis für einen bestimmten Kerbfall angewendet.

Kerbfall:

Zahlenwert, der einem bestimmten Konstruktionsdetail für eine bestimmte Beanspruchung zugeordnet ist, um die Ermüdungsfestigkeitskurve für den Ermüdungsnachweis festzulegen (die Kerbzahl bezeichnet den Bezugswert der Ermüdungsfestigkeit $\Delta \sigma_C$ in N/mm^2).

Dauerfestigkeit:

Grenze für die Schwingbreite der Längsspannung oder Schubspannung, unterhalb derer im Versuch mit konstanten Schwingbreiten kein Ermüdungsschaden auftritt. Bei variablen Spannungsschwingbreiten müssen alle Schwingbreiten unterhalb dieser Grenze liegen, damit kein Ermüdungsschaden auftritt.

Schwellenwert der Ermüdungsfestigkeit:

Grenze, unterhalb derer Spannungsschwingbreiten von Bemessungsspektren nicht mehr zur Akkumulation des Ermüdungsschadens beitragen.

Lebensdauer (Anzahl der Spannungsspiele):

Die in Spannungsspielen ausgedrückte Zeit bis zum Versagen bei Einwirkung konstanter Spannungsschwingbreiten.

Bezugswert der Ermüdungsfestigkeit:

Die konstante Spannungsschwingbreite $\Delta \sigma_C$ oder $\Delta \tau_C$ für einen bestimmten Kerbfall, die zu der Lebensdauer $N = 2 \cdot 10^6$ Schwingspiele gehört.

8.8.3.2 Symbole nach EN 1991-2:2012

Φ_2 Dynamischer Beiwert für das Lastmodell 71 (längenabhängig, geschwindigkeitsunabhängig)
$1+\varphi$ Dynamischer Beiwert für Regelzüge (längen- und geschwindigkeitsabhängig)

8.8.3.3 Symbole nach EN 1993-1-9:2013 und EN 1993-2:2010
Lateinische Großbuchstaben:

D_d Gesamtschädigung, berechnet mit den Bemessungswerten der Einwirkung und des Widerstands
N_C Zum Bezugswert der Ermüdungsfestigkeit $\Delta\sigma_C$ beziehungsweise $\Delta\tau_C$ gehörende Lastspielzahl: $N_C = 2 \cdot 10^6$
N_D Zur Dauerfestigkeit $\Delta\sigma_D$ beziehungsweise $\Delta\tau_D$ gehörende Lastspielzahl: $N_D = 5 \cdot 10^6$
N_L Zum Schwellenwert der Ermüdungsfestigkeit $\Delta\sigma_L$ beziehungsweise $\Delta\tau_L$ gehörende Lastspielzahl: $N_L = 10^8$
N_R Lebensdauer, ausgedrückt als Anzahl von Spannungsschwingspielen mit konstanter Spannungsschwingbreite
Q_k Charakteristischer Wert der einzeln auftretenden variablen Last
$_E$ (Index)   „als Einwirkung"

Lateinische Kleinbuchstaben:

a $\Delta\sigma_1/\Delta\sigma_{1+2}$ bei zweigleisigen Tragwerken
m Neigung der Ermüdungsfestigkeitskurve (allgemein)
m_1 Neigung der trilinearen Ermüdungsfestigkeitskurve im Bereich $n_i \leq N_D$: $m_1 = 3$ beziehungsweise.
Neigung der bilinearen Ermüdungsfestigkeitskurve im Bereich $n_i \leq N_L$: $m_1 = 5$
m_2 Neigung der trilinearen Ermüdungsfestigkeitskurve im Bereich $N_D \leq n_i \leq N_L$: $m_2 = 5$
n Anteil der Begegnungshäufigkeit der Züge auf der Brücke bei zweigleisigen Tragwerken
n_i Anzahl der Spannungsspiele mit der Spannungsschwingbreite $\Delta\sigma_{i,Ed}$ beziehungsweise $\Delta\tau_{i,Ed}$
$_d$ (Index)   „als Widerstand"

8.8 Betriebsfestigkeitsnachweis nach EN 1993-1-9:2013 ...

Spannungsdifferenzen:

$\Delta\sigma, \Delta\tau$ Spannungsschwingbreite (Längsspannungen, Schubspannungen)
$\Delta\sigma_E, \Delta\tau_E$ Schadensäquivalente konstante Spannungsschwingbreite, bezogen auf n_{max}
$\Delta\sigma_{E,2}, \Delta\tau_{E,2}$ Schadensäquivalente konstante Spannungsschwingbreite, bezogen auf $2 \cdot 10^6$ Schwingspiele
$\Delta\sigma_C, \Delta\tau_C$ Bezugswert für die Ermüdungsfestigkeit bei $N_C = 2 \cdot 10^6$ Schwingspielen
$\Delta\sigma_D, \Delta\tau_D$ Dauerfestigkeit bei N_D Schwingspielen
$\Delta\sigma_L, \Delta\tau_L$ Schwellenwert der Ermüdungsfestigkeit bei N_L Schwingspielen

Griechische Kleinbuchstaben:

γ_{Ff} Teilsicherheitsbeiwert für die schadensäquivalenten Spannungsschwingbreiten $\Delta\sigma_E$ beziehungsweise $\Delta\tau_E$.
γ_{Mf} Teilsicherheitsbeiwert für die Ermüdungsfestigkeit $\Delta\sigma_D$ beziehungsweise $\Delta\tau_D$.
λ_i Schadensäquivalenzfaktor.

8.8.3.4 Symbole nach ÖNORM B 4008-2:2019

κ $\frac{min.\sigma}{max.\sigma}$ $(-1 \leq \kappa \leq 1)$
$f(\kappa)$ Faktor zur Berücksichtigung von $\kappa \neq 0$
$\Delta\sigma_{2\,Mio\,LW}$ Wert der Ermüdungsfestigkeit für 2 Mio. Spannungsspiele
$\Delta\sigma_{C,\,Kerbfall}$ Zeitfestigkeitswert $\Delta\sigma$ für 2 Mio. Spannungsspiele

8.8.3.5 Weitere Symbole

$d_i^{(1)}$ Teilschädigung infolge *eines* Lastspiels mit der Spannungsschwingbreite $\Delta\sigma_{Ei}$ beziehungsweise $\Delta\tau_{Ei}$
d_i Teilschädigung infolge der Spannungsschwingbreite $\Delta\sigma_{Ei}$ beziehungsweise $\Delta\tau_{Ei}$ mit der Lastspielzahl i

8.8.4 Die Einwirkungsseite

8.8.4.1 Berechnungsschema zur Ermittlung ermüdungswirksamer Schnittgrößenbeziehungsweise Spannungsdifferenzen

Abb. 8.42 zeigt schematisch den Berechnungsablauf bis zur Ermittlung des Spektrums der Spannungsschwingbreiten für ein Lastbild. Dieses Spektrum dient, zusammen mit den Spektren für alle weiteren Lastenzüge, als Eingangsgröße für den Betriebsfestigkeitsnachweis.

Teilbild (a) zeigt einen Einfeldträger und einen aus sechs Einzellasten bestehenden Zug, Teilbild (b) die betrachtete Querschnittsfaser für die Spannungsberechnung, Teilbild (c) den über der Zeitachse aufgetragenen Spannungsverlauf für zwei Zugüberfahrten. Der als Volllinie dargestellte Teil des Diagramms entspricht *einer* Zugüberfahrt und damit *einem* Spannungszyklus. Dieser sich wiederholende Teil des Spanungs-Zeit-Diagramms wird einem Zählverfahren unterworfen (siehe Abschn. 8.8.4.6), daraus erhält man ein Histogramm $\Delta\sigma_i(n_i)$, siehe Teilbild (d), mit welchem, zusammen mit den Histogrammen für weitere Züge, der Betriebsfestigkeitsnachweis auf verschiedene Arten geführt werden kann.

Die Aufstellung des Diagrammausschnittes nach Teilbild (c) ist einer der beiden rechenintensiven Teile der Gesamtprozedur, ebenfalls rechenintensiv ist die Auswertung nach einem Zählverfahren (Übergang von Teilbild (c) auf (d)). Außer in einfachen Sonderfällen muss auf EDV-Programme zurückgegriffen werden. Hinweise zur Berechnung mittels EDV finden sich in [5] und [6].

Um halbautomatische Berechnungen zu unterstützen, sind für die zwölf Regelzüge nach EN 1991-2 die Spektren für Momente $\Delta M(N)$ und Querkräfte $\Delta V(N)$ eines Einfeldträgers sowie für Auflagerkräfte $\Delta A(N)$ am Innenauflager einer Einfeldträgerkette (mit gleichen Stützweiten) auf dem beigefügten Datenträger gespeichert. Mit diesen Spektren der Schnittgrößendifferenzen können unter Anwendung eines EXCEL-Tabellenkalkulationsprogramms Betriebsfestigkeitsberechnungen (Beispiele in Abschn. 8.8.11) sowie Restlebensdauerberechnungen (Beispiele in Abschn. 8.9) einfach durchgeführt werden.

8.8 Betriebsfestigkeitsnachweis nach EN 1993-1-9:2013 ...

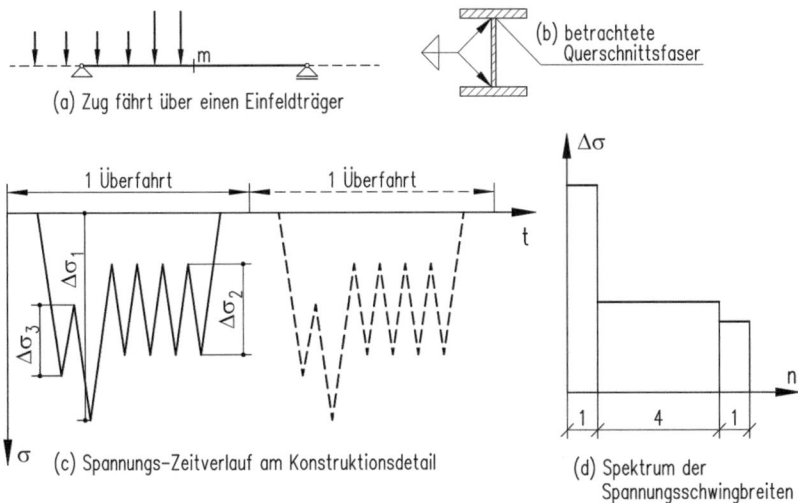

Abb. 8.42 Schematische Darstellung des Berechnungsablaufes bis zur Ermittlung des Spektrums der Spannungsschwingbreiten

8.8.4.2 Hinweise zu Schnittgrößen und Spannungen sowie „Zeit" und „Weg"

Zur Vermeidung überlanger Sätze werden, sofern eine Unterscheidung sachlich nicht notwendig ist, in den folgenden Abschnitten Schnittgrößen (M, V,A) und Spannungen (σ, τ) einheitlich mit S bezeichnet, die entsprechenden Schnittgrößen- und Spannungsdifferenzen mit ΔS. Ebenso werden bei Zugüberfahrten die Zugpositionen gleichbedeutend durch die Zeit t (ab dem Zeitpunkt $t = 0$ beim Auffahren der ersten Einzellast auf die Brücke) und durch den Weg x (ab $x = 0$, ebenfalls bei Auffahren der ersten Einzellast auf die Brücke) beschrieben, stellvertretend wird immer die Zeit t angeschrieben.

8.8.4.3 Zum Begriff „Wöhlerlinie"

Mit Einführung des Betriebsfestigkeitsnachweises erhielt auch der Begriff „Wöhlerlinie" eine neue Bedeutung. War ursprünglich für ein vorgegebenes Spannungsverhältnis, beispielsweise $R = -1$ ($\kappa = -1$), die ertragbare *Oberspannung* über der Lastspielzahl aufgetragen worden, so wurde mit Ausschaltung des Spannungsverhältnisses, wiederum über der Lastspielzahl, die *Spannungsdifferenz* aufgetragen, die, gemeinsam mit der Lastspielzahl, als die maßgebende Einwirkungsgröße betrachtet wird. Wie in Abschn. 8.8.3.1 angegeben, wird der funktionale Zusammenhang $\Delta\sigma(N)$ als Ermüdungsfestigkeitskurve oder auch als Wöhlerlinie bezeichnet, hier wird generell der Begriff „Wöhlerlinie" verwendet.

8.8.4.4 Äußere Einwirkungen

Wie in Abschn. 8.8.1 festgestellt, sind für den Betriebsfestigkeitsnachweis von geschweißten Bauteilen mit entsprechend hohen Eigenspannungen praktisch allein die häufig sich einstellenden Spannungsdifferenzen von Bedeutung. Da Systeme mit Systemvorspannung nicht in Betracht kommen, gilt für sämtliche Einwirkungen (ständige und vorübergehende Einwirkungen) das Superpositionsgesetz. Daher fallen bei der Differenzbildung die Schnittgrößen infolge ständiger Einwirkungen heraus und es verbleiben als äußere Einwirkungen nur die Züge. Für Neubauten können Standard-Verkehrsmischungen und die zugehörigen Regelzüge aus Anhang D der Belastungsnorm EN 1991-2:2012 entnommen werden. Dynamische Effekte (ohne Resonanzerscheinungen) werden durch Multiplikation mit längen- und geschwindigkeitsabhängigen dynamischen Beiwerten $1 + \varphi = 1 + \frac{1}{2} \cdot \left(\varphi' + \frac{\varphi''}{2}\right)$ berücksichtigt. Beispielhaft ist in Abb. 8.43 der Regelzug Typ 6 dargestellt:

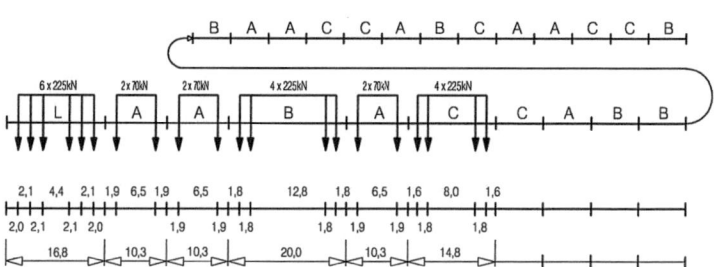

Abb. 8.43 Regelzug Typ 6 nach EN 1991-2:2012, Anhang D

Für bestehende Brücken sollten die historischen und künftigen Verkehre hinsichtlich der Zusammensetzung und Streckenbelastung möglichst zutreffend ermittelt werden (siehe Abschn. 8.5), wenn sich streckenspezifische Daten jedoch nicht erarbeiten lassen, muss man wiederum auf die Angaben von ÖNORM B 4008-2 zurückgreifen. Das Lastmodell 71 kann keinesfalls unmittelbar als Betriebszug verwendet werden, nur bei der Nachweisführung nach Abschn. 8.8.9.

Wie in Abschn. 8.4 erwähnt, besteht die Möglichkeit, Einzellasten durch die Brückenhölzer (Schwellen) zu verteilen. Das kann bei der Nachrechnung von kurzen Bauteilen (bis etwa 4 m) von Interesse sein. Bei Anwendung der Spannweitenbeiwerte λ_1 nach Abschn. 8.8.10.3 und 8.8.10.5 dürfen die Einzellasten des Lastmodells 71 *nicht* verteilt werden, da die Lastverteilung der Modellzüge in diesen λ-Werten bereits enthalten ist.

In Sonderfällen können Spannungs-Zeit-Verläufe auch durch Messungen am Bauwerk ermittelt werden, Einwirkungen sind in diesem Fall die über die Brücken verkehrenden Züge. Bei Anwendung des λ-Verfahren (s. Abschn. 8.8.9) ist in allen Fällen entscheidend, dass außer den Bauwerksreaktionen (Schnittgrößen, Spannungen) auch die zugehörigen Zuggewichte bekannt sein müssen, da diese Daten das Verkehrsvolumen und damit die Lastspielzahlen bestimmen.

Bezüglich des Zuggewichtes wird an dieser Stelle angemerkt, dass sich ein Zuggewicht *nur für definierte Typenzüge oder Betriebszüge definierter Länge* angeben lässt. Lastmodelle, die aus einem oder mehreren Lastblöcken zuzüglich längenmäßig nicht näher definierter Quasi-Gleichlastbereiche bestehen, beispielsweise Züge nach Abb. 3.1 und 3.2 (Lastbilder I und II nach Vorschrift 1904), Abb. 3.3 (Österreichischer N-Zug) oder 8.8 (S-Zug), haben keine definierte Länge und damit *kein definiertes Zuggewicht G* und daher lässt sich auch keine Anzahl an Zugüberfahrten für das Zustandekommen eines vorgegebenen Verkehrsvolumens angeben. Solche Züge sind, obwohl aus realitätsnahen Zügen abgeleitet, *nur für dauerfeste, nicht jedoch für betriebsfeste Auslegung* geeignet. Will man trotzdem versuchen, für einen solchen Zug eine Art Betriebsfestigkeitsnachweis zu führen, kann man entweder eine Zuglänge nach den Hinweisen in Abschn. 8.5 festlegen oder muss man mehrere Zuglängen annehmen und, um auf der sicheren Seite zu bleiben, mit der jeweils ungünstigsten Zuglänge rechnen.

8.8.4.5 Schnittgrößen und Spannungen

Die Schnittgrößen werden am einfachsten durch Auswertung der Einflusslinien ermittelt (siehe nachstehende Abbildung):

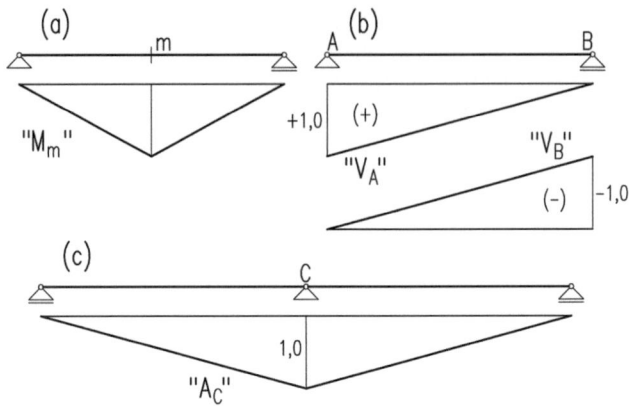

Abb. 8.44 Einflusslinien für M in Feldmitte, V_i und V_k an den Trägerenden, A am Innenlager einer zweifeldrigen Einfeldträgerkette

Die Züge bestehen aus einer Folge von Einzellasten mit festgelegter Größe und festgelegten Abständen. Um bei der Auswertung keine potentiell maßgebende Laststellung zu übersehen, ist es notwendig, alle absoluten und relativen Extrema der $M(t)$-Diagramme zu erfassen. Dazu muss jede der Zug-Einzellasten (unter anderem) auf den folgenden Brückenquerschnitten zu stehen kommt (siehe Abb. 8.44, Teilbild a):

- Querschnitt beim Auffahren auf die Brücke
- betrachteter Querschnitt (in der Regel in Balkenmitte)
- Querschnitt beim Verlassen von der Brücke

Daraus erhält man auch die maximale Schrittweite für die Zugüberfahrt. Da die Momenteneinflusslinie für die Feldmitte eines Einfeldträgers symmetrisch verläuft, genügt es, *eine Fahrtrichtung* zu betrachten.

Sinngemäß muss für $V(t)$-Diagramme jede der Einzellasten der Regelzüge (unter anderem) auf folgenden Brückenquerschnitten zu stehen kommen (siehe Abb. 8.44, Teilbild b):

- Querschnitt unmittelbar nach dem Auffahren auf die Brücke
- Querschnitt unmittelbar vor dem Verlassen von der Brücke

8.8 Betriebsfestigkeitsnachweis nach EN 1993-1-9:2013 ...

Daraus erhält man auch die maximale Schrittweite für die Zugüberfahrt. Da die Querkrafteinflusslinien nicht symmetrisch verlaufen, müssen *beide Fahrtrichtungen* untersucht werden. Der Unterschied je nach Fahrtrichtung kann bedeutend sein: Beispielsweise erhält man bei der Überfahrt einer Brücke mit der Stützweite $L_S = 100\,m$ durch den Regelzug Typ 8 nach EN 1991-2 für den Spannweitenbeiwert entweder $\lambda_1 = 0{,}681$ (in Tab. 8.25 durch Fettdruck hervorgehoben) beziehungsweise $\lambda_1 = 0{,}604$ (nicht dokumentiert), das entspricht annähernd (immerhin!) *einer* „Kerbklasse" nach EN 1993-1-9 oder ÖNORM B 4008-2. Maßgebend ist immer der ungünstigere der beiden Werte.

Für Ermüdungsberechnungen von Querträgern mit Längsträgern ohne Durchlaufwirkung werden $A(t)$-Diagramme, d. h. Diagramme für der Auflagerkraft am Innenlager, benötigt. Hier muss jede der Einzellasten der Regelzüge (unter anderem) auf folgenden Querschnitten zu stehen kommen (siehe Abb. 8.44, Teilbild c):

- Querschnitt beim Auffahren auf den ersten der beiden Längsträger
- Querschnitt über dem Innenlager
- Querschnitt beim Verlassen des zweiten der beiden Längsträger

Daraus erhält man auch die maximale Schrittweite für die Zugüberfahrt. Weisen, wie üblich, die Längsträger die gleiche Stützweite auf, verläuft die Auflagerkrafteinflusslinie für die Auflagerkraft symmetrisch und es genügt, *eine Fahrtrichtung* zu betrachten.

Für die Verwendung beim Betriebsfestigkeitsnachweis müssen für den dargestellten Momenten-Zeitverlauf die Schnittgrößendifferenzen (beziehungsweise für den dazu affinen Spannungs-Zeitverlauf in einem Punkt des betrachteten Querschnittes, im betrachteten Fall die Differenzen der Normalspannungen $\sigma = \frac{M}{W}$) ermittelt und zu einem Spannungskollektiv zusammengefasst werden. Dafür gibt es Zählverfahren, siehe Abschn. 8.8.4.6.

Werden in Sonderfällen die Zeit-Spannungsverläufe aus gemessenen Zeit-Dehnungsverläufen ermittelt, sind in den Messdaten dynamische Erhöhungen bereits enthalten. Allenfalls kann man, um den Einfluss höherer Geschwindigkeiten zu berücksichtigen, die Schnittgrößen oder Spannungen geringfügig erhöhen, beispielsweise um 5 %, gleichbedeutend ist eine entsprechende Erhöhung des Teilsicherheitsbeiwertes γ_{Ff}. Um eine Aussage über das Verkehrsvolumen treffen zu können, ist es wichtig, dass außer den Beanspruchungen auch die Zuggewichte erfasst werden.

Als Beispiel ist in Abb. 8.45 das Moment in Feldmitte (Zeit-Momentendiagramm) für einen 6,0 m langen Einfeldträger für den in Abb. 8.43 dargestellten Regelzug Typ 6 nach EN 1991-2:2012 dargestellt:

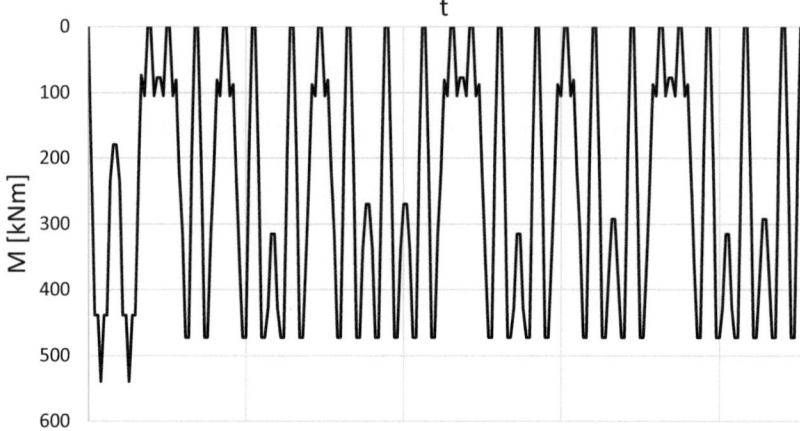

Abb. 8.45 $M(t)$-Diagramm für die Überfahrt des Zuges nach Abb. 8.43 auf einem Einfeldträger mit der Stützweite $L_S = 6{,}0\ m$

8.8.4.6 Auswertung der Schnittgrößen- beziehungsweise Spannungs-Zeit-Diagramme

8.8.4.6.1 Ein- und Mehrstufenkollektive

Abb. 8.46 zeigt ein $\Delta\sigma(t)$-Diagramm mit einem konstanten Spannungsspiel (Teilbild a) sowie ein nichtperiodisches $\Delta\sigma(t)$-Diagramm, in dem eines der Spannungsspiele öfters vorkommt (Teilbild b).

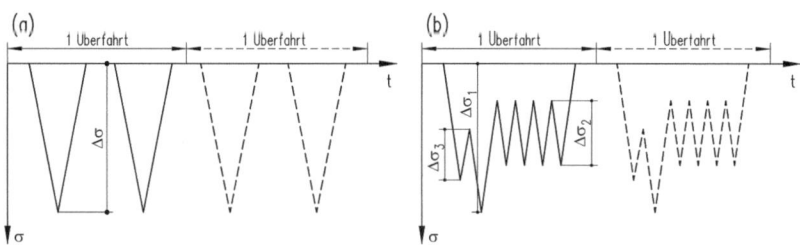

Abb. 8.46 $\Delta\sigma(t)$-Diagramme mit konstanten Spannungsspielen

Das erste der beiden Diagramme entspricht einem Einstufenkollektiv, das zweite einem Mehrstufenkollektiv mit dem einstufigen Teilkollektiv $\Delta\sigma_2$. Solche Diagramme stellen mathematische Idealisierungen dar. Im betrachteten Anwendungsfall von Eisenbahnbrücken unter realen Verkehrsbedingungen können solche Kollektive naturgemäß nicht exakt vorkommen, denn

- die genormten Regelzüge stellen gegenüber den realen Verhältnissen eine auf der sicheren Seite liegende Vereinfachung beziehungsweise Idealisierung dar. Tatsächlich kommen (beladene) Züge mit (exakt) gleichen Achslasten in der Realität nicht vor;
- die Beanspruchung des Tragwerks hängt über den dynamischen Beiwert $1 + \varphi$ unter anderem von der Geschwindigkeit ab. Da das Tragwerk naturgemäß nicht immer mit der (exakt) gleichen Geschwindigkeit befahren wird, ist auch der dynamische Beiwert keine exakt konstante Größe.

Eine periodische Beanspruchung versteht sich als Vereinfachung der Realität: einem aus n Spannungsspielen $\Delta\sigma$ bestehenden Einstufenkollektiv beziehungsweise einem aus n_i Spannungsspielen $\Delta\sigma_i$ bestehenden Teilkollektiv entspricht in der Realität ein Kollektiv als lauter ähnlichen, aber doch nur annähernd gleichen Spannungsspielen: $\Delta\sigma_j \approx \Delta\sigma_k \approx \ldots \approx \Delta\sigma_i$. Dies kann bei der Ermittlung der Spannweitenbeiwerte λ_1 im Zusammenhang mit den waagrechten Ästen der normierten Wöhlerlinien von Bedeutung sein, siehe Abschn. 8.8.9. Daher werden hier sowohl die mathematisch-theoretische Lösung des Ermüdungsproblems als auch als eine Alternative die ingenieurmäßige Lösung gezeigt.

8.8.4.6.2 Zählverfahren – Allgemeines

Wie in Abschn. 8.8.1 erwähnt, werden für den Betriebsfestigkeitsnachweis die Spektren der Spannungsschwingbreiten für die verkehrenden Züge benötigt (siehe Abb. 8.42, Teilbild d). Die Spektren müssen für alle auf der Brücke verkehrenden Einzelzüge ermittelt und schließlich, unter Einarbeitung der längen- und geschwindigkeitsabhängigen dynamischen Beiwerte $1 + \varphi$ und der Anzahlen der Überfahrten je Einzelzug innerhalb der betrachteten Zugmischung (beziehungsweise Zugmischungen), zu *einem* gemeinsamen Spektrum zusammengefasst werden. Die Auswertung der $S(t)$-Diagramm zu Spektren erfolgt nach einem Zählverfahren, üblich sind die Reservoir-Methode (siehe Abschn. 8.8.4.6.4) und die Rainflow-Methode (siehe Abschn. 8.8.4.6.5). Das Ergebnis einer Zählung lässt sich anschaulich in einem Histogramm darstellen (siehe Abb. 8.42, Teilbild d), dieses findet Verwendung sowohl beim Betriebsfestigkeitsnachweis als auch bei der Restlebensdauerberechnung. Eine umfassende Übersicht mit Hintergrundinformationen und Kommentaren über ein- und mehrparametrige Zählverfahren gibt [1]. In Abb. 8.47 ist die Auswertung nach der Reservoir-Methode und, als Ergebnis, das (in dem Fall sehr einfache) Histogramm gezeigt. Umfangreicher ist die Auswertung des $M(t)$-Diagramms nach Abb. 8.45. Tab. 8.14 enthält das Histogramm in Matrizenform.

Tab. 8.14 Momentenkollektiv für das $M(t)$-Diagramm nach Abb. 8.45

ΔM_i	n_i
540,0	1
472,5	19
360,0	1
202,5	2
180,0	2
157,5	3
105,0	3
31,5	1
28,0	3
24,5	5
17,5	6

8.8.4.6.3 Zählverfahren – Eingangsgrößen und Ergebnisse der Auswertung

Eingangsgröße ist der Vektor $S(t)$, dessen Länge von der Trägerlänge, der Zuglänge und der Schrittweite für die Zugüberfahrt abhängig ist (siehe Abschn. 8.8.4.5). Für die Auswertung nach einem Zählverfahren brauchen nur die absoluten Maxima und Minima in der originalen Reihenfolge berücksichtigt zu werden. Die programmtechnische Umsetzung der Zählverfahren ist, auch wegen möglicher Sonderfälle, nicht einfach. Um die oftmals sehr großen Funktionsmatrizen maßgeblich zu verkleinern, sollten bei Selbstprogrammierung zunächst alle Werte zwischen jeweils zwei Spitzen der auszuwertenden Funktion entfernt werden. Wird die Software MATLAB angewandt, so steht dafür die Funktion *findpeaks(data, x)* zur Verfügung. *data* bezeichnet den aus den Ordinatenwerten bestehenden Vektor, *x* den (für das Ergebnis der Auswertung nicht erforderlichen) Vektor aus den Abszissenwerten. Ergebnis der Auswertung des Vektors $S(t)$ durch ein Zählverfahren ist eine zweispaltige Matrix, die erste Spalte enthält, nach

8.8 Betriebsfestigkeitsnachweis nach EN 1993-1-9:2013 ...

Größe in absteigender Reihenfolge sortiert, die Differenzen ΔS_i, die zweite Spalte die Auftretenshäufigkeiten n_i.

8.8.4.6.4 Auswertung nach der Reservoir-Methode

Zum Auszählen der Beanspruchungskollektive wird hier die in EN 1993-1-9, Anhang A.2, genannte Reservoir-Methode verwendet. Bei dieser Methode wird der betrachtete, sich wiederholende Teil des $S(t)$-Diagramms als ein mit Wasser gefüllter, prismatischer Behälter betrachtet, der sukzessive entleert wird: dazu wird an der tiefsten Stelle ein Loch gebohrt, wodurch der Wasserspiegel abfällt. Die Höhendifferenz zwischen dem Loch und dem Wasserstand vor dem Bohren des Lochs entspricht einem ersten Spannungsspiel. Verbleibt nach diesem Entleerungsvorgang Wasser in dem Behälter, wird dieser Vorgang fortgesetzt, bis durch sukzessives Entleeren kein Wasser mehr im Behälter vorhanden ist. Dabei muss immer die jeweils maximale verbliebene Höhendifferenz abgesenkt werden. Abb. 8.47 zeigt das schrittweise Entleeren des Behälters.

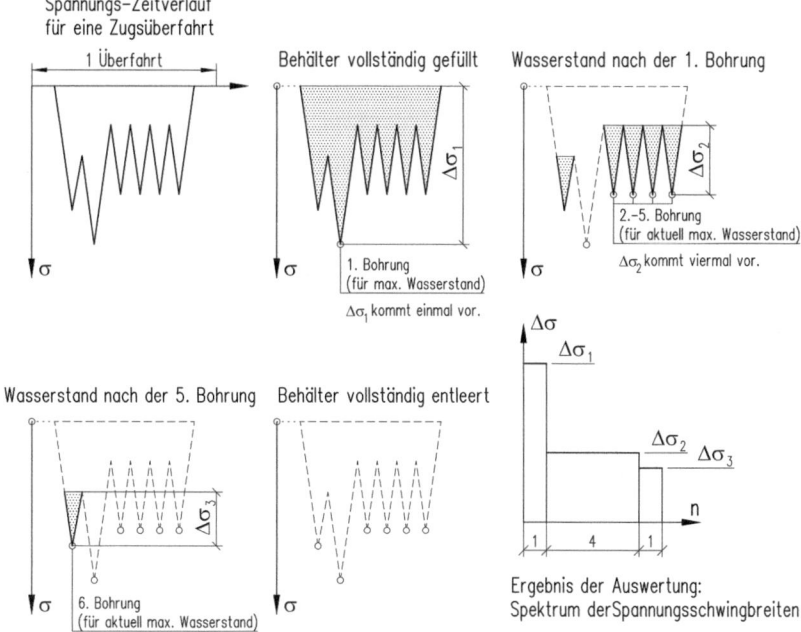

Abb. 8.47 Spannungszählung nach der Reservoir-Methode

8.8.4.6.5 Auswertung nach der Rainflow-Methode

Ebenfalls üblich ist die Auswertung von Schnittgrößen- oder Spannungs-Zeitverläufen nach der Rainflow-Methode. Bildlich ausgedrückt wird das um 90° gedrehte Diagramm als Pagodendach aufgefasst und beregnet. Der Abfluss des Regenwassers längs von Gefällepfaden bildet die Grenzen für die jeweils sich einstellende Schnittgrößen- oder Spannungsdifferenz, siehe Abb. 8.48.

Wie bei der Reservoir-Methode (siehe Abschn. 8.8.4.6.4) erhält man schließlich ein Last-Beanspruchungskollektiv (dieses kann durch ein Histogramm veranschaulicht werden), mit welchem der Betriebsfestigkeitsnachweis geführt werden kann. Reservoir-Methode und Rainflow-Methode sind äquivalent, d. h. die beiden Zählverfahren liefern das gleiche Ergebnis. Die programmtechnische Umsetzung der Zählverfahren ist, auch wegen möglicher Sonderfälle, nicht einfach, allerdings gibt es für die Rainflow-Methode in der kommerziellen Software MATLAB die Unterfunktion $[c] = \mathit{rainflow}(x, t)$, mit der die Auswertung automatisch erfolgen kann. t beschreibt den Abszissenwert der auszuwertenden

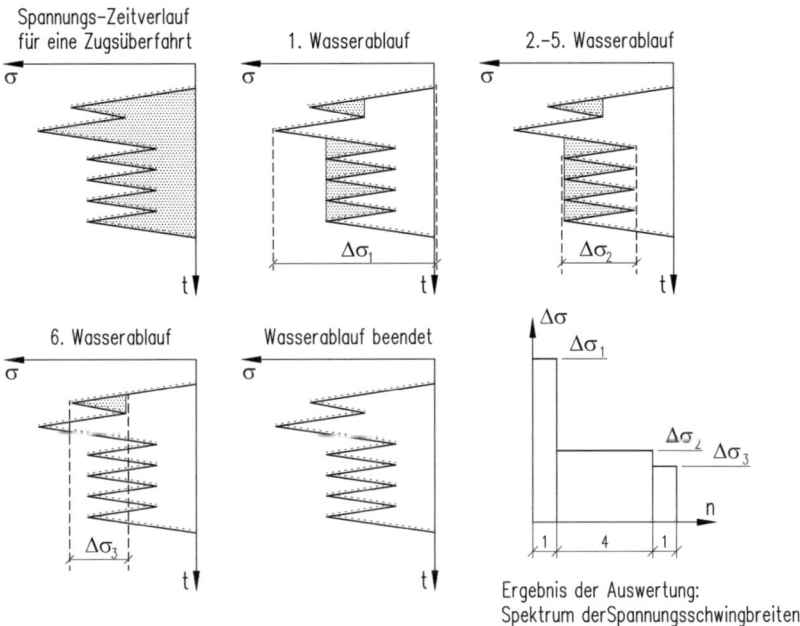

Abb. 8.48 Spannungszählung nach der Reservoir-Methode

Funktion (z. B. die Zeit oder die Lage des vordersten Puffers gegenüber dem Balkenanfang) und x den Ordinatenwert (d. h. die Schnittgröße oder Spannung). In der Fachliteratur ist die Rainflow-Methode in der Theorie und anhand von Beispielen eingehend erläutert, siehe beispielsweise [1, 2]).

8.8.5 Die Widerstandsseite

8.8.5.1 Wöhlerlinien

8.8.5.1.1 Ermittlung, Darstellung, Anwendung und Eigenschaften

Wöhlerlinien geben den funktionalen Zusammenhang zwischen der Spannungsdifferenz $\Delta\sigma$ (beziehungsweise $\Delta\tau$) und der Lastspielzahl N bei Erreichen des Grenzzustandes der Ermüdung an und entsprechen damit dem Widerstand gegenüber Ermüdungsversagen. Wöhlerlinien für bestimmte Kerbdetails können nach dem heutigen Wissensstand nur experimentell gewonnen werden. Dem in EN 1990 geforderten Zuverlässigkeitsniveau entsprechend sind in EN 1993-1-9 die Kerbfälle und damit die Wöhlerlinien für den 5 %-Fraktilwert der Spannungsdifferenz angegeben, siehe z. B. [20].

Anders als beim Ermüdungsfestigkeitsnachweis (auch als Wöhlerfestigkeitsnachweis bezeichnet), beispielsweise nach dem γ-Verfahren (siehe Abschn. 8.7), bei dem nur die Dauerfestigkeit (angenommen als die Zeitfestigkeit bei 2 Mio. Lastspielen) von Interesse ist, geht bei Betriebsfestigkeits- und Restlebensdauerberechnungen der gesamte Verlauf der Wöhlerlinie $\Delta\sigma(N)$ beziehungsweise $\Delta\tau(N)$ ein.

Die *normierten Wöhlerlinien* $\Delta\sigma(N)$ beziehungsweise $\Delta\tau(N)$ lassen sich im doppeltlogarithmischen Maßstab durch Geraden oder stückweise gerade Linienzüge angeben. Diese Wöhlerlinien sind so festgelegt, dass sie bei Anwendung der linearen Schadensakkumulationshypothese nach Palmgren-Miner (siehe Abschn. 8.8.5.2) zuverlässige Ergebnisse liefern. Das wird erreicht einerseits durch die Neigungen der Äste der Wöhlerlinie bis zum Erreichen der Dauerfestigkeit (ertragbare Spannungsdifferenz bei der Lastspielzahl $N_D = 5 \cdot 10^6$), andererseits dadurch, dass die Zeitfestigkeitswerte bei Lastspielen $N > N_D$ bis zum Erreichen der Lastspielzahl $N_L \gg N_D$ weiter abnehmen und erst ab der Lastspielzahl N_L, d. h. bei $\Delta\sigma_L$ beziehungsweise $\Delta\tau_L$ konstant bleiben. Diese Spannungswerte werden als Schwellenwerte der Ermüdungsfestigkeit, auch als „cut-off-Werte" bezeichnet, sie liegen deutlich unter jenen der Dauerfestigkeit für konstante Spannungsspiele. Spannungsspiele, die unter den cut-off-Werten liegen, werden als nicht ermüdungswirksam angesehen und können beim Betriebsfestigkeitsnachweis vernachlässigt werden. Die Berücksichtigung des „cut-off" ist bei Ermüdungsberechnungen für Eisenbahnbrücken zulässig.

Abb. 8.49 Wöhlerlinie, unverzerrt

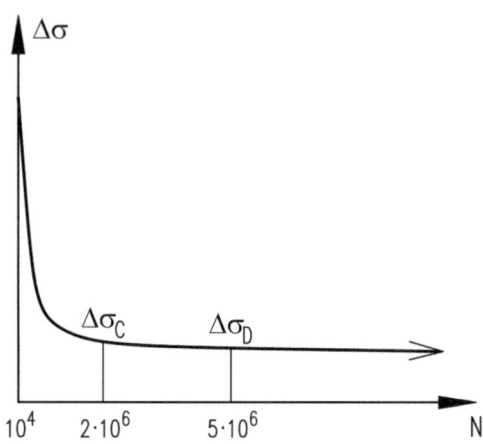

Abb. 8.49 zeigt eine Wöhlerlinie im Bereich zwischen $N = 10^4$ und $N = 6 \cdot 10^6$ für $\Delta\sigma_C = 71\, N/mm^2$. $N = 10^4$ ist der kleinste ausgewiesene Wert der Wöhlerlinien (für kleinere Werte gelten andere Gesetzmäßigkeiten), $N = 6 \cdot 10^6$ wurde willkürlich gewählt, um den Bereich zwischen $N = 10^4$ und $N_D = 5 \cdot 10^6$ noch gut darstellen zu können. Das unverzerrte Diagramm zeigt die außerordentlich starke Abhängigkeit der ertragbaren Lastspielzahlen N_i von der Spannungsdifferenz $\Delta\sigma_i$, speziell bei größeren Werten für $\Delta\sigma$, welchen kleine Lastspielzahlen N_i zugeordnet sind. Die Spannungsdifferenz bei $N_D = 5 \cdot 10^6$ entspricht der Dauerfestigkeit für konstante Spannungsdifferenzen (Einstufenkollektive). Man erkennt über $N_D = 5 \cdot 10^6$ hinaus ein weiteres (leichtes) Abfallen der Funktionskurven. Nicht dargestellt sind die Wertepaare $\Delta\sigma_L(N_L)$, d. h. beim Erreichen der Schwellenwerte der Ermüdungsfestigkeit. Diese sind in den EUROCODEs mit $N_L = 10^8$ angegeben, in ÖNORM B 4008-2 mit $N_L = 30 \cdot 10^6$.

In Normen und Veröffentlichungen werden die Wöhlerlinien üblicherweise im doppeltlogarithmischen Maßstab dargestellt. Dadurch erhält man zwar sehr einfache Diagramme mit stückweise geraden Verläufen, was auch die mathematische Behandlung sehr vereinfacht, allerdings erscheinen dadurch die realen Zusammenhänge sehr stark verzerrt. Für Anwendungen im Brückenbau gelten die in den Abb. 8.50, 8.51 und 8.52 dargestellten normierten Wöhlerlinien mit den Neigungen $m_1 = 1/3$ und $m_2 = 1/5$ (für Normalspannungen) beziehungsweise mit der Neigung $m_1 = 1/5$ (für Schubspannungen). Mit der Lastspielzahl N_L ist der Schwellenwert der Ermüdungsfestigkeit $\Delta\sigma_L$ (beziehungsweise $\Delta\tau_L$)

8.8 Betriebsfestigkeitsnachweis nach EN 1993-1-9:2013 ...

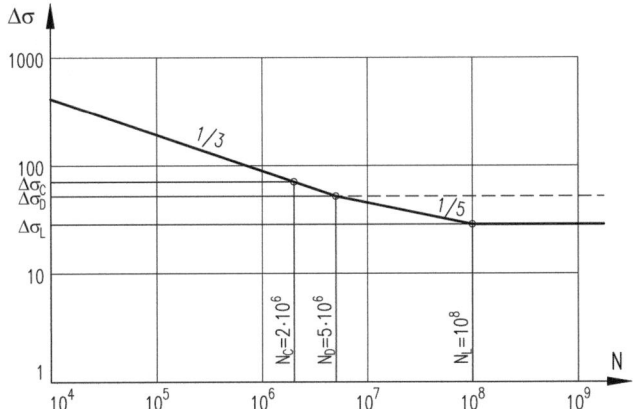

Abb. 8.50 Wöhlerlinie für $\Delta\sigma$ nach EN 1993-1-9 (trilineare Funktion im doppeltlogarithmischen Maßstab)

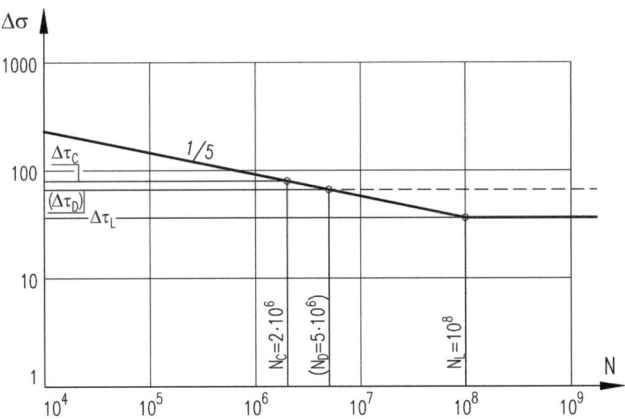

Abb. 8.51 Wöhlerlinie für $\Delta\tau$ nach EN 1993-1-9 (bilineare Funktion im doppeltlogarithmischen Maßstab)

erreicht. Dieser Wert wird mit zunehmender Lastspielzahl $N > N_L$ nicht weiter unterschritten, d. h. der entsprechende Ast der Wöhlerlinien verläuft parallel zur Abszisse und es ist $m = 1/\infty = 0$. Für $N > N_L$ ist kein eineindeutiger funktionaler Zusammenhang zwischen der Lastspielzahl und der Spannungsdifferenz gegeben.

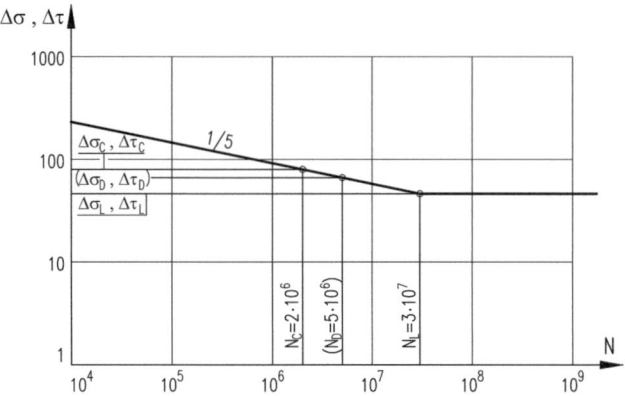

Abb. 8.52 Wöhlerlinie für $\Delta\sigma$ und $\Delta\tau$ nach ÖNORM B 4008-2:2019 (bilineare Funktion im doppeltlogarithmischen Maßstab)

Tab. 8.15 Parameter für Wöhlerlinien

NORM	SPANNUNG	N_C	N_D	N_L	m_1	m_2	m_3	FORM
EN 1993-1-9	$\Delta\sigma$	$2 \cdot 10^6$	$5 \cdot 10^6$	10^8	3	5	∞	Trilinear
	$\Delta\tau$		$(5 \cdot 10^6)$	10^8	5	(5)		Bilinear
B 4008-2	$\Delta\sigma, \Delta\tau$		$(5 \cdot 10^6)$	$3 \cdot 10^7$	5	(5)		Bilinear

Zusammenfassend werden die Wöhlerlinien im doppeltlogarithmischen Maßstab durch die Parameter laut Tab. 8.15 beschrieben.

Die Lastspielzahl $N_C = 2 \cdot 10^6$ ist hauptsächlich historisch bedingt, wurde doch lange Zeit der Spannungswert für $2 \cdot 10^6$ Lastwechsel als („unendlich oft" ertragbare) Dauerfestigkeit angesehen. Zahlenwerte für $\Delta\sigma_C$ beziehungsweise $\Delta\tau_C$ finden sich als „Kerbfallkataloge" in den Normen.

Für Einstufenkollektive kann die Dauerfestigkeit $\Delta\sigma_D$ beziehungsweise $\Delta\tau_D$ zugrunde gelegt werden, der entsprechende Ast der Wöhlerlinie ist in Abb. 8.50 und 8.51 gestrichelt dargestellt. Die Nachrechnung der Spannweitenbeiwerte λ_1 laut EN 1993-2 zeigt jedoch, dass dieser Ast der Wöhlerlinie *im Eisenbahnbrückenbau nicht* berücksichtigt wird (siehe auch Abschn. 8.8.10).

Trilineare Wöhlerlinien laut Abb. 8.50 lassen sich beispielsweise durch die Parameter $\Delta\sigma_C$, N_D, m_1, m_2, N_L eindeutig festlegen ($N_C = 2 \cdot 10^6$ ist kein Funktionsparameter). Bei sonst gleichen Parametern N_D, m_1, m_2, N_L sind die Wöhlerlinien zueinander parallel und können durch Translation in Ordinatenrichtung ineinander übergeführt werden, siehe Abb. 8.53.

8.8 Betriebsfestigkeitsnachweis nach EN 1993-1-9:2013 ...

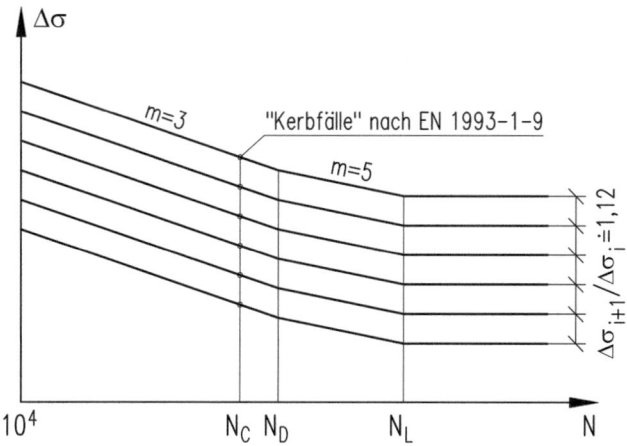

Abb. 8.53 Schar paralleler, äquidistanter, trilinearer Wöhlerlinien nach EN 1993-1-9

Bilineare Wöhlerlinien laut Abb. 8.51 und 8.52 lassen sich beispielsweise durch die Parameter $\Delta\sigma_C$, N_D, m_1, N_L eindeutig festlegen ($N_C = 2 \cdot 10^6$ ist kein Funktionsparameter). Bei sonst gleichen Parametern N_D, m_1, N_L sind die Wöhlerlinien zueinander parallel und können durch Translation in Ordinatenrichtung ineinander übergeführt werden. Damit ist die *Höhenlage* einer Wöhlerlinie durch *einen* Punkt auf dieser festgelegt. Je höher eine Wöhlerlinie liegt, desto größer ist der Widerstand des betrachteten Konstruktionsdetails gegenüber Ermüdung. Die Parallelität der Wöhlerlinien bei doppeltlogarithmischer Darstellung wie auch die Festlegung der Schwellenwerte der Ermüdungsfestigkeit ist der Schlüssel für die Ermittlung und Anwendung von Schadensäquivalenzfaktoren λ für den „vereinfachten Ermüdungsnachweis" (siehe Abschn. 8.8.9).

8.8.5.1.2 Berechnungsformeln

In diesem Abschnitt sind Berechnungsformeln für die mathematische Behandlung der Wöhlerlinien angegeben. Sie betreffen einerseits „Bewegungen" innerhalb *eines* Astes einer Funktion und andererseits die Ermittlung der für Ermüdungsberechnungen notwendigen Schädigungen (Abb. 8.54).

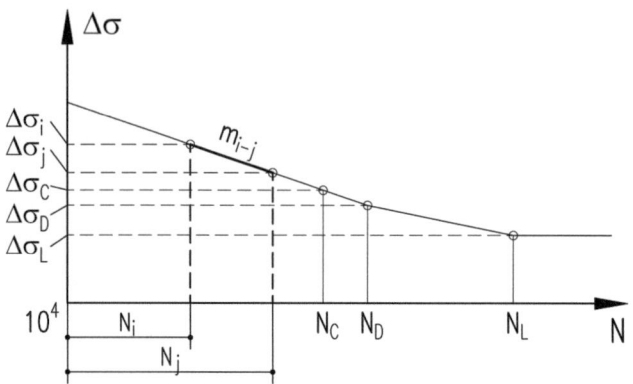

Abb. 8.54 Trilineare Wöhlerlinie nach EN 1993-1-9

Die in doppeltlogarithmischer Darstellung stückweise geraden Funktionsäste erlauben sehr einfache Umrechnungsformeln innerhalb der Wöhlerlinien. Innerhalb eines Funktionsastes mit der Neigung $1/m_{i-j}$ sind zwei Punkte $\Delta\sigma_i(N_i)$ und $\Delta\sigma_j(N_j)$ wie folgt verknüpft:

$$\frac{log\Delta\sigma_i - log\Delta\sigma_j}{logN_j - logN_i} = \frac{log(\Delta\sigma_i/\Delta\sigma_j)}{log(N_j/N_i)} = \frac{1}{m_{i-j}} \Rightarrow \left(\frac{\Delta\sigma_i}{\Delta\sigma_j}\right)^{m_{i-j}} \cdot \frac{N_i}{N_j} = 1 \quad \text{und daraus}$$

(8.48)

$$N_j = N_i \cdot \left(\frac{\Delta\sigma_i}{\Delta\sigma_j}\right)^{m_{i-j}} \quad \text{beziehungsweise} \quad (8.49)$$

$$\Delta\sigma_j = \Delta\sigma_i \cdot \left(\frac{N_i}{N_j}\right)^{1/m_{i-j}} \quad (8.50)$$

Allgemein gilt:

$$N_i \cdot \Delta\sigma_i^{m_{i-j}} = C \quad (8.51)$$

Der Wert C stellt für jeden Ast der Wöhlerlinie eine konstante Größe dar, sofern Spannungsdifferenzen $\Delta\sigma$ nicht auf dem waagrechten Ast der Wöhlerlinie liegen. Gln. 8.49 bis 8.51 zeigen sehr deutlich den extrem großen Einfluss der Spannungsgrößen auf die Lastspielzahlen und damit auf die ermüdungswirksamen Schädigungen (siehe unten).

Trilineare Wöhlerlinien weisen in doppeltlogarithmischer Darstellung *zwei Knicke* auf, einen bei N_D und einen bei N_L. Hier ist es zweckmäßig, vom Punkt $(N_D, \Delta\sigma_D)$ auszugehen. Für $\Delta\sigma_i < \Delta\sigma_D$ liegt die Neigung $1/m_1 = 1/3$ vor, für

8.8 Betriebsfestigkeitsnachweis nach EN 1993-1-9:2013 ...

$\Delta\sigma_i > \Delta\sigma_D$ die Neigung $1/m_2 = 1/5$. Für Punkte auf dem Ast mit der Neigung $1/m_1$ gilt die Umrechnungsformel:

$$\left(\frac{\Delta\sigma_i}{\Delta\sigma_D}\right)^{m_1} \cdot \frac{N_i}{N_D} = 1 \qquad (8.52)$$

Daraus erhält man für $N_D = 5 \cdot 10^6$ und $m_1 = 3$:

$$\Delta\sigma_i = \Delta\sigma_D \cdot \left(\frac{5 \cdot 10^6}{N_i}\right)^{1/3} \qquad (8.53)$$

beziehungsweise

$$N_i = N_D \cdot \left(\frac{\Delta\sigma_D}{\Delta\sigma_i}\right)^3 \qquad (8.54)$$

Der Zusammenhang zwischen den Punkten $(N_D, \Delta\sigma_D)$ und $(N_C, \Delta\sigma_C)$ lautet:

$$\Delta\sigma_C = \Delta\sigma_D \cdot \left(\frac{N_D}{N_C}\right)^{1/3} = \Delta\sigma_D \cdot \left(\frac{5 \cdot 10^6}{2 \cdot 10^6}\right)^{1/3} = \Delta\sigma_D \cdot 1{,}357 \qquad (8.55)$$

beziehungsweise

$$\Delta\sigma_D = \frac{\Delta\sigma_C}{1{,}357} = \Delta\sigma_C \cdot 0{,}737 \qquad (8.56)$$

Für Punkte auf dem Ast mit der Neigung $1/m_2$ gilt die Umrechnungsformel:

$$\left(\frac{\Delta\sigma_i}{\Delta\sigma_D}\right)^{m_2} \cdot \frac{N_i}{N_D} = 1 \qquad (8.57)$$

Daraus erhält man für $N_D = 5 \cdot 10^6$ und $m_2 = 5$:

$$\Delta\sigma_i = \Delta\sigma_D \cdot \left(\frac{5 \cdot 10^6}{N_i}\right)^{1/5} \qquad (8.58)$$

beziehungsweise

$$N_i = N_D \cdot \left(\frac{\Delta\sigma_D}{\Delta\sigma_i}\right)^5 \qquad (8.59)$$

Der Zusammenhang zwischen den Punkten $(N_D, \Delta\sigma_D)$ und $(N_L, \Delta\sigma_L)$ lautet:

$$\Delta\sigma_L = \Delta\sigma_D \cdot \left(\frac{N_D}{N_L}\right)^{1/5} = \Delta\sigma_D \cdot \left(\frac{5 \cdot 10^6}{10^8}\right)^{1/5} = \Delta\sigma_D \cdot 0{,}549 \quad (8.60)$$

beziehungsweise

$$\Delta\sigma_D = \frac{\Delta\sigma_L}{0{,}549} = \Delta\sigma_L \cdot 1{,}821 \quad (8.61)$$

Der Zusammenhang zwischen den Punkten (N_C, $\Delta\sigma_C$) und dem Schwellenwert der Ermüdungsfestigkeit (N_L, $\Delta\sigma_L$) lautet schließlich:

$$\Delta\sigma_L = \Delta\sigma_C \cdot \frac{\Delta\sigma_L}{\Delta\sigma_D} \cdot \frac{\Delta\sigma_D}{\Delta\sigma_C} = \Delta\sigma_C \cdot 0{,}549 \cdot 0{,}737 = \Delta\sigma_C \cdot 0{,}405 \quad (8.62)$$

beziehungsweise

$$\Delta\sigma_C = \Delta\sigma_L \cdot 2{,}471 \quad (8.63)$$

Der Minimalwert für $\Delta\sigma_C$ nach EN 1993-1-9 beträgt:

$$\Delta\sigma_C = 36 \, N/mm^2 \quad (8.64)$$

Ohne den Teilsicherheitsbeiwert γ_{Mf} beträgt die minimale, nicht schädigungswirksame Normalspannungsdifferenz:

$$max.\Delta\sigma_L = max.\Delta\sigma_C \cdot 0{,}405 \approx 15 \, N/mm^2 \quad (8.65)$$

Das sind nur ca. 6 % der Fließgrenze eines S235.

Für eine konstante Spannungsdifferenz $\Delta\sigma_i$ ist der Grenzzustand der Ermüdung erreicht, wenn das Wertepaar (N_i, $\Delta\sigma_i$) auf der Wöhlerlinie liegt. Dem Grenzzustand ist die Schädigung $D = 1{,}0$ zugeordnet. Nach der Miner-Regel (siehe Abschn. 8.8.5.2) beträgt die Schädigung für *ein* Lastspiel:

$$d_i^{(1)} = \frac{1}{N_i} \quad (8.66)$$

und für n_i Lastspiele

$$d_i = n_i \cdot d_i^{(1)} = \frac{n_i}{N_i} \quad (8.67)$$

Führt man die Gl. 8.49 und 8.66 zusammen, so erhält man (wiederum für einen Ast mit $m = m_1$ beziehungsweise $m = m_2$) die in den Gl. 8.68 und 8.69 angegebenen Schädigungen.

8.8 Betriebsfestigkeitsnachweis nach EN 1993-1-9:2013 ...

$$d_i^{(1)} = \frac{1}{N_i} = \frac{\Delta\sigma_i^m}{N_D \cdot \Delta\sigma_D^m} \quad \text{(für ein Lastspiel)} \tag{8.68}$$

$$d_i = \frac{n_i}{N_i} = \frac{n_i \cdot \Delta\sigma_i^m}{N_D \cdot \Delta\sigma_D^m} \quad \text{(für } n_i \text{ Lastspiel)} \tag{8.69}$$

Für Mehrstufenkollektive erhält man die Gesamtschädigung durch Addition sämtlicher Einzelschädigungen, siehe Abschn. 8.8.5.2.

Bilineare Wöhlerlinien weisen in doppeltlogarithmischer Darstellung *einen Knick* bei N_L auf. Hier ist es zweckmäßig, von diesem Punkt $(N_L, \Delta\sigma_L)$ auszugehen. Für $\Delta\sigma_i < \Delta\sigma_L$ liegt die Neigung $1/m_1 = 1/5$ vor. Es gilt die Umrechnungsformel:

$$\left(\frac{\Delta\sigma_i}{\Delta\sigma_L}\right)^{m_1} \cdot \frac{N_i}{N_L} = 1 \tag{8.70}$$

Daraus erhält man für $N_L = 10^8$ und $m_1 = 5$:

$$\Delta\sigma_i = \Delta\sigma_L \cdot \left(\frac{10^8}{N_i}\right)^{1/5} \tag{8.71}$$

beziehungsweise

$$N_i = N_L \cdot \left(\frac{\Delta\sigma_L}{\Delta\sigma_i}\right)^5 = N_D \cdot \left(\frac{\Delta\sigma_D}{\Delta\sigma_i}\right)^5 \tag{8.72}$$

Damit lautet der Zusammenhang zwischen den Punkten $(N_L, \Delta\sigma_L)$ und $(N_C, \Delta\sigma_C)$:

$$\Delta\sigma_C = \Delta\sigma_L \cdot \left(\frac{10^8}{N_C}\right)^{1/5} = \Delta\sigma_L \cdot \left(\frac{10^8}{2 \cdot 10^6}\right)^{1/5} = \Delta\sigma_L \cdot 2{,}187 \tag{8.73}$$

beziehungsweise

$$\Delta\sigma_L = \frac{\Delta\sigma_C}{2{,}187} = \Delta\sigma_C \cdot 0{,}457 \tag{8.74}$$

Für eine konstante Spannungsdifferenz $\Delta\sigma_i$ ist der Grenzzustand der Ermüdung erreicht, wenn das Wertepaar $\Delta\sigma_i/N_i$ auf der Wöhlerlinie liegt. Dem Grenzzustand ist die Schädigung $D = 1{,}0$ zugeordnet. Nach der Miner-Regel (siehe Abschn. 8.8.5.2) beträgt die Schädigung für *ein* Lastspiel:

$$d_i^{(1)} = \frac{1}{N_i} \qquad (8.75)$$

und für n_i Lastspiele

$$d_i = n_i \cdot d_i^{(1)} = \frac{n_i}{N_i} \qquad (8.76)$$

Führt man die Gl. 8.72 und 8.75 zusammen, so erhält man (wiederum für einen Ast mit $m = m_1$) die in den Gl. 8.77 und 8.78 angegebenen Schädigungen.

$$d_i^{(1)} = \frac{1}{N_i} = \frac{\Delta\sigma_i^m}{N_D \cdot \Delta\sigma_D^m} \qquad \text{(für } \textit{ein} \text{ Lastspiel)} \qquad (8.77)$$

$$d_i = \frac{n_i}{N_i} = \frac{n_i \cdot \Delta\sigma_i^m}{N_D \cdot \Delta\sigma_D^m} \qquad \text{(für } n_i \text{ Lastspiele)} \qquad (8.78)$$

Für Mehrstufenkollektive erhält man die Gesamtschädigung durch Addition sämtlicher Einzelschädigungen, siehe Abschn. 8.8.5.2.

Die oben ermittelten Zusammenhänge zwischen den Lastspielzahlen N_C, N_D, N_L und den Spannungsdifferenzen $\Delta\sigma_C$, $\Delta\sigma_D$, $\Delta\sigma_L$ beziehungsweise $\Delta\tau_C$, $\Delta\tau_D$, $\Delta\tau_L$ und sind in Tab. 8.16 zusammengefasst.

Tab. 8.16 Verhältniswerte der Spannungsdifferenzen in N_C, N_D, N_L

NORM	FORM	N_C	N_D	N_L	m_1	m_2	m_3	$\frac{\Delta\sigma_D}{\Delta\sigma_C}$	$\frac{\Delta\sigma_L}{\Delta\sigma_C}$
EN 1993-1-9	trilinear	$2 \cdot 10^6$	$5 \cdot 10^6$	10^8	3	5	∞	0,737	0,405
B 4008-2	bilinear	$2 \cdot 10^6$	$(5 \cdot 10^6)$	$30 \cdot 10^6$	5	---	∞	---	0,581
NORM	FORM	N_C	N_D	N_L	m_1	m_2	m_3	$\frac{\Delta\tau_L}{\Delta\tau_C}$	
EN 1993-1-9	bilinear	$2 \cdot 10^6$	$(5 \cdot 10^6)$	10^8	5	---	∞	0,457	
B 4008-2	bilinear	$2 \cdot 10^6$	$(5 \cdot 10^6)$	$30 \cdot 10^6$	5	---	∞	0,581	

8.8.5.2 Lineare Schadensakkumulationshypothese
8.8.5.2.1 Hypothese und Berechnungsformeln

Den Nachweisformaten in den hier betrachteten Normen (siehe Abschn. 8.8.2) liegt die lineare Schadensakkumulationshypothese nach Palmgren-Miner („Miner-Regel") zugrunde.

8.8 Betriebsfestigkeitsnachweis nach EN 1993-1-9:2013 ...

Die in Abschn. 8.8.5.1 dargestellten Wöhlerlinien gelten zunächst in Bereich $10^4 \leq N \leq N_D$ für konstante Spannungsdifferenzen (Einstufenkollektive). Jeder Kombination $\Delta\sigma_i(N_i)$ auf der Wöhlerlinie entspricht das Erreichen des Grenzzustandes der Ermüdung. Ist auf einer Wöhlerlinie $\Delta\sigma(N)$ einem Spannungsspiel $\Delta\sigma_i$ die Lastspielzahl N_i zugeordnet, d. h. führen N_i Spannungsspiele $\Delta\sigma_i$ zu einem ersten erkennbaren Anriss, so kann man diesem Grenzzustand der Ermüdung der Schädigung $D = 1{,}0$ zuordnen. Die lineare Schadensakkumulationshypothese unterstellt, dass jedes der N_i Spannungsspiele die gleiche Teilschädigung erzeugt:

$$d_i^{(1)} = \frac{1{,}0}{N_i} \tag{8.79}$$

Für n_i Lastspiele erhält man:

$$d_i = \sum_{(i)} d_i^{(1)} = \frac{n_i}{N_i} \tag{8.80}$$

Auf diesem Prinzip, d. h. durch Addition der Teilschädigungen, lassen sich Schädigungen auch für unterschiedliche Spannungsdifferenzen $\Delta\sigma_i$ ermitteln:

$$D = \sum_{(i)} d_i = \sum_{(i)} \frac{n_i}{N_i} \tag{8.81}$$

Die Miner-Regel besagt, dass der Grenzzustand der Ermüdungsfestigkeit erreicht ist, wenn die Schädigung $D = 1{,}0$ erreicht ist:

$$D = \sum_{(i)} \frac{n_i}{N_i} = 1{,}0 \tag{8.82}$$

Die Miner-Regel ist der Schlüssel für alle Formen des Betriebsfestigkeitsnachweises einschließlich Restlebensdauerberechnungen. Kritikpunkte an der Miner-Regel sind unter anderem, dass die Reihenfolge des Auftretens der verschiedenen Spannungsdifferenzen (Reihenfolgeneffekt) in die Ermittlung der Schädigung nicht eingeht und dass im Versuch die zum Ermüdungsversagen (d. h. zum ersten feststellbaren Anriss) führende Schädigung von den o. g. $D = 1{,}0$ stark abweichen kann $(0{,}4 \leq D \leq 2{,}5)$, siehe [1]). Um dennoch zuverlässige Ergebnisse zu erhalten, werden die Wöhlerlinien über die Dauerfestigkeit hinaus durch einen Ast ergänzt, der bis zum Erreichen der außerordentlich großen Lastspielzahl N_L weiterhin abfällt. Erst bei der Lastspielzahl N_L wird der Wert $\Delta\sigma_L$ beziehungsweise $\Delta\tau_L$ konstant gehalten. Hier muss freilich auch angemerkt werden, dass Ermüdungsversuche allgemein außerordentlich große Streuungen aufweisen und speziell auch mit Durchläufern (Versuchskörper, bei denen selbst bei außerordentlich großen Lastspielzahlen kein Ermüdungsriss feststellbar wird) zu rechnen ist. Der entscheidende Vorteil der linearen Schadensakkumulationshypothese ist die einfache Anwendung, selbst in komplizierten Fällen.

8.8.5.2.2 Schädigungsberechnungen für $\Delta\sigma_i \neq \Delta\sigma_L$ beziehungsweise $\Delta\tau_i \neq \Delta\tau_L$

Ist $\Delta\sigma_i \neq \Delta\sigma_L$ beziehungsweise $\Delta\tau_i \neq \Delta\tau_L$ (für sämtliche i), kann die Schädigung eindeutig angegeben werden, die Berechnungsformeln finden sich in Abschn. 8.8.5.2.1.

8.8.5.2.3 Schädigungsberechnungen für $\Delta\sigma_i = \Delta\sigma_L$ beziehungsweise $\Delta\tau_i = \Delta\tau_L$

Für $\Delta\sigma_i = \Delta\sigma_L$ kann die Schädigung nicht eindeutig angegeben werden. Ist ein Lastspiel $\Delta\sigma_i$ um einen infinitesimalen Betrag kleiner als $\Delta\sigma_L$, so ist die Schädigung Null, ist $\Delta\sigma_i$ hingegen um einen infinitesimalen Betrag größer als $\Delta\sigma_L$, so beträgt die Schädigung $1/N_L = 10^{-8}$ (siehe Gl. 8.66). Sind mehrere Lastspiele $\Delta\sigma_i = \Delta\sigma_L$ vorhanden, kann angenommen werden, dass einige dieser Lastspiele um infinitesimale Beträge kleiner sind als $\Delta\sigma_L$, d. h. keinen Beitrag zur Gesamtschädigung leisten, einige andere Lastspiele (Anzahl: n_j) hingegen um infinitesimale Beträge größer sind als $\Delta\sigma_L$ und damit die Schädigung n_j/N_L ergeben. Das ist beim direkten Nachweis über die Gesamtschädigung ohne Bedeutung, da $\Delta\sigma_i \equiv \Delta\sigma_L$ nicht vorkommt, wohl aber bei der Umrechnung des eines Mehrstufenkollektives in ein Einstufenkollektiv (siehe Abschn. 8.8.8) und bei der Ermittlung der Schadensäquivalenzfaktoren λ (siehe Abschn. 8.8.9). Analoges gilt für den Fall $\Delta\tau_i = \Delta\tau_L$.

8.8.6 Formate für den Betriebsfestigkeitsnachweis

Für den Betriebsfestigkeitsnachweis stehen drei Nachweisformate zur Verfügung:

1. Nachweis über die Gesamtschädigung (siehe Abschn. 8.8.7)
2. Nachweis durch Umrechnung eines Mehrstufenkollektives in ein schädigungsäquivalentes Einstufenkollektiv (siehe Abschn. 8.8.8)
3. Nachweis unter Anwendung von Schadensäquivalenzfaktoren λ (siehe Abschn. 8.8.9 bis 8.8.12)

8.8.7 Betriebsfestigkeitsnachweis über die Gesamtschädigung

8.8.7.1 Allgemeines

Nach EN 1993-1-9:2013, Gl. A.2, ist für den Betriebsfestigkeitsnachweis gefordert:

$$D_d \leq 1,0 \tag{8.83}$$

D_d bezeichnet die Gesamtschädigung, diese entspricht der Summe der Einzelschädigungen. Für Einstufenkollektive erhält man mit den Gleichungen aus Abschn. 8.8.5.2.1:

$$D_d = \sum_{(i)} d_{d,i} \tag{8.84}$$

Für Mehrstufenkollektive erhält man mit den Gleichungen aus Abschn. 8.8.5.2.1:

$$D_d = \sum_{(i)} d_{d,i} = \sum_{(\Delta\sigma_i \geq \Delta\sigma_D)} d_{d,i} + \sum_{(\Delta\sigma_D > \Delta\sigma_i > \Delta\sigma_L)} d_{d,i} \tag{8.85}$$

Damit ist die Schädigung D_d abhängig von:

- der Größe der Spannungsdifferenzen $\Delta\sigma_i$
- der Anzahl ihres Auftretens

Der Betriebsfestigkeitsnachweis umfasst folgende Berechnungsschritte:

1. Ermittlung der Schnittgrößen für die Überfahrt aller Einzelzüge der betrachteten Verkehrsmischung, das ergibt ein Zeit-Schnittgrößen-Diagramm $S(t)$ je betrachteten Einzelzug;
2. Auswertung der Schnittgrößen-Zeit-Diagramme nach (1) nach einem Zählverfahren, das ergibt ein Histogramm $\Delta S_i(N_i)$ je betrachteten Einzelzug;
3. Multiplikation der Schnittgrößendifferenzen (beziehungsweise Spannungsdifferenzen) mit dem dynamischen Beiwert $1 + \varphi$ für die Maximalgeschwindigkeit je Einzelzug, diese ist gegebenenfalls zu begrenzen durch die Maximalgeschwindigkeit auf der Brücke, das ergibt ein Histogramm $[\Delta S_i \cdot (1 + \varphi)](N_i)$ je betrachteten Einzelzug;
4. Zusammenfügen der Einzelhistogramme zu einem Gesamthistogramm;
5. Berechnung der Spannungsdifferenzen, beispielsweise: $\Delta\sigma_i = \Delta M_i/W$;
6. Ermittlung der Gesamtschädigung D_d; für $D_d \leq 1,0$ ist der geforderte Nachweis erbracht.

Die Berechnungsschritte (1) und (2) sind rechenintensiv und lassen sich durch Anwendung eines EDV-Programms erleichtern (die Auswertung nach der Rainflow-Methode durch die Software MATLAB unterstützt, siehe Abschn. 8.8.4.6.4). Der gleiche Berechnungsablauf gilt auch für Querkräfte (Schubspannungen).

8.8.7.2 Schädigungsberechnung
8.8.7.2.1 Formelsatz

Die Größen $d_{di} = n_{Ei}/N_{Ri}$ entsprechen den Einzelschädigungen infolge der Spannungsspiele $\Delta\sigma_i$ an der betrachteten Stelle des Tragwerks mit den Lastspielzahlen n_{Ei}. Hier sind zwei Fälle zu unterscheiden:

1. Der *allgemeine Fall*, bei dem keines der Spannungsspiele dem Schwellenwert der Ermüdungsfestigkeit entspricht ($\Delta\sigma_i \neq \Delta\sigma_L$). Beim direkten Nachweis der Betriebsfestigkeit durch Ermittlung der Gesamtschädigung ist *nur* dieser Fall von Bedeutung.
2. Der *Sonderfall*, bei dem eines der Spannungsspiele gleich dem Schwellenwert der Ermüdungsfestigkeit ist ($\Delta\sigma_i \neq \Delta\sigma_L$). Dieser Sonderfall ist *nur* gegebenenfalls bei der Ermittlung des Spannweitenbeiwertes λ_1 von Bedeutung (siehe Abschn. 8.8.9), nicht jedoch beim direkten Nachweis des Betriebsfestigkeit durch Ermittlung der Gesamtschädigung.

Allgemeiner Fall ($\Delta\sigma_i \neq \Delta\sigma_L$):

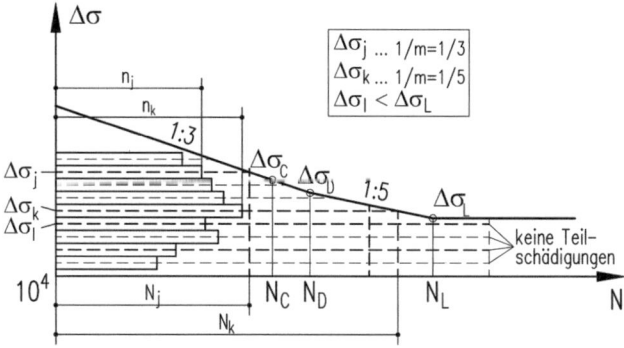

Abb. 8.55 Schädigungsermittlungen bei Mehrstufenkollektiven mit $\Delta\sigma_i \neq \Delta\sigma_L$ (allgemeiner Fall)

8.8 Betriebsfestigkeitsnachweis nach EN 1993-1-9:2013 ...

Die Teilschädigungen $d_{di} = n_{Ei}/N_{Ri}$ und damit die Gesamtschädigung $D_d = \sum_{(i)} \frac{n_{Ei}}{N_{Ri}}$ sind abhängig vom Beanspruchungskollektiv $\Delta\sigma_i(n_i)$ und vom Kerbfall, der die Höhenlage der Wöhlerlinie bestimmt. Da das Beanspruchungskollektiv $\Delta\sigma_i(n_i)$ vorgegeben ist, ist die Schädigung D_i eine Funktion der Höhenlage der Wöhlerlinie, welche ihrerseits durch Angabe eines Wertepaars $\Delta\sigma_i(n_i)$, beispielsweise $\Delta\sigma_C(n_C)$, eindeutig festgelegt ist. Der Grenzzustand der Ermüdungsfestigkeit ist gegeben, wenn der Funktionswert $D_d = 1{,}0$ ist.

Für Spannungsdifferenzen $\Delta\sigma_i > \Delta\sigma_L$ können die Teilschädigungen $d_{di} = n_{Ei}/N_{Ri}$ eindeutig angegeben werden, für $\Delta\sigma_i < \Delta\sigma_L$ sind sie Null. Damit können für Mehrstufenkollektive, in denen sämtliche Spannungsspiele $\Delta\sigma_i \neq \Delta\sigma_L$ sind, die Gesamtschädigungen D_d ebenfalls eindeutig angegeben werden.

Sonderfall ($\Delta\sigma_i = \Delta\sigma_L$):

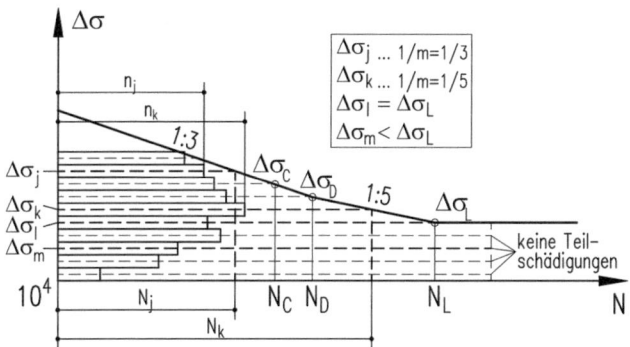

Abb. 8.56 Schädigungsermittlungen bei Mehrstufenkollektiven mit $\Delta\sigma_i = \Delta\sigma_L$ (Sonderfall)

Die Teilschädigungen $d_{di} = n_{Ei}/N_{Ri}$ und damit die Gesamtschädigung $D_d = \sum_{(i)} \frac{n_{Ei}}{N_{Ri}}$ sind abhängig vom Beanspruchungskollektiv $\Delta\sigma_i(n_i)$ und vom Kerbfall, der die Höhenlage der Wöhlerlinie bestimmt (siehe Abschn. 8.8.5.1.1). Da das Beanspruchungskollektiv $\Delta\sigma_i(n_i)$ vorgegeben ist, ist die Schädigung D_i eine Funktion der Höhenlage der Wöhlerlinie, welche ihrerseits durch Angabe eines Wertepaars $\Delta\sigma_i(n_i)$, beispielsweise $\Delta\sigma_C(n_C)$ oder $\Delta\sigma_D(n_D)$ oder $\Delta\sigma_L(n_L)$, eindeutig festgelegt ist. Der Grenzzustand der Ermüdungsfestigkeit ist gegeben, wenn der Funktionswert $D_d = 1{,}0$ ist.

Für Spannungsdifferenzen $\Delta\sigma_i > \Delta\sigma_L$ können die Teilschädigungen $d_{di} = n_{Ei}/N_{Ri}$ eindeutig angegeben werden, für $\Delta\sigma_i < \Delta\sigma_L$ sind sie Null.

Für $\Delta\sigma_i = \Delta\sigma_L$ kann eine Teilschädigung $d_{di} = n_{Ei}/N_L$ jedoch nicht eindeutig angegeben werden, es gelten Grenzwerte entsprechend Gl. 8.86 uns Gl. 8.87.

$$min.D_{di} = 0 \qquad (8.86)$$

$$max.D_{di} = \sum_{(i)} d_i = \frac{n_i}{N_L} \cdot \left(\frac{\Delta\sigma_i}{\Delta\sigma_L}\right)^5 \approx \frac{n_i}{N_L} \qquad (8.87)$$

Dieser Sonderfall ist *nur* bei der Ermittlung des Spannweitenbeiwertes λ_1 gegebenenfalls von Bedeutung (siehe Abschn. 8.8.9), nicht jedoch beim direkten Nachweis des Betriebsfestigkeit durch Ermittlung der Gesamtschädigung.

8.8.7.2.2 Zur Nichteindeutigkeit der Schädigungen für Wöhlerlinien mit Schwellenwert der Ermüdungsfestigkeit

Die mathematische Nichteindeutigkeit der Teilschädigung infolge einer n_i-fach auftretenden Spannungsdifferenz $\Delta\sigma_i = \Delta\sigma_L$ kann wie folgt veranschaulicht werden:

1. Grenzfall Sind alle n_i auftretenden Spannungsspiele $\Delta\sigma_i$ um infinitesimale Beträge *größer* als der Schwellenwert der Ermüdungsfestigkeit $\Delta\sigma_L$, liegen sie auf dem mit $1/m_2 = 1/5$ absteigenden Ast der Wöhlerlinie (Abb. 8.57):

Die Schädigung infolge der n_i Spannungsspiele $\Delta\sigma_i$ kann nach Gl. 8.69 eindeutig berechnet werden:

$$D_{di} = \sum_{(i)} d_i = \frac{n_i}{N_L} \cdot \left(\frac{\Delta\sigma_i}{\Delta\sigma_L}\right)^5 \approx \frac{n_i}{N_L} \qquad (8.88)$$

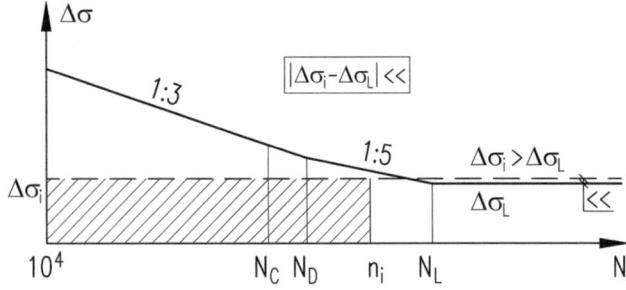

Abb. 8.57 1. Grenzfall $\Delta\sigma_i > \Delta\sigma_L, |\Delta\sigma_i - \Delta\sigma_L| \ll, n_i \leq N_L$

8.8 Betriebsfestigkeitsnachweis nach EN 1993-1-9:2013 ...

In diesem Fall kann der Betriebsfestigkeitsnachweis nur gelingen, wenn $n_i \leq N_L$.

2. Grenzfall Sind alle n_i auftretenden Spannungsspiele $\Delta\sigma_i$ um infinitesimale Beträge *kleiner* als der Schwellenwert der Ermüdungsfestigkeit $\Delta\sigma_L$, liegen sie unterhalb der Wöhlerlinie und liefern damit keine Schädigung:

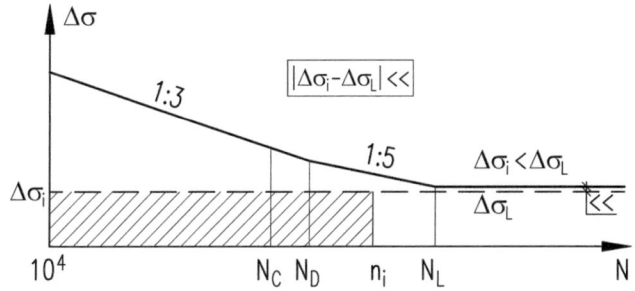

Abb. 8.58 2. Grenzfall $\Delta\sigma_i < \Delta\sigma_L, |\Delta\sigma_i - \Delta\sigma_L| \ll$

Daher beträgt die Schädigung unabhängig von der Lastspielzahl n_i:

$$D_{di} = 0 \qquad (8.89)$$

3. Fall Ist schließlich $n_i > N_L$, kann entweder der zweite der beiden oben beschriebenen Grenzfälle oder aber eine Kombination der beiden Fälle gegeben sein. Bei einer Kombination der beiden Fälle sind einige der (sich untereinander um infinitesimale Beträge unterscheidenden) Spannungsspiele $\Delta\sigma_i$ größer als der Schwellenwert der Ermüdungsfestigkeit ($\Delta\sigma_i > \Delta\sigma_L$ mit $|\Delta\sigma_i - \Delta\sigma_L| \ll$), liegen damit auf dem mit $1/m = 1/5$ absteigenden Ast der Wöhlerlinie und liefern Einzelschädigungen gemäß Gl. 8.88, die anderen Spannungsspiele hingegen sind kleiner als der Schwellenwert der Ermüdungsfestigkeit ($\Delta\sigma_i < \Delta\sigma_L$, wiederum mit $|\Delta\sigma_i - \Delta\sigma_L| \ll$), liegen damit unterhalb der Wöhlerlinie und liefern keine Schädigungen. Die Anzahl jener Spannungsspiele $\Delta\sigma_i > \Delta\sigma_L$ darf höchstens so groß sein, dass die entsprechende Teilschädigung (als Summe der Einzelschädigungen) den Wert 1,0 erreicht. Die übrigen Spannungsspiele $\Delta\sigma_i < \Delta\sigma_L$ liefern keine Schädigungen. Liegt eine größere Anzahl

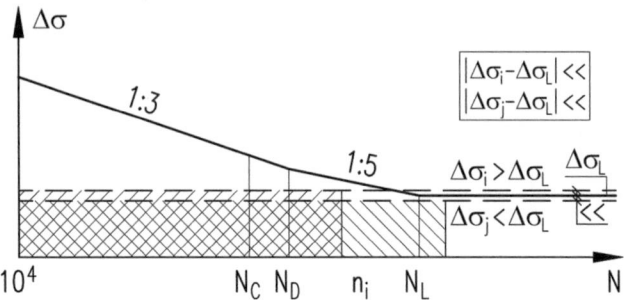

Abb. 8.59 $\Delta\sigma_i > \Delta\sigma_L, |\Delta\sigma_i - \Delta\sigma_L| \ll$ und $\Delta\sigma_j < \Delta\sigma_L, |\Delta\sigma_j - \Delta\sigma_L| \ll$

von Spannungsspielen unterhalb des theoretischen Wertes $\Delta\sigma_L$, wird die Schädigung naturgemäß kleiner bis schließlich der 2. Grenzfall erreicht wird.

8.8.7.2.3 Berechnung der Einzel- und Teilschädigungen für Wöhlerlinien ohne Schwellenwert der Ermüdungsfestigkeit

Um die in den Abschn. 8.8.7.2.1 und 8.8.7.2.2 beschriebene, aus dem waagrechten Ast der Wöhlerlinien ab der Lastspielzahl N_L resultierende Problematik auszuschalten, kann der Ast ab der Lastspielzahl N_L durch einen Ersatz-Ast mit sehr geringer Neigung $1/m^* > 0$ ersetzt werden, man erhält dann modifizierte Funktionen, die wegen $\Delta\sigma_i^* \leq \Delta\sigma_i$ die Originalfunktionen auf der sicheren Seite ersetzen. Da der Zahlenwert von m^* als Exponent verwendet wird (siehe Abschn. 8.8.5.1.2), sollte er, um numerische Probleme zu vermeiden, nicht zu groß gewählt werden. Bewährt hat sich der Wert $m^* = 100$, die Gln. 8.53 bis 8.57 gelten sinngemäß. Ebenso möglich ist die Verlängerung des Astes für $N < N_L$ (in der Regel $1/m = 1/5$) bis zum Erreichen der Abszisse.

Die Größen $d_{di} = n_{Ei}/N_{Ri}$ entsprechen den Einzelschädigungen infolge der Spannungsspiele $\Delta\sigma_i$ an der betrachteten Stelle des Tragwerks mit den Lastspielzahlen n_{Ei}. Abb. 8.60 zeigt einen Fall mit $m^* = 100$.

Die Teilschädigungen $d_{di} = n_{Ei}/N_{Ri}$ und damit die Gesamtschädigung $D_d = \sum_{(i)} \frac{n_{Ei}}{N_{Ri}}$ sind abhängig vom Beanspruchungskollektiv $\Delta\sigma_i(n_i)$ und vom Kerbfall, der die Höhenlage der Wöhlerlinie bestimmt (siehe Abb. 8.53). Da das Beanspruchungskollektiv $\Delta\sigma_i(n_i)$ vorgegeben ist, ist die Schädigung D_i eine Funktion der Höhenlage der Wöhlerlinie, welche ihrerseits durch Angabe eines

8.8 Betriebsfestigkeitsnachweis nach EN 1993-1-9:2013 ...

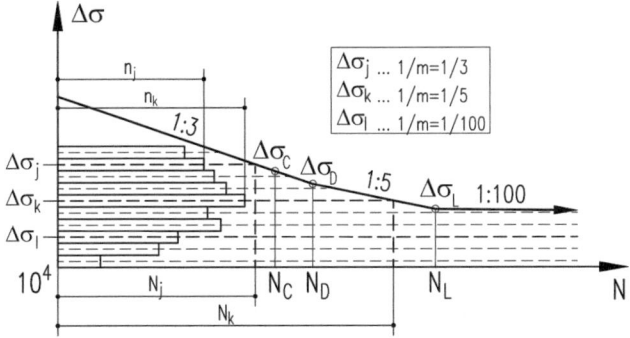

Abb. 8.60 Schädigungsermittlungen bei modifizierten Wöhlerlinien

Wertepaars $\Delta\sigma_i(n_i)$, beispielsweise $\Delta\sigma_C(n_C)$, eindeutig festgelegt ist. Der Grenzzustand der Ermüdungsfestigkeit ist gegeben, wenn der Funktionswert $D_d = 1{,}0$ ist.

Wegen des eineindeutigen Funktionsverlaufes der modifizierten Wöhlerlinie können die Teilschädigungen $d_{di} = n_{Ei}/N_{Ri}$ und damit die Gesamtschädigung D_d für sämtliche Spannungsdifferenzen $\Delta\sigma_i$ eindeutig berechnet werden. Gegenüber der Berechnung mit der originalen Wöhlerlinie nach Abb. 8.50 können die Schädigungen eventuell überschätzt werden, die Ergebnisse liegen damit auf der sicheren Seite.

8.8.8 Betriebsfestigkeitsnachweis durch Umrechnung eines Mehrstufenkollektives in ein schädigungsäquivalentes Einstufenkollektiv

Nach EN 1993-1-9:2013, Gl. A.3, ist für den Betriebsfestigkeitsnachweis gefordert:

$$\gamma_{Ff} \cdot \Delta\sigma_{E,2} \leq \frac{\Delta\sigma_C}{\gamma_{Mf}} \Rightarrow \Delta\sigma_{E,2} \leq \frac{\Delta\sigma_C}{\gamma_{Mf} \cdot \gamma_{Ff}} \qquad (8.90)$$

Liegen sämtliche Spannungsspiele $\Delta\sigma_i$ auf *dem* Ast der Wöhlerlinie mit der Neigung $1/m$, ergibt sich die schädigungsäquivalente, auf $2 \cdot 10^6$ Schwingspiele bezogene schadensäquivalente konstante Spannungsschwingbreite $\Delta\sigma_{E,2}$ aus Gl. 8.91.

$$\Delta\sigma_{E,2} = \left(\frac{\sum n_i \cdot \Delta\sigma_i^m}{N_{E,2}}\right)^{1/m} \tag{8.91}$$

Liegen die Spannungsspiele $\Delta\sigma_i$ auf *zwei* Ästen der Wöhlerlinie mit den Neigungen $1/m_1$ und $1/m_2$ und dem gemeinsamen Punkt $(N_D, \Delta\sigma_D)$, ergibt sich die auf N_D Schwingspiele bezogene schadensäquivalente konstante Spannungsschwingbreite $\Delta\sigma_D$ aus der Bestimmungsgleichung Gl. 8.92.

$$\frac{\sum_{(m_1)} n_i \cdot \Delta\sigma_i^{m_1}}{\Delta\sigma_D^{m_1} \cdot N_D} + \frac{\sum_{(m_2)} n_i \cdot \Delta\sigma_i^{m_2}}{\Delta\sigma_D^{m_2} \cdot N_D} = 1{,}0 \tag{8.92}$$

Der Betriebsfestigkeitsnachweis umfasst folgende Berechnungsschritte:

1. Ermittlung der Schnittgrößen für die Überfahrt aller Einzelzüge der betrachteten Verkehrsmischung, das ergibt ein Zeit-Schnittgrößen-Diagramm je betrachteten Einzelzug, beispielsweise $M(t)$);
2. Auswertung der o. g. Schnittgrößen-Zeit-Diagramme nach einem Zählverfahren, das ergibt ein Histogramm $\Delta M_i(N_i)$ je betrachteten Einzelzug;
3. Multiplikation der Schnittgrößendifferenzen (beziehungsweise Spannungsdifferenzen) mit dem dynamischen Beiwert $1 + \varphi$ für die Maximalgeschwindigkeit je Einzelzug, diese ist gegebenenfalls zu begrenzen durch die Maximalgeschwindigkeit auf der Brücke, das ergibt ein Histogramm $[\Delta M_i \cdot (1 + \varphi)](N_i)$ je betrachteten Einzelzug;
4. Zusammenfügen der Einzelhistogramme zu einem Gesamthistogramm;
5. Berechnung der Spannungsdifferenzen: $\sigma = M/W$;
6. Ermittlung der schadensäquivalenten konstanten Spannungsschwingbreite $\Delta\sigma_{E,2}$ bezogen auf $2 \cdot 10^6$ Schwingspiele;
7. Vergleich der schadensäquivalenten konstanten Spannungsschwingbreite $\Delta\sigma_{E,2}$ mit dem Kerbfall $\Delta\sigma_C$ unter Berücksichtigung der Teilsicherheitsbeiwerte, $(\Delta\sigma_C/\gamma_{Mf})/\gamma_{Ff}$. Der Betriebsfestigkeitsnachweis ist erbracht, wenn $\Delta\sigma_{E,2} \leq (\Delta\sigma_C/\gamma_{Mf})/\gamma_{Ff}$.

Die Berechnungsschritte (1) und (2) sind rechenintensiv und werden durch Anwendung eines EDV-Programms erleichtert (die Auswertung nach der Rainflow-Methode durch die Software MATLAB unterstützt, siehe Abschn. 8.8.4.6.5).

1. Beispiel

$\Delta\sigma_1 = 70\, N/mm^2, n_1 = 1{,}6 \cdot 10^6$

8.8 Betriebsfestigkeitsnachweis nach EN 1993-1-9:2013 ...

$\Delta\sigma_2 = 60\,N/mm^2, n_2 = 1{,}2 \cdot 10^6$
$m_1 = 3, m_2 = 5, N_D = 5 \cdot 10^6$
Annahme ... $\Delta\sigma_1$ und $\Delta\sigma_2$ liegen auf dem Ast mit $m_1 = 3$ (verifizieren!). Daher erfolgt die Berechnung nach Gl. 8.91.

$$\Delta\sigma_{E,2} = \left(\frac{\sum n_i \cdot \Delta\sigma_i^m}{N_{E,2}}\right)^{1/m} = \left(\frac{1{,}6 \cdot 10^6 \cdot 70^3 + 1{,}2 \cdot 10^6 \cdot 60^3}{2 \cdot 10^6}\right)^{1/3}$$

$$= \left(\frac{548800 + 259300}{2}\right)^{1/3} = 73{,}9 \frac{N}{mm^2}$$

Daraus erhält man: $\Delta\sigma_D = \Delta\sigma_C \cdot 0{,}737 = 73{,}9 \cdot 0{,}737 = 54{,}5 \frac{N}{mm^2}$ ($< \Delta\sigma_1; < \Delta\sigma_2$).

Die geforderte Betriebsfestigkeit ist gegeben, wenn für das betrachtete Kerbdetail $73{,}9 \cdot \gamma_{Ff} \cdot \gamma_{Mf} \leq \Delta\sigma_C$ ($\to$ Kerbfall 80, wenn $\gamma_{Ff} = \gamma_{Mf} = 1{,}0$).

Rechenkontrolle: $D = \frac{1{,}6 \cdot 10^6 \cdot 70^3}{54{,}5^3 \cdot 5 \cdot 10^6} + \frac{1{,}2 \cdot 10^6 \cdot 60^3}{54{,}5^3 \cdot 5 \cdot 10^6} = 0{,}678 + 0{,}320 = 0{,}998 \approx 1{,}0$

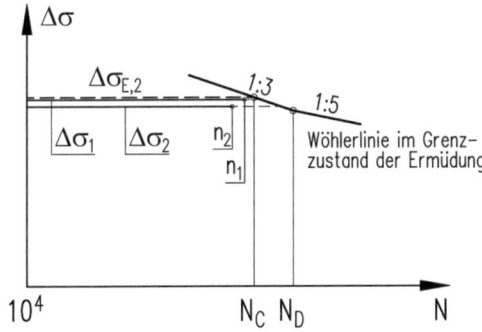

Abb. 8.61 Einzelspannungen und Wöhlerlinie

2. Beispiel

$\Delta\sigma_1 = 90\,N/mm^2, n_1 = 1{,}6 \cdot 10^6$.
$\Delta\sigma_2 = 60\,N/mm^2, n_2 = 4{,}0 \cdot 10^6$.
$m_1 = 3, m_2 = 5, N_D = 5 \cdot 10^6$.
Annahme ... $\Delta\sigma_1$ liegt auf dem Ast mit $m = 3$, $\Delta\sigma_2$ liegt auf dem Ast mit $m = 5$ (verifizieren!). Daher erfolgt die Berechnung nach Gl. 8.92.

Bestimmungsgleichung:

$$\frac{1{,}6 \cdot 10^6 \cdot 90^3}{\Delta \sigma_D^3 \cdot 5 \cdot 10^6} + \frac{4{,}0 \cdot 10^6 \cdot 60^5}{\Delta \sigma_D^5 \cdot 5 \cdot 10^6} = \frac{233280}{\Delta \sigma_D^3} + \frac{622080000}{\Delta \sigma_D^5} = 1{,}0$$

Die Gleichung ist erfüllt für

$$\Delta \sigma_D = 70{,}9 \frac{N}{mm^2} (\langle \Delta \sigma_1; \rangle \Delta \sigma_2)$$

Daraus erhält man $\Delta \sigma_{E,2} = \Delta \sigma_C = \frac{\Delta \sigma_D}{0{,}737} = \frac{70{,}9}{0{,}737} = 96{,}3 \frac{N}{mm^2}$ bei $N_C = 2 \cdot 10^6$ Lastwechseln. Die geforderte Betriebsfestigkeit ist gegeben, wenn für das betrachtete Kerbdetail $96{,}3 \cdot \gamma_{Ff} \cdot \gamma_{Mf} \leq \Delta \sigma_C$ ($\rightarrow$ Kerbfall 100, wenn $\gamma_{Ff} = \gamma_{Mf} = 1{,}0$).

Rechenkontrolle: $D = \frac{1{,}6 \cdot 10^6 \cdot 90^3}{70{,}9^3 \cdot 5 \cdot 10^6} + \frac{4{,}0 \cdot 10^6 \cdot 60^5}{70{,}9^5 \cdot 5 \cdot 10^6} = 0{,}654 + 0{,}347 = 1{,}001 \approx 1{,}0$

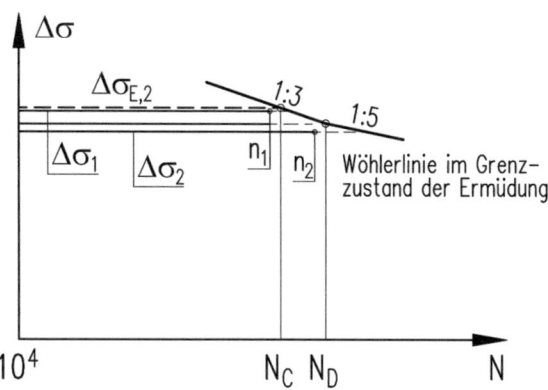

Abb. 8.62 Einzelspannungen und Wöhlerlinie

8.8.9 Betriebsfestigkeitsnachweis über Schadensäquivalenzfaktoren λ

8.8.9.1 Allgemeines zum „λ-Verfahren"

Wie erwähnt erfordert der in den Abschn. 8.8.7 und 8.8.8 beschriebene Betriebsfestigkeitsnachweis zwei rechenintensive Prozeduren:

8.8 Betriebsfestigkeitsnachweis nach EN 1993-1-9:2013 ...

1. Ermittlung der Schnittgrößen für die Zugüberfahrten
2. Auswertung der Schnittgrößen-Zeit-Diagramme nach einem Zählverfahren

Es liegt nahe ein Berechnungsverfahren zu entwickeln, um diese Berechnungsschritte vorwegzunehmen und den Betriebsfestigkeitsnachweis statt mit einer Vielzahl von über die Brücke fahrenden Regelzügen mit dem fiktiven Lastmodell 71 zu führen, dessen Schnittgrößen für die Tragsicherheits- und Gebrauchstauglichkeitsnachweise ohnehin ermittelt werden müssen. Das erfordert, dass Äquivalenz hinsichtlich Ermüdung hergestellt wird zwischen dem betrachteten Verkehr und dem Lastmodell 71, dies wird ermöglicht durch Gleichsetzung der entsprechenden ermüdungswirksamen Schädigungen. Die ermüdungswirksame Schädigung der betrachteten Verkehrsmischung ist abhängig von folgenden Parametern:

- Balkenstützweite
- Lastbilder der beteiligten Züge (Achslasten und Achsabstände, die Lastverteilung durch den Gleisrost kann gegebenenfalls berücksichtigt werden)
- Dynamischer Beiwert $1 + \varphi$ je Zug
- Verkehrsvolumen
- Parameter der Wöhlerlinie (Neigungen der Äste sowie Höhenlage)

Der ersatzweisen ermüdungswirksamen Schädigung des Lastmodells 71 sind folgende Parameter zugeordnet:

- Balkenstützweite
- Maximale Spannungsdifferenz infolge des ideellen Lastmodells 71
- Dynamischer Beiwert Φ_2 für das Lastmodell 71

Setzt man diese Schädigungen gleich, so erhält man den Schadensäquivalenzfaktor λ, mit dessen Hilfe der Ermüdungsnachweis mit den Schnittgrößen des Lastmodells 71 geführt werden kann. Entscheidend für die folgenden Überlegungen ist, dass hier *nicht* anhand einer feststehenden Wöhlerlinie (beispielsweise charakterisiert durch den Wert $\Delta\sigma_C$) eine Schädigung ermittelt wird, sondern dass aus der Forderung $D_d = 1{,}0$ die passende Wöhlerlinie zurückgerechnet werden muss. Für diese Wöhlerlinie wird, wie gefordert, der Grenzzustand der Ermüdung gerade erreicht.

Um die Querschnittseigenschaften zunächst auszuklammern, werden an Stelle von Spannungen Schnittgrößen betrachtet. Für Normalspannungen gilt beispielsweise:

$$\sigma = \frac{M}{W} \Rightarrow M = \sigma \cdot W \tag{8.93}$$

Aus dem Bemessungskollektiv und der Forderung $D_d = 1{,}0$ lässt sich die passende $\Delta M(N)$-Linie (Wöhlerlinie) ermitteln. Liegt diese Wöhlerlinie fest, ist auch deren Wert ΔM_C (Momentendifferenz für die Schwingbreite $\Delta M_C = \Delta M$ für $N_C = 2 \cdot 10^6$) bekannt. Um bei Anwendung des Lastmodells 71 (einschließlich Φ_2), d. h. für $\Delta M_{\Phi_2 \cdot LM71}$, den gleichen Wert ΔM_C zu erhalten wie für das vorgegebene Bemessungskollektiv, müssen (für ein und denselben Querschnitt) die Schnittgrößen $min.M_{LM71}$ und $max.M_{LM71}$ ermittelt werden und es muss die daraus resultierende, mit dem dynamischen Beiwert multiplizierte Momentendifferenz $\Phi_2 \cdot \Delta M_{LM71}$ mit dem Faktor λ multipliziert werden. Damit entspricht der Schadensäquivalenzfaktor λ einer Erweiterung des dynamischen Beiwertes Φ_2 für die Anwendung beim Ermüdungsnachweis. Die Zusammenhänge sind in Abb. 8.63 dargestellt.

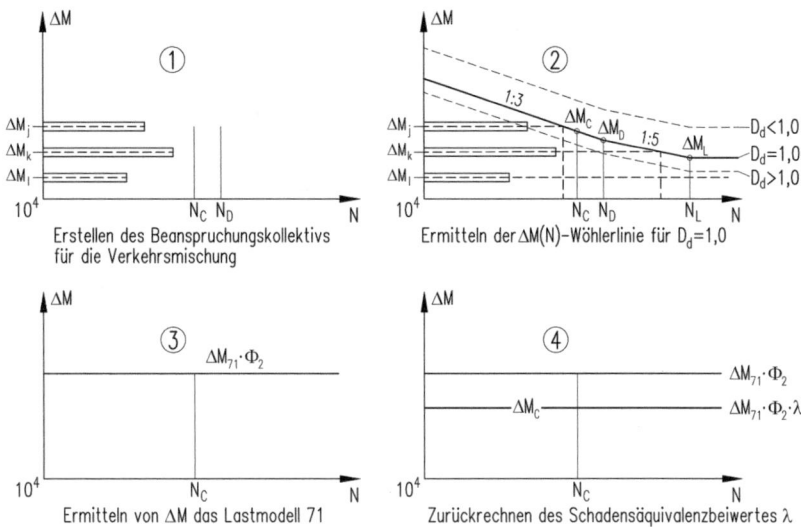

Abb. 8.63 Vom Beanspruchungskollektiv zum Schadensäquivalenzbeiwert

Teilbild a zeigt ein aus den drei Momentendifferenzen ΔM_j, ΔM_k, ΔM_l mit den Lastspielzahlen N_j, N_k, N_l bestehendes Momentenkollektiv. Dieses ergibt sich durch Ermittlung der Schnittgrößen für die beteiligten Regelzüge, Auswertung nach einem Zählverfahren und Umrechnung anhand der Zusammensetzung des

8.8 Betriebsfestigkeitsnachweis nach EN 1993-1-9:2013 ...

betrachteten Verkehrsszenarios (Anzahl der Überfahrten und dynamischer Beiwert je Zug). Teilbild b zeigt drei parallele (höhenversetzte) Wöhlerlinien: Die oberste (gestrichelte) Wöhlerlinie ergibt eine Schädigung $D_d < 1{,}0$, d. h. der Grenzzustand der Ermüdung ist nicht erreicht, die unterste (gestrichelte) Wöhlerlinie ergibt eine Schädigung $D_d > 1{,}0$, d. h. der Grenzzustand der Ermüdung ist überschritten. Für die als Volllinie dargestellte Wöhlerlinie ist $D_d = 1{,}0$, d. h. es liegt der Grenzzustand der Ermüdung vor. Die Ermittlung dieser Wöhlerlinie erfolgt in der Regel iterativ (Details siehe [5] und [6]). Ebenfalls dem Grenzzustand der Ermüdung entspricht definitionsgemäß die mit dem dynamischen Beiwert Φ_2 multiplizierte maximale Momentendifferenz infolge des Lastmodells 71, wenn diese dem Grundwert $\Delta M_C = W \cdot \Delta \sigma_C$ zugeordnet wird (Teilbild c). Für äquivalente Schädigungen infolge der untersuchten Verkehrssituation und des Lastmodells 71 unter Berücksichtigung des dynamischen Beiwertes Φ_2 müssen die Schnittgrößen des Lastmodells 71 mit dem Schadensäquivalenzbeiwert λ multipliziert werden, dieser resultiert aus der Forderung, dass ΔM_C für den betrachteten Verkehr und $\lambda \cdot \Delta M_C$ für das Φ_2-fache Lastmodell 71 den gleichen Wert annehmen (siehe Teilbild d). Daraus erhält man die Bestimmungsgleichungen für λ:

für Momente:

$$\Delta M_C = \Delta M_{LM71} \cdot \Phi_2 \cdot \lambda \quad \Rightarrow \quad \lambda = \frac{\Delta M_C}{\Delta M_{LM71} \cdot \Phi_2} \quad (8.94)$$

für Querkräfte:

$$\Delta V_C = \Delta V_{LM71} \cdot \Phi_2 \cdot \lambda \quad \Rightarrow \quad \lambda = \frac{\Delta V_C}{\Delta V_{LM71} \cdot \Phi_2} \quad (8.95)$$

für Auflagerkräfte:

$$\Delta A_C = \Delta A_{LM71} \cdot \Phi_2 \cdot \lambda \quad \Rightarrow \quad \lambda = \frac{\Delta A_C}{\Delta A_{LM71} \cdot \Phi_2} \quad (8.96)$$

Die Schnittgrößendifferenzen ΔM_{LM71}, ΔV_{LM71}, ΔA_{LM71} bezeichnen jeweils die Maximalwerte für das Lastmodell 71.

Die Faktoren λ sind abhängig von einer Reihe von Parametern:

- der Balkenstützweite,
- der Qualität und Quantität des Verkehrs und
- der Form der Wöhlerlinie

Um die Anzahl an Werten λ zu reduzieren, wird die Verkehrsmenge zunächst ausgeklammert und mit den Standardwerten $250 \cdot 10^6 \, kN/Jahr$ (Verkehrsstärke) und 100 *Jahre* (Nutzungsdauer) vorbesetzt. Die auf diese Verkehrsmenge von $250 \cdot 10^8 \, kN$ bezogenen λ-Werte werden als *Spannweitenbeiwerte* λ_1 bezeichnet. Sie sind in EN 1993-2 für trilineare Wöhlerlinien laut Abb. 8.50 und in ÖNORM B 4008-2 für bilineare Wöhlerlinien laut Abb. 8.52 angegeben. Die näherungsweise Umrechnung für andere Verkehrsstärken als die o. g. $250 \cdot 10^8 \, kN$ ist in Abschn. 8.8.9.3.2 gezeigt, für zweigleisige Brücken ist in Abschn. 8.8.9.3.3 ein kurzer Hinweis gegeben.

Mit den drei Einzelwerten λ_1, λ_2, λ_3, λ_4 beträgt der gesamte Schadensäquivalenzbeiwert λ:

$$\lambda = \lambda_1 \cdot \lambda_2 \cdot \lambda_3 \cdot \lambda_4 \tag{8.97}$$

Damit erhält man die auf $2 \cdot 10^6$ Schwingspiele bezogene schadensäquivalente Spannungsschwingbreite:

für Normalspannungen: $\quad \gamma_{Ff} \cdot \Delta\sigma_{E,2} = \lambda \cdot \Delta\sigma\left(\gamma_{Ff} \cdot Q_k\right) \tag{8.98}$

für Schubspannungen: $\quad \gamma_{Ff} \cdot \Delta\tau_{E,2} = \lambda \cdot \Delta\tau\left(\gamma_{Ff} \cdot Q_k\right) \tag{8.99}$

Der Ermüdungsnachweis lautet:

für Normalspannungen: $\quad \lambda \cdot \Delta\sigma_{LM71} \cdot \Phi_2 \leq \dfrac{\Delta\sigma_C}{\gamma_{Ff} \cdot \gamma_{Mf}} \tag{8.100}$

für Schubspannungen: $\quad \lambda \cdot \Delta\tau_{LM71} \cdot \Phi_2 \leq \dfrac{\Delta\tau_C}{\gamma_{Ff} \cdot \gamma_{Mf}} \tag{8.101}$

Die Kernaufgabe für diese in der Anwendung sehr einfachen Nachweisführung ist die Ermittlung des Schadensäquivalenzfaktors λ. Faktoren λ_1 (Spannweitenbeiwerte) sind für zwei Standard-Verkehrsmischungen in EN 1993-2:2010 angegeben:

- EC Mix: Regelverkehr mit Achslast $\leq 22{,}5$ t (225 kN), gebildet aus acht Regelzügen
- 25 t Mix: Schwerverkehr mit 25 t (250 kN) Achslast, gebildet aus vier Regelzügen

Außerdem finden sich in dieser Norm die Werte für S- Bahnverkehr und U-Bahnverkehr. Tabellen mit weiteren λ_1-Werten (für jeden der 12 Betriebszüge) waren in ENV 1993-2:1998 enthalten, diese Werte finden sich auch in Abschn. 8.8.10.

8.8.9.2 Zur Ermittlung der Spannweitenbeiwerte λ_1

Spannweitenbeiwerte λ_1 stellen für die Standard-Verkehrsstärke von $250 \cdot 10^8 \, kN$ den Zusammenhang zwischen dem Realverkehr (einschließlich dynamischer Effekte) und dem Lastmodell 71 (mit dynamischem Beiwert Φ_2) her. Die nachstehenden Herleitungen gelten für trilineare Wöhlerlinien (siehe Abb. 8.50). Die Herleitungen für bilineare Wöhlerlinien nach Abb. 8.51 und 8.52 erfolgen sinngemäß.

Die Berechnung der Schadensäquivalenzfaktoren erfordert die Ermittlung jener Wöhlerlinie, für die sich für ein vorgegebenes Bemessungskollektiv die Gesamtschädigung $D_d = 1{,}0$ ergibt. Dies erfolgt iterativ durch Auf- und Abschieben einer Ausgangs-Wöhlerlinie. Formeln und Hinweise für die Ermittlung der Schädigungen finden sich in den Abschn. 8.8.5.1.2, 8.8.5.2 und 8.8.7.2.

Beim Nachweis der Ermüdungsfestigkeit nach Gl. 8.83 beziehungsweise 8.85 wird aus dem Bemessungsspektrum (festgelegt durch $\Delta\sigma_i$ beziehungsweise $\Delta\tau_i$ und n_i) und der Wöhlerlinie für einen Querschnittspunkt (festgelegt beispielsweise durch $\Delta\sigma_C$ beziehungsweise $\Delta\tau_C$) die Gesamtschädigung als Summe der Teilschädigungen berechnet:

$$D_d = \sum_{(i)} \frac{n_{Ei}}{N_{Ri}} \qquad (8.102)$$

Für ein vorgegebenes Bemessungsspektrum ist die Schädigung eine Funktion der Höhenlage der zugrunde liegenden Wöhlerlinie. Abb. 8.64 zeigt qualitativ die funktionale Abhängigkeit für eine trilineare *Wöhlerlinie mit Schwellenwert der Ermüdungsfestigkeit*.

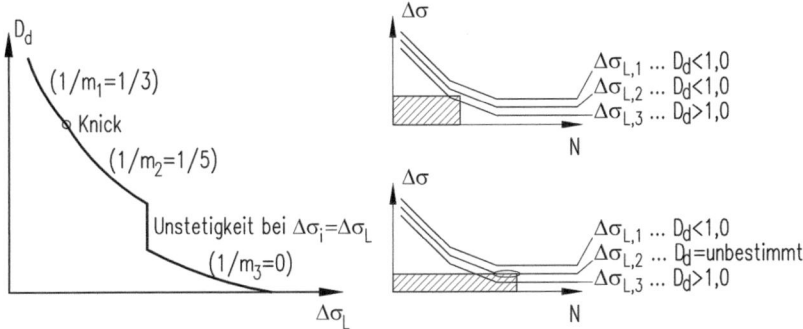

Abb. 8.64 Zusammenhang zwischen der Höhenlage trilinearer Wöhlerlinien (mit Schwellenwert der Ermüdungsfestigkeit) und Schädigung

Man erkennt, dass infolge der Unstetigkeit der Funktion $D_d(\Delta\sigma_L)$, für $\Delta\sigma_i = \Delta\sigma_L$ die Schädigung D_d nicht eindeutig angegeben werden kann. Liegt eine Wöhlerlinie *mit Schwellenwert der Ermüdungsfestigkeit* (und somit mit einer Unstetigkeit in der Funktion $D_d(\Delta\sigma)$) vor, kann die gesuchte Wöhlerlinie analytisch, einfacher jedoch iterativ durch Auf- und Abschieben der in ihrer Höhenlage beliebig angenommenen Ausgangs-Wöhlerlinie ermittelt werden. Die gesuchte Wöhlerlinie ist gefunden, wenn mit ausreichender Genauigkeit $D_d = 1,0$ oder – falls die Unstetigkeit bei $\Delta\sigma_i$ schlagend wird – zwischen den Grenzen $D_d < 1,0$ und $D_d > 1,0$ unbestimmt bleibt. Diese beiden Fälle sind in Abb. 8.65 und 8.66 dargestellt.

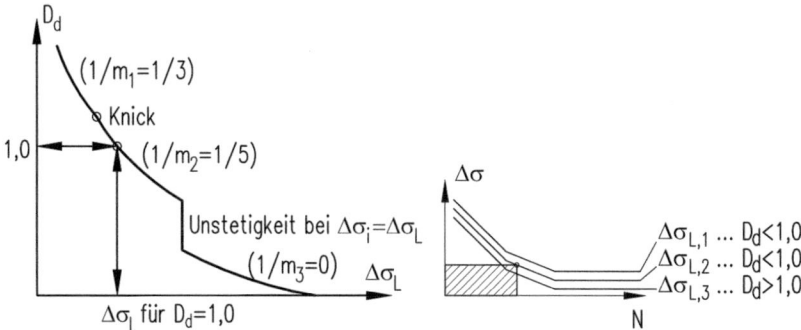

Abb. 8.65 Ermittlung der Wöhlerlinie (mit Schwellenwert der Ermüdungsfestigkeit) für $D_d = 1,0$

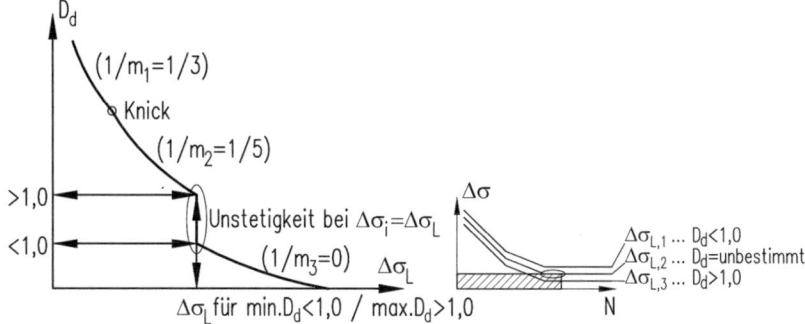

Abb. 8.66 Ermittlung der Wöhlerlinie (mit Schwellenwert der Ermüdungsfestigkeit) mit $min.D_d < 1,0$ und $max.D_d < 1,0$

8.8 Betriebsfestigkeitsnachweis nach EN 1993-1-9:2013 ...

Liegt eine *Wöhlerlinie ohne Schwellenwert der Ermüdungsfestigkeit* (und somit ohne Unstetigkeit in der Funktion $D_d(\Delta\sigma)$) vor, kann die gesuchte Wöhlerlinie wiederum in Sonderfällen analytisch, in allgemeinen Fällen iterativ durch Auf- und Abschieben einer Ausgangs-Wöhlerlinie ermittelt werden. Die gesuchte Wöhlerlinie ist gefunden, wenn mit ausreichender Genauigkeit $D_d = 1{,}0$ ist. Dieser Fall ist in Abb. 8.67 dargestellt.

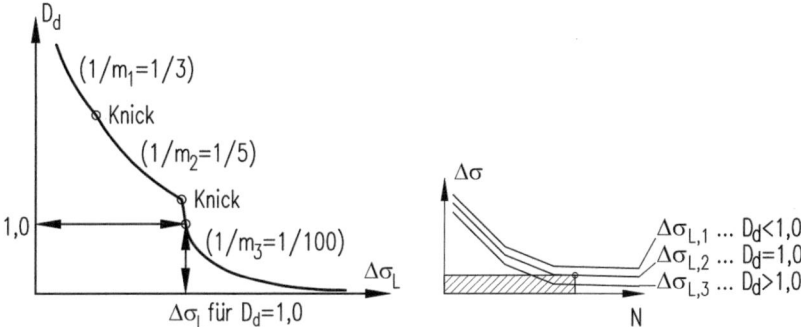

Abb. 8.67 Ermittlung der Wöhlerlinie (ohne Schwellenwert der Ermüdungsfestigkeit) für $D_d = 1{,}0$

Je größer die ermüdungswirksame Beanspruchung ist, desto höher muss die Wöhlerlinie liegen, um $D_d = 1{,}0$ zu ergeben. Hier ist die Vorgangsweise nach Abschn. 8.8.7 (Berechnung der Gesamtschädigung als Summe der Teilschädigungen) zweckmäßig.

Der Betriebsfestigkeitsnachweis erfolgt nach den folgenden Berechnungsschritten:

(1) Ermittlung der Schnittgrößen und Schnittgrößendifferenzen (Moment, Querkraft, Auflagerkraft) an der zu untersuchenden Stelle infolge des Lastmodells 71 und Multiplikation mit dem dynamischen Beiwert Φ_2;
(2) Ermittlung des Schadensäquivalenzfaktors $\lambda = \lambda_1 \cdot \lambda_2 \cdot \lambda_3 \cdot \lambda_4$ (λ_1 aus Tabellen, λ_2 bis λ_3 beziehungsweise λ_4 laut Abschn. 8.8.9.3.2 und 8.8.9.3.3 oder unmittelbare Berechnung von λ für die vorgebene Verkehrsmenge);
(3) Ermittlung der zu untersuchenden Nennspannungsdifferenz für die o. g. Φ_2-fache Schnittgrößendifferenz;

(4) Vergleich der schädigungsäquivalenten Spannungsdifferenz $\gamma_{Ff} \cdot \Delta\sigma_{E,2} = \gamma_{Ff} \cdot \lambda \cdot \Delta\sigma_{71}$ mit dem durch den Teilsicherheitsbeiwert γ_{Mf} dividierten Kerbfall $\Delta\sigma_C$. Wird dieser Wert nicht überschritten, ist der Betriebsfestigkeitsnachweis erbracht.

In Abschn. 8.8.10 sind Schadensäquivalenzbeiwerte außer für Momente auch für Querkräfte sowie, zur Berechnung von Querträgern offener Fahrbahnkonstruktionen, Auflagerkräfte angegeben. Diese Schadensäquivalenzbeiwerte verstehen sich als Ergänzung zu jenen für Momente, auf die sich EN 1993-2 bezieht.

Für andere statische Systeme (Durchlaufträger) gibt es in EN 1993-2:2010 vereinfachte Regeln zur Ermittlung der maßgebenden Längen zur Berechnung der Stützweitenfaktoren, nach der hier gezeigten Vorgangsweise kann man jedoch *jeden* Fall *exakt im Sinne der Norm* behandeln, und auch in allgemeineren Fällen (nicht-gerade Durchlaufträger, Rahmentragwerke, Tragwerke mit Torsion) kann man sinngemäß vorgehen.

8.8.9.3 Die Einzelfaktoren $\lambda_1, \lambda_2, \lambda_3, \lambda_4$ nach ÖNORM EN 1993-2:2010

8.8.9.3.1 Spannweitenbeiwert λ_1

Spannweitenbeiwerte λ_1 für Regelzüge beziehungsweise für standardisierte Verkehrsmischungen lassen sich nach den Abschn. 8.8.8.9.1 und 8.8.9.2 ermitteln. Sie gelten für die folgenden Standardgrößen:

- Verkehrsaufkommen: 25 · 10^6 *Mio.t* (entsprechend 250 · 10^6 *Mio.kN*) pro Jahr und Gleis
- Nutzungsdauer: 100 Jahre

Zahlentabellen mit Spannweitenbeiwerten λ_1 sind in Abschn. 8.8.10 abgelegt.

Aus der Definitionsgleichung für die Spannweitenbeiwerte λ_1 lässt sich auch eine näherungsweise Umrechnungsformel zur Anpassung an andere als die folgenden Standard-Annahmen angeben: $L_\Phi = L_S$ und $V = max.V(je\ Zug)$. Betroffen sind die dynamischen Beiwerte. Die Gleichung, mit welcher der Standardwert λ_1 in den angepassten Wert λ_1^* mit der charakteristischen Länge L_Φ^* und den dynamischen Beiwerten $(1+\varphi)_{L_\Phi^*}$ beziehungsweise $(\Phi_2)_{L_\Phi^*}$ näherungsweise umgerechnet werden kann, lautet:

$$\lambda_1^* = \lambda_1 \cdot \frac{(1+\varphi)_{L_\Phi^*}}{(1+\varphi)_{L_\Phi}} \cdot \frac{(\Phi_2)_{L_\Phi}}{(\Phi_2)_{L_\Phi^*}} \qquad (8.103)$$

8.8 Betriebsfestigkeitsnachweis nach EN 1993-1-9:2013 ...

Ist nur $V \neq max.V$, hingegen $L_\Phi = L_S$, so entfällt der Term mit Φ_2 und Gl. 8.103 vereinfacht sich zu:

$$\lambda_1^* = \lambda_1 \cdot \frac{(1+\varphi)_{L_\Phi^*}}{(1+\varphi)_{L_\Phi}} \qquad (8.104)$$

8.8.9.3.2 Berücksichtigung der Verkehrsmenge (Verkehrsstärkenbeiwert λ_2 und Nutzungsdauerbeiwert λ_3)

Der *Verkehrsstärkenbeiwert* λ_2 dient der Anpassung des jährlichen Verkehrsaufkommen G an den Standardwert $G_0 = 25 \cdot 10^6\,t$ (entsprechend $250 \cdot 10^6\,t$). Er wird für die konstante Neigung $m = 5$ ermittelt:

$$\lambda_2 = \left(\frac{G}{G_0}\right)^{1/m} = \left(\frac{G}{G_0}\right)^{1/5} \qquad (8.105)$$

Der *Nutzungsdauerbeiwert* λ_3 dient der Anpassung der Nutzungsdauer t an den Standardwert $t_0 = 100\,Jahre$. Er wird analog zum Verkehrsstärkenbeiwert λ_2 mit $m = 5$ ermittelt:

$$\lambda_3 = \left(\frac{t}{t_0}\right)^{1/m} = \left(\frac{t}{t_0}\right)^{1/5} \qquad (8.106)$$

Wie die Gln 8.105 und 8.106 zeigen, gilt für Umrechnungen hinsichtlich der Verkehrsmenge, sei es durch Änderung der Verkehrsstärke (*kN/Jahr*), sei es durch Änderung der Nutzungsdauer (*Jahre*) das gleiche Gesetz, daher lassen sich die beiden Faktoren zu *einem gemeinsamen Faktor* $\lambda_2 \cdot \lambda_3$ zusammenfassen. Gegenüber dem Grundwert $G_0 \cdot t_0 = 250 \cdot 10^8\,kN$ ist in EN 1993-2:2010 die Bandbreite laut Gl. 8.107 vorgesehen (Siehe Abb. 8.68).

$$(0,1 \cdot G_0 \cdot t_0) \leq (G \cdot t) \leq (2,4 \cdot G_0 \cdot t_0) \qquad (8.107)$$

Die o. g. Formeln für λ_2 und für λ_3 laut EN 1993-2 gehen von einer monolinearen Wöhlerlinie mit der Neigung $1/m = 1/5$ aus. Tatsächlich liegt je nach Qualität des Spannungskollektives eine Mischung aus $1/m = 1/3$, $1/m = 1/5$ und $1/m = 1/\infty$ vor. Je weniger Lastspiele beteiligt sind, desto bedeutender werden Anteile mit $1/m = 1/3$, je mehr Lastspiele beteiligt sind, desto bedeutender wird der waagrechte Funktionsast ($1/m = 1/\infty$). *Tendenziell* liefern die EN-Formeln gegenüber den exakten Werten für geringer werdende Gesamtbelastungen mit zunehmender Stützweite immer „sicherere" Werte (allerdings je nach Verkehrsmischung und Stützweite bis zu ca. 35 %, entsprechend ungefähr *drei Kerbklassen*!) und für größer werdende Gesamtbelastungen mit zunehmender

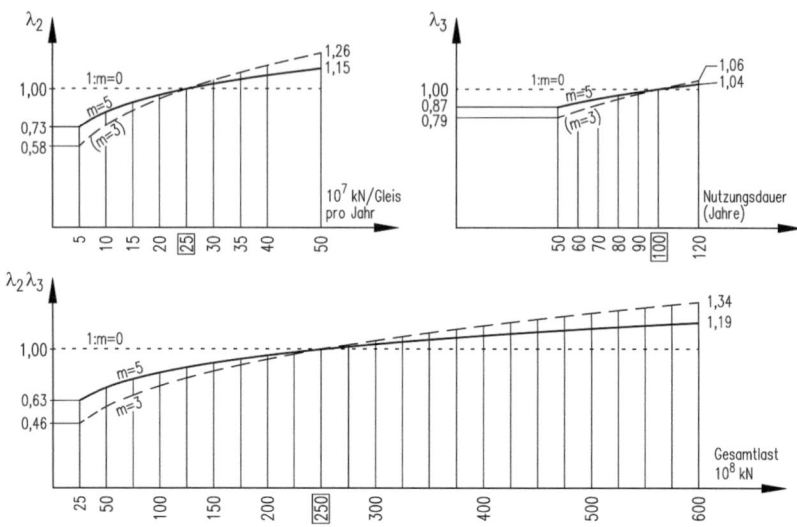

Abb. 8.68 Funktionen für λ_2, λ_3 und $\lambda_2 \cdot \lambda_3$ laut EN 1993-2

Stützweite immer „unsicherere" Werte (je nach Verkehrsmischung und Stützweite bis zu ca. 10 % und mehr, entsprechend *einer* Kerbklasse). *Allgemein* können sich bei Anwendung der o. g. Gln. 8.105 und 8.106 je nach Verkehr und Stützweite Unterschreitungen oder Überschreitungen der genauen Werte ergeben. Aus diesem Grund, und da speziell bei Restlebensdauerberechnungen (siehe Abschn. 8.9) derartige Ungenauigkeiten nicht zugelassen werden können, werden in Abschn. 8.8.10 die in den Normen angegebenen Tabellen für λ_1 ergänzt, sie werden angegeben

- für die Wöhlerlinie nach EN 1993-1-9 für Normalspannungen mit Verkehrsmengen unter dem Standardwert 250 · 10^8 *kN*
- für die Wöhlerlinie nach EN 1993-1-9 für Schubspannungen mit Verkehrsmengen unter dem Standardwert von 250 · 10^8 *kN*
- für die Wöhlerlinie nach ÖNORM B 4008-2 für Normal- und Schubspannungen mit Verkehrsmengen unter dem Standardwert von 250 · 10^8 *kN*

8.8.9.3.3 Beiwert λ_4 zur Berücksichtigung der Anzahl der Gleise auf der Brücke

Hier genügt ein Hinweis auf ÖNORM EN 1993-2:2010, Tab. 9.7.

8.8.9.4 Superposition von Einzelzügen bei Anwendung von Schadensäquivalenzfaktoren

Möglich und konsistent im Sinn der Norm ist die *Superposition von Zügen zu einer Verkehrsmischung*. Die nachstehende Gleichung gibt für Normalspannungsdifferenzen den Ermüdungsnachweis unter Anwendung des Schadensäquivalenzfaktors λ an, er lautet:

$$\lambda \cdot \Delta\sigma_{LM71} \cdot \Phi_2 \leq \frac{\Delta\sigma_C}{\gamma_{Ff} \cdot \gamma_{Mf}} \qquad (8.108)$$

Im Grenzzustand der Ermüdung ist:

$$\lambda \cdot \Delta\sigma_{LM71} \cdot \Phi_2 = \frac{\Delta\sigma_C}{\gamma_{Ff} \cdot \gamma_{Mf}} \qquad (8.109)$$

Diese Gleichung lässt sich umformen zu:

$$\frac{\gamma_{Ff} \cdot \gamma_{Mf} \cdot \lambda \cdot \Delta\sigma_{LM71} \cdot \Phi_2}{\Delta\sigma_C} = 1{,}0 \qquad (8.110)$$

Im Grenzzustand der Ermüdung liegt die Schädigung

$$D_d = 1{,}0 \qquad (8.111)$$

vor.

Zerlegt man den Schadensäquivalenzfaktor λ in die drei Teilfaktoren $\lambda_1, \lambda_2, \lambda_3$, so erhält man, wieder im Grenzzustand der Ermüdung:

$$\frac{\gamma_{Ff} \cdot \gamma_{Mf} \cdot \lambda_1 \cdot \lambda_2 \cdot \lambda_3 \cdot \Delta\sigma_{LM71} \cdot \Phi_2}{\Delta\sigma_C} = 1{,}0 \qquad (8.112)$$

Bezieht man, wie in EN 1993-2 und ÖNORM B 4008-2, das Schädigungsszenario auf eine monolineare Wöhlerlinie mit der Neigung $1/m = 1/5$, so beträgt die Schädigung für die Verkehrsstärke G und die Nutzungsdauer t:

$$\begin{aligned}D_d &= \left(\frac{\gamma_{Ff} \cdot \gamma_{Mf} \cdot \lambda_1 \cdot \lambda_2 \cdot \lambda_3 \cdot \Delta\sigma_{LM71} \cdot \Phi_2}{\Delta\sigma_C}\right)^5 \\ &= \left(\frac{\gamma_{Ff} \cdot \gamma_{Mf} \cdot \lambda_1 \cdot \Delta\sigma_{LM71} \cdot \Phi_2}{\Delta\sigma_C}\right)^5 \cdot (\lambda_2 \cdot \lambda_3)^5 \end{aligned} \qquad (8.113)$$

Diese Gleichung lässt sich derart umschreiben, dass ein erster Term frei von der Einwirkung ist und ein zweiter Term nur die Einwirkung enthält:

$$D_d = \left(\frac{\gamma_{Ff} \cdot \gamma_{Mf} \cdot \Delta\sigma_{LM71} \cdot \Phi_2}{\Delta\sigma_C}\right)^5 \cdot (\lambda_1 \cdot \lambda_2 \cdot \lambda_3)^5$$
$$= \left(\frac{\gamma_{Ff} \cdot \gamma_{Mf} \cdot \Delta\sigma_{LM71} \cdot \Phi_2}{\Delta\sigma_C}\right)^5 \cdot \left[\lambda_1^5 \cdot \left(\frac{G \cdot t}{G_0 \cdot t_0}\right)\right] \quad (8.114)$$

Der Grundwert, auf den der Spannweitenbeiwert λ_1 bezogen ist, kann beliebig angenommen werden, d. h. es ist ohne weiteres möglich, statt von $250 \cdot 10^8$ kN von einem größeren oder kleineren Wert auszugehen. In diesem Fall müssen selbstverständlich die Faktoren λ_2 und λ_3 auf den neuen Grundwert bezogen werden.

Lässt man das Verkehrsvolumen konstant, so erhält man für den Spannweitenbeiwert λ_1^* der Verkehrsmischung aus i Zügen mit den Zuggewichten G_i, Überfahrten n_i (pro Zeiteinheit) und Spannweitenbeiwerten $\lambda_{i,1}$ nach Gl. 8.115.

$$\lambda_1^* = \left(\frac{\sum_{(i)} \lambda_{i,1}^m \cdot G_i \cdot n_i}{\sum_{(i)} G_i \cdot n_i}\right)^{1/m} \quad (8.115)$$

In Gl. 8.115 kürzt sich das Verkehrsvolumen heraus, daher gilt der ermittelte Wert λ_1^* für jenes Verkehrsvolumen, das den $\lambda_{i,1}$ zugrunde liegt. Die Umrechnung für andere Verkehrsvolumina erfolgt durch Multiplikation von λ_1^* mit $\left(\frac{G \cdot t}{G_0 \cdot t_0}\right)^{1/m}$.

Entsprechend den Normenbestimmungen beträgt der Exponent $m = 5$. Rechenbeispiele für die Überlagerung von Einzelzügen Verkehrsmischungen finden sich in Abschn. 8.8.11.4.3 und 8.8.11.4.4.

8.8.9.5 Überlagerung von globalen und lokalen Beanspruchungen

Globale und lokale Tragwirkung sind bei Brücken in klassischer Stapelbauweise in der Regel ohne Bedeutung, wohl aber bei Konstruktionen mit orthotroper Platte als Fahrbahndeck und Gurtung des Haupttragsystems. Die Überlagerung erfolgt laut Gl. 8.116.

$$\Delta\sigma_{E,2} = \Phi_{2,glo} \cdot \lambda_{glo} \cdot \Delta\sigma_{glo} + \Phi_{2,loc} \cdot \lambda_{loc} \cdot \Delta\sigma_{loc} \quad (8.116)$$

8.8.9.6 Maximalwert der Schadensäquivalenzfaktoren λ

Laut EN 1993-2:2010 und ÖNORM B 4008-2:2019 ist der Schadensäquivalenzfaktor zu begrenzen mit

$$max.\lambda = 1{,}4 \qquad (8.117)$$

8.8.9.7 λ-Werte laut EN 1993-2, ÖNORM B 4008-2:2019 und im vorliegenden Buch

Die λ-*Werte laut EN 1993-2* wurden nach folgenden Berechnungsgrundlagen ermittelt:

- Basis sind die Wöhlerlinien nach EN 1993-1-9 (Neigungen $m_1 = 3$, $m_2 = 5$, und „cut-off" ab 10^8 Lastspielen);
- Schädigungshypothese: Palmgren-Miner;
- Zählmethode: Rainflow;
- Zugrundgelegtes statisches System für die Ermittlung der λ_1-Werte: Einfeldträger;
- Beanspruchungsart: Biegemoment im Feld. Für Querkräfte dürfen näherungsweise die aus den Biegemomenten ermittelten λ_1-Werte verwendet werden;
- Jahresverkehrsvolumen: $25 \cdot 10^6$ Tonnen (Anpassung an andere Jahresverkehrsvolumina mittels λ_2);
- Nutzungsdauer: 100 Jahre (Anpassung an andere Nutzungsdauern mittels λ_3);
- Teilsicherheitsbeiwert für Ermüdung $\gamma_{Ff} = 1{,}0$;
- Verkehrslast: UIC-Lastbild, entspricht LM 71 laut EN 1991-2;
- Betriebszüge: laut EN 1991-2, Anhang D;
- Dynamischer Beiwert für LM 71: Φ_2. Die Berechnung erfolgte *immer* mit Φ_2, auch wenn der Tragfähigkeitsnachweis mit Φ_3 geführt werden muss;
- Dynamischer Beiwert für Betriebszüge: $1 + \varphi = 1 + \frac{1}{2} \cdot \left(\varphi' + \frac{\varphi''}{2}\right)$. Die Berechnungen erfolgten mit den Werten für Brücken mit tieferer Eigenfrequenz (Berechnungsformeln siehe EN 1991-2, Anhang D). Obwohl in der Norm der Gültigkeitsbereich der Formeln mit $V \leq 200 \frac{km}{h}$ festgelegt ist, wurden die Formeln für Geschwindigkeiten bis 250 km/h verwendet;
- Werte λ_2 und λ_3 wurden für die Wöhlerlinienneigung $m = \frac{1}{5}$ ermittelt;
- Achslasten wurden *nicht* verteilt.

- Die λ-*Werte laut ÖNORM B 4008-2* wurden prinzipiell nach den gleichen Grundlagen ermittelt, den einzigen Unterschied gibt es bei den Wöhlerlinie: Die Neigung der bilinearen Funktion beträgt $m = 3$, der Cut-off-Wert beträgt $3 \cdot 10^7$ Lastspiele.

Somit sind nach obigen Darlegungen die Schadensäquivalenzfaktoren λ in EN 1993-2:2010 und ÖNORM B 4008-2:2019 (und, umfassender, in ENV 1993-2:1998) für Einfeldträger-Momente und unter der Voraussetzung $25 \cdot 10^9$ kN Verkehrsvolumen angegeben. Für Durchlaufträger und für Querträger mit oder ohne Längsträger („Schwellenträger") sowie für Querkräfte sind Näherungsgrößen für die Länge L_Φ angegeben.

Gerade bei der Restlebensdauerberechnungen sollten die λ-Werte jedoch möglichst genau stimmen, daher sind in Abschn. 8.8.10 Werte angegeben

- für die Verkehrsvolumina $25 \cdot 10^9\ kN, 10 \cdot 10^9\ kN, 5 \cdot 10^9\ kN, 10^9\ kN$;
- für Hauptträger, Längsträger und Querträger,
- für Momente und Querkräfte und – für die Berechnung der Querträger – Auflagerkräfte.

8.8.10 Tabellen mit Spannweitenbeiwerten λ_1

8.8.10.1 Dokumentierte Fälle

Die folgenden Tabellen enthalten Spannweitenbeiwerte λ_1 für folgende Fälle (Tab. 8.17, 8.18, 8.19 und 8.20):

In den nachstehenden Tabellen sind Zahlenwerte, die in den Beispielen in Abschn. 8.8.11 verwendet werden, durch Fettdruck hervorgehoben.

8.8 Betriebsfestigkeitsnachweis nach EN 1993-1-9:2013 ...

Tab. 8.17 Liste der Schadensäquivalenzfaktoren λ für Einzelzüge nach EN 1991-2:2012 ohne Verteilung der Achslasten durch den Gleisrost

OHNE VERTEILUNG DER EINZELLASTEN DURCH DEN GLEISROST/L = 0,5–100 m

→ Abschn. 8.8.10.2

SYSTEM	ZÜGE	GEWICHT	WÖHLERLINIEN	SCHNITTGRÖSSEN
Hauptträger	EN 1991-2, Typ 1–12 (Anhang D)	$250 \cdot 10^8$ kN	EN 1993-1-9	M, V
		$100 \cdot 10^8$ kN		
		$50 \cdot 10^8$ kN		
		$10 \cdot 10^8$ kN		
		$250 \cdot 10^8$ kN	ÖNORM B 4008-2	
		$100 \cdot 10^8$ kN		
		$50 \cdot 10^8$ kN		
		$10 \cdot 10^8$ kN		
Längsträger	EN 1991-2, Typ 1–12 (Anhang D)	$250 \cdot 10^8$ kN	EN 1993-1-9	M, V
		$100 \cdot 10^8$ kN		
		$50 \cdot 10^8$ kN		
		$10 \cdot 10^8$ kN		
		$250 \cdot 10^8$ kN	ÖNORM B 4008-2	
		$100 \cdot 10^8$ kN		
		$50 \cdot 10^8$ kN		
		$10 \cdot 10^8$ kN		
Querträger	EN 1991-2, Typ 1–12 (Anhang D)	$250 \cdot 10^8$ kN	EN 1993-1-9	A (für M bzw. V)
		$100 \cdot 10^8$ kN		
		$50 \cdot 10^8$ kN		
		$10 \cdot 10^8$ kN		
		$250 \cdot 10^8$ kN	ÖNORM B 4008-2	A (für M und V)
		$100 \cdot 10^8$ kN		
		$50 \cdot 10^8$ kN		
		$10 \cdot 10^8$ kN		

Tab. 8.18 Liste der Schadensäquivalenzfaktoren λ für Einzelzüge nach EN 1991-2:2012 mit Verteilung der Achslasten durch den Gleisrost

MIT VERTEILUNG DER EINZELLASTEN DURCH DEN GLEISROST/L = 0,5–10,0 m

→ Abschn. 8.8.10.3

SYSTEM	ZÜGE	GEWICHT	WÖHLERLINIEN	SCHNITTGRÖSSEN
Hauptträger	EN 1991-2, Typ 1–12 (Anhang D)	$250 \cdot 10^8$ kN	EN 1993-1-9	M, V
		$100 \cdot 10^8$ kN		
		$50 \cdot 10^8$ kN		
		$10 \cdot 10^8$ kN		
		$250 \cdot 10^8$ kN	ÖNORM B 4008-2	
		$100 \cdot 10^8$ kN		
		$50 \cdot 10^8$ kN		
		$10 \cdot 10^8$ kN		
Längsträger	EN 1991-2, Typ 1–12 (Anhang D)	$250 \cdot 10^8$ kN	EN 1993-1-9	M, V
		$100 \cdot 10^8$ kN		
		$50 \cdot 10^8$ kN		
		$10 \cdot 10^8$ kN		
		$250 \cdot 10^8$ kN	ÖNORM B 4008-2	
		$100 \cdot 10^8$ kN		
		$50 \cdot 10^8$ kN		
		$10 \cdot 10^8$ kN		
Querträger	EN 1991-2, Typ 1–12 (Anhang D)	$250 \cdot 10^8$ kN	EN 1993-1-9	A (für M bzw. V)
		$100 \cdot 10^8$ kN		
		$50 \cdot 10^8$ kN		
		$10 \cdot 10^8$ kN		
		$250 \cdot 10^8$ kN	ÖNORM B 4008-2	A (für M und V)
		$100 \cdot 10^8$ kN		
		$50 \cdot 10^8$ kN		
		$10 \cdot 10^8$ kN		

8.8 Betriebsfestigkeitsnachweis nach EN 1993-1-9:2013 ...

Tab. 8.19 Liste der Schadensäquivalenzfaktoren λ für Verkehrsmischungen nach EN 1991-2:2012 ohne Verteilung der Achslasten durch den Gleisrost

OHNE VERTEILUNG DER EINZELLASTEN DURCH DEN GLEISROST/L = 0,5–10,0 m

→ Abschn. 8.8.10.4

SYSTEM	ZÜGE	GEWICHT	WÖHLERLINIEN	SCHNITTGRÖSSEN
Hauptträger	EN 1991-2, Regelverkehr mit Achslast ≤22,5 t (225 kN) – Anhang D	$250 \cdot 10^8$ kN	EN 1993-1-9	M, V
		$100 \cdot 10^8$ kN		
		$50 \cdot 10^8$ kN		
		$10 \cdot 10^8$ kN		
		$250 \cdot 10^8$ kN	ÖNORM B 4008-2	
		$100 \cdot 10^8$ kN		
		$50 \cdot 10^8$ kN		
		$10 \cdot 10^8$ kN		
Längsträger	EN 1991-2, Schwerverkehr mit Achslast ≤ 25 t (250 kN) – Anhang D	$250 \cdot 10^8$ kN	EN 1993-1-9	M, V
		$100 \cdot 10^8$ kN		
		$50 \cdot 10^8$ kN		
		$10 \cdot 10^8$ kN		
		$250 \cdot 10^8$ kN	ÖNORM B 4008-2	
		$100 \cdot 10^8$ kN		
		$50 \cdot 10^8$ kN		
		$10 \cdot 10^8$ kN		
Querträger	EN 1991-2, Nahverkehr mit Achslasten ≤22,5 t (225 kN) – Anhang D	$250 \cdot 10^8$ kN	EN 1993-1-9	A (für M bzw. V)
		$100 \cdot 10^8$ kN		
		$50 \cdot 10^8$ kN		
		$10 \cdot 10^8$ kN		
		$250 \cdot 10^8$ kN	ÖNORM B 4008-2	A (für M und V)
		$100 \cdot 10^8$ kN		
		$50 \cdot 10^8$ kN		
		$10 \cdot 10^8$ kN		

Tab. 8.20 Liste der Schadensäquivalenzfaktoren λ für Verkehrsmischungen nach EN 1991-2:2012 mit Verteilung der Achslasten durch den Gleisrost

MIT VERTEILUNG DER EINZELLASTEN DURCH DEN GLEISROST/L = 0,5–10,0 m

→ Abschn. 8.8.10.5

SYSTEM	ZÜGE	GEWICHT	WÖHLERLINIEN	SCHNITT-GRÖSSEN
Hauptträger	EN 1991-2, Regelverkehr mit Achslast ≤22,5 t (225 kN) – Anhang D	$250 \cdot 10^8$ kN	EN 1993-1-9	M, V
		$100 \cdot 10^8$ kN		
		$50 \cdot 10^8$ kN		
		$10 \cdot 10^8$ kN		
		$250 \cdot 10^8$ kN	ÖNORM B 4008-2	
		$100 \cdot 10^8$ kN		
		$50 \cdot 10^8$ kN		
		$10 \cdot 10^8$ kN		
Längsträger	EN 1991-2, Schwerverkehr mit Achslast ≤25 t (250 kN) – Anhang D	$250 \cdot 10^8$ kN	EN 1993-1-9	M, V
		$100 \cdot 10^8$ kN		
		$50 \cdot 10^8$ kN		
		$10 \cdot 10^8$ kN		
		$250 \cdot 10^8$ kN	ÖNORM B 4008-2	
		$100 \cdot 10^8$ kN		
		$50 \cdot 10^8$ kN		
		$10 \cdot 10^8$ kN		
Querträger	EN 1991-2, Nahverkehr mit Achslasten ≤22,5 t (225 kN) – Anhang D	$250 \cdot 10^8$ kN	EN 1993-1-9	A (für M bzw. V)
		$100 \cdot 10^8$ kN		
		$50 \cdot 10^8$ kN		
		$10 \cdot 10^8$ kN		
		$250 \cdot 10^8$ kN	ÖNORM B 4008-2	A (für M und V)
		$100 \cdot 10^8$ kN		
		$50 \cdot 10^8$ kN		
		$10 \cdot 10^8$ kN		

8.8.10.2 Einzelzüge nach EN 1991-2, Anhang D. Werte ohne Verteilung der Einzellasten durch den Gleisrost

„L" ... Stützweite des Hauptträgers beziehungsweise Längsträgers
„Z" ... Zugtyp 1 bis 12 nach EN 1991–2, Anhang D
(Siehe Tab. 8.21, 8.22, 8.23, 8.24, 8.25, 8.26, 8.27, 8.28, 8.29, 8.30, 8.31, 8.32, 8.33, 8.34, 8.35, 8.36, 8.37, 8.38, 8.39, 8.40, 8.41, 8.42, 8.43, 8.44, 8.45, 8.46, 8.47, 8.48, 8.49, 8.50, 8.51, 8.52, 8.53, 8.54, 8.55, 8.56, 8.57, 8.58, 8.59, 8.60, 8.61, 8.62, 8.63, 8.64, 8.65, 8.66, 8.67 und 8.68)

Tab. 8.21 Schadensäquivalenzfaktoren λ für Einzelzüge

```
WORKSPACE         : 2 LAM_BU1
DATUM / UHRZEIT   : 21-07-2021 / 12:13

GESAMTVERKEHR     : 25.00 Mrd. kN
                    OHNE VERTEILUNG DER ACHSLASTEN DURCH DAS GLEIS
BAUTEIL(E)        : HAUPTTRAEGER
WERTE FUER        : MOMENTE
WOEHLERLINIEN NACH: EN 1993-1-9

    L     Z= 1  Z= 2  Z= 3  Z= 4  Z= 5  Z= 6  Z= 7  Z= 8  Z= 9  Z=10  Z=11  Z=12
  0.50   1.385 1.269 1.332 1.510 1.625 1.657 1.692 1.657 0.978 1.003 1.833 1.795
  1.00   1.384 1.268 1.331 1.509 1.624 1.656 1.691 1.656 0.977 1.002 1.832 1.794
  1.50   1.382 1.266 1.330 1.507 1.621 1.654 1.689 1.654 0.976 1.001 1.829 1.791
  2.00   1.371 1.256 1.319 1.495 1.350 1.460 1.526 1.640 0.968 0.993 1.814 1.777
  2.50   1.169 1.229 1.291 1.464 1.290 1.391 1.444 1.605 0.947 0.972 1.564 1.739
  3.00   1.048 1.195 1.256 1.423 1.254 1.352 1.404 1.560 0.851 0.945 1.512 1.690
  3.50   0.938 1.017 1.125 1.165 1.122 1.179 1.172 1.397 0.762 0.846 1.206 1.513
  4.00   0.807 0.819 0.968 1.002 1.149 1.080 1.046 1.198 0.655 0.708 1.037 1.300
  4.50   0.769 0.731 0.883 0.915 1.145 1.069 1.039 0.969 0.589 0.646 1.048 1.054
  5.00   0.857 0.686 0.796 0.859 1.162 1.072 1.046 0.935 0.546 0.622 1.067 1.000
  6.00   0.968 0.627 0.778 0.785 1.120 1.074 1.067 0.782 0.582 0.627 1.095 0.867
  7.00   0.984 0.574 0.785 0.816 0.965 1.035 1.075 0.792 0.577 0.602 1.153 0.768
  8.00   0.922 0.552 0.771 0.826 0.852 1.011 1.065 0.726 0.560 0.597 1.144 0.709
  9.00   0.881 0.557 0.743 0.829 0.770 0.957 1.055 0.684 0.557 0.549 1.133 0.667
 10.00   0.845 0.556 0.731 0.826 0.657 0.905 1.035 0.653 0.562 0.506 1.120 0.635
 12.50   0.787 0.555 0.746 0.782 0.525 0.891 0.998 0.604 0.545 0.474 1.071 0.598
 15.00   0.753 0.561 0.752 0.770 0.509 0.813 0.914 0.593 0.502 0.442 0.985 0.588
 17.50   0.735 0.556 0.747 0.682 0.530 0.754 0.798 0.581 0.464 0.436 0.846 0.576
 20.00   0.742 0.547 0.698 0.656 0.548 0.721 0.699 0.583 0.439 0.426 0.762 0.581
 25.00   0.761 0.594 0.565 0.579 0.591 0.692 0.676 0.600 0.398 0.414 0.674 0.593
 30.00   0.774 0.596 0.512 0.529 0.605 0.647 0.686 0.628 0.375 0.423 0.684 0.622
 35.00   0.759 0.581 0.494 0.511 0.630 0.624 0.681 0.649 0.357 0.438 0.679 0.646
 40.00   0.732 0.558 0.470 0.501 0.663 0.622 0.676 0.651 0.351 0.456 0.678 0.649
 45.00   0.704 0.534 0.447 0.488 0.682 0.613 0.683 0.648 0.353 0.470 0.693 0.653
 50.00   0.679 0.509 0.427 0.480 0.700 0.596 0.690 0.649 0.363 0.477 0.703 0.655
 60.00   0.645 0.472 0.408 0.469 0.730 0.568 0.678 0.639 0.387 0.480 0.691 0.653
 70.00   0.608 0.451 0.400 0.446 0.747 0.558 0.666 0.632 0.397 0.485 0.694 0.655
 80.00   0.565 0.426 0.382 0.421 0.760 0.535 0.669 0.624 0.391 0.488 0.700 0.652
 90.00   0.532 0.402 0.363 0.406 0.768 0.521 0.672 0.619 0.391 0.484 0.704 0.651
100.00   0.508 0.379 0.357 0.389 0.774 0.510 0.665 0.616 0.398 0.483 0.696 0.650
```

Tab. 8.22 Schadensäquivalenzfaktoren λ für Einzelzüge

```
WORKSPACE            : 2 LAM_BU1
DATUM / UHRZEIT      : 21-07-2021 / 12:14

GESAMTVERKEHR        : 10.00 Mrd. kN
                       OHNE VERTEILUNG DER ACHSLASTEN DURCH DAS GLEIS
BAUTEIL(E)           : HAUPTTRAEGER
WERTE FUER           : MOMENTE
WOEHLERLINIEN NACH   : EN 1993-1-9
```

L	Z= 1	Z= 2	Z= 3	Z= 4	Z= 5	Z= 6	Z= 7	Z= 8	Z= 9	Z=10	Z=11	Z=12
0.50	1.153	1.057	1.308	1.358	1.382	1.383	1.439	1.409	0.865	0.835	1.553	1.520
1.00	1.152	1.056	1.307	1.357	1.380	1.382	1.438	1.408	0.864	0.834	1.551	1.519
1.50	1.151	1.054	1.305	1.355	1.379	1.380	1.436	1.406	0.863	0.833	1.549	1.517
2.00	1.141	1.046	1.295	**1.344**	1.226	1.274	1.329	1.394	0.856	0.826	1.536	1.504
2.50	0.967	**1.024**	1.268	**1.316**	**1.074**	1.158	**1.213**	1.340	0.837	0.809	1.302	1.456
3.00	0.859	0.995	1.147	1.280	1.044	1.126	1.169	1.303	0.737	0.786	1.264	1.415
3.50	0.769	0.846	0.975	0.986	0.935	0.991	0.978	1.166	0.660	0.704	1.032	1.267
4.00	0.661	0.669	0.827	0.834	0.956	0.903	0.871	0.997	0.567	0.593	0.863	1.086
4.50	0.603	0.586	0.754	0.761	0.954	0.890	0.865	0.865	0.498	0.537	0.873	0.939
5.00	0.667	0.550	0.694	0.715	0.969	0.892	0.871	0.778	0.455	0.518	0.888	0.833
6.00	0.754	0.549	0.648	0.654	0.953	0.896	0.888	0.679	0.484	0.522	0.912	0.704
7.00	0.766	0.513	0.654	0.679	0.820	0.863	0.895	0.584	0.480	0.504	0.960	0.566
8.00	0.713	0.483	0.642	0.688	0.712	0.842	0.887	0.543	0.466	0.504	0.952	0.527
9.00	0.678	0.476	0.619	0.691	0.629	0.796	0.878	0.516	0.464	0.462	0.947	0.500
10.00	0.647	0.470	0.609	**0.687**	0.529	0.766	0.866	0.494	0.468	0.430	0.935	0.479
12.50	0.596	0.475	0.621	0.658	0.406	0.749	0.829	0.451	0.454	0.390	0.893	0.446
15.00	0.555	0.475	0.626	0.650	0.375	0.679	0.738	0.437	0.428	0.358	0.807	0.434
17.50	0.542	0.471	0.622	0.596	0.391	0.611	0.625	0.428	0.396	0.336	0.671	0.425
20.00	0.547	0.449	0.577	0.523	0.403	0.572	0.561	0.430	0.371	0.328	0.591	0.428
25.00	0.561	0.438	0.456	0.442	0.435	0.545	0.498	0.442	0.315	0.319	0.496	0.437
30.00	0.570	0.439	0.406	0.400	0.446	0.507	0.505	0.462	0.296	0.325	0.504	0.458
35.00	0.559	0.428	0.370	0.382	0.464	0.486	0.501	0.478	0.282	0.337	0.500	0.476
40.00	0.539	0.411	0.349	0.373	0.488	0.476	0.498	0.480	0.277	0.351	0.500	0.478
45.00	0.518	0.393	0.331	0.362	0.502	0.464	0.503	0.478	0.279	0.362	0.511	0.481
50.00	0.501	0.375	0.315	**0.356**	0.516	0.447	0.509	0.478	0.287	0.368	0.518	0.482
60.00	0.475	0.348	0.301	0.346	0.538	0.424	0.500	0.471	0.306	0.369	0.509	0.481
70.00	0.448	0.332	0.295	0.329	0.551	0.412	0.490	0.466	0.314	0.374	0.511	0.483
80.00	0.416	0.314	0.282	0.310	0.560	0.394	0.493	0.460	0.309	0.376	0.515	0.480
90.00	0.392	0.296	0.267	0.299	0.566	0.384	0.495	0.456	0.309	0.373	0.519	0.480
100.00	0.374	0.279	0.263	0.287	0.570	0.376	0.490	0.454	0.314	0.372	0.513	0.479

8.8 Betriebsfestigkeitsnachweis nach EN 1993-1-9:2013 ... 355

Tab. 8.23 Schadensäquivalenzfaktoren λ für Einzelzüge

```
WORKSPACE            : 2 LAM_BU1
DATUM / UHRZEIT      : 21-07-2021 / 12:16

GESAMTVERKEHR        :   5.00  Mrd. kN
                         OHNE VERTEILUNG DER ACHSLASTEN DURCH DAS GLEIS
BAUTEIL(E)           : HAUPTTRAEGER
WERTE FUER           : MOMENTE
WOEHLERLINIEN NACH   : EN 1993-1-9

   L    Z= 1  Z= 2  Z= 3  Z= 4  Z= 5  Z= 6  Z= 7  Z= 8  Z= 9  Z=10  Z=11  Z=12
  0.50  0.990 0.886 1.138 1.182 1.203 1.204 1.253 1.227 0.783 0.752 1.352 1.324
  1.00  0.990 0.885 1.138 1.181 1.202 1.203 1.252 1.226 0.782 0.752 1.350 1.322
  1.50  0.988 0.884 1.136 1.180 1.200 1.202 1.250 1.224 0.781 0.751 1.349 1.321
  2.00  0.980 0.877 1.127 1.170 1.067 1.109 1.157 1.214 0.775 0.744 1.338 1.310
  2.50  0.883 0.858 1.104 1.146 0.938 1.012 1.056 1.172 0.758 0.722 1.140 1.267
  3.00  0.759 0.835 0.999 1.114 0.909 0.980 1.018 1.134 0.642 0.702 1.100 1.232
  3.50  0.669 0.731 0.849 0.890 0.814 0.862 0.852 1.015 0.575 0.628 0.899 1.103
  4.00  0.545 0.591 0.720 0.726 0.833 0.788 0.770 0.869 0.494 0.520 0.752 0.945
  4.50  0.513 0.524 0.656 0.663 0.830 0.778 0.753 0.753 0.441 0.471 0.760 0.817
  5.00  0.549 0.489 0.606 0.622 0.836 0.777 0.758 0.691 0.398 0.454 0.773 0.741
  6.00  0.598 0.452 0.574 0.569 0.814 0.779 0.770 0.568 0.422 0.459 0.793 0.595
  7.00  0.608 0.429 0.568 0.591 0.703 0.748 0.775 0.480 0.418 0.441 0.835 0.476
  8.00  0.587 0.407 0.556 0.599 0.609 0.729 0.770 0.431 0.406 0.439 0.825 0.418
  9.00  0.568 0.398 0.536 0.601 0.537 0.680 0.763 0.410 0.404 0.402 0.818 0.397
 10.00  0.552 0.391 0.522 0.598 0.450 0.647 0.752 0.392 0.407 0.372 0.806 0.380
 12.50  0.504 0.396 0.534 0.570 0.336 0.614 0.713 0.362 0.395 0.333 0.765 0.357
 15.00  0.470 0.397 0.535 0.552 0.304 0.554 0.630 0.348 0.372 0.291 0.693 0.345
 17.50  0.448 0.393 0.531 0.495 0.310 0.498 0.525 0.340 0.341 0.273 0.568 0.337
 20.00  0.434 0.371 0.492 0.446 0.320 0.464 0.463 0.341 0.307 0.263 0.492 0.340
 25.00  0.445 0.359 0.382 0.359 0.346 0.436 0.395 0.351 0.261 0.253 0.401 0.347
 30.00  0.453 0.349 0.331 0.321 0.354 0.405 0.401 0.367 0.235 0.258 0.400 0.364
 35.00  0.444 0.340 0.297 0.305 0.368 0.388 0.398 0.380 0.224 0.268 0.397 0.378
 40.00  0.428 0.326 0.279 0.298 0.388 0.386 0.395 0.381 0.220 0.278 0.396 0.380
 45.00  0.411 0.312 0.264 0.289 0.399 0.376 0.399 0.379 0.222 0.287 0.405 0.382
 50.00  0.397 0.298 0.251 0.284 0.409 0.361 0.404 0.380 0.228 0.292 0.411 0.383
 60.00  0.377 0.276 0.239 0.277 0.427 0.339 0.397 0.374 0.243 0.293 0.404 0.382
 70.00  0.355 0.264 0.234 0.261 0.437 0.328 0.389 0.370 0.249 0.297 0.406 0.383
 80.00  0.330 0.249 0.224 0.246 0.444 0.313 0.391 0.365 0.245 0.298 0.409 0.381
 90.00  0.311 0.235 0.212 0.237 0.449 0.305 0.393 0.362 0.245 0.296 0.412 0.381
100.00  0.297 0.221 0.208 0.227 0.452 0.298 0.389 0.360 0.249 0.295 0.407 0.380
```

Tab. 8.24 Schadensäquivalenzfaktoren λ für Einzelzüge

```
WORKSPACE              : 2 LAM_BU1
DATUM / UHRZEIT        : 21-07-2021 / 12:17

GESAMTVERKEHR          : 1.00  Mrd. kN
                         OHNE VERTEILUNG DER ACHSLASTEN DURCH DAS GLEIS
BAUTEIL(E)             : HAUPTTRAEGER
WERTE FUER             : MOMENTE
WOEHLERLINIEN NACH     : EN 1993-1-9

   L     Z= 1  Z= 2  Z= 3  Z= 4  Z= 5  Z= 6  Z= 7  Z= 8  Z= 9  Z=10  Z=11  Z=12
  0.50  0.667 0.618 0.803 0.857 0.858 0.849 0.894 0.875 0.567 0.543 0.950 0.931
  1.00  0.666 0.617 0.802 0.856 0.857 0.848 0.893 0.875 0.567 0.543 0.949 0.930
  1.50  0.666 0.616 0.802 0.855 0.856 0.847 0.892 0.873 0.566 0.542 0.948 0.928
  2.00  0.660 0.611 0.795 0.848 0.741 0.765 0.804 0.866 0.561 0.537 0.940 0.921
  2.50  0.602 0.598 0.778 0.830 0.595 0.658 0.699 0.830 0.550 0.514 0.763 0.887
  3.00  0.518 0.545 0.695 0.808 0.561 0.627 0.660 0.799 0.466 0.473 0.703 0.858
  3.50  0.443 0.473 0.580 0.623 0.501 0.550 0.546 0.716 0.400 0.424 0.561 0.768
  4.00  0.362 0.387 0.487 0.494 0.512 0.497 0.480 0.611 0.344 0.345 0.452 0.657
  4.50  0.329 0.344 0.441 0.440 0.507 0.485 0.460 0.525 0.303 0.307 0.450 0.565
  5.00  0.339 0.320 0.404 0.412 0.510 0.482 0.457 0.460 0.269 0.295 0.457 0.491
  6.00  0.373 0.299 0.373 0.377 0.495 0.480 0.461 0.370 0.279 0.299 0.468 0.385
  7.00  0.377 0.280 0.361 0.392 0.428 0.460 0.464 0.295 0.274 0.288 0.492 0.299
  8.00  0.363 0.264 0.350 0.396 0.370 0.447 0.459 0.255 0.266 0.287 0.487 0.250
  9.00  0.357 0.259 0.336 0.396 0.322 0.419 0.454 0.240 0.265 0.261 0.483 0.232
 10.00  0.350 0.255 0.328 0.393 0.268 0.398 0.447 0.229 0.267 0.271 0.476 0.222
 12.50  0.321 0.257 0.333 0.372 0.203 0.374 0.424 0.212 0.258 0.214 0.451 0.210
 15.00  0.298 0.256 0.332 0.358 0.184 0.333 0.377 0.205 0.240 0.183 0.407 0.203
 17.50  0.277 0.253 0.329 0.318 0.184 0.298 0.319 0.199 0.218 0.168 0.340 0.197
 20.00  0.264 0.238 0.306 0.283 0.189 0.274 0.284 0.199 0.195 0.158 0.298 0.199
 25.00  0.260 0.220 0.240 0.213 0.202 0.258 0.236 0.205 0.162 0.148 0.241 0.203
 30.00  0.265 0.208 0.207 0.190 0.207 0.238 0.235 0.215 0.139 0.151 0.234 0.213
 35.00  0.260 0.199 0.179 0.181 0.215 0.228 0.233 0.222 0.131 0.157 0.232 0.221
 40.00  0.250 0.191 0.164 0.176 0.227 0.226 0.231 0.223 0.129 0.163 0.232 0.222
 45.00  0.241 0.182 0.155 0.171 0.233 0.221 0.233 0.222 0.130 0.168 0.237 0.223
 50.00  0.232 0.174 0.147 0.168 0.239 0.213 0.236 0.222 0.133 0.171 0.240 0.224
 60.00  0.221 0.161 0.140 0.164 0.250 0.200 0.232 0.219 0.142 0.171 0.236 0.223
 70.00  0.208 0.154 0.137 0.154 0.256 0.193 0.228 0.216 0.146 0.173 0.237 0.224
 80.00  0.193 0.146 0.131 0.145 0.260 0.184 0.229 0.213 0.143 0.174 0.239 0.223
 90.00  0.182 0.137 0.124 0.139 0.263 0.178 0.230 0.212 0.144 0.173 0.241 0.223
100.00  0.174 0.129 0.122 0.133 0.265 0.175 0.227 0.211 0.146 0.173 0.238 0.222
```

8.8 Betriebsfestigkeitsnachweis nach EN 1993-1-9:2013 ...

Tab. 8.25 Schadensäquivalenzfaktoren λ für Einzelzüge

```
WORKSPACE           : 2 LAM_BU1
DATUM / UHRZEIT     : 21-07-2021 / 12:13

GESAMTVERKEHR       : 25.00 Mrd. kN
                      OHNE VERTEILUNG DER ACHSLASTEN DURCH DAS GLEIS
BAUTEIL(E)          : HAUPTTRAEGER
WERTE FUER          : QUERKRAEFTE
WOEHLERLINIEN NACH  : EN  1993-1-9

     L     Z= 1  Z= 2  Z= 3  Z= 4  Z= 5  Z= 6  Z= 7  Z= 8  Z= 9  Z=10  Z=11  Z=12
   0.50   1.225 1.123 1.179 1.336 1.438 1.467 1.498 1.467 0.865 0.888 1.623 1.589
   1.00   1.217 1.115 1.171 1.327 1.428 1.456 1.487 1.456 0.859 0.881 1.611 1.577
   1.50   1.162 1.065 1.118 1.267 1.364 1.391 1.420 1.391 0.821 0.842 1.539 1.507
   2.00   1.017 0.932 0.979 1.110 1.188 1.174 1.223 1.217 0.718 0.737 1.347 1.319
   2.50   0.912 0.820 0.862 0.977 1.096 1.181 1.223 1.071 0.632 0.657 1.238 1.181
   3.00   0.877 0.749 0.918 0.892 1.096 1.181 1.223 0.978 0.622 0.636 1.262 1.079
   3.50   0.850 0.686 0.910 0.867 1.058 1.133 1.147 0.889 0.624 0.605 1.182 0.988
   4.00   0.829 0.669 0.910 0.862 1.090 1.083 1.085 0.826 0.620 0.584 1.129 0.918
   4.50   0.828 0.672 0.911 0.877 1.101 1.048 1.052 0.794 0.618 0.580 1.092 0.845
   5.00   0.850 0.673 0.898 0.880 1.103 1.019 0.988 0.827 0.604 0.572 1.044 0.871
   6.00   0.862 0.653 0.795 0.847 1.038 0.979 1.001 0.805 0.567 0.540 1.063 0.839
   7.00   0.863 0.627 0.766 0.829 0.942 0.958 1.011 0.738 0.548 0.534 1.067 0.789
   8.00   0.834 0.601 0.759 0.814 0.855 0.959 1.046 0.676 0.541 0.523 1.110 0.742
   9.00   0.819 0.585 0.754 0.798 0.793 0.937 1.058 0.670 0.534 0.507 1.128 0.697
  10.00   0.794 0.575 0.747 0.790 0.759 0.915 1.061 0.659 0.538 0.504 1.136 0.653
  12.50   0.770 0.586 0.776 0.757 0.741 0.884 1.016 0.637 0.542 0.465 1.088 0.634
  15.00   0.748 0.593 0.785 0.706 0.722 0.836 0.915 0.636 0.525 0.433 0.980 0.637
  17.50   0.764 0.575 0.764 0.658 0.686 0.809 0.834 0.635 0.492 0.410 0.885 0.639
  20.00   0.791 0.584 0.717 0.626 0.687 0.797 0.795 0.647 0.448 0.413 0.829 0.652
  25.00   0.801 0.591 0.624 0.581 0.697 0.760 0.772 0.661 0.401 0.428 0.809 0.658
  30.00   0.781 0.574 0.537 0.564 0.733 0.723 0.756 0.678 0.384 0.439 0.797 0.674
  35.00   0.752 0.549 0.510 0.541 0.751 0.702 0.722 0.686 0.393 0.438 0.732 0.686
  40.00   0.731 0.530 0.486 0.511 0.774 0.692 0.724 0.693 0.395 0.443 0.740 0.697
  45.00   0.715 0.516 0.475 0.482 0.791 0.668 0.732 0.696 0.391 0.448 0.750 0.703
  50.00   0.696 0.508 0.470 0.463 0.807 0.652 0.729 0.699 0.392 0.447 0.747 0.709
  60.00   0.658 0.484 0.456 0.440 0.831 0.630 0.740 0.702 0.400 0.453 0.755 0.718
  70.00   0.630 0.461 0.441 0.433 0.849 0.614 0.737 0.701 0.396 0.455 0.756 0.721
  80.00   0.598 0.443 0.432 0.417 0.857 0.609 0.735 0.693 0.393 0.455 0.758 0.717
  90.00   0.574 0.424 0.419 0.407 0.862 0.600 0.727 0.687 0.390 0.453 0.752 0.714
 100.00   0.552 0.410 0.410 0.397 0.866 0.590 0.725 0.681 0.390 0.445 0.753 0.711
```

Tab. 8.26 Schadensäquivalenzfaktoren λ für Einzelzüge

```
WORKSPACE            : 2 LAM_BU1
DATUM / UHRZEIT      : 21-07-2021 / 12:15

GESAMTVERKEHR        : 10.00  Mrd. kN
                       OHNE VERTEILUNG DER ACHSLASTEN DURCH DAS GLEIS
BAUTEIL(E)           : HAUPTTRAEGER
WERTE FUER           : QUERKRAEFTE
WOEHLERLINIEN NACH   : EN 1993-1-9

   L     Z= 1  Z= 2  Z= 3  Z= 4  Z= 5  Z= 6  Z= 7  Z= 8  Z= 9  Z=10  Z=11  Z=12
  0.50  1.020 0.935 1.157 1.201 1.223 1.224 1.274 1.247 0.765 0.739 1.374 1.346
  1.00  1.013 0.928 1.149 1.193 1.214 1.216 1.264 1.238 0.760 0.734 1.364 1.336
  1.50  0.968 0.887 1.098 1.140 1.159 1.161 1.208 1.183 0.726 0.701 1.303 1.276
  2.00  0.847 0.776 0.961 0.998 1.027 1.034 1.075 1.035 0.635 0.613 1.140 1.117
  2.50  0.759 0.683 0.846 0.878 0.962 0.988 1.023 0.913 0.559 0.547 1.044 0.988
  3.00  0.738 0.624 0.780 0.802 0.945 0.983 1.018 0.840 0.539 0.533 1.054 0.903
  3.50  0.708 0.598 0.767 0.728 0.881 0.943 0.959 0.774 0.540 0.530 0.987 0.828
  4.00  0.690 0.594 0.758 0.728 0.907 0.901 0.906 0.728 0.537 0.499 0.942 0.775
  4.50  0.689 0.595 0.762 0.737 0.917 0.881 0.879 0.707 0.533 0.495 0.920 0.750
  5.00  0.713 0.591 0.753 0.733 0.918 0.860 0.858 0.693 0.511 0.488 0.900 0.730
  6.00  0.718 0.559 0.695 0.705 0.864 0.815 0.835 0.672 0.477 0.458 0.885 0.702
  7.00  0.718 0.536 0.658 0.690 0.786 0.798 0.842 0.639 0.456 0.454 0.888 0.660
  8.00  0.694 0.522 0.632 0.678 0.722 0.801 0.871 0.605 0.451 0.446 0.924 0.620
  9.00  0.682 0.513 0.628 0.664 0.675 0.789 0.884 0.591 0.444 0.432 0.943 0.600
 10.00  0.661 0.506 0.622 0.657 0.642 0.779 0.889 0.575 0.451 0.428 0.951 0.582
 12.50  0.648 0.512 0.650 0.641 0.617 0.745 0.846 0.530 0.460 0.396 0.907 0.551
 15.00  0.623 0.508 0.654 0.617 0.610 0.701 0.762 0.530 0.441 0.369 0.816 0.545
 17.50  0.639 0.509 0.636 0.581 0.572 0.676 0.694 0.529 0.409 0.348 0.736 0.532
 20.00  0.658 0.510 0.597 0.544 0.573 0.664 0.662 0.538 0.381 0.350 0.690 0.545
 25.00  0.667 0.492 0.520 0.484 0.591 0.635 0.657 0.551 0.334 0.357 0.676 0.549
 30.00  0.650 0.478 0.471 0.470 0.610 0.603 0.647 0.564 0.328 0.365 0.666 0.561
 35.00  0.626 0.457 0.440 0.450 0.626 0.586 0.615 0.571 0.334 0.365 0.630 0.571
 40.00  0.609 0.441 0.421 0.425 0.644 0.576 0.603 0.577 0.333 0.369 0.625 0.580
 45.00  0.596 0.430 0.409 0.401 0.658 0.561 0.610 0.579 0.326 0.373 0.625 0.585
 50.00  0.579 0.423 0.393 0.386 0.672 0.546 0.607 0.582 0.326 0.372 0.622 0.591
 60.00  0.548 0.403 0.381 0.369 0.692 0.525 0.616 0.584 0.333 0.378 0.629 0.598
 70.00  0.525 0.383 0.367 0.360 0.707 0.514 0.613 0.583 0.330 0.379 0.629 0.600
 80.00  0.498 0.369 0.359 0.347 0.713 0.508 0.612 0.577 0.327 0.378 0.631 0.597
 90.00  0.478 0.353 0.349 0.339 0.717 0.499 0.605 0.572 0.324 0.377 0.626 0.594
100.00  0.459 0.341 0.341 0.330 0.721 0.491 0.603 0.567 0.324 0.371 0.627 0.592
```

8.8 Betriebsfestigkeitsnachweis nach EN 1993-1-9:2013 ...

Tab. 8.27 Schadensäquivalenzfaktoren λ für Einzelzüge

```
WORKSPACE            : 2 LAM_BU1
DATUM / UHRZEIT      : 21-07-2021 / 12:16

GESAMTVERKEHR        : 5.00 Mrd. kN
                       OHNE VERTEILUNG DER ACHSLASTEN DURCH DAS GLEIS
BAUTEIL(E)           : HAUPTTRAEGER
WERTE FUER           : QUERKRAEFTE
WOEHLERLINIEN NACH   : EN 1993-1-9

  L      Z= 1   Z= 2   Z= 3   Z= 4   Z= 5   Z= 6   Z= 7   Z= 8   Z= 9   Z=10   Z=11   Z=12
  0.50   0.888  0.814  1.007  1.046  1.064  1.066  1.109  1.086  0.693  0.666  1.196  1.171
  1.00   0.882  0.808  1.000  1.039  1.057  1.058  1.101  1.078  0.688  0.661  1.188  1.163
  1.50   0.842  0.772  0.956  0.992  1.009  1.011  1.051  1.029  0.657  0.631  1.134  1.111
  2.00   0.737  0.676  0.837  0.869  0.894  0.900  0.936  0.901  0.575  0.552  0.993  0.972
  2.50   0.661  0.595  0.736  0.765  0.838  0.861  0.893  0.795  0.506  0.490  0.932  0.863
  3.00   0.642  0.572  0.679  0.698  0.822  0.858  0.890  0.732  0.481  0.481  0.920  0.786
  3.50   0.619  0.537  0.667  0.658  0.787  0.823  0.837  0.674  0.470  0.461  0.861  0.721
  4.00   0.612  0.527  0.663  0.638  0.791  0.786  0.791  0.633  0.467  0.445  0.822  0.675
  4.50   0.612  0.531  0.663  0.645  0.798  0.767  0.767  0.615  0.464  0.436  0.801  0.653
  5.00   0.621  0.530  0.656  0.645  0.799  0.749  0.747  0.618  0.453  0.425  0.784  0.653
  6.00   0.625  0.500  0.606  0.617  0.752  0.714  0.734  0.585  0.421  0.400  0.772  0.611
  7.00   0.625  0.474  0.575  0.601  0.684  0.695  0.734  0.558  0.399  0.395  0.773  0.575
  8.00   0.612  0.456  0.559  0.590  0.628  0.697  0.758  0.527  0.392  0.389  0.805  0.541
  9.00   0.605  0.448  0.546  0.578  0.587  0.687  0.770  0.514  0.387  0.376  0.821  0.522
 10.00   0.592  0.442  0.541  0.572  0.559  0.679  0.774  0.500  0.393  0.373  0.828  0.507
 12.50   0.576  0.445  0.566  0.558  0.544  0.653  0.738  0.475  0.401  0.347  0.790  0.480
 15.00   0.556  0.442  0.570  0.540  0.531  0.613  0.664  0.471  0.386  0.323  0.711  0.478
 17.50   0.556  0.445  0.555  0.507  0.503  0.590  0.605  0.460  0.359  0.308  0.642  0.473
 20.00   0.573  0.444  0.520  0.474  0.502  0.580  0.577  0.469  0.333  0.306  0.602  0.474
 25.00   0.580  0.430  0.453  0.434  0.515  0.553  0.572  0.480  0.295  0.313  0.589  0.478
 30.00   0.566  0.416  0.410  0.417  0.536  0.525  0.563  0.491  0.288  0.319  0.579  0.489
 35.00   0.545  0.398  0.384  0.392  0.545  0.510  0.536  0.497  0.292  0.318  0.549  0.497
 40.00   0.530  0.384  0.367  0.370  0.561  0.502  0.531  0.502  0.291  0.321  0.544  0.505
 45.00   0.518  0.374  0.356  0.350  0.573  0.489  0.535  0.504  0.286  0.325  0.550  0.510
 50.00   0.504  0.368  0.349  0.336  0.585  0.476  0.528  0.507  0.284  0.324  0.545  0.514
 60.00   0.477  0.351  0.332  0.321  0.603  0.458  0.536  0.509  0.290  0.329  0.547  0.520
 70.00   0.457  0.334  0.320  0.315  0.615  0.447  0.534  0.508  0.287  0.330  0.548  0.523
 80.00   0.433  0.321  0.313  0.302  0.621  0.443  0.533  0.502  0.285  0.329  0.549  0.520
 90.00   0.416  0.307  0.304  0.295  0.624  0.435  0.527  0.498  0.282  0.328  0.545  0.517
100.00   0.400  0.297  0.297  0.288  0.628  0.428  0.525  0.494  0.282  0.323  0.546  0.515
```

Tab. 8.28 Schadensäquivalenzfaktoren λ für Einzelzüge

```
WORKSPACE          : 2 LAM_BU1
DATUM / UHRZEIT    : 21-07-2021 / 12:17

GESAMTVERKEHR      : 1.00 Mrd. kN
                     OHNE VERTEILUNG DER ACHSLASTEN DURCH DAS GLEIS
BAUTEIL(E)         : HAUPTTRAEGER
WERTE FUER         : QUERKRAEFTE
WOEHLERLINIEN NACH : EN 1993-1-9

    L    Z= 1  Z= 2  Z= 3  Z= 4  Z= 5  Z= 6  Z= 7  Z= 8  Z= 9  Z=10  Z=11  Z=12
  0.50   0.670 0.620 0.730 0.758 0.772 0.773 0.804 0.787 0.502 0.498 0.867 0.849
  1.00   0.665 0.615 0.725 0.753 0.766 0.767 0.798 0.781 0.499 0.495 0.861 0.843
  1.50   0.636 0.588 0.693 0.719 0.732 0.733 0.762 0.746 0.476 0.473 0.822 0.805
  2.00   0.556 0.515 0.606 0.630 0.648 0.652 0.678 0.653 0.417 0.414 0.720 0.705
  2.50   0.497 0.453 0.534 0.554 0.612 0.631 0.654 0.576 0.367 0.367 0.676 0.625
  3.00   0.478 0.418 0.503 0.506 0.596 0.622 0.645 0.531 0.352 0.353 0.671 0.570
  3.50   0.463 0.389 0.487 0.477 0.571 0.596 0.607 0.489 0.344 0.336 0.626 0.523
  4.00   0.450 0.382 0.480 0.468 0.578 0.570 0.574 0.459 0.339 0.324 0.598 0.489
  4.50   0.448 0.385 0.482 0.470 0.581 0.556 0.556 0.446 0.336 0.318 0.584 0.473
  5.00   0.460 0.385 0.476 0.468 0.579 0.543 0.543 0.448 0.328 0.313 0.571 0.473
  6.00   0.460 0.365 0.439 0.448 0.545 0.518 0.532 0.429 0.306 0.293 0.565 0.449
  7.00   0.460 0.348 0.417 0.438 0.496 0.505 0.533 0.409 0.292 0.287 0.563 0.423
  8.00   0.446 0.334 0.406 0.429 0.455 0.505 0.550 0.387 0.287 0.282 0.583 0.397
  9.00   0.439 0.325 0.399 0.420 0.426 0.498 0.558 0.377 0.281 0.273 0.595 0.385
 10.00   0.429 0.321 0.394 0.415 0.405 0.492 0.561 0.367 0.285 0.270 0.600 0.373
 12.50   0.418 0.324 0.410 0.404 0.394 0.474 0.535 0.347 0.291 0.252 0.573 0.352
 15.00   0.403 0.321 0.413 0.392 0.385 0.445 0.482 0.343 0.280 0.234 0.515 0.348
 17.50   0.408 0.322 0.402 0.368 0.364 0.429 0.439 0.339 0.261 0.223 0.465 0.344
 20.00   0.418 0.322 0.377 0.344 0.364 0.422 0.418 0.343 0.242 0.224 0.436 0.349
 25.00   0.421 0.316 0.328 0.315 0.375 0.403 0.415 0.349 0.214 0.229 0.427 0.349
 30.00   0.410 0.304 0.297 0.303 0.389 0.382 0.408 0.356 0.209 0.232 0.420 0.356
 35.00   0.395 0.290 0.278 0.289 0.396 0.370 0.388 0.360 0.213 0.231 0.398 0.361
 40.00   0.384 0.280 0.266 0.271 0.408 0.364 0.385 0.364 0.212 0.233 0.395 0.366
 45.00   0.376 0.272 0.259 0.256 0.416 0.354 0.388 0.365 0.208 0.235 0.399 0.369
 50.00   0.365 0.267 0.253 0.245 0.424 0.345 0.385 0.367 0.207 0.235 0.396 0.373
 60.00   0.346 0.254 0.243 0.234 0.437 0.332 0.390 0.369 0.211 0.238 0.398 0.377
 70.00   0.331 0.242 0.234 0.228 0.446 0.324 0.388 0.368 0.208 0.239 0.398 0.379
 80.00   0.314 0.233 0.228 0.219 0.450 0.321 0.386 0.364 0.206 0.239 0.398 0.377
 90.00   0.302 0.223 0.221 0.214 0.453 0.316 0.382 0.361 0.205 0.238 0.395 0.375
100.00   0.290 0.215 0.215 0.209 0.455 0.310 0.381 0.358 0.205 0.234 0.396 0.373
```

Tab. 8.29 Schadensäquivalenzfaktoren λ für Einzelzüge

```
WORKSPACE            : 2 LAM_BU1
DATUM / UHRZEIT      : 21-07-2021 / 12:13

GESAMTVERKEHR        : 25.00 Mrd. kN
                       OHNE VERTEILUNG DER ACHSLASTEN DURCH DAS GLEIS
BAUTEIL(E)           : LAENGSTRAEGER
WERTE FUER           : MOMENTE
WOEHLERLINIEN NACH   : EN 1993-1-9


  L     Z= 1  Z= 2  Z= 3  Z= 4  Z= 5  Z= 6  Z= 7  Z= 8  Z= 9  Z=10  Z=11  Z=12
  0.50  1.369 1.254 1.318 1.494 1.604 1.636 1.671 1.636 0.966 0.991 1.811 1.773
  1.00  1.407 1.288 1.355 1.535 1.647 1.681 1.717 1.681 0.992 1.018 1.860 1.821
  1.50  1.447 1.325 1.393 1.579 1.693 1.728 1.765 1.728 1.020 1.046 1.912 1.872
  2.00  1.472 1.347 1.418 1.607 1.445 1.564 1.635 1.756 1.037 1.064 1.944 1.903
  2.50  1.283 1.348 1.419 1.608 1.411 1.522 1.582 1.756 1.037 1.064 1.712 1.903
  3.00  1.172 1.336 1.407 1.595 1.398 1.509 1.567 1.741 0.950 1.054 1.687 1.886
  3.50  1.068 1.156 1.283 1.329 1.273 1.338 1.332 1.585 0.866 0.960 1.370 1.718
  4.00  0.905 0.918 1.087 1.126 1.284 1.208 1.171 1.340 0.733 0.792 1.160 1.454
  4.50  0.848 0.805 0.976 1.011 1.258 1.175 1.143 1.065 0.648 0.710 1.153 1.159
  5.00  0.932 0.745 0.868 0.936 1.259 1.162 1.135 1.014 0.592 0.675 1.157 1.084
  6.00  1.032 0.667 0.831 0.839 1.189 1.141 1.134 0.830 0.618 0.666 1.164 0.921
  7.00  1.034 0.603 0.827 0.859 1.010 1.084 1.127 0.830 0.605 0.631 1.208 0.805
  8.00  0.960 0.574 0.804 0.862 0.884 1.049 1.106 0.754 0.582 0.620 1.188 0.735
  9.00  0.912 0.575 0.770 0.860 0.794 0.987 1.089 0.706 0.575 0.566 1.169 0.688
 10.00  0.871 0.572 0.754 0.852 0.675 0.930 1.064 0.671 0.577 0.520 1.151 0.653
 12.50  0.807 0.568 0.766 0.803 0.537 0.911 1.022 0.618 0.558 0.486 1.096 0.612
 15.00  0.770 0.574 0.769 0.788 0.520 0.831 0.934 0.606 0.513 0.451 1.007 0.601
 17.50  0.749 0.567 0.760 0.694 0.541 0.769 0.814 0.592 0.473 0.445 0.863 0.588
 20.00  0.744 0.551 0.697 0.654 0.555 0.731 0.707 0.591 0.444 0.431 0.770 0.588
 25.00  0.764 0.598 0.565 0.578 0.598 0.700 0.682 0.606 0.402 0.418 0.680 0.600
 30.00  0.777 0.600 0.512 0.529 0.611 0.653 0.691 0.633 0.377 0.426 0.689 0.628
 35.00  0.761 0.584 0.494 0.511 0.634 0.628 0.685 0.654 0.359 0.441 0.683 0.650
 40.00  0.734 0.561 0.470 0.501 0.667 0.626 0.679 0.655 0.353 0.458 0.682 0.653
 45.00  0.705 0.535 0.447 0.488 0.686 0.616 0.686 0.652 0.355 0.472 0.696 0.656
 50.00  0.681 0.510 0.427 0.480 0.703 0.598 0.693 0.652 0.365 0.479 0.705 0.658
 60.00  0.646 0.473 0.409 0.469 0.733 0.570 0.680 0.641 0.388 0.481 0.693 0.656
 70.00  0.606 0.450 0.399 0.444 0.747 0.557 0.665 0.632 0.396 0.485 0.693 0.655
 80.00  0.564 0.426 0.381 0.420 0.759 0.534 0.668 0.624 0.390 0.487 0.699 0.651
 90.00  0.531 0.401 0.362 0.405 0.768 0.520 0.672 0.619 0.391 0.484 0.703 0.650
100.00  0.507 0.378 0.356 0.388 0.773 0.510 0.664 0.616 0.397 0.483 0.695 0.650
```

Tab. 8.30 Schadensäquivalenzfaktoren λ für Einzelzüge

```
WORKSPACE           : 2 LAM_BU1
DATUM / UHRZEIT     : 21-07-2021 / 12:15

GESAMTVERKEHR       : 10.00  Mrd. kN
                      OHNE VERTEILUNG DER ACHSLASTEN DURCH DAS GLEIS
BAUTEIL(E)          : LAENGSTRAEGER
WERTE FUER          : MOMENTE
WOEHLERLINIEN NACH  : EN 1993-1-9

     L    Z= 1  Z= 2  Z= 3  Z= 4  Z= 5  Z= 6  Z= 7  Z= 8  Z= 9  Z=10  Z=11  Z=12
  0.50   1.140 1.044 1.294 1.343 1.364 1.366 1.421 1.391 0.854 0.825 1.533 1.501
  1.00   1.171 1.073 1.330 1.381 1.401 1.403 1.460 1.429 0.877 0.847 1.575 1.542
  1.50   1.205 1.103 1.368 1.420 1.440 1.442 1.501 1.469 0.902 0.871 1.619 1.585
  2.00   1.225 1.122 1.392 1.445 1.312 1.365 1.424 1.493 0.917 0.886 1.646 1.611
  2.50   1.061 1.122 1.393 1.446 1.175 1.267 1.329 1.467 0.917 0.886 1.425 1.593
  3.00   0.961 1.112 1.285 1.434 1.164 1.256 1.305 1.453 0.823 0.878 1.410 1.579
  3.50   0.876 0.962 1.112 1.124 1.060 1.124 1.111 1.324 0.749 0.800 1.172 1.438
  4.00   0.742 0.750 0.929 0.938 1.069 1.010 0.975 1.116 0.635 0.664 0.966 1.214
  4.50   0.666 0.646 0.833 0.841 1.048 0.978 0.951 0.950 0.548 0.591 0.960 1.032
  5.00   0.725 0.598 0.756 0.779 1.050 0.967 0.945 0.844 0.493 0.562 0.964 0.903
  6.00   0.803 0.585 0.692 0.698 1.012 0.952 0.944 0.721 0.515 0.555 0.969 0.748
  7.00   0.805 0.539 0.688 0.715 0.859 0.904 0.938 0.612 0.504 0.528 1.006 0.593
  8.00   0.743 0.503 0.669 0.717 0.739 0.874 0.921 0.564 0.484 0.523 0.989 0.547
  9.00   0.702 0.492 0.641 0.716 0.648 0.821 0.906 0.532 0.479 0.477 0.978 0.516
 10.00   0.667 0.484 0.628 0.709 0.544 0.787 0.890 0.508 0.481 0.442 0.961 0.492
 12.50   0.611 0.487 0.638 0.675 0.415 0.766 0.848 0.462 0.465 0.399 0.914 0.456
 15.00   0.567 0.486 0.641 0.665 0.383 0.694 0.754 0.446 0.437 0.366 0.824 0.444
 17.50   0.552 0.480 0.632 0.606 0.398 0.622 0.638 0.436 0.403 0.342 0.684 0.433
 20.00   0.548 0.453 0.576 0.522 0.409 0.580 0.567 0.435 0.375 0.332 0.597 0.433
 25.00   0.563 0.441 0.456 0.442 0.441 0.551 0.503 0.447 0.318 0.322 0.501 0.442
 30.00   0.572 0.442 0.406 0.400 0.450 0.511 0.509 0.466 0.298 0.328 0.508 0.462
 35.00   0.561 0.430 0.370 0.382 0.467 0.489 0.505 0.482 0.284 0.340 0.503 0.479
 40.00   0.541 0.413 0.349 0.373 0.492 0.479 0.501 0.483 0.279 0.353 0.502 0.481
 45.00   0.519 0.394 0.331 0.363 0.505 0.466 0.505 0.480 0.280 0.363 0.513 0.483
 50.00   0.502 0.376 0.315 0.357 0.518 0.449 0.511 0.480 0.288 0.369 0.520 0.484
 60.00   0.476 0.349 0.301 0.346 0.540 0.425 0.501 0.473 0.307 0.370 0.511 0.483
 70.00   0.447 0.331 0.294 0.328 0.550 0.412 0.490 0.465 0.313 0.373 0.510 0.482
 80.00   0.416 0.314 0.281 0.309 0.559 0.394 0.492 0.460 0.308 0.375 0.515 0.480
 90.00   0.392 0.296 0.267 0.299 0.566 0.383 0.495 0.456 0.309 0.372 0.518 0.479
100.00   0.374 0.279 0.262 0.286 0.570 0.376 0.489 0.454 0.314 0.371 0.512 0.479
```

8.8 Betriebsfestigkeitsnachweis nach EN 1993-1-9:2013 ...

Tab. 8.31 Schadensäquivalenzfaktoren λ für Einzelzüge

```
WORKSPACE         : 2 LAM_BU1
DATUM / UHRZEIT   : 21-07-2021 / 12:16

GESAMTVERKEHR     : 5.00 Mrd. kN
                    OHNE VERTEILUNG DER ACHSLASTEN DURCH DAS GLEIS
BAUTEIL(E)        : LAENGSTRAEGER
WERTE FUER        : MOMENTE
WOEHLERLINIEN NACH: EN 1993-1-9

   L    Z= 1  Z= 2  Z= 3  Z= 4  Z= 5  Z= 6  Z= 7  Z= 8  Z= 9  Z=10  Z=11  Z=12
  0.50  0.979 0.875 1.126 1.169 1.187 1.189 1.237 1.211 0.773 0.743 1.335 1.307
  1.00  1.006 0.899 1.158 1.202 1.219 1.221 1.271 1.244 0.794 0.763 1.371 1.342
  1.50  1.035 0.925 1.191 1.236 1.253 1.255 1.306 1.279 0.816 0.784 1.409 1.380
  2.00  1.052 0.940 1.212 1.258 1.142 1.188 1.240 1.300 0.830 0.798 1.433 1.403
  2.50  0.969 0.941 1.213 1.259 1.026 1.108 1.157 1.283 0.830 0.790 1.248 1.387
  3.00  0.849 0.933 1.119 1.249 1.013 1.093 1.136 1.265 0.716 0.783 1.228 1.375
  3.50  0.761 0.831 0.968 1.015 0.923 0.979 0.967 1.152 0.652 0.714 1.021 1.252
  4.00  0.612 0.662 0.809 0.816 0.931 0.882 0.862 0.972 0.553 0.582 0.841 1.057
  4.50  0.565 0.578 0.725 0.732 0.912 0.855 0.828 0.827 0.485 0.518 0.836 0.898
  5.00  0.598 0.531 0.660 0.678 0.905 0.842 0.823 0.749 0.432 0.493 0.839 0.804
  6.00  0.638 0.481 0.613 0.608 0.864 0.827 0.818 0.603 0.448 0.488 0.842 0.631
  7.00  0.639 0.451 0.598 0.623 0.736 0.784 0.812 0.503 0.438 0.463 0.876 0.499
  8.00  0.611 0.424 0.580 0.625 0.632 0.757 0.799 0.448 0.421 0.456 0.857 0.434
  9.00  0.587 0.411 0.555 0.623 0.554 0.702 0.787 0.422 0.417 0.415 0.844 0.410
 10.00  0.569 0.403 0.538 0.617 0.463 0.665 0.773 0.403 0.418 0.383 0.829 0.391
 12.50  0.516 0.406 0.548 0.585 0.344 0.629 0.730 0.370 0.405 0.341 0.783 0.366
 15.00  0.481 0.406 0.548 0.565 0.311 0.566 0.643 0.356 0.380 0.298 0.708 0.353
 17.50  0.456 0.400 0.540 0.503 0.316 0.508 0.535 0.346 0.348 0.278 0.579 0.344
 20.00  0.435 0.374 0.490 0.445 0.325 0.470 0.468 0.345 0.310 0.266 0.497 0.344
 25.00  0.447 0.361 0.382 0.359 0.350 0.441 0.399 0.355 0.264 0.255 0.404 0.351
 30.00  0.454 0.351 0.331 0.321 0.357 0.408 0.404 0.370 0.237 0.260 0.403 0.367
 35.00  0.445 0.341 0.297 0.305 0.371 0.391 0.401 0.382 0.225 0.270 0.399 0.380
 40.00  0.429 0.328 0.279 0.298 0.390 0.388 0.397 0.383 0.221 0.280 0.399 0.382
 45.00  0.412 0.313 0.264 0.289 0.401 0.378 0.401 0.381 0.223 0.288 0.407 0.384
 50.00  0.398 0.298 0.251 0.284 0.411 0.362 0.405 0.381 0.229 0.293 0.412 0.385
 60.00  0.378 0.277 0.239 0.277 0.429 0.340 0.398 0.375 0.243 0.294 0.405 0.383
 70.00  0.355 0.263 0.233 0.260 0.437 0.328 0.389 0.369 0.249 0.296 0.405 0.383
 80.00  0.330 0.249 0.223 0.246 0.444 0.313 0.391 0.365 0.245 0.298 0.409 0.381
 90.00  0.311 0.235 0.212 0.237 0.449 0.304 0.393 0.362 0.245 0.296 0.411 0.380
100.00  0.297 0.221 0.208 0.227 0.452 0.298 0.388 0.360 0.249 0.295 0.407 0.380
```

Tab. 8.32 Schadensäquivalenzfaktoren λ für Einzelzüge

```
WORKSPACE          : 2 LAM_BU1
DATUM / UHRZEIT    : 21-07-2021 / 12:17

GESAMTVERKEHR      : 1.00 Mrd. kN
                     OHNE VERTEILUNG DER ACHSLASTEN DURCH DAS GLEIS
BAUTEIL(E)         : LAENGSTRAEGER
WERTE FUER         : MOMENTE
WOEHLERLINIEN NACH : EN 1993-1-9

   L     Z= 1  Z= 2  Z= 3  Z= 4  Z= 5  Z= 6  Z= 7  Z= 8  Z= 9  Z=10  Z=11  Z=12
  0.50  0.659 0.610 0.795 0.848 0.847 0.838 0.883 0.864 0.560 0.536 0.938 0.919
  1.00  0.677 0.627 0.817 0.871 0.870 0.861 0.907 0.888 0.576 0.551 0.964 0.944
  1.50  0.697 0.645 0.840 0.896 0.894 0.885 0.932 0.912 0.592 0.566 0.991 0.970
  2.00  0.709 0.656 0.855 0.912 0.794 0.819 0.862 0.928 0.602 0.576 1.008 0.986
  2.50  0.660 0.656 0.855 0.912 0.651 0.721 0.765 0.908 0.602 0.563 0.835 0.971
  3.00  0.579 0.609 0.778 0.905 0.625 0.699 0.736 0.892 0.520 0.528 0.785 0.957
  3.50  0.505 0.538 0.662 0.710 0.569 0.624 0.620 0.812 0.455 0.481 0.637 0.871
  4.00  0.406 0.434 0.547 0.555 0.573 0.556 0.537 0.684 0.385 0.386 0.506 0.735
  4.50  0.363 0.379 0.487 0.486 0.557 0.533 0.505 0.578 0.334 0.337 0.495 0.621
  5.00  0.368 0.347 0.440 0.449 0.552 0.522 0.496 0.498 0.292 0.320 0.496 0.533
  6.00  0.398 0.318 0.398 0.403 0.525 0.509 0.490 0.393 0.296 0.317 0.497 0.409
  7.00  0.397 0.294 0.380 0.412 0.448 0.482 0.486 0.309 0.288 0.302 0.516 0.314
  8.00  0.378 0.275 0.365 0.413 0.384 0.464 0.477 0.265 0.276 0.298 0.506 0.259
  9.00  0.369 0.268 0.348 0.410 0.331 0.432 0.469 0.247 0.273 0.269 0.499 0.240
 10.00  0.361 0.262 0.339 0.405 0.275 0.409 0.460 0.236 0.274 0.248 0.490 0.229
 12.50  0.329 0.263 0.342 0.382 0.208 0.383 0.434 0.217 0.264 0.219 0.461 0.215
 15.00  0.305 0.262 0.340 0.366 0.188 0.340 0.385 0.209 0.246 0.188 0.416 0.207
 17.50  0.282 0.257 0.335 0.323 0.188 0.304 0.325 0.202 0.222 0.172 0.346 0.201
 20.00  0.265 0.240 0.305 0.282 0.192 0.278 0.287 0.202 0.197 0.160 0.302 0.201
 25.00  0.261 0.222 0.240 0.213 0.205 0.261 0.238 0.207 0.163 0.149 0.243 0.205
 30.00  0.266 0.209 0.207 0.190 0.209 0.240 0.236 0.216 0.140 0.152 0.236 0.215
 35.00  0.260 0.200 0.179 0.181 0.217 0.230 0.234 0.224 0.132 0.158 0.234 0.222
 40.00  0.251 0.192 0.164 0.176 0.228 0.228 0.232 0.224 0.129 0.164 0.233 0.223
 45.00  0.241 0.183 0.155 0.171 0.234 0.222 0.235 0.223 0.130 0.169 0.238 0.224
 50.00  0.233 0.175 0.147 0.168 0.241 0.214 0.237 0.223 0.134 0.171 0.241 0.225
 60.00  0.221 0.162 0.140 0.164 0.251 0.201 0.233 0.219 0.142 0.172 0.237 0.224
 70.00  0.207 0.154 0.137 0.153 0.255 0.193 0.227 0.216 0.145 0.173 0.237 0.224
 80.00  0.193 0.146 0.131 0.144 0.260 0.184 0.229 0.213 0.143 0.174 0.239 0.223
 90.00  0.182 0.137 0.124 0.139 0.262 0.178 0.230 0.212 0.143 0.173 0.241 0.222
100.00  0.173 0.129 0.122 0.133 0.264 0.174 0.227 0.211 0.146 0.172 0.238 0.222
```

8.8 Betriebsfestigkeitsnachweis nach EN 1993-1-9:2013 …

Tab. 8.33 Schadensäquivalenzfaktoren λ für Einzelzüge

```
WORKSPACE          : 2 LAM_BU1
DATUM / UHRZEIT    : 21-07-2021 / 12:14

GESAMTVERKEHR      : 25.00 Mrd. kN
                     OHNE VERTEILUNG DER ACHSLASTEN DURCH DAS GLEIS
BAUTEIL(E)         : LAENGSTRAEGER
WERTE FUER         : QUERKRAEFTE
WOEHLERLINIEN NACH : EN 1993-1-9

   L     Z= 1   Z= 2   Z= 3   Z= 4   Z= 5   Z= 6   Z= 7   Z= 8   Z= 9   Z=10   Z=11   Z=12
  0.50   1.212  1.110  1.166  1.322  1.419  1.448  1.479  1.448  0.855  0.877  1.602  1.569
  1.00   1.237  1.133  1.191  1.350  1.448  1.478  1.510  1.478  0.872  0.895  1.635  1.601
  1.50   1.217  1.114  1.172  1.328  1.424  1.453  1.484  1.453  0.858  0.880  1.608  1.574
  2.00   1.092  1.000  1.052  1.193  1.271  1.258  1.311  1.304  0.770  0.789  1.443  1.412
  2.50   1.001  0.899  0.947  1.073  1.199  1.293  1.339  1.172  0.692  0.720  1.355  1.292
  3.00   0.982  0.837  1.029  1.000  1.222  1.318  1.365  1.091  0.695  0.710  1.408  1.204
  3.50   0.968  0.780  1.037  0.989  1.200  1.286  1.302  1.009  0.708  0.687  1.342  1.121
  4.00   0.930  0.750  1.023  0.969  1.218  1.211  1.214  0.924  0.694  0.654  1.263  1.027
  4.50   0.913  0.740  1.006  0.969  1.210  1.152  1.157  0.873  0.680  0.638  1.201  0.929
  5.00   0.924  0.731  0.979  0.959  1.195  1.105  1.072  0.897  0.655  0.621  1.132  0.944
  6.00   0.919  0.695  0.848  0.904  1.102  1.040  1.064  0.854  0.603  0.574  1.130  0.891
  7.00   0.907  0.658  0.807  0.873  0.986  1.004  1.060  0.773  0.574  0.559  1.118  0.827
  8.00   0.869  0.625  0.791  0.849  0.887  0.995  1.086  0.702  0.562  0.543  1.153  0.771
  9.00   0.847  0.604  0.781  0.827  0.817  0.967  1.092  0.691  0.551  0.523  1.164  0.719
 10.00   0.818  0.591  0.771  0.815  0.779  0.941  1.090  0.677  0.553  0.518  1.168  0.671
 12.50   0.789  0.600  0.796  0.776  0.758  0.904  1.040  0.652  0.555  0.476  1.113  0.648
 15.00   0.765  0.606  0.804  0.723  0.738  0.854  0.935  0.650  0.537  0.443  1.001  0.651
 17.50   0.777  0.586  0.777  0.669  0.699  0.825  0.850  0.647  0.501  0.418  0.902  0.651
 20.00   0.793  0.588  0.715  0.624  0.696  0.808  0.804  0.655  0.453  0.418  0.838  0.660
 25.00   0.804  0.595  0.624  0.581  0.705  0.769  0.779  0.668  0.405  0.432  0.816  0.666
 30.00   0.784  0.577  0.537  0.564  0.740  0.729  0.762  0.684  0.387  0.442  0.803  0.680
 35.00   0.754  0.551  0.510  0.541  0.757  0.707  0.726  0.691  0.396  0.441  0.737  0.691
 40.00   0.733  0.532  0.486  0.511  0.779  0.696  0.728  0.697  0.397  0.445  0.744  0.701
 45.00   0.717  0.518  0.475  0.482  0.795  0.672  0.736  0.699  0.393  0.450  0.754  0.707
 50.00   0.697  0.509  0.471  0.463  0.811  0.655  0.732  0.702  0.394  0.449  0.749  0.713
 60.00   0.659  0.485  0.457  0.441  0.834  0.632  0.742  0.704  0.401  0.455  0.758  0.720
 70.00   0.629  0.460  0.439  0.431  0.848  0.614  0.736  0.700  0.396  0.455  0.755  0.720
 80.00   0.597  0.442  0.431  0.416  0.856  0.609  0.734  0.693  0.393  0.454  0.757  0.717
 90.00   0.573  0.423  0.418  0.406  0.861  0.599  0.726  0.686  0.389  0.453  0.752  0.713
100.00   0.551  0.409  0.409  0.396  0.866  0.590  0.724  0.681  0.389  0.445  0.752  0.710
```

Tab. 8.34 Schadensäquivalenzfaktoren λ für Einzelzüge

```
WORKSPACE            : 2 LAM_BU1
DATUM / UHRZEIT      : 21-07-2021 / 12:15

GESAMTVERKEHR        : 10.00  Mrd. kN
                       OHNE VERTEILUNG DER ACHSLASTEN DURCH DAS GLEIS
BAUTEIL(E)           : LAENGSTRAEGER
WERTE FUER           : QUERKRAEFTE
WOEHLERLINIEN NACH   : EN 1993-1-9

    L    Z= 1  Z= 2  Z= 3  Z= 4  Z= 5  Z= 6  Z= 7  Z= 8  Z= 9  Z=10  Z=11  Z=12
  0.50  1.009 0.924 1.145 1.189 1.207 1.209 1.258 1.231 0.756 0.730 1.357 1.328
  1.00  1.030 0.943 1.169 1.214 1.232 1.234 1.284 1.257 0.771 0.745 1.385 1.356
  1.50  1.013 0.928 1.150 1.194 1.211 1.213 1.262 1.235 0.758 0.732 1.362 1.333
  2.00  0.909 0.832 1.033 1.072 1.100 1.107 1.152 1.108 0.680 0.657 1.222 1.196
  2.50  0.833 0.749 0.930 0.965 1.052 1.081 1.121 0.999 0.612 0.599 1.143 1.082
  3.00  0.825 0.697 0.874 0.899 1.053 1.097 1.137 0.938 0.602 0.595 1.177 1.007
  3.50  0.806 0.680 0.874 0.830 0.999 1.070 1.089 0.878 0.613 0.602 1.121 0.940
  4.00  0.774 0.666 0.852 0.818 1.014 1.008 1.014 0.814 0.601 0.559 1.054 0.867
  4.50  0.760 0.655 0.842 0.814 1.007 0.968 0.967 0.777 0.586 0.544 1.012 0.825
  5.00  0.776 0.641 0.821 0.799 0.995 0.933 0.931 0.751 0.554 0.529 0.977 0.791
  6.00  0.765 0.595 0.742 0.753 0.917 0.866 0.888 0.714 0.507 0.486 0.941 0.745
  7.00  0.755 0.562 0.693 0.727 0.823 0.836 0.883 0.669 0.478 0.476 0.931 0.691
  8.00  0.723 0.543 0.659 0.707 0.749 0.831 0.904 0.628 0.468 0.464 0.960 0.643
  9.00  0.705 0.530 0.651 0.688 0.696 0.814 0.913 0.609 0.459 0.446 0.973 0.619
 10.00  0.681 0.521 0.642 0.678 0.690 0.800 0.914 0.591 0.464 0.440 0.978 0.598
 12.50  0.664 0.524 0.667 0.658 0.632 0.762 0.866 0.543 0.471 0.405 0.929 0.564
 15.00  0.637 0.520 0.669 0.631 0.623 0.717 0.779 0.541 0.451 0.378 0.834 0.557
 17.50  0.650 0.519 0.647 0.591 0.583 0.689 0.708 0.539 0.417 0.355 0.751 0.542
 20.00  0.660 0.514 0.595 0.542 0.581 0.672 0.669 0.545 0.385 0.354 0.698 0.552
 25.00  0.669 0.495 0.520 0.484 0.598 0.642 0.663 0.557 0.337 0.360 0.683 0.555
 30.00  0.653 0.481 0.471 0.470 0.616 0.608 0.652 0.569 0.331 0.368 0.671 0.566
 35.00  0.628 0.459 0.440 0.450 0.630 0.590 0.618 0.575 0.337 0.367 0.634 0.575
 40.00  0.610 0.443 0.421 0.425 0.648 0.579 0.606 0.580 0.334 0.371 0.628 0.583
 45.00  0.597 0.431 0.410 0.402 0.662 0.564 0.613 0.582 0.327 0.375 0.627 0.588
 50.00  0.580 0.424 0.393 0.386 0.675 0.548 0.609 0.584 0.328 0.374 0.624 0.593
 60.00  0.549 0.404 0.381 0.369 0.695 0.527 0.618 0.586 0.334 0.379 0.631 0.600
 70.00  0.523 0.383 0.366 0.359 0.706 0.513 0.613 0.583 0.329 0.379 0.629 0.600
 80.00  0.497 0.368 0.359 0.346 0.713 0.508 0.611 0.577 0.327 0.378 0.630 0.597
 90.00  0.477 0.352 0.348 0.338 0.717 0.499 0.605 0.571 0.324 0.377 0.626 0.594
100.00  0.459 0.341 0.341 0.330 0.721 0.491 0.603 0.567 0.324 0.371 0.626 0.591
```

8.8 Betriebsfestigkeitsnachweis nach EN 1993-1-9:2013 ...

Tab. 8.35 Schadensäquivalenzfaktoren λ für Einzelzüge

```
WORKSPACE           : 2 LAM_BU1
DATUM / UHRZEIT     : 21-07-2021 / 12:16

GESAMTVERKEHR       :   5.00 Mrd. kN
                        OHNE VERTEILUNG DER ACHSLASTEN DURCH DAS GLEIS
BAUTEIL(E)          : LAENGSTRAEGER
WERTE FUER          : QUERKRAEFTE
WOEHLERLINIEN NACH  : EN 1993-1-9

   L     Z= 1   Z= 2   Z= 3   Z= 4   Z= 5   Z= 6   Z= 7   Z= 8   Z= 9   Z=10   Z=11   Z=12
  0.50   0.878  0.804  0.997  1.035  1.051  1.052  1.095  1.072  0.684  0.657  1.181  1.156
  1.00   0.897  0.821  1.018  1.057  1.072  1.074  1.117  1.094  0.698  0.671  1.206  1.180
  1.50   0.882  0.807  1.002  1.040  1.054  1.056  1.099  1.075  0.687  0.660  1.185  1.160
  2.00   0.792  0.725  0.899  0.934  0.957  0.964  1.003  0.965  0.616  0.592  1.064  1.041
  2.50   0.725  0.652  0.809  0.840  0.917  0.943  0.978  0.870  0.554  0.536  1.021  0.944
  3.00   0.718  0.640  0.761  0.783  0.917  0.958  0.993  0.816  0.537  0.536  1.027  0.877
  3.50   0.704  0.611  0.761  0.750  0.893  0.934  0.951  0.765  0.534  0.524  0.978  0.818
  4.00   0.687  0.591  0.745  0.717  0.884  0.879  0.885  0.708  0.523  0.498  0.920  0.755
  4.50   0.675  0.584  0.733  0.712  0.877  0.843  0.843  0.676  0.510  0.480  0.881  0.718
  5.00   0.675  0.575  0.715  0.703  0.866  0.812  0.810  0.670  0.491  0.461  0.850  0.708
  6.00   0.666  0.532  0.647  0.659  0.798  0.759  0.780  0.622  0.447  0.425  0.820  0.649
  7.00   0.657  0.497  0.605  0.633  0.716  0.728  0.769  0.585  0.419  0.414  0.810  0.602
  8.00   0.637  0.474  0.583  0.616  0.652  0.723  0.787  0.547  0.408  0.404  0.836  0.562
  9.00   0.626  0.463  0.566  0.599  0.606  0.709  0.795  0.530  0.399  0.389  0.847  0.539
 10.00   0.610  0.455  0.558  0.591  0.574  0.697  0.796  0.514  0.404  0.383  0.851  0.521
 12.50   0.591  0.456  0.581  0.573  0.556  0.668  0.756  0.486  0.410  0.355  0.808  0.491
 15.00   0.569  0.452  0.584  0.553  0.542  0.627  0.679  0.482  0.394  0.330  0.727  0.488
 17.50   0.566  0.453  0.564  0.516  0.513  0.601  0.617  0.469  0.366  0.314  0.654  0.482
 20.00   0.575  0.447  0.519  0.473  0.509  0.587  0.583  0.475  0.337  0.309  0.608  0.480
 25.00   0.582  0.433  0.452  0.433  0.521  0.559  0.577  0.485  0.297  0.316  0.594  0.483
 30.00   0.568  0.418  0.410  0.417  0.541  0.529  0.568  0.496  0.290  0.321  0.584  0.493
 35.00   0.547  0.400  0.384  0.392  0.549  0.513  0.539  0.501  0.294  0.320  0.552  0.501
 40.00   0.531  0.385  0.367  0.370  0.565  0.505  0.534  0.505  0.292  0.323  0.547  0.508
 45.00   0.520  0.375  0.357  0.350  0.576  0.491  0.537  0.507  0.287  0.326  0.552  0.512
 50.00   0.505  0.369  0.349  0.336  0.588  0.478  0.530  0.509  0.285  0.325  0.548  0.516
 60.00   0.478  0.351  0.332  0.321  0.605  0.459  0.538  0.510  0.291  0.330  0.549  0.522
 70.00   0.456  0.333  0.319  0.313  0.615  0.447  0.533  0.507  0.287  0.330  0.547  0.522
 80.00   0.432  0.321  0.312  0.301  0.621  0.443  0.532  0.502  0.285  0.329  0.549  0.519
 90.00   0.415  0.307  0.303  0.295  0.624  0.435  0.526  0.497  0.282  0.328  0.545  0.517
100.00   0.399  0.297  0.297  0.287  0.628  0.428  0.525  0.494  0.282  0.323  0.545  0.515
```

Tab. 8.36 Schadensäquivalenzfaktoren λ für Einzelzüge

```
WORKSPACE              : 2 LAM_BU1
DATUM / UHRZEIT        : 21-07-2021 / 12:17

GESAMTVERKEHR          : 1.00 Mrd. kN
                         OHNE VERTEILUNG DER ACHSLASTEN DURCH DAS GLEIS
BAUTEIL(E)             : LAENGSTRAEGER
WERTE FUER             : QUERKRAEFTE
WOEHLERLINIEN NACH     : EN 1993-1-9

    L     Z= 1  Z= 2  Z= 3  Z= 4  Z= 5  Z= 6  Z= 7  Z= 8  Z= 9  Z=10  Z=11  Z=12
  0.50   0.663 0.612 0.723 0.750 0.762 0.763 0.794 0.777 0.496 0.492 0.856 0.838
  1.00   0.677 0.625 0.738 0.766 0.777 0.778 0.810 0.793 0.506 0.502 0.874 0.855
  1.50   0.665 0.615 0.726 0.754 0.764 0.765 0.796 0.779 0.498 0.494 0.859 0.841
  2.00   0.597 0.552 0.652 0.677 0.694 0.699 0.727 0.699 0.447 0.443 0.771 0.755
  2.50   0.546 0.496 0.586 0.609 0.670 0.690 0.716 0.630 0.402 0.402 0.740 0.684
  3.00   0.534 0.468 0.564 0.567 0.665 0.694 0.720 0.593 0.393 0.394 0.749 0.636
  3.50   0.527 0.443 0.555 0.544 0.647 0.677 0.689 0.555 0.390 0.382 0.711 0.593
  4.00   0.505 0.428 0.540 0.527 0.646 0.637 0.642 0.513 0.379 0.363 0.669 0.547
  4.50   0.494 0.424 0.532 0.519 0.638 0.612 0.611 0.490 0.370 0.350 0.642 0.520
  5.00   0.500 0.418 0.519 0.510 0.628 0.589 0.589 0.486 0.356 0.339 0.620 0.513
  6.00   0.490 0.388 0.469 0.479 0.579 0.550 0.565 0.456 0.325 0.312 0.601 0.477
  7.00   0.483 0.365 0.439 0.461 0.519 0.529 0.559 0.428 0.306 0.301 0.591 0.443
  8.00   0.465 0.347 0.423 0.447 0.472 0.524 0.571 0.401 0.298 0.293 0.606 0.412
  9.00   0.454 0.336 0.414 0.435 0.439 0.514 0.576 0.389 0.290 0.282 0.614 0.397
 10.00   0.442 0.330 0.406 0.428 0.416 0.505 0.577 0.377 0.293 0.278 0.617 0.384
 12.50   0.428 0.331 0.421 0.415 0.403 0.485 0.548 0.356 0.297 0.258 0.586 0.361
 15.00   0.412 0.328 0.423 0.401 0.393 0.455 0.492 0.351 0.286 0.240 0.527 0.356
 17.50   0.416 0.329 0.409 0.374 0.371 0.438 0.447 0.345 0.266 0.227 0.474 0.351
 20.00   0.419 0.324 0.376 0.343 0.369 0.427 0.423 0.347 0.244 0.226 0.441 0.354
 25.00   0.422 0.318 0.328 0.314 0.379 0.407 0.419 0.353 0.216 0.231 0.431 0.353
 30.00   0.412 0.305 0.297 0.303 0.393 0.385 0.412 0.360 0.211 0.234 0.423 0.359
 35.00   0.396 0.291 0.278 0.289 0.400 0.373 0.391 0.363 0.214 0.232 0.400 0.363
 40.00   0.385 0.281 0.266 0.271 0.410 0.366 0.387 0.366 0.213 0.234 0.397 0.368
 45.00   0.377 0.273 0.259 0.256 0.418 0.356 0.390 0.367 0.209 0.236 0.400 0.371
 50.00   0.366 0.268 0.253 0.246 0.426 0.347 0.387 0.369 0.208 0.236 0.397 0.374
 60.00   0.346 0.255 0.243 0.234 0.438 0.333 0.391 0.370 0.211 0.239 0.399 0.378
 70.00   0.330 0.241 0.233 0.227 0.446 0.324 0.387 0.368 0.208 0.239 0.397 0.378
 80.00   0.313 0.232 0.227 0.219 0.450 0.321 0.386 0.364 0.206 0.239 0.398 0.376
 90.00   0.301 0.222 0.220 0.214 0.452 0.315 0.382 0.361 0.205 0.238 0.395 0.375
100.00   0.289 0.215 0.215 0.208 0.455 0.310 0.380 0.358 0.205 0.234 0.395 0.373
```

8.8 Betriebsfestigkeitsnachweis nach EN 1993-1-9:2013 ...

Tab. 8.37 Schadensäquivalenzfaktoren λ für Einzelzüge

```
WORKSPACE         : 2 LAM_BU1
DATUM / UHRZEIT   : 21-07-2021 / 12:14

GESAMTVERKEHR     : 25.00 Mrd. kN
                    OHNE VERTEILUNG DER ACHSLASTEN DURCH DAS GLEIS
BAUTEIL(E)        : QUERTRAEGER
WERTE FUER        : AUFLAGERKRAEFTE FUER MOMENTE
WOEHLERLINIEN NACH: EN 1993-1-9

    L      Z= 1  Z= 2  Z= 3  Z= 4  Z= 5  Z= 6  Z= 7  Z= 8  Z= 9  Z=10  Z=11  Z=12
   0.50   1.407 1.288 1.355 1.535 1.647 1.681 1.717 1.681 0.992 1.018 1.860 1.821
   1.00   1.472 1.347 1.418 1.607 1.445 1.564 1.635 1.756 1.037 1.064 1.944 1.903
   1.50   1.172 1.336 1.407 1.595 1.398 1.509 1.567 1.741 0.950 1.054 1.687 1.886
   2.00   0.905 0.918 1.087 1.126 1.284 1.208 1.171 1.340 0.733 0.792 1.160 1.454
   2.50   0.932 0.745 0.868 0.936 1.259 1.162 1.135 1.014 0.592 0.675 1.157 1.084
   3.00   1.032 0.667 0.831 0.839 1.189 1.141 1.134 0.830 0.618 0.666 1.164 0.921
   3.50   1.034 0.603 0.827 0.859 1.010 1.084 1.127 0.830 0.605 0.631 1.208 0.805
   4.00   0.960 0.574 0.804 0.862 0.884 1.049 1.106 0.754 0.582 0.620 1.188 0.735
   4.50   0.912 0.575 0.770 0.860 0.794 0.987 1.089 0.706 0.575 0.566 1.169 0.688
   5.00   0.871 0.572 0.754 0.852 0.675 0.930 1.064 0.671 0.577 0.520 1.151 0.653
   6.00   0.817 0.571 0.765 0.809 0.537 0.925 1.041 0.623 0.566 0.485 1.120 0.615
   7.00   0.781 0.573 0.764 0.801 0.515 0.868 0.974 0.609 0.537 0.452 1.038 0.603
   8.00   0.758 0.573 0.782 0.753 0.530 0.809 0.879 0.601 0.503 0.450 0.945 0.597
   9.00   0.744 0.564 0.746 0.685 0.543 0.759 0.796 0.588 0.465 0.442 0.840 0.584
  10.00   0.744 0.551 0.697 0.654 0.555 0.731 0.707 0.591 0.444 0.431 0.770 0.588
  12.50   0.764 0.598 0.565 0.578 0.598 0.700 0.682 0.606 0.402 0.418 0.680 0.600
  15.00   0.777 0.600 0.512 0.529 0.611 0.653 0.691 0.633 0.377 0.426 0.689 0.628
  17.50   0.761 0.584 0.494 0.511 0.634 0.628 0.685 0.654 0.359 0.441 0.683 0.650
  20.00   0.734 0.561 0.470 0.501 0.667 0.626 0.679 0.655 0.353 0.458 0.682 0.653
  25.00   0.681 0.510 0.427 0.480 0.703 0.598 0.693 0.652 0.365 0.479 0.705 0.658
  30.00   0.646 0.473 0.409 0.469 0.733 0.570 0.680 0.641 0.388 0.481 0.693 0.656
  35.00   0.606 0.450 0.399 0.444 0.747 0.557 0.665 0.632 0.396 0.485 0.693 0.655
  40.00   0.564 0.426 0.381 0.420 0.759 0.534 0.668 0.624 0.390 0.487 0.699 0.651
  45.00   0.531 0.401 0.362 0.405 0.768 0.520 0.672 0.619 0.391 0.484 0.703 0.650
  50.00   0.507 0.378 0.356 0.388 0.773 0.510 0.664 0.616 0.397 0.483 0.695 0.650
  60.00   0.462 0.350 0.350 0.366 0.785 0.502 0.668 0.613 0.402 0.486 0.705 0.651
  70.00   0.431 0.331 0.342 0.354 0.793 0.498 0.665 0.612 0.400 0.485 0.704 0.652
  80.00   0.411 0.319 0.338 0.347 0.799 0.500 0.670 0.612 0.394 0.473 0.709 0.654
  90.00   0.397 0.311 0.338 0.341 0.804 0.500 0.668 0.613 0.380 0.455 0.709 0.656
 100.00   0.387 0.306 0.333 0.338 0.808 0.495 0.671 0.613 0.364 0.434 0.712 0.657
```

Tab. 8.38 Schadensäquivalenzfaktoren λ für Einzelzüge

```
WORKSPACE          : 2 LAM_BU1
DATUM / UHRZEIT    : 21-07-2021 / 12:15

GESAMTVERKEHR      : 10.00 Mrd. kN
                     OHNE VERTEILUNG DER ACHSLASTEN DURCH DAS GLEIS
BAUTEIL(E)         : QUERTRAEGER
WERTE FUER         : AUFLAGERKRAEFTE FUER MOMENTE
WOEHLERLINIEN NACH : EN 1993-1-9

     L   Z= 1  Z= 2  Z= 3  Z= 4  Z= 5  Z= 6  Z= 7  Z= 8  Z= 9  Z=10  Z=11  Z=12
  0.50   1.171 1.073 1.330 1.381 1.401 1.403 1.460 1.429 0.877 0.847 1.575 1.542
  1.00   1.225 1.122 1.392 1.445 1.312 1.365 1.424 1.493 0.917 0.886 1.646 1.611
  1.50   0.961 1.112 1.285 1.434 1.164 1.256 1.305 1.453 0.823 0.878 1.410 1.579
  2.00   0.742 0.750 0.929 0.938 1.069 1.010 0.975 1.116 0.635 0.664 0.966 1.214
  2.50   0.725 0.598 0.756 0.779 1.050 0.967 0.945 0.844 0.493 0.562 0.964 0.903
  3.00   0.803 0.585 0.692 0.698 1.012 0.952 0.944 0.721 0.515 0.555 0.969 0.748
  3.50   0.805 0.539 0.688 0.715 0.859 0.904 0.938 0.612 0.504 0.528 1.006 0.593
  4.00   0.743 0.503 0.669 0.717 0.739 0.874 0.921 0.564 0.484 0.523 0.989 0.547
  4.50   0.702 0.492 0.641 0.716 0.648 0.821 0.906 0.532 0.479 0.477 0.978 0.516
  5.00   0.667 0.484 0.628 0.709 0.544 0.787 0.890 0.508 0.481 0.442 0.961 0.492
  6.00   0.636 0.488 0.637 0.682 0.417 0.768 0.868 0.468 0.471 0.400 0.935 0.462
  7.00   0.579 0.486 0.636 0.667 0.395 0.725 0.796 0.452 0.453 0.377 0.856 0.448
  8.00   0.559 0.490 0.651 0.653 0.390 0.665 0.700 0.443 0.425 0.355 0.760 0.440
  9.00   0.548 0.474 0.620 0.591 0.400 0.609 0.620 0.433 0.398 0.340 0.663 0.430
 10.00   0.548 0.453 0.576 0.522 0.409 0.580 0.567 0.435 0.375 0.332 0.597 0.433
 12.50   0.563 0.441 0.456 0.442 0.441 0.551 0.503 0.447 0.318 0.322 0.501 0.442
 15.00   0.572 0.442 0.406 0.400 0.450 0.511 0.509 0.466 0.298 0.328 0.508 0.462
 17.50   0.561 0.430 0.370 0.382 0.467 0.489 0.505 0.482 0.284 0.340 0.503 0.479
 20.00   0.541 0.413 0.349 0.373 0.492 0.479 0.501 0.483 0.279 0.353 0.502 0.481
 25.00   0.502 0.376 0.315 0.357 0.518 0.449 0.511 0.480 0.288 0.369 0.520 0.484
 30.00   0.476 0.349 0.301 0.346 0.540 0.425 0.501 0.473 0.307 0.370 0.511 0.483
 35.00   0.447 0.331 0.294 0.328 0.550 0.412 0.490 0.465 0.313 0.373 0.510 0.482
 40.00   0.416 0.314 0.281 0.309 0.559 0.394 0.492 0.460 0.308 0.375 0.515 0.480
 45.00   0.392 0.296 0.267 0.299 0.566 0.383 0.495 0.456 0.309 0.372 0.518 0.479
 50.00   0.374 0.279 0.262 0.286 0.570 0.376 0.489 0.454 0.314 0.371 0.512 0.479
 60.00   0.340 0.258 0.258 0.270 0.579 0.370 0.492 0.452 0.317 0.374 0.520 0.479
 70.00   0.317 0.244 0.252 0.261 0.584 0.367 0.490 0.451 0.316 0.373 0.519 0.481
 80.00   0.303 0.235 0.249 0.255 0.589 0.369 0.493 0.451 0.311 0.364 0.523 0.482
 90.00   0.292 0.229 0.249 0.251 0.592 0.369 0.492 0.451 0.300 0.350 0.522 0.483
100.00   0.285 0.225 0.246 0.249 0.595 0.365 0.494 0.452 0.288 0.334 0.525 0.484
```

8.8 Betriebsfestigkeitsnachweis nach EN 1993-1-9:2013 ...

Tab. 8.39 Schadensäquivalenzfaktoren λ für Einzelzüge

```
WORKSPACE            : 2 LAM_BU1
DATUM / UHRZEIT      : 21-07-2021 / 12:16

GESAMTVERKEHR        : 5.00 Mrd. kN
                       OHNE VERTEILUNG DER ACHSLASTEN DURCH DAS GLEIS
BAUTEIL(E)           : QUERTRAEGER
WERTE FUER           : AUFLAGERKRAEFTE FUER MOMENTE
WOEHLERLINIEN NACH   : EN 1993-1-9

    L     Z= 1  Z= 2  Z= 3  Z= 4  Z= 5  Z= 6  Z= 7  Z= 8  Z= 9  Z=10  Z=11  Z=12
  0.50   1.006 0.899 1.158 1.202 1.219 1.221 1.271 1.244 0.794 0.763 1.371 1.342
  1.00   1.052 0.940 1.212 1.258 1.142 1.188 1.240 1.300 0.830 0.798 1.433 1.403
  1.50   0.849 0.933 1.119 1.249 1.013 1.093 1.136 1.265 0.716 0.783 1.228 1.375
  2.00   0.612 0.662 0.809 0.816 0.931 0.882 0.862 0.972 0.553 0.582 0.841 1.057
  2.50   0.598 0.531 0.660 0.678 0.905 0.842 0.823 0.749 0.432 0.493 0.839 0.804
  3.00   0.638 0.481 0.613 0.608 0.864 0.827 0.818 0.603 0.448 0.488 0.842 0.631
  3.50   0.639 0.451 0.598 0.623 0.736 0.784 0.812 0.503 0.438 0.463 0.876 0.499
  4.00   0.611 0.424 0.580 0.625 0.632 0.757 0.799 0.448 0.421 0.456 0.857 0.434
  4.50   0.587 0.411 0.555 0.623 0.554 0.702 0.787 0.422 0.417 0.415 0.844 0.410
  5.00   0.569 0.403 0.538 0.617 0.463 0.665 0.773 0.403 0.418 0.383 0.829 0.391
  6.00   0.530 0.406 0.547 0.592 0.346 0.637 0.749 0.374 0.410 0.343 0.803 0.369
  7.00   0.493 0.407 0.545 0.574 0.319 0.593 0.683 0.360 0.394 0.312 0.735 0.357
  8.00   0.470 0.410 0.558 0.550 0.313 0.544 0.594 0.352 0.368 0.290 0.649 0.349
  9.00   0.450 0.394 0.529 0.489 0.317 0.496 0.519 0.344 0.341 0.275 0.560 0.341
 10.00   0.435 0.374 0.490 0.445 0.325 0.470 0.468 0.345 0.310 0.266 0.497 0.344
 12.50   0.447 0.361 0.382 0.359 0.350 0.441 0.399 0.355 0.264 0.255 0.404 0.351
 15.00   0.454 0.351 0.331 0.321 0.357 0.408 0.404 0.370 0.237 0.260 0.403 0.367
 17.50   0.445 0.341 0.297 0.305 0.371 0.391 0.401 0.382 0.225 0.270 0.399 0.380
 20.00   0.429 0.328 0.279 0.298 0.390 0.388 0.397 0.383 0.221 0.280 0.399 0.382
 25.00   0.398 0.298 0.251 0.284 0.411 0.362 0.405 0.381 0.229 0.293 0.412 0.385
 30.00   0.378 0.277 0.239 0.277 0.429 0.340 0.398 0.375 0.243 0.294 0.405 0.383
 35.00   0.355 0.263 0.233 0.260 0.437 0.328 0.389 0.369 0.249 0.296 0.405 0.383
 40.00   0.330 0.249 0.223 0.246 0.444 0.313 0.391 0.365 0.245 0.298 0.409 0.381
 45.00   0.311 0.235 0.212 0.237 0.449 0.304 0.393 0.362 0.245 0.296 0.411 0.380
 50.00   0.297 0.221 0.208 0.227 0.452 0.298 0.388 0.360 0.249 0.295 0.407 0.380
 60.00   0.270 0.205 0.205 0.214 0.459 0.294 0.391 0.359 0.252 0.297 0.412 0.381
 70.00   0.252 0.193 0.200 0.207 0.464 0.291 0.389 0.358 0.251 0.296 0.412 0.381
 80.00   0.240 0.186 0.198 0.203 0.468 0.293 0.392 0.358 0.247 0.289 0.415 0.382
 90.00   0.232 0.182 0.197 0.199 0.470 0.293 0.391 0.358 0.238 0.278 0.415 0.383
100.00   0.226 0.179 0.195 0.197 0.472 0.290 0.392 0.359 0.228 0.265 0.417 0.384
```

Tab. 8.40 Schadensäquivalenzfaktoren λ für Einzelzüge

```
WORKSPACE          : 2 LAM_BU1
DATUM / UHRZEIT    : 21-07-2021 / 12:17

GESAMTVERKEHR      : 1.00 Mrd. kN
                     OHNE VERTEILUNG DER ACHSLASTEN DURCH DAS GLEIS
BAUTEIL(E)         : QUERTRAEGER
WERTE FUER         : AUFLAGERKRAEFTE FUER MOMENTE
WOEHLERLINIEN NACH : EN 1993-1-9

     L    Z= 1  Z= 2  Z= 3  Z= 4  Z= 5  Z= 6  Z= 7  Z= 8  Z= 9  Z=10  Z=11  Z=12
  0.50   0.677 0.627 0.817 0.871 0.870 0.861 0.907 0.888 0.576 0.551 0.964 0.944
  1.00   0.709 0.656 0.855 0.912 0.794 0.819 0.862 0.928 0.602 0.576 1.008 0.986
  1.50   0.579 0.609 0.778 0.905 0.625 0.699 0.736 0.892 0.520 0.528 0.785 0.957
  2.00   0.406 0.434 0.547 0.555 0.573 0.556 0.537 0.684 0.385 0.386 0.506 0.735
  2.50   0.368 0.347 0.440 0.449 0.552 0.522 0.496 0.498 0.292 0.320 0.496 0.533
  3.00   0.398 0.318 0.398 0.403 0.525 0.509 0.490 0.393 0.296 0.317 0.497 0.409
  3.50   0.397 0.294 0.380 0.412 0.448 0.482 0.486 0.309 0.288 0.302 0.516 0.314
  4.00   0.378 0.275 0.365 0.413 0.384 0.464 0.477 0.265 0.276 0.298 0.506 0.259
  4.50   0.369 0.268 0.348 0.410 0.331 0.432 0.469 0.247 0.273 0.269 0.499 0.240
  5.00   0.361 0.262 0.339 0.405 0.275 0.409 0.460 0.236 0.274 0.248 0.490 0.229
  6.00   0.338 0.263 0.342 0.387 0.209 0.388 0.445 0.219 0.268 0.221 0.473 0.216
  7.00   0.314 0.263 0.339 0.372 0.194 0.357 0.407 0.213 0.256 0.198 0.432 0.212
  8.00   0.296 0.264 0.346 0.356 0.187 0.327 0.357 0.207 0.237 0.180 0.384 0.205
  9.00   0.276 0.253 0.328 0.313 0.188 0.297 0.316 0.201 0.217 0.169 0.336 0.200
 10.00   0.265 0.240 0.305 0.282 0.192 0.276 0.287 0.202 0.197 0.160 0.302 0.201
 12.50   0.261 0.222 0.240 0.213 0.205 0.261 0.238 0.207 0.163 0.149 0.243 0.205
 15.00   0.266 0.209 0.207 0.190 0.209 0.240 0.236 0.216 0.140 0.152 0.236 0.215
 17.50   0.260 0.200 0.179 0.181 0.217 0.230 0.234 0.224 0.132 0.158 0.234 0.222
 20.00   0.251 0.192 0.164 0.176 0.228 0.228 0.232 0.224 0.129 0.164 0.233 0.223
 25.00   0.233 0.175 0.147 0.168 0.241 0.214 0.237 0.223 0.134 0.171 0.241 0.225
 30.00   0.221 0.162 0.140 0.164 0.251 0.201 0.233 0.219 0.142 0.172 0.237 0.224
 35.00   0.207 0.154 0.137 0.153 0.255 0.193 0.227 0.216 0.145 0.173 0.237 0.224
 40.00   0.193 0.146 0.131 0.144 0.260 0.184 0.229 0.213 0.143 0.174 0.239 0.223
 45.00   0.182 0.137 0.124 0.139 0.262 0.178 0.230 0.212 0.143 0.173 0.241 0.222
 50.00   0.173 0.129 0.122 0.133 0.264 0.174 0.227 0.211 0.146 0.172 0.238 0.222
 60.00   0.158 0.120 0.120 0.125 0.269 0.172 0.228 0.210 0.147 0.173 0.241 0.223
 70.00   0.147 0.113 0.117 0.121 0.271 0.170 0.227 0.209 0.147 0.173 0.241 0.223
 80.00   0.140 0.109 0.116 0.119 0.273 0.171 0.229 0.209 0.144 0.169 0.243 0.224
 90.00   0.136 0.106 0.115 0.116 0.275 0.171 0.228 0.210 0.139 0.163 0.242 0.224
100.00   0.132 0.105 0.114 0.115 0.276 0.169 0.229 0.210 0.134 0.155 0.244 0.225
```

8.8 Betriebsfestigkeitsnachweis nach EN 1993-1-9:2013 ...

Tab. 8.41 Schadensäquivalenzfaktoren λ für Einzelzüge

```
WORKSPACE            : 2 LAM_BU1
DATUM / UHRZEIT      : 21-07-2021 / 12:14

GESAMTVERKEHR        : 25.00 Mrd. kN
                       OHNE VERTEILUNG DER ACHSLASTEN DURCH DAS GLEIS
BAUTEIL(E)           : QUERTRAEGER
WERTE FUER           : AUFLAGERKRAEFTE FUER QUERKRAEFTE
WOEHLERLINIEN NACH   : EN 1993-1-9

  L     Z= 1  Z= 2  Z= 3  Z= 4  Z= 5  Z= 6  Z= 7  Z= 8  Z= 9  Z=10  Z=11  Z=12
 0.50  1.245 1.140 1.199 1.359 1.458 1.487 1.519 1.487 0.878 0.900 1.646 1.611
 1.00  1.302 1.192 1.255 1.422 1.279 1.384 1.447 1.554 0.918 0.941 1.720 1.684
 1.50  1.037 1.182 1.245 1.412 1.237 1.335 1.387 1.540 0.841 0.933 1.493 1.669
 2.00  0.801 0.812 0.962 0.997 1.136 1.069 1.036 1.186 0.649 0.701 1.027 1.287
 2.50  0.825 0.659 0.768 0.828 1.114 1.028 1.004 0.897 0.524 0.597 1.024 0.960
 3.00  0.913 0.590 0.735 0.742 1.052 1.010 1.004 0.738 0.547 0.590 1.030 0.815
 3.50  0.915 0.534 0.732 0.760 0.894 0.960 0.997 0.738 0.535 0.559 1.069 0.725
 4.00  0.849 0.508 0.712 0.763 0.783 0.929 0.979 0.684 0.515 0.549 1.051 0.672
 4.50  0.810 0.509 0.682 0.761 0.711 0.874 0.964 0.652 0.509 0.501 1.035 0.640
 5.00  0.780 0.510 0.667 0.754 0.623 0.823 0.942 0.627 0.511 0.460 1.019 0.616
 6.00  0.743 0.509 0.677 0.716 0.531 0.818 0.922 0.597 0.501 0.429 0.991 0.597
 7.00  0.718 0.511 0.676 0.709 0.554 0.768 0.862 0.593 0.475 0.400 0.919 0.595
 8.00  0.697 0.511 0.692 0.666 0.570 0.716 0.786 0.586 0.445 0.398 0.837 0.589
 9.00  0.683 0.503 0.660 0.606 0.584 0.682 0.732 0.574 0.411 0.391 0.765 0.576
10.00  0.684 0.491 0.616 0.579 0.597 0.669 0.678 0.576 0.393 0.381 0.713 0.581
12.50  0.702 0.533 0.500 0.512 0.643 0.653 0.665 0.591 0.356 0.370 0.671 0.592
15.00  0.714 0.535 0.480 0.470 0.657 0.621 0.674 0.617 0.334 0.377 0.681 0.620
17.50  0.699 0.520 0.469 0.454 0.682 0.601 0.668 0.638 0.318 0.390 0.674 0.642
20.00  0.674 0.500 0.449 0.445 0.718 0.612 0.662 0.639 0.312 0.405 0.673 0.645
25.00  0.626 0.455 0.411 0.426 0.756 0.600 0.676 0.636 0.323 0.424 0.696 0.649
30.00  0.593 0.422 0.393 0.417 0.788 0.580 0.663 0.625 0.343 0.426 0.684 0.647
35.00  0.557 0.401 0.384 0.394 0.803 0.567 0.648 0.616 0.351 0.429 0.684 0.646
40.00  0.518 0.380 0.367 0.373 0.816 0.544 0.652 0.608 0.345 0.431 0.690 0.643
45.00  0.488 0.358 0.348 0.360 0.826 0.530 0.655 0.604 0.346 0.428 0.694 0.642
50.00  0.466 0.337 0.343 0.344 0.832 0.519 0.648 0.601 0.352 0.427 0.687 0.641
60.00  0.424 0.313 0.337 0.325 0.845 0.511 0.651 0.598 0.355 0.430 0.696 0.642
70.00  0.396 0.295 0.330 0.315 0.853 0.507 0.648 0.597 0.354 0.429 0.695 0.644
80.00  0.377 0.284 0.325 0.308 0.860 0.509 0.653 0.597 0.348 0.419 0.700 0.646
90.00  0.365 0.278 0.325 0.302 0.865 0.510 0.651 0.598 0.336 0.403 0.700 0.647
100.00 0.356 0.273 0.321 0.299 0.869 0.504 0.654 0.598 0.322 0.384 0.703 0.649
```

Tab. 8.42 Schadensäquivalenzfaktoren λ für Einzelzüge

```
WORKSPACE            : 2 LAM_BU1
DATUM / UHRZEIT      : 21-07-2021 / 12:15

GESAMTVERKEHR        : 10.00  Mrd. kN
                       OHNE VERTEILUNG DER ACHSLASTEN DURCH DAS GLEIS
BAUTEIL(E)           : QUERTRAEGER
WERTE FUER           : AUFLAGERKRAEFTE FUER QUERKRAEFTE
WOEHLERLINIEN NACH   : EN 1993-1-9

    L     Z= 1  Z= 2  Z= 3  Z= 4  Z= 5  Z= 6  Z= 7  Z= 8  Z= 9  Z=10  Z=11  Z=12
  0.50   1.036 0.949 1.177 1.222 1.239 1.241 1.292 1.265 0.776 0.750 1.394 1.364
  1.00   1.084 0.993 1.232 1.279 1.161 1.208 1.260 1.322 0.811 0.784 1.457 1.426
  1.50   0.864 0.984 1.137 1.269 1.030 1.112 1.155 1.286 0.728 0.777 1.248 1.397
  2.00   0.667 0.676 0.822 0.830 0.946 0.894 0.863 0.987 0.562 0.587 0.855 1.075
  2.50   0.687 0.549 0.669 0.690 0.929 0.856 0.836 0.747 0.436 0.497 0.853 0.799
  3.00   0.761 0.518 0.612 0.618 0.896 0.843 0.836 0.664 0.456 0.491 0.858 0.678
  3.50   0.762 0.478 0.609 0.633 0.764 0.800 0.830 0.614 0.446 0.468 0.890 0.603
  4.00   0.707 0.455 0.592 0.635 0.664 0.773 0.815 0.570 0.428 0.463 0.875 0.559
  4.50   0.674 0.453 0.568 0.633 0.592 0.727 0.802 0.543 0.424 0.422 0.865 0.533
  5.00   0.649 0.450 0.556 0.628 0.519 0.698 0.788 0.522 0.425 0.391 0.851 0.513
  6.00   0.619 0.451 0.563 0.604 0.454 0.681 0.770 0.497 0.417 0.357 0.828 0.497
  7.00   0.598 0.453 0.563 0.590 0.461 0.645 0.717 0.494 0.401 0.346 0.765 0.496
  8.00   0.580 0.455 0.576 0.578 0.474 0.600 0.654 0.488 0.376 0.331 0.697 0.490
  9.00   0.569 0.443 0.549 0.529 0.486 0.568 0.609 0.478 0.352 0.326 0.637 0.480
 10.00   0.569 0.428 0.513 0.482 0.497 0.557 0.580 0.480 0.333 0.317 0.600 0.484
 12.50   0.585 0.444 0.427 0.426 0.535 0.545 0.554 0.492 0.296 0.308 0.559 0.493
 15.00   0.594 0.445 0.400 0.394 0.547 0.518 0.561 0.514 0.278 0.314 0.567 0.516
 17.50   0.582 0.433 0.390 0.379 0.568 0.500 0.556 0.531 0.265 0.325 0.561 0.535
 20.00   0.561 0.416 0.375 0.370 0.597 0.510 0.551 0.532 0.260 0.337 0.560 0.537
 25.00   0.521 0.379 0.342 0.354 0.630 0.501 0.563 0.529 0.269 0.353 0.580 0.540
 30.00   0.494 0.351 0.327 0.347 0.656 0.484 0.552 0.521 0.286 0.355 0.570 0.539
 35.00   0.464 0.334 0.320 0.328 0.669 0.472 0.540 0.513 0.292 0.357 0.569 0.538
 40.00   0.431 0.316 0.306 0.310 0.680 0.453 0.543 0.506 0.288 0.359 0.574 0.535
 45.00   0.407 0.298 0.290 0.299 0.687 0.441 0.545 0.502 0.288 0.356 0.578 0.535
 50.00   0.388 0.281 0.285 0.287 0.692 0.432 0.539 0.500 0.293 0.356 0.572 0.534
 60.00   0.353 0.260 0.281 0.270 0.703 0.426 0.542 0.498 0.296 0.358 0.580 0.535
 70.00   0.330 0.246 0.274 0.262 0.710 0.422 0.540 0.497 0.295 0.357 0.579 0.536
 80.00   0.314 0.237 0.271 0.256 0.716 0.424 0.544 0.497 0.290 0.349 0.583 0.538
 90.00   0.304 0.231 0.271 0.252 0.720 0.424 0.542 0.497 0.280 0.335 0.583 0.539
100.00   0.296 0.227 0.267 0.249 0.723 0.420 0.545 0.498 0.268 0.320 0.585 0.540
```

8.8 Betriebsfestigkeitsnachweis nach EN 1993-1-9:2013 ...

Tab. 8.43 Schadensäquivalenzfaktoren λ für Einzelzüge

```
WORKSPACE           : 2 LAM_BU1
DATUM / UHRZEIT     : 21-07-2021 / 12:16

GESAMTVERKEHR       :   5.00  Mrd. kN
                    OHNE VERTEILUNG DER ACHSLASTEN DURCH DAS GLEIS
BAUTEIL(E)          : QUERTRAEGER
WERTE FUER          : AUFLAGERKRAEFTE FUER QUERKRAEFTE
WOEHLERLINIEN NACH  : EN 1993-1-9

  L     Z= 1  Z= 2  Z= 3  Z= 4  Z= 5  Z= 6  Z= 7  Z= 8  Z= 9  Z=10  Z=11  Z=12
  0.50  0.902 0.826 1.024 1.064 1.079 1.081 1.125 1.101 0.703 0.675 1.213 1.188
  1.00  0.944 0.864 1.072 1.113 1.011 1.051 1.097 1.151 0.735 0.706 1.268 1.241
  1.50  0.802 0.857 0.990 1.105 0.897 0.968 1.005 1.120 0.634 0.693 1.087 1.217
  2.00  0.599 0.614 0.716 0.722 0.824 0.780 0.763 0.860 0.489 0.515 0.744 0.936
  2.50  0.598 0.501 0.585 0.600 0.810 0.745 0.728 0.664 0.382 0.436 0.742 0.711
  3.00  0.662 0.451 0.543 0.538 0.780 0.734 0.727 0.578 0.397 0.432 0.747 0.590
  3.50  0.663 0.417 0.530 0.551 0.665 0.697 0.723 0.535 0.388 0.409 0.775 0.525
  4.00  0.616 0.396 0.516 0.553 0.578 0.674 0.709 0.496 0.373 0.403 0.762 0.487
  4.50  0.587 0.394 0.494 0.551 0.516 0.633 0.698 0.473 0.369 0.368 0.753 0.464
  5.00  0.577 0.393 0.484 0.546 0.452 0.607 0.686 0.455 0.370 0.344 0.741 0.446
  6.00  0.549 0.394 0.492 0.526 0.395 0.593 0.671 0.433 0.363 0.316 0.720 0.433
  7.00  0.521 0.395 0.490 0.516 0.402 0.562 0.625 0.431 0.349 0.301 0.667 0.432
  8.00  0.505 0.397 0.502 0.503 0.413 0.524 0.569 0.425 0.328 0.292 0.607 0.427
  9.00  0.495 0.386 0.478 0.461 0.423 0.495 0.530 0.416 0.309 0.284 0.555 0.418
 10.00  0.496 0.372 0.447 0.430 0.433 0.485 0.505 0.417 0.290 0.276 0.522 0.421
 12.50  0.509 0.387 0.372 0.371 0.466 0.475 0.482 0.429 0.260 0.268 0.487 0.429
 15.00  0.517 0.388 0.353 0.343 0.476 0.451 0.489 0.447 0.242 0.273 0.493 0.449
 17.50  0.507 0.377 0.340 0.330 0.495 0.436 0.484 0.462 0.230 0.283 0.489 0.465
 20.00  0.489 0.362 0.326 0.323 0.520 0.444 0.480 0.463 0.226 0.294 0.488 0.467
 25.00  0.453 0.330 0.298 0.309 0.548 0.436 0.490 0.461 0.234 0.307 0.505 0.470
 30.00  0.430 0.306 0.285 0.302 0.571 0.421 0.481 0.453 0.249 0.309 0.496 0.469
 35.00  0.404 0.291 0.278 0.286 0.582 0.411 0.470 0.446 0.254 0.311 0.496 0.468
 40.00  0.376 0.275 0.266 0.270 0.592 0.394 0.472 0.441 0.250 0.313 0.500 0.466
 45.00  0.354 0.259 0.252 0.261 0.598 0.384 0.475 0.437 0.251 0.310 0.503 0.465
 50.00  0.338 0.244 0.248 0.250 0.603 0.376 0.469 0.435 0.255 0.310 0.498 0.465
 60.00  0.307 0.227 0.244 0.235 0.612 0.371 0.472 0.433 0.258 0.311 0.505 0.466
 70.00  0.287 0.214 0.239 0.228 0.618 0.367 0.470 0.433 0.257 0.311 0.504 0.467
 80.00  0.273 0.206 0.236 0.223 0.623 0.369 0.473 0.433 0.252 0.304 0.508 0.468
 90.00  0.264 0.201 0.236 0.219 0.627 0.369 0.472 0.433 0.244 0.292 0.507 0.469
100.00  0.258 0.198 0.233 0.217 0.630 0.365 0.474 0.433 0.234 0.279 0.510 0.470
```

Tab. 8.44 Schadensäquivalenzfaktoren λ für Einzelzüge

```
WORKSPACE             : 2 LAM_BU1
DATUM / UHRZEIT       : 21-07-2021 / 12:18

GESAMTVERKEHR         : 1.00  Mrd. kN
                        OHNE VERTEILUNG DER ACHSLASTEN DURCH DAS GLEIS
BAUTEIL(E)            : QUERTRAEGER
WERTE FUER            : AUFLAGERKRAEFTE FUER QUERKRAEFTE
WOEHLERLINIEN NACH    : EN 1993-1-9

    L     Z= 1  Z= 2  Z= 3  Z= 4  Z= 5  Z= 6  Z= 7  Z= 8  Z= 9  Z=10  Z=11  Z=12
  0.50    0.681 0.629 0.743 0.771 0.782 0.783 0.815 0.798 0.509 0.506 0.879 0.861
  1.00    0.712 0.658 0.777 0.807 0.733 0.762 0.795 0.834 0.532 0.529 0.919 0.900
  1.50    0.587 0.637 0.726 0.801 0.650 0.701 0.729 0.812 0.471 0.502 0.788 0.882
  2.00    0.438 0.446 0.520 0.529 0.597 0.565 0.553 0.624 0.354 0.375 0.542 0.679
  2.50    0.438 0.363 0.424 0.435 0.587 0.541 0.529 0.481 0.279 0.316 0.538 0.515
  3.00    0.483 0.329 0.394 0.390 0.565 0.532 0.527 0.419 0.288 0.313 0.541 0.428
  3.50    0.484 0.302 0.386 0.399 0.482 0.505 0.524 0.391 0.281 0.297 0.562 0.386
  4.00    0.451 0.287 0.374 0.401 0.419 0.488 0.514 0.360 0.270 0.292 0.552 0.353
  4.50    0.432 0.286 0.358 0.400 0.376 0.459 0.506 0.343 0.267 0.266 0.546 0.336
  5.00    0.418 0.285 0.351 0.396 0.328 0.440 0.497 0.330 0.268 0.249 0.537 0.324
  6.00    0.398 0.286 0.357 0.381 0.286 0.432 0.486 0.314 0.263 0.229 0.523 0.314
  7.00    0.383 0.286 0.356 0.374 0.293 0.407 0.453 0.312 0.253 0.219 0.483 0.313
  8.00    0.370 0.288 0.364 0.365 0.299 0.380 0.413 0.308 0.237 0.213 0.440 0.309
  9.00    0.361 0.280 0.347 0.334 0.307 0.359 0.384 0.301 0.224 0.207 0.402 0.303
 10.00    0.359 0.270 0.324 0.312 0.314 0.352 0.366 0.303 0.211 0.201 0.379 0.305
 12.50    0.369 0.282 0.269 0.269 0.338 0.345 0.349 0.311 0.190 0.194 0.353 0.311
 15.00    0.375 0.281 0.256 0.249 0.345 0.327 0.354 0.324 0.175 0.198 0.358 0.325
 17.50    0.367 0.273 0.246 0.239 0.358 0.316 0.351 0.335 0.167 0.205 0.354 0.337
 20.00    0.354 0.263 0.237 0.234 0.377 0.322 0.348 0.335 0.164 0.213 0.353 0.339
 25.00    0.329 0.239 0.216 0.224 0.397 0.316 0.355 0.334 0.169 0.223 0.366 0.341
 30.00    0.312 0.222 0.207 0.219 0.414 0.305 0.348 0.329 0.180 0.224 0.360 0.340
 35.00    0.293 0.211 0.202 0.207 0.422 0.298 0.341 0.324 0.184 0.225 0.359 0.339
 40.00    0.272 0.200 0.193 0.196 0.429 0.286 0.342 0.319 0.181 0.227 0.362 0.338
 45.00    0.257 0.188 0.183 0.189 0.434 0.278 0.344 0.317 0.182 0.225 0.365 0.337
 50.00    0.245 0.177 0.180 0.181 0.437 0.273 0.340 0.316 0.185 0.224 0.361 0.337
 60.00    0.223 0.164 0.177 0.171 0.444 0.269 0.342 0.314 0.187 0.226 0.366 0.337
 70.00    0.208 0.155 0.173 0.165 0.448 0.266 0.341 0.314 0.186 0.225 0.365 0.338
 80.00    0.198 0.149 0.171 0.162 0.452 0.268 0.343 0.314 0.183 0.220 0.368 0.339
 90.00    0.192 0.146 0.171 0.159 0.454 0.268 0.342 0.314 0.177 0.211 0.368 0.340
100.00    0.187 0.143 0.169 0.157 0.456 0.265 0.344 0.314 0.169 0.202 0.369 0.341
```

8.8 Betriebsfestigkeitsnachweis nach EN 1993-1-9:2013 ...

Tab. 8.45 Schadensäquivalenzfaktoren λ für Einzelzüge

```
WORKSPACE         : 2 LAM_BU1
DATUM / UHRZEIT   : 21-07-2021 / 12:13

GESAMTVERKEHR       : 25.00 Mrd. kN
                      OHNE VERTEILUNG DER ACHSLASTEN DURCH DAS GLEIS
BAUTEIL(E)          : HAUPTTRAEGER
WERTE FUER          : MOMENTE
WOEHLERLINIEN NACH  : OENORM B 4008-2

    L    Z= 1  Z= 2  Z= 3  Z= 4  Z= 5  Z= 6  Z= 7  Z= 8  Z= 9  Z=10  Z=11  Z=12
  0.50  1.225 1.123 1.153 1.050 1.130 1.153 1.177 1.153 0.680 0.785 1.308 1.281
  1.00  1.225 1.122 1.153 1.049 1.129 1.152 1.176 1.152 0.680 0.784 1.307 1.280
  1.50  1.223 1.121 1.151 1.048 1.128 1.150 1.175 1.150 0.679 0.783 1.305 1.278
  2.00  1.213 1.112 1.142 1.040 1.118 1.141 1.165 1.141 0.673 0.777 1.294 1.268
  2.50  0.955 1.088 1.118 1.018 1.094 1.116 1.140 1.116 0.659 0.760 1.267 1.240
  3.00  0.927 1.058 1.088 0.990 1.064 1.085 1.108 1.085 0.640 0.739 1.232 1.206
  3.50  0.830 0.900 0.848 0.887 0.952 0.972 0.986 0.972 0.573 0.662 1.057 1.080
  4.00  0.714 0.709 0.729 0.763 0.982 0.918 0.916 0.835 0.493 0.569 0.908 0.928
  4.50  0.680 0.647 0.666 0.696 0.949 0.914 0.911 0.762 0.450 0.519 0.920 0.846
  5.00  0.758 0.607 0.625 0.654 0.992 0.915 0.912 0.715 0.422 0.500 0.933 0.794
  6.00  0.857 0.555 0.615 0.598 0.991 0.914 0.934 0.694 0.449 0.504 0.969 0.682
  7.00  0.871 0.508 0.611 0.616 0.854 0.868 0.940 0.704 0.446 0.484 1.009 0.692
  8.00  0.816 0.485 0.594 0.612 0.755 0.846 0.922 0.659 0.433 0.484 0.996 0.647
  9.00  0.783 0.487 0.579 0.606 0.689 0.789 0.920 0.632 0.434 0.436 0.995 0.621
 10.00  0.757 0.496 0.571 0.596 0.578 0.762 0.910 0.611 0.441 0.399 0.985 0.599
 12.50  0.714 0.495 0.597 0.593 0.527 0.778 0.883 0.579 0.432 0.387 0.948 0.580
 15.00  0.692 0.500 0.599 0.621 0.547 0.720 0.768 0.578 0.421 0.391 0.872 0.580
 17.50  0.676 0.496 0.593 0.604 0.570 0.674 0.683 0.566 0.377 0.386 0.695 0.569
 20.00  0.682 0.488 0.543 0.580 0.589 0.650 0.671 0.569 0.369 0.377 0.684 0.573
 25.00  0.700 0.530 0.480 0.500 0.636 0.647 0.659 0.585 0.352 0.366 0.665 0.586
 30.00  0.711 0.532 0.480 0.470 0.651 0.615 0.669 0.612 0.331 0.374 0.675 0.614
 35.00  0.697 0.518 0.464 0.454 0.677 0.590 0.664 0.633 0.316 0.388 0.670 0.638
 40.00  0.673 0.498 0.449 0.445 0.713 0.596 0.659 0.635 0.310 0.403 0.669 0.641
 45.00  0.646 0.476 0.430 0.433 0.733 0.601 0.666 0.632 0.313 0.416 0.684 0.644
 50.00  0.624 0.454 0.411 0.426 0.753 0.595 0.673 0.633 0.321 0.423 0.694 0.646
 60.00  0.593 0.421 0.393 0.416 0.785 0.578 0.661 0.623 0.342 0.425 0.682 0.645
 70.00  0.559 0.402 0.385 0.396 0.804 0.568 0.649 0.617 0.351 0.429 0.685 0.647
 80.00  0.519 0.380 0.368 0.374 0.817 0.544 0.652 0.609 0.346 0.432 0.691 0.643
 90.00  0.489 0.358 0.349 0.360 0.826 0.530 0.656 0.604 0.346 0.428 0.695 0.643
100.00  0.467 0.338 0.343 0.345 0.832 0.519 0.648 0.601 0.352 0.427 0.687 0.642
```

Tab. 8.46 Schadensäquivalenzfaktoren λ für Einzelzüge

```
WORKSPACE            : 2 LAM_BU1
DATUM / UHRZEIT      : 21-07-2021 / 12:14

GESAMTVERKEHR        : 10.00 Mrd. kN
                       OHNE VERTEILUNG DER ACHSLASTEN DURCH DAS GLEIS
BAUTEIL(E)           : HAUPTTRAEGER
WERTE FUER           : MOMENTE
WOEHLERLINIEN NACH   : OENORM B 4008-2

     L    Z= 1   Z= 2   Z= 3   Z= 4   Z= 5   Z= 6   Z= 7   Z= 8   Z= 9   Z=10   Z=11   Z=12
  0.50   1.020  0.935  0.960  1.050  1.130  1.153  1.177  1.153  0.680  0.739  1.308  1.281
  1.00   1.020  0.934  0.960  1.049  1.129  1.152  1.176  1.152  0.680  0.738  1.307  1.280
  1.50   1.018  0.933  0.958  1.048  1.128  1.150  1.175  1.150  0.679  0.737  1.305  1.278
  2.00   1.010  0.926  0.951  1.040  0.994  1.076  1.124  1.141  0.673  0.731  1.294  1.268
  2.50   0.862  0.906  0.931  1.018  0.950  1.025  1.064  1.116  0.659  0.716  1.140  1.240
  3.00   0.772  0.881  0.905  0.990  0.924  0.996  1.035  1.085  0.627  0.696  1.108  1.206
  3.50   0.691  0.749  0.783  0.859  0.827  0.868  0.822  0.972  0.562  0.623  0.889  1.080
  4.00   0.594  0.590  0.673  0.738  0.842  0.790  0.771  0.835  0.483  0.521  0.764  0.928
  4.50   0.566  0.539  0.614  0.674  0.841  0.787  0.765  0.714  0.429  0.476  0.772  0.774
  5.00   0.631  0.505  0.577  0.633  0.826  0.786  0.771  0.689  0.402  0.458  0.786  0.737
  6.00   0.714  0.462  0.573  0.579  0.825  0.791  0.786  0.578  0.429  0.462  0.807  0.604
  7.00   0.725  0.423  0.578  0.601  0.711  0.763  0.792  0.587  0.425  0.444  0.849  0.576
  8.00   0.679  0.404  0.568  0.609  0.629  0.745  0.785  0.549  0.413  0.440  0.843  0.539
  9.00   0.652  0.406  0.548  0.606  0.574  0.705  0.777  0.526  0.410  0.392  0.835  0.517
 10.00   0.630  0.413  0.539  0.596  0.505  0.667  0.763  0.508  0.409  0.373  0.825  0.499
 12.50   0.594  0.412  0.550  0.566  0.439  0.652  0.735  0.486  0.387  0.343  0.789  0.486
 15.00   0.576  0.417  0.554  0.536  0.455  0.599  0.673  0.481  0.365  0.325  0.726  0.483
 17.50   0.563  0.413  0.550  0.502  0.475  0.561  0.601  0.471  0.339  0.321  0.637  0.474
 20.00   0.568  0.406  0.515  0.483  0.490  0.550  0.559  0.474  0.324  0.314  0.569  0.477
 25.00   0.583  0.441  0.400  0.426  0.529  0.538  0.548  0.487  0.293  0.305  0.554  0.488
 30.00   0.592  0.443  0.400  0.391  0.542  0.512  0.557  0.509  0.276  0.311  0.562  0.511
 35.00   0.581  0.431  0.390  0.378  0.564  0.497  0.553  0.527  0.263  0.323  0.558  0.531
 40.00   0.560  0.415  0.373  0.370  0.594  0.507  0.549  0.529  0.258  0.336  0.557  0.533
 45.00   0.538  0.396  0.358  0.360  0.611  0.503  0.554  0.526  0.260  0.346  0.570  0.536
 50.00   0.520  0.378  0.342  0.354  0.627  0.496  0.561  0.527  0.268  0.352  0.577  0.538
 60.00   0.493  0.351  0.327  0.347  0.654  0.481  0.551  0.519  0.285  0.354  0.568  0.537
 70.00   0.465  0.335  0.321  0.329  0.669  0.473  0.540  0.513  0.292  0.358  0.570  0.539
 80.00   0.432  0.317  0.307  0.311  0.680  0.453  0.543  0.507  0.288  0.360  0.575  0.535
 90.00   0.407  0.298  0.291  0.300  0.688  0.441  0.546  0.503  0.288  0.357  0.579  0.535
100.00   0.389  0.281  0.286  0.287  0.693  0.432  0.540  0.500  0.293  0.356  0.572  0.534
```

8.8 Betriebsfestigkeitsnachweis nach EN 1993-1-9:2013 ...

Tab. 8.47 Schadensäquivalenzfaktoren λ für Einzelzüge

```
WORKSPACE          : 2 LAM_BU1
DATUM / UHRZEIT    : 21-07-2021 / 12:16

GESAMTVERKEHR      :   5.00 Mrd. kN
                     OHNE VERTEILUNG DER ACHSLASTEN DURCH DAS GLEIS
BAUTEIL(E)         : HAUPTTRAEGER
WERTE FUER         : MOMENTE
WOEHLERLINIEN NACH : OENORM B 4008-2

    L     Z= 1  Z= 2  Z= 3  Z= 4  Z= 5  Z= 6  Z= 7  Z= 8  Z= 9  Z=10  Z=11  Z=12
  0.50   0.888 0.814 0.927 1.046 1.064 1.066 1.109 1.086 0.666 0.643 1.177 1.153
  1.00   0.888 0.813 0.926 1.045 1.064 1.065 1.108 1.085 0.666 0.643 1.176 1.152
  1.50   0.886 0.812 0.925 1.044 1.062 1.063 1.106 1.083 0.665 0.642 1.175 1.150
  2.00   0.879 0.806 0.918 1.036 0.895 0.936 0.979 1.074 0.659 0.637 1.165 1.141
  2.50   0.750 0.789 0.898 1.014 0.827 0.892 0.926 1.032 0.645 0.623 1.003 1.116
  3.00   0.672 0.767 0.874 0.986 0.804 0.867 0.901 1.004 0.546 0.606 0.973 1.085
  3.50   0.602 0.652 0.745 0.760 0.720 0.763 0.752 0.899 0.489 0.542 0.788 0.972
  4.00   0.517 0.525 0.637 0.643 0.737 0.693 0.671 0.768 0.420 0.454 0.665 0.835
  4.50   0.493 0.469 0.581 0.587 0.734 0.685 0.666 0.660 0.380 0.414 0.672 0.723
  5.00   0.550 0.440 0.535 0.551 0.747 0.687 0.671 0.600 0.350 0.399 0.684 0.642
  6.00   0.621 0.402 0.499 0.504 0.725 0.691 0.684 0.544 0.373 0.402 0.702 0.556
  7.00   0.631 0.396 0.503 0.523 0.634 0.664 0.690 0.511 0.370 0.386 0.739 0.501
  8.00   0.591 0.381 0.494 0.530 0.548 0.649 0.683 0.478 0.359 0.383 0.734 0.469
  9.00   0.567 0.374 0.477 0.532 0.499 0.614 0.677 0.458 0.357 0.352 0.730 0.450
 10.00   0.549 0.363 0.469 0.530 0.440 0.591 0.667 0.443 0.360 0.331 0.718 0.434
 12.50   0.521 0.381 0.479 0.502 0.382 0.579 0.640 0.423 0.350 0.304 0.687 0.423
 15.00   0.501 0.380 0.482 0.501 0.396 0.526 0.586 0.419 0.327 0.283 0.632 0.421
 17.50   0.490 0.377 0.479 0.444 0.413 0.489 0.528 0.410 0.305 0.280 0.555 0.412
 20.00   0.494 0.354 0.448 0.420 0.427 0.479 0.487 0.412 0.282 0.273 0.517 0.416
 25.00   0.507 0.384 0.372 0.371 0.461 0.469 0.477 0.424 0.255 0.265 0.482 0.424
 30.00   0.516 0.386 0.348 0.343 0.472 0.446 0.485 0.444 0.240 0.271 0.490 0.445
 35.00   0.505 0.375 0.339 0.329 0.491 0.433 0.481 0.459 0.229 0.281 0.486 0.462
 40.00   0.488 0.361 0.326 0.322 0.517 0.441 0.478 0.460 0.225 0.292 0.485 0.464
 45.00   0.469 0.345 0.312 0.314 0.532 0.441 0.483 0.458 0.227 0.301 0.496 0.467
 50.00   0.452 0.329 0.298 0.308 0.546 0.433 0.488 0.459 0.233 0.306 0.503 0.468
 60.00   0.429 0.305 0.285 0.302 0.569 0.419 0.479 0.452 0.248 0.308 0.495 0.468
 70.00   0.405 0.291 0.279 0.287 0.583 0.412 0.470 0.447 0.255 0.311 0.496 0.469
 80.00   0.376 0.276 0.267 0.271 0.592 0.395 0.473 0.441 0.251 0.313 0.501 0.466
 90.00   0.355 0.260 0.253 0.261 0.599 0.384 0.475 0.438 0.251 0.311 0.504 0.466
100.00   0.338 0.245 0.249 0.250 0.603 0.376 0.470 0.436 0.255 0.310 0.498 0.465
```

Tab. 8.48 Schadensäquivalenzfaktoren λ für Einzelzüge

```
WORKSPACE           : 2 LAM_BU1
DATUM / UHRZEIT     : 21-07-2021 / 12:17

GESAMTVERKEHR       : 1.00 Mrd. kN
                      OHNE VERTEILUNG DER ACHSLASTEN DURCH DAS GLEIS
BAUTEIL(E)          : HAUPTTRAEGER
WERTE FUER          : MOMENTE
WOEHLERLINIEN NACH  : OENORM B 4008-2

    L     Z= 1  Z= 2  Z= 3  Z= 4  Z= 5  Z= 6  Z= 7  Z= 8  Z= 9  Z=10  Z=11  Z=12
  0.50   0.644 0.602 0.730 0.758 0.772 0.773 0.804 0.787 0.502 0.498 0.867 0.849
  1.00   0.643 0.602 0.730 0.758 0.771 0.772 0.803 0.786 0.502 0.498 0.866 0.848
  1.50   0.642 0.601 0.729 0.757 0.770 0.771 0.802 0.785 0.501 0.497 0.865 0.847
  2.00   0.637 0.596 0.723 0.751 0.685 0.712 0.742 0.779 0.497 0.493 0.858 0.840
  2.50   0.585 0.584 0.708 0.735 0.602 0.649 0.678 0.752 0.486 0.466 0.741 0.815
  3.00   0.519 0.568 0.640 0.715 0.583 0.629 0.653 0.727 0.420 0.450 0.706 0.790
  3.50   0.461 0.489 0.545 0.571 0.522 0.553 0.546 0.651 0.369 0.403 0.577 0.708
  4.00   0.387 0.398 0.462 0.467 0.534 0.506 0.494 0.558 0.317 0.334 0.482 0.607
  4.50   0.367 0.357 0.421 0.425 0.533 0.499 0.484 0.483 0.283 0.302 0.487 0.524
  5.00   0.398 0.334 0.389 0.399 0.542 0.499 0.486 0.444 0.257 0.291 0.496 0.475
  6.00   0.450 0.307 0.368 0.365 0.533 0.501 0.496 0.394 0.270 0.294 0.509 0.403
  7.00   0.457 0.288 0.365 0.379 0.460 0.482 0.500 0.370 0.268 0.283 0.536 0.368
  8.00   0.429 0.276 0.358 0.384 0.404 0.471 0.495 0.346 0.260 0.281 0.532 0.340
  9.00   0.418 0.277 0.346 0.386 0.364 0.445 0.490 0.332 0.259 0.258 0.529 0.326
 10.00   0.406 0.277 0.340 0.384 0.319 0.428 0.483 0.321 0.261 0.242 0.522 0.315
 12.50   0.384 0.278 0.348 0.367 0.283 0.420 0.466 0.306 0.254 0.224 0.499 0.307
 15.00   0.368 0.280 0.349 0.363 0.287 0.384 0.425 0.304 0.239 0.210 0.458 0.305
 17.50   0.355 0.277 0.347 0.335 0.300 0.356 0.383 0.297 0.223 0.204 0.402 0.299
 20.00   0.358 0.268 0.325 0.313 0.309 0.347 0.362 0.299 0.208 0.198 0.374 0.301
 25.00   0.368 0.278 0.269 0.269 0.334 0.341 0.346 0.307 0.188 0.192 0.349 0.308
 30.00   0.374 0.279 0.256 0.249 0.342 0.324 0.351 0.321 0.174 0.197 0.355 0.323
 35.00   0.366 0.272 0.246 0.239 0.356 0.314 0.349 0.333 0.166 0.204 0.352 0.335
 40.00   0.353 0.262 0.236 0.234 0.375 0.320 0.346 0.333 0.163 0.212 0.352 0.337
 45.00   0.340 0.250 0.226 0.228 0.385 0.320 0.350 0.332 0.164 0.218 0.360 0.338
 50.00   0.328 0.238 0.216 0.224 0.395 0.315 0.354 0.333 0.169 0.222 0.364 0.340
 60.00   0.311 0.221 0.207 0.219 0.413 0.304 0.347 0.327 0.180 0.223 0.358 0.339
 70.00   0.293 0.211 0.202 0.208 0.422 0.299 0.341 0.324 0.184 0.226 0.360 0.340
 80.00   0.273 0.200 0.193 0.196 0.429 0.286 0.343 0.320 0.182 0.227 0.363 0.338
 90.00   0.257 0.188 0.183 0.189 0.434 0.279 0.344 0.317 0.182 0.225 0.365 0.338
100.00   0.245 0.177 0.180 0.181 0.437 0.273 0.341 0.316 0.185 0.224 0.361 0.337
```

8.8 Betriebsfestigkeitsnachweis nach EN 1993-1-9:2013 …

Tab. 8.49 Schadensäquivalenzfaktoren λ für Einzelzüge

```
WORKSPACE          : 2 LAM_BU1
DATUM / UHRZEIT    : 21-07-2021 / 12:13

GESAMTVERKEHR         : 25.00 Mrd. kN
                        OHNE VERTEILUNG DER ACHSLASTEN DURCH DAS GLEIS
BAUTEIL(E)            : HAUPTTRAEGER
WERTE FUER            : QUERKRAEFTE
WOEHLERLINIEN NACH    : OENORM B 4008-2

   L    Z= 1  Z= 2  Z= 3  Z= 4  Z= 5  Z= 6  Z= 7  Z= 8  Z= 9  Z=10  Z=11  Z=12
  0.50  1.225 1.123 1.153 1.050 1.130 1.153 1.177 1.153 0.680 0.785 1.308 1.281
  1.00  1.217 1.115 1.145 1.043 1.122 1.145 1.169 1.145 0.675 0.779 1.299 1.272
  1.50  1.162 1.065 1.094 0.996 1.072 1.093 1.116 1.093 0.645 0.744 1.240 1.215
  2.00  1.017 0.932 0.958 0.872 1.032 1.052 1.075 0.957 0.565 0.651 1.086 1.063
  2.50  0.881 0.820 0.843 0.768 1.056 1.077 1.100 0.842 0.497 0.579 1.146 0.943
  3.00  0.865 0.749 0.770 0.701 1.055 1.076 1.099 0.769 0.529 0.584 1.163 0.854
  3.50  0.819 0.686 0.724 0.729 1.018 1.038 1.035 0.699 0.530 0.567 1.086 0.777
  4.00  0.805 0.648 0.720 0.742 1.050 1.007 1.004 0.654 0.527 0.552 1.059 0.722
  4.50  0.811 0.666 0.721 0.754 1.024 0.990 0.987 0.660 0.528 0.544 1.047 0.733
  5.00  0.850 0.673 0.724 0.757 1.010 0.969 0.988 0.689 0.523 0.534 1.030 0.762
  6.00  0.862 0.653 0.696 0.728 0.968 0.919 0.990 0.699 0.495 0.500 1.037 0.716
  7.00  0.863 0.627 0.675 0.705 0.895 0.889 1.004 0.698 0.474 0.479 1.044 0.685
  8.00  0.834 0.601 0.659 0.683 0.834 0.885 1.030 0.672 0.476 0.469 1.096 0.660
  9.00  0.819 0.585 0.666 0.662 0.788 0.895 1.051 0.670 0.478 0.463 1.123 0.660
 10.00  0.794 0.575 0.672 0.646 0.755 0.899 1.061 0.659 0.491 0.463 1.136 0.652
 12.50  0.754 0.557 0.720 0.679 0.733 0.875 1.016 0.637 0.509 0.420 1.088 0.634
 15.00  0.739 0.550 0.729 0.680 0.697 0.832 0.911 0.630 0.499 0.408 0.980 0.631
 17.50  0.764 0.568 0.707 0.658 0.643 0.809 0.784 0.631 0.456 0.405 0.868 0.635
 20.00  0.791 0.584 0.653 0.626 0.664 0.785 0.732 0.643 0.408 0.413 0.758 0.652
 25.00  0.801 0.591 0.560 0.581 0.697 0.749 0.757 0.661 0.382 0.428 0.771 0.658
 30.00  0.781 0.574 0.537 0.552 0.733 0.712 0.747 0.678 0.384 0.439 0.759 0.674
 35.00  0.752 0.549 0.510 0.525 0.751 0.688 0.722 0.686 0.393 0.438 0.732 0.686
 40.00  0.731 0.530 0.486 0.500 0.774 0.675 0.724 0.693 0.395 0.443 0.740 0.697
 45.00  0.715 0.516 0.468 0.474 0.791 0.665 0.732 0.696 0.391 0.448 0.750 0.703
 50.00  0.696 0.508 0.467 0.456 0.807 0.646 0.729 0.699 0.392 0.447 0.747 0.709
 60.00  0.658 0.484 0.456 0.440 0.831 0.626 0.740 0.702 0.400 0.453 0.755 0.718
 70.00  0.630 0.461 0.441 0.433 0.849 0.614 0.737 0.701 0.396 0.455 0.756 0.721
 80.00  0.598 0.443 0.432 0.417 0.857 0.609 0.735 0.693 0.393 0.455 0.758 0.717
 90.00  0.574 0.424 0.419 0.407 0.862 0.600 0.727 0.687 0.390 0.453 0.752 0.714
100.00  0.552 0.410 0.410 0.397 0.866 0.590 0.725 0.681 0.390 0.445 0.753 0.711
```

Tab. 8.50 Schadensäquivalenzfaktoren λ für Einzelzüge

```
WORKSPACE            : 2 LAM_BU1
DATUM / UHRZEIT      : 21-07-2021 / 12:15

GESAMTVERKEHR        : 10.00 Mrd. kN
                       OHNE VERTEILUNG DER ACHSLASTEN DURCH DAS GLEIS
BAUTEIL(E)           : HAUPTTRAEGER
WERTE FUER           : QUERKRAEFTE
WOEHLERLINIEN NACH   : OENORM B 4008-2
```

L	Z= 1	Z= 2	Z= 3	Z= 4	Z= 5	Z= 6	Z= 7	Z= 8	Z= 9	Z=10	Z=11	Z=12
0.50	1.020	0.935	0.960	1.050	1.130	1.153	1.177	1.153	0.680	0.739	1.308	1.281
1.00	1.013	0.928	0.953	1.043	1.122	1.145	1.169	1.145	0.675	0.734	1.299	1.272
1.50	0.968	0.887	0.911	0.996	1.072	1.093	1.116	1.093	0.645	0.701	1.240	1.215
2.00	0.847	0.776	0.797	0.872	0.938	0.957	0.984	0.957	0.565	0.613	1.086	1.063
2.50	0.759	0.683	0.702	0.768	0.913	0.976	1.008	0.842	0.497	0.547	1.031	0.943
3.00	0.730	0.624	0.722	0.701	0.912	0.983	1.006	0.769	0.518	0.523	1.046	0.854
3.50	0.708	0.571	0.724	0.706	0.881	0.943	0.955	0.699	0.519	0.476	0.979	0.777
4.00	0.690	0.557	0.720	0.718	0.907	0.890	0.896	0.649	0.516	0.479	0.921	0.722
4.50	0.682	0.554	0.721	0.730	0.914	0.866	0.834	0.660	0.511	0.478	0.880	0.696
5.00	0.708	0.560	0.706	0.733	0.916	0.843	0.822	0.686	0.499	0.476	0.869	0.725
6.00	0.718	0.544	0.661	0.705	0.862	0.815	0.833	0.645	0.472	0.450	0.885	0.698
7.00	0.718	0.522	0.638	0.690	0.780	0.798	0.842	0.581	0.456	0.441	0.888	0.644
8.00	0.694	0.501	0.632	0.678	0.697	0.785	0.866	0.560	0.451	0.428	0.919	0.591
9.00	0.682	0.487	0.628	0.662	0.660	0.775	0.881	0.558	0.439	0.414	0.935	0.550
10.00	0.661	0.478	0.622	0.641	0.632	0.757	0.883	0.549	0.435	0.408	0.946	0.543
12.50	0.641	0.472	0.646	0.595	0.617	0.736	0.846	0.530	0.451	0.382	0.906	0.528
15.00	0.623	0.466	0.654	0.566	0.599	0.696	0.762	0.530	0.437	0.352	0.816	0.530
17.50	0.636	0.473	0.636	0.548	0.571	0.673	0.694	0.526	0.398	0.337	0.736	0.529
20.00	0.658	0.486	0.597	0.521	0.552	0.664	0.662	0.536	0.368	0.344	0.690	0.542
25.00	0.667	0.492	0.516	0.484	0.580	0.630	0.630	0.550	0.330	0.357	0.660	0.548
30.00	0.650	0.478	0.447	0.470	0.610	0.602	0.622	0.564	0.319	0.365	0.652	0.561
35.00	0.626	0.457	0.425	0.450	0.626	0.585	0.601	0.571	0.327	0.365	0.609	0.571
40.00	0.609	0.441	0.405	0.425	0.644	0.573	0.603	0.577	0.329	0.369	0.616	0.580
45.00	0.596	0.430	0.395	0.401	0.658	0.556	0.610	0.579	0.326	0.373	0.625	0.585
50.00	0.579	0.423	0.390	0.386	0.672	0.543	0.607	0.582	0.326	0.372	0.622	0.591
60.00	0.548	0.403	0.380	0.367	0.692	0.524	0.616	0.584	0.333	0.378	0.629	0.598
70.00	0.525	0.383	0.367	0.360	0.707	0.512	0.613	0.583	0.330	0.379	0.629	0.600
80.00	0.498	0.369	0.359	0.347	0.713	0.507	0.612	0.577	0.327	0.378	0.631	0.597
90.00	0.478	0.353	0.349	0.339	0.717	0.499	0.605	0.572	0.324	0.377	0.626	0.594
100.00	0.459	0.341	0.341	0.330	0.721	0.491	0.603	0.567	0.324	0.371	0.627	0.592

8.8 Betriebsfestigkeitsnachweis nach EN 1993-1-9:2013 ...

Tab. 8.51 Schadensäquivalenzfaktoren λ für Einzelzüge

```
WORKSPACE           : 2 LAM_BU1
DATUM / UHRZEIT     : 21-07-2021 / 12:16

GESAMTVERKEHR       :   5.00 Mrd. kN
                      OHNE VERTEILUNG DER ACHSLASTEN DURCH DAS GLEIS
BAUTEIL(E)          : HAUPTTRAEGER
WERTE FUER          : QUERKRAEFTE
WOEHLERLINIEN NACH  : OENORM B 4008-2


   L     Z= 1   Z= 2   Z= 3   Z= 4   Z= 5   Z= 6   Z= 7   Z= 8   Z= 9   Z=10   Z=11   Z=12
  0.50   0.888  0.814  0.927  1.046  1.064  1.066  1.109  1.086  0.666  0.643  1.177  1.153
  1.00   0.882  0.808  0.920  1.039  1.057  1.058  1.101  1.078  0.661  0.639  1.169  1.145
  1.50   0.842  0.772  0.879  0.992  1.009  1.011  1.051  1.029  0.632  0.610  1.116  1.093
  2.00   0.737  0.676  0.769  0.869  0.861  0.861  0.887  0.901  0.553  0.534  0.977  0.957
  2.50   0.661  0.595  0.677  0.765  0.825  0.856  0.886  0.791  0.486  0.476  0.904  0.856
  3.00   0.636  0.543  0.679  0.698  0.794  0.856  0.887  0.732  0.451  0.461  0.918  0.782
  3.50   0.616  0.497  0.659  0.628  0.767  0.821  0.835  0.674  0.452  0.439  0.857  0.717
  4.00   0.601  0.485  0.660  0.634  0.790  0.785  0.789  0.633  0.449  0.428  0.818  0.672
  4.50   0.600  0.487  0.663  0.635  0.798  0.767  0.763  0.585  0.448  0.421  0.799  0.642
  5.00   0.616  0.488  0.654  0.638  0.799  0.749  0.747  0.600  0.442  0.415  0.782  0.635
  6.00   0.625  0.473  0.600  0.614  0.752  0.710  0.725  0.583  0.411  0.392  0.771  0.608
  7.00   0.625  0.455  0.555  0.601  0.684  0.695  0.733  0.556  0.397  0.395  0.773  0.572
  8.00   0.605  0.436  0.550  0.590  0.628  0.697  0.758  0.526  0.392  0.389  0.805  0.538
  9.00   0.593  0.427  0.546  0.578  0.577  0.686  0.770  0.493  0.387  0.376  0.821  0.522
 10.00   0.576  0.429  0.541  0.572  0.550  0.674  0.772  0.478  0.393  0.370  0.826  0.507
 12.50   0.558  0.445  0.565  0.554  0.537  0.645  0.736  0.462  0.393  0.345  0.788  0.459
 15.00   0.542  0.442  0.569  0.537  0.523  0.607  0.663  0.461  0.381  0.317  0.710  0.461
 17.50   0.553  0.443  0.554  0.492  0.498  0.586  0.604  0.460  0.356  0.301  0.641  0.463
 20.00   0.573  0.423  0.520  0.454  0.498  0.578  0.576  0.469  0.332  0.300  0.601  0.474
 25.00   0.580  0.428  0.453  0.421  0.505  0.553  0.570  0.479  0.291  0.310  0.589  0.477
 30.00   0.566  0.416  0.408  0.409  0.531  0.525  0.562  0.491  0.286  0.318  0.579  0.489
 35.00   0.545  0.398  0.370  0.392  0.545  0.509  0.523  0.497  0.288  0.318  0.547  0.497
 40.00   0.530  0.384  0.359  0.370  0.561  0.502  0.525  0.502  0.287  0.321  0.536  0.505
 45.00   0.518  0.374  0.344  0.350  0.573  0.487  0.531  0.504  0.284  0.325  0.544  0.510
 50.00   0.504  0.368  0.341  0.336  0.585  0.474  0.528  0.507  0.284  0.324  0.541  0.514
 60.00   0.477  0.351  0.331  0.319  0.603  0.457  0.536  0.509  0.290  0.329  0.547  0.520
 70.00   0.457  0.334  0.320  0.314  0.615  0.447  0.534  0.508  0.287  0.330  0.548  0.523
 80.00   0.433  0.321  0.313  0.302  0.621  0.442  0.533  0.502  0.285  0.329  0.549  0.520
 90.00   0.416  0.307  0.304  0.295  0.624  0.435  0.527  0.498  0.282  0.328  0.545  0.517
100.00   0.400  0.297  0.297  0.288  0.628  0.428  0.525  0.494  0.282  0.323  0.546  0.515
```

Tab. 8.52 Schadensäquivalenzfaktoren λ für Einzelzüge

```
WORKSPACE         : 2 LAM_BU1
DATUM / UHRZEIT   : 21-07-2021 / 12:17

GESAMTVERKEHR     : 1.00 Mrd. kN
                    OHNE VERTEILUNG DER ACHSLASTEN DURCH DAS GLEIS
BAUTEIL(E)        : HAUPTTRAEGER
WERTE FUER        : QUERKRAEFTE
WOEHLERLINIEN NACH : OENORM B 4008-2

   L      Z= 1  Z= 2  Z= 3  Z= 4  Z= 5  Z= 6  Z= 7  Z= 8  Z= 9  Z=10  Z=11  Z=12
  0.50   0.644 0.602 0.730 0.758 0.772 0.773 0.804 0.787 0.502 0.498 0.867 0.849
  1.00   0.639 0.598 0.725 0.753 0.766 0.767 0.798 0.781 0.499 0.495 0.861 0.843
  1.50   0.611 0.571 0.693 0.719 0.732 0.733 0.762 0.746 0.476 0.473 0.822 0.805
  2.00   0.534 0.500 0.606 0.630 0.648 0.652 0.678 0.653 0.417 0.414 0.720 0.705
  2.50   0.479 0.440 0.534 0.554 0.607 0.624 0.648 0.576 0.367 0.367 0.676 0.625
  3.00   0.478 0.415 0.503 0.506 0.596 0.622 0.645 0.531 0.350 0.349 0.667 0.570
  3.50   0.463 0.389 0.484 0.477 0.571 0.596 0.607 0.488 0.341 0.334 0.624 0.522
  4.00   0.447 0.382 0.480 0.462 0.573 0.570 0.573 0.459 0.339 0.323 0.596 0.489
  4.50   0.444 0.385 0.481 0.467 0.578 0.556 0.556 0.446 0.336 0.317 0.581 0.473
  5.00   0.457 0.385 0.475 0.468 0.579 0.543 0.541 0.448 0.328 0.311 0.568 0.473
  6.00   0.458 0.364 0.439 0.448 0.545 0.518 0.532 0.424 0.306 0.290 0.563 0.449
  7.00   0.459 0.347 0.417 0.436 0.496 0.504 0.532 0.405 0.291 0.286 0.561 0.423
  8.00   0.446 0.331 0.406 0.428 0.455 0.505 0.549 0.383 0.285 0.282 0.583 0.397
  9.00   0.439 0.325 0.396 0.419 0.426 0.498 0.558 0.373 0.280 0.273 0.595 0.385
 10.00   0.429 0.320 0.392 0.415 0.405 0.492 0.561 0.363 0.285 0.270 0.600 0.373
 12.50   0.418 0.323 0.410 0.404 0.394 0.473 0.535 0.344 0.291 0.252 0.573 0.352
 15.00   0.403 0.321 0.413 0.392 0.385 0.445 0.481 0.342 0.280 0.234 0.515 0.346
 17.50   0.408 0.322 0.402 0.368 0.364 0.429 0.439 0.338 0.261 0.223 0.465 0.343
 20.00   0.416 0.322 0.377 0.344 0.364 0.421 0.418 0.340 0.241 0.223 0.436 0.348
 25.00   0.421 0.316 0.328 0.315 0.373 0.402 0.415 0.348 0.214 0.228 0.427 0.347
 30.00   0.410 0.302 0.297 0.302 0.389 0.381 0.408 0.356 0.209 0.231 0.420 0.354
 35.00   0.395 0.288 0.278 0.288 0.396 0.369 0.388 0.360 0.212 0.230 0.398 0.360
 40.00   0.384 0.278 0.266 0.268 0.407 0.364 0.385 0.364 0.211 0.233 0.395 0.366
 45.00   0.376 0.271 0.259 0.253 0.415 0.354 0.388 0.365 0.207 0.235 0.398 0.369
 50.00   0.365 0.267 0.253 0.243 0.424 0.345 0.385 0.367 0.207 0.235 0.396 0.373
 60.00   0.346 0.254 0.242 0.233 0.437 0.332 0.389 0.369 0.210 0.238 0.397 0.377
 70.00   0.331 0.242 0.234 0.228 0.446 0.324 0.387 0.368 0.208 0.239 0.397 0.379
 80.00   0.314 0.233 0.227 0.219 0.450 0.321 0.386 0.364 0.206 0.239 0.398 0.377
 90.00   0.302 0.223 0.220 0.214 0.453 0.316 0.382 0.361 0.205 0.238 0.395 0.375
100.00   0.290 0.215 0.215 0.208 0.455 0.310 0.381 0.358 0.205 0.234 0.396 0.373
```

8.8 Betriebsfestigkeitsnachweis nach EN 1993-1-9:2013 ...

Tab. 8.53 Schadensäquivalenzfaktoren λ für Einzelzüge

```
WORKSPACE           : 2 LAM_BU1
DATUM / UHRZEIT     : 21-07-2021 / 12:13

GESAMTVERKEHR       : 25.00 Mrd. kN
                      OHNE VERTEILUNG DER ACHSLASTEN DURCH DAS GLEIS
BAUTEIL(E)          : LAENGSTRAEGER
WERTE FUER          : MOMENTE
WOEHLERLINIEN NACH  : OENORM B 4008-2

    L    Z= 1   Z= 2   Z= 3   Z= 4   Z= 5   Z= 6   Z= 7   Z= 8   Z= 9   Z=10   Z=11   Z=12
  0.50   1.212  1.110  1.141  1.039  1.116  1.138  1.163  1.138  0.672  0.775  1.292  1.265
  1.00   1.245  1.140  1.173  1.068  1.146  1.169  1.194  1.169  0.690  0.796  1.327  1.299
  1.50   1.280  1.172  1.207  1.099  1.178  1.202  1.228  1.202  0.709  0.818  1.364  1.335
  2.00   1.302  1.192  1.228  1.118  1.197  1.222  1.248  1.222  0.721  0.832  1.387  1.358
  2.50   1.048  1.193  1.229  1.119  1.197  1.222  1.248  1.222  0.721  0.832  1.387  1.358
  3.00   1.037  1.182  1.219  1.109  1.186  1.211  1.237  1.211  0.715  0.825  1.375  1.345
  3.50   0.945  1.023  0.967  1.011  1.080  1.103  1.119  1.103  0.651  0.751  1.200  1.225
  4.00   0.801  0.794  0.820  0.857  1.098  1.027  1.025  0.934  0.552  0.636  1.016  1.038
  4.50   0.750  0.712  0.736  0.769  1.043  1.005  1.002  0.837  0.495  0.571  1.012  0.930
  5.00   0.825  0.659  0.681  0.712  1.075  0.992  0.989  0.775  0.458  0.542  1.012  0.861
  6.00   0.913  0.590  0.657  0.638  1.052  0.970  0.992  0.738  0.478  0.535  1.030  0.724
  7.00   0.915  0.534  0.644  0.649  0.894  0.910  0.985  0.738  0.467  0.507  1.058  0.725
  8.00   0.849  0.504  0.620  0.639  0.783  0.878  0.957  0.684  0.449  0.503  1.034  0.672
  9.00   0.810  0.503  0.600  0.628  0.711  0.814  0.949  0.652  0.448  0.450  1.027  0.640
 10.00   0.780  0.510  0.589  0.615  0.594  0.783  0.935  0.627  0.454  0.410  1.012  0.616
 12.50   0.731  0.507  0.612  0.609  0.539  0.796  0.904  0.593  0.443  0.396  0.970  0.594
 15.00   0.707  0.512  0.613  0.636  0.559  0.735  0.785  0.591  0.430  0.400  0.891  0.593
 17.50   0.688  0.506  0.603  0.614  0.582  0.687  0.697  0.577  0.384  0.393  0.709  0.580
 20.00   0.684  0.491  0.541  0.579  0.597  0.658  0.678  0.576  0.373  0.381  0.691  0.581
 25.00   0.702  0.533  0.480  0.500  0.643  0.653  0.665  0.591  0.356  0.370  0.671  0.592
 30.00   0.714  0.535  0.480  0.470  0.657  0.621  0.674  0.617  0.334  0.377  0.681  0.620
 35.00   0.699  0.520  0.464  0.454  0.682  0.595  0.668  0.638  0.318  0.390  0.674  0.642
 40.00   0.674  0.500  0.449  0.445  0.718  0.599  0.662  0.639  0.312  0.405  0.673  0.645
 45.00   0.648  0.478  0.430  0.433  0.737  0.604  0.669  0.635  0.314  0.418  0.688  0.648
 50.00   0.626  0.455  0.411  0.426  0.756  0.598  0.676  0.636  0.323  0.424  0.696  0.649
 60.00   0.593  0.422  0.393  0.417  0.788  0.580  0.663  0.625  0.343  0.426  0.684  0.647
 70.00   0.557  0.401  0.384  0.394  0.803  0.567  0.648  0.616  0.351  0.429  0.684  0.646
 80.00   0.518  0.380  0.367  0.373  0.816  0.544  0.652  0.608  0.345  0.431  0.690  0.643
 90.00   0.488  0.358  0.348  0.360  0.826  0.530  0.655  0.604  0.346  0.428  0.694  0.642
100.00   0.466  0.337  0.343  0.344  0.832  0.519  0.648  0.601  0.352  0.427  0.687  0.641
```

Tab. 8.54 Schadensäquivalenzfaktoren λ für Einzelzüge

```
WORKSPACE           : 2 LAM_BU1
DATUM / UHRZEIT     : 21-07-2021 / 12:15

GESAMTVERKEHR       : 10.00 Mrd. kN
                      OHNE VERTEILUNG DER ACHSLASTEN DURCH DAS GLEIS
BAUTEIL(E)          : LAENGSTRAEGER
WERTE FUER          : MOMENTE
WOEHLERLINIEN NACH  : OENORM B 4008-2

   L     Z= 1  Z= 2  Z= 3  Z= 4  Z= 5  Z= 6  Z= 7  Z= 8  Z= 9  Z=10  Z=11  Z=12
  0.50  1.009 0.924 0.950 1.039 1.116 1.138 1.163 1.138 0.672 0.730 1.292 1.265
  1.00  1.036 0.949 0.976 1.068 1.146 1.169 1.194 1.169 0.690 0.750 1.327 1.299
  1.50  1.066 0.976 1.005 1.099 1.178 1.202 1.228 1.202 0.709 0.771 1.364 1.335
  2.00  1.084 0.993 1.022 1.118 1.064 1.152 1.205 1.222 0.721 0.784 1.387 1.358
  2.50  0.945 0.993 1.023 1.119 1.040 1.122 1.165 1.222 0.721 0.784 1.248 1.358
  3.00  0.864 0.984 1.015 1.109 1.030 1.112 1.155 1.211 0.700 0.777 1.237 1.345
  3.50  0.787 0.852 0.892 0.979 0.938 0.986 0.934 1.103 0.638 0.708 1.010 1.225
  4.00  0.667 0.661 0.756 0.830 0.941 0.884 0.863 0.934 0.540 0.583 0.855 1.038
  4.50  0.625 0.593 0.679 0.745 0.924 0.866 0.842 0.785 0.472 0.523 0.849 0.850
  5.00  0.687 0.549 0.629 0.690 0.895 0.853 0.836 0.747 0.436 0.497 0.853 0.799
  6.00  0.761 0.491 0.612 0.618 0.876 0.841 0.836 0.614 0.456 0.491 0.858 0.642
  7.00  0.762 0.444 0.609 0.633 0.744 0.799 0.830 0.614 0.446 0.465 0.890 0.603
  8.00  0.707 0.420 0.592 0.635 0.652 0.773 0.815 0.570 0.428 0.457 0.875 0.559
  9.00  0.674 0.419 0.568 0.628 0.592 0.727 0.802 0.543 0.424 0.404 0.862 0.533
 10.00  0.649 0.425 0.556 0.615 0.519 0.685 0.784 0.522 0.420 0.383 0.848 0.513
 12.50  0.609 0.422 0.564 0.581 0.449 0.667 0.753 0.497 0.396 0.351 0.808 0.497
 15.00  0.589 0.426 0.567 0.548 0.465 0.612 0.688 0.492 0.373 0.333 0.742 0.494
 17.50  0.573 0.421 0.560 0.511 0.484 0.572 0.613 0.481 0.345 0.328 0.649 0.483
 20.00  0.569 0.409 0.513 0.482 0.497 0.557 0.565 0.480 0.327 0.317 0.575 0.484
 25.00  0.585 0.444 0.400 0.426 0.535 0.544 0.554 0.492 0.296 0.308 0.559 0.493
 30.00  0.594 0.445 0.400 0.391 0.547 0.517 0.561 0.514 0.278 0.314 0.567 0.516
 35.00  0.582 0.433 0.390 0.378 0.568 0.500 0.556 0.531 0.265 0.325 0.561 0.535
 40.00  0.561 0.416 0.374 0.370 0.597 0.510 0.551 0.532 0.260 0.337 0.560 0.537
 45.00  0.539 0.398 0.358 0.360 0.614 0.505 0.557 0.529 0.262 0.348 0.572 0.539
 50.00  0.521 0.379 0.342 0.354 0.630 0.498 0.563 0.529 0.269 0.353 0.580 0.540
 60.00  0.494 0.351 0.327 0.347 0.656 0.483 0.552 0.521 0.286 0.355 0.570 0.539
 70.00  0.464 0.334 0.320 0.328 0.669 0.472 0.540 0.513 0.292 0.357 0.569 0.538
 80.00  0.431 0.316 0.306 0.310 0.680 0.453 0.543 0.506 0.288 0.359 0.574 0.535
 90.00  0.407 0.298 0.290 0.299 0.687 0.441 0.545 0.502 0.288 0.356 0.578 0.535
100.00  0.388 0.281 0.285 0.287 0.692 0.432 0.539 0.500 0.293 0.356 0.572 0.534
```

8.8 Betriebsfestigkeitsnachweis nach EN 1993-1-9:2013 ...

Tab. 8.55 Schadensäquivalenzfaktoren λ für Einzelzüge

```
WORKSPACE         : 2 LAM_BU1
DATUM / UHRZEIT   : 21-07-2021 / 12:16

GESAMTVERKEHR     : 5.00 Mrd. kN
                    OHNE VERTEILUNG DER ACHSLASTEN DURCH DAS GLEIS
BAUTEIL(E)        : LAENGSTRAEGER
WERTE FUER        : MOMENTE
WOEHLERLINIEN NACH : OENORM B 4008-2

    L     Z= 1   Z= 2   Z= 3   Z= 4   Z= 5   Z= 6   Z= 7   Z= 8   Z= 9   Z=10   Z=11   Z=12
  0.50   0.878  0.804  0.917  1.035  1.051  1.052  1.095  1.072  0.658  0.635  1.163  1.138
  1.00   0.902  0.826  0.942  1.064  1.079  1.081  1.125  1.101  0.676  0.653  1.194  1.169
  1.50   0.928  0.850  0.969  1.094  1.109  1.111  1.156  1.132  0.695  0.671  1.228  1.202
  2.00   0.944  0.864  0.986  1.113  0.958  1.003  1.049  1.151  0.706  0.682  1.248  1.222
  2.50   0.823  0.864  0.987  1.114  0.905  0.976  1.014  1.130  0.706  0.682  1.098  1.222
  3.00   0.752  0.857  0.979  1.105  0.897  0.968  1.005  1.120  0.609  0.676  1.087  1.211
  3.50   0.685  0.741  0.850  0.866  0.817  0.866  0.854  1.020  0.555  0.616  0.895  1.103
  4.00   0.580  0.589  0.716  0.722  0.824  0.775  0.751  0.859  0.470  0.508  0.744  0.934
  4.50   0.544  0.516  0.642  0.648  0.807  0.753  0.733  0.726  0.418  0.455  0.740  0.795
  5.00   0.598  0.478  0.583  0.600  0.809  0.745  0.728  0.650  0.380  0.433  0.742  0.696
  6.00   0.662  0.428  0.533  0.538  0.769  0.734  0.727  0.578  0.397  0.427  0.747  0.590
  7.00   0.663  0.415  0.530  0.551  0.664  0.696  0.723  0.535  0.388  0.405  0.775  0.525
  8.00   0.616  0.396  0.516  0.553  0.568  0.673  0.709  0.496  0.373  0.398  0.762  0.487
  9.00   0.587  0.386  0.494  0.551  0.515  0.633  0.698  0.473  0.369  0.363  0.753  0.464
 10.00   0.565  0.374  0.484  0.546  0.452  0.607  0.686  0.455  0.370  0.340  0.739  0.446
 12.50   0.534  0.390  0.491  0.515  0.391  0.592  0.655  0.432  0.358  0.311  0.703  0.433
 15.00   0.513  0.388  0.494  0.512  0.405  0.538  0.599  0.428  0.334  0.290  0.646  0.430
 17.50   0.499  0.384  0.487  0.452  0.421  0.498  0.539  0.418  0.311  0.285  0.565  0.420
 20.00   0.496  0.356  0.447  0.419  0.433  0.485  0.492  0.417  0.285  0.276  0.522  0.421
 25.00   0.509  0.387  0.372  0.371  0.466  0.474  0.482  0.429  0.258  0.268  0.487  0.429
 30.00   0.517  0.388  0.348  0.343  0.476  0.450  0.489  0.447  0.242  0.273  0.493  0.449
 35.00   0.507  0.377  0.340  0.329  0.495  0.436  0.484  0.462  0.230  0.283  0.489  0.465
 40.00   0.489  0.362  0.326  0.322  0.520  0.444  0.480  0.463  0.226  0.294  0.488  0.467
 45.00   0.470  0.346  0.312  0.314  0.535  0.443  0.485  0.461  0.228  0.303  0.498  0.469
 50.00   0.453  0.330  0.298  0.309  0.548  0.435  0.490  0.461  0.234  0.307  0.505  0.470
 60.00   0.430  0.306  0.285  0.302  0.571  0.420  0.481  0.453  0.249  0.309  0.496  0.469
 70.00   0.404  0.291  0.278  0.286  0.582  0.411  0.470  0.446  0.254  0.311  0.496  0.468
 80.00   0.376  0.275  0.266  0.270  0.592  0.394  0.472  0.441  0.250  0.313  0.500  0.466
 90.00   0.354  0.259  0.252  0.261  0.598  0.384  0.475  0.437  0.251  0.310  0.503  0.465
100.00   0.338  0.244  0.248  0.250  0.603  0.376  0.469  0.435  0.255  0.310  0.498  0.465
```

Tab. 8.56 Schadensäquivalenzfaktoren λ für Einzelzüge

```
WORKSPACE          : 2 LAM_BU1
DATUM / UHRZEIT    : 21-07-2021 / 12:17

GESAMTVERKEHR      : 1.00 Mrd. kN
                     OHNE VERTEILUNG DER ACHSLASTEN DURCH DAS GLEIS
BAUTEIL(E)         : LAENGSTRAEGER
WERTE FUER         : MOMENTE
WOEHLERLINIEN NACH : OENORM B 4008-2

   L     Z= 1  Z= 2  Z= 3  Z= 4  Z= 5  Z= 6  Z= 7  Z= 8  Z= 9  Z=10  Z=11  Z=12
  0.50   0.636 0.595 0.723 0.750 0.762 0.763 0.794 0.777 0.496 0.492 0.856 0.838
  1.00   0.654 0.612 0.743 0.771 0.782 0.783 0.815 0.798 0.509 0.506 0.879 0.861
  1.50   0.673 0.629 0.764 0.793 0.804 0.805 0.838 0.820 0.524 0.520 0.904 0.885
  2.00   0.684 0.640 0.777 0.807 0.733 0.762 0.795 0.834 0.532 0.529 0.919 0.900
  2.50   0.642 0.640 0.778 0.808 0.658 0.711 0.742 0.823 0.532 0.510 0.812 0.892
  3.00   0.581 0.634 0.718 0.801 0.650 0.701 0.729 0.812 0.469 0.502 0.788 0.882
  3.50   0.525 0.556 0.621 0.651 0.592 0.628 0.620 0.739 0.419 0.458 0.655 0.803
  4.00   0.434 0.446 0.519 0.525 0.597 0.565 0.553 0.624 0.354 0.373 0.539 0.679
  4.50   0.404 0.394 0.465 0.470 0.585 0.548 0.533 0.531 0.311 0.333 0.536 0.576
  5.00   0.433 0.363 0.424 0.435 0.587 0.541 0.528 0.481 0.279 0.316 0.538 0.515
  6.00   0.480 0.327 0.393 0.390 0.565 0.532 0.527 0.419 0.287 0.313 0.541 0.428
  7.00   0.481 0.302 0.384 0.399 0.482 0.505 0.524 0.388 0.281 0.297 0.562 0.386
  8.00   0.446 0.287 0.374 0.401 0.419 0.488 0.514 0.360 0.270 0.292 0.552 0.353
  9.00   0.432 0.286 0.358 0.400 0.376 0.459 0.506 0.343 0.267 0.266 0.546 0.336
 10.00   0.418 0.285 0.351 0.396 0.327 0.440 0.497 0.330 0.268 0.249 0.537 0.324
 12.50   0.393 0.285 0.357 0.377 0.289 0.429 0.477 0.313 0.260 0.229 0.511 0.314
 15.00   0.376 0.286 0.358 0.371 0.294 0.392 0.435 0.310 0.244 0.215 0.469 0.311
 17.50   0.361 0.283 0.353 0.341 0.305 0.363 0.390 0.303 0.227 0.208 0.410 0.305
 20.00   0.359 0.270 0.324 0.312 0.314 0.352 0.366 0.303 0.210 0.200 0.379 0.305
 25.00   0.369 0.280 0.269 0.269 0.338 0.345 0.349 0.311 0.190 0.194 0.353 0.311
 30.00   0.375 0.281 0.256 0.249 0.345 0.327 0.354 0.324 0.175 0.198 0.358 0.325
 35.00   0.367 0.273 0.246 0.239 0.358 0.316 0.351 0.335 0.167 0.205 0.354 0.337
 40.00   0.354 0.263 0.237 0.234 0.377 0.322 0.348 0.335 0.164 0.213 0.353 0.339
 45.00   0.340 0.251 0.226 0.228 0.387 0.321 0.351 0.334 0.165 0.219 0.361 0.340
 50.00   0.329 0.239 0.216 0.224 0.397 0.316 0.355 0.334 0.169 0.223 0.366 0.341
 60.00   0.312 0.222 0.207 0.219 0.414 0.305 0.348 0.329 0.180 0.224 0.360 0.340
 70.00   0.293 0.211 0.202 0.207 0.422 0.298 0.341 0.324 0.184 0.225 0.359 0.339
 80.00   0.272 0.200 0.193 0.196 0.429 0.286 0.342 0.319 0.181 0.227 0.362 0.338
 90.00   0.257 0.188 0.183 0.189 0.434 0.278 0.344 0.317 0.182 0.225 0.365 0.337
100.00   0.245 0.177 0.180 0.181 0.437 0.273 0.340 0.316 0.185 0.224 0.361 0.337
```

8.8 Betriebsfestigkeitsnachweis nach EN 1993-1-9:2013 ...

Tab. 8.57 Schadensäquivalenzfaktoren λ für Einzelzüge

```
WORKSPACE           : 2 LAM_BU1
DATUM / UHRZEIT     : 21-07-2021 / 12:14

GESAMTVERKEHR       : 25.00 Mrd. kN
                      OHNE VERTEILUNG DER ACHSLASTEN DURCH DAS GLEIS
BAUTEIL(E)          : LAENGSTRAEGER
WERTE FUER          : QUERKRAEFTE
WOEHLERLINIEN NACH  : OENORM B 4008-2

    L      Z= 1   Z= 2   Z= 3   Z= 4   Z= 5   Z= 6   Z= 7   Z= 8   Z= 9   Z=10   Z=11   Z=12
  0.50    1.212  1.110  1.141  1.039  1.116  1.138  1.163  1.138  0.672  0.775  1.292  1.265
  1.00    1.237  1.133  1.165  1.061  1.138  1.162  1.187  1.162  0.686  0.791  1.318  1.291
  1.50    1.217  1.114  1.147  1.044  1.119  1.142  1.167  1.142  0.674  0.778  1.296  1.269
  2.00    1.092  1.000  1.030  0.937  1.105  1.127  1.152  1.025  0.605  0.698  1.163  1.138
  2.50    0.966  0.899  0.926  0.843  1.155  1.179  1.205  0.921  0.544  0.634  1.255  1.032
  3.00    0.968  0.837  0.863  0.786  1.176  1.200  1.227  0.857  0.591  0.652  1.298  0.953
  3.50    0.932  0.780  0.825  0.831  1.155  1.179  1.176  0.793  0.602  0.644  1.233  0.881
  4.00    0.903  0.726  0.809  0.833  1.174  1.126  1.123  0.731  0.590  0.617  1.186  0.807
  4.50    0.895  0.733  0.797  0.833  1.125  1.088  1.086  0.726  0.580  0.598  1.151  0.806
  5.00    0.924  0.731  0.789  0.825  1.094  1.051  1.072  0.747  0.568  0.579  1.117  0.826
  6.00    0.919  0.695  0.744  0.778  1.027  0.977  1.052  0.742  0.527  0.532  1.102  0.761
  7.00    0.907  0.658  0.710  0.743  0.937  0.932  1.052  0.731  0.497  0.502  1.095  0.718
  8.00    0.869  0.625  0.687  0.713  0.866  0.919  1.069  0.698  0.494  0.487  1.139  0.685
  9.00    0.847  0.604  0.690  0.686  0.812  0.923  1.084  0.691  0.494  0.478  1.159  0.681
 10.00    0.818  0.591  0.694  0.666  0.775  0.923  1.090  0.677  0.505  0.476  1.168  0.670
 12.50    0.773  0.570  0.739  0.696  0.750  0.896  1.040  0.652  0.521  0.430  1.113  0.648
 15.00    0.756  0.562  0.746  0.696  0.713  0.850  0.931  0.644  0.510  0.417  1.001  0.645
 17.50    0.777  0.578  0.719  0.669  0.656  0.825  0.799  0.643  0.465  0.413  0.885  0.648
 20.00    0.793  0.588  0.652  0.624  0.673  0.795  0.740  0.652  0.412  0.418  0.766  0.660
 25.00    0.804  0.595  0.559  0.581  0.705  0.757  0.764  0.668  0.385  0.432  0.778  0.666
 30.00    0.784  0.577  0.537  0.552  0.740  0.718  0.753  0.684  0.387  0.442  0.765  0.680
 35.00    0.754  0.551  0.510  0.525  0.757  0.693  0.726  0.691  0.396  0.441  0.737  0.691
 40.00    0.733  0.532  0.486  0.500  0.779  0.679  0.728  0.697  0.397  0.445  0.744  0.701
 45.00    0.717  0.518  0.468  0.474  0.795  0.668  0.736  0.699  0.393  0.450  0.754  0.707
 50.00    0.697  0.509  0.467  0.457  0.811  0.649  0.732  0.702  0.394  0.449  0.749  0.713
 60.00    0.659  0.485  0.457  0.441  0.834  0.628  0.742  0.704  0.401  0.455  0.758  0.720
 70.00    0.629  0.460  0.439  0.431  0.848  0.614  0.736  0.700  0.396  0.455  0.755  0.720
 80.00    0.597  0.442  0.431  0.416  0.856  0.609  0.734  0.693  0.393  0.454  0.757  0.717
 90.00    0.573  0.423  0.418  0.406  0.861  0.599  0.726  0.686  0.389  0.453  0.752  0.713
100.00    0.551  0.409  0.409  0.396  0.866  0.590  0.724  0.681  0.389  0.445  0.752  0.710
```

Tab. 8.58 Schadensäquivalenzfaktoren λ für Einzelzüge

```
WORKSPACE           : 2 LAM_BU1
DATUM / UHRZEIT     : 21-07-2021 / 12:15

GESAMTVERKEHR       : 10.00  Mrd. kN
                      OHNE VERTEILUNG DER ACHSLASTEN DURCH DAS GLEIS
BAUTEIL(E)          : LAENGSTRAEGER
WERTE FUER          : QUERKRAEFTE
WOEHLERLINIEN NACH  : OENORM B 4008-2

      L    Z= 1  Z= 2  Z= 3  Z= 4  Z= 5  Z= 6  Z= 7  Z= 8  Z= 9  Z=10  Z=11  Z=12
   0.50   1.009 0.924 0.950 1.039 1.116 1.138 1.163 1.138 0.672 0.730 1.292 1.265
   1.00   1.030 0.943 0.970 1.061 1.138 1.162 1.187 1.162 0.686 0.745 1.318 1.291
   1.50   1.013 0.928 0.955 1.044 1.119 1.142 1.167 1.142 0.674 0.732 1.296 1.269
   2.00   0.909 0.832 0.857 0.937 1.004 1.025 1.055 1.025 0.605 0.657 1.163 1.138
   2.50   0.833 0.749 0.771 0.843 0.998 1.069 1.103 0.921 0.544 0.599 1.128 1.032
   3.00   0.817 0.697 0.809 0.786 1.017 1.097 1.123 0.857 0.578 0.584 1.167 0.953
   3.50   0.806 0.649 0.825 0.805 0.999 1.070 1.084 0.793 0.590 0.540 1.112 0.881
   4.00   0.774 0.624 0.809 0.807 1.014 0.995 1.002 0.726 0.578 0.536 1.031 0.807
   4.50   0.752 0.610 0.796 0.807 1.004 0.952 0.917 0.726 0.562 0.525 0.968 0.765
   5.00   0.770 0.609 0.770 0.799 0.992 0.913 0.892 0.743 0.541 0.517 0.943 0.786
   6.00   0.765 0.579 0.706 0.753 0.915 0.866 0.885 0.685 0.502 0.478 0.941 0.742
   7.00   0.755 0.548 0.672 0.727 0.817 0.836 0.883 0.609 0.478 0.462 0.931 0.675
   8.00   0.723 0.521 0.659 0.707 0.723 0.815 0.900 0.581 0.468 0.445 0.955 0.613
   9.00   0.705 0.503 0.651 0.686 0.680 0.799 0.909 0.575 0.453 0.427 0.965 0.567
  10.00   0.681 0.492 0.642 0.662 0.649 0.778 0.908 0.564 0.448 0.420 0.972 0.558
  12.50   0.657 0.483 0.663 0.610 0.631 0.753 0.866 0.543 0.462 0.391 0.927 0.540
  15.00   0.637 0.477 0.669 0.580 0.612 0.711 0.779 0.541 0.447 0.360 0.834 0.542
  17.50   0.647 0.482 0.647 0.557 0.582 0.687 0.708 0.536 0.405 0.344 0.751 0.539
  20.00   0.660 0.490 0.595 0.520 0.560 0.672 0.669 0.543 0.372 0.348 0.698 0.549
  25.00   0.669 0.495 0.516 0.484 0.587 0.637 0.636 0.556 0.333 0.360 0.667 0.554
  30.00   0.653 0.481 0.447 0.470 0.616 0.607 0.627 0.569 0.322 0.368 0.657 0.566
  35.00   0.628 0.459 0.425 0.450 0.630 0.589 0.605 0.575 0.329 0.367 0.613 0.575
  40.00   0.610 0.443 0.405 0.425 0.648 0.576 0.606 0.580 0.331 0.371 0.619 0.583
  45.00   0.597 0.431 0.396 0.402 0.662 0.559 0.613 0.582 0.327 0.375 0.627 0.588
  50.00   0.580 0.424 0.390 0.386 0.675 0.545 0.609 0.584 0.328 0.374 0.624 0.593
  60.00   0.549 0.404 0.380 0.367 0.695 0.526 0.618 0.586 0.334 0.379 0.631 0.600
  70.00   0.523 0.383 0.366 0.359 0.706 0.511 0.613 0.583 0.329 0.379 0.629 0.600
  80.00   0.497 0.368 0.359 0.346 0.713 0.507 0.611 0.577 0.327 0.378 0.630 0.597
  90.00   0.477 0.352 0.348 0.338 0.717 0.499 0.605 0.571 0.324 0.377 0.626 0.594
 100.00   0.459 0.341 0.341 0.330 0.721 0.491 0.603 0.567 0.324 0.371 0.626 0.591
```

8.8 Betriebsfestigkeitsnachweis nach EN 1993-1-9:2013 ...

Tab. 8.59 Schadensäquivalenzfaktoren λ für Einzelzüge

```
WORKSPACE          : 2 LAM_BU1
DATUM / UHRZEIT    : 21-07-2021 / 12:16

GESAMTVERKEHR      :    5.00  Mrd. kN
                     OHNE VERTEILUNG DER ACHSLASTEN DURCH DAS GLEIS
BAUTEIL(E)         : LAENGSTRAEGER
WERTE FUER         : QUERKRAEFTE
WOEHLERLINIEN NACH : OENORM B 4008-2

   L     Z= 1  Z= 2  Z= 3  Z= 4  Z= 5  Z= 6  Z= 7  Z= 8  Z= 9  Z=10  Z=11  Z=12
  0.50   0.878 0.804 0.917 1.035 1.051 1.052 1.095 1.072 0.658 0.635 1.163 1.138
  1.00   0.897 0.821 0.936 1.057 1.072 1.074 1.117 1.094 0.671 0.649 1.187 1.162
  1.50   0.882 0.807 0.921 1.040 1.054 1.056 1.099 1.075 0.660 0.638 1.167 1.142
  2.00   0.792 0.725 0.827 0.934 0.921 0.922 0.950 0.965 0.592 0.572 1.047 1.025
  2.50   0.725 0.652 0.744 0.840 0.903 0.937 0.970 0.866 0.533 0.522 0.990 0.937
  3.00   0.711 0.607 0.761 0.783 0.886 0.955 0.990 0.816 0.504 0.515 1.025 0.872
  3.50   0.702 0.565 0.752 0.717 0.870 0.932 0.948 0.765 0.513 0.498 0.973 0.814
  4.00   0.674 0.544 0.741 0.712 0.883 0.878 0.883 0.708 0.503 0.479 0.916 0.751
  4.50   0.662 0.537 0.733 0.702 0.877 0.843 0.839 0.643 0.493 0.464 0.879 0.705
  5.00   0.670 0.530 0.712 0.695 0.866 0.812 0.810 0.650 0.479 0.450 0.848 0.689
  6.00   0.666 0.504 0.640 0.655 0.798 0.754 0.771 0.619 0.437 0.416 0.819 0.646
  7.00   0.657 0.477 0.585 0.633 0.716 0.728 0.768 0.583 0.416 0.414 0.810 0.599
  8.00   0.630 0.453 0.574 0.616 0.652 0.723 0.787 0.546 0.408 0.404 0.836 0.559
  9.00   0.614 0.442 0.566 0.599 0.595 0.708 0.795 0.509 0.399 0.389 0.847 0.539
 10.00   0.593 0.442 0.558 0.591 0.565 0.692 0.794 0.491 0.404 0.380 0.849 0.521
 12.50   0.572 0.456 0.579 0.569 0.549 0.660 0.754 0.472 0.402 0.353 0.807 0.470
 15.00   0.555 0.452 0.582 0.550 0.535 0.621 0.678 0.471 0.389 0.324 0.726 0.472
 17.50   0.563 0.452 0.563 0.500 0.508 0.598 0.616 0.469 0.363 0.307 0.654 0.472
 20.00   0.575 0.427 0.518 0.452 0.505 0.585 0.582 0.475 0.335 0.303 0.608 0.480
 25.00   0.582 0.431 0.452 0.421 0.511 0.559 0.576 0.484 0.294 0.313 0.594 0.482
 30.00   0.568 0.418 0.408 0.409 0.536 0.529 0.566 0.496 0.288 0.320 0.584 0.493
 35.00   0.547 0.400 0.370 0.392 0.549 0.513 0.526 0.501 0.290 0.320 0.551 0.501
 40.00   0.531 0.385 0.359 0.370 0.565 0.504 0.528 0.505 0.288 0.323 0.539 0.508
 45.00   0.520 0.375 0.344 0.350 0.576 0.490 0.533 0.507 0.285 0.326 0.546 0.512
 50.00   0.505 0.369 0.341 0.336 0.588 0.476 0.530 0.509 0.285 0.325 0.543 0.516
 60.00   0.478 0.351 0.331 0.319 0.605 0.458 0.538 0.510 0.291 0.330 0.549 0.522
 70.00   0.456 0.333 0.319 0.313 0.615 0.446 0.533 0.507 0.287 0.330 0.547 0.522
 80.00   0.432 0.321 0.312 0.301 0.621 0.441 0.532 0.502 0.285 0.329 0.549 0.519
 90.00   0.415 0.307 0.303 0.295 0.624 0.434 0.526 0.497 0.282 0.328 0.545 0.517
100.00   0.399 0.297 0.297 0.287 0.628 0.427 0.525 0.494 0.282 0.323 0.545 0.515
```

Tab. 8.60 Schadensäquivalenzfaktoren λ für Einzelzüge

```
WORKSPACE          : 2 LAM_BU1
DATUM / UHRZEIT    : 21-07-2021 / 12:17

GESAMTVERKEHR      :    1.00   Mrd.  kN
                     OHNE VERTEILUNG DER ACHSLASTEN DURCH DAS GLEIS
BAUTEIL(E)         : LAENGSTRAEGER
WERTE FUER         : QUERKRAEFTE
WOEHLERLINIEN NACH : OENORM B 4008-2

     L    Z= 1  Z= 2  Z= 3  Z= 4  Z= 5  Z= 6  Z= 7  Z= 8  Z= 9  Z=10  Z=11  Z=12
  0.50   0.636 0.595 0.723 0.750 0.762 0.763 0.794 0.777 0.496 0.492 0.856 0.838
  1.00   0.650 0.608 0.738 0.766 0.777 0.778 0.810 0.793 0.506 0.502 0.874 0.855
  1.50   0.639 0.598 0.726 0.754 0.764 0.765 0.796 0.779 0.498 0.494 0.859 0.841
  2.00   0.574 0.536 0.652 0.677 0.694 0.699 0.727 0.699 0.447 0.443 0.771 0.755
  2.50   0.526 0.482 0.586 0.609 0.665 0.683 0.709 0.630 0.402 0.402 0.740 0.684
  3.00   0.534 0.464 0.564 0.567 0.665 0.694 0.720 0.593 0.391 0.389 0.745 0.636
  3.50   0.527 0.443 0.552 0.544 0.647 0.677 0.689 0.554 0.387 0.380 0.709 0.593
  4.00   0.502 0.428 0.540 0.519 0.640 0.637 0.642 0.513 0.379 0.361 0.667 0.547
  4.50   0.489 0.424 0.531 0.516 0.635 0.612 0.611 0.490 0.370 0.349 0.639 0.520
  5.00   0.497 0.418 0.518 0.510 0.628 0.588 0.587 0.486 0.356 0.337 0.616 0.513
  6.00   0.488 0.387 0.469 0.479 0.579 0.550 0.565 0.451 0.325 0.308 0.599 0.477
  7.00   0.483 0.365 0.439 0.459 0.519 0.527 0.558 0.424 0.305 0.300 0.588 0.443
  8.00   0.464 0.344 0.423 0.446 0.472 0.524 0.571 0.397 0.296 0.292 0.606 0.412
  9.00   0.454 0.335 0.410 0.434 0.439 0.514 0.576 0.384 0.289 0.282 0.614 0.397
 10.00   0.442 0.330 0.405 0.428 0.416 0.505 0.577 0.373 0.293 0.278 0.617 0.383
 12.50   0.428 0.331 0.421 0.415 0.403 0.484 0.548 0.352 0.297 0.258 0.586 0.360
 15.00   0.412 0.328 0.423 0.401 0.393 0.454 0.492 0.349 0.286 0.239 0.527 0.354
 17.50   0.416 0.328 0.409 0.374 0.371 0.437 0.447 0.345 0.266 0.227 0.474 0.350
 20.00   0.417 0.324 0.376 0.343 0.369 0.427 0.423 0.344 0.244 0.225 0.441 0.353
 25.00   0.422 0.318 0.328 0.314 0.378 0.406 0.419 0.352 0.216 0.230 0.431 0.350
 30.00   0.412 0.303 0.297 0.302 0.392 0.384 0.411 0.360 0.211 0.233 0.423 0.358
 35.00   0.396 0.290 0.278 0.288 0.399 0.372 0.391 0.363 0.214 0.232 0.400 0.363
 40.00   0.385 0.279 0.266 0.268 0.409 0.366 0.387 0.366 0.212 0.234 0.397 0.368
 45.00   0.377 0.272 0.259 0.253 0.418 0.356 0.390 0.367 0.208 0.236 0.400 0.371
 50.00   0.366 0.268 0.253 0.243 0.426 0.347 0.387 0.369 0.208 0.236 0.397 0.374
 60.00   0.346 0.255 0.243 0.233 0.438 0.333 0.390 0.370 0.211 0.239 0.398 0.378
 70.00   0.330 0.241 0.233 0.227 0.446 0.324 0.387 0.368 0.208 0.239 0.397 0.378
 80.00   0.313 0.232 0.226 0.218 0.450 0.321 0.386 0.364 0.206 0.239 0.398 0.376
 90.00   0.301 0.222 0.220 0.213 0.452 0.315 0.382 0.361 0.205 0.238 0.395 0.375
100.00   0.289 0.215 0.215 0.208 0.455 0.310 0.380 0.358 0.205 0.234 0.395 0.373
```

8.8 Betriebsfestigkeitsnachweis nach EN 1993-1-9:2013 ...

Tab. 8.61 Schadensäquivalenzfaktoren λ für Einzelzüge

```
WORKSPACE         : 2 LAM_BU1
DATUM / UHRZEIT   : 21-07-2021 / 12:14

GESAMTVERKEHR     : 25.00 Mrd. kN
                    OHNE VERTEILUNG DER ACHSLASTEN DURCH DAS GLEIS
BAUTEIL(E)        : QUERTRAEGER
WERTE FUER        : AUFLAGERKRAEFTE FUER MOMENTE
WOEHLERLINIEN NACH: OENORM B 4008-2

   L     Z= 1  Z= 2  Z= 3  Z= 4  Z= 5  Z= 6  Z= 7  Z= 8  Z= 9  Z=10  Z=11  Z=12
  0.50   1.245 1.140 1.173 1.068 1.146 1.169 1.194 1.169 0.690 0.796 1.327 1.299
  1.00   1.302 1.192 1.228 1.118 1.197 1.222 1.248 1.222 0.721 0.832 1.387 1.358
  1.50   1.037 1.182 1.219 1.109 1.186 1.211 1.237 1.211 0.715 0.825 1.375 1.345
  2.00   0.801 0.794 0.820 0.857 1.098 1.027 1.025 0.934 0.552 0.636 1.016 1.038
  2.50   0.825 0.659 0.681 0.712 1.075 0.992 0.989 0.775 0.458 0.542 1.012 0.861
  3.00   0.913 0.590 0.657 0.638 1.052 0.970 0.992 0.738 0.478 0.535 1.030 0.724
  3.50   0.915 0.534 0.644 0.649 0.894 0.910 0.985 0.738 0.467 0.507 1.058 0.725
  4.00   0.849 0.504 0.620 0.639 0.783 0.878 0.957 0.684 0.449 0.503 1.034 0.672
  4.50   0.810 0.503 0.600 0.628 0.711 0.814 0.949 0.652 0.448 0.450 1.027 0.640
  5.00   0.780 0.510 0.589 0.615 0.594 0.783 0.935 0.627 0.454 0.410 1.012 0.616
  6.00   0.735 0.509 0.611 0.611 0.531 0.794 0.922 0.591 0.444 0.393 0.991 0.592
  7.00   0.718 0.511 0.612 0.628 0.554 0.760 0.843 0.593 0.443 0.400 0.919 0.595
  8.00   0.697 0.511 0.626 0.635 0.570 0.716 0.708 0.586 0.410 0.398 0.807 0.589
  9.00   0.683 0.503 0.589 0.606 0.584 0.674 0.693 0.574 0.377 0.391 0.706 0.576
 10.00   0.684 0.491 0.541 0.579 0.597 0.658 0.678 0.576 0.373 0.381 0.691 0.581
 12.50   0.702 0.533 0.480 0.500 0.643 0.653 0.665 0.591 0.356 0.370 0.671 0.592
 15.00   0.714 0.535 0.480 0.470 0.657 0.621 0.674 0.617 0.334 0.377 0.681 0.620
 17.50   0.699 0.520 0.464 0.454 0.682 0.595 0.668 0.638 0.318 0.390 0.674 0.642
 20.00   0.674 0.500 0.449 0.445 0.718 0.599 0.662 0.639 0.312 0.405 0.673 0.645
 25.00   0.626 0.455 0.411 0.426 0.756 0.598 0.676 0.636 0.323 0.424 0.696 0.649
 30.00   0.593 0.422 0.393 0.417 0.788 0.580 0.663 0.625 0.343 0.426 0.684 0.647
 35.00   0.557 0.401 0.384 0.394 0.803 0.567 0.648 0.616 0.351 0.429 0.684 0.646
 40.00   0.518 0.380 0.367 0.373 0.816 0.544 0.652 0.608 0.345 0.431 0.690 0.643
 45.00   0.488 0.358 0.348 0.360 0.826 0.530 0.655 0.604 0.346 0.428 0.694 0.642
 50.00   0.466 0.337 0.343 0.344 0.832 0.519 0.648 0.601 0.352 0.427 0.687 0.641
 60.00   0.424 0.313 0.337 0.325 0.845 0.511 0.651 0.598 0.355 0.430 0.696 0.642
 70.00   0.396 0.295 0.330 0.315 0.853 0.507 0.648 0.597 0.354 0.429 0.695 0.644
 80.00   0.377 0.284 0.325 0.308 0.860 0.509 0.653 0.597 0.348 0.419 0.700 0.646
 90.00   0.365 0.278 0.325 0.302 0.865 0.510 0.651 0.598 0.336 0.403 0.700 0.647
100.00   0.356 0.273 0.321 0.299 0.869 0.504 0.654 0.598 0.322 0.384 0.703 0.649
```

Tab. 8.62 Schadensäquivalenzfaktoren λ für Einzelzüge

```
WORKSPACE           : 2 LAM_BU1
DATUM / UHRZEIT     : 21-07-2021 / 12:15

GESAMTVERKEHR       : 10.00 Mrd. kN
                      OHNE VERTEILUNG DER ACHSLASTEN DURCH DAS GLEIS
BAUTEIL(E)          : QUERTRAEGER
WERTE FUER          : AUFLAGERKRAEFTE FUER MOMENTE
WOEHLERLINIEN NACH  : OENORM B 4008-2

     L     Z= 1  Z= 2  Z= 3  Z= 4  Z= 5  Z= 6  Z= 7  Z= 8  Z= 9  Z=10  Z=11  Z=12
   0.50   1.036 0.949 0.976 1.068 1.146 1.169 1.194 1.169 0.690 0.750 1.327 1.299
   1.00   1.084 0.993 1.022 1.118 1.064 1.152 1.205 1.222 0.721 0.784 1.387 1.358
   1.50   0.864 0.984 1.015 1.109 1.030 1.112 1.155 1.211 0.700 0.777 1.237 1.345
   2.00   0.667 0.661 0.756 0.830 0.941 0.884 0.863 0.934 0.540 0.583 0.855 1.038
   2.50   0.687 0.549 0.629 0.690 0.895 0.853 0.836 0.747 0.436 0.497 0.853 0.799
   3.00   0.761 0.491 0.612 0.618 0.876 0.841 0.836 0.614 0.456 0.491 0.858 0.642
   3.50   0.762 0.444 0.609 0.633 0.744 0.799 0.830 0.614 0.446 0.465 0.890 0.603
   4.00   0.707 0.420 0.592 0.635 0.652 0.773 0.815 0.570 0.428 0.457 0.875 0.559
   4.50   0.674 0.419 0.568 0.628 0.592 0.727 0.802 0.543 0.424 0.404 0.862 0.533
   5.00   0.649 0.425 0.556 0.615 0.519 0.685 0.784 0.522 0.420 0.383 0.848 0.513
   6.00   0.619 0.424 0.563 0.588 0.442 0.666 0.767 0.497 0.402 0.355 0.825 0.497
   7.00   0.598 0.425 0.563 0.561 0.461 0.632 0.717 0.494 0.384 0.333 0.765 0.496
   8.00   0.580 0.425 0.576 0.528 0.474 0.596 0.654 0.488 0.363 0.331 0.697 0.490
   9.00   0.569 0.419 0.549 0.505 0.486 0.568 0.585 0.478 0.343 0.326 0.637 0.480
  10.00   0.569 0.409 0.513 0.482 0.497 0.557 0.565 0.480 0.327 0.317 0.575 0.484
  12.50   0.585 0.444 0.400 0.426 0.535 0.544 0.554 0.492 0.296 0.308 0.559 0.493
  15.00   0.594 0.445 0.400 0.391 0.547 0.517 0.561 0.514 0.278 0.314 0.567 0.516
  17.50   0.582 0.433 0.390 0.378 0.568 0.500 0.556 0.531 0.265 0.325 0.561 0.533
  20.00   0.561 0.416 0.374 0.370 0.597 0.510 0.551 0.532 0.260 0.337 0.560 0.537
  25.00   0.521 0.379 0.342 0.354 0.630 0.498 0.563 0.529 0.269 0.353 0.580 0.540
  30.00   0.494 0.351 0.327 0.347 0.656 0.483 0.552 0.521 0.286 0.355 0.570 0.539
  35.00   0.464 0.334 0.320 0.328 0.669 0.472 0.540 0.513 0.292 0.357 0.569 0.538
  40.00   0.431 0.316 0.306 0.310 0.680 0.453 0.543 0.506 0.288 0.359 0.574 0.535
  45.00   0.407 0.298 0.290 0.299 0.687 0.441 0.545 0.502 0.288 0.356 0.578 0.535
  50.00   0.388 0.281 0.285 0.287 0.692 0.432 0.539 0.500 0.293 0.356 0.572 0.534
  60.00   0.353 0.260 0.281 0.270 0.703 0.426 0.542 0.498 0.296 0.358 0.580 0.535
  70.00   0.330 0.246 0.274 0.262 0.710 0.422 0.540 0.497 0.295 0.357 0.579 0.536
  80.00   0.314 0.237 0.271 0.256 0.716 0.424 0.544 0.497 0.290 0.349 0.583 0.538
  90.00   0.304 0.231 0.271 0.252 0.720 0.424 0.542 0.497 0.280 0.335 0.583 0.539
 100.00   0.296 0.227 0.267 0.249 0.723 0.420 0.545 0.498 0.268 0.320 0.585 0.540
```

8.8 Betriebsfestigkeitsnachweis nach EN 1993-1-9:2013 ...

Tab. 8.63 Schadensäquivalenzfaktoren λ für Einzelzüge

```
WORKSPACE            : 2 LAM_BU1
DATUM / UHRZEIT      : 21-07-2021 / 12:16

GESAMTVERKEHR        :    5.00  Mrd. kN
                       OHNE VERTEILUNG DER ACHSLASTEN DURCH DAS GLEIS
BAUTEIL(E)           : QUERTRAEGER
WERTE FUER           : AUFLAGERKRAEFTE FUER MOMENTE
WOEHLERLINIEN NACH   : OENORM B 4008-2

   L    Z= 1   Z= 2   Z= 3   Z= 4   Z= 5   Z= 6   Z= 7   Z= 8   Z= 9   Z=10   Z=11   Z=12
 0.50   0.902  0.826  0.942  1.064  1.079  1.081  1.125  1.101  0.676  0.653  1.194  1.169
 1.00   0.944  0.864  0.986  1.113  0.958  1.003  1.049  1.151  0.706  0.682  1.248  1.222
 1.50   0.752  0.857  0.979  1.105  0.897  0.968  1.005  1.120  0.609  0.676  1.087  1.211
 2.00   0.580  0.589  0.716  0.722  0.824  0.775  0.751  0.859  0.470  0.508  0.744  0.934
 2.50   0.598  0.478  0.583  0.600  0.809  0.745  0.728  0.650  0.380  0.433  0.742  0.696
 3.00   0.662  0.428  0.533  0.538  0.769  0.734  0.727  0.578  0.397  0.427  0.747  0.590
 3.50   0.663  0.415  0.530  0.551  0.664  0.696  0.723  0.535  0.388  0.405  0.775  0.525
 4.00   0.616  0.396  0.516  0.553  0.568  0.673  0.709  0.496  0.373  0.398  0.762  0.487
 4.50   0.587  0.386  0.494  0.551  0.515  0.633  0.698  0.473  0.369  0.363  0.753  0.464
 5.00   0.565  0.374  0.484  0.546  0.452  0.607  0.686  0.455  0.370  0.340  0.739  0.446
 6.00   0.539  0.389  0.490  0.522  0.394  0.593  0.668  0.433  0.363  0.311  0.720  0.433
 7.00   0.520  0.390  0.490  0.514  0.402  0.561  0.624  0.430  0.349  0.296  0.666  0.431
 8.00   0.505  0.396  0.502  0.503  0.413  0.522  0.569  0.425  0.322  0.289  0.607  0.427
 9.00   0.495  0.376  0.478  0.439  0.423  0.494  0.530  0.416  0.307  0.284  0.555  0.418
10.00   0.496  0.356  0.447  0.419  0.433  0.485  0.492  0.417  0.285  0.276  0.522  0.421
12.50   0.509  0.387  0.372  0.371  0.466  0.474  0.482  0.429  0.258  0.268  0.487  0.429
15.00   0.517  0.388  0.348  0.343  0.476  0.450  0.489  0.447  0.242  0.273  0.493  0.449
17.50   0.507  0.377  0.340  0.329  0.495  0.436  0.484  0.462  0.230  0.283  0.489  0.465
20.00   0.489  0.362  0.326  0.322  0.520  0.444  0.480  0.463  0.226  0.294  0.488  0.467
25.00   0.453  0.330  0.298  0.309  0.548  0.435  0.490  0.461  0.234  0.307  0.505  0.470
30.00   0.430  0.306  0.285  0.302  0.571  0.420  0.481  0.453  0.249  0.309  0.496  0.469
35.00   0.404  0.291  0.278  0.286  0.582  0.411  0.470  0.446  0.254  0.311  0.496  0.468
40.00   0.376  0.275  0.266  0.270  0.592  0.394  0.472  0.441  0.250  0.313  0.500  0.466
45.00   0.354  0.259  0.252  0.261  0.598  0.384  0.475  0.437  0.251  0.310  0.503  0.465
50.00   0.338  0.244  0.248  0.250  0.603  0.376  0.469  0.435  0.255  0.310  0.498  0.465
60.00   0.307  0.227  0.244  0.235  0.612  0.371  0.472  0.433  0.258  0.311  0.505  0.466
70.00   0.287  0.214  0.239  0.228  0.618  0.367  0.470  0.433  0.257  0.311  0.504  0.467
80.00   0.273  0.206  0.236  0.223  0.623  0.369  0.473  0.433  0.252  0.304  0.508  0.468
90.00   0.264  0.201  0.236  0.219  0.627  0.369  0.472  0.433  0.244  0.292  0.507  0.469
100.00  0.258  0.198  0.233  0.217  0.630  0.365  0.474  0.433  0.234  0.279  0.510  0.470
```

Tab. 8.64 Schadensäquivalenzfaktoren λ für Einzelzüge

```
WORKSPACE          : 2 LAM_BU1
DATUM / UHRZEIT    : 21-07-2021 / 12:17

GESAMTVERKEHR      : 1.00 Mrd. kN
                     OHNE VERTEILUNG DER ACHSLASTEN DURCH DAS GLEIS
BAUTEIL(E)         : QUERTRAEGER
WERTE FUER         : AUFLAGERKRAEFTE FUER MOMENTE
WOEHLERLINIEN NACH : OENORM B 4008-2

    L    Z= 1  Z= 2  Z= 3  Z= 4  Z= 5  Z= 6  Z= 7  Z= 8  Z= 9  Z=10  Z=11  Z=12
  0.50   0.654 0.612 0.743 0.771 0.782 0.783 0.815 0.798 0.509 0.506 0.879 0.861
  1.00   0.684 0.640 0.777 0.807 0.733 0.762 0.795 0.834 0.532 0.529 0.919 0.900
  1.50   0.581 0.634 0.718 0.801 0.650 0.701 0.729 0.812 0.469 0.502 0.788 0.882
  2.00   0.434 0.446 0.519 0.525 0.597 0.565 0.553 0.624 0.354 0.373 0.539 0.679
  2.50   0.433 0.363 0.424 0.435 0.587 0.541 0.528 0.481 0.279 0.316 0.538 0.515
  3.00   0.480 0.327 0.393 0.390 0.565 0.532 0.527 0.419 0.287 0.313 0.541 0.428
  3.50   0.481 0.302 0.384 0.399 0.482 0.505 0.524 0.388 0.281 0.297 0.562 0.386
  4.00   0.446 0.287 0.374 0.401 0.419 0.488 0.514 0.360 0.270 0.292 0.552 0.353
  4.50   0.432 0.286 0.358 0.400 0.376 0.459 0.506 0.343 0.267 0.266 0.546 0.336
  5.00   0.418 0.285 0.351 0.396 0.327 0.440 0.497 0.330 0.268 0.249 0.537 0.324
  6.00   0.398 0.286 0.357 0.381 0.286 0.432 0.486 0.314 0.263 0.229 0.523 0.314
  7.00   0.383 0.286 0.355 0.374 0.293 0.407 0.453 0.312 0.253 0.219 0.483 0.313
  8.00   0.370 0.288 0.364 0.364 0.299 0.380 0.413 0.308 0.237 0.212 0.440 0.309
  9.00   0.359 0.280 0.347 0.334 0.307 0.359 0.384 0.301 0.224 0.207 0.402 0.303
 10.00   0.359 0.270 0.324 0.312 0.314 0.352 0.366 0.303 0.210 0.200 0.379 0.305
 12.50   0.369 0.280 0.269 0.269 0.338 0.345 0.349 0.311 0.190 0.194 0.353 0.311
 15.00   0.375 0.281 0.256 0.249 0.345 0.327 0.354 0.324 0.175 0.198 0.358 0.325
 17.50   0.367 0.273 0.246 0.239 0.358 0.316 0.351 0.335 0.167 0.205 0.354 0.337
 20.00   0.354 0.263 0.237 0.234 0.377 0.322 0.348 0.335 0.164 0.213 0.353 0.339
 25.00   0.329 0.239 0.216 0.224 0.397 0.316 0.355 0.334 0.169 0.223 0.366 0.341
 30.00   0.312 0.222 0.207 0.219 0.414 0.305 0.348 0.329 0.180 0.224 0.360 0.340
 35.00   0.293 0.211 0.202 0.207 0.422 0.298 0.341 0.324 0.184 0.225 0.359 0.339
 40.00   0.272 0.200 0.193 0.196 0.429 0.286 0.342 0.319 0.181 0.227 0.362 0.338
 45.00   0.257 0.188 0.183 0.189 0.434 0.278 0.344 0.317 0.182 0.225 0.365 0.337
 50.00   0.245 0.177 0.180 0.181 0.437 0.273 0.340 0.316 0.185 0.224 0.361 0.337
 60.00   0.223 0.164 0.177 0.171 0.444 0.269 0.342 0.314 0.187 0.226 0.366 0.337
 70.00   0.208 0.155 0.173 0.165 0.448 0.266 0.341 0.314 0.186 0.225 0.365 0.338
 80.00   0.198 0.149 0.171 0.162 0.452 0.268 0.343 0.314 0.183 0.220 0.368 0.339
 90.00   0.192 0.146 0.171 0.159 0.454 0.268 0.342 0.314 0.177 0.211 0.368 0.340
100.00   0.187 0.143 0.169 0.157 0.456 0.265 0.344 0.314 0.169 0.202 0.369 0.341
```

8.8 Betriebsfestigkeitsnachweis nach EN 1993-1-9:2013 …

Tab. 8.65 Schadensäquivalenzfaktoren λ für Einzelzüge

```
WORKSPACE           : 2 LAM_BU1
DATUM / UHRZEIT     : 21-07-2021 / 12:14

GESAMTVERKEHR       : 25.00 Mrd. kN
                      OHNE VERTEILUNG DER ACHSLASTEN DURCH DAS GLEIS
BAUTEIL(E)          : QUERTRAEGER
WERTE FUER          : AUFLAGERKRAEFTE FUER QUERKRAEFTE
WOEHLERLINIEN NACH  : OENORM B 4008-2

    L     Z= 1  Z= 2  Z= 3  Z= 4  Z= 5  Z= 6  Z= 7  Z= 8  Z= 9  Z=10  Z=11  Z=12
  0.50   1.245 1.140 1.173 1.068 1.146 1.169 1.194 1.169 0.690 0.796 1.327 1.299
  1.00   1.302 1.192 1.228 1.118 1.197 1.222 1.248 1.222 0.721 0.832 1.387 1.358
  1.50   1.037 1.182 1.219 1.109 1.186 1.211 1.237 1.211 0.715 0.825 1.375 1.345
  2.00   0.801 0.794 0.820 0.857 1.098 1.027 1.025 0.934 0.552 0.636 1.016 1.038
  2.50   0.825 0.659 0.681 0.712 1.075 0.992 0.989 0.775 0.458 0.542 1.012 0.861
  3.00   0.913 0.590 0.657 0.638 1.052 0.970 0.992 0.738 0.478 0.535 1.030 0.724
  3.50   0.915 0.534 0.644 0.649 0.894 0.910 0.985 0.738 0.467 0.507 1.058 0.725
  4.00   0.849 0.504 0.620 0.639 0.783 0.878 0.957 0.684 0.449 0.503 1.034 0.672
  4.50   0.810 0.503 0.600 0.628 0.711 0.814 0.949 0.652 0.448 0.450 1.027 0.640
  5.00   0.780 0.510 0.589 0.615 0.594 0.783 0.935 0.627 0.454 0.410 1.012 0.616
  6.00   0.735 0.509 0.611 0.611 0.531 0.794 0.922 0.591 0.444 0.393 0.991 0.592
  7.00   0.718 0.511 0.612 0.628 0.554 0.760 0.843 0.593 0.443 0.400 0.919 0.595
  8.00   0.697 0.511 0.626 0.635 0.570 0.716 0.708 0.586 0.410 0.398 0.807 0.589
  9.00   0.683 0.503 0.589 0.606 0.584 0.674 0.693 0.574 0.377 0.391 0.706 0.576
 10.00   0.684 0.491 0.541 0.579 0.597 0.658 0.678 0.576 0.373 0.381 0.691 0.581
 12.50   0.702 0.533 0.480 0.500 0.643 0.653 0.665 0.591 0.356 0.370 0.671 0.592
 15.00   0.714 0.535 0.480 0.470 0.657 0.621 0.674 0.617 0.334 0.377 0.681 0.620
 17.50   0.699 0.520 0.464 0.454 0.682 0.595 0.668 0.638 0.318 0.390 0.674 0.642
 20.00   0.674 0.500 0.449 0.445 0.718 0.599 0.662 0.639 0.312 0.405 0.673 0.645
 25.00   0.626 0.455 0.411 0.426 0.756 0.598 0.676 0.636 0.323 0.424 0.696 0.649
 30.00   0.593 0.422 0.393 0.417 0.788 0.580 0.663 0.625 0.343 0.426 0.684 0.647
 35.00   0.557 0.401 0.384 0.394 0.803 0.567 0.648 0.616 0.351 0.429 0.684 0.646
 40.00   0.518 0.380 0.367 0.373 0.816 0.544 0.652 0.608 0.345 0.431 0.690 0.643
 45.00   0.488 0.358 0.348 0.360 0.826 0.530 0.655 0.604 0.346 0.428 0.694 0.642
 50.00   0.466 0.337 0.343 0.344 0.832 0.519 0.648 0.601 0.352 0.427 0.687 0.641
 60.00   0.424 0.313 0.337 0.325 0.845 0.511 0.651 0.598 0.355 0.430 0.696 0.642
 70.00   0.396 0.295 0.330 0.315 0.853 0.507 0.648 0.597 0.354 0.429 0.695 0.644
 80.00   0.377 0.284 0.325 0.308 0.860 0.509 0.653 0.597 0.348 0.419 0.700 0.646
 90.00   0.365 0.278 0.325 0.302 0.865 0.510 0.651 0.598 0.336 0.403 0.700 0.647
100.00   0.356 0.273 0.321 0.299 0.869 0.504 0.654 0.598 0.322 0.384 0.703 0.649
```

Tab. 8.66 Schadensäquivalenzfaktoren λ für Einzelzüge

```
WORKSPACE            : 2 LAM_BU1
DATUM / UHRZEIT      : 21-07-2021 / 12:15

GESAMTVERKEHR        : 10.00 Mrd. kN
                       OHNE VERTEILUNG DER ACHSLASTEN DURCH DAS GLEIS
BAUTEIL(E)           : QUERTRAEGER
WERTE FUER           : AUFLAGERKRAEFTE FUER QUERKRAEFTE
WOEHLERLINIEN NACH   : OENORM B 4008-2

     L    Z= 1  Z= 2  Z= 3  Z= 4  Z= 5  Z= 6  Z= 7  Z= 8  Z= 9  Z=10  Z=11  Z=12
  0.50   1.036 0.949 0.976 1.068 1.146 1.169 1.194 1.169 0.690 0.750 1.327 1.299
  1.00   1.084 0.993 1.022 1.118 1.064 1.152 1.205 1.222 0.721 0.784 1.387 1.358
  1.50   0.864 0.984 1.015 1.109 1.030 1.112 1.155 1.211 0.700 0.777 1.237 1.345
  2.00   0.667 0.661 0.756 0.830 0.941 0.884 0.863 0.934 0.540 0.583 0.855 1.038
  2.50   0.687 0.549 0.629 0.690 0.895 0.853 0.836 0.747 0.436 0.497 0.853 0.799
  3.00   0.761 0.491 0.612 0.618 0.876 0.841 0.836 0.614 0.456 0.491 0.858 0.642
  3.50   0.762 0.444 0.609 0.633 0.744 0.799 0.830 0.614 0.446 0.465 0.890 0.603
  4.00   0.707 0.420 0.592 0.635 0.652 0.773 0.815 0.570 0.428 0.457 0.875 0.559
  4.50   0.674 0.419 0.568 0.628 0.592 0.727 0.802 0.543 0.424 0.404 0.862 0.533
  5.00   0.649 0.425 0.556 0.615 0.519 0.685 0.784 0.522 0.420 0.383 0.848 0.513
  6.00   0.619 0.424 0.563 0.588 0.442 0.666 0.767 0.497 0.402 0.355 0.825 0.497
  7.00   0.598 0.425 0.563 0.561 0.461 0.632 0.717 0.494 0.384 0.333 0.765 0.496
  8.00   0.580 0.425 0.576 0.528 0.474 0.596 0.654 0.488 0.363 0.331 0.697 0.490
  9.00   0.569 0.419 0.549 0.505 0.486 0.568 0.585 0.478 0.343 0.326 0.637 0.480
 10.00   0.569 0.409 0.513 0.482 0.497 0.557 0.565 0.480 0.327 0.317 0.575 0.484
 12.50   0.585 0.444 0.400 0.426 0.535 0.544 0.554 0.492 0.296 0.308 0.559 0.493
 15.00   0.594 0.445 0.400 0.391 0.547 0.517 0.561 0.514 0.278 0.314 0.567 0.516
 17.50   0.582 0.433 0.390 0.378 0.568 0.500 0.556 0.531 0.265 0.325 0.561 0.535
 20.00   0.561 0.416 0.374 0.370 0.597 0.510 0.551 0.532 0.260 0.337 0.560 0.537
 25.00   0.521 0.379 0.342 0.354 0.630 0.498 0.563 0.529 0.269 0.353 0.580 0.540
 30.00   0.494 0.351 0.327 0.347 0.656 0.483 0.552 0.521 0.286 0.355 0.570 0.539
 35.00   0.464 0.334 0.320 0.328 0.669 0.472 0.540 0.513 0.292 0.357 0.569 0.538
 40.00   0.431 0.316 0.306 0.310 0.680 0.453 0.543 0.506 0.288 0.359 0.574 0.535
 45.00   0.407 0.298 0.290 0.299 0.687 0.441 0.545 0.502 0.288 0.356 0.578 0.535
 50.00   0.388 0.281 0.285 0.287 0.692 0.432 0.539 0.500 0.293 0.356 0.572 0.534
 60.00   0.353 0.260 0.281 0.270 0.703 0.426 0.542 0.498 0.296 0.358 0.580 0.535
 70.00   0.330 0.246 0.274 0.262 0.710 0.422 0.540 0.497 0.295 0.357 0.579 0.536
 80.00   0.314 0.237 0.271 0.256 0.716 0.424 0.544 0.497 0.290 0.349 0.583 0.538
 90.00   0.304 0.231 0.271 0.252 0.720 0.424 0.542 0.497 0.280 0.335 0.583 0.539
100.00   0.296 0.227 0.267 0.249 0.723 0.420 0.545 0.498 0.268 0.320 0.585 0.540
```

8.8 Betriebsfestigkeitsnachweis nach EN 1993-1-9:2013 ...

Tab. 8.67 Schadensäquivalenzfaktoren λ für Einzelzüge

```
WORKSPACE              : 2 LAM_BU1
DATUM / UHRZEIT        : 21-07-2021 / 12:16

GESAMTVERKEHR          :   5.00   Mrd. kN
                         OHNE VERTEILUNG DER ACHSLASTEN DURCH DAS GLEIS
BAUTEIL(E)             : QUERTRAEGER
WERTE FUER             : AUFLAGERKRAEFTE FUER QUERKRAEFTE
WOEHLERLINIEN NACH     : OENORM B 4008-2


    L     Z= 1   Z= 2   Z= 3   Z= 4   Z= 5   Z= 6   Z= 7   Z= 8   Z= 9   Z=10   Z=11   Z=12
   0.50   0.902  0.826  0.942  1.064  1.079  1.081  1.125  1.101  0.676  0.653  1.194  1.169
   1.00   0.944  0.864  0.986  1.113  0.958  1.003  1.049  1.151  0.706  0.682  1.248  1.222
   1.50   0.752  0.857  0.979  1.105  0.897  0.968  1.005  1.120  0.609  0.676  1.087  1.211
   2.00   0.580  0.589  0.716  0.722  0.824  0.775  0.751  0.859  0.470  0.508  0.744  0.934
   2.50   0.598  0.478  0.583  0.600  0.809  0.745  0.728  0.650  0.380  0.433  0.742  0.696
   3.00   0.662  0.428  0.533  0.538  0.769  0.734  0.727  0.578  0.397  0.427  0.747  0.590
   3.50   0.663  0.415  0.530  0.551  0.664  0.696  0.723  0.535  0.388  0.405  0.775  0.525
   4.00   0.616  0.396  0.516  0.553  0.568  0.673  0.709  0.496  0.373  0.398  0.762  0.487
   4.50   0.587  0.386  0.494  0.551  0.515  0.633  0.698  0.473  0.369  0.363  0.753  0.464
   5.00   0.565  0.374  0.484  0.546  0.452  0.607  0.686  0.455  0.370  0.340  0.739  0.446
   6.00   0.539  0.389  0.490  0.522  0.394  0.593  0.668  0.433  0.363  0.311  0.720  0.433
   7.00   0.520  0.390  0.490  0.514  0.402  0.561  0.624  0.430  0.349  0.296  0.666  0.431
   8.00   0.505  0.396  0.502  0.503  0.413  0.522  0.569  0.425  0.322  0.289  0.607  0.427
   9.00   0.495  0.376  0.478  0.439  0.423  0.494  0.530  0.416  0.307  0.284  0.555  0.418
  10.00   0.496  0.356  0.447  0.419  0.433  0.485  0.492  0.417  0.285  0.276  0.522  0.421
  12.50   0.509  0.387  0.372  0.371  0.466  0.474  0.482  0.429  0.258  0.268  0.487  0.429
  15.00   0.517  0.388  0.348  0.343  0.476  0.450  0.489  0.447  0.242  0.273  0.493  0.449
  17.50   0.507  0.377  0.340  0.329  0.495  0.436  0.484  0.462  0.230  0.283  0.489  0.465
  20.00   0.489  0.362  0.326  0.322  0.520  0.444  0.480  0.463  0.226  0.294  0.488  0.467
  25.00   0.453  0.330  0.298  0.309  0.548  0.435  0.490  0.461  0.234  0.307  0.505  0.470
  30.00   0.430  0.306  0.285  0.302  0.571  0.420  0.481  0.453  0.249  0.309  0.496  0.469
  35.00   0.404  0.291  0.278  0.286  0.582  0.411  0.470  0.446  0.254  0.311  0.496  0.468
  40.00   0.376  0.275  0.266  0.270  0.592  0.394  0.472  0.441  0.250  0.313  0.500  0.466
  45.00   0.354  0.259  0.252  0.261  0.598  0.384  0.475  0.437  0.251  0.310  0.503  0.465
  50.00   0.338  0.244  0.248  0.250  0.603  0.376  0.469  0.435  0.255  0.310  0.498  0.465
  60.00   0.307  0.227  0.244  0.235  0.612  0.371  0.472  0.433  0.258  0.311  0.505  0.466
  70.00   0.287  0.214  0.239  0.228  0.618  0.367  0.470  0.433  0.257  0.311  0.504  0.467
  80.00   0.273  0.206  0.236  0.223  0.623  0.369  0.473  0.433  0.252  0.304  0.508  0.468
  90.00   0.264  0.201  0.236  0.219  0.627  0.369  0.472  0.433  0.244  0.292  0.507  0.469
 100.00   0.258  0.198  0.233  0.217  0.630  0.365  0.474  0.433  0.234  0.279  0.510  0.470
```

Tab. 8.68 Schadensäquivalenzfaktoren λ für Einzelzüge

```
WORKSPACE           : 2 LAM_BU1
DATUM / UHRZEIT     : 21-07-2021 / 12:18

GESAMTVERKEHR       : 1.00  Mrd. kN
                      OHNE VERTEILUNG DER ACHSLASTEN DURCH DAS GLEIS
BAUTEIL(E)          : QUERTRAEGER
WERTE FUER          : AUFLAGERKRAEFTE FUER QUERKRAEFTE
WOEHLERLINIEN NACH  : OENORM B 4008-2

    L     Z= 1   Z= 2   Z= 3   Z= 4   Z= 5   Z= 6   Z= 7   Z= 8   Z= 9   Z=10   Z=11   Z=12
  0.50   0.654  0.612  0.743  0.771  0.782  0.783  0.815  0.798  0.509  0.506  0.879  0.861
  1.00   0.684  0.640  0.777  0.807  0.733  0.762  0.795  0.834  0.532  0.529  0.919  0.900
  1.50   0.581  0.634  0.718  0.801  0.650  0.701  0.729  0.812  0.469  0.502  0.788  0.882
  2.00   0.434  0.446  0.519  0.525  0.597  0.565  0.553  0.624  0.354  0.373  0.539  0.679
  2.50   0.433  0.363  0.424  0.435  0.587  0.541  0.528  0.481  0.279  0.316  0.538  0.515
  3.00   0.480  0.327  0.393  0.390  0.565  0.532  0.527  0.419  0.287  0.313  0.541  0.428
  3.50   0.481  0.302  0.384  0.399  0.482  0.505  0.524  0.388  0.281  0.297  0.562  0.386
  4.00   0.446  0.287  0.374  0.401  0.419  0.488  0.514  0.360  0.270  0.292  0.552  0.353
  4.50   0.432  0.286  0.358  0.400  0.376  0.459  0.506  0.343  0.267  0.266  0.546  0.336
  5.00   0.418  0.285  0.351  0.396  0.327  0.440  0.497  0.330  0.268  0.249  0.537  0.324
  6.00   0.398  0.286  0.357  0.381  0.286  0.432  0.486  0.314  0.263  0.229  0.523  0.314
  7.00   0.383  0.286  0.355  0.374  0.293  0.407  0.453  0.312  0.253  0.219  0.483  0.313
  8.00   0.370  0.288  0.364  0.364  0.299  0.380  0.413  0.308  0.237  0.212  0.440  0.309
  9.00   0.359  0.280  0.347  0.334  0.307  0.359  0.384  0.301  0.224  0.207  0.402  0.303
 10.00   0.359  0.270  0.324  0.312  0.314  0.352  0.366  0.303  0.210  0.200  0.379  0.305
 12.50   0.369  0.280  0.269  0.269  0.338  0.345  0.349  0.311  0.190  0.194  0.353  0.311
 15.00   0.375  0.281  0.256  0.249  0.345  0.327  0.354  0.324  0.175  0.198  0.358  0.325
 17.50   0.367  0.273  0.246  0.239  0.358  0.316  0.351  0.335  0.167  0.205  0.354  0.337
 20.00   0.354  0.263  0.237  0.234  0.377  0.322  0.348  0.335  0.164  0.213  0.353  0.339
 25.00   0.329  0.239  0.216  0.224  0.397  0.316  0.355  0.334  0.169  0.223  0.366  0.341
 30.00   0.312  0.222  0.207  0.219  0.414  0.305  0.348  0.329  0.180  0.224  0.360  0.340
 35.00   0.293  0.211  0.202  0.207  0.422  0.298  0.341  0.324  0.184  0.225  0.359  0.339
 40.00   0.272  0.200  0.193  0.196  0.429  0.286  0.342  0.319  0.181  0.227  0.362  0.338
 45.00   0.257  0.188  0.183  0.189  0.434  0.278  0.344  0.317  0.182  0.225  0.365  0.337
 50.00   0.245  0.177  0.180  0.181  0.437  0.273  0.340  0.316  0.185  0.224  0.361  0.337
 60.00   0.223  0.164  0.177  0.171  0.444  0.269  0.342  0.314  0.187  0.226  0.366  0.337
 70.00   0.208  0.155  0.173  0.165  0.448  0.266  0.341  0.314  0.186  0.225  0.365  0.338
 80.00   0.198  0.149  0.171  0.162  0.452  0.268  0.343  0.314  0.183  0.220  0.368  0.339
 90.00   0.192  0.146  0.171  0.159  0.454  0.268  0.342  0.314  0.177  0.211  0.368  0.340
100.00   0.187  0.143  0.169  0.157  0.456  0.265  0.344  0.314  0.169  0.202  0.369  0.341
```

8.8.10.3 Einzelzüge nach EN 1991-2, Anhang D. Werte mit Verteilung der Einzellasten durch den Gleisrost

„L" … Stützweite des Hauptträgers beziehungsweise Längsträgers
„Z" … Zugtyp 1 bis 12 nach EN 1991-2, Anhang D
(Siehe Tab. 8.69, 8.70, 8.71, 8.72, 8.73, 8.74, 8.75, 8.76, 8.77, 8.78, 8.79, 8.80, 8.81, 8.82, 8.83, 8.84, 8.85, 8.86, 8.87, 8.88, 8.89, 8.90, 8.91, 8.92, 8.93, 8.94, 8.95, 8.96, 8.97, 8.98, 8.99, 8.100, 8.101, 8.102, 8.103, 8.104, 8.105, 8.106, 8.107, 8.108, 8.109, 8.110, 8.111, 8.112, 8.113, 8.114, 8.115 und 8.116)

8.8 Betriebsfestigkeitsnachweis nach EN 1993-1-9:2013 …

Tab. 8.69 Schadensäquivalenzfaktoren λ für Einzelzüge

```
WORKSPACE          : 2 LAM_BU2
DATUM / UHRZEIT    : 21-07-2021 / 13:33

GESAMTVERKEHR      : 25.00 Mrd. kN
                     MIT VERTEILUNG DER ACHSLASTEN DURCH DAS GLEIS
BAUTEIL(E)         : HAUPTTRAEGER
WERTE FUER         : MOMENTE
WOEHLERLINIEN NACH : EN 1993-1-9

   L     Z= 1   Z= 2   Z= 3   Z= 4   Z= 5   Z= 6   Z= 7   Z= 8   Z= 9   Z=10   Z=11   Z=12
  0.50   0.692  0.635  0.666  0.755  0.812  0.829  0.846  0.829  0.489  0.502  0.917  0.898
  1.00   0.692  0.634  0.666  0.754  0.675  0.729  0.770  0.828  0.489  0.501  0.824  0.897
  1.50   0.711  0.760  0.798  0.904  0.797  0.860  0.893  0.992  0.541  0.601  0.967  1.075
  2.00   0.802  0.879  0.923  0.984  0.923  0.995  1.030  1.148  0.626  0.695  1.080  1.244
  2.50   0.819  0.891  0.981  1.016  1.005  1.051  1.049  1.217  0.665  0.734  1.107  1.321
  3.00   0.838  0.885  1.005  1.041  1.103  1.099  1.089  1.246  0.681  0.736  1.099  1.352
  3.50   0.818  0.795  0.932  0.965  1.054  1.119  1.082  1.058  0.627  0.682  1.076  1.175
  4.00   0.766  0.681  0.798  0.852  1.038  1.065  1.044  0.911  0.550  0.613  1.034  0.987
  4.50   0.761  0.633  0.745  0.793  1.039  1.061  1.038  0.839  0.533  0.581  1.048  0.899
  5.00   0.815  0.604  0.741  0.764  1.027  1.064  1.043  0.796  0.546  0.573  1.064  0.838
  6.00   0.898  0.573  0.778  0.785  1.009  1.065  1.055  0.724  0.582  0.590  1.090  0.704
  7.00   0.914  0.569  0.785  0.811  0.915  1.018  1.026  0.732  0.577  0.569  1.090  0.714
  8.00   0.882  0.552  0.764  0.816  0.812  0.967  1.022  0.694  0.560  0.551  1.097  0.677
  9.00   0.849  0.538  0.739  0.819  0.717  0.927  1.022  0.659  0.549  0.522  1.097  0.642
 10.00   0.820  0.534  0.717  0.816  0.622  0.892  1.029  0.632  0.546  0.484  1.117  0.615
```

Tab. 8.70 Schadensäquivalenzfaktoren λ für Einzelzüge

```
WORKSPACE          : 2 LAM_BU2
DATUM / UHRZEIT    : 21-07-2021 / 13:34

GESAMTVERKEHR      : 10.00 Mrd. kN
                     MIT VERTEILUNG DER ACHSLASTEN DURCH DAS GLEIS
BAUTEIL(E)         : HAUPTTRAEGER
WERTE FUER         : MOMENTE
WOEHLERLINIEN NACH : EN 1993-1-9

   L     Z= 1   Z= 2   Z= 3   Z= 4   Z= 5   Z= 6   Z= 7   Z= 8   Z= 9   Z=10   Z=11   Z=12
  0.50   0.576  0.528  0.654  0.679  0.691  0.692  0.720  0.705  0.432  0.418  0.776  0.760
  1.00   0.576  0.528  0.653  0.678  0.562  0.607  0.641  0.704  0.432  0.417  0.720  0.760
  1.50   0.584  0.633  0.729  0.813  0.664  0.716  0.743  0.828  0.495  0.500  0.805  0.900
  2.00   0.648  0.732  0.828  0.910  0.768  0.828  0.858  0.959  0.542  0.579  0.903  1.041
  2.50   0.671  0.742  0.861  0.907  0.836  0.875  0.877  1.017  0.576  0.611  0.924  1.106
  3.00   0.687  0.736  0.874  0.876  0.919  0.923  0.920  1.039  0.590  0.620  0.948  1.129
  3.50   0.637  0.652  0.795  0.804  0.877  0.941  0.922  0.930  0.537  0.573  0.896  1.010
  4.00   0.596  0.554  0.698  0.709  0.868  0.893  0.869  0.807  0.464  0.511  0.861  0.876
  4.50   0.592  0.525  0.655  0.660  0.866  0.886  0.865  0.699  0.448  0.484  0.872  0.771
  5.00   0.635  0.524  0.645  0.636  0.863  0.888  0.868  0.662  0.455  0.483  0.886  0.698
  6.00   0.699  0.512  0.648  0.654  0.860  0.888  0.879  0.592  0.484  0.498  0.907  0.605
  7.00   0.711  0.503  0.654  0.675  0.771  0.847  0.855  0.542  0.480  0.480  0.908  0.526
  8.00   0.682  0.482  0.636  0.679  0.665  0.805  0.851  0.520  0.466  0.464  0.913  0.504
  9.00   0.654  0.468  0.615  0.682  0.583  0.771  0.851  0.497  0.457  0.439  0.917  0.482
 10.00   0.626  0.461  0.597  0.679  0.499  0.754  0.860  0.479  0.454  0.412  0.932  0.464
```

Tab. 8.71 Schadensäquivalenzfaktoren λ für Einzelzüge

```
WORKSPACE         : 2 LAM_BU2
DATUM / UHRZEIT   : 21-07-2021 / 13:35

GESAMTVERKEHR     :   5.00  Mrd.  kN
                    MIT VERTEILUNG DER ACHSLASTEN DURCH DAS GLEIS
BAUTEIL(E)        : HAUPTTRAEGER
WERTE FUER        : MOMENTE
WOEHLERLINIEN NACH: EN 1993-1-9

    L     Z= 1  Z= 2  Z= 3  Z= 4  Z= 5  Z= 6  Z= 7  Z= 8  Z= 9  Z=10  Z=11  Z=12
  0.50   0.495 0.443 0.569 0.591 0.601 0.602 0.626 0.613 0.391 0.376 0.676 0.662
  1.00   0.495 0.443 0.569 0.591 0.489 0.529 0.558 0.613 0.391 0.376 0.627 0.661
  1.50   0.519 0.530 0.662 0.708 0.580 0.626 0.652 0.721 0.440 0.446 0.704 0.784
  2.00   0.582 0.614 0.721 0.792 0.670 0.721 0.750 0.834 0.489 0.516 0.786 0.907
  2.50   0.586 0.638 0.750 0.799 0.728 0.762 0.763 0.886 0.502 0.535 0.804 0.963
  3.00   0.583 0.645 0.761 0.798 0.800 0.804 0.801 0.905 0.513 0.544 0.826 0.984
  3.50   0.544 0.574 0.692 0.703 0.764 0.819 0.803 0.811 0.468 0.502 0.787 0.880
  4.00   0.502 0.491 0.607 0.617 0.755 0.780 0.765 0.703 0.413 0.448 0.750 0.762
  4.50   0.494 0.455 0.570 0.575 0.750 0.773 0.753 0.628 0.390 0.425 0.759 0.675
  5.00   0.524 0.445 0.563 0.554 0.743 0.773 0.756 0.563 0.397 0.420 0.771 0.601
  6.00   0.574 0.429 0.574 0.569 0.734 0.773 0.765 0.489 0.422 0.433 0.790 0.505
  7.00   0.583 0.424 0.568 0.588 0.658 0.736 0.742 0.430 0.418 0.418 0.790 0.434
  8.00   0.563 0.406 0.553 0.591 0.573 0.696 0.738 0.412 0.406 0.404 0.792 0.400
  9.00   0.548 0.392 0.532 0.594 0.494 0.660 0.739 0.395 0.398 0.382 0.792 0.383
 10.00   0.536 0.385 0.514 0.591 0.425 0.636 0.747 0.380 0.395 0.356 0.803 0.368
```

Tab. 8.72 Schadensäquivalenzfaktoren λ für Einzelzüge

```
WORKSPACE         : 2 LAM_BU2
DATUM / UHRZEIT   : 21-07-2021 / 13:36

GESAMTVERKEHR     :   1.00  Mrd.  kN
                    MIT VERTEILUNG DER ACHSLASTEN DURCH DAS GLEIS
BAUTEIL(E)        : HAUPTTRAEGER
WERTE FUER        : MOMENTE
WOEHLERLINIEN NACH: EN 1993-1-9

    L     Z= 1  Z= 2  Z= 3  Z= 4  Z= 5  Z= 6  Z= 7  Z= 8  Z= 9  Z=10  Z=11  Z=12
  0.50   0.342 0.316 0.404 0.428 0.429 0.424 0.447 0.438 0.284 0.275 0.475 0.465
  1.00   0.333 0.309 0.401 0.428 0.329 0.356 0.380 0.437 0.283 0.271 0.434 0.465
  1.50   0.363 0.360 0.462 0.513 0.374 0.410 0.433 0.512 0.323 0.312 0.472 0.548
  2.00   0.398 0.408 0.513 0.574 0.415 0.465 0.488 0.591 0.352 0.354 0.523 0.633
  2.50   0.399 0.419 0.530 0.569 0.449 0.486 0.492 0.624 0.366 0.365 0.509 0.670
  3.00   0.382 0.415 0.521 0.560 0.492 0.512 0.512 0.637 0.358 0.365 0.518 0.684
  3.50   0.357 0.375 0.469 0.480 0.469 0.519 0.505 0.570 0.323 0.334 0.477 0.611
  4.00   0.318 0.322 0.408 0.410 0.462 0.489 0.471 0.488 0.282 0.293 0.449 0.527
  4.50   0.309 0.299 0.382 0.381 0.457 0.482 0.459 0.424 0.267 0.277 0.450 0.455
  5.00   0.324 0.295 0.376 0.367 0.453 0.479 0.455 0.378 0.266 0.275 0.455 0.401
  6.00   0.353 0.286 0.372 0.377 0.447 0.475 0.456 0.316 0.277 0.284 0.465 0.324
  7.00   0.358 0.277 0.361 0.389 0.400 0.452 0.443 0.267 0.274 0.274 0.465 0.268
  8.00   0.348 0.264 0.348 0.391 0.347 0.427 0.441 0.243 0.266 0.264 0.467 0.237
  9.00   0.344 0.256 0.334 0.392 0.298 0.405 0.440 0.231 0.261 0.248 0.468 0.225
 10.00   0.340 0.251 0.323 0.390 0.252 0.391 0.444 0.222 0.259 0.231 0.474 0.215
```

8.8 Betriebsfestigkeitsnachweis nach EN 1993-1-9:2013 ...

Tab. 8.73 Schadensäquivalenzfaktoren λ für Einzelzüge

```
WORKSPACE         : 2 LAM_BU2
DATUM / UHRZEIT   : 21-07-2021 / 13:33

GESAMTVERKEHR     : 25.00 Mrd. kN
                    MIT VERTEILUNG DER ACHSLASTEN DURCH DAS GLEIS
BAUTEIL(E)        : HAUPTTRAEGER
WERTE FUER        : QUERKRAEFTE
WOEHLERLINIEN NACH: EN 1993-1-9

   L     Z= 1  Z= 2  Z= 3  Z= 4  Z= 5  Z= 6  Z= 7  Z= 8  Z= 9  Z=10  Z=11  Z=12
  0.50   0.613 0.562 0.589 0.668 0.719 0.733 0.749 0.733 0.433 0.444 0.811 0.794
  1.00   0.730 0.669 0.702 0.796 0.716 0.774 0.813 0.874 0.515 0.529 0.909 0.946
  1.50   0.697 0.692 0.727 0.824 0.779 0.840 0.871 0.904 0.506 0.547 0.902 0.979
  2.00   0.622 0.653 0.685 0.749 0.803 0.865 0.891 0.852 0.465 0.516 0.871 0.923
  2.50   0.604 0.608 0.655 0.693 0.830 0.888 0.902 0.814 0.444 0.495 0.896 0.886
  3.00   0.635 0.560 0.686 0.652 0.854 0.908 0.907 0.782 0.467 0.480 0.913 0.856
  3.50   0.644 0.517 0.698 0.641 0.853 0.877 0.850 0.705 0.480 0.467 0.870 0.783
  4.00   0.652 0.500 0.702 0.664 0.864 0.849 0.828 0.659 0.485 0.470 0.864 0.698
  4.50   0.676 0.525 0.705 0.701 0.891 0.855 0.834 0.658 0.493 0.481 0.876 0.692
  5.00   0.708 0.552 0.694 0.729 0.897 0.859 0.841 0.661 0.504 0.485 0.888 0.692
  6.00   0.738 0.558 0.691 0.734 0.828 0.842 0.855 0.618 0.496 0.472 0.905 0.668
  7.00   0.735 0.540 0.684 0.733 0.739 0.839 0.885 0.595 0.489 0.468 0.932 0.642
  8.00   0.730 0.526 0.674 0.733 0.678 0.842 0.923 0.589 0.486 0.457 0.977 0.606
  9.00   0.723 0.522 0.675 0.729 0.642 0.833 0.948 0.587 0.486 0.438 1.005 0.578
 10.00   0.715 0.516 0.678 0.724 0.621 0.824 0.967 0.590 0.488 0.429 1.029 0.583
```

Tab. 8.74 Schadensäquivalenzfaktoren λ für Einzelzüge

```
WORKSPACE         : 2 LAM_BU2
DATUM / UHRZEIT   : 21-07-2021 / 13:34

GESAMTVERKEHR     : 10.00 Mrd. kN
                    MIT VERTEILUNG DER ACHSLASTEN DURCH DAS GLEIS
BAUTEIL(E)        : HAUPTTRAEGER
WERTE FUER        : QUERKRAEFTE
WOEHLERLINIEN NACH: EN 1993-1-9

   L     Z= 1  Z= 2  Z= 3  Z= 4  Z= 5  Z= 6  Z= 7  Z= 8  Z= 9  Z=10  Z=11  Z=12
  0.50   0.510 0.468 0.579 0.601 0.611 0.612 0.637 0.624 0.383 0.370 0.687 0.673
  1.00   0.608 0.557 0.689 0.716 0.662 0.683 0.714 0.743 0.456 0.440 0.790 0.801
  1.50   0.580 0.576 0.690 0.741 0.675 0.705 0.734 0.762 0.460 0.456 0.788 0.820
  2.00   0.518 0.543 0.620 0.686 0.668 0.720 0.745 0.713 0.425 0.429 0.728 0.774
  2.50   0.510 0.506 0.581 0.630 0.691 0.739 0.753 0.683 0.384 0.412 0.748 0.741
  3.00   0.532 0.466 0.579 0.550 0.711 0.756 0.756 0.662 0.404 0.399 0.760 0.715
  3.50   0.536 0.462 0.581 0.534 0.710 0.736 0.729 0.617 0.414 0.397 0.746 0.665
  4.00   0.543 0.463 0.589 0.553 0.721 0.718 0.708 0.579 0.410 0.397 0.733 0.618
  4.50   0.563 0.465 0.603 0.584 0.743 0.717 0.695 0.548 0.415 0.407 0.729 0.583
  5.00   0.590 0.483 0.609 0.607 0.748 0.716 0.700 0.552 0.423 0.410 0.739 0.576
  6.00   0.614 0.486 0.593 0.611 0.691 0.701 0.712 0.543 0.413 0.399 0.754 0.556
  7.00   0.612 0.471 0.570 0.611 0.632 0.700 0.737 0.530 0.407 0.397 0.776 0.539
  8.00   0.607 0.460 0.561 0.610 0.575 0.701 0.769 0.518 0.405 0.388 0.814 0.524
  9.00   0.602 0.458 0.562 0.607 0.536 0.700 0.793 0.509 0.404 0.378 0.840 0.513
 10.00   0.595 0.456 0.565 0.603 0.517 0.699 0.810 0.491 0.406 0.373 0.861 0.501
```

Tab. 8.75 Schadensäquivalenzfaktoren λ für Einzelzüge

```
WORKSPACE            : 2 LAM_BU2
DATUM / UHRZEIT      : 21-07-2021 / 13:35

GESAMTVERKEHR        : 5.00 Mrd. kN
                       MIT VERTEILUNG DER ACHSLASTEN DURCH DAS GLEIS
BAUTEIL(E)           : HAUPTTRAEGER
WERTE FUER           : QUERKRAEFTE
WOEHLERLINIEN NACH   : EN 1993-1-9

    L    Z= 1  Z= 2  Z= 3  Z= 4  Z= 5  Z= 6  Z= 7  Z= 8  Z= 9  Z=10  Z=11  Z=12
 0.50   0.444 0.407 0.504 0.523 0.532 0.533 0.554 0.543 0.346 0.333 0.598 0.586
 1.00   0.529 0.485 0.600 0.623 0.576 0.594 0.622 0.647 0.413 0.397 0.688 0.698
 1.50   0.505 0.502 0.612 0.645 0.597 0.626 0.639 0.663 0.417 0.407 0.686 0.718
 2.00   0.469 0.473 0.559 0.598 0.591 0.627 0.649 0.620 0.372 0.383 0.634 0.674
 2.50   0.448 0.441 0.506 0.549 0.602 0.643 0.656 0.595 0.335 0.366 0.651 0.645
 3.00   0.463 0.428 0.504 0.501 0.619 0.658 0.658 0.576 0.352 0.356 0.662 0.622
 3.50   0.472 0.408 0.506 0.468 0.618 0.641 0.636 0.538 0.360 0.345 0.650 0.579
 4.00   0.482 0.403 0.513 0.481 0.627 0.625 0.617 0.504 0.361 0.346 0.638 0.539
 4.50   0.500 0.416 0.525 0.508 0.647 0.626 0.615 0.490 0.368 0.354 0.642 0.519
 5.00   0.514 0.430 0.531 0.529 0.652 0.626 0.615 0.481 0.371 0.357 0.643 0.502
 6.00   0.535 0.423 0.517 0.532 0.601 0.611 0.620 0.473 0.361 0.348 0.656 0.485
 7.00   0.533 0.410 0.504 0.532 0.551 0.609 0.642 0.461 0.354 0.346 0.676 0.470
 8.00   0.538 0.401 0.489 0.531 0.501 0.611 0.669 0.451 0.352 0.338 0.708 0.457
 9.00   0.535 0.400 0.489 0.528 0.471 0.609 0.690 0.443 0.352 0.329 0.731 0.447
10.00   0.532 0.399 0.491 0.525 0.450 0.608 0.705 0.437 0.354 0.325 0.750 0.438
```

Tab. 8.76 Schadensäquivalenzfaktoren λ für Einzelzüge

```
WORKSPACE            : 2 LAM_BU2
DATUM / UHRZEIT      : 21-07-2021 / 13:36

GESAMTVERKEHR        : 1.00 Mrd. kN
                       MIT VERTEILUNG DER ACHSLASTEN DURCH DAS GLEIS
BAUTEIL(E)           : HAUPTTRAEGER
WERTE FUER           : QUERKRAEFTE
WOEHLERLINIEN NACH   : EN 1993-1-9

    L    Z= 1  Z= 2  Z= 3  Z= 4  Z= 5  Z= 6  Z= 7  Z= 8  Z= 9  Z=10  Z=11  Z=12
 0.50   0.338 0.313 0.367 0.379 0.386 0.386 0.402 0.393 0.251 0.250 0.433 0.424
 1.00   0.400 0.370 0.435 0.452 0.417 0.431 0.451 0.469 0.299 0.297 0.498 0.506
 1.50   0.387 0.380 0.444 0.467 0.433 0.454 0.472 0.481 0.302 0.303 0.497 0.520
 2.00   0.347 0.355 0.405 0.433 0.430 0.456 0.471 0.451 0.273 0.281 0.468 0.489
 2.50   0.334 0.329 0.372 0.398 0.439 0.467 0.476 0.432 0.249 0.267 0.472 0.468
 3.00   0.345 0.310 0.365 0.363 0.451 0.477 0.477 0.418 0.255 0.259 0.480 0.451
 3.50   0.348 0.296 0.368 0.345 0.448 0.464 0.461 0.390 0.261 0.254 0.471 0.420
 4.00   0.352 0.293 0.372 0.351 0.455 0.453 0.447 0.366 0.262 0.253 0.463 0.390
 4.50   0.363 0.302 0.381 0.370 0.469 0.454 0.446 0.356 0.267 0.258 0.466 0.376
 5.00   0.379 0.312 0.385 0.384 0.472 0.454 0.446 0.353 0.270 0.260 0.470 0.370
 6.00   0.393 0.310 0.375 0.386 0.436 0.443 0.450 0.344 0.264 0.252 0.476 0.354
 7.00   0.392 0.300 0.366 0.385 0.399 0.441 0.465 0.336 0.258 0.251 0.490 0.343
 8.00   0.390 0.290 0.357 0.385 0.363 0.443 0.485 0.329 0.256 0.245 0.513 0.334
 9.00   0.388 0.290 0.355 0.383 0.341 0.442 0.500 0.323 0.255 0.238 0.530 0.327
10.00   0.386 0.289 0.356 0.380 0.328 0.441 0.511 0.317 0.256 0.235 0.543 0.319
```

8.8 Betriebsfestigkeitsnachweis nach EN 1993-1-9:2013 ...

Tab. 8.77 Schadensäquivalenzfaktoren λ für Einzelzüge

```
WORKSPACE          : 2 LAM_BU2
DATUM / UHRZEIT    : 21-07-2021 / 13:33

GESAMTVERKEHR      : 25.00 Mrd. kN
                     MIT VERTEILUNG DER ACHSLASTEN DURCH DAS GLEIS
BAUTEIL(E)         : LAENGSTRAEGER
WERTE FUER         : MOMENTE
WOEHLERLINIEN NACH : EN 1993-1-9

   L    Z= 1  Z= 2  Z= 3  Z= 4  Z= 5  Z= 6  Z= 7  Z= 8  Z= 9  Z=10  Z=11  Z=12
 0.50   0.685 0.627 0.659 0.747 0.802 0.818 0.836 0.818 0.483 0.495 0.905 0.886
 1.00   0.703 0.644 0.677 0.768 0.685 0.740 0.782 0.840 0.496 0.509 0.836 0.910
 1.50   0.745 0.795 0.836 0.948 0.833 0.898 0.933 1.037 0.566 0.628 1.010 1.123
 2.00   0.860 0.943 0.992 1.058 0.988 1.066 1.104 1.229 0.671 0.745 1.157 1.332
 2.50   0.898 0.976 1.078 1.117 1.099 1.150 1.149 1.332 0.729 0.804 1.212 1.446
 3.00   0.938 0.989 1.126 1.166 1.230 1.226 1.215 1.390 0.760 0.821 1.227 1.508
 3.50   0.931 0.904 1.063 1.101 1.195 1.270 1.229 1.200 0.712 0.775 1.222 1.334
 4.00   0.860 0.763 0.897 0.957 1.160 1.191 1.168 1.019 0.616 0.686 1.158 1.103
 4.50   0.839 0.698 0.823 0.876 1.141 1.166 1.142 0.922 0.587 0.639 1.152 0.988
 5.00   0.887 0.656 0.807 0.833 1.113 1.154 1.131 0.863 0.592 0.622 1.154 0.908
 6.00   0.957 0.610 0.831 0.839 1.071 1.131 1.122 0.769 0.618 0.627 1.158 0.747
 7.00   0.961 0.597 0.827 0.854 0.958 1.066 1.076 0.767 0.605 0.596 1.143 0.747
 8.00   0.919 0.574 0.797 0.851 0.842 1.003 1.061 0.720 0.582 0.572 1.139 0.703
 9.00   0.879 0.555 0.766 0.849 0.739 0.956 1.055 0.680 0.567 0.538 1.132 0.662
10.00   0.845 0.550 0.740 0.842 0.639 0.916 1.058 0.649 0.561 0.498 1.149 0.632
```

Tab. 8.78 Schadensäquivalenzfaktoren λ für Einzelzüge

```
WORKSPACE          : 2 LAM_BU2
DATUM / UHRZEIT    : 21-07-2021 / 13:34

GESAMTVERKEHR      : 10.00 Mrd. kN
                     MIT VERTEILUNG DER ACHSLASTEN DURCH DAS GLEIS
BAUTEIL(E)         : LAENGSTRAEGER
WERTE FUER         : MOMENTE
WOEHLERLINIEN NACH : EN 1993-1-9

   L    Z= 1  Z= 2  Z= 3  Z= 4  Z= 5  Z= 6  Z= 7  Z= 8  Z= 9  Z=10  Z=11  Z=12
 0.50   0.570 0.522 0.647 0.672 0.682 0.683 0.711 0.696 0.427 0.412 0.767 0.751
 1.00   0.586 0.536 0.665 0.690 0.570 0.616 0.651 0.714 0.439 0.424 0.731 0.771
 1.50   0.611 0.662 0.764 0.852 0.693 0.748 0.777 0.865 0.518 0.523 0.841 0.940
 2.00   0.696 0.785 0.890 0.978 0.822 0.887 0.919 1.027 0.581 0.620 0.967 1.115
 2.50   0.736 0.813 0.946 0.997 0.915 0.958 0.960 1.113 0.631 0.669 1.011 1.210
 3.00   0.769 0.823 0.979 0.981 1.024 1.030 1.027 1.160 0.658 0.692 1.058 1.260
 3.50   0.726 0.742 0.907 0.917 0.995 1.068 1.047 1.056 0.610 0.651 1.017 1.146
 4.00   0.669 0.620 0.781 0.797 0.970 0.999 0.972 0.903 0.520 0.571 0.964 0.980
 4.50   0.653 0.578 0.724 0.729 0.952 0.974 0.951 0.768 0.492 0.532 0.959 0.847
 5.00   0.690 0.570 0.703 0.693 0.935 0.962 0.942 0.718 0.493 0.524 0.961 0.756
 6.00   0.744 0.545 0.692 0.698 0.913 0.943 0.934 0.629 0.515 0.529 0.964 0.642
 7.00   0.747 0.528 0.688 0.711 0.808 0.888 0.896 0.568 0.504 0.503 0.952 0.551
 8.00   0.710 0.501 0.664 0.708 0.690 0.835 0.884 0.539 0.484 0.482 0.948 0.523
 9.00   0.676 0.483 0.638 0.707 0.601 0.796 0.878 0.513 0.472 0.454 0.946 0.498
10.00   0.645 0.474 0.616 0.701 0.513 0.775 0.884 0.492 0.467 0.424 0.959 0.477
```

Tab. 8.79 Schadensäquivalenzfaktoren λ für Einzelzüge

```
WORKSPACE          : 2 LAM_BU2
DATUM / UHRZEIT    : 21-07-2021 / 13:35

GESAMTVERKEHR      :   5.00  Mrd. kN
                       MIT VERTEILUNG DER ACHSLASTEN DURCH DAS GLEIS
BAUTEIL(E)         : LAENGSTRAEGER
WERTE FUER         : MOMENTE
WOEHLERLINIEN NACH : EN 1993-1-9

     L    Z= 1  Z= 2  Z= 3  Z= 4  Z= 5  Z= 6  Z= 7  Z= 8  Z= 9  Z=10  Z=11  Z=12
  0.50   0.490 0.438 0.563 0.585 0.594 0.595 0.619 0.606 0.387 0.371 0.667 0.653
  1.00   0.503 0.450 0.579 0.601 0.496 0.536 0.567 0.622 0.397 0.381 0.637 0.671
  1.50   0.544 0.555 0.694 0.742 0.606 0.654 0.681 0.753 0.460 0.466 0.735 0.819
  2.00   0.624 0.658 0.775 0.851 0.717 0.772 0.803 0.894 0.524 0.553 0.842 0.971
  2.50   0.643 0.699 0.824 0.878 0.796 0.834 0.836 0.969 0.549 0.586 0.880 1.054
  3.00   0.653 0.720 0.853 0.894 0.892 0.897 0.894 1.009 0.573 0.607 0.922 1.098
  3.50   0.619 0.652 0.789 0.802 0.866 0.929 0.912 0.921 0.531 0.571 0.894 0.999
  4.00   0.563 0.550 0.682 0.694 0.844 0.873 0.856 0.786 0.462 0.501 0.839 0.853
  4.50   0.545 0.501 0.630 0.635 0.824 0.850 0.828 0.691 0.429 0.468 0.835 0.742
  5.00   0.571 0.484 0.613 0.604 0.805 0.838 0.820 0.611 0.431 0.456 0.837 0.651
  6.00   0.612 0.456 0.612 0.608 0.780 0.821 0.813 0.519 0.448 0.461 0.840 0.536
  7.00   0.613 0.445 0.598 0.619 0.689 0.771 0.778 0.451 0.438 0.438 0.828 0.455
  8.00   0.586 0.423 0.576 0.617 0.595 0.723 0.767 0.428 0.421 0.420 0.822 0.415
  9.00   0.567 0.406 0.552 0.615 0.509 0.680 0.762 0.407 0.411 0.394 0.817 0.395
 10.00   0.553 0.396 0.530 0.610 0.437 0.654 0.768 0.390 0.406 0.366 0.826 0.379
```

Tab. 8.80 Schadensäquivalenzfaktoren λ für Einzelzüge

```
WORKSPACE          : 2 LAM_BU2
DATUM / UHRZEIT    : 21-07-2021 / 13:36

GESAMTVERKEHR      :   1.00  Mrd. kN
                       MIT VERTEILUNG DER ACHSLASTEN DURCH DAS GLEIS
BAUTEIL(E)         : LAENGSTRAEGER
WERTE FUER         : MOMENTE
WOEHLERLINIEN NACH : EN 1993-1-9

     L    Z= 1  Z= 2  Z= 3  Z= 4  Z= 5  Z= 6  Z= 7  Z= 8  Z= 9  Z=10  Z=11  Z=12
  0.50   0.338 0.312 0.400 0.424 0.424 0.419 0.441 0.432 0.280 0.272 0.469 0.459
  1.00   0.339 0.313 0.408 0.436 0.334 0.361 0.386 0.444 0.288 0.275 0.440 0.472
  1.50   0.380 0.377 0.485 0.538 0.390 0.428 0.452 0.535 0.338 0.326 0.493 0.572
  2.00   0.427 0.438 0.551 0.617 0.445 0.498 0.523 0.632 0.377 0.379 0.561 0.677
  2.50   0.437 0.459 0.582 0.625 0.491 0.532 0.539 0.683 0.401 0.399 0.558 0.733
  3.00   0.428 0.463 0.583 0.628 0.549 0.571 0.571 0.711 0.399 0.408 0.578 0.763
  3.50   0.406 0.426 0.535 0.547 0.532 0.589 0.574 0.646 0.367 0.379 0.542 0.693
  4.00   0.357 0.361 0.458 0.461 0.517 0.547 0.527 0.546 0.316 0.328 0.502 0.589
  4.50   0.341 0.330 0.422 0.421 0.503 0.530 0.505 0.466 0.293 0.305 0.495 0.500
  5.00   0.353 0.321 0.410 0.400 0.491 0.519 0.494 0.410 0.289 0.290 0.494 0.434
  6.00   0.377 0.304 0.397 0.403 0.474 0.504 0.485 0.335 0.295 0.301 0.495 0.345
  7.00   0.376 0.290 0.380 0.410 0.419 0.474 0.465 0.280 0.288 0.287 0.488 0.281
  8.00   0.362 0.274 0.363 0.408 0.360 0.443 0.458 0.252 0.276 0.274 0.485 0.246
  9.00   0.356 0.264 0.346 0.406 0.307 0.418 0.454 0.238 0.269 0.256 0.483 0.232
 10.00   0.350 0.258 0.333 0.402 0.259 0.402 0.456 0.228 0.267 0.238 0.488 0.221
```

8.8 Betriebsfestigkeitsnachweis nach EN 1993-1-9:2013 …

Tab. 8.81 Schadensäquivalenzfaktoren λ für Einzelzüge

```
WORKSPACE        : 2 LAM_BU2
DATUM / UHRZEIT  : 21-07-2021 / 13:33

GESAMTVERKEHR    : 25.00 Mrd. kN
                   MIT VERTEILUNG DER ACHSLASTEN DURCH DAS GLEIS
BAUTEIL(E)       : LAENGSTRAEGER
WERTE FUER       : QUERKRAEFTE
WOEHLERLINIEN NACH : EN 1993-1-9

   L      Z= 1  Z= 2  Z= 3  Z= 4  Z= 5  Z= 6  Z= 7  Z= 8  Z= 9  Z=10  Z=11  Z=12
  0.50   0.606 0.555 0.583 0.661 0.710 0.724 0.740 0.724 0.427 0.438 0.801 0.784
  1.00   0.742 0.680 0.715 0.810 0.726 0.786 0.825 0.887 0.523 0.537 0.923 0.961
  1.50   0.730 0.724 0.762 0.863 0.814 0.878 0.910 0.944 0.529 0.572 0.943 1.023
  2.00   0.668 0.700 0.737 0.805 0.859 0.926 0.955 0.913 0.498 0.553 0.933 0.989
  2.50   0.663 0.666 0.720 0.762 0.908 0.971 0.988 0.891 0.486 0.542 0.981 0.970
  3.00   0.710 0.626 0.768 0.731 0.953 1.013 1.012 0.873 0.521 0.535 1.019 0.955
  3.50   0.733 0.588 0.796 0.731 0.967 0.996 0.965 0.800 0.545 0.530 0.988 0.889
  4.00   0.732 0.560 0.789 0.746 0.965 0.949 0.926 0.737 0.542 0.526 0.967 0.780
  4.50   0.746 0.579 0.779 0.775 0.979 0.940 0.918 0.723 0.542 0.529 0.964 0.761
  5.00   0.770 0.600 0.757 0.795 0.972 0.932 0.912 0.716 0.546 0.526 0.963 0.750
  6.00   0.786 0.594 0.738 0.784 0.879 0.895 0.909 0.656 0.527 0.501 0.962 0.710
  7.00   0.773 0.567 0.720 0.772 0.774 0.878 0.928 0.623 0.513 0.491 0.977 0.672
  8.00   0.760 0.547 0.703 0.765 0.703 0.874 0.959 0.612 0.505 0.475 1.015 0.629
  9.00   0.748 0.539 0.699 0.756 0.662 0.859 0.978 0.605 0.501 0.452 1.038 0.596
 10.00   0.737 0.531 0.700 0.747 0.637 0.847 0.994 0.606 0.502 0.441 1.058 0.599
```

Tab. 8.82 Schadensäquivalenzfaktoren λ für Einzelzüge

```
WORKSPACE        : 2 LAM_BU2
DATUM / UHRZEIT  : 21-07-2021 / 13:34

GESAMTVERKEHR    : 10.00 Mrd. kN
                   MIT VERTEILUNG DER ACHSLASTEN DURCH DAS GLEIS
BAUTEIL(E)       : LAENGSTRAEGER
WERTE FUER       : QUERKRAEFTE
WOEHLERLINIEN NACH : EN 1993-1-9

   L      Z= 1  Z= 2  Z= 3  Z= 4  Z= 5  Z= 6  Z= 7  Z= 8  Z= 9  Z=10  Z=11  Z=12
  0.50   0.504 0.462 0.573 0.594 0.603 0.604 0.629 0.616 0.378 0.365 0.678 0.664
  1.00   0.618 0.566 0.702 0.728 0.671 0.693 0.725 0.754 0.463 0.447 0.802 0.813
  1.50   0.608 0.603 0.723 0.776 0.705 0.737 0.768 0.796 0.481 0.476 0.824 0.857
  2.00   0.556 0.583 0.666 0.738 0.715 0.771 0.798 0.763 0.456 0.460 0.780 0.829
  2.50   0.560 0.555 0.639 0.692 0.756 0.809 0.825 0.748 0.421 0.451 0.819 0.811
  3.00   0.595 0.521 0.648 0.616 0.793 0.843 0.844 0.738 0.451 0.446 0.848 0.797
  3.50   0.611 0.525 0.663 0.609 0.805 0.835 0.828 0.701 0.470 0.451 0.847 0.754
  4.00   0.609 0.519 0.662 0.621 0.806 0.803 0.792 0.648 0.459 0.445 0.820 0.691
  4.50   0.621 0.512 0.667 0.645 0.816 0.788 0.764 0.602 0.457 0.447 0.802 0.641
  5.00   0.641 0.524 0.664 0.662 0.811 0.776 0.759 0.599 0.459 0.445 0.802 0.625
  6.00   0.655 0.517 0.633 0.652 0.733 0.745 0.757 0.576 0.439 0.424 0.801 0.591
  7.00   0.643 0.495 0.600 0.643 0.662 0.733 0.773 0.555 0.427 0.417 0.814 0.565
  8.00   0.633 0.478 0.586 0.637 0.597 0.728 0.798 0.538 0.420 0.403 0.845 0.544
  9.00   0.622 0.473 0.582 0.629 0.552 0.722 0.818 0.525 0.417 0.390 0.867 0.529
 10.00   0.613 0.470 0.583 0.622 0.531 0.718 0.833 0.505 0.418 0.384 0.886 0.515
```

Tab. 8.83 Schadensäquivalenzfaktoren λ für Einzelzüge

```
WORKSPACE           : 2 LAM_BU2
DATUM / UHRZEIT     : 21-07-2021 / 13:35

GESAMTVERKEHR       :   5.00 Mrd. kN
                        MIT VERTEILUNG DER ACHSLASTEN DURCH DAS GLEIS
BAUTEIL(E)          : LAENGSTRAEGER
WERTE FUER          : QUERKRAEFTE
WOEHLERLINIEN NACH  : EN 1993-1-9

     L    Z= 1  Z= 2  Z= 3  Z= 4  Z= 5  Z= 6  Z= 7  Z= 8  Z= 9  Z=10  Z=11  Z=12
  0.50   0.439 0.402 0.498 0.517 0.525 0.526 0.547 0.536 0.342 0.329 0.591 0.578
  1.00   0.538 0.493 0.611 0.634 0.584 0.603 0.631 0.656 0.419 0.403 0.698 0.708
  1.50   0.529 0.525 0.642 0.676 0.624 0.654 0.668 0.693 0.435 0.425 0.717 0.750
  2.00   0.503 0.507 0.601 0.642 0.633 0.671 0.695 0.665 0.399 0.411 0.679 0.721
  2.50   0.491 0.483 0.556 0.603 0.658 0.704 0.718 0.651 0.367 0.400 0.713 0.706
  3.00   0.518 0.479 0.564 0.562 0.690 0.734 0.735 0.642 0.393 0.397 0.739 0.694
  3.50   0.538 0.464 0.577 0.533 0.701 0.727 0.722 0.611 0.409 0.392 0.738 0.657
  4.00   0.541 0.452 0.577 0.541 0.701 0.699 0.690 0.564 0.404 0.387 0.714 0.602
  4.50   0.551 0.458 0.580 0.562 0.711 0.688 0.677 0.539 0.405 0.389 0.707 0.570
  5.00   0.559 0.467 0.579 0.576 0.706 0.678 0.667 0.521 0.402 0.387 0.698 0.544
  6.00   0.570 0.450 0.552 0.568 0.638 0.648 0.659 0.502 0.384 0.370 0.697 0.515
  7.00   0.560 0.431 0.531 0.560 0.576 0.638 0.673 0.483 0.372 0.363 0.708 0.492
  8.00   0.560 0.417 0.510 0.554 0.520 0.634 0.695 0.468 0.366 0.351 0.736 0.474
  9.00   0.553 0.413 0.507 0.548 0.485 0.628 0.712 0.457 0.363 0.339 0.755 0.461
 10.00   0.548 0.410 0.507 0.542 0.463 0.625 0.725 0.449 0.364 0.334 0.771 0.450
```

Tab. 8.84 Schadensäquivalenzfaktoren λ für Einzelzüge

```
WORKSPACE           : 2 LAM_BU2
DATUM / UHRZEIT     : 21-07-2021 / 13:36

GESAMTVERKEHR       :   1.00 Mrd. kN
                        MIT VERTEILUNG DER ACHSLASTEN DURCH DAS GLEIS
BAUTEIL(E)          : LAENGSTRAEGER
WERTE FUER          : QUERKRAEFTE
WOEHLERLINIEN NACH  : EN 1993-1-9

     L    Z= 1  Z= 2  Z= 3  Z= 4  Z= 5  Z= 6  Z= 7  Z= 8  Z= 9  Z=10  Z=11  Z=12
  0.50   0.335 0.309 0.363 0.375 0.381 0.381 0.397 0.388 0.248 0.247 0.428 0.419
  1.00   0.407 0.376 0.443 0.460 0.423 0.437 0.458 0.476 0.304 0.301 0.506 0.513
  1.50   0.406 0.398 0.465 0.490 0.452 0.474 0.493 0.502 0.316 0.317 0.520 0.544
  2.00   0.372 0.381 0.435 0.466 0.461 0.489 0.505 0.483 0.292 0.301 0.501 0.524
  2.50   0.367 0.361 0.409 0.437 0.481 0.511 0.521 0.473 0.273 0.292 0.517 0.512
  3.00   0.386 0.347 0.409 0.407 0.502 0.532 0.533 0.466 0.285 0.289 0.536 0.503
  3.50   0.397 0.336 0.420 0.393 0.508 0.527 0.523 0.443 0.297 0.288 0.535 0.476
  4.00   0.395 0.328 0.418 0.394 0.508 0.507 0.500 0.409 0.293 0.284 0.518 0.437
  4.50   0.400 0.333 0.421 0.409 0.515 0.499 0.491 0.391 0.293 0.284 0.513 0.413
  5.00   0.412 0.339 0.420 0.419 0.512 0.492 0.484 0.383 0.293 0.282 0.509 0.401
  6.00   0.419 0.330 0.400 0.412 0.463 0.471 0.479 0.366 0.280 0.268 0.506 0.376
  7.00   0.412 0.315 0.385 0.406 0.418 0.462 0.488 0.352 0.270 0.263 0.513 0.359
  8.00   0.407 0.302 0.372 0.402 0.377 0.460 0.504 0.341 0.265 0.255 0.533 0.346
  9.00   0.401 0.300 0.368 0.397 0.352 0.456 0.516 0.333 0.263 0.246 0.547 0.337
 10.00   0.398 0.297 0.368 0.393 0.337 0.453 0.526 0.326 0.264 0.242 0.559 0.328
```

8.8 Betriebsfestigkeitsnachweis nach EN 1993-1-9:2013 ...

Tab. 8.85 Schadensäquivalenzfaktoren λ für Einzelzüge

```
WORKSPACE         : 2 LAM_BU2
DATUM / UHRZEIT   : 21-07-2021 / 13:33

GESAMTVERKEHR     : 25.00 Mrd. kN
                    MIT VERTEILUNG DER ACHSLASTEN DURCH DAS GLEIS
BAUTEIL(E)        : QUERTRAEGER
WERTE FUER        : AUFLAGERKRAEFTE FUER MOMENTE
WOEHLERLINIEN NACH: EN 1993-1-9

    L    Z= 1  Z= 2  Z= 3  Z= 4  Z= 5  Z= 6  Z= 7  Z= 8  Z= 9  Z=10  Z=11  Z=12
 0.50   0.703 0.644 0.677 0.768 0.685 0.740 0.782 0.840 0.496 0.509 0.836 0.910
 1.00   0.860 0.943 0.992 1.058 0.988 1.066 1.104 1.229 0.671 0.745 1.157 1.332
 1.50   0.938 0.989 1.126 1.166 1.230 1.226 1.215 1.390 0.760 0.821 1.227 1.508
 2.00   0.860 0.763 0.897 0.957 1.160 1.191 1.168 1.019 0.616 0.686 1.158 1.103
 2.50   0.887 0.656 0.807 0.833 1.113 1.154 1.131 0.863 0.592 0.622 1.154 0.908
 3.00   0.957 0.610 0.831 0.839 1.071 1.131 1.122 0.769 0.618 0.627 1.158 0.747
 3.50   0.961 0.597 0.827 0.854 0.958 1.066 1.076 0.767 0.605 0.596 1.143 0.747
 4.00   0.919 0.574 0.797 0.851 0.842 1.003 1.061 0.720 0.582 0.572 1.139 0.703
 4.50   0.879 0.555 0.766 0.849 0.739 0.956 1.055 0.680 0.567 0.538 1.132 0.662
 5.00   0.845 0.550 0.740 0.842 0.639 0.916 1.058 0.649 0.561 0.498 1.149 0.632
 6.00   0.797 0.554 0.743 0.802 0.527 0.912 1.034 0.619 0.551 0.479 1.113 0.609
 7.00   0.768 0.559 0.751 0.801 0.507 0.859 0.962 0.609 0.523 0.452 1.032 0.601
 8.00   0.758 0.565 0.772 0.739 0.530 0.800 0.875 0.601 0.498 0.450 0.939 0.595
 9.00   0.743 0.554 0.741 0.685 0.543 0.757 0.791 0.588 0.463 0.442 0.836 0.582
10.00   0.737 0.551 0.692 0.654 0.551 0.726 0.705 0.585 0.443 0.431 0.765 0.583
```

Tab. 8.86 Schadensäquivalenzfaktoren λ für Einzelzüge

```
WORKSPACE         : 2 LAM_BU2
DATUM / UHRZEIT   : 21-07-2021 / 13:34

GESAMTVERKEHR     : 10.00 Mrd. kN
                    MIT VERTEILUNG DER ACHSLASTEN DURCH DAS GLEIS
BAUTEIL(E)        : QUERTRAEGER
WERTE FUER        : AUFLAGERKRAEFTE FUER MOMENTE
WOEHLERLINIEN NACH: EN 1993-1-9

    L    Z= 1  Z= 2  Z= 3  Z= 4  Z= 5  Z= 6  Z= 7  Z= 8  Z= 9  Z=10  Z=11  Z=12
 0.50   0.586 0.536 0.665 0.690 0.570 0.616 0.651 0.714 0.439 0.424 0.731 0.771
 1.00   0.696 0.785 0.890 0.978 0.822 0.887 0.919 1.027 0.581 0.620 0.967 1.115
 1.50   0.769 0.823 0.979 0.981 1.024 1.030 1.027 1.160 0.658 0.692 1.058 1.260
 2.00   0.669 0.620 0.784 0.797 0.970 0.999 0.972 0.903 0.520 0.571 0.964 0.980
 2.50   0.690 0.570 0.703 0.693 0.935 0.962 0.942 0.718 0.493 0.524 0.961 0.756
 3.00   0.744 0.545 0.692 0.698 0.913 0.943 0.934 0.629 0.515 0.529 0.964 0.642
 3.50   0.747 0.528 0.688 0.711 0.808 0.888 0.896 0.568 0.504 0.503 0.952 0.551
 4.00   0.710 0.501 0.664 0.708 0.690 0.835 0.884 0.539 0.484 0.482 0.948 0.523
 4.50   0.676 0.483 0.638 0.707 0.601 0.796 0.878 0.513 0.472 0.454 0.946 0.498
 5.00   0.645 0.474 0.616 0.701 0.513 0.775 0.884 0.492 0.467 0.424 0.959 0.477
 6.00   0.618 0.474 0.618 0.677 0.407 0.761 0.863 0.463 0.459 0.393 0.929 0.456
 7.00   0.576 0.478 0.625 0.667 0.386 0.720 0.788 0.451 0.443 0.374 0.851 0.445
 8.00   0.558 0.483 0.643 0.646 0.390 0.657 0.697 0.443 0.422 0.354 0.756 0.438
 9.00   0.548 0.470 0.617 0.591 0.400 0.608 0.618 0.433 0.396 0.340 0.661 0.429
10.00   0.543 0.452 0.573 0.522 0.406 0.576 0.563 0.431 0.373 0.332 0.594 0.429
```

Tab. 8.87 Schadensäquivalenzfaktoren λ für Einzelzüge

```
WORKSPACE          : 2 LAM_BU2
DATUM / UHRZEIT    : 21-07-2021 / 13:35

GESAMTVERKEHR      :   5.00 Mrd. kN
                       MIT VERTEILUNG DER ACHSLASTEN DURCH DAS GLEIS
BAUTEIL(E)         : QUERTRAEGER
WERTE FUER         : AUFLAGERKRAEFTE FUER MOMENTE
WOEHLERLINIEN NACH : EN 1993-1-9

   L     Z= 1  Z= 2  Z= 3  Z= 4  Z= 5  Z= 6  Z= 7  Z= 8  Z= 9  Z=10  Z=11  Z=12
 0.50    0.503 0.450 0.579 0.601 0.496 0.536 0.567 0.622 0.397 0.381 0.637 0.671
 1.00    0.624 0.658 0.775 0.851 0.717 0.772 0.803 0.894 0.524 0.553 0.842 0.971
 1.50    0.653 0.720 0.853 0.894 0.892 0.897 0.894 1.009 0.573 0.607 0.922 1.098
 2.00    0.563 0.550 0.682 0.694 0.844 0.873 0.856 0.786 0.462 0.501 0.839 0.853
 2.50    0.571 0.484 0.613 0.604 0.805 0.838 0.820 0.611 0.431 0.456 0.837 0.651
 3.00    0.612 0.456 0.612 0.608 0.780 0.821 0.813 0.519 0.448 0.461 0.840 0.536
 3.50    0.613 0.445 0.598 0.619 0.689 0.771 0.778 0.451 0.438 0.438 0.828 0.455
 4.00    0.586 0.423 0.576 0.617 0.595 0.723 0.767 0.428 0.421 0.420 0.822 0.415
 4.50    0.567 0.406 0.552 0.615 0.509 0.680 0.762 0.407 0.411 0.394 0.817 0.395
 5.00    0.553 0.396 0.530 0.610 0.437 0.654 0.768 0.390 0.406 0.366 0.826 0.379
 6.00    0.515 0.395 0.532 0.589 0.338 0.626 0.744 0.371 0.400 0.335 0.797 0.365
 7.00    0.486 0.398 0.536 0.574 0.311 0.588 0.676 0.359 0.386 0.309 0.731 0.355
 8.00    0.469 0.405 0.551 0.544 0.313 0.537 0.592 0.352 0.364 0.288 0.646 0.348
 9.00    0.449 0.391 0.527 0.489 0.317 0.495 0.517 0.344 0.338 0.275 0.558 0.341
10.00    0.431 0.374 0.489 0.445 0.322 0.467 0.465 0.342 0.308 0.263 0.495 0.341
```

Tab. 8.88 Schadensäquivalenzfaktoren λ für Einzelzüge

```
WORKSPACE          : 2 LAM_BU2
DATUM / UHRZEIT    : 21-07-2021 / 13:36

GESAMTVERKEHR      :   1.00 Mrd. kN
                       MIT VERTEILUNG DER ACHSLASTEN DURCH DAS GLEIS
BAUTEIL(E)         : QUERTRAEGER
WERTE FUER         : AUFLAGERKRAEFTE FUER MOMENTE
WOEHLERLINIEN NACH : EN 1993-1-9

   L     Z= 1  Z= 2  Z= 3  Z= 4  Z= 5  Z= 6  Z= 7  Z= 8  Z= 9  Z=10  Z=11  Z=12
 0.50    0.339 0.313 0.408 0.436 0.334 0.361 0.386 0.444 0.288 0.275 0.440 0.472
 1.00    0.427 0.438 0.551 0.617 0.445 0.498 0.523 0.632 0.377 0.379 0.561 0.677
 1.50    0.428 0.463 0.583 0.628 0.549 0.571 0.571 0.711 0.399 0.408 0.578 0.763
 2.00    0.357 0.361 0.458 0.461 0.517 0.547 0.527 0.546 0.316 0.328 0.502 0.589
 2.50    0.353 0.321 0.410 0.400 0.491 0.519 0.494 0.410 0.289 0.298 0.494 0.434
 3.00    0.377 0.304 0.397 0.403 0.474 0.504 0.485 0.335 0.295 0.301 0.495 0.345
 3.50    0.376 0.290 0.380 0.410 0.419 0.474 0.465 0.280 0.288 0.287 0.488 0.281
 4.00    0.362 0.274 0.363 0.408 0.360 0.443 0.458 0.252 0.276 0.274 0.485 0.246
 4.50    0.356 0.264 0.346 0.406 0.307 0.418 0.454 0.238 0.269 0.256 0.483 0.232
 5.00    0.350 0.258 0.333 0.402 0.259 0.402 0.456 0.228 0.267 0.238 0.488 0.221
 6.00    0.329 0.256 0.333 0.385 0.204 0.383 0.442 0.217 0.261 0.215 0.470 0.213
 7.00    0.310 0.257 0.333 0.372 0.189 0.354 0.403 0.211 0.251 0.196 0.430 0.209
 8.00    0.295 0.261 0.342 0.351 0.187 0.323 0.356 0.206 0.235 0.179 0.382 0.204
 9.00    0.276 0.252 0.327 0.313 0.188 0.295 0.314 0.201 0.216 0.168 0.334 0.199
10.00    0.262 0.240 0.304 0.282 0.190 0.276 0.285 0.200 0.196 0.159 0.300 0.199
```

8.8 Betriebsfestigkeitsnachweis nach EN 1993-1-9:2013 ...

Tab. 8.89 Schadensäquivalenzfaktoren λ für Einzelzüge

```
WORKSPACE           : 2 LAM_BU2
DATUM / UHRZEIT     : 21-07-2021 / 13:33

GESAMTVERKEHR       : 25.00 Mrd. kN
                      MIT VERTEILUNG DER ACHSLASTEN DURCH DAS GLEIS
BAUTEIL(E)          : QUERTRAEGER
WERTE FUER          : AUFLAGERKRAEFTE FUER QUERKRAEFTE
WOEHLERLINIEN NACH  : EN 1993-1-9

  L    Z= 1   Z= 2   Z= 3   Z= 4   Z= 5   Z= 6   Z= 7   Z= 8   Z= 9   Z=10   Z=11   Z=12
 0.50  0.622  0.570  0.599  0.679  0.606  0.655  0.692  0.744  0.439  0.450  0.740  0.806
 1.00  0.761  0.835  0.878  0.936  0.874  0.943  0.977  1.088  0.594  0.659  1.024  1.179
 1.50  0.830  0.875  0.996  1.032  1.089  1.085  1.076  1.230  0.673  0.727  1.086  1.335
 2.00  0.761  0.675  0.794  0.847  1.027  1.054  1.034  0.902  0.545  0.607  1.025  0.976
 2.50  0.785  0.580  0.715  0.737  0.985  1.021  1.001  0.764  0.524  0.551  1.022  0.804
 3.00  0.847  0.540  0.735  0.742  0.948  1.001  0.993  0.684  0.547  0.555  1.025  0.671
 3.50  0.851  0.528  0.732  0.756  0.848  0.944  0.952  0.686  0.535  0.528  1.012  0.674
 4.00  0.813  0.508  0.706  0.753  0.747  0.888  0.939  0.655  0.515  0.506  1.008  0.643
 4.50  0.782  0.492  0.678  0.751  0.667  0.846  0.933  0.629  0.501  0.477  1.002  0.618
 5.00  0.758  0.490  0.655  0.745  0.596  0.811  0.936  0.609  0.496  0.441  1.017  0.598
 6.00  0.726  0.494  0.657  0.710  0.526  0.807  0.915  0.596  0.488  0.424  0.985  0.593
 7.00  0.706  0.498  0.665  0.709  0.546  0.760  0.852  0.593  0.462  0.400  0.913  0.593
 8.00  0.696  0.501  0.683  0.654  0.570  0.708  0.780  0.586  0.441  0.398  0.831  0.587
 9.00  0.683  0.495  0.656  0.606  0.584  0.680  0.726  0.574  0.410  0.391  0.760  0.575
10.00  0.677  0.491  0.613  0.579  0.593  0.666  0.673  0.570  0.392  0.381  0.711  0.575
```

Tab. 8.90 Schadensäquivalenzfaktoren λ für Einzelzüge

```
WORKSPACE           : 2 LAM_BU2
DATUM / UHRZEIT     : 21-07-2021 / 13:35

GESAMTVERKEHR       : 10.00 Mrd. kN
                      MIT VERTEILUNG DER ACHSLASTEN DURCH DAS GLEIS
BAUTEIL(E)          : QUERTRAEGER
WERTE FUER          : AUFLAGERKRAEFTE FUER QUERKRAEFTE
WOEHLERLINIEN NACH  : EN 1993-1-9

  L    Z= 1   Z= 2   Z= 3   Z= 4   Z= 5   Z= 6   Z= 7   Z= 8   Z= 9   Z=10   Z=11   Z=12
 0.50  0.518  0.475  0.588  0.611  0.505  0.545  0.576  0.632  0.388  0.375  0.647  0.682
 1.00  0.634  0.695  0.788  0.866  0.728  0.785  0.813  0.908  0.514  0.549  0.856  0.987
 1.50  0.691  0.728  0.867  0.868  0.907  0.912  0.908  1.026  0.583  0.613  0.936  1.115
 2.00  0.633  0.562  0.694  0.705  0.858  0.884  0.861  0.799  0.460  0.506  0.853  0.867
 2.50  0.653  0.506  0.622  0.614  0.828  0.852  0.834  0.636  0.436  0.464  0.851  0.669
 3.00  0.705  0.482  0.612  0.618  0.808  0.834  0.827  0.594  0.456  0.468  0.854  0.598
 3.50  0.708  0.471  0.609  0.629  0.719  0.786  0.793  0.571  0.446  0.445  0.842  0.561
 4.00  0.677  0.453  0.588  0.627  0.623  0.739  0.782  0.545  0.428  0.427  0.839  0.535
 4.50  0.651  0.442  0.564  0.626  0.555  0.704  0.777  0.524  0.417  0.401  0.837  0.514
 5.00  0.631  0.439  0.545  0.620  0.496  0.687  0.782  0.507  0.413  0.375  0.848  0.497
 6.00  0.604  0.440  0.547  0.599  0.447  0.676  0.764  0.496  0.406  0.353  0.822  0.494
 7.00  0.588  0.442  0.553  0.590  0.454  0.642  0.709  0.494  0.392  0.345  0.760  0.494
 8.00  0.580  0.447  0.569  0.572  0.474  0.593  0.650  0.488  0.373  0.331  0.692  0.489
 9.00  0.569  0.438  0.546  0.529  0.486  0.566  0.605  0.478  0.350  0.326  0.633  0.479
10.00  0.564  0.428  0.510  0.482  0.493  0.554  0.576  0.475  0.332  0.317  0.596  0.479
```

Tab. 8.91 Schadensäquivalenzfaktoren λ für Einzelzüge

```
WORKSPACE          : 2 LAM_BU2
DATUM / UHRZEIT    : 21-07-2021 / 13:35

GESAMTVERKEHR      :   5.00 Mrd. kN
                     MIT VERTEILUNG DER ACHSLASTEN DURCH DAS GLEIS
BAUTEIL(E)         : QUERTRAEGER
WERTE FUER         : AUFLAGERKRAEFTE FUER QUERKRAEFTE
WOEHLERLINIEN NACH : EN 1993-1-9

   L     Z= 1  Z= 2  Z= 3  Z= 4  Z= 5  Z= 6  Z= 7  Z= 8  Z= 9  Z=10  Z=11  Z=12
 0.50   0.451 0.413 0.512 0.532 0.439 0.475 0.502 0.550 0.351 0.338 0.563 0.594
 1.00   0.579 0.605 0.686 0.754 0.635 0.684 0.711 0.791 0.464 0.490 0.745 0.859
 1.50   0.620 0.645 0.755 0.792 0.789 0.794 0.791 0.893 0.507 0.537 0.816 0.972
 2.00   0.558 0.516 0.604 0.614 0.747 0.772 0.757 0.696 0.409 0.444 0.743 0.755
 2.50   0.569 0.449 0.543 0.534 0.721 0.741 0.726 0.553 0.381 0.404 0.740 0.583
 3.00   0.614 0.420 0.542 0.538 0.704 0.726 0.720 0.517 0.397 0.408 0.743 0.521
 3.50   0.617 0.410 0.530 0.548 0.626 0.685 0.690 0.497 0.388 0.388 0.733 0.488
 4.00   0.589 0.394 0.511 0.546 0.548 0.644 0.681 0.475 0.373 0.371 0.731 0.466
 4.50   0.567 0.385 0.491 0.545 0.484 0.613 0.676 0.456 0.363 0.349 0.729 0.448
 5.00   0.560 0.382 0.475 0.540 0.432 0.598 0.681 0.441 0.360 0.330 0.739 0.433
 6.00   0.536 0.383 0.478 0.521 0.390 0.589 0.666 0.432 0.354 0.312 0.716 0.430
 7.00   0.513 0.386 0.482 0.516 0.396 0.559 0.618 0.431 0.341 0.300 0.663 0.430
 8.00   0.505 0.390 0.495 0.498 0.413 0.519 0.566 0.425 0.325 0.291 0.603 0.426
 9.00   0.495 0.381 0.475 0.461 0.423 0.493 0.526 0.416 0.307 0.284 0.551 0.417
10.00   0.491 0.372 0.444 0.430 0.430 0.482 0.501 0.413 0.289 0.276 0.519 0.417
```

Tab. 8.92 Schadensäquivalenzfaktoren λ für Einzelzüge

```
WORKSPACE          : 2 LAM_BU2
DATUM / UHRZEIT    : 21-07-2021 / 13:36

GESAMTVERKEHR      :   1.00 Mrd. kN
                     MIT VERTEILUNG DER ACHSLASTEN DURCH DAS GLEIS
BAUTEIL(E)         : QUERTRAEGER
WERTE FUER         : AUFLAGERKRAEFTE FUER QUERKRAEFTE
WOEHLERLINIEN NACH : EN 1993-1-9

   L     Z= 1  Z= 2  Z= 3  Z= 4  Z= 5  Z= 6  Z= 7  Z= 8  Z= 9  Z=10  Z=11  Z=12
 0.50   0.340 0.315 0.371 0.385 0.327 0.349 0.368 0.399 0.255 0.253 0.408 0.430
 1.00   0.425 0.450 0.508 0.546 0.460 0.497 0.515 0.574 0.339 0.355 0.549 0.624
 1.50   0.456 0.477 0.547 0.574 0.572 0.575 0.573 0.648 0.368 0.393 0.591 0.704
 2.00   0.407 0.374 0.438 0.446 0.541 0.560 0.549 0.504 0.296 0.322 0.540 0.547
 2.50   0.417 0.326 0.393 0.387 0.523 0.539 0.527 0.406 0.278 0.293 0.537 0.428
 3.00   0.449 0.307 0.393 0.390 0.510 0.527 0.521 0.375 0.288 0.295 0.539 0.378
 3.50   0.451 0.297 0.386 0.397 0.454 0.496 0.500 0.362 0.281 0.281 0.531 0.357
 4.00   0.432 0.286 0.371 0.396 0.397 0.467 0.493 0.344 0.270 0.269 0.530 0.338
 4.50   0.417 0.279 0.356 0.395 0.352 0.445 0.490 0.331 0.263 0.253 0.528 0.324
 5.00   0.406 0.277 0.344 0.391 0.313 0.433 0.494 0.320 0.261 0.239 0.535 0.314
 6.00   0.389 0.278 0.347 0.378 0.282 0.428 0.483 0.313 0.256 0.226 0.519 0.312
 7.00   0.377 0.280 0.349 0.374 0.288 0.405 0.448 0.312 0.247 0.218 0.480 0.312
 8.00   0.370 0.283 0.359 0.361 0.299 0.376 0.410 0.308 0.235 0.212 0.437 0.308
 9.00   0.361 0.276 0.345 0.334 0.307 0.358 0.382 0.301 0.223 0.207 0.399 0.302
10.00   0.356 0.270 0.322 0.312 0.311 0.350 0.363 0.300 0.210 0.201 0.376 0.302
```

8.8 Betriebsfestigkeitsnachweis nach EN 1993-1-9:2013 ...

Tab. 8.93 Schadensäquivalenzfaktoren λ für Einzelzüge

```
WORKSPACE          : 2 LAM_BU2
DATUM / UHRZEIT    : 21-07-2021 / 13:33

GESAMTVERKEHR      : 25.00 Mrd. kN
                     MIT VERTEILUNG DER ACHSLASTEN DURCH DAS GLEIS
BAUTEIL(E)         : HAUPTTRAEGER
WERTE FUER         : MOMENTE
WOEHLERLINIEN NACH : OENORM B 4008-2
```

L	Z= 1	Z= 2	Z= 3	Z= 4	Z= 5	Z= 6	Z= 7	Z= 8	Z= 9	Z=10	Z=11	Z=12
0.50	0.613	0.562	0.577	0.525	0.565	0.576	0.589	0.576	0.340	0.392	0.654	0.640
1.00	0.612	0.561	0.576	0.525	0.565	0.576	0.588	0.576	0.340	0.392	0.653	0.640
1.50	0.589	0.672	0.691	0.629	0.677	0.690	0.705	0.690	0.407	0.470	0.783	0.767
2.00	0.682	0.778	0.773	0.728	0.783	0.799	0.816	0.799	0.471	0.544	0.868	0.887
2.50	0.725	0.788	0.743	0.774	0.854	0.860	0.867	0.848	0.501	0.578	0.923	0.943
3.00	0.742	0.755	0.757	0.792	0.922	0.922	0.920	0.868	0.512	0.591	0.964	0.965
3.50	0.724	0.683	0.703	0.735	0.852	0.951	0.948	0.805	0.475	0.548	0.943	0.895
4.00	0.678	0.603	0.620	0.648	0.855	0.918	0.916	0.710	0.425	0.493	0.908	0.793
4.50	0.673	0.561	0.577	0.603	0.881	0.914	0.911	0.643	0.412	0.467	0.920	0.715
5.00	0.722	0.534	0.577	0.582	0.886	0.915	0.912	0.585	0.422	0.461	0.933	0.643
6.00	0.794	0.502	0.615	0.598	0.893	0.902	0.934	0.644	0.449	0.474	0.952	0.632
7.00	0.809	0.496	0.611	0.616	0.810	0.852	0.895	0.655	0.446	0.455	0.953	0.643
8.00	0.781	0.482	0.594	0.612	0.720	0.791	0.883	0.631	0.433	0.442	0.953	0.620
9.00	0.755	0.469	0.579	0.606	0.647	0.762	0.890	0.610	0.424	0.412	0.962	0.599
10.00	0.736	0.476	0.565	0.596	0.540	0.757	0.904	0.592	0.425	0.380	0.983	0.581

Tab. 8.94 Schadensäquivalenzfaktoren λ für Einzelzüge

```
WORKSPACE          : 2 LAM_BU2
DATUM / UHRZEIT    : 21-07-2021 / 13:34

GESAMTVERKEHR      : 10.00 Mrd. kN
                     MIT VERTEILUNG DER ACHSLASTEN DURCH DAS GLEIS
BAUTEIL(E)         : HAUPTTRAEGER
WERTE FUER         : MOMENTE
WOEHLERLINIEN NACH : OENORM B 4008-2
```

L	Z= 1	Z= 2	Z= 3	Z= 4	Z= 5	Z= 6	Z= 7	Z= 8	Z= 9	Z=10	Z=11	Z=12
0.50	0.510	0.468	0.480	0.525	0.565	0.576	0.589	0.576	0.340	0.370	0.654	0.640
1.00	0.510	0.467	0.480	0.525	0.497	0.529	0.568	0.576	0.340	0.369	0.588	0.640
1.50	0.524	0.560	0.575	0.629	0.588	0.634	0.658	0.690	0.399	0.442	0.705	0.767
2.00	0.578	0.648	0.644	0.725	0.680	0.733	0.757	0.799	0.461	0.512	0.796	0.887
2.50	0.603	0.656	0.683	0.749	0.740	0.765	0.764	0.848	0.490	0.541	0.785	0.943
3.00	0.617	0.652	0.699	0.767	0.813	0.804	0.776	0.868	0.502	0.542	0.810	0.965
3.50	0.602	0.586	0.648	0.711	0.774	0.818	0.797	0.755	0.453	0.503	0.793	0.818
4.00	0.565	0.502	0.578	0.628	0.765	0.785	0.769	0.671	0.405	0.452	0.762	0.727
4.50	0.560	0.467	0.549	0.584	0.746	0.782	0.765	0.618	0.393	0.428	0.772	0.662
5.00	0.601	0.445	0.546	0.563	0.738	0.784	0.768	0.579	0.402	0.423	0.784	0.617
6.00	0.661	0.418	0.573	0.579	0.744	0.784	0.778	0.536	0.429	0.435	0.803	0.526
7.00	0.674	0.413	0.578	0.597	0.674	0.750	0.756	0.545	0.425	0.419	0.803	0.535
8.00	0.650	0.401	0.563	0.601	0.600	0.712	0.753	0.526	0.413	0.406	0.808	0.516
9.00	0.629	0.396	0.544	0.604	0.538	0.683	0.751	0.508	0.404	0.372	0.808	0.499
10.00	0.613	0.397	0.528	0.596	0.483	0.657	0.758	0.493	0.402	0.357	0.823	0.484

Tab. 8.95 Schadensäquivalenzfaktoren λ für Einzelzüge

```
WORKSPACE          : 2 LAM_BU2
DATUM / UHRZEIT    : 21-07-2021 / 13:35

GESAMTVERKEHR      :   5.00 Mrd. kN
                     MIT VERTEILUNG DER ACHSLASTEN DURCH DAS GLEIS
BAUTEIL(E)         : HAUPTTRAEGER
WERTE FUER         : MOMENTE
WOEHLERLINIEN NACH : OENORM B 4008-2


   L     Z= 1  Z= 2  Z= 3  Z= 4  Z= 5  Z= 6  Z= 7  Z= 8  Z= 9  Z=10  Z=11  Z=12
 0.50    0.444 0.407 0.463 0.523 0.532 0.533 0.554 0.543 0.333 0.322 0.589 0.576
 1.00    0.444 0.407 0.463 0.523 0.433 0.468 0.494 0.542 0.333 0.321 0.528 0.576
 1.50    0.456 0.487 0.555 0.626 0.512 0.552 0.573 0.638 0.362 0.385 0.620 0.690
 2.00    0.514 0.564 0.638 0.676 0.592 0.638 0.661 0.738 0.402 0.446 0.695 0.799
 2.50    0.525 0.571 0.664 0.663 0.644 0.674 0.676 0.784 0.427 0.471 0.710 0.848
 3.00    0.538 0.567 0.674 0.667 0.708 0.711 0.707 0.799 0.437 0.478 0.730 0.868
 3.50    0.524 0.510 0.613 0.619 0.676 0.721 0.694 0.717 0.402 0.438 0.690 0.778
 4.00    0.492 0.437 0.534 0.546 0.668 0.685 0.669 0.605 0.358 0.393 0.664 0.673
 4.50    0.488 0.406 0.503 0.508 0.668 0.682 0.666 0.538 0.342 0.373 0.672 0.576
 5.00    0.523 0.387 0.490 0.490 0.664 0.682 0.669 0.510 0.350 0.368 0.683 0.537
 6.00    0.576 0.394 0.499 0.504 0.661 0.683 0.677 0.466 0.373 0.378 0.699 0.489
 7.00    0.587 0.390 0.503 0.520 0.587 0.653 0.658 0.475 0.370 0.365 0.699 0.466
 8.00    0.566 0.379 0.490 0.523 0.522 0.620 0.655 0.457 0.359 0.353 0.703 0.449
 9.00    0.548 0.372 0.474 0.525 0.469 0.595 0.655 0.442 0.352 0.335 0.706 0.434
10.00    0.533 0.363 0.460 0.523 0.420 0.582 0.662 0.429 0.350 0.317 0.717 0.421
```

Tab. 8.96 Schadensäquivalenzfaktoren λ für Einzelzüge

```
WORKSPACE          : 2 LAM_BU2
DATUM / UHRZEIT    : 21-07-2021 / 13:36

GESAMTVERKEHR      :   1.00 Mrd. kN
                     MIT VERTEILUNG DER ACHSLASTEN DURCH DAS GLEIS
BAUTEIL(E)         : HAUPTTRAEGER
WERTE FUER         : MOMENTE
WOEHLERLINIEN NACH : OENORM B 4008-2


   L     Z= 1  Z= 2  Z= 3  Z= 4  Z= 5  Z= 6  Z= 7  Z= 8  Z= 9  Z=10  Z=11  Z=12
 0.50    0.324 0.301 0.365 0.379 0.386 0.386 0.402 0.393 0.251 0.249 0.433 0.424
 1.00    0.322 0.301 0.365 0.379 0.322 0.343 0.358 0.393 0.251 0.249 0.402 0.424
 1.50    0.355 0.361 0.425 0.454 0.372 0.401 0.418 0.464 0.286 0.286 0.458 0.503
 2.00    0.391 0.417 0.472 0.508 0.430 0.464 0.481 0.535 0.314 0.331 0.512 0.582
 2.50    0.404 0.428 0.481 0.513 0.467 0.489 0.490 0.568 0.329 0.348 0.516 0.617
 3.00    0.407 0.426 0.488 0.512 0.513 0.516 0.514 0.580 0.329 0.349 0.530 0.631
 3.50    0.390 0.385 0.446 0.451 0.490 0.525 0.515 0.520 0.300 0.322 0.505 0.565
 4.00    0.363 0.334 0.389 0.396 0.484 0.501 0.491 0.451 0.265 0.288 0.481 0.489
 4.50    0.359 0.310 0.366 0.369 0.484 0.496 0.484 0.403 0.253 0.273 0.487 0.433
 5.00    0.382 0.300 0.361 0.355 0.482 0.496 0.485 0.372 0.255 0.270 0.495 0.395
 6.00    0.417 0.286 0.368 0.365 0.481 0.496 0.491 0.353 0.270 0.278 0.507 0.355
 7.00    0.425 0.283 0.365 0.377 0.433 0.474 0.477 0.344 0.268 0.268 0.507 0.338
 8.00    0.410 0.275 0.355 0.379 0.383 0.450 0.475 0.332 0.260 0.259 0.510 0.326
 9.00    0.403 0.270 0.344 0.381 0.341 0.431 0.475 0.320 0.255 0.245 0.512 0.315
10.00    0.394 0.269 0.333 0.379 0.305 0.422 0.480 0.311 0.254 0.232 0.521 0.305
```

8.8 Betriebsfestigkeitsnachweis nach EN 1993-1-9:2013 ...

Tab. 8.97 Schadensäquivalenzfaktoren λ für Einzelzüge

```
WORKSPACE            : 2 LAM_BU2
DATUM / UHRZEIT      : 21-07-2021 / 13:33

GESAMTVERKEHR        : 25.00 Mrd. kN
                       MIT VERTEILUNG DER ACHSLASTEN DURCH DAS GLEIS
BAUTEIL(E)           : HAUPTTRAEGER
WERTE FUER           : QUERKRAEFTE
WOEHLERLINIEN NACH   : OENORM B 4008-2

    L    Z= 1   Z= 2   Z= 3   Z= 4   Z= 5   Z= 6   Z= 7   Z= 8   Z= 9   Z=10   Z=11   Z=12
 0.50    0.613  0.562  0.577  0.525  0.565  0.576  0.589  0.576  0.340  0.392  0.654  0.640
 1.00    0.730  0.669  0.687  0.626  0.673  0.687  0.701  0.687  0.405  0.468  0.779  0.763
 1.50    0.697  0.692  0.711  0.647  0.750  0.765  0.781  0.711  0.419  0.484  0.827  0.789
 2.00    0.592  0.653  0.659  0.610  0.774  0.789  0.806  0.670  0.395  0.456  0.787  0.744
 2.50    0.604  0.608  0.605  0.583  0.800  0.816  0.814  0.640  0.377  0.439  0.824  0.711
 3.00    0.635  0.555  0.541  0.561  0.816  0.845  0.843  0.615  0.397  0.429  0.864  0.683
 3.50    0.644  0.500  0.559  0.551  0.798  0.834  0.831  0.579  0.410  0.435  0.863  0.643
 4.00    0.652  0.500  0.569  0.571  0.795  0.820  0.817  0.552  0.417  0.443  0.856  0.613
 4.50    0.676  0.525  0.588  0.603  0.835  0.825  0.823  0.549  0.430  0.452  0.867  0.600
 5.00    0.708  0.552  0.601  0.627  0.850  0.828  0.841  0.574  0.440  0.455  0.877  0.588
 6.00    0.738  0.558  0.604  0.631  0.795  0.798  0.845  0.598  0.433  0.438  0.882  0.587
 7.00    0.735  0.540  0.601  0.628  0.737  0.789  0.865  0.595  0.427  0.429  0.914  0.584
 8.00    0.730  0.526  0.589  0.620  0.678  0.774  0.909  0.589  0.421  0.407  0.965  0.579
 9.00    0.723  0.522  0.596  0.609  0.638  0.794  0.943  0.587  0.431  0.405  1.000  0.578
10.00    0.715  0.504  0.610  0.596  0.617  0.809  0.967  0.590  0.440  0.399  1.029  0.583
```

Tab. 8.98 Schadensäquivalenzfaktoren λ für Einzelzüge

```
WORKSPACE            : 2 LAM_BU2
DATUM / UHRZEIT      : 21-07-2021 / 13:34

GESAMTVERKEHR        : 10.00 Mrd. kN
                       MIT VERTEILUNG DER ACHSLASTEN DURCH DAS GLEIS
BAUTEIL(E)           : HAUPTTRAEGER
WERTE FUER           : QUERKRAEFTE
WOEHLERLINIEN NACH   : OENORM B 4008-2

    L    Z= 1   Z= 2   Z= 3   Z= 4   Z= 5   Z= 6   Z= 7   Z= 8   Z= 9   Z=10   Z=11   Z=12
 0.50    0.510  0.468  0.480  0.525  0.565  0.576  0.589  0.576  0.340  0.370  0.654  0.640
 1.00    0.608  0.557  0.572  0.626  0.596  0.644  0.677  0.687  0.405  0.440  0.714  0.763
 1.50    0.580  0.576  0.592  0.647  0.649  0.699  0.725  0.711  0.411  0.456  0.743  0.789
 2.00    0.511  0.543  0.549  0.608  0.668  0.714  0.738  0.670  0.387  0.429  0.721  0.744
 2.50    0.503  0.506  0.515  0.565  0.691  0.732  0.747  0.640  0.370  0.412  0.742  0.711
 3.00    0.528  0.466  0.541  0.543  0.711  0.747  0.746  0.615  0.389  0.393  0.727  0.683
 3.50    0.536  0.431  0.559  0.534  0.710  0.725  0.699  0.565  0.398  0.389  0.724  0.616
 4.00    0.543  0.416  0.559  0.553  0.719  0.707  0.689  0.549  0.397  0.387  0.719  0.581
 4.50    0.563  0.437  0.561  0.584  0.740  0.712  0.695  0.540  0.410  0.398  0.729  0.576
 5.00    0.590  0.460  0.578  0.607  0.745  0.716  0.700  0.529  0.419  0.403  0.739  0.573
 6.00    0.614  0.465  0.576  0.611  0.662  0.699  0.712  0.498  0.413  0.393  0.754  0.540
 7.00    0.612  0.450  0.570  0.611  0.614  0.698  0.737  0.495  0.407  0.390  0.776  0.505
 8.00    0.607  0.438  0.561  0.610  0.564  0.701  0.764  0.491  0.405  0.374  0.811  0.482
 9.00    0.602  0.435  0.562  0.607  0.535  0.683  0.785  0.488  0.404  0.365  0.833  0.481
10.00    0.595  0.430  0.565  0.596  0.517  0.681  0.805  0.491  0.394  0.357  0.857  0.485
```

Tab. 8.99 Schadensäquivalenzfaktoren λ für Einzelzüge

```
WORKSPACE              : 2 LAM_BU2
DATUM / UHRZEIT        : 21-07-2021 / 13:35

GESAMTVERKEHR          :    5.00  Mrd. kN
                         MIT VERTEILUNG DER ACHSLASTEN DURCH DAS GLEIS
BAUTEIL(E)             : HAUPTTRAEGER
WERTE FUER             : QUERKRAEFTE
WOEHLERLINIEN NACH     : OENORM B 4008-2

    L    Z= 1  Z= 2  Z= 3  Z= 4  Z= 5  Z= 6  Z= 7  Z= 8  Z= 9  Z=10  Z=11  Z=12
  0.50  0.444 0.407 0.463 0.523 0.532 0.533 0.554 0.543 0.333 0.322 0.589 0.576
  1.00  0.529 0.485 0.552 0.623 0.561 0.572 0.589 0.647 0.397 0.383 0.688 0.687
  1.50  0.505 0.502 0.571 0.645 0.569 0.609 0.633 0.657 0.398 0.397 0.654 0.711
  2.00  0.451 0.473 0.539 0.589 0.582 0.627 0.649 0.620 0.337 0.374 0.634 0.674
  2.50  0.444 0.441 0.506 0.514 0.602 0.643 0.654 0.595 0.322 0.359 0.649 0.645
  3.00  0.460 0.406 0.497 0.473 0.619 0.658 0.657 0.574 0.338 0.348 0.661 0.622
  3.50  0.467 0.375 0.506 0.465 0.618 0.641 0.635 0.537 0.348 0.339 0.649 0.577
  4.00  0.473 0.369 0.513 0.481 0.627 0.622 0.600 0.479 0.352 0.341 0.626 0.532
  4.50  0.490 0.381 0.522 0.508 0.647 0.620 0.605 0.477 0.361 0.349 0.635 0.502
  5.00  0.513 0.400 0.529 0.529 0.652 0.623 0.609 0.481 0.365 0.351 0.643 0.501
  6.00  0.535 0.405 0.501 0.532 0.600 0.611 0.620 0.472 0.359 0.342 0.656 0.484
  7.00  0.533 0.392 0.496 0.532 0.550 0.608 0.642 0.454 0.354 0.344 0.676 0.469
  8.00  0.529 0.381 0.489 0.531 0.492 0.610 0.669 0.429 0.352 0.338 0.708 0.456
  9.00  0.524 0.382 0.489 0.528 0.466 0.609 0.690 0.425 0.352 0.329 0.731 0.446
 10.00  0.518 0.391 0.491 0.525 0.450 0.606 0.703 0.428 0.354 0.322 0.748 0.422
```

Tab. 8.100 Schadensäquivalenzfaktoren λ für Einzelzüge

```
WORKSPACE              : 2 LAM_BU2
DATUM / UHRZEIT        : 21-07-2021 / 13:36

GESAMTVERKEHR          :    1.00  Mrd. kN
                         MIT VERTEILUNG DER ACHSLASTEN DURCH DAS GLEIS
BAUTEIL(E)             : HAUPTTRAEGER
WERTE FUER             : QUERKRAEFTE
WOEHLERLINIEN NACH     : OENORM B 4008-2

    L    Z= 1  Z= 2  Z= 3  Z= 4  Z= 5  Z= 6  Z= 7  Z= 8  Z= 9  Z=10  Z=11  Z=12
  0.50  0.324 0.301 0.365 0.379 0.386 0.386 0.402 0.393 0.251 0.249 0.433 0.424
  1.00  0.384 0.359 0.435 0.452 0.417 0.431 0.451 0.469 0.299 0.297 0.498 0.506
  1.50  0.381 0.371 0.444 0.467 0.433 0.454 0.472 0.481 0.302 0.298 0.497 0.520
  2.00  0.340 0.350 0.405 0.433 0.429 0.455 0.471 0.451 0.273 0.278 0.467 0.488
  2.50  0.334 0.329 0.367 0.398 0.436 0.466 0.475 0.431 0.248 0.267 0.472 0.467
  3.00  0.341 0.310 0.365 0.363 0.449 0.477 0.477 0.417 0.255 0.259 0.480 0.451
  3.50  0.346 0.296 0.368 0.339 0.448 0.464 0.461 0.390 0.261 0.253 0.471 0.419
  4.00  0.350 0.293 0.372 0.350 0.455 0.453 0.447 0.366 0.262 0.251 0.463 0.390
  4.50  0.362 0.302 0.381 0.370 0.469 0.454 0.446 0.356 0.267 0.257 0.466 0.376
  5.00  0.379 0.312 0.385 0.383 0.472 0.454 0.446 0.353 0.270 0.259 0.469 0.370
  6.00  0.393 0.310 0.375 0.386 0.436 0.443 0.449 0.343 0.262 0.252 0.476 0.352
  7.00  0.392 0.297 0.366 0.385 0.399 0.441 0.465 0.334 0.257 0.251 0.490 0.340
  8.00  0.390 0.290 0.354 0.385 0.363 0.443 0.485 0.327 0.255 0.245 0.513 0.331
  9.00  0.388 0.290 0.354 0.383 0.341 0.442 0.500 0.321 0.255 0.238 0.530 0.324
 10.00  0.386 0.289 0.356 0.380 0.328 0.441 0.511 0.317 0.256 0.235 0.543 0.317
```

8.8 Betriebsfestigkeitsnachweis nach EN 1993-1-9:2013 ...

Tab. 8.101 Schadensäquivalenzfaktoren λ für Einzelzüge

```
WORKSPACE           : 2 LAM_BU2
DATUM / UHRZEIT     : 21-07-2021 / 13:33

GESAMTVERKEHR       : 25.00 Mrd. kN
                      MIT VERTEILUNG DER ACHSLASTEN DURCH DAS GLEIS
BAUTEIL(E)          : LAENGSTRAEGER
WERTE FUER          : MOMENTE
WOEHLERLINIEN NACH  : OENORM B 4008-2

    L    Z= 1  Z= 2  Z= 3  Z= 4  Z= 5  Z= 6  Z= 7  Z= 8  Z= 9  Z=10  Z=11  Z=12
  0.50  0.606 0.555 0.571 0.520 0.558 0.569 0.581 0.569 0.336 0.388 0.646 0.632
  1.00  0.622 0.570 0.586 0.534 0.573 0.584 0.597 0.584 0.345 0.398 0.663 0.649
  1.50  0.617 0.703 0.724 0.659 0.707 0.721 0.737 0.721 0.426 0.491 0.818 0.801
  2.00  0.732 0.835 0.831 0.782 0.838 0.855 0.874 0.855 0.505 0.583 0.930 0.950
  2.50  0.795 0.864 0.816 0.850 0.934 0.941 0.949 0.929 0.548 0.633 1.010 1.032
  3.00  0.830 0.843 0.849 0.888 1.028 1.029 1.026 0.969 0.572 0.660 1.076 1.076
  3.50  0.824 0.777 0.801 0.838 0.967 1.079 1.077 0.914 0.540 0.623 1.071 1.015
  4.00  0.761 0.675 0.697 0.729 0.955 1.027 1.025 0.794 0.476 0.552 1.016 0.887
  4.50  0.742 0.617 0.637 0.667 0.968 1.005 1.002 0.707 0.453 0.514 1.012 0.786
  5.00  0.785 0.580 0.629 0.634 0.960 0.992 0.989 0.634 0.458 0.500 1.012 0.697
  6.00  0.847 0.534 0.657 0.638 0.948 0.958 0.993 0.684 0.478 0.504 1.012 0.671
  7.00  0.851 0.521 0.644 0.649 0.848 0.893 0.938 0.686 0.467 0.477 0.999 0.674
  8.00  0.813 0.501 0.620 0.639 0.747 0.821 0.917 0.655 0.449 0.459 0.990 0.643
  9.00  0.782 0.485 0.600 0.628 0.667 0.786 0.918 0.629 0.438 0.425 0.993 0.618
 10.00  0.758 0.490 0.583 0.615 0.554 0.778 0.930 0.609 0.437 0.390 1.010 0.598
```

Tab. 8.102 Schadensäquivalenzfaktoren λ für Einzelzüge

```
WORKSPACE           : 2 LAM_BU2
DATUM / UHRZEIT     : 21-07-2021 / 13:34

GESAMTVERKEHR       : 10.00 Mrd. kN
                      MIT VERTEILUNG DER ACHSLASTEN DURCH DAS GLEIS
BAUTEIL(E)          : LAENGSTRAEGER
WERTE FUER          : MOMENTE
WOEHLERLINIEN NACH  : OENORM B 4008-2

    L    Z= 1  Z= 2  Z= 3  Z= 4  Z= 5  Z= 6  Z= 7  Z= 8  Z= 9  Z=10  Z=11  Z=12
  0.50  0.504 0.462 0.475 0.520 0.558 0.569 0.581 0.569 0.336 0.365 0.646 0.632
  1.00  0.518 0.475 0.488 0.534 0.505 0.537 0.576 0.584 0.345 0.375 0.597 0.649
  1.50  0.549 0.586 0.603 0.659 0.614 0.662 0.688 0.721 0.417 0.462 0.737 0.801
  2.00  0.620 0.695 0.692 0.779 0.728 0.785 0.811 0.855 0.494 0.549 0.853 0.950
  2.50  0.662 0.719 0.750 0.823 0.810 0.837 0.836 0.929 0.537 0.592 0.860 1.032
  3.00  0.691 0.728 0.783 0.859 0.907 0.897 0.866 0.969 0.560 0.605 0.904 1.076
  3.50  0.686 0.666 0.739 0.811 0.878 0.928 0.905 0.857 0.515 0.571 0.900 0.928
  4.00  0.633 0.562 0.650 0.705 0.855 0.878 0.861 0.751 0.454 0.506 0.853 0.813
  4.50  0.618 0.514 0.606 0.645 0.820 0.859 0.842 0.680 0.432 0.471 0.849 0.728
  5.00  0.653 0.483 0.595 0.614 0.799 0.850 0.834 0.628 0.436 0.458 0.851 0.669
  6.00  0.705 0.445 0.612 0.618 0.789 0.833 0.827 0.569 0.456 0.462 0.854 0.559
  7.00  0.708 0.434 0.609 0.629 0.706 0.786 0.793 0.571 0.446 0.439 0.842 0.561
  8.00  0.677 0.417 0.588 0.627 0.622 0.739 0.782 0.545 0.428 0.421 0.839 0.535
  9.00  0.651 0.409 0.564 0.626 0.555 0.704 0.775 0.524 0.417 0.384 0.834 0.514
 10.00  0.631 0.408 0.545 0.615 0.496 0.675 0.779 0.507 0.413 0.367 0.846 0.497
```

Tab. 8.103 Schadensäquivalenzfaktoren λ für Einzelzüge

```
WORKSPACE         : 2 LAM_BU2
DATUM / UHRZEIT   : 21-07-2021 / 13:35

GESAMTVERKEHR     :    5.00  Mrd. kN
                     MIT VERTEILUNG DER ACHSLASTEN DURCH DAS GLEIS
BAUTEIL(E)        : LAENGSTRAEGER
WERTE FUER        : MOMENTE
WOEHLERLINIEN NACH: OENORM B 4008-2

    L    Z= 1  Z= 2  Z= 3  Z= 4  Z= 5  Z= 6  Z= 7  Z= 8  Z= 9  Z=10  Z=11  Z=12
  0.50   0.439 0.402 0.458 0.517 0.525 0.526 0.547 0.536 0.329 0.318 0.581 0.569
  1.00   0.451 0.413 0.471 0.532 0.439 0.475 0.502 0.550 0.338 0.326 0.536 0.584
  1.50   0.478 0.510 0.582 0.657 0.534 0.576 0.599 0.667 0.378 0.403 0.648 0.721
  2.00   0.552 0.605 0.686 0.726 0.634 0.684 0.708 0.791 0.430 0.478 0.745 0.855
  2.50   0.576 0.626 0.729 0.729 0.705 0.738 0.740 0.858 0.467 0.515 0.777 0.929
  3.00   0.601 0.634 0.755 0.748 0.789 0.794 0.789 0.891 0.488 0.533 0.815 0.969
  3.50   0.597 0.580 0.699 0.706 0.767 0.819 0.788 0.813 0.457 0.497 0.784 0.883
  4.00   0.551 0.489 0.601 0.614 0.747 0.767 0.749 0.677 0.400 0.440 0.743 0.752
  4.50   0.538 0.448 0.555 0.562 0.733 0.750 0.733 0.592 0.376 0.410 0.739 0.634
  5.00   0.569 0.421 0.534 0.534 0.720 0.740 0.726 0.553 0.380 0.399 0.740 0.583
  6.00   0.614 0.420 0.533 0.538 0.701 0.725 0.720 0.495 0.397 0.402 0.743 0.520
  7.00   0.617 0.410 0.530 0.548 0.614 0.684 0.690 0.497 0.388 0.382 0.733 0.488
  8.00   0.589 0.394 0.511 0.546 0.542 0.643 0.681 0.475 0.373 0.367 0.731 0.466
  9.00   0.567 0.385 0.491 0.545 0.483 0.613 0.676 0.456 0.363 0.345 0.729 0.448
 10.00   0.550 0.374 0.475 0.540 0.432 0.598 0.681 0.441 0.360 0.326 0.737 0.433
```

Tab. 8.104 Schadensäquivalenzfaktoren λ für Einzelzüge

```
WORKSPACE         : 2 LAM_BU2
DATUM / UHRZEIT   : 21-07-2021 / 13:36

GESAMTVERKEHR     :    1.00  Mrd. kN
                     MIT VERTEILUNG DER ACHSLASTEN DURCH DAS GLEIS
BAUTEIL(E)        : LAENGSTRAEGER
WERTE FUER        : MOMENTE
WOEHLERLINIEN NACH: OENORM B 4008-2

    L    Z= 1  Z= 2  Z= 3  Z= 4  Z= 5  Z= 6  Z= 7  Z= 8  Z= 9  Z=10  Z=11  Z=12
  0.50   0.321 0.298 0.361 0.375 0.381 0.381 0.397 0.388 0.248 0.246 0.428 0.419
  1.00   0.327 0.306 0.371 0.385 0.327 0.349 0.364 0.399 0.255 0.253 0.408 0.430
  1.50   0.371 0.377 0.445 0.476 0.388 0.419 0.437 0.485 0.299 0.299 0.479 0.525
  2.00   0.420 0.448 0.508 0.546 0.460 0.497 0.515 0.573 0.336 0.355 0.549 0.623
  2.50   0.443 0.469 0.528 0.563 0.511 0.535 0.536 0.622 0.361 0.382 0.565 0.676
  3.00   0.455 0.476 0.547 0.574 0.572 0.575 0.573 0.648 0.368 0.389 0.591 0.704
  3.50   0.443 0.438 0.508 0.514 0.556 0.596 0.585 0.591 0.341 0.366 0.573 0.641
  4.00   0.407 0.374 0.438 0.445 0.541 0.560 0.549 0.504 0.296 0.322 0.538 0.547
  4.50   0.396 0.341 0.404 0.407 0.532 0.546 0.533 0.443 0.278 0.300 0.536 0.476
  5.00   0.416 0.326 0.393 0.387 0.523 0.538 0.526 0.403 0.276 0.293 0.537 0.428
  6.00   0.445 0.304 0.393 0.390 0.510 0.526 0.521 0.375 0.287 0.295 0.539 0.378
  7.00   0.447 0.297 0.384 0.397 0.454 0.496 0.500 0.360 0.281 0.281 0.531 0.354
  8.00   0.427 0.286 0.371 0.396 0.397 0.467 0.493 0.344 0.270 0.269 0.530 0.338
  9.00   0.417 0.279 0.356 0.395 0.352 0.444 0.490 0.331 0.263 0.253 0.528 0.324
 10.00   0.406 0.277 0.344 0.391 0.313 0.433 0.494 0.320 0.261 0.239 0.535 0.314
```

8.8 Betriebsfestigkeitsnachweis nach EN 1993-1-9:2013 ...

Tab. 8.105 Schadensäquivalenzfaktoren λ für Einzelzüge

```
WORKSPACE         : 2 LAM_BU2
DATUM / UHRZEIT   : 21-07-2021 / 13:33

GESAMTVERKEHR     : 25.00 Mrd. kN
                    MIT VERTEILUNG DER ACHSLASTEN DURCH DAS GLEIS
BAUTEIL(E)        : LAENGSTRAEGER
WERTE FUER        : QUERKRAEFTE
WOEHLERLINIEN NACH: OENORM B 4008-2

   L     Z= 1  Z= 2  Z= 3  Z= 4  Z= 5  Z= 6  Z= 7  Z= 8  Z= 9  Z=10  Z=11  Z=12
 0.50   0.606 0.555 0.571 0.520 0.558 0.569 0.581 0.569 0.336 0.388 0.646 0.632
 1.00   0.742 0.680 0.699 0.637 0.683 0.697 0.712 0.697 0.411 0.475 0.791 0.774
 1.50   0.730 0.724 0.745 0.679 0.783 0.799 0.817 0.742 0.438 0.506 0.864 0.825
 2.00   0.636 0.700 0.708 0.656 0.828 0.845 0.864 0.717 0.423 0.489 0.843 0.797
 2.50   0.663 0.666 0.665 0.641 0.876 0.894 0.891 0.700 0.413 0.481 0.902 0.778
 3.00   0.710 0.620 0.607 0.629 0.910 0.943 0.941 0.686 0.443 0.479 0.964 0.762
 3.50   0.733 0.569 0.637 0.629 0.905 0.946 0.944 0.657 0.465 0.494 0.980 0.730
 4.00   0.732 0.560 0.640 0.642 0.888 0.917 0.915 0.617 0.466 0.496 0.958 0.686
 4.50   0.746 0.579 0.649 0.667 0.917 0.907 0.905 0.603 0.473 0.497 0.954 0.659
 5.00   0.770 0.600 0.655 0.684 0.921 0.897 0.912 0.623 0.477 0.493 0.952 0.637
 6.00   0.786 0.594 0.644 0.674 0.844 0.848 0.898 0.635 0.460 0.466 0.938 0.623
 7.00   0.773 0.567 0.633 0.662 0.772 0.826 0.907 0.623 0.448 0.450 0.958 0.612
 8.00   0.760 0.547 0.615 0.647 0.703 0.803 0.944 0.612 0.437 0.423 1.002 0.600
 9.00   0.748 0.539 0.617 0.631 0.658 0.819 0.973 0.605 0.444 0.418 1.033 0.596
10.00   0.737 0.519 0.629 0.615 0.634 0.831 0.994 0.606 0.452 0.410 1.058 0.599
```

Tab. 8.106 Schadensäquivalenzfaktoren λ für Einzelzüge

```
WORKSPACE         : 2 LAM_BU2
DATUM / UHRZEIT   : 21-07-2021 / 13:34

GESAMTVERKEHR     : 10.00 Mrd. kN
                    MIT VERTEILUNG DER ACHSLASTEN DURCH DAS GLEIS
BAUTEIL(E)        : LAENGSTRAEGER
WERTE FUER        : QUERKRAEFTE
WOEHLERLINIEN NACH: OENORM B 4008-2

   L     Z= 1  Z= 2  Z= 3  Z= 4  Z= 5  Z= 6  Z= 7  Z= 8  Z= 9  Z=10  Z=11  Z=12
 0.50   0.504 0.462 0.475 0.520 0.558 0.569 0.581 0.569 0.336 0.365 0.646 0.632
 1.00   0.618 0.566 0.582 0.637 0.605 0.654 0.687 0.697 0.411 0.447 0.725 0.774
 1.50   0.608 0.603 0.621 0.679 0.678 0.731 0.758 0.742 0.429 0.476 0.777 0.825
 2.00   0.549 0.583 0.590 0.654 0.715 0.765 0.791 0.717 0.415 0.460 0.773 0.797
 2.50   0.552 0.555 0.566 0.620 0.756 0.801 0.818 0.700 0.405 0.451 0.813 0.778
 3.00   0.591 0.521 0.607 0.608 0.793 0.833 0.832 0.686 0.434 0.439 0.811 0.762
 3.50   0.611 0.490 0.637 0.609 0.805 0.823 0.794 0.641 0.452 0.442 0.823 0.699
 4.00   0.609 0.466 0.629 0.621 0.804 0.790 0.771 0.614 0.445 0.433 0.805 0.650
 4.50   0.621 0.482 0.619 0.645 0.813 0.783 0.764 0.593 0.451 0.438 0.802 0.633
 5.00   0.641 0.500 0.630 0.662 0.808 0.776 0.759 0.574 0.455 0.437 0.802 0.622
 6.00   0.655 0.495 0.615 0.652 0.702 0.742 0.757 0.528 0.439 0.417 0.801 0.573
 7.00   0.643 0.472 0.600 0.643 0.642 0.731 0.773 0.519 0.427 0.409 0.814 0.529
 8.00   0.633 0.456 0.586 0.637 0.585 0.728 0.793 0.509 0.420 0.389 0.842 0.500
 9.00   0.622 0.449 0.582 0.629 0.551 0.705 0.810 0.504 0.417 0.377 0.860 0.496
10.00   0.613 0.442 0.583 0.615 0.531 0.699 0.828 0.505 0.405 0.368 0.881 0.498
```

Tab. 8.107 Schadensäquivalenzfaktoren λ für Einzelzüge

```
WORKSPACE            : 2 LAM_BU2
DATUM / UHRZEIT      : 21-07-2021 / 13:35

GESAMTVERKEHR        : 5.00 Mrd. kN
                       MIT VERTEILUNG DER ACHSLASTEN DURCH DAS GLEIS
BAUTEIL(E)           : LAENGSTRAEGER
WERTE FUER           : QUERKRAEFTE
WOEHLERLINIEN NACH   : OENORM B 4008-2

    L    Z= 1  Z= 2  Z= 3  Z= 4  Z= 5  Z= 6  Z= 7  Z= 8  Z= 9  Z=10  Z=11  Z=12
  0.50  0.439 0.402 0.458 0.517 0.525 0.526 0.547 0.536 0.329 0.318 0.581 0.569
  1.00  0.538 0.493 0.562 0.634 0.569 0.581 0.598 0.656 0.403 0.389 0.698 0.697
  1.50  0.529 0.525 0.599 0.676 0.594 0.636 0.661 0.686 0.416 0.414 0.683 0.742
  2.00  0.484 0.507 0.579 0.633 0.623 0.671 0.695 0.665 0.361 0.401 0.679 0.721
  2.50  0.487 0.483 0.556 0.565 0.658 0.704 0.716 0.651 0.352 0.393 0.711 0.706
  3.00  0.515 0.454 0.557 0.530 0.690 0.734 0.733 0.641 0.378 0.388 0.738 0.694
  3.50  0.532 0.426 0.577 0.530 0.701 0.727 0.721 0.610 0.395 0.384 0.737 0.655
  4.00  0.530 0.414 0.577 0.541 0.701 0.696 0.671 0.536 0.394 0.382 0.701 0.595
  4.50  0.541 0.420 0.577 0.562 0.711 0.681 0.665 0.524 0.398 0.384 0.698 0.551
  5.00  0.558 0.435 0.577 0.576 0.706 0.675 0.661 0.521 0.396 0.381 0.698 0.544
  6.00  0.570 0.431 0.535 0.568 0.637 0.648 0.659 0.502 0.382 0.363 0.697 0.515
  7.00  0.560 0.411 0.522 0.560 0.576 0.637 0.673 0.476 0.372 0.361 0.708 0.491
  8.00  0.551 0.397 0.510 0.554 0.511 0.633 0.695 0.445 0.366 0.351 0.736 0.474
  9.00  0.542 0.395 0.507 0.548 0.480 0.628 0.712 0.439 0.363 0.339 0.755 0.460
 10.00  0.534 0.402 0.507 0.542 0.462 0.622 0.723 0.439 0.364 0.332 0.769 0.434
```

Tab. 8.108 Schadensäquivalenzfaktoren λ für Einzelzüge

```
WORKSPACE            : 2 LAM_BU2
DATUM / UHRZEIT      : 21-07-2021 / 13:36

GESAMTVERKEHR        : 1.00 Mrd. kN
                       MIT VERTEILUNG DER ACHSLASTEN DURCH DAS GLEIS
BAUTEIL(E)           : LAENGSTRAEGER
WERTE FUER           : QUERKRAEFTE
WOEHLERLINIEN NACH   : OENORM B 4008-2

    L    Z= 1  Z= 2  Z= 3  Z= 4  Z= 5  Z= 6  Z= 7  Z= 8  Z= 9  Z=10  Z=11  Z=12
  0.50  0.320 0.298 0.361 0.375 0.381 0.381 0.397 0.388 0.248 0.246 0.428 0.419
  1.00  0.390 0.365 0.443 0.460 0.423 0.437 0.458 0.476 0.304 0.301 0.506 0.513
  1.50  0.399 0.388 0.465 0.490 0.452 0.474 0.493 0.502 0.316 0.311 0.520 0.544
  2.00  0.365 0.375 0.435 0.466 0.459 0.487 0.505 0.483 0.292 0.298 0.501 0.523
  2.50  0.366 0.361 0.403 0.437 0.477 0.510 0.520 0.472 0.272 0.292 0.516 0.512
  3.00  0.382 0.347 0.409 0.407 0.500 0.532 0.533 0.466 0.285 0.289 0.536 0.503
  3.50  0.394 0.336 0.420 0.387 0.508 0.527 0.523 0.443 0.297 0.287 0.535 0.476
  4.00  0.393 0.328 0.418 0.393 0.508 0.507 0.500 0.409 0.293 0.281 0.518 0.437
  4.50  0.399 0.333 0.421 0.408 0.515 0.499 0.491 0.391 0.293 0.283 0.513 0.413
  5.00  0.412 0.338 0.420 0.418 0.512 0.492 0.484 0.383 0.293 0.281 0.509 0.401
  6.00  0.419 0.330 0.400 0.412 0.463 0.470 0.478 0.364 0.278 0.268 0.506 0.374
  7.00  0.412 0.312 0.385 0.406 0.418 0.462 0.488 0.350 0.269 0.263 0.513 0.357
  8.00  0.406 0.302 0.370 0.402 0.377 0.460 0.504 0.339 0.265 0.255 0.533 0.344
  9.00  0.401 0.300 0.367 0.397 0.352 0.456 0.516 0.331 0.263 0.246 0.547 0.334
 10.00  0.397 0.297 0.368 0.393 0.337 0.453 0.526 0.326 0.264 0.242 0.559 0.326
```

8.8 Betriebsfestigkeitsnachweis nach EN 1993-1-9:2013 ...

Tab. 8.113 Schadensäquivalenzfaktoren λ für Einzelzüge

```
WORKSPACE          : 2 LAM_BU2
DATUM / UHRZEIT    : 21-07-2021 / 13:33

GESAMTVERKEHR      : 25.00 Mrd. kN
                     MIT VERTEILUNG DER ACHSLASTEN DURCH DAS GLEIS
BAUTEIL(E)         : QUERTRAEGER
WERTE FUER         : AUFLAGERKRAEFTE FUER QUERKRAEFTE
WOEHLERLINIEN NACH : OENORM B 4008-2

  L      Z= 1  Z= 2  Z= 3  Z= 4  Z= 5  Z= 6  Z= 7  Z= 8  Z= 9  Z=10  Z=11  Z=12
 0.50   0.622 0.570 0.586 0.534 0.573 0.584 0.597 0.584 0.345 0.398 0.663 0.649
 1.00   0.732 0.835 0.831 0.782 0.838 0.855 0.874 0.855 0.505 0.583 0.930 0.950
 1.50   0.830 0.843 0.849 0.888 1.028 1.029 1.026 0.969 0.572 0.660 1.076 1.076
 2.00   0.761 0.675 0.697 0.729 0.955 1.027 1.025 0.794 0.476 0.552 1.016 0.887
 2.50   0.785 0.580 0.629 0.634 0.960 0.992 0.989 0.634 0.458 0.500 1.012 0.697
 3.00   0.847 0.534 0.657 0.638 0.948 0.958 0.993 0.684 0.478 0.504 1.012 0.671
 3.50   0.851 0.521 0.644 0.649 0.848 0.893 0.938 0.686 0.467 0.477 0.999 0.674
 4.00   0.813 0.501 0.620 0.639 0.747 0.821 0.917 0.655 0.449 0.459 0.990 0.643
 4.50   0.782 0.485 0.600 0.628 0.667 0.786 0.918 0.629 0.438 0.425 0.993 0.618
 5.00   0.758 0.490 0.583 0.615 0.554 0.778 0.930 0.609 0.437 0.390 1.010 0.598
 6.00   0.719 0.494 0.593 0.599 0.526 0.790 0.915 0.591 0.431 0.393 0.985 0.589
 7.00   0.706 0.498 0.601 0.628 0.546 0.757 0.834 0.593 0.433 0.400 0.913 0.593
 8.00   0.696 0.501 0.619 0.631 0.570 0.708 0.708 0.586 0.405 0.398 0.804 0.587
 9.00   0.683 0.495 0.589 0.606 0.584 0.674 0.687 0.574 0.377 0.391 0.699 0.575
10.00   0.677 0.491 0.541 0.579 0.593 0.654 0.673 0.570 0.373 0.381 0.686 0.575
```

Tab. 8.114 Schadensäquivalenzfaktoren λ für Einzelzüge

```
WORKSPACE          : 2 LAM_BU2
DATUM / UHRZEIT    : 21-07-2021 / 13:35

GESAMTVERKEHR      : 10.00 Mrd. kN
                     MIT VERTEILUNG DER ACHSLASTEN DURCH DAS GLEIS
BAUTEIL(E)         : QUERTRAEGER
WERTE FUER         : AUFLAGERKRAEFTE FUER QUERKRAEFTE
WOEHLERLINIEN NACH : OENORM B 4008-2

  L      Z= 1  Z= 2  Z= 3  Z= 4  Z= 5  Z= 6  Z= 7  Z= 8  Z= 9  Z=10  Z=11  Z=12
 0.50   0.518 0.475 0.488 0.534 0.505 0.537 0.576 0.584 0.345 0.375 0.597 0.649
 1.00   0.620 0.695 0.692 0.779 0.728 0.785 0.811 0.855 0.494 0.549 0.853 0.950
 1.50   0.691 0.728 0.783 0.859 0.907 0.897 0.866 0.969 0.560 0.605 0.904 1.076
 2.00   0.633 0.562 0.650 0.705 0.855 0.878 0.861 0.751 0.454 0.506 0.853 0.813
 2.50   0.653 0.483 0.595 0.614 0.799 0.850 0.834 0.628 0.436 0.458 0.851 0.669
 3.00   0.705 0.445 0.612 0.618 0.789 0.833 0.827 0.569 0.456 0.462 0.854 0.559
 3.50   0.708 0.434 0.609 0.629 0.706 0.786 0.793 0.571 0.446 0.439 0.842 0.561
 4.00   0.677 0.417 0.588 0.627 0.622 0.739 0.782 0.545 0.428 0.421 0.839 0.535
 4.50   0.651 0.409 0.564 0.626 0.555 0.704 0.775 0.524 0.417 0.384 0.834 0.514
 5.00   0.631 0.408 0.545 0.615 0.496 0.675 0.779 0.507 0.413 0.367 0.846 0.497
 6.00   0.599 0.412 0.547 0.588 0.438 0.662 0.762 0.496 0.395 0.342 0.820 0.494
 7.00   0.588 0.415 0.553 0.561 0.454 0.630 0.709 0.494 0.378 0.333 0.760 0.494
 8.00   0.580 0.417 0.569 0.525 0.474 0.590 0.650 0.488 0.354 0.331 0.692 0.489
 9.00   0.569 0.412 0.546 0.505 0.486 0.566 0.585 0.478 0.341 0.326 0.633 0.479
10.00   0.564 0.409 0.510 0.482 0.493 0.554 0.560 0.475 0.324 0.317 0.571 0.479
```

Tab. 8.115 Schadensäquivalenzfaktoren λ für Einzelzüge

```
WORKSPACE            : 2 LAM_BU2
DATUM / UHRZEIT      : 21-07-2021 / 13:35

GESAMTVERKEHR        :   5.00  Mrd. kN
                         MIT VERTEILUNG DER ACHSLASTEN DURCH DAS GLEIS
BAUTEIL(E)           : QUERTRAEGER
WERTE FUER           : AUFLAGERKRAEFTE FUER QUERKRAEFTE
WOEHLERLINIEN NACH   : OENORM B 4008-2

    L     Z= 1  Z= 2  Z= 3  Z= 4  Z= 5  Z= 6  Z= 7  Z= 8  Z= 9  Z=10  Z=11  Z=12
  0.50    0.451 0.413 0.471 0.532 0.439 0.475 0.502 0.550 0.338 0.326 0.536 0.584
  1.00    0.552 0.605 0.686 0.726 0.634 0.684 0.708 0.791 0.430 0.478 0.745 0.855
  1.50    0.601 0.634 0.755 0.748 0.789 0.794 0.789 0.891 0.488 0.533 0.815 0.969
  2.00    0.551 0.489 0.601 0.614 0.747 0.767 0.749 0.677 0.400 0.440 0.743 0.752
  2.50    0.569 0.421 0.534 0.534 0.720 0.740 0.726 0.553 0.380 0.399 0.740 0.583
  3.00    0.614 0.420 0.533 0.538 0.701 0.725 0.720 0.495 0.397 0.402 0.743 0.520
  3.50    0.617 0.410 0.530 0.548 0.614 0.684 0.690 0.497 0.388 0.382 0.733 0.488
  4.00    0.589 0.394 0.511 0.546 0.542 0.643 0.681 0.475 0.373 0.367 0.731 0.466
  4.50    0.567 0.385 0.491 0.545 0.483 0.613 0.676 0.456 0.363 0.345 0.729 0.448
  5.00    0.550 0.374 0.475 0.540 0.432 0.598 0.681 0.441 0.360 0.326 0.737 0.433
  6.00    0.526 0.378 0.476 0.519 0.384 0.589 0.663 0.432 0.354 0.307 0.716 0.430
  7.00    0.512 0.382 0.482 0.514 0.396 0.558 0.617 0.430 0.341 0.296 0.662 0.430
  8.00    0.505 0.389 0.495 0.498 0.413 0.516 0.566 0.425 0.320 0.289 0.603 0.426
  9.00    0.495 0.376 0.475 0.439 0.423 0.493 0.526 0.416 0.305 0.284 0.551 0.417
 10.00    0.491 0.356 0.444 0.419 0.430 0.482 0.490 0.413 0.284 0.276 0.519 0.417
```

Tab. 8.116 Schadensäquivalenzfaktoren λ für Einzelzüge

```
WORKSPACE            : 2 LAM_BU2
DATUM / UHRZEIT      : 21-07-2021 / 13:36

GESAMTVERKEHR        :   1.00  Mrd. kN
                         MIT VERTEILUNG DER ACHSLASTEN DURCH DAS GLEIS
BAUTEIL(E)           : QUERTRAEGER
WERTE FUER           : AUFLAGERKRAEFTE FUER QUERKRAEFTE
WOEHLERLINIEN NACH   : OENORM B 4008-2

    L     Z= 1  Z= 2  Z= 3  Z= 4  Z= 5  Z= 6  Z= 7  Z= 8  Z= 9  Z=10  Z=11  Z=12
  0.50    0.327 0.306 0.371 0.385 0.327 0.349 0.364 0.399 0.255 0.253 0.408 0.430
  1.00    0.420 0.448 0.508 0.546 0.460 0.497 0.515 0.573 0.336 0.355 0.549 0.623
  1.50    0.455 0.476 0.547 0.574 0.572 0.575 0.573 0.648 0.368 0.389 0.591 0.704
  2.00    0.407 0.374 0.438 0.445 0.541 0.560 0.549 0.504 0.296 0.322 0.538 0.547
  2.50    0.416 0.326 0.393 0.387 0.523 0.538 0.526 0.403 0.276 0.293 0.537 0.428
  3.00    0.445 0.304 0.393 0.390 0.510 0.526 0.521 0.375 0.287 0.295 0.539 0.378
  3.50    0.447 0.297 0.384 0.397 0.454 0.496 0.500 0.360 0.281 0.281 0.531 0.354
  4.00    0.427 0.286 0.371 0.396 0.397 0.467 0.493 0.344 0.270 0.269 0.530 0.338
  4.50    0.417 0.279 0.356 0.395 0.352 0.444 0.490 0.331 0.263 0.253 0.528 0.324
  5.00    0.406 0.277 0.344 0.391 0.313 0.433 0.494 0.320 0.261 0.239 0.535 0.314
  6.00    0.389 0.278 0.347 0.378 0.282 0.428 0.483 0.313 0.256 0.226 0.519 0.312
  7.00    0.377 0.280 0.349 0.374 0.288 0.405 0.448 0.312 0.247 0.218 0.480 0.312
  8.00    0.370 0.283 0.359 0.361 0.299 0.376 0.410 0.308 0.235 0.212 0.437 0.308
  9.00    0.359 0.276 0.345 0.334 0.307 0.358 0.382 0.301 0.223 0.206 0.399 0.302
 10.00    0.356 0.270 0.322 0.312 0.311 0.350 0.363 0.300 0.209 0.200 0.376 0.302
```

8.8.10.4 Verkehrssituationen nach EN 1991-2, Anhang D. Werte ohne Verteilung der Einzellasten durch den Gleisrost

KOMBINATION REGELVERK.	Regelverkehr mit Achslast ≤ 22,5 t (225 kN) nach EN 1991-2, Tab. D.1
KOMBINATION SCHWERVERK.	Schwerverkehr mit Achslast ≤25 t (250 kN) nach EN 1991-2, Tab. D.2
KOMBINATION NAHVERK.	Nahverkehr mit Achslasten ≤22,5 t (225 kN) nach EN 1991-2, Tab. D.3
„L"	… Stützweite des Hauptträgers beziehungsweise Längsträgers
„G=1"	… Verkehrsvolumen = $250 \cdot 10^8$ kN
„G=2"	… Verkehrsvolumen = $100 \cdot 10^8$ kN
„G=3"	… Verkehrsvolumen = $50 \cdot 10^8$ kN
„G=4"	… Verkehrsvolumen = $10 \cdot 10^8$ kN

(Siehe Tab. 8.117, Tab. 8.118, 8.119, 8.120, 8.121, 8.122, 8.123, 8.124, 8.125, 8.126, 8.127 und 8.128)

Tab. 8.117 Schadensäquivalenzfaktoren λ für Verkehrsmischungen

```
WORKSPACE          : 2 LAM_BU1
DATUM / UHRZEIT    : 26-07-2021 /  8:11

                     OHNE VERTEILUNG DER ACHSLASTEN DURCH DAS GLEIS
BAUTEIL(E)         : HAUPTTRAEGER
WERTE FUER         : MOMENTE
WOEHLERLINIEN NACH : EN  1993-1-9

              KOMBINATION REGELVERK.   KOMBINATION SCHWERVERK.   KOMBINATION NAHVERK.
     L      G=1   G=2   G=3   G=4    G=1   G=2   G=3   G=4    G=1   G=2   G=3   G=4
   0.50   1.593 1.337 1.173 0.819  1.657 1.473 1.282 0.902  1.068 0.978 0.853 0.596
   1.00   1.592 1.336 1.172 0.818  1.656 1.472 1.281 0.901  1.067 0.977 0.852 0.596
   1.50   1.590 1.334 1.170 0.817  1.654 1.470 1.280 0.900  1.065 0.976 0.851 0.595
   2.00   1.448 1.262 1.099 0.759  1.640 1.402 1.237 0.852  0.999 0.943 0.819 0.583
   2.50   1.373 1.164 1.015 0.678  1.551 1.292 1.128 0.749  0.947 0.883 0.791 0.558
   3.00   1.334 1.118 0.974 0.632  1.506 1.255 1.093 0.713  0.921 0.782 0.681 0.482
   3.50   1.157 0.973 0.848 0.546  1.308 1.096 0.954 0.620  0.824 0.698 0.607 0.416
   4.00   1.058 0.887 0.775 0.488  1.162 0.969 0.844 0.543  0.708 0.613 0.531 0.362
   4.50   1.015 0.858 0.740 0.461  1.075 0.913 0.793 0.505  0.647 0.572 0.487 0.327
   5.00   1.025 0.855 0.731 0.451  1.075 0.895 0.775 0.484  0.658 0.554 0.462 0.306
   6.00   1.017 0.851 0.720 0.438  1.042 0.873 0.751 0.457  0.660 0.574 0.480 0.314
   7.00   0.958 0.803 0.678 0.411  1.022 0.854 0.720 0.430  0.641 0.550 0.463 0.303
   8.00   0.917 0.761 0.641 0.389  0.991 0.822 0.688 0.410  0.622 0.518 0.439 0.288
   9.00   0.877 0.723 0.605 0.368  0.965 0.793 0.655 0.392  0.605 0.504 0.428 0.281
  10.00   0.841 0.690 0.573 0.350  0.931 0.766 0.626 0.375  0.591 0.495 0.424 0.277
  12.50   0.814 0.652 0.537 0.327  0.896 0.730 0.587 0.350  0.560 0.471 0.405 0.264
  15.00   0.757 0.606 0.495 0.299  0.823 0.668 0.534 0.316  0.525 0.443 0.380 0.245
  17.50   0.697 0.551 0.454 0.273  0.729 0.577 0.468 0.276  0.498 0.414 0.354 0.225
  20.00   0.669 0.517 0.424 0.254  0.682 0.527 0.431 0.253  0.470 0.388 0.327 0.206
  25.00   0.650 0.494 0.395 0.235  0.649 0.488 0.390 0.231  0.464 0.366 0.297 0.181
  30.00   0.641 0.483 0.385 0.227  0.644 0.484 0.384 0.225  0.455 0.356 0.287 0.169
  35.00   0.635 0.479 0.381 0.223  0.645 0.483 0.384 0.225  0.445 0.346 0.280 0.164
  40.00   0.634 0.475 0.379 0.222  0.652 0.485 0.387 0.227  0.438 0.341 0.276 0.161
  45.00   0.629 0.471 0.376 0.220  0.659 0.488 0.390 0.228  0.434 0.339 0.273 0.160
  50.00   0.625 0.467 0.372 0.218  0.662 0.490 0.390 0.229  0.436 0.341 0.275 0.161
  60.00   0.618 0.461 0.366 0.215  0.660 0.487 0.387 0.227  0.446 0.353 0.281 0.164
  70.00   0.613 0.456 0.362 0.212  0.663 0.489 0.388 0.227  0.448 0.356 0.282 0.165
  80.00   0.606 0.450 0.358 0.209  0.663 0.488 0.388 0.227  0.440 0.349 0.277 0.162
  90.00   0.601 0.446 0.355 0.208  0.664 0.489 0.388 0.227  0.437 0.347 0.275 0.161
 100.00   0.595 0.442 0.352 0.206  0.661 0.487 0.386 0.226  0.439 0.348 0.276 0.162
```

8.8 Betriebsfestigkeitsnachweis nach EN 1993-1-9:2013 ...

Tab. 8.118 Schadensäquivalenzfaktoren λ für Verkehrsmischungen

```
WORKSPACE         : 2 LAM_BU1
DATUM / UHRZEIT   : 26-07-2021 / 8:11

                   OHNE VERTEILUNG DER ACHSLASTEN DURCH DAS GLEIS
BAUTEIL(E)        : HAUPTTRAEGER
WERTE FUER        : QUERKRAEFTE
WOEHLERLINIEN NACH: EN 1993-1-9

            KOMBINATION REGELVERK.   KOMBINATION SCHWERVERK.  KOMBINATION NAHVERK.
   L      G=1   G=2   G=3   G=4     G=1   G=2   G=3   G=4    G=1   G=2   G=3   G=4
  0.50   1.410 1.183 1.038 0.755   1.467 1.304 1.135 0.823  0.945 0.865 0.768 0.568
  1.00   1.400 1.175 1.030 0.750   1.456 1.294 1.127 0.817  0.938 0.859 0.763 0.564
  1.50   1.337 1.122 0.984 0.716   1.391 1.236 1.076 0.780  0.896 0.821 0.729 0.538
  2.00   1.142 0.994 0.872 0.634   1.252 1.084 0.948 0.687  0.790 0.718 0.641 0.473
  2.50   1.072 0.929 0.814 0.594   1.187 1.000 0.879 0.640  0.732 0.632 0.581 0.428
  3.00   1.059 0.911 0.796 0.580   1.130 0.977 0.855 0.621  0.707 0.632 0.562 0.412
  3.50   1.014 0.871 0.758 0.552   1.073 0.920 0.806 0.585  0.677 0.616 0.547 0.397
  4.00   0.994 0.837 0.735 0.536   1.041 0.888 0.775 0.563  0.677 0.614 0.545 0.395
  4.50   0.985 0.833 0.727 0.530   1.027 0.868 0.762 0.554  0.677 0.616 0.544 0.395
  5.00   0.977 0.828 0.721 0.525   1.008 0.858 0.748 0.545  0.686 0.614 0.539 0.394
  6.00   0.933 0.787 0.688 0.500   0.975 0.825 0.721 0.525  0.659 0.585 0.514 0.375
  7.00   0.900 0.754 0.659 0.480   0.950 0.800 0.696 0.507  0.625 0.561 0.489 0.356
  8.00   0.881 0.743 0.648 0.471   0.953 0.797 0.698 0.507  0.621 0.539 0.470 0.341
  9.00   0.869 0.730 0.637 0.464   0.953 0.797 0.697 0.507  0.608 0.524 0.456 0.331
 10.00   0.858 0.721 0.631 0.458   0.950 0.796 0.693 0.505  0.598 0.517 0.450 0.326
 12.50   0.828 0.696 0.608 0.442   0.909 0.761 0.664 0.483  0.595 0.510 0.448 0.325
 15.00   0.781 0.654 0.574 0.417   0.840 0.702 0.612 0.445  0.581 0.494 0.433 0.314
 17.50   0.750 0.626 0.548 0.399   0.780 0.655 0.571 0.415  0.563 0.479 0.417 0.304
 20.00   0.737 0.617 0.539 0.392   0.759 0.634 0.554 0.402  0.550 0.468 0.412 0.299
 25.00   0.725 0.608 0.530 0.385   0.745 0.622 0.542 0.394  0.553 0.460 0.404 0.294
 30.00   0.716 0.597 0.521 0.378   0.739 0.616 0.537 0.390  0.550 0.458 0.399 0.291
 35.00   0.702 0.587 0.511 0.371   0.725 0.604 0.526 0.382  0.543 0.453 0.394 0.287
 40.00   0.702 0.585 0.510 0.370   0.724 0.606 0.528 0.383  0.541 0.451 0.393 0.286
 45.00   0.702 0.585 0.510 0.370   0.728 0.607 0.531 0.385  0.539 0.449 0.391 0.284
 50.00   0.701 0.585 0.510 0.370   0.730 0.608 0.531 0.385  0.539 0.449 0.391 0.283
 60.00   0.704 0.587 0.511 0.371   0.738 0.615 0.535 0.388  0.539 0.449 0.391 0.283
 70.00   0.707 0.589 0.513 0.372   0.743 0.619 0.539 0.391  0.539 0.449 0.390 0.283
 80.00   0.706 0.588 0.512 0.371   0.745 0.620 0.540 0.391  0.535 0.446 0.388 0.281
 90.00   0.704 0.586 0.510 0.370   0.743 0.618 0.538 0.390  0.533 0.444 0.386 0.280
100.00   0.703 0.585 0.509 0.369   0.743 0.618 0.538 0.390  0.532 0.443 0.386 0.280
```

Tab. 8.119 Schadensäquivalenzfaktoren λ für Verkehrsmischungen

```
WORKSPACE           : 2 LAM_BU1
DATUM / UHRZEIT     : 26-07-2021 /  8:11

                      OHNE VERTEILUNG DER ACHSLASTEN DURCH DAS GLEIS
BAUTEIL(E)          : LAENGSTRAEGER
WERTE FUER          : MOMENTE
WOEHLERLINIEN NACH  : EN  1993-1-9

             KOMBINATION REGELVERK.   KOMBINATION SCHWERVERK.   KOMBINATION NAHVERK.
    L      G=1   G=2   G=3   G=4    G=1   G=2   G=3   G=4    G=1   G=2   G=3   G=4
   0.50   1.573 1.321 1.158 0.809  1.636 1.454 1.266 0.890  1.054 0.966 0.843 0.589
   1.00   1.616 1.356 1.190 0.831  1.681 1.494 1.300 0.914  1.083 0.992 0.865 0.605
   1.50   1.661 1.395 1.223 0.854  1.728 1.536 1.337 0.940  1.114 1.020 0.890 0.622
   2.00   1.552 1.353 1.178 0.813  1.756 1.502 1.325 0.913  1.070 1.010 0.877 0.624
   2.50   1.506 1.276 1.112 0.743  1.698 1.414 1.234 0.820  1.037 0.969 0.867 0.611
   3.00   1.490 1.249 1.087 0.706  1.680 1.400 1.219 0.796  1.028 0.873 0.761 0.538
   3.50   1.314 1.106 0.964 0.621  1.485 1.245 1.083 0.703  0.936 0.792 0.690 0.472
   4.00   1.184 0.993 0.867 0.546  1.300 1.084 0.944 0.607  0.793 0.687 0.594 0.405
   4.50   1.116 0.944 0.813 0.507  1.182 1.003 0.872 0.555  0.712 0.629 0.536 0.360
   5.00   1.112 0.928 0.793 0.489  1.165 0.970 0.841 0.524  0.714 0.601 0.501 0.332
   6.00   1.080 0.904 0.765 0.465  1.106 0.927 0.798 0.486  0.701 0.610 0.510 0.333
   7.00   1.005 0.841 0.711 0.431  1.070 0.895 0.754 0.451  0.672 0.576 0.485 0.317
   8.00   0.952 0.791 0.666 0.404  1.029 0.853 0.714 0.426  0.646 0.539 0.456 0.299
   9.00   0.906 0.747 0.624 0.380  0.996 0.818 0.675 0.404  0.625 0.520 0.442 0.290
  10.00   0.865 0.709 0.590 0.360  0.957 0.787 0.643 0.385  0.608 0.509 0.436 0.285
  12.50   0.835 0.667 0.550 0.335  0.917 0.747 0.601 0.358  0.572 0.481 0.414 0.269
  15.00   0.774 0.620 0.506 0.306  0.841 0.682 0.546 0.323  0.536 0.452 0.388 0.251
  17.50   0.711 0.562 0.463 0.278  0.743 0.589 0.477 0.281  0.507 0.422 0.360 0.229
  20.00   0.675 0.522 0.428 0.256  0.691 0.533 0.436 0.256  0.474 0.392 0.330 0.208
  25.00   0.655 0.497 0.397 0.236  0.656 0.493 0.394 0.233  0.468 0.369 0.299 0.182
  30.00   0.645 0.487 0.388 0.228  0.650 0.488 0.388 0.227  0.458 0.358 0.289 0.170
  35.00   0.638 0.481 0.383 0.224  0.650 0.487 0.387 0.227  0.447 0.348 0.281 0.165
  40.00   0.637 0.478 0.381 0.223  0.656 0.488 0.390 0.228  0.440 0.342 0.277 0.162
  45.00   0.632 0.473 0.378 0.221  0.662 0.491 0.392 0.230  0.436 0.340 0.275 0.161
  50.00   0.627 0.469 0.374 0.219  0.665 0.492 0.392 0.230  0.437 0.343 0.276 0.161
  60.00   0.620 0.462 0.367 0.215  0.662 0.489 0.388 0.228  0.447 0.354 0.282 0.165
  70.00   0.612 0.455 0.362 0.212  0.663 0.488 0.388 0.227  0.448 0.355 0.282 0.165
  80.00   0.605 0.450 0.357 0.209  0.662 0.488 0.387 0.227  0.439 0.349 0.277 0.162
  90.00   0.600 0.446 0.355 0.207  0.663 0.489 0.388 0.227  0.436 0.347 0.275 0.161
 100.00   0.595 0.442 0.352 0.206  0.660 0.487 0.386 0.226  0.438 0.348 0.276 0.162
```

8.8 Betriebsfestigkeitsnachweis nach EN 1993-1-9:2013 ...

Tab. 8.120 Schadensäquivalenzfaktoren λ für Verkehrsmischungen

```
WORKSPACE        : 2 LAM_BU1
DATUM / UHRZEIT  : 26-07-2021 /  8:11

                    OHNE VERTEILUNG DER ACHSLASTEN DURCH DAS GLEIS
BAUTEIL(E)        : LAENGSTRAEGER
WERTE FUER        : QUERKRAEFTE
WOEHLERLINIEN NACH: EN 1993-1-9

           KOMBINATION REGELVERK.   KOMBINATION SCHWERVERK.  KOMBINATION NAHVERK.
    L    G=1   G=2   G=3   G=4    G=1   G=2   G=3   G=4    G=1   G=2   G=3   G=4
  0.50  1.392 1.169 1.025 0.746  1.448 1.287 1.121 0.812  0.933 0.855 0.759 0.561
  1.00  1.421 1.193 1.046 0.761  1.478 1.314 1.144 0.829  0.952 0.872 0.775 0.572
  1.50  1.397 1.173 1.029 0.748  1.453 1.292 1.124 0.815  0.937 0.858 0.762 0.563
  2.00  1.223 1.065 0.934 0.679  1.341 1.161 1.016 0.736  0.847 0.770 0.686 0.507
  2.50  1.174 1.018 0.891 0.651  1.299 1.094 0.962 0.700  0.803 0.692 0.637 0.469
  3.00  1.182 1.017 0.889 0.647  1.260 1.090 0.954 0.693  0.790 0.706 0.628 0.460
  3.50  1.152 0.989 0.861 0.626  1.219 1.044 0.915 0.664  0.768 0.701 0.622 0.451
  4.00  1.112 0.937 0.822 0.600  1.164 0.993 0.867 0.630  0.758 0.688 0.610 0.443
  4.50  1.083 0.916 0.800 0.582  1.130 0.955 0.837 0.609  0.745 0.678 0.599 0.435
  5.00  1.058 0.896 0.781 0.569  1.093 0.931 0.811 0.591  0.742 0.665 0.583 0.427
  6.00  0.992 0.836 0.731 0.532  1.036 0.876 0.766 0.557  0.701 0.622 0.546 0.398
  7.00  0.945 0.791 0.691 0.503  0.995 0.838 0.730 0.531  0.656 0.588 0.513 0.374
  8.00  0.914 0.771 0.673 0.490  0.989 0.828 0.725 0.527  0.645 0.560 0.488 0.354
  9.00  0.897 0.754 0.658 0.479  0.983 0.822 0.719 0.523  0.628 0.541 0.471 0.342
 10.00  0.883 0.742 0.649 0.471  0.976 0.818 0.712 0.519  0.616 0.532 0.463 0.336
 12.50  0.848 0.712 0.623 0.453  0.931 0.779 0.680 0.494  0.609 0.522 0.458 0.332
 15.00  0.799 0.669 0.587 0.426  0.858 0.717 0.625 0.455  0.594 0.505 0.442 0.321
 17.50  0.764 0.638 0.558 0.406  0.795 0.668 0.582 0.423  0.574 0.489 0.425 0.309
 20.00  0.744 0.623 0.544 0.396  0.767 0.641 0.559 0.407  0.553 0.472 0.415 0.302
 25.00  0.732 0.613 0.534 0.388  0.753 0.629 0.548 0.398  0.557 0.463 0.407 0.296
 30.00  0.721 0.601 0.525 0.381  0.745 0.621 0.541 0.393  0.553 0.461 0.401 0.293
 35.00  0.706 0.590 0.514 0.374  0.730 0.608 0.530 0.385  0.546 0.455 0.396 0.289
 40.00  0.706 0.588 0.513 0.372  0.728 0.610 0.531 0.385  0.544 0.453 0.394 0.287
 45.00  0.705 0.588 0.513 0.372  0.731 0.610 0.533 0.387  0.542 0.451 0.393 0.285
 50.00  0.704 0.587 0.512 0.371  0.734 0.611 0.534 0.387  0.541 0.450 0.392 0.284
 60.00  0.707 0.589 0.513 0.372  0.741 0.617 0.537 0.390  0.541 0.450 0.392 0.284
 70.00  0.706 0.588 0.512 0.371  0.742 0.618 0.538 0.390  0.538 0.448 0.390 0.283
 80.00  0.706 0.587 0.511 0.371  0.744 0.619 0.539 0.391  0.535 0.445 0.388 0.281
 90.00  0.703 0.586 0.510 0.370  0.742 0.618 0.538 0.390  0.533 0.443 0.386 0.280
100.00  0.703 0.585 0.509 0.369  0.742 0.618 0.538 0.390  0.532 0.443 0.385 0.279
```

Tab. 8.121 Schadensäquivalenzfaktoren λ für Verkehrsmischungen

```
WORKSPACE            : 2 LAM_BU1
DATUM / UHRZEIT      : 26-07-2021 / 8:11

                       OHNE VERTEILUNG DER ACHSLASTEN DURCH DAS GLEIS
BAUTEIL(E)           : QUERTRAEGER
WERTE FUER           : AUFLAGERKRAEFTE FUER MOMENTE
WOEHLERLINIEN NACH   : EN 1993-1-9

            KOMBINATION REGELVERK.   KOMBINATION SCHWERVERK.   KOMBINATION NAHVERK.
    L    G=1   G=2   G=3   G=4    G=1   G=2   G=3   G=4    G=1   G=2   G=3   G=4
   0.50  1.616 1.356 1.190 0.831  1.681 1.494 1.300 0.914  1.083 0.992 0.865 0.605
   1.00  1.552 1.353 1.178 0.813  1.756 1.502 1.325 0.913  1.070 1.010 0.877 0.624
   1.50  1.490 1.249 1.087 0.706  1.680 1.400 1.219 0.796  1.028 0.873 0.761 0.538
   2.00  1.184 0.993 0.867 0.546  1.300 1.084 0.944 0.607  0.793 0.687 0.594 0.405
   2.50  1.112 0.928 0.793 0.489  1.165 0.970 0.841 0.524  0.714 0.601 0.501 0.332
   3.00  1.080 0.904 0.765 0.465  1.106 0.927 0.798 0.486  0.701 0.610 0.510 0.333
   3.50  1.005 0.841 0.711 0.431  1.070 0.895 0.754 0.451  0.672 0.576 0.485 0.317
   4.00  0.952 0.791 0.666 0.404  1.029 0.853 0.714 0.426  0.646 0.539 0.456 0.299
   4.50  0.906 0.747 0.624 0.380  0.996 0.818 0.675 0.404  0.625 0.520 0.442 0.290
   5.00  0.865 0.709 0.590 0.360  0.957 0.787 0.643 0.385  0.608 0.509 0.436 0.285
   6.00  0.845 0.675 0.559 0.340  0.931 0.759 0.612 0.365  0.581 0.490 0.421 0.274
   7.00  0.802 0.640 0.524 0.317  0.868 0.707 0.566 0.336  0.552 0.466 0.401 0.260
   8.00  0.749 0.596 0.490 0.295  0.798 0.644 0.515 0.304  0.523 0.436 0.379 0.243
   9.00  0.701 0.552 0.455 0.273  0.729 0.574 0.466 0.274  0.504 0.417 0.354 0.225
  10.00  0.675 0.522 0.428 0.256  0.691 0.533 0.436 0.256  0.474 0.392 0.330 0.208
  12.50  0.655 0.497 0.397 0.236  0.656 0.493 0.394 0.233  0.468 0.369 0.299 0.182
  15.00  0.645 0.487 0.388 0.228  0.650 0.488 0.388 0.227  0.458 0.358 0.289 0.170
  17.50  0.638 0.481 0.383 0.224  0.650 0.487 0.387 0.227  0.447 0.348 0.281 0.165
  20.00  0.637 0.478 0.381 0.223  0.656 0.488 0.390 0.228  0.440 0.342 0.277 0.162
  25.00  0.627 0.469 0.374 0.219  0.665 0.492 0.392 0.230  0.437 0.343 0.276 0.161
  30.00  0.620 0.462 0.367 0.215  0.662 0.489 0.388 0.228  0.447 0.354 0.282 0.165
  35.00  0.612 0.455 0.362 0.212  0.663 0.488 0.388 0.227  0.448 0.355 0.282 0.165
  40.00  0.605 0.450 0.357 0.209  0.662 0.488 0.387 0.227  0.439 0.349 0.277 0.162
  45.00  0.600 0.446 0.355 0.207  0.663 0.489 0.388 0.227  0.436 0.347 0.275 0.161
  50.00  0.595 0.442 0.352 0.206  0.660 0.487 0.386 0.226  0.438 0.348 0.276 0.162
  60.00  0.593 0.441 0.351 0.205  0.665 0.490 0.389 0.228  0.438 0.348 0.276 0.161
  70.00  0.591 0.440 0.350 0.205  0.667 0.491 0.390 0.228  0.436 0.346 0.275 0.161
  80.00  0.593 0.441 0.351 0.206  0.671 0.494 0.392 0.230  0.431 0.342 0.271 0.159
  90.00  0.594 0.442 0.351 0.206  0.673 0.496 0.393 0.230  0.421 0.335 0.266 0.155
 100.00  0.594 0.442 0.352 0.206  0.674 0.497 0.394 0.231  0.411 0.326 0.259 0.152
```

8.8 Betriebsfestigkeitsnachweis nach EN 1993-1-9:2013 ...

Tab. 8.122 Schadensäquivalenzfaktoren λ für Verkehrsmischungen

```
WORKSPACE        : 2 LAM_BU1
DATUM / UHRZEIT  : 26-07-2021 / 8:11

                   OHNE VERTEILUNG DER ACHSLASTEN DURCH DAS GLEIS
BAUTEIL(E)       : QUERTRAEGER
WERTE FUER       : AUFLAGERKRAEFTE FUER QUERKRAEFTE
WOEHLERLINIEN NACH : EN  1993-1-9

          KOMBINATION REGELVERK.   KOMBINATION SCHWERVERK.   KOMBINATION NAHVERK.
    L    G=1   G=2   G=3   G=4    G=1   G=2   G=3   G=4    G=1   G=2   G=3   G=4
  0.50  1.430 1.200 1.053 0.766  1.487 1.322 1.151 0.834  0.959 0.878 0.780 0.576
  1.00  1.374 1.197 1.042 0.759  1.554 1.329 1.173 0.850  0.950 0.901 0.795 0.587
  1.50  1.318 1.105 0.962 0.701  1.487 1.239 1.079 0.782  0.910 0.791 0.701 0.515
  2.00  1.048 0.879 0.767 0.558  1.150 0.959 0.836 0.606  0.702 0.636 0.563 0.409
  2.50  0.984 0.822 0.717 0.521  1.031 0.859 0.748 0.545  0.683 0.582 0.517 0.375
  3.00  0.956 0.803 0.700 0.508  0.978 0.820 0.721 0.522  0.686 0.598 0.523 0.379
  3.50  0.889 0.751 0.654 0.474  0.947 0.792 0.690 0.500  0.635 0.561 0.490 0.355
  4.00  0.843 0.706 0.617 0.448  0.911 0.758 0.661 0.479  0.576 0.520 0.453 0.328
  4.50  0.802 0.673 0.586 0.426  0.882 0.734 0.639 0.463  0.570 0.497 0.434 0.314
  5.00  0.767 0.646 0.564 0.409  0.847 0.711 0.619 0.448  0.569 0.483 0.421 0.305
  6.00  0.748 0.626 0.547 0.397  0.824 0.690 0.600 0.436  0.546 0.465 0.405 0.293
  7.00  0.714 0.597 0.519 0.378  0.772 0.647 0.563 0.408  0.516 0.449 0.391 0.283
  8.00  0.676 0.566 0.494 0.358  0.719 0.600 0.522 0.379  0.503 0.429 0.375 0.272
  9.00  0.650 0.542 0.473 0.343  0.675 0.562 0.490 0.355  0.481 0.411 0.363 0.264
 10.00  0.634 0.530 0.462 0.335  0.656 0.546 0.475 0.344  0.481 0.407 0.354 0.258
 12.50  0.635 0.529 0.462 0.335  0.643 0.535 0.466 0.338  0.493 0.411 0.358 0.260
 15.00  0.635 0.529 0.461 0.334  0.646 0.538 0.468 0.339  0.496 0.413 0.360 0.261
 17.50  0.635 0.529 0.461 0.334  0.650 0.541 0.471 0.342  0.493 0.410 0.357 0.259
 20.00  0.643 0.535 0.466 0.338  0.661 0.551 0.479 0.347  0.491 0.409 0.356 0.258
 25.00  0.649 0.541 0.471 0.341  0.678 0.564 0.492 0.356  0.489 0.407 0.354 0.257
 30.00  0.653 0.544 0.474 0.343  0.681 0.567 0.494 0.358  0.497 0.413 0.360 0.261
 35.00  0.653 0.544 0.473 0.343  0.684 0.570 0.496 0.359  0.497 0.414 0.360 0.261
 40.00  0.654 0.545 0.474 0.344  0.687 0.572 0.498 0.361  0.497 0.414 0.360 0.261
 45.00  0.656 0.546 0.476 0.345  0.691 0.575 0.501 0.363  0.498 0.415 0.361 0.262
 50.00  0.656 0.547 0.476 0.345  0.690 0.574 0.500 0.362  0.500 0.416 0.362 0.263
 60.00  0.662 0.551 0.480 0.348  0.697 0.580 0.505 0.366  0.504 0.420 0.365 0.265
 70.00  0.665 0.554 0.483 0.350  0.700 0.583 0.508 0.368  0.507 0.422 0.367 0.266
 80.00  0.670 0.558 0.486 0.352  0.705 0.587 0.511 0.370  0.509 0.423 0.369 0.267
 90.00  0.672 0.560 0.488 0.354  0.707 0.589 0.513 0.372  0.509 0.424 0.369 0.267
100.00  0.675 0.562 0.489 0.355  0.710 0.591 0.514 0.373  0.508 0.423 0.369 0.267
```

Tab. 8.123 Schadensäquivalenzfaktoren λ für Verkehrsmischungen

```
WORKSPACE            : 2 LAM_BU1
DATUM / UHRZEIT      : 26-07-2021 / 8:11

                     OHNE VERTEILUNG DER ACHSLASTEN DURCH DAS GLEIS
BAUTEIL(E)           : HAUPTTRAEGER
WERTE FUER           : MOMENTE
WOEHLERLINIEN NACH   : OENORM B 4008-2

            KOMBINATION REGELVERK.        KOMBINATION SCHWERVERK.       KOMBINATION NAHVERK.
   L     G=1   G=2   G=3   G=4       G=1   G=2   G=3   G=4       G=1   G=2   G=3   G=4
  0.50  1.153 1.130 1.030 0.752     1.281 1.180 1.130 0.823     0.945 0.787 0.685 0.568
  1.00  1.152 1.129 1.029 0.752     1.280 1.179 1.129 0.822     0.944 0.786 0.684 0.567
  1.50  1.150 1.128 1.028 0.751     1.278 1.177 1.128 0.821     0.943 0.785 0.683 0.566
  2.00  1.141 1.053 0.932 0.705     1.268 1.168 1.080 0.794     0.886 0.738 0.673 0.548
  2.50  1.116 1.011 0.895 0.651     1.240 1.116 0.995 0.727     0.781 0.659 0.659 0.515
  3.00  1.085 0.983 0.862 0.625     1.206 1.085 0.967 0.701     0.738 0.640 0.608 0.455
  3.50  0.952 0.845 0.749 0.544     1.080 0.952 0.839 0.612     0.654 0.573 0.541 0.405
  4.00  0.887 0.773 0.679 0.497     0.928 0.852 0.746 0.542     0.620 0.517 0.493 0.365
  4.50  0.872 0.748 0.658 0.480     0.879 0.792 0.703 0.510     0.610 0.508 0.450 0.346
  5.00  0.879 0.749 0.658 0.480     0.900 0.791 0.689 0.502     0.630 0.524 0.456 0.345
  6.00  0.892 0.743 0.655 0.478     0.914 0.767 0.672 0.492     0.645 0.538 0.468 0.356
  7.00  0.846 0.706 0.621 0.452     0.872 0.753 0.655 0.477     0.605 0.503 0.446 0.338
  8.00  0.795 0.675 0.592 0.430     0.846 0.730 0.636 0.462     0.550 0.461 0.433 0.316
  9.00  0.738 0.647 0.567 0.412     0.823 0.711 0.619 0.449     0.522 0.439 0.419 0.304
 10.00  0.723 0.615 0.547 0.397     0.809 0.686 0.600 0.436     0.495 0.441 0.408 0.297
 12.50  0.711 0.598 0.527 0.383     0.791 0.659 0.578 0.419     0.465 0.423 0.383 0.283
 15.00  0.670 0.563 0.494 0.359     0.735 0.612 0.534 0.388     0.466 0.414 0.365 0.271
 17.50  0.627 0.535 0.466 0.339     0.671 0.558 0.486 0.353     0.474 0.394 0.354 0.260
 20.00  0.620 0.523 0.457 0.332     0.633 0.539 0.469 0.340     0.476 0.398 0.346 0.256
 25.00  0.630 0.525 0.458 0.332     0.636 0.529 0.461 0.334     0.474 0.408 0.355 0.257
 30.00  0.627 0.525 0.457 0.332     0.637 0.533 0.464 0.337     0.482 0.411 0.358 0.259
 35.00  0.627 0.526 0.458 0.332     0.641 0.538 0.468 0.339     0.482 0.407 0.356 0.258
 40.00  0.637 0.532 0.464 0.336     0.655 0.546 0.477 0.345     0.481 0.400 0.354 0.257
 45.00  0.641 0.534 0.466 0.338     0.667 0.555 0.484 0.351     0.477 0.403 0.352 0.255
 50.00  0.646 0.538 0.469 0.340     0.675 0.562 0.489 0.355     0.477 0.406 0.353 0.256
 60.00  0.649 0.542 0.472 0.342     0.679 0.565 0.492 0.357     0.482 0.412 0.359 0.260
 70.00  0.652 0.544 0.474 0.343     0.685 0.570 0.496 0.360     0.483 0.415 0.361 0.262
 80.00  0.653 0.545 0.475 0.344     0.688 0.573 0.499 0.361     0.483 0.414 0.360 0.261
 90.00  0.655 0.546 0.476 0.345     0.691 0.575 0.501 0.363     0.484 0.415 0.361 0.262
100.00  0.656 0.546 0.476 0.345     0.690 0.575 0.500 0.363     0.485 0.416 0.363 0.263
```

8.8 Betriebsfestigkeitsnachweis nach EN 1993-1-9:2013 ...

Tab. 8.124 Schadensäquivalenzfaktoren λ für Verkehrsmischungen

```
WORKSPACE         : 2 LAM_BU1
DATUM / UHRZEIT   : 26-07-2021 / 8:11

                    OHNE VERTEILUNG DER ACHSLASTEN DURCH DAS GLEIS
BAUTEIL(E)        : HAUPTTRAEGER
WERTE FUER        : QUERKRAEFTE
WOEHLERLINIEN NACH: OENORM B 4008-2

           KOMBINATION REGELVERK.     KOMBINATION SCHWERVERK.    KOMBINATION NAHVERK.
   L     G=1   G=2   G=3   G=4     G=1   G=2   G=3   G=4     G=1   G=2   G=3   G=4
  0.50  1.153 1.130 1.030 0.752   1.281 1.180 1.130 0.823   0.945 0.787 0.685 0.568
  1.00  1.145 1.122 1.023 0.747   1.272 1.171 1.122 0.817   0.938 0.781 0.680 0.564
  1.50  1.093 1.072 0.977 0.713   1.215 1.119 1.072 0.780   0.896 0.746 0.649 0.538
  2.00  1.032 0.938 0.858 0.632   1.063 1.032 0.933 0.687   0.790 0.658 0.573 0.473
  2.50  1.046 0.891 0.803 0.594   1.066 0.943 0.860 0.637   0.727 0.606 0.530 0.422
  3.00  1.044 0.880 0.773 0.577   1.075 0.940 0.848 0.620   0.705 0.589 0.529 0.408
  3.50  0.991 0.845 0.738 0.550   1.020 0.892 0.778 0.584   0.677 0.563 0.530 0.397
  4.00  0.959 0.826 0.724 0.534   0.990 0.866 0.755 0.563   0.671 0.564 0.527 0.395
  4.50  0.957 0.817 0.721 0.527   0.988 0.851 0.745 0.552   0.677 0.564 0.529 0.395
  5.00  0.958 0.805 0.715 0.523   0.969 0.828 0.747 0.544   0.685 0.571 0.523 0.394
  6.00  0.901 0.777 0.680 0.499   0.927 0.812 0.716 0.523   0.659 0.549 0.495 0.372
  7.00  0.866 0.749 0.655 0.478   0.915 0.785 0.689 0.505   0.625 0.521 0.474 0.355
  8.00  0.859 0.731 0.647 0.470   0.912 0.788 0.691 0.506   0.591 0.496 0.456 0.340
  9.00  0.844 0.724 0.635 0.463   0.923 0.791 0.693 0.506   0.564 0.491 0.441 0.331
 10.00  0.821 0.712 0.628 0.458   0.932 0.788 0.692 0.505   0.545 0.498 0.443 0.326
 12.50  0.805 0.688 0.603 0.442   0.900 0.754 0.661 0.481   0.542 0.494 0.444 0.325
 15.00  0.759 0.649 0.568 0.416   0.831 0.699 0.609 0.444   0.542 0.478 0.430 0.314
 17.50  0.735 0.619 0.544 0.398   0.780 0.650 0.569 0.414   0.533 0.456 0.411 0.303
 20.00  0.721 0.613 0.537 0.392   0.748 0.632 0.550 0.401   0.529 0.457 0.407 0.299
 25.00  0.717 0.603 0.526 0.384   0.729 0.619 0.540 0.393   0.536 0.460 0.401 0.293
 30.00  0.708 0.594 0.520 0.378   0.722 0.614 0.536 0.389   0.533 0.458 0.399 0.290
 35.00  0.698 0.584 0.511 0.371   0.714 0.597 0.526 0.382   0.524 0.452 0.394 0.286
 40.00  0.699 0.584 0.509 0.370   0.721 0.602 0.525 0.383   0.522 0.451 0.392 0.285
 45.00  0.699 0.584 0.509 0.370   0.726 0.606 0.528 0.385   0.521 0.449 0.391 0.284
 50.00  0.700 0.584 0.508 0.369   0.729 0.608 0.529 0.385   0.520 0.449 0.391 0.283
 60.00  0.702 0.586 0.511 0.370   0.738 0.614 0.535 0.388   0.518 0.449 0.391 0.283
 70.00  0.705 0.589 0.512 0.372   0.743 0.619 0.539 0.391   0.519 0.449 0.390 0.283
 80.00  0.704 0.588 0.512 0.371   0.745 0.620 0.540 0.391   0.516 0.446 0.388 0.281
 90.00  0.702 0.586 0.510 0.370   0.743 0.618 0.538 0.390   0.514 0.444 0.386 0.280
100.00  0.701 0.585 0.509 0.369   0.743 0.618 0.538 0.390   0.513 0.443 0.386 0.280
```

Tab. 8.125 Schadensäquivalenzfaktoren λ für Verkehrsmischungen

```
WORKSPACE           : 2 LAM_BU1
DATUM / UHRZEIT     : 26-07-2021 / 8:11

                      OHNE VERTEILUNG DER ACHSLASTEN DURCH DAS GLEIS
BAUTEIL(E)          : LAENGSTRAEGER
WERTE FUER          : MOMENTE
WOEHLERLINIEN NACH  : OENORM B 4008-2

           KOMBINATION REGELVERK.     KOMBINATION SCHWERVERK.    KOMBINATION NAHVERK.
    L    G=1   G=2   G=3   G=4     G=1   G=2   G=3   G=4     G=1   G=2   G=3   G=4
  0.50  1.138 1.116 1.017 0.743   1.265 1.165 1.116 0.812   0.933 0.777 0.676 0.561
  1.00  1.169 1.146 1.045 0.763   1.299 1.197 1.146 0.834   0.959 0.798 0.695 0.576
  1.50  1.202 1.178 1.074 0.785   1.335 1.230 1.178 0.858   0.986 0.821 0.714 0.592
  2.00  1.222 1.128 0.999 0.755   1.358 1.251 1.157 0.850   0.950 0.791 0.721 0.587
  2.50  1.222 1.107 0.981 0.713   1.358 1.222 1.089 0.796   0.856 0.721 0.721 0.564
  3.00  1.211 1.098 0.962 0.697   1.345 1.211 1.079 0.782   0.824 0.715 0.679 0.508
  3.50  1.081 0.960 0.851 0.618   1.225 1.080 0.953 0.695   0.743 0.651 0.615 0.460
  4.00  0.992 0.865 0.759 0.556   1.038 0.953 0.835 0.606   0.694 0.578 0.551 0.409
  4.50  0.958 0.822 0.723 0.528   0.966 0.871 0.773 0.561   0.671 0.558 0.495 0.380
  5.00  0.953 0.812 0.713 0.521   0.976 0.857 0.747 0.544   0.683 0.569 0.495 0.374
  6.00  0.948 0.789 0.696 0.508   0.970 0.815 0.714 0.522   0.686 0.572 0.498 0.379
  7.00  0.886 0.740 0.650 0.474   0.914 0.789 0.687 0.500   0.635 0.528 0.467 0.355
  8.00  0.825 0.701 0.615 0.447   0.878 0.758 0.660 0.479   0.572 0.479 0.449 0.328
  9.00  0.762 0.668 0.585 0.425   0.850 0.734 0.639 0.463   0.539 0.454 0.433 0.314
 10.00  0.744 0.632 0.562 0.408   0.832 0.705 0.616 0.448   0.510 0.454 0.420 0.305
 12.50  0.728 0.613 0.539 0.393   0.809 0.675 0.592 0.429   0.477 0.434 0.392 0.290
 15.00  0.685 0.575 0.505 0.367   0.751 0.626 0.545 0.396   0.477 0.423 0.373 0.277
 17.50  0.640 0.546 0.475 0.346   0.684 0.569 0.496 0.360   0.482 0.402 0.360 0.265
 20.00  0.626 0.528 0.462 0.335   0.641 0.546 0.475 0.344   0.470 0.401 0.349 0.258
 25.00  0.635 0.529 0.461 0.335   0.643 0.535 0.466 0.338   0.477 0.411 0.358 0.259
 30.00  0.633 0.529 0.460 0.334   0.642 0.538 0.468 0.339   0.485 0.413 0.360 0.261
 35.00  0.631 0.529 0.460 0.334   0.646 0.541 0.471 0.342   0.484 0.410 0.357 0.259
 40.00  0.640 0.535 0.466 0.338   0.659 0.549 0.479 0.347   0.483 0.402 0.356 0.258
 45.00  0.644 0.537 0.468 0.339   0.670 0.558 0.486 0.353   0.479 0.405 0.354 0.256
 50.00  0.648 0.540 0.471 0.341   0.678 0.564 0.491 0.356   0.479 0.407 0.354 0.257
 60.00  0.651 0.544 0.474 0.343   0.681 0.567 0.494 0.358   0.483 0.413 0.360 0.261
 70.00  0.651 0.544 0.473 0.343   0.684 0.570 0.496 0.359   0.483 0.414 0.360 0.261
 80.00  0.653 0.544 0.474 0.344   0.687 0.572 0.498 0.361   0.483 0.414 0.360 0.261
 90.00  0.655 0.546 0.476 0.345   0.691 0.575 0.501 0.363   0.484 0.415 0.361 0.262
100.00  0.655 0.546 0.476 0.345   0.690 0.574 0.500 0.362   0.485 0.416 0.362 0.263
```

8.8 Betriebsfestigkeitsnachweis nach EN 1993-1-9:2013 ...

Tab. 8.126 Schadensäquivalenzfaktoren λ für Verkehrsmischungen

```
WORKSPACE       : 2 LAM_BU1
DATUM / UHRZEIT : 26-07-2021 / 8:11

                    OHNE VERTEILUNG DER ACHSLASTEN DURCH DAS GLEIS
BAUTEIL(E)        : LAENGSTRAEGER
WERTE FUER        : QUERKRAEFTE
WOEHLERLINIEN NACH: OENORM B 4008-2

          KOMBINATION REGELVERK.   KOMBINATION SCHWERVERK.   KOMBINATION NAHVERK.
  L     G=1   G=2   G=3   G=4    G=1   G=2   G=3   G=4    G=1   G=2   G=3   G=4
  0.50  1.138 1.116 1.017 0.743  1.265 1.165 1.116 0.812  0.933 0.777 0.676 0.561
  1.00  1.162 1.138 1.038 0.758  1.291 1.189 1.138 0.829  0.952 0.793 0.690 0.572
  1.50  1.142 1.119 1.021 0.746  1.269 1.169 1.119 0.815  0.937 0.780 0.679 0.563
  2.00  1.105 1.004 0.919 0.677  1.138 1.105 1.000 0.736  0.847 0.705 0.614 0.507
  2.50  1.146 0.976 0.880 0.650  1.168 1.032 0.942 0.697  0.798 0.665 0.582 0.463
  3.00  1.165 0.982 0.863 0.644  1.199 1.049 0.946 0.691  0.787 0.657 0.591 0.455
  3.50  1.126 0.959 0.838 0.625  1.158 1.013 0.883 0.663  0.768 0.640 0.602 0.451
  4.00  1.072 0.923 0.810 0.598  1.108 0.969 0.845 0.629  0.751 0.631 0.590 0.443
  4.50  1.051 0.898 0.793 0.580  1.086 0.935 0.819 0.607  0.744 0.620 0.582 0.435
  5.00  1.037 0.872 0.774 0.566  1.051 0.897 0.810 0.590  0.741 0.618 0.568 0.426
  6.00  0.957 0.826 0.725 0.530  0.985 0.862 0.761 0.556  0.701 0.583 0.527 0.396
  7.00  0.907 0.785 0.686 0.501  0.959 0.822 0.722 0.529  0.656 0.546 0.497 0.372
  8.00  0.892 0.759 0.672 0.489  0.947 0.818 0.718 0.526  0.614 0.515 0.473 0.354
  9.00  0.871 0.747 0.656 0.478  0.953 0.816 0.716 0.522  0.583 0.507 0.455 0.341
 10.00  0.844 0.732 0.645 0.471  0.958 0.810 0.711 0.519  0.561 0.513 0.456 0.336
 12.50  0.824 0.705 0.617 0.452  0.921 0.771 0.676 0.493  0.555 0.506 0.454 0.332
 15.00  0.775 0.664 0.580 0.426  0.850 0.714 0.622 0.454  0.554 0.488 0.440 0.321
 17.50  0.749 0.631 0.555 0.406  0.795 0.662 0.580 0.422  0.543 0.465 0.419 0.308
 20.00  0.729 0.620 0.542 0.396  0.756 0.638 0.556 0.406  0.532 0.460 0.410 0.301
 25.00  0.724 0.608 0.531 0.388  0.736 0.625 0.546 0.397  0.539 0.463 0.403 0.295
 30.00  0.713 0.599 0.523 0.381  0.728 0.620 0.540 0.393  0.536 0.460 0.401 0.291
 35.00  0.702 0.588 0.514 0.373  0.719 0.601 0.529 0.384  0.527 0.454 0.396 0.288
 40.00  0.702 0.587 0.512 0.372  0.725 0.606 0.528 0.385  0.524 0.453 0.394 0.286
 45.00  0.702 0.587 0.512 0.372  0.730 0.609 0.531 0.387  0.523 0.451 0.393 0.285
 50.00  0.703 0.586 0.511 0.371  0.733 0.611 0.532 0.387  0.522 0.450 0.392 0.284
 60.00  0.704 0.588 0.513 0.372  0.741 0.617 0.537 0.389  0.520 0.450 0.392 0.284
 70.00  0.704 0.588 0.512 0.371  0.742 0.618 0.538 0.390  0.518 0.448 0.390 0.283
 80.00  0.703 0.587 0.511 0.371  0.744 0.619 0.539 0.391  0.515 0.445 0.388 0.281
 90.00  0.701 0.585 0.510 0.370  0.742 0.618 0.538 0.390  0.513 0.443 0.386 0.280
100.00  0.701 0.585 0.509 0.369  0.742 0.618 0.538 0.390  0.512 0.443 0.385 0.279
```

Tab. 8.127 Schadensäquivalenzfaktoren λ für Verkehrsmischungen

```
WORKSPACE            : 2 LAM_BU1
DATUM / UHRZEIT      : 26-07-2021 / 8:11

                       OHNE VERTEILUNG DER ACHSLASTEN DURCH DAS GLEIS
BAUTEIL(E)           : QUERTRAEGER
WERTE FUER           : AUFLAGERKRAEFTE FUER MOMENTE
WOEHLERLINIEN NACH   : OENORM B 4008-2

    L      G=1   G=2   G=3   G=4   G=1   G=2   G=3   G=4   G=1   G=2   G=3   G=4
          KOMBINATION REGELVERK.   KOMBINATION SCHWERVERK.  KOMBINATION NAHVERK.
   0.50  1.169 1.146 1.045 0.763 1.299 1.197 1.146 0.834 0.959 0.798 0.695 0.576
   1.00  1.222 1.128 0.999 0.755 1.358 1.251 1.157 0.850 0.950 0.791 0.721 0.587
   1.50  1.211 1.098 0.962 0.697 1.345 1.211 1.079 0.782 0.824 0.715 0.679 0.508
   2.00  0.992 0.865 0.759 0.556 1.038 0.953 0.835 0.606 0.694 0.578 0.551 0.409
   2.50  0.953 0.812 0.713 0.521 0.976 0.857 0.747 0.544 0.683 0.569 0.495 0.374
   3.00  0.948 0.789 0.696 0.508 0.970 0.815 0.714 0.522 0.686 0.572 0.498 0.379
   3.50  0.886 0.740 0.650 0.474 0.914 0.789 0.687 0.500 0.635 0.528 0.467 0.355
   4.00  0.825 0.701 0.615 0.447 0.878 0.758 0.660 0.479 0.572 0.479 0.449 0.328
   4.50  0.762 0.668 0.585 0.425 0.850 0.734 0.639 0.463 0.539 0.454 0.433 0.314
   5.00  0.744 0.632 0.562 0.408 0.832 0.705 0.616 0.448 0.510 0.454 0.420 0.305
   6.00  0.734 0.620 0.545 0.397 0.820 0.685 0.600 0.436 0.480 0.441 0.399 0.293
   7.00  0.704 0.592 0.519 0.378 0.772 0.643 0.562 0.408 0.469 0.429 0.384 0.283
   8.00  0.668 0.562 0.492 0.358 0.719 0.598 0.522 0.379 0.482 0.410 0.367 0.272
   9.00  0.637 0.541 0.471 0.343 0.667 0.562 0.489 0.355 0.481 0.400 0.358 0.263
  10.00  0.626 0.528 0.462 0.335 0.641 0.546 0.475 0.344 0.481 0.401 0.349 0.258
  12.50  0.635 0.529 0.461 0.335 0.643 0.535 0.466 0.338 0.477 0.411 0.358 0.259
  15.00  0.633 0.529 0.460 0.334 0.642 0.538 0.468 0.339 0.485 0.413 0.360 0.261
  17.50  0.631 0.529 0.460 0.334 0.646 0.541 0.471 0.342 0.484 0.410 0.357 0.259
  20.00  0.640 0.535 0.466 0.338 0.659 0.549 0.479 0.347 0.483 0.402 0.356 0.258
  25.00  0.648 0.540 0.471 0.341 0.678 0.564 0.491 0.356 0.479 0.407 0.354 0.257
  30.00  0.651 0.544 0.474 0.343 0.681 0.567 0.494 0.358 0.483 0.413 0.360 0.261
  35.00  0.651 0.544 0.473 0.343 0.684 0.570 0.496 0.359 0.483 0.414 0.360 0.261
  40.00  0.653 0.544 0.474 0.344 0.687 0.572 0.498 0.361 0.483 0.414 0.360 0.261
  45.00  0.655 0.546 0.476 0.345 0.691 0.575 0.501 0.363 0.484 0.415 0.361 0.262
  50.00  0.655 0.546 0.476 0.345 0.690 0.574 0.500 0.362 0.485 0.416 0.362 0.263
  60.00  0.660 0.551 0.480 0.348 0.697 0.580 0.505 0.366 0.489 0.420 0.365 0.265
  70.00  0.664 0.554 0.482 0.350 0.700 0.583 0.508 0.368 0.492 0.422 0.367 0.266
  80.00  0.669 0.558 0.486 0.352 0.705 0.587 0.511 0.370 0.495 0.423 0.369 0.267
  90.00  0.672 0.559 0.488 0.354 0.707 0.589 0.513 0.372 0.498 0.423 0.369 0.267
 100.00  0.674 0.561 0.489 0.355 0.710 0.591 0.514 0.373 0.500 0.416 0.369 0.267
```

8.8 Betriebsfestigkeitsnachweis nach EN 1993-1-9:2013 ...

Tab. 8.128 Schadensäquivalenzfaktoren λ für Verkehrsmischungen

```
WORKSPACE          : 2 LAM_BU1
DATUM / UHRZEIT    : 26-07-2021 / 8:11

                    OHNE VERTEILUNG DER ACHSLASTEN DURCH DAS GLEIS
BAUTEIL(E)         : QUERTRAEGER
WERTE FUER         : AUFLAGERKRAEFTE FUER QUERKRAEFTE
WOEHLERLINIEN NACH : OENORM B 4008-2

        KOMBINATION REGELVERK.    KOMBINATION SCHWERVERK.   KOMBINATION NAHVERK.
  L     G=1   G=2   G=3   G=4    G=1   G=2   G=3   G=4    G=1   G=2   G=3   G=4
 0.50   1.169 1.146 1.045 0.763  1.299 1.197 1.146 0.834  0.959 0.798 0.695 0.576
 1.00   1.222 1.128 0.999 0.755  1.358 1.251 1.157 0.850  0.950 0.791 0.721 0.587
 1.50   1.211 1.098 0.962 0.697  1.345 1.211 1.079 0.782  0.824 0.715 0.679 0.508
 2.00   0.992 0.865 0.759 0.556  1.038 0.953 0.835 0.606  0.694 0.578 0.551 0.409
 2.50   0.953 0.812 0.713 0.521  0.976 0.857 0.747 0.544  0.683 0.569 0.495 0.374
 3.00   0.948 0.789 0.696 0.508  0.970 0.815 0.714 0.522  0.686 0.572 0.498 0.379
 3.50   0.886 0.740 0.650 0.474  0.914 0.789 0.687 0.500  0.635 0.528 0.467 0.355
 4.00   0.825 0.701 0.615 0.447  0.878 0.758 0.660 0.479  0.572 0.479 0.449 0.328
 4.50   0.762 0.668 0.585 0.425  0.850 0.734 0.639 0.463  0.539 0.454 0.433 0.314
 5.00   0.744 0.632 0.562 0.408  0.832 0.705 0.616 0.448  0.510 0.454 0.420 0.305
 6.00   0.734 0.620 0.545 0.397  0.820 0.685 0.600 0.436  0.480 0.441 0.399 0.293
 7.00   0.704 0.592 0.519 0.378  0.772 0.643 0.562 0.408  0.469 0.429 0.384 0.283
 8.00   0.668 0.562 0.492 0.358  0.719 0.598 0.522 0.379  0.482 0.410 0.367 0.272
 9.00   0.637 0.541 0.471 0.343  0.667 0.562 0.489 0.355  0.481 0.400 0.358 0.263
10.00   0.626 0.528 0.462 0.335  0.641 0.546 0.475 0.344  0.481 0.401 0.349 0.258
12.50   0.635 0.529 0.461 0.335  0.643 0.535 0.466 0.338  0.477 0.411 0.358 0.259
15.00   0.633 0.529 0.460 0.334  0.642 0.538 0.468 0.339  0.485 0.413 0.360 0.261
17.50   0.631 0.529 0.460 0.334  0.646 0.541 0.471 0.342  0.484 0.410 0.357 0.259
20.00   0.640 0.535 0.466 0.338  0.659 0.549 0.479 0.347  0.483 0.402 0.356 0.258
25.00   0.648 0.540 0.471 0.341  0.678 0.564 0.491 0.356  0.479 0.407 0.354 0.257
30.00   0.651 0.544 0.474 0.343  0.681 0.567 0.494 0.358  0.483 0.413 0.360 0.261
35.00   0.651 0.544 0.473 0.343  0.684 0.570 0.496 0.359  0.483 0.414 0.360 0.261
40.00   0.653 0.544 0.474 0.344  0.687 0.572 0.498 0.361  0.483 0.414 0.360 0.261
45.00   0.655 0.546 0.476 0.345  0.691 0.575 0.501 0.363  0.484 0.415 0.361 0.262
50.00   0.655 0.546 0.476 0.345  0.690 0.574 0.500 0.362  0.485 0.416 0.362 0.263
60.00   0.660 0.551 0.480 0.348  0.697 0.580 0.505 0.366  0.489 0.420 0.365 0.265
70.00   0.664 0.554 0.482 0.350  0.700 0.583 0.508 0.368  0.492 0.422 0.367 0.266
80.00   0.669 0.558 0.486 0.352  0.705 0.587 0.511 0.370  0.495 0.423 0.369 0.267
90.00   0.672 0.559 0.488 0.354  0.707 0.589 0.513 0.372  0.498 0.423 0.369 0.267
100.00  0.674 0.561 0.489 0.355  0.710 0.591 0.514 0.373  0.500 0.416 0.369 0.267
```

8.8.10.5 Verkehrssituationen nach EN 1991-2, Anhang D. Werte mit Verteilung der Einzellasten durch den Gleisrost

KOMBINATION REGELVERK.   Regelverkehr mit Achslast ≤22,5 t (225 kN) nach EN 1991-2, Tab. D.1

KOMBINATION SCHWERVERK.   Schwerverkehr mit Achslast ≤25 t (250 kN) nach EN 1991-2, Tab. D.2

KOMBINATION NAHVERK.   Nahverkehr mit Achslasten ≤22,5 t (225 kN) nach EN 1991-2, Tab. D.3

„L"   ... Stützweite des Hauptträgers beziehungsweise Längsträgers
„G=1"   ... Verkehrsvolumen = $250 \cdot 10^8$ kN

„G=2" ... Verkehrsvolumen = $100 \cdot 10^8$ kN
„G=3" ... Verkehrsvolumen = $50 \cdot 10^8$ kN
„G=4" ... Verkehrsvolumen = $10 \cdot 10^8$ kN

(Siehe Tab. 8.129, 8.130, 8.131, 8.132, 8.133, 8.134, 8.135, 8.136, 8.137, 8.138, 8.139 und 8.140)

Tab. 8.129 Schadensäquivalenzfaktoren λ für Verkehrsmischungen

```
WORKSPACE          : 2 LAM_BU2
DATUM / UHRZEIT    : 17-08-2021 / 9:13

                     MIT VERTEILUNG DER ACHSLASTEN DURCH DAS GLEIS
BAUTEIL(E)         : HAUPTTRAEGER
WERTE FUER         : MOMENTE
WOEHLERLINIEN NACH : EN 1993-1-9

             KOMBINATION REGELVERK.   KOMBINATION SCHWERVERK.   KOMBINATION NAHVERK.
   L      G=1   G=2   G=3   G=4    G=1   G=2   G=3   G=4    G=1   G=2   G=3   G=4
  0.50   0.797 0.669 0.586 0.414  0.829 0.737 0.641 0.456  0.534 0.489 0.428 0.301
  1.00   0.728 0.613 0.534 0.363  0.810 0.687 0.598 0.408  0.489 0.468 0.413 0.291
  1.50   0.848 0.714 0.625 0.417  0.959 0.798 0.697 0.465  0.585 0.520 0.466 0.331
  2.00   0.972 0.821 0.715 0.469  1.100 0.916 0.798 0.528  0.683 0.582 0.508 0.365
  2.50   1.027 0.865 0.753 0.488  1.145 0.967 0.842 0.549  0.720 0.614 0.533 0.378
  3.00   1.071 0.902 0.787 0.503  1.189 1.002 0.872 0.567  0.737 0.628 0.547 0.373
  3.50   1.039 0.874 0.761 0.480  1.126 0.941 0.819 0.528  0.683 0.584 0.504 0.341
  4.00   0.976 0.824 0.715 0.445  1.035 0.877 0.764 0.486  0.611 0.531 0.449 0.305
  4.50   0.960 0.809 0.694 0.429  1.019 0.849 0.740 0.462  0.592 0.519 0.437 0.291
  5.00   0.963 0.809 0.688 0.422  0.999 0.846 0.729 0.448  0.606 0.527 0.442 0.293
  6.00   0.965 0.814 0.687 0.418  1.009 0.845 0.721 0.434  0.646 0.549 0.463 0.303
  7.00   0.922 0.773 0.654 0.396  0.976 0.815 0.691 0.410  0.641 0.534 0.453 0.296
  8.00   0.880 0.729 0.615 0.373  0.949 0.787 0.656 0.391  0.622 0.508 0.432 0.283
  9.00   0.850 0.697 0.582 0.355  0.933 0.766 0.631 0.378  0.604 0.491 0.419 0.274
 10.00   0.829 0.677 0.562 0.343  0.924 0.757 0.618 0.370  0.588 0.480 0.411 0.269
```

Tab. 8.130 Schadensäquivalenzfaktoren λ für Verkehrsmischungen

```
WORKSPACE          : 2 LAM_BU2
DATUM / UHRZEIT    : 17-08-2021 / 9:13

                     MIT VERTEILUNG DER ACHSLASTEN DURCH DAS GLEIS
BAUTEIL(E)         : HAUPTTRAEGER
WERTE FUER         : QUERKRAEFTE
WOEHLERLINIEN NACH : EN 1993-1-9

             KOMBINATION REGELVERK.   KOMBINATION SCHWERVERK.   KOMBINATION NAHVERK.
   L      G=1   G=2   G=3   G=4    G=1   G=2   G=3   G=4    G=1   G=2   G=3   G=4
  0.50   0.705 0.592 0.519 0.378  0.733 0.652 0.567 0.413  0.472 0.433 0.385 0.286
  1.00   0.770 0.676 0.588 0.428  0.869 0.736 0.652 0.473  0.536 0.507 0.448 0.331
  1.50   0.812 0.688 0.609 0.443  0.895 0.760 0.664 0.484  0.538 0.506 0.451 0.333
  2.00   0.805 0.679 0.594 0.434  0.876 0.730 0.636 0.465  0.516 0.468 0.424 0.310
  2.50   0.814 0.681 0.596 0.434  0.881 0.735 0.640 0.464  0.517 0.459 0.407 0.298
  3.00   0.813 0.689 0.602 0.438  0.869 0.739 0.644 0.467  0.528 0.474 0.420 0.305
  3.50   0.799 0.677 0.590 0.428  0.832 0.719 0.627 0.454  0.527 0.476 0.422 0.307
  4.00   0.785 0.666 0.581 0.422  0.814 0.697 0.612 0.443  0.532 0.483 0.421 0.308
  4.50   0.795 0.675 0.588 0.428  0.826 0.699 0.612 0.445  0.549 0.495 0.434 0.317
  5.00   0.804 0.676 0.592 0.430  0.834 0.704 0.614 0.446  0.561 0.506 0.443 0.322
  6.00   0.786 0.657 0.574 0.417  0.821 0.687 0.601 0.436  0.551 0.493 0.430 0.312
  7.00   0.769 0.647 0.564 0.410  0.816 0.683 0.598 0.434  0.543 0.478 0.416 0.302
  8.00   0.767 0.642 0.560 0.407  0.833 0.693 0.606 0.440  0.534 0.466 0.406 0.294
  9.00   0.769 0.643 0.560 0.408  0.844 0.704 0.613 0.446  0.528 0.460 0.401 0.291
 10.00   0.769 0.644 0.562 0.408  0.851 0.714 0.622 0.452  0.527 0.458 0.399 0.289
```

8.8 Betriebsfestigkeitsnachweis nach EN 1993-1-9:2013 ...

Tab. 8.131 Schadensäquivalenzfaktoren λ für Verkehrsmischungen

```
WORKSPACE         : 2 LAM_BU2
DATUM / UHRZEIT   : 17-08-2021 / 9:13

                    MIT VERTEILUNG DER ACHSLASTEN DURCH DAS GLEIS
BAUTEIL(E)        : LAENGSTRAEGER
WERTE FUER        : MOMENTE
WOEHLERLINIEN NACH: EN 1993-1-9

          KOMBINATION REGELVERK.   KOMBINATION SCHWERVERK.   KOMBINATION NAHVERK.
   L    G=1   G=2   G=3   G=4    G=1   G=2   G=3   G=4    G=1   G=2   G=3   G=4
  0.50  0.787 0.660 0.579 0.409  0.818 0.727 0.633 0.451  0.527 0.483 0.423 0.297
  1.00  0.739 0.623 0.542 0.369  0.822 0.697 0.607 0.414  0.496 0.476 0.420 0.296
  1.50  0.887 0.749 0.654 0.436  1.002 0.834 0.728 0.486  0.612 0.544 0.487 0.346
  2.00  1.044 0.880 0.767 0.502  1.178 0.981 0.854 0.565  0.732 0.624 0.544 0.391
  2.50  1.125 0.947 0.824 0.534  1.254 1.059 0.922 0.601  0.788 0.669 0.583 0.413
  3.00  1.199 1.010 0.881 0.564  1.326 1.118 0.973 0.633  0.822 0.701 0.611 0.417
  3.50  1.181 0.994 0.865 0.546  1.279 1.068 0.930 0.600  0.776 0.663 0.572 0.387
  4.00  1.092 0.921 0.800 0.498  1.157 0.981 0.855 0.543  0.684 0.595 0.503 0.341
  4.50  1.055 0.890 0.764 0.472  1.123 0.936 0.815 0.508  0.652 0.570 0.480 0.320
  5.00  1.044 0.877 0.746 0.458  1.084 0.917 0.791 0.486  0.658 0.572 0.480 0.318
  6.00  1.026 0.865 0.730 0.444  1.072 0.897 0.766 0.461  0.687 0.584 0.492 0.323
  7.00  0.967 0.811 0.685 0.415  1.023 0.854 0.724 0.430  0.672 0.560 0.475 0.310
  8.00  0.915 0.757 0.638 0.387  0.985 0.817 0.681 0.406  0.646 0.528 0.449 0.294
  9.00  0.877 0.720 0.602 0.366  0.963 0.790 0.651 0.390  0.623 0.507 0.432 0.283
 10.00  0.852 0.696 0.578 0.353  0.950 0.778 0.635 0.380  0.604 0.493 0.423 0.276
```

Tab. 8.132 Schadensäquivalenzfaktoren λ für Verkehrsmischungen

```
WORKSPACE         : 2 LAM_BU2
DATUM / UHRZEIT   : 17-08-2021 / 9:13

                    MIT VERTEILUNG DER ACHSLASTEN DURCH DAS GLEIS
BAUTEIL(E)        : LAENGSTRAEGER
WERTE FUER        : QUERKRAEFTE
WOEHLERLINIEN NACH: EN 1993-1-9

          KOMBINATION REGELVERK.   KOMBINATION SCHWERVERK.   KOMBINATION NAHVERK.
   L    G=1   G=2   G=3   G=4    G=1   G=2   G=3   G=4    G=1   G=2   G=3   G=4
  0.50  0.696 0.584 0.512 0.373  0.724 0.644 0.560 0.408  0.467 0.427 0.381 0.282
  1.00  0.782 0.686 0.597 0.435  0.882 0.747 0.662 0.480  0.545 0.515 0.455 0.336
  1.50  0.849 0.719 0.637 0.464  0.935 0.794 0.694 0.506  0.563 0.529 0.472 0.348
  2.00  0.861 0.727 0.636 0.464  0.939 0.782 0.681 0.498  0.550 0.500 0.453 0.331
  2.50  0.891 0.746 0.653 0.475  0.964 0.804 0.700 0.508  0.566 0.503 0.446 0.326
  3.00  0.906 0.770 0.671 0.488  0.970 0.824 0.718 0.521  0.587 0.527 0.468 0.339
  3.50  0.907 0.769 0.669 0.486  0.944 0.816 0.711 0.515  0.596 0.540 0.478 0.347
  4.00  0.877 0.745 0.650 0.472  0.910 0.779 0.684 0.496  0.595 0.540 0.471 0.345
  4.50  0.874 0.743 0.647 0.470  0.908 0.769 0.673 0.489  0.604 0.545 0.477 0.348
  5.00  0.872 0.734 0.643 0.467  0.904 0.763 0.666 0.484  0.608 0.549 0.480 0.350
  6.00  0.836 0.699 0.610 0.444  0.875 0.729 0.640 0.465  0.585 0.524 0.457 0.332
  7.00  0.806 0.678 0.591 0.430  0.855 0.715 0.627 0.454  0.570 0.501 0.436 0.317
  8.00  0.797 0.667 0.582 0.423  0.864 0.720 0.629 0.457  0.555 0.485 0.422 0.306
  9.00  0.794 0.664 0.578 0.421  0.871 0.727 0.633 0.460  0.545 0.476 0.414 0.300
 10.00  0.791 0.662 0.578 0.420  0.875 0.734 0.640 0.464  0.543 0.472 0.411 0.298
```

Tab. 8.133 Schadensäquivalenzfaktoren λ für Verkehrsmischungen

```
WORKSPACE         : 2 LAM_BU2
DATUM / UHRZEIT   : 17-08-2021 / 9:13

                    MIT VERTEILUNG DER ACHSLASTEN DURCH DAS GLEIS
BAUTEIL(E)        : QUERTRAEGER
WERTE FUER        : AUFLAGERKRAEFTE FUER MOMENTE
WOEHLERLINIEN NACH : EN 1993-1-9

              KOMBINATION REGELVERK.   KOMBINATION SCHWERVERK.   KOMBINATION NAHVERK.
    L     G=1   G=2   G=3   G=4    G=1   G=2   G=3   G=4    G=1   G=2   G=3   G=4
   0.50  0.739 0.623 0.542 0.369  0.822 0.697 0.607 0.414  0.496 0.476 0.420 0.296
   1.00  1.044 0.880 0.767 0.502  1.178 0.981 0.854 0.565  0.732 0.624 0.544 0.391
   1.50  1.199 1.010 0.881 0.564  1.326 1.118 0.973 0.633  0.822 0.701 0.611 0.417
   2.00  1.092 0.921 0.800 0.498  1.157 0.981 0.855 0.543  0.684 0.595 0.503 0.341
   2.50  1.044 0.877 0.746 0.458  1.084 0.917 0.791 0.486  0.658 0.572 0.480 0.318
   3.00  1.026 0.865 0.730 0.444  1.072 0.897 0.766 0.461  0.687 0.584 0.492 0.323
   3.50  0.967 0.811 0.685 0.415  1.023 0.854 0.724 0.430  0.672 0.560 0.475 0.310
   4.00  0.915 0.757 0.638 0.387  0.985 0.817 0.681 0.406  0.646 0.528 0.449 0.294
   4.50  0.877 0.720 0.602 0.366  0.963 0.790 0.651 0.390  0.623 0.507 0.432 0.283
   5.00  0.852 0.696 0.578 0.353  0.950 0.778 0.635 0.380  0.604 0.493 0.423 0.276
   6.00  0.837 0.667 0.550 0.335  0.924 0.753 0.607 0.362  0.568 0.476 0.409 0.267
   7.00  0.794 0.633 0.518 0.313  0.864 0.703 0.562 0.333  0.544 0.457 0.393 0.255
   8.00  0.743 0.591 0.486 0.293  0.794 0.640 0.512 0.302  0.520 0.433 0.375 0.241
   9.00  0.700 0.551 0.454 0.272  0.727 0.572 0.465 0.273  0.502 0.415 0.352 0.223
  10.00  0.670 0.519 0.425 0.254  0.686 0.530 0.433 0.254  0.472 0.390 0.328 0.207
```

Tab. 8.134 Schadensäquivalenzfaktoren λ für Verkehrsmischungen

```
WORKSPACE         : 2 LAM_BU2
DATUM / UHRZEIT   : 17-08-2021 / 9:13

                    MIT VERTEILUNG DER ACHSLASTEN DURCH DAS GLEIS
BAUTEIL(E)        : QUERTRAEGER
WERTE FUER        : AUFLAGERKRAEFTE FUER QUERKRAEFTE
WOEHLERLINIEN NACH : EN 1993-1-9

              KOMBINATION REGELVERK.   KOMBINATION SCHWERVERK.   KOMBINATION NAHVERK.
    L     G=1   G=2   G=3   G=4    G=1   G=2   G=3   G=4    G=1   G=2   G=3   G=4
   0.50  0.654 0.551 0.480 0.353  0.727 0.617 0.537 0.391  0.439 0.425 0.375 0.277
   1.00  0.924 0.778 0.678 0.495  1.042 0.869 0.756 0.551  0.647 0.564 0.499 0.371
   1.50  1.061 0.894 0.779 0.566  1.174 0.989 0.861 0.624  0.728 0.643 0.570 0.413
   2.00  0.966 0.815 0.713 0.517  1.024 0.868 0.756 0.549  0.633 0.562 0.494 0.360
   2.50  0.924 0.776 0.677 0.492  0.959 0.812 0.707 0.513  0.619 0.548 0.479 0.347
   3.00  0.908 0.767 0.667 0.485  0.949 0.794 0.691 0.503  0.626 0.559 0.488 0.354
   3.50  0.855 0.721 0.628 0.456  0.905 0.756 0.658 0.477  0.595 0.536 0.468 0.339
   4.00  0.810 0.677 0.591 0.429  0.872 0.726 0.632 0.459  0.572 0.505 0.439 0.319
   4.50  0.777 0.649 0.565 0.411  0.852 0.709 0.618 0.448  0.559 0.483 0.420 0.305
   5.00  0.755 0.635 0.554 0.402  0.840 0.704 0.613 0.444  0.550 0.469 0.408 0.296
   6.00  0.742 0.619 0.540 0.392  0.818 0.684 0.596 0.433  0.532 0.453 0.394 0.286
   7.00  0.709 0.591 0.514 0.374  0.768 0.643 0.560 0.406  0.509 0.440 0.383 0.278
   8.00  0.670 0.562 0.490 0.356  0.714 0.596 0.519 0.376  0.500 0.426 0.374 0.271
   9.00  0.648 0.540 0.471 0.342  0.672 0.560 0.488 0.354  0.480 0.410 0.362 0.263
  10.00  0.629 0.527 0.458 0.333  0.651 0.542 0.472 0.342  0.478 0.404 0.352 0.256
```

8.8 Betriebsfestigkeitsnachweis nach EN 1993-1-9:2013 ...

Tab. 8.135 Schadensäquivalenzfaktoren λ für Verkehrsmischungen

```
WORKSPACE         : 2 LAM_BU2
DATUM / UHRZEIT   : 17-08-2021 / 9:13

                    MIT VERTEILUNG DER ACHSLASTEN DURCH DAS GLEIS
BAUTEIL(E)        : HAUPTTRAEGER
WERTE FUER        : MOMENTE
WOEHLERLINIEN NACH: OENORM B 4008-2

              KOMBINATION REGELVERK.  KOMBINATION SCHWERVERK.  KOMBINATION NAHVERK.
     L     G=1   G=2   G=3   G=4    G=1   G=2   G=3   G=4    G=1   G=2   G=3   G=4
  0.50   0.576 0.565 0.515 0.376  0.640 0.590 0.565 0.411  0.472 0.393 0.342 0.285
  1.00   0.576 0.526 0.467 0.344  0.640 0.576 0.523 0.384  0.432 0.359 0.340 0.273
  1.50   0.690 0.625 0.549 0.401  0.767 0.690 0.615 0.449  0.480 0.407 0.391 0.306
  2.00   0.799 0.716 0.631 0.460  0.887 0.797 0.706 0.514  0.550 0.475 0.452 0.344
  2.50   0.854 0.753 0.664 0.483  0.943 0.840 0.745 0.540  0.579 0.501 0.476 0.356
  3.00   0.879 0.782 0.695 0.505  0.965 0.872 0.765 0.560  0.615 0.512 0.497 0.370
  3.50   0.861 0.752 0.669 0.489  0.895 0.817 0.724 0.527  0.586 0.488 0.464 0.345
  4.00   0.823 0.716 0.630 0.462  0.854 0.761 0.675 0.490  0.566 0.471 0.425 0.320
  4.50   0.830 0.707 0.620 0.454  0.860 0.731 0.654 0.477  0.563 0.468 0.412 0.315
  5.00   0.839 0.706 0.618 0.452  0.869 0.731 0.643 0.473  0.571 0.475 0.422 0.320
  6.00   0.853 0.710 0.624 0.455  0.893 0.744 0.650 0.473  0.589 0.490 0.449 0.333
  7.00   0.813 0.679 0.596 0.434  0.849 0.719 0.626 0.455  0.565 0.471 0.443 0.323
  8.00   0.756 0.647 0.567 0.412  0.806 0.699 0.609 0.442  0.526 0.440 0.420 0.306
  9.00   0.714 0.623 0.547 0.398  0.796 0.683 0.599 0.434  0.500 0.425 0.406 0.295
 10.00   0.713 0.604 0.537 0.390  0.805 0.680 0.595 0.432  0.480 0.425 0.396 0.288
```

Tab. 8.136 Schadensäquivalenzfaktoren λ für Verkehrsmischungen

```
WORKSPACE         : 2 LAM_BU2
DATUM / UHRZEIT   : 17-08-2021 / 9:13

                    MIT VERTEILUNG DER ACHSLASTEN DURCH DAS GLEIS
BAUTEIL(E)        : HAUPTTRAEGER
WERTE FUER        : QUERKRAEFTE
WOEHLERLINIEN NACH: OENORM B 4008-2

              KOMBINATION REGELVERK.  KOMBINATION SCHWERVERK.  KOMBINATION NAHVERK.
     L     G=1   G=2   G=3   G=4    G=1   G=2   G=3   G=4    G=1   G=2   G=3   G=4
  0.50   0.576 0.565 0.515 0.376  0.640 0.590 0.565 0.411  0.472 0.393 0.342 0.285
  1.00   0.687 0.633 0.572 0.426  0.763 0.696 0.641 0.473  0.536 0.447 0.405 0.330
  1.50   0.750 0.668 0.592 0.441  0.789 0.740 0.649 0.483  0.534 0.448 0.419 0.333
  2.00   0.767 0.670 0.588 0.432  0.774 0.725 0.636 0.464  0.511 0.430 0.395 0.308
  2.50   0.780 0.664 0.591 0.432  0.790 0.711 0.639 0.464  0.513 0.428 0.377 0.295
  3.00   0.782 0.674 0.597 0.436  0.807 0.705 0.643 0.466  0.527 0.439 0.397 0.305
  3.50   0.774 0.661 0.579 0.427  0.798 0.685 0.617 0.454  0.526 0.439 0.410 0.307
  4.00   0.772 0.651 0.572 0.421  0.787 0.676 0.602 0.443  0.532 0.443 0.416 0.308
  4.50   0.771 0.662 0.581 0.426  0.805 0.687 0.600 0.445  0.549 0.457 0.430 0.315
  5.00   0.781 0.669 0.587 0.429  0.821 0.694 0.604 0.446  0.561 0.467 0.439 0.321
  6.00   0.766 0.651 0.572 0.416  0.798 0.678 0.595 0.435  0.543 0.452 0.427 0.311
  7.00   0.748 0.637 0.563 0.409  0.792 0.680 0.592 0.434  0.520 0.433 0.414 0.302
  8.00   0.735 0.636 0.558 0.407  0.802 0.693 0.603 0.440  0.496 0.436 0.405 0.294
  9.00   0.733 0.637 0.559 0.407  0.821 0.694 0.613 0.446  0.485 0.436 0.399 0.291
 10.00   0.742 0.629 0.560 0.407  0.841 0.704 0.620 0.451  0.477 0.439 0.394 0.289
```

Tab. 8.137 Schadensäquivalenzfaktoren λ für Verkehrsmischungen

```
WORKSPACE            : 2 LAM_BU2
DATUM / UHRZEIT      : 17-08-2021 / 9:13

                       MIT VERTEILUNG DER ACHSLASTEN DURCH DAS GLEIS
BAUTEIL(E)           : LAENGSTRAEGER
WERTE FUER           : MOMENTE
WOEHLERLINIEN NACH   : OENORM B 4008-2

           KOMBINATION REGELVERK.   KOMBINATION SCHWERVERK.   KOMBINATION NAHVERK.
    L    G=1   G=2   G=3   G=4    G=1   G=2   G=3   G=4    G=1   G=2   G=3   G=4
  0.50  0.569 0.558 0.509 0.371  0.632 0.583 0.558 0.406  0.467 0.388 0.338 0.281
  1.00  0.584 0.534 0.474 0.350  0.649 0.584 0.531 0.389  0.439 0.365 0.345 0.277
  1.50  0.721 0.653 0.574 0.419  0.801 0.721 0.643 0.469  0.502 0.426 0.409 0.320
  2.00  0.855 0.768 0.677 0.493  0.950 0.854 0.756 0.551  0.590 0.509 0.484 0.369
  2.50  0.934 0.824 0.728 0.529  1.032 0.919 0.815 0.591  0.634 0.548 0.521 0.390
  3.00  0.985 0.875 0.777 0.565  1.076 0.973 0.854 0.624  0.687 0.572 0.555 0.413
  3.50  0.979 0.855 0.760 0.555  1.015 0.928 0.822 0.598  0.665 0.554 0.527 0.392
  4.00  0.921 0.800 0.705 0.517  0.955 0.852 0.755 0.548  0.633 0.527 0.476 0.358
  4.50  0.912 0.777 0.682 0.499  0.949 0.806 0.721 0.526  0.619 0.515 0.453 0.347
  5.00  0.910 0.766 0.670 0.491  0.943 0.793 0.697 0.512  0.619 0.516 0.458 0.347
  6.00  0.906 0.754 0.663 0.484  0.949 0.790 0.691 0.503  0.626 0.521 0.478 0.354
  7.00  0.852 0.711 0.625 0.455  0.890 0.754 0.656 0.477  0.593 0.494 0.465 0.339
  8.00  0.785 0.671 0.589 0.428  0.837 0.726 0.632 0.459  0.547 0.458 0.437 0.319
  9.00  0.740 0.644 0.565 0.411  0.821 0.704 0.618 0.448  0.517 0.440 0.419 0.305
 10.00  0.733 0.622 0.553 0.401  0.827 0.699 0.612 0.444  0.494 0.437 0.407 0.296
```

Tab. 8.138 Schadensäquivalenzfaktoren λ für Verkehrsmischungen

```
WORKSPACE            : 2 LAM_BU2
DATUM / UHRZEIT      : 17-08-2021 / 9:13

                       MIT VERTEILUNG DER ACHSLASTEN DURCH DAS GLEIS
BAUTEIL(E)           : LAENGSTRAEGER
WERTE FUER           : QUERKRAEFTE
WOEHLERLINIEN NACH   : OENORM B 4008-2

           KOMBINATION REGELVERK.   KOMBINATION SCHWERVERK.   KOMBINATION NAHVERK.
    L    G=1   G=2   G=3   G=4    G=1   G=2   G=3   G=4    G=1   G=2   G=3   G=4
  0.50  0.569 0.558 0.509 0.371  0.632 0.583 0.558 0.406  0.467 0.388 0.338 0.281
  1.00  0.697 0.642 0.581 0.433  0.774 0.707 0.650 0.480  0.545 0.453 0.411 0.335
  1.50  0.783 0.698 0.619 0.461  0.825 0.773 0.678 0.505  0.558 0.469 0.438 0.348
  2.00  0.820 0.717 0.629 0.462  0.828 0.776 0.681 0.497  0.545 0.458 0.423 0.329
  2.50  0.854 0.727 0.647 0.473  0.865 0.778 0.700 0.507  0.561 0.469 0.413 0.323
  3.00  0.871 0.751 0.666 0.486  0.901 0.786 0.717 0.520  0.586 0.488 0.443 0.339
  3.50  0.878 0.750 0.657 0.485  0.905 0.778 0.701 0.515  0.595 0.496 0.465 0.347
  4.00  0.863 0.727 0.642 0.471  0.881 0.756 0.673 0.496  0.595 0.495 0.466 0.345
  4.50  0.848 0.728 0.639 0.469  0.885 0.755 0.659 0.489  0.604 0.503 0.473 0.346
  5.00  0.847 0.725 0.637 0.466  0.890 0.752 0.655 0.483  0.608 0.506 0.476 0.348
  6.00  0.814 0.692 0.608 0.443  0.848 0.723 0.635 0.464  0.577 0.481 0.454 0.331
  7.00  0.784 0.667 0.590 0.429  0.830 0.712 0.620 0.454  0.545 0.454 0.434 0.316
  8.00  0.763 0.660 0.580 0.423  0.833 0.720 0.627 0.457  0.516 0.452 0.421 0.306
  9.00  0.757 0.657 0.578 0.420  0.848 0.716 0.633 0.460  0.502 0.452 0.413 0.300
 10.00  0.763 0.646 0.575 0.419  0.864 0.724 0.638 0.464  0.492 0.452 0.405 0.298
```

8.8 Betriebsfestigkeitsnachweis nach EN 1993-1-9:2013 ...

Tab. 8.139 Schadensäquivalenzfaktoren λ für Verkehrsmischungen

```
WORKSPACE           : 2 LAM_BU2
DATUM / UHRZEIT     : 17-08-2021 / 9:13

                      MIT VERTEILUNG DER ACHSLASTEN DURCH DAS GLEIS
BAUTEIL(E)          : QUERTRAEGER
WERTE FUER          : AUFLAGERKRAEFTE FUER MOMENTE
WOEHLERLINIEN NACH  : OENORM B 4008-2

            KOMBINATION REGELVERK.   KOMBINATION SCHWERVERK.   KOMBINATION NAHVERK.
  L      G=1   G=2   G=3   G=4    G=1   G=2   G=3   G=4    G=1   G=2   G=3   G=4
 0.50   0.584 0.534 0.474 0.350  0.649 0.584 0.531 0.389  0.439 0.365 0.345 0.277
 1.00   0.855 0.768 0.677 0.493  0.950 0.854 0.756 0.551  0.590 0.509 0.484 0.369
 1.50   0.985 0.875 0.777 0.565  1.076 0.973 0.854 0.624  0.687 0.572 0.555 0.413
 2.00   0.921 0.800 0.705 0.517  0.955 0.852 0.755 0.548  0.633 0.527 0.476 0.358
 2.50   0.910 0.766 0.670 0.491  0.943 0.793 0.697 0.512  0.619 0.516 0.458 0.347
 3.00   0.906 0.754 0.663 0.484  0.949 0.790 0.691 0.503  0.626 0.521 0.478 0.354
 3.50   0.852 0.711 0.625 0.455  0.890 0.754 0.656 0.477  0.593 0.494 0.465 0.339
 4.00   0.785 0.671 0.589 0.428  0.837 0.726 0.632 0.459  0.547 0.458 0.437 0.319
 4.50   0.740 0.644 0.565 0.411  0.821 0.704 0.618 0.448  0.517 0.440 0.419 0.305
 5.00   0.733 0.622 0.553 0.401  0.827 0.699 0.612 0.444  0.494 0.437 0.407 0.296
 6.00   0.724 0.612 0.538 0.392  0.815 0.681 0.596 0.432  0.469 0.430 0.393 0.286
 7.00   0.697 0.585 0.514 0.374  0.768 0.639 0.559 0.406  0.467 0.421 0.378 0.278
 8.00   0.664 0.558 0.488 0.356  0.714 0.595 0.518 0.376  0.482 0.405 0.366 0.271
 9.00   0.634 0.539 0.470 0.342  0.667 0.560 0.487 0.353  0.480 0.400 0.357 0.262
10.00   0.621 0.524 0.458 0.333  0.636 0.542 0.472 0.342  0.478 0.398 0.347 0.256
```

Tab. 8.140 Schadensäquivalenzfaktoren λ für Verkehrsmischungen

```
WORKSPACE           : 2 LAM_BU2
DATUM / UHRZEIT     : 17-08-2021 / 9:13

                      MIT VERTEILUNG DER ACHSLASTEN DURCH DAS GLEIS
BAUTEIL(E)          : QUERTRAEGER
WERTE FUER          : AUFLAGERKRAEFTE FUER QUERKRAEFTE
WOEHLERLINIEN NACH  : OENORM B 4008-2

            KOMBINATION REGELVERK.   KOMBINATION SCHWERVERK.   KOMBINATION NAHVERK.
  L      G=1   G=2   G=3   G=4    G=1   G=2   G=3   G=4    G=1   G=2   G=3   G=4
 0.50   0.584 0.534 0.474 0.350  0.649 0.584 0.531 0.389  0.439 0.365 0.345 0.277
 1.00   0.855 0.768 0.677 0.493  0.950 0.854 0.756 0.551  0.590 0.509 0.484 0.369
 1.50   0.985 0.875 0.777 0.565  1.076 0.973 0.854 0.624  0.687 0.572 0.555 0.413
 2.00   0.921 0.800 0.705 0.517  0.955 0.852 0.755 0.548  0.633 0.527 0.476 0.358
 2.50   0.910 0.766 0.670 0.491  0.943 0.793 0.697 0.512  0.619 0.516 0.458 0.347
 3.00   0.906 0.754 0.663 0.484  0.949 0.790 0.691 0.503  0.626 0.521 0.478 0.354
 3.50   0.852 0.711 0.625 0.455  0.890 0.754 0.656 0.477  0.593 0.494 0.465 0.339
 4.00   0.785 0.671 0.589 0.428  0.837 0.726 0.632 0.459  0.547 0.458 0.437 0.319
 4.50   0.740 0.644 0.565 0.411  0.821 0.704 0.618 0.448  0.517 0.440 0.419 0.305
 5.00   0.733 0.622 0.553 0.401  0.827 0.699 0.612 0.444  0.494 0.437 0.407 0.296
 6.00   0.724 0.612 0.538 0.392  0.815 0.681 0.596 0.432  0.469 0.430 0.393 0.286
 7.00   0.697 0.585 0.514 0.374  0.768 0.639 0.559 0.406  0.467 0.421 0.378 0.278
 8.00   0.664 0.558 0.488 0.356  0.714 0.595 0.518 0.376  0.482 0.405 0.366 0.271
 9.00   0.634 0.539 0.470 0.342  0.667 0.560 0.487 0.353  0.480 0.400 0.357 0.262
10.00   0.621 0.524 0.458 0.333  0.636 0.542 0.472 0.342  0.478 0.398 0.347 0.256
```

8.8.11 Anwendungsbeispiele für das λ-Verfahren

8.8.11.1 Allgemeines

In den folgenden Unterabschnitten wird anhand von Beispielen die Ermittlung der Schadensäquivalenzbeiwerte λ demonstriert, ebenso die Anwendung der auf dem Datenträger abgelegten EXCEL-Blätter. Dabei wird auf die in Abschn. 8.8.12 aufgelisteten Histogramme zurückgegriffen. Für andere Züge müssen die entsprechenden Histogramme aufgestellt werden. Zu Kontrollzwecken sind die Ergebnisse der nachstehenden Berechnungen in den Tabellen in Abschn. 8.8.10 durch Fettdruck hervorgehoben. Die folgenden Unterabschnitte umfassen:

8.8.11.2   Auflistung der EXCEL-Blätter
8.8.11.3   Beispiele zur Ermittlung der Schadensäquivalenzfaktoren λ für Einzelzüge
8.8.11.4   Beispiele zur Ermittlung der Schadensäquivalenzfaktoren λ für Verkehrsmischungen
8.8.11.5   Zusammenfassung der Abschn. 8.8.11.3 und 8.8.11.4

8.8.11.2 Die EXCEL-Blätter – Inhalt und Umfang

Für eine selbsttätige Bearbeitung sind auf dem Datenträger EXCEL-Tabellenkalkulationsblätter abgelegt. Die Iterationsprozedur selbst ist nicht programmiert, d. h. das Programm funktioniert „halbautomatisch", die manuelle Iteration ist in der Regel in wenigen Versuchen zu bewerkstelligen. Für Berechnungen nach Abschn. 8.8.9 sind folgende EXCEL-Blätter abgelegt:

EXCEL-BLATT ZU ABSCHN. 8.8
Es sind vier Tabellen enthalten:

„Momente"
„Querkräfte"
„Auflagerkräfte für sigma"
„Auflagerkräfte für tau"

Die Unterscheidungen werden vorgenommen, da die Schnittgrößen für das Lastmodell 71 automatisch ermittelt werden und da für Normalspannungen und Schubspannungen unterschiedliche Wöhlerlinien gelten und voreingestellt sind. Die Anwendung des o. g. EXCEL-Blattes ist anhand der in Abschn. 8.8.11.3 und 8.8.11.4 durchgerechneten Beispiele erläutert:

8.8 Betriebsfestigkeitsnachweis nach EN 1993-1-9:2013 ...

EXCEL-BEISPIELE ZU ABSCHN. 8.8
Folgende EXCEL-Tabellen wurden verwendet:

zu Abschn. 8.8.11.3.2:	Blatt	8.8.11.3.2
zu Abschn. 8.8.11.3.3:	Blatt	8.8.11.3.3
zu Abschn. 8.8.11.3.4:	Blätter	8.8.11.3.4a, 8.8.11.3.4b
zu Abschn. 8.8.11.3.5:	Blätter	8.8.11.3.5a, 8.8.11.3.4b, 8.8.11.3.4c, 8.8.11.3.4d
zu Abschn. 8.8.11.4.2:	Blatt	8.8.11.4.2

8.8.11.3 Ermittlung der Schadensäquivalenzfaktoren λ für Einzelzüge

8.8.11.3.1 Beschreibung der EXCEL-Blätter

Die Anwendung der EXCEL-Blätter wird anhand von Beispielen (EXCEL–BEISPIELE ZU Abschn. 8.8) demonstriert, die EXCEL-Blätter für selbsttätige Berechnungen sind analog dazu aufgebaut. Die Tabellen sind in mehreren Farben hinterlegt. Berechnung für Einzelzüge:

Grün hinterlegte Felder müssen individuell besetzt werden:

A7 Zuggewicht in [kN];
B7 Gesamtgewicht in [kN] für die betrachtete Nutzungsdauer;
D7 Einfeldträger-Stützweite in [m] für einen Hauptträger, für einen Längsträger sowie für die Nachrechnung von Querträgern (für diesen Fall wird eine Einfeldträgerkette mit gleichen Stützweiten $L = L_{LT}$ vorausgesetzt);
E7 L_Φ in [m] für die dynamischen Beiwerte $1 + \varphi$ und Φ_2. Für Hauptträger ist $L_\Phi = L_{S,HT}$, für Längsträger ist $L = L_{S,LT} + 3{,}0$ und für Querträger $L_\Phi = 2 \cdot L_{QT}$ (um die Stützweite der Querträger $L_{S,QT}$ nicht als weiteren Parameter berücksichtigen zu müssen, wurden die Tabellen des Abschn. 8.8.10 mit $L_\Phi = 2 \cdot L_{LT} + 3{,}0$ berechnet);
F7 Maximalgeschwindigkeit des Zuges beziehungsweise der Strecke in [km/h];
J, K ab Zeile 7 ... Histogramm (J $= \Delta S_i$, K $= N_i$). Diese Spalten können durch Importieren der auf dem Datenträger abgelegten Histogramme (siehe Abschn. 8.8.12) besetzt werden.

Blau hinterlegte Felder können individuell besetzt werden (die Felder C3, D3, F3, G3 beschreiben die Wöhlerlinie; das Feld A3 sollte nicht überschrieben werden, da die Kerbfälle generell für 2 Mio. Lastwechsel festgelegt sind). Die Felder sind im Sinne der EN 1993-1-9 vorbesetzt;

C3 Neigung für $N \leq N_D$
D3 N_D (allgemein: $5 \cdot 10^6$)
F3 Neigung für $N_D \leq N \leq N_L$ (allgemein: $5 \cdot 10^6$)
G3 N_L ($100 \cdot 10^6$ nach EN 1993-1-9, $30 \cdot 10^6$ nach ÖNORM B 4008-2)

Gelb hinterlegte Felder enthalten Zwischenergebnisse. Sie *dürfen* individuell besetzt werden, dabei werden die hinterlegten Gleichungen überschrieben. Das kann notwendig sein, wenn Berechnungen für Zugmischungen ausgeführt werden sollen, siehe Abschn. 8.8.11.4. Die Spalten **P** und **Q** haben hier keine Bedeutung.
Rot hinterlegte Felder enthalten die Iterationsvariable sowie das Endergebnis:

H3 $\Delta M_L / \gamma_{Mf}$ (bzw. $\Delta V_L / \gamma_{Mf}$ bzw. $\Delta A_L / \gamma_{Mf}$)
Die Vorgabe von $\Delta M_L / \gamma_{Mf}$ statt $\Delta M_C / \gamma_{Mf}$ oder $\Delta M_D / \gamma_{Mf}$ erfolgt mit Rücksicht auf den Sonderfall $\Delta \sigma_i = \Delta \sigma_L$. Der Wert im Feld **H3** ist so lange zu ändern, bis im Feld **O2** die Berechnung als **fertig** ausgewiesen wird;
N2, O2   *Min.D_d* und *Max.D_d* (Gesamtschädigungen);
O3   Der Hinweis **fertig** bedeutet, dass der gesuchte Schadensäquivalenzbeiwert λ mit ausreichender Genauigkeit feststeht, der Hinweis **nicht fertig** bedeutet, dass weiteriteriert werden muss. Letzteres ist der Fall, wenn entweder *Min.D_d* = *Max.D_d* ≈ 1,0 (Felder **N2** und **O2**; Toleranz: 0,001: allgemeiner Fall mit $\Delta \sigma_i \neq \Delta \sigma_L$) oder wenn gleichzeitig *Min.D_d* < 1,0 und *Max.D_d* > 1,0 (Felder **N2** und **O2**; Sonderfall mit $\Delta \sigma_i = \Delta \sigma_L$). Ist im allgemeinen Fall der Schädigungswert in (Felder **N2** und **O2**) kleiner als der Grenzwert $D_d = 1,0$, muss der Iterationswert im Feld **H3** verkleinert werden, ist der Schädigungswert größer, muss der Iterationswert im Feld **H3** vergrößert werden.
N3   Gesuchter Schadensäquivalenzbeiwert λ.

8.8.11.3.2 Berechnung für einen Einzelzug (allgemeiner Fall $\Delta\sigma_i \neq \Delta\sigma_L$)

EXCEL-Blatt
EXCEL-BEISPIELE ZU ABSCHN. 8.8, Blatt 8.8.11.3.2

8.8 Betriebsfestigkeitsnachweis nach EN 1993-1-9:2013 ...

Angabe

Hauptträger mit der Stützweite $L_S = 10{,}0\,m$ ($L_\Phi = 10{,}0\,m$)
Zugtyp 4 nach EN 1991-2 ($G = 5100\,kN$, $V = 250\,km/h$)
→ Dynamischer Beiwert $1 + \varphi = 1{,}412/\Phi_2 = 1{,}306$
Gesamtgewicht für alle Zugüberfahrten: $G = 10^{10}\,kN$
Gesucht: λ für Momente mit der Wöhlerlinie nach EN 1993-1-9
Histogramm: Datei M100U4 (Die Matrix ist in Abschn. 8.8.12.1 wiedergegeben.)

Berechnung

Die blau hinterlegten Felder C3, D3, F3, G3 bleiben unverändert (Wöhlerlinie für Normalspannungen nach EN 1993-1-9).
Die grün hinterlegten Felder A7, B7, D7, E7, F7 werden entsprechend besetzt, die Felder J7 ... K9 erhalten die Werte der Matrix M100U4.
Das rot hinterlegte Feld H3 wird so lange geändert, bis im Feld O3 die Berechnung als **fertig** ausgewiesen ist. Der gesuchte λ-Wert findet sich im Feld N3. Die Felder N2 und O2 enthalten den Minimal- und den Maximalwert der Schädigung. Die beiden Werte sind gleich und entsprechen (ungefähr) dem Grenzwert 1,0, damit ist die Berechnung beendet. Es liegt der allgemeine Fall $\Delta\sigma_i \neq \Delta\sigma_L$ vor.

Ergebnis und Kommentar

Im rot hinterlegten Feld N3 findet sich das Ergebnis $\lambda = 0{,}687$. Dieser Wert ist in Tab. 8.22 durch Fettdruck hervorgehoben. Mit dem Wert $\lambda_1 = 0{,}83$ aus ENV 1993-2 und der Umrechnungsformel nach Abschn. 8.8.9.3.2 erhält man $0{,}83 \cdot \left(\frac{10}{25}\right)^{1/5} = 0{,}69$. In diesem Fall erhält man durch Direktberechnung mittels EXCEL-Tabelle und mittels Umrechnung aus dem Grundwert $G = 2{,}5 \cdot 10^{10}\,kN$ das gleiche Ergebnis.

8.8.11.3.3 Berechnung für einen Einzelzug (Sonderfall mit $\Delta\sigma_i = \Delta\sigma_L$)

EXCEL-Blatt
EXCEL-BEISPIELE ZU ABSCHN. 8.8, Blatt 8.8.11.3.3

Angabe

Hauptträger mit der Stützweite $L_S = 2{,}0\,m$ $(L_\Phi = 2{,}0\,m)$
Zugtyp 3 nach EN 1991-2 $(G = 9400\,kN, V = 250\,km/h)$
→ Dynamischer Beiwert $1 + \varphi = 1{,}495/\Phi_2 = 1{,}67$
Gesamtgewicht für alle Zugüberfahrten: $G = 2{,}5 \cdot 10^{10}\,kN$
gesucht: λ für Momente mit der Wöhlerlinie nach EN 1993-1-9

Tab. 8.141 Histogramm – Datei M20U4

(ΔM_i)	(N_i)
100	8
75	52

Berechnung

Die blau hinterlegten Felder C3, D3, F3, G3 bleiben unverändert (Wöhlerlinie für Normalspannungen nach EN 1993-1-9).

Die grün hinterlegten Felder A7, B7, D7, E7, F7 werden entsprechend besetzt, die Felder J7 ... K8 erhalten die Werte der Matrix M100U4.

Das rot hinterlegte Feld H3 wird so lange geändert, bis im Feld O3 die Berechnung als **fertig** ausgewiesen ist. Der gesuchte λ-Wert findet sich im Feld N3. Die Felder N2 und O2 enthalten den Minimal- und den Maximalwert der Schädigung. Besetzt man das Feld H3 mit dem Wert des Feldes L8, so wird von den beiden Werten ist der eine kleiner, der andere größer als der Grenzwert 1,0, damit ist die Berechnung beendet. Es liegt der Sonderfall $\Delta\sigma_2 = \Delta\sigma_L$ vor, d. h. die Schädigung bleibt formal unbestimmt, muss aber zwangsläufig den Wert 1,0 annehmen.

Ergebnis und Kommentar

Im rot hinterlegten Feld N3 findet sich das Ergebnis $\lambda = 1{,}319$. Dieser Wert ist in Tab. 8.141 durch Fettdruck hervorgehoben. Für das Verkehrsvolumen $5 \cdot 10^9\,kN$ erhält man $\lambda = 1{,}127$ (diese Berechnung ist nicht eigens dokumentiert, auch dieser Wert ist in der entsprechenden Tabelle in Abschn. 8.8.10.2 durch Fettdruck hervorgehoben. Für dieses Verkehrsvolumen liegt der allgemeine Fall mit $\Delta\sigma_i \neq \Delta\sigma_L$ vor.) Mit dem Wert $\lambda_1 = 1{,}31$ aus ENV 1993-2 und der Umrechnungsformel nach Abschn. 8.8.9.3.2 erhält man $1{,}31 \cdot \left(\frac{5}{25}\right)^{1/5} = 0{,}95$. In diesem Fall ist der korrekte Wert um 19 % größer als der aus dem Grundfall umgerechnete Wert, der zurückgerechnete Wert ist also *stark unsicher.*

8.8 Betriebsfestigkeitsnachweis nach EN 1993-1-9:2013 ...

8.8.11.3.4 Nachrechnung für unterschiedliche Verkehrsvolumina – Einzelzug (1)

EXCEL-Blätter
EXCEL-BEISPIELE ZU ABSCHN. 8.8, Blätter 8.8.11.3.4a und 8.8.11.3.4b

Angabe

Hauptträger mit der Stützweite $L_S = 6,0\,m$ ($L_\Phi = 6,0\,m$)
Zugtyp 6 nach EN 1991-2 ($G = 14310\,kN$, $V = 100\,km/h$)
→ Dynamischer Beiwert $1 + \varphi = 1{,}203/\Phi_2 = 1{,}46$
Gesamtgewicht für alle Zugüberfahrten: $G = 2{,}5 \cdot 10^{10}\,kN$ (Grundfall)
gesucht: λ für Momente mit der Wöhlerlinie nach EN 1993-1-9
$M(t)$-Diagramm: Dieses ist in Abb. 8.45 dargestellt.

Berechnung

Auswertung nach einem Zählverfahren: Das Ergebnis ist in Tab. 8.142 dargestellt.
Anzahl der Zugüberfahrten: $n = \dfrac{G_{gesamt}}{\sum_{(i)} N_{Zug[i]} \cdot G_{Zug[i]}} = \dfrac{25 \cdot 10^9}{1 \cdot 14310} = 1747030$

Mit diesem Wert sind die Lastspielzahlen für eine Zugsüberfahrt zu multiplizieren, außerdem sind die ΔM_i mit dem dynamischen Beiwert für $l_S = 6,0\,m$ und $V = 100\,km/h$ zu multiplizieren, $1 + \varphi = 1{,}203$, und man erhält:

Tab. 8.142 Histogramm, Momentendifferenzen mit dynamischem Beiwert und Gesamtlastspielzahlen

ΔM_i	n_i	$\Delta M_i \cdot (1+\varphi)$	$n_i \cdot n$
540,0	1	649,6	1.747.030
472,5	19	568,4	33.103.570
360,0	1	433,1	1.747.030
202,5	2	243,6	3.494.060
180,0	2	216,5	3.494.060
157,5	3	189,5	5.241.090
105,0	3	126,3	5.241.090
31,5	1	37,9	1.747.030
28,0	3	33,7	5.241.090
24,5	5	29,5	8.735.150
17,5	6	21,1	10.482.180

Die blau hinterlegten Felder C3, D3, F3, G3 bleiben unverändert (Wöhlerlinie für Normalspannungen nach EN 1993-1-9).
Die grün hinterlegten Felder A7, B7, D7, E7, F7 werden entsprechend besetzt, die Felder J7 ... K15 erhalten die Werte der Matrix M60U6.
Das rot hinterlegte Feld H3 wird so lange geändert, bis im Feld O3 die Berechnung als **fertig** ausgewiesen ist. Der gesuchte λ-Wert findet sich im Feld N3. Die Felder N2 und O2 enthalten den Minimal- und den Maximalwert der Schädigung. Die beiden Werte sind gleich und entsprechen (ungefähr) dem Grenzwert 1,0, damit ist die Berechnung beendet. Es liegt der allgemeine Fall $\Delta\sigma_i \neq \Delta\sigma_L$ vor.

Ergebnis und Kommentar

Im rot hinterlegten Feld N3 findet sich das Ergebnis $\lambda_{25 \cdot 10^9 kN} = 1{,}074$. Dieser Wert ist in Tab. 8.141 durch Fettdruck hervorgehoben.
Gleiches System, gleicher Zug/Gesamtbelastung $= 2{,}5 \cdot 10^9$ kN:
Gegenüber der Berechnung für $G = 2{,}5 \cdot 10^{10}\ kN$ muss nur das Feld B7 geändert werden. Mit der EXCEL-Tabelle erhält man $\lambda_{2{,}5 \cdot 10^9\ kN} = 0{,}649$.
Wendet man auf den Grundwert die Umrechnungsformeln nach Abschn. 8.8.9.3.2 an, erhält man mit dem Beiwert $\lambda_2 \lambda_3 = \left(\frac{G \cdot t}{G_0 \cdot t_0}\right)^{1/5} = \left(\frac{25}{250}\right)^{1/5} = 0{,}1^{1/5} = 0{,}631$:

$$\lambda_{25 \cdot 10^9\ kN} \cdot \lambda_2 \lambda_3 = 1{,}074 \cdot 0{,}631 = 0{,}678$$

Dieser Wert ist um ca. 4,5 % größer als der o. g. exakte Wert 0,649.

8.8.11.3.5 Nachrechnung für unterschiedliche Verkehrsvolumina – Einzelzug (2)

EXCEL-Blätter
EXCEL-BEISPIELE ZU ABSCHN. 8.8, Blätter 8.8.11.3.5a, 8.8.11.3.5b, 8.8.11.3.5c, 8.8.11.3.5d

Problemstellung
Die Umrechnungsformel $\lambda = \lambda_1 \cdot \lambda_2 \cdot \lambda_3$ für andere Verkehrsvolumina als für den Grundwert $G_0 \cdot t_0 = 250 \cdot 10^8\ kN$ kann in manchen Fällen sehr ungenaue Werte liefern. Das ist dann der Fall, wenn Spannungsspiele in den waagrechten Ast der Wöhlerlinie fallen können. Nachstehend wird die Problematik anhand von Zahlenbeispielen behandelt.

8.8 Betriebsfestigkeitsnachweis nach EN 1993-1-9:2013 ...

Angabe

Hauptträger mit der Stützweite $L_S = 2{,}50\,m$ ($L_\Phi = 2{,}50\,m$)
Zugtyp 4 nach EN 1991-2 ($G = 5100\,kN$, $V = 250\,km/h$)
→ Dynamischer Beiwert $1 + \varphi = 1{,}492/\Phi_2 = 1{,}67$
Gesamtgewicht für alle Zugüberfahrten: $G = 2{,}5 \cdot 10^{10}\,kN$ (Grundfall)
Gesucht: λ für Momente mit der Wöhlerlinie nach EN 1993-1-9

Berechnung, Ergebnisse und Kommentare

Der Zugtyp 4 besteht aus 30 Achsen mit je $170\,kN$
Für $L_S = 2{,}50\,m$ erhält man $\Delta M = \frac{170 \cdot 2{,}50}{4} = 106{,}25\,kNm$

$$\Delta M \cdot (1 + \varphi) = 106{,}25 \cdot 1{,}492 = 158{,}52\,kNm$$

a) Für $G \cdot t = 250 \cdot 10^8\,kN$ (Grundfall) erhält man:
$N = \frac{250 \cdot 10^8}{170} = 147{,}05 \cdot 10^6$ Lastwechsel
Mit $N > 10^8$ ist der waagrechte Ast der Wöhlerlinie maßgebend:

$$\Delta M_L = 158{,}52\,kNm$$

$$\Delta M_C = \Delta M_L \cdot \left(\frac{100}{5}\right)^{1/5} \cdot \left(\frac{5}{2}\right)^{1/3} = \Delta M_L \cdot 1{,}821 \cdot 1{,}357 = 391{,}7\,kNm$$

$$\Delta M_{71} \cdot \Phi_2 = 267{,}70\,kNm$$

$\lambda_1 = \frac{391{,}7}{267{,}70} = 1{,}464$ (in Tab. 8.21 durch Fettdruck hervorgehoben)

b) Für $G \cdot t = 100 \cdot 10^8\,kN$ erhält man zunächst:

$$\lambda = \lambda_1 \cdot \lambda_2 \cdot \lambda_3 = 1{,}464 \cdot \left(\frac{100 \cdot 10^8}{250 \cdot 10^8}\right)^{1/5} = 1{,}219$$

Rechnet man „direkt", d. h. für die korrekte Verkehrsmenge
$G \cdot t = 100 \cdot 10^8\,kN$, so erhält man:
$(1 + \varphi) \cdot \Delta M = 158{,}52\,kNm$ (wie oben)

$N = \frac{100 \cdot 10^8}{170} = 58{,}82 \cdot 10^6$ Lastwechsel
Mit $5 \cdot 10^6 < N < 10^8$ ist der Ast der Wöhlerlinie mit $1/m = 1/5$ maßgebend:

$$158{,}52^5 \cdot 58{,}82 \cdot 10^6 = \Delta M_D^5 \cdot 5 \cdot 10^6 \Rightarrow \Delta M_D = 259{,}5\,kNm$$

$$\Delta M_C = \Delta M_D \cdot \left(\frac{5}{2}\right)^{1/3} = 352{,}2\,kNm$$

$$\Delta M_{71} \cdot \Phi_2 = 267{,}70 \, kNm$$

$\lambda_1 = \frac{352{,}2}{267{,}70} = 1{,}316$ (in Tab. 8.22 durch Fettdruck hervorgehoben)

Von den beiden Werten ist $\lambda_1 = 1{,}316$ korrekter als der (ebenfalls normenmäßig gedeckte) zurückgerechnete Wert $\lambda_1 = 1{,}219$, d. h. mit dem zurückgerechneten Wert (siehe Gl. 8.97) werden die Schädigungen unterschätzt. Die beiden Werte unterscheiden sich zwar nur um 7,4 %, bei der Ermittlung der Restlebensdauer kann sich dieser Unterschied jedoch durchaus bemerkbar machen. Daher sind in Abschn. 8.8.10 die λ_1-Werte auch für kleinere Verkehrsmengen als für den Grundwert $250 \cdot 10^8 \, kN$ angegeben.

c) Für $G \cdot t = 25 \cdot 10^8 \, kN$ erhält man zunächst:

$$\lambda = \lambda_1 \cdot \lambda_2 \cdot \lambda_3 = 1{,}464 \cdot \left(\frac{25 \cdot 10^8}{250 \cdot 10^8}\right)^{1/5} = 0{,}924$$

Rechnet man „direkt", d. h. für die korrekte Verkehrsmenge $G \cdot t = 25 \cdot 10^8 \, kN$, so erhält man:
$(1 + \varphi) \cdot \Delta M = 158{,}52 \, kNm$ (wie oben)
$N = \frac{25 \cdot 10^8}{170} = 14{,}71 \cdot 10^6$ Lastwechsel
Mit $5 \cdot 10^6 < N < 10^8$ ist der Ast der Wöhlerlinie mit $1/m = 1/5$ maßgebend:

$$158{,}52^5 \cdot 14{,}71 \cdot 10^6 = \Delta M_D^5 \cdot 5 \cdot 10^6 \Rightarrow \Delta M_D = 196{,}7 \, kNm$$

$$\Delta M_C = \Delta M_D \cdot \left(\frac{5}{2}\right)^{1/3} = 267{,}0 \, kNm$$

$$\Delta M_{71} \cdot \Phi_2 = 267{,}70 \, kNm$$

$$\lambda_1 = \frac{267{,}0}{267{,}70} = 0{,}997$$

Von den beiden Werten ist $\lambda_1 = 0{,}997$ korrekter als der (ebenfalls normenmäßig gedeckte) zurückgerechnete Wert $\lambda_1 = 0{,}924$, d. h. mit dem zurückgerechneten Wert werden die Schädigungen (siehe Gl. 8.97) unterschätzt. Die beiden Werte unterscheiden sich zwar nur um 7,4 %, bei der Ermittlung der Restlebensdauer kann sich dieser Unterschied jedoch durchaus bemerkbar machen. Daher sind in Abschn. 8.8.10 die λ_1-Werte auch für kleinere Verkehrsmengen als für den Grundwert $250 \cdot 10^8 \, kN$ angegeben.

d) Für $G \cdot t = 5 \cdot 10^8 \, kN$ erhält man zunächst:

$$\lambda = \lambda_1 \cdot \lambda_2 \cdot \lambda_3 = 1{,}464 \cdot \left(\frac{5 \cdot 10^8}{250 \cdot 10^8}\right)^{1/5} = 0{,}670$$

8.8 Betriebsfestigkeitsnachweis nach EN 1993-1-9:2013 ...

Rechnet man „direkt", d. h. für die korrekte Verkehrsmenge $G \cdot t = 25 \cdot 10^8\,kN$, so erhält man:

$(1 + \varphi) \cdot \Delta M = 158{,}52\,kNm$ (wie oben)

$N = \frac{5 \cdot 10^8}{170} = 2{,}94 \cdot 10^6$ Lastwechsel

Mit $N < 5 \cdot 10^6$ ist der Ast der Wöhlerlinie mit $1/m = 1/3$ maßgebend:

$$158{,}52^3 \cdot 2{,}94 \cdot 10^6 = \Delta M_D^3 \cdot 5 \cdot 10^6 \Rightarrow \Delta M_D = 132{,}8\,kNm$$

$$\Delta M_C = \Delta M_D \cdot \left(\frac{5}{2}\right)^{1/3} = 180{,}2\,kNm$$

$$\Delta M_{71} \cdot \Phi_2 = 267{,}70\,kNm$$

$$\lambda_1 = \frac{180{,}2}{267{,}70} = 0{,}674$$

Hier sind die beiden Werte $\lambda_1 = 0{,}674$ (direkt ermittelter Wert) beziehungsweise $\lambda_1 = 0{,}670$ (zurückgerechneter Wert) praktisch gleich.
Abb. 8.69 zeigt die Verhältnisse für die vier o. g. Verkehrsvolumina.
Abb. 8.70 zeigt eine Gegenüberstellung der exakten Höhenlage der Wöhlerlinie und der Näherung nach EN 1993-2.

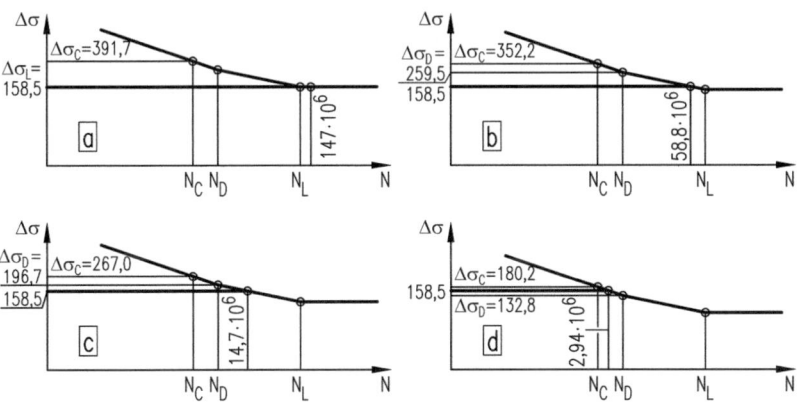

Abb. 8.69 Zur Ermittlung der λ-Werte für unterschiedliche Verkehrsvolumina

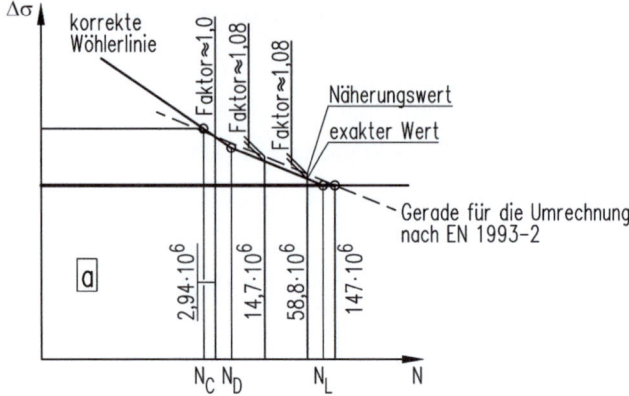

Abb. 8.70 Exakte Ermittlung und näherungsweise Umrechnung der λ-Werte für unterschiedliche Verkehrsvolumina

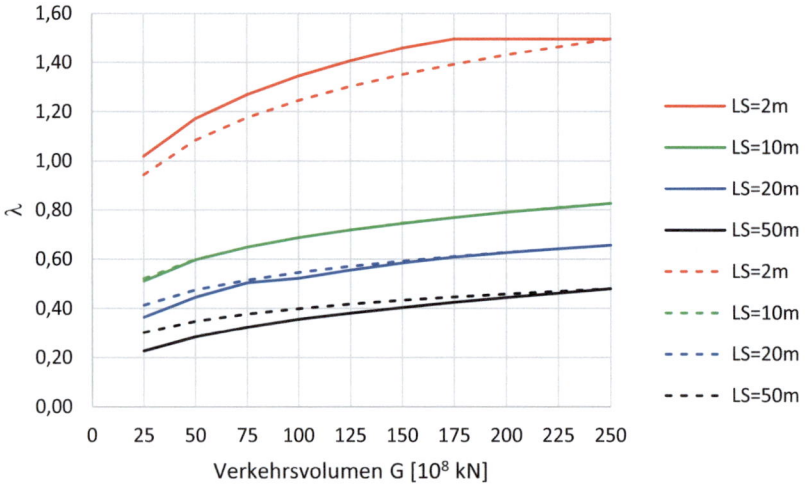

Abb. 8.71 Exakte und zurückgerechnete λ-Werte für unterschiedliche Stützweiten und Verkehrsvolumina

Abb. 8.71 zeigt (wieder für den Zugtyp 4) für drei Stützweiten ($L_S = 2{,}0\,m$, $10{,}0\,m$, $20{,}0\,m$, $50{,}0\,m$) für die Verkehrsvolumina $min.G = 25 \cdot 10^8\,kN$, $max.G = 250 \cdot 10^8\,kN$ mit der Schrittweite $\Delta G = 25 \cdot 10^8\,kN$ die exakten beziehungsweise die aus dem Grundfall $G_0 = 250 \cdot 10^8\,kN$ zurückgerechneten λ-Werte.

8.8 Betriebsfestigkeitsnachweis nach EN 1993-1-9:2013 ...

Die exakten Werte sind durch Volllinien dargestellt, die mit den Faktoren $\lambda_2 \cdot \lambda_3 = \left(\dfrac{G \cdot t}{G_0 \cdot t_0} \right)^{0,2}$ umgerechneten Werte durch gestrichelte Linien. Beim Zugtyp 4 liegen für Stützweiten bis ca. 10 m die umgerechneten Werte auf der unsicheren Seite, für Stützweiten über 10 m auf der sicheren Seite. Abb. 8.72 zeigt für diesen Zug die Verhältniswerte *exakte Werte/umgerechnete Werte*. Ähnliche Verhältnisse liegen auch für andere Züge beziehungsweise Zugmischungen vor.

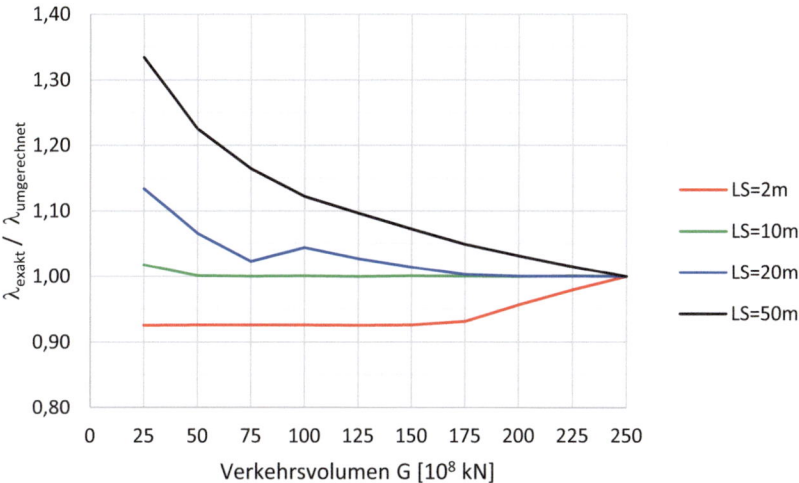

Abb. 8.72 Verhältniswert aus exakten und zurückgerechneten λ-Werten für unterschiedliche Stützweiten und Verkehrsvolumina

8.8.11.3.6 Umrechnung aus zwei exakten Werten

Zugtyp 4
Stützweite: $L_S = 2,0 \, m$ (Hauptträger)
$G = 150 \, Mio.kN$

$G_{250 \cdot 10^8 \, kN}$ Tabelle aus Abschn. 8.8.10.2 ... $\lambda = 1,495$
(in Tab. 8.141 durch Fettdruck hervorgehoben)

$$G_{150 \cdot 10^8 \, kN} = G_{250 \cdot 10^8 \, kN} \cdot \left(\frac{150 \cdot 10^8}{250 \cdot 10^8} \right)^{1/5} = 1,495 \cdot 0,903 = 1,350$$

$G_{100 \cdot 10^8 \, kN}$ Tabelle aus Abschn. 8.8.10.2 ... $\lambda = 1{,}344$
(in Tab. 8.142 durch Fettdruck hervorgehoben)

$$G_{150 \cdot 10^8 \, kN} = G_{100 \cdot 10^8 \, kN} \cdot \left(\frac{150 \cdot 10^8}{100 \cdot 10^8} \right)^{1/5} = 1{,}344 \cdot 1{,}085 = 1{,}458$$

Der „hinuntergerechnete" Wert 1,350 ist hier um 7,4 % kleiner als der „hinaufgerechnete" Wert 1,458. Es sollte immer mit dem größeren Wert weitergerechnet werden. Der exakte Wert beträgt übrigens 1,458, das entspricht genau dem „hinaufgerechneten" Wert.

Stützweite: $L_S = 50{,}0 \, m$ (Hauptträger)
$G = 150 \, Mio. \, kN$

$G_{250 \cdot 10^8 \, kN}$ Tabelle aus Abschn. 8.8.10.2 ... $\lambda = 0{,}480$
(in Tab. 8.141 durch Fettdruck hervorgehoben)

$$G_{150 \cdot 10^8 \, kN} = G_{250 \cdot 10^8 \, kN} \cdot \left(\frac{150 \cdot 10^8}{250 \cdot 10^8} \right)^{\frac{1}{5}} = 0{,}480 \cdot 0{,}903 = 0{,}433$$

$G_{100 \cdot 10^8 \, kN}$ Tabelle aus Abschn. 8.8.10.2 ... $\lambda = 0{,}356$
(in Tab. 8.142 durch Fettdruck hervorgehoben)

$$G_{150 \cdot 10^8 \, kN} = G_{100 \cdot 10^8 \, kN} \cdot \left(\frac{150 \cdot 10^8}{100 \cdot 10^8} \right)^{\frac{1}{5}} = 0{,}356 \cdot 1{,}085 = 0{,}386$$

Hier ist der „hinuntergerechnete" Wert 0,433 um 21,6 % größer als der „hinaufgerechnete" Wert 0,356. Der exakte Wert beträgt 0,404, dieser Wert liegt zwischen den beiden umgerechneten Werten. Ist ein exakter Wert nicht verfügbar, sollte immer mit dem größeren Wert weitergerechnet werden. Damit liegt man im vorliegenden Fall um ca. 7 % auf der sicheren Seite, der kleinere Wert wäre um ca. 12 % unsicher.

8.8.11.4 Ermittlung von Schadensäquivalenzfaktoren λ für Verkehrsmischungen

8.8.11.4.1 Beschreibung der EXCEL-Blätter

Die Anwendung der EXCEL-Blätter wird anhand von Beispielen (EXCEL–BEISPIELE ZU Abschn. 8.8) demonstriert, die EXCEL-Blätter für selbsttätige Berechnungen sind völlig analog dazu aufgebaut. Die Tabellen sind in mehreren Farben hinterlegt. Berechnung für Einzelzüge:

Grün hinterlegte Felder müssen individuell besetzt werden:

A7   entfällt;
B7   entfällt;

8.8 Betriebsfestigkeitsnachweis nach EN 1993-1-9:2013 ...

D7 Einfeldträger-Stützweite in [m] für einen Hauptträger, für einen Längsträger sowie für die Nachrechnung von Querträgern (in diesem Fall wird eine Einfeldträgerkette mit gleichen Stützweiten vorausgesetzt);

E7 L_Φ in [m] für den dynamischen Beiwert Φ_2. Für Hauptträger ist $L_\Phi = L_{S,HT}$, für Längsträger ist $L_\Phi = L_{S,LT} + 3{,}0$ und für Querträger $L_\Phi = 2 \cdot L_{QT}$ (um die Stützweite der Querträger $L_{S,QT}$ nicht als weiteren Parameter berücksichtigen zu müssen, wurden die Tabellen des Abschn. 8.8.10 mit $L_\Phi = 2 \cdot L_{LT} + 3{,}0$ berechnet);

F7 entfällt;

J, K ab Zeile 7 ... Histogramm (J = ΔS_i, K = N_i). Diese Spalten können durch Importieren der auf dem Datenträger abgelegten Histogramme (siehe Abschn. 8.8.12) besetzt werden. Pro Einzelzug der Verkehrsmischung sind maximal 9 Zeilen vorgesehen. Da die Histogramme absteigend nach Schnittgrößendifferenzen sortiert sind, haben die gegebenenfalls wegzulassenden untersten Zeilen der Matrizen keinen Einfluss auf die Schädigungen.

Blau hinterlegte Felder können individuell besetzt werden (die Felder C3, D3, F3, G3 beschreiben die Wöhlerlinie; das Feld A3 sollte nicht überschrieben werden, da die Kerbfälle generell für 2 Mio. Lastwechsel festgelegt sind). Die Felder sind im Sinne der EN 1993-1-9 vorbesetzt;

C3 Neigung für $N \leq N_D$.
D3 N_D (allgemein: $5 \cdot 10^6$).
F3 Neigung für $N_D \leq N \leq N_L$ (allgemein: $5 \cdot 10^6$).
G3 N_L ($100 \cdot 10^6$ nach EN 1993-1-9, $30 \cdot 10^6$ nach ÖNORM B 4008-2).

Gelb hinterlegte Felder entsprechen Zwischenergebnissen. Da eine Mischung aus mehreren Zügen mit unterschiedlichen Maximalgeschwindigkeiten vorliegt, müssen die dynamischen Beiwerte $1 + \varphi$ von Hand eingearbeitet werden (Spalte **J** → Spalte **L**) und da die Anzahl der Zugüberfahrten nicht durch das Kalkulationsprogramm ermittelt werden können, müssen diese ebenfalls von Hand eingearbeitet werden (Spalte **K** → Spalte **M**). Um die Schädigungen infolge der Einzelzüge (hier: vier Zugtypen) zu erhalten, dürfen die vier Einzelhistogramme maximal je neun Zeiten umfassen (das eventuelle Weglassen der unteren Zeilen ist ohne Bedeutung). Die Einzelschädigungen sind in den Spalten **P** und **Q** enthalten.

Rot hinterlegte Felder enthalten die Iterationsvariable sowie das Endergebnis:

H3 $\Delta M_L/\gamma_{Mf}$ bzw. $\Delta V_L/\gamma_{Mf}$ bzw. $\Delta A_L/\gamma_{Mf}$
Die Vorgabe von $\Delta V_L/\gamma_{Mf}$ statt $\Delta M_C/\gamma_{Mf}$ oder $\Delta M_D/\gamma_{Mf}$ erfolgt mit Rücksicht auf den Sonderfall $\Delta\sigma_i = \Delta\sigma_L$. Der Wert im Feld **H3** ist so lange zu ändern, bis im Feld **O3** die Iteration als **fertig** ausgewiesen wird;

N2, O2 $Min.D_d$ und $Max.D_d$ (Gesamtschädigungen);

O3   Der Hinweis **fertig** bedeutet, dass der gesuchte Schadensäquivalenzbeiwert λ mit ausreichender Genauigkeit feststeht, der Hinweis **nicht fertig** bedeutet, dass weiteriteriert werden muss. Letzteres ist der Fall, wenn entweder $Min.D_d = Max.D_d \approx 1{,}0$ (Felder **N2** und **O2**; Toleranz: 0,001: allgemeiner Fall mit $\Delta\sigma_i \neq \Delta\sigma_L$) oder wenn gleichzeitig $Min.D_d < 1{,}0$ und $Max.D_d > 1{,}0$ (Felder **N2** und **O2**; Sonderfall mit $\Delta\sigma_i = \Delta\sigma_L$). Ist im allgemeinen Fall der Schädigungswert in (Felder **N2** und **O2**) kleiner als der Grenzwert $D_d = 1{,}0$, muss der Iterationswert im Feld **H3** verkleinert werden, ist der Schädigungswert größer, muss der Iterationswert im Feld **H3** vergrößert werden.

N3   Gesuchter Schadensäquivalenzbeiwert λ.

8.8.11.4.2 Direktberechnung für eine Verkehrsmischung

EXCEL-Blatt
EXCEL-BEISPIELE ZU ABSCHN. 8.8, Blatt 8.8.11.4.2

Angabe

Hauptträger mit der Stützweite $L_S = 4{,}0\,m$ ($L_\Phi = 4{,}0\,m$)
→ Dynamischer Beiwert $\Phi_2 = 1{,}62$; $1 + \varphi$ ist geschwindigkeitsabhängig variabel;
Verkehrsmischung Schwerverkehr mit 250 kN Achslast (EN 1991-2, Tab. D.2)
Gesamtgewicht für alle Zugüberfahrten: $G = 10^{10}\,kN$
Gesucht: λ für Momente mit der Wöhlerlinie nach EN 1993-1-9

8.8 Betriebsfestigkeitsnachweis nach EN 1993-1-9:2013 ...

Tab. 8.143 Histogramme für die vier Einzelzüge der Verkehrsmischung

Zugtyp 5		Zugtyp 6		Zugtyp 11		Zugtyp 12	
Datei: M40U5		Datei: M40U6		Datei: M40U11		Datei: M40U12	
ΔM_i	N_i	ΔM_i	N_i	ΔM_i	N_i	ΔM_i	N_i
270,0	30	247,5	19	250,0	11	250,0	40
225,0	2	225,0	2	225,0	1	225,0	1
11,25	4	202,5	2	125,0	9	168,8	1
		180,0	2	101,3	1	22,5	4
		157,5	3	22,5	4		
		70,0	3				
		66,5	1				
		63,0	3				
		59,5	5				
		52,5	6				
		11,3	4				

Berechnung

In der nachstehenden Tabelle werden die Lastspielzahlen aus den aus der Zuganzahl je Zeiteinheit (siehe EN 1991-2, Tab. D.2) ermittelt. Ebenfalls eingearbeitet sind die dynamischen Beiwerte $1 + \varphi$:

Tab. 8.144 Ermittlung der anteilsmäßigen Verkehrsmengen und dynamische Beiwerte $1 + \varphi$

Zugtyp	G [kN]	10^6 kN/Jahr	max.V	Anzahl	$1 + \varphi$
5	21.600	47,3	80	88.370	1,200
6	14.310	67,9	100	191.482	1,224
11	11.350	66,3	120	235.731	1,251
12	11.350	66,3	100	235.731	1,224
SUMME		247,8	100	235.731	1,224

Beispielsweise ergibt sich die Anzahl der Überfahrten des Zuges 5 wie folgt:
$\frac{47,3}{247,8} \cdot \frac{10^{10}}{21600} = 88370$.

Da die Berechnungstabelle für Einzelzüge programmiert ist, müssen die Histogramme in die Spalten J und K eingearbeitet und aus diesen Werten die Werte für die Spalten L und M ermittelt werden. Um die in diesen beiden Spalten zu ermitteln, müssen die hinterlegten Gleichungen überschrieben werden. Die Felder

A7, B7, F7, G7 sind hier bedeutungslos, in C7 ist eine hier nicht verwendete Formel hinterlegt.

Ergebnis und Kommentar

Durch Probieren erhält man $\Delta M_L = 221{,}9\,kNm$ und daraus ermittelt das Programm $\lambda = 0{,}967$. In Tab. 8.117 findet sich der unwesentlich größere Wert $\lambda = 0{,}969$, dieser Wert ist durch Fettdruck hervorgehoben. Mit dem Wert $\lambda_1 = 1{,}16$ aus ENV 1993-2 (in Tab. 8.116 ist der Wert 1,162 durch Fettdruck hervorgehoben) und der Umrechnungsformel nach Abschn. 8.8.9.3.2 erhält man $1{,}16 \cdot \left(\frac{10}{25}\right)^{1/5} = 0{,}966$. In diesem Fall erhält man durch Direktberechnung mittels EXCEL-Tabelle und mittels Umrechnung aus dem o. g. Grundwert praktisch das gleiche Ergebnis (die Differenz liegt innerhalb der Rechengenauigkeit). Der EXCEL-Tabelle kann man auch die Schädigungen infolge der an der Verkehrsmischung beteiligten Einzelzüge entnehmen, diese sind in Tab. 8.145 eingetragen (Tab. 8.145).

Es ist zunächst bemerkenswert, dass die Teilschädigung aus dem Zug Nr. 12 das Dreifache jener aus dem Zug 11 beträgt, obwohl beide Züge 250 kN Achslast, das gleiche Gewicht 11.350 kN und die gleiche Anzahl an Überfahrten aufweisen. Allerdings kommt bei diesen beiden Zügen aufgrund der maßgeblich unterschiedlichen Achsabstände die bei weitem dominierende Momentendifferenz $250 \cdot (1+\varphi)$ beim Zug 11 elfmal vor, beim Zug 12 vierzigmal. Mit $(1+\varphi)_{Zug\,11} = 1{,}251$ und $(1+\varphi)_{Zug\,12} = 1{,}224$ lässt sich abschätzen:

$$\left(\tfrac{0{,}152}{11 \cdot 1{,}251^5} = 0{,}0045\right) \approx \left(\tfrac{0{,}477}{40 \cdot 1{,}224^5} = 0{,}0043\right),$$

d. h. die Kontrollrechnung erklärt und bestätigt die o. g. Werte der Teilschädigungen.

Tab. 8.145 Teilschädigungen innerhalb der Verkehrsmischung

ZUG-NUMMER	ZUG	MAX. ACHSLAST	SCHÄDIGUNG
5	Güterzug	225 kN	0,181
6	Güterzug	225 kN	0,190
11	Güterzug	250 kN	0,152
12	Güterzug	250 kN	0,477
SUMME			1,000

8.8.11.4.3 Superposition von Schadensäquivalenzfaktoren λ

Ein Berechnungsbeispiel zeigt Tab. 8.146. Ausgehend von den Spannweitenbeiwerten für die beteiligten Züge (aus ENV 1993-2:1998) werden für einen Balken mit der Stützweite $L_S = 10\,m$ die Spannweitenbeiwerte für die Zugmischungen *Regelverkehr mit Achslasten $\leq 225\,kN$* und *Schwerverkehr mit 250 kN Achsasten* ermittelt.

Tab. 8.146 Berechnungsschema für die Überlagerung von Einzelzügen

Typ	$\lambda_{i,1}$	G [kN]	Regelverkehr			Schwerverkehr		
			n_i	$\lambda_{i,1}^5 \cdot G_i \cdot n_i$	$G_i \cdot n_i$	n_i	$\lambda_{i,1}^5 \cdot G_i \cdot n_i$	$G_i \cdot n_i$
1	0,845	6630	12	34.275	79.560	---		
2	0,556	5300	12	3379	63.600			
3	0,731	9400	5	9810	47.000			
4	0,826	5100	5	9805	25.500			
5	0,657	21.600	7	18.509	151.200	6	15.865	129.600
6	0,905	14.310	12	104.247	171.720	13	112.934	186.030
7	1,035	10.350	8	98.340	82.800	---		
8	0,653	10.350	6	7373	62.100			
11	1,120	11.350	---			16	320.041	181.600
12	0,635	11.350				16	18.749	181.600
SUMME			---	285.739	683.480	---	467.590	678.830

Für die Verkehrsmischung *Regelverkehr mit Achslast $\leq 225\,kN$* (EC-Mix) und einem Verkehrsvolumen von $250 \cdot 10^8\,kN$ erhält man:

$$\lambda_1^* = \left(\tfrac{285739}{683480}\right)^{1/5} = 0{,}840 \text{ Wert laut EN 1993-2: 0,85.}$$

und für $100 \cdot 10^8\,kN$ erhält man schließlich:

$$\left(\lambda_1^*\right)_{100 \cdot 10^8} = \left(\lambda_1^*\right)_{250 \cdot 10^8} \cdot \left(\frac{100}{250}\right)^{\frac{1}{5}} = 0{,}840 \cdot 0{,}833 = 0{,}699$$

Der exakte Wert beträgt 0,690. Dieser ist in Tab. 8.117 durch Fettdruck hervorgehoben. Die beiden Werte passen sehr gut zusammen.

Für die Verkehrsmischung *Schwerverkehr mit 250 kN Achslast* und einem Verkehrsvolumen von $250 \cdot 10^8\,kN$ erhält man:

$\lambda_1^* = \left(\frac{467590}{678830}\right)^{1/5} = 0{,}928$ Wert laut EN 1993-2: 0,93.

und für $100 \cdot 10^8$ kN erhält man schließlich:

$\left(\lambda_1^*\right)_{100 \cdot 10^8} = \left(\lambda_1^*\right)_{250 \cdot 10^8} \cdot \left(\frac{100}{250}\right)^{\frac{1}{5}} = 0{,}928 \cdot 0{,}833 = 0{,}773$

Der exakte Wert beträgt 0,766. Dieser ist in Tab. 8.117 durch Fettdruck hervorgehoben. Die beiden Werte passen sehr gut zusammen.

Ebenfalls nicht ungünstig sind in diesem Fall die Verhältnisse für die Verkehrsmischung *Nahverkehr mit Achslasten ≤225 kN*:

$\left(\lambda_1^*\right)_{250 \cdot 10^8} = [\ldots] = 0{,}521$; exakter Wert: 0,495 (in Tab. 8.117 durch Fettdruck hervorgehoben).

Die obigen Berechnungen bestätigen die Güte der Näherungsformel für die Superposition von Einzelzügen. Auf die gleiche Art können an Stelle von Einzelzügen auch Verkehrsszenarien überlagert werden.

8.8.11.4.4 Näherungsweise Ermittlung der Schadensäquivalenzfaktoren für eine nicht-genormte Verkehrsmischung

Stützweite: $L_S = 2{,}0\,m$ (Hauptträger)

Von den $250\,Mio.\,kN$ Verkehrsvolumen pro Jahr entfallen $100\,Mio.\,kN$ auf den Zugtyp 4 und die restlichen $150\,Mio.\,kN$ auf den Zugtyp 5, siehe Tab. 8.147.

Tab. 8.147 Berechnungsschema für die Überlagerung von Verkehrsmischungen (1. Teil)

Zugtyp nach EN 1991–2	Typ 4 (Reisezug)	Typ 5 (Güterzug)	Einheit
Achslast (konstant)	170	225	kN
Achsenanzahl je Zug	30	36+60=96	---
Zuggewicht	5100	21.600	kN
Spannweitenbeiwert λ_1	1,495	1,350	---
	Diese Werte λ_1 sind in Tab. 8.21 durch Fettdruck hervorgehoben		
Gewicht in der Verkehrsmischung	$100 \cdot 10^8$	$150 \cdot 10^8$	kN
$\Delta M_i \mid N_i$	85,0 | 30	112,5 | 36	kNm
		90,0 | 60	
Lastspiele	$58{,}823 \cdot 10^6$	$25{,}000 \cdot 10^6$	---
		$41{,}667 \cdot 10^6$	
Geschwindigkeit	250	80	km/h
Dynamischer Beiwert	1,495	1,215	---

Der Schadensäquivalenzfaktor λ für die Zugmischung beträgt $\lambda \equiv \lambda_1 = 1{,}479$ (exakter Wert, Ergebnis einer Berechnung mittels EDV). Die Berechnung erfolgt mit der nachstehenden Tabelle (Tab. 8.148):

Tab. 8.148 Berechnungsschema für die Überlagerung von Verkehrsmischungen (2. Teil)

Typ	$\lambda_{i,1}$	$G_i \cdot n_i$	$\lambda_{i,1}^5 \cdot G_i \cdot n_i$
4	1,495	$100 \cdot 10^6$	$746{,}8 \cdot 10^6$
5	1,350	$150 \cdot 10^6$	$672{,}6 \cdot 10^6$
SUMME		$250 \cdot 10^6$	$1419{,}4 \cdot 10^6$

Damit erhält man für die vorgegebene Verkehrsmischung:

$$\lambda_1^* = \left(\frac{1419{,}4 \cdot 10^6}{250 \cdot 10^6}\right)^{1/5} = 1{,}415 \text{ (Näherungswert) Exakter Wert (EDV): } 1{,}479.$$

Bei der Berechnung nach Gl. 8.93 wird in diesem Fall der Schadensäquivalenzbeiwert um 4,3 % unterschätzt.

8.8.11.5 Zusammenfassung

Sind die Histogramme (Schnittgrößendifferenzen/Anzahlen) bekannt, lassen sich mit Hilfe der auf dem Datenträger abgelegten EXCEL-Blätter sehr einfach die Schadensäquivalenzbeiwerte λ ermitteln. Histogramme für die Typenzüge nach EN 1991-2, Anhang D, sind in Abschn. 8.8.12 zusammengefasst und ebenfalls auf dem beigefügten Datenträger abgelegt. Unter Anwendung von EN 1993-2 kann die Umrechnung auf andere Verkehrsvolumina als dem Grundwert $250 \cdot 10^8 \, kN$ mittels Umrechnungsfaktoren erfolgen, um genauere Werte zu erhalten, sind in Abschn. 8.8.10 Schadensäquivalenzbeiwerte λ auch für andere Gesamtverkehrsvolumina als den o. g. Grundwert dokumentiert. Die Umrechnungsfaktoren können auch auf diese λ-Werte angewendet werden. Für die Umrechnung sollte man immer jene Werte verwenden, deren Verkehrsmengen den aktuellen am besten entsprechen. Kann man aus einem größeren Wert hinunterrechnen *und* aus einem kleineren Wert hinaufrechnen, sollte immer mit dem ungünstigeren (größeren) Wert weitergerechnet werden.

8.8.12 Histogramme $\Delta S(N)$: auf Datenträger abgelegte Daten und Anwendung

8.8.12.1 Bezeichnung der Dateien

Auf dem Datenträger sind Schnittgrößen-Spektren $\Delta S(N)$ für die zwölf Regelzüge nach EN 1991-2, Anhang D, als word-Dateien gespeichert. Sie können für eigenständige Berechnungen, beispielsweise mit Hilfe eines Tabellenkalkulationsprogramms, Verwendung finden (siehe Abschn. 8.8.11). Die Dateinamen (ohne „.doc") sind maximal acht Zeichen lang und weisen folgende Systematik auf:

([A],[B],[U,V],[C]).doc

[A] ... Schnittgröße („M", „V", „A")
[B] ... Trägerlänge des Einfeldträgers (Hauptträger, Längsträger) in Dezimeter (damit kann z. B. ein Träger mit der Stützweite $L_S = 2{,}5\,m$ beschrieben werden)
[U,V] ... U für „Lasten unverteilt", V für „Lasten verteilt"
[C] ... Zug-Nummer (Zugtypen 1–12 nach EN 1991-2, Anhang D)

Demnach lautet der Dateiname des Momentenspektrums $\Delta M(N)$ für einen Balken mit $10\,m$, den Zugtyp 4 nach EN 1991-2 (Hochgeschwindigkeitsreisezug) ohne Lastverteilung durch den Gleisrost:

[A] ... M
[B] ... 100
[U] ... U für „ohne Verteilung der Einzellasten durch den Gleisrost"
[C] ... 4

vollständiger Dateiname: M100U4
Der Inhalt dieser word-Datei ist in Tab. 8.149 dargestellt.

Tab. 8.149 Histogramm M100U4

(ΔM)	(N)
739,5	2
595,0	11
110,5	2

Die Schnittgrößendifferenzen enthalten weder dynamische Beiwerte noch andere Faktoren.

8.8.12.2 Inhalt des Datenträgers

Histogramme ohne Verteilung der Einzellasten durch den Gleisrost nach EN 1991-2: Auf dem Datenträger sind die Momentenhistogramme $\Delta M(N)$, Querkrafthistogramme $\Delta V(N)$ und Auflagerkrafthistogramme $\Delta A(N)$ für die 30 Stützweiten
0,5 / 1,0 / 1,5 / 2,0 / 2,5 / 3,0 / 3,5 / 4,0 / 4,5 / 5,0 / 6,0 / 7,0 / 8,0 / 9,0 / 10,0 / 12,5 / 15,0 / 17,5 / 20,0 / 25,0 / 30,0 / 35,0 / 40,0 / 45,0 / 50,0 / 60,0 / 70,0 / 80,0 / 90,0 / 100,0 m
für die 12 Zugtypen nach EN 1991-2 abgelegt.

Histogramme mit Verteilung der Einzellasten durch den Gleisrost nach EN 1991-2: Auf dem Datenträger sind die Momentenhistogramme $\Delta M(N)$, Querkrafthistogramme $\Delta V(N)$ und Auflagerkrafthistogramme $\Delta A(N)$ für die 15 Stützweiten
0,5 / 1,0 / 1,5 / 2,0 / 2,5 / 3,0 / 3,5 / 4,0 / 4,5 / 5,0 / 6,0 / 7,0 / 8,0 / 9,0 / 10,0 m
für die 12 Zugtypen nach EN 1991-2 abgelegt.

8.9 Restlebensdauerberechnung

8.9.1 Allgemeines

In Abschn. 8.8 wurde angemerkt, dass es sich beim Betriebsfestigkeitsnachweis um einen Sonderfall einer Restlebensdauerberechnung handelt. Beim Betriebsfestigkeitsnachweis wird nachgewiesen, dass für ein Verkehrsszenario die vorgegebene Nutzungsdauer erreicht wird. Kann eine längere Nutzungsdauer nachgewiesen werden, ist der Grenzzustand der Ermüdung nicht erreicht, kann die gewünschte Nutzungsdauer nicht nachgewiesen werden, ist der Grenzzustand der Ermüdung überschritten. Der Nachweis selbst kann auf unterschiedliche Arten erfolgen, allen Berechnungsmethoden gemeinsam ist, dass die ermüdungswirksame Gesamtschädigung als Summe von ermüdungswirksamen Schädigungen dem Grenzwert $D_d = 1,0$ gegenübergestellt wird. Auf dieser Grundlage kann auch die Restlebensdauer ermittelt werden, selbstverständlich ist eine Restlebensdauer nur gegeben, wenn zu Beginn des Beobachtungszeitpunktes (Zeitpunkt t_0) der Grenzwert der Ermüdung noch nicht erreicht ist. Es wird darauf hingewiesen, dass bei Ermüdungsberechnungen und speziell bei der Ermittlung der Restlebensdauer die Einzelszenarien nicht von der Gesamtbelastungssituation während der gesamten Lebenszeit der Brücke losgelöst betrachtet werden.

Die Berechnung der Restlebensdauer eines Bauteils durch Auswertung des am Beginn des Beobachtungszeitpunktes vorhandenen Guthabens an Schädigung kann auf zweierlei Arten erfolgen:

1. Durch „direkte" Berechnung der Schädigungen (Auswertung der Wöhlerlinien) für die vergangenen Betriebsperioden und für künftigen Verkehr (künftige Verkehre);
2. Durch Ermittlung der Schädigungen für die vergangenen Betriebsperioden und für künftigen Verkehr unter Anwendung des λ-Verfahrens.

Da Restlebensdauerberechnungen weitgehend eine Anwendung der in Abschn. 8.8 abgegebenen Berechnungsformeln darstellen, werden in den Abschn. 8.9.3 und 8.9.4 die o. g. Berechnungsmethoden anhand eines Rechenbeispiels gezeigt.

8.9.2 Ermittlung der Restlebensdauer aus dem Guthaben der Schädigung

8.9.2.1 Allgemeines und formelmäßige Beschreibung

Am Beginn der Beobachtungszeitpunktes liegt an einer betrachteten Stelle die Schädigung $D_d^{(0)}$ vor. Diese Schädigung entspricht der Summe der Schädigungen in den Zeitperioden $t_i^{(0)}$:

$$D_d^{(0)} = \sum_{(i)} D_{d,t_i^{(0)}} \qquad (8.118)$$

Eine Restlebensdauer ist gegeben, wenn

$$D_d^{(0)} < 1{,}0 \qquad (8.119)$$

Das Guthaben an Schädigung beträgt

$$\Delta D_d = 1{,}0 - D_d^{(0)} > 0 \qquad (8.120)$$

Unterschiede ergeben sich aus den unterschiedlichen Möglichkeiten, die Schädigungen zu ermitteln, diese können nach Abschn. 8.8.7 (direkte Ermittlung der Schädigungen) oder nach Abschn. 8.8.9 (λ-Verfahren) berechnet werden. Beide Berechnungsmethoden sind normenkonform, nachteilig beim λ-Verfahren ist jedoch, dass bei dessen Anwendung in der aufgrund der Unstetigkeit der

8.9 Restlebensdauerberechnung

Wöhlerlinien beim Schwellenwert der Ermüdungsfestigkeit ($\Delta\sigma_L$, $\Delta\tau_L$) infolge des „cut-off" das Gesamtverkehrsszenario eventuell nicht widerspruchsfrei berücksichtigt wird. Da die Grundlagen in Abschn. 8.8 ausführlich behandelt werden, kann die Restlebensdauerberechnung hier auf Rechenbeispiele beschränkt bleiben.

8.9.2.2 Die EXCEL-Blätter

8.9.2.2.1 Inhalt und Umfang

In den folgenden Unterabschnitten wird anhand von Beispielen die Ermittlung der Restlebensdauer demonstriert. Ergänzend werden EXCEL-Blätter vorgestellt (diese sind auf dem Datenträger abgelegt), die bei der Restlebensdauerberechnung hilfreich sein können. Wieder wird auf die in Abschn. 8.8.12 aufgelisteten Histogramme zurückgegriffen. Für andere Züge müssen die entsprechenden Histogramme aufgestellt werden. Die EXCEL-Blätter weisen klare Analogien zu jenen für die Ermittlung der Schadensäquivalenzfaktoren λ auf, daher genügt hier eine summarische Beschreibung. Für eine selbsttätige Bearbeitung sind auf dem Datenträger EXCEL-Tabellenkalkulationsblätter abgelegt. Anders als die EXCEL-Programme für die Ermittlung der Schadensäquivalenzbeiwerte funktioniert das Programm für Restlebensdauerberechnungen zwar automatisch (eine Iteration ist nicht notwendig), doch müssen die Gleichungen von Fall zu Fall angepasst werden. Das wird anhand der nachstehenden Beispiele demonstriert. Folgende EXCEL-Blätter sind abgelegt:

EXCEL-BLATT ZU ABSCHN. 8.9
Es sind vier Tabellen enthalten:

„Momente"
„Querkräfte"
„Auflagerkräfte für sigma"
„Auflagerkräfte für tau"
Die Unterscheidung wird vorgenommen, da die Schnittgrößen für das Lastmodell 71 automatisch ermittelt werden und da für Normalspannungen und Schubspannungen unterschiedliche Wöhlerlinien gelten und voreingestellt sind.

Die Anwendung des o. g. EXCEL-Blattes ist anhand der in Abschn. 8.8.11.3 und 8.8.11.4 durchgerechneten Beispiele erläutert:
EXCEL–BEISPIELE ZU ABSCHN. 8.9
Folgende EXCEL-Tabellen wurden verwendet:

zu Abschn. 8.9.3: Blatt 8.9.3-1 und 8.9.3-2

8.9.2.2.2 Beschreibung der EXCEL-Blätter

Die Anwendung der EXCEL-Blätter wird anhand von Beispielen (EXCEL–BEISPIELE ZU Abschn. 8.9) demonstriert, die EXCEL-Blätter für selbsttätige Berechnungen sind analog dazu aufgebaut. Die Tabellen sind in mehreren Farben hinterlegt. Berechnung für Einzelzüge:
Grün hinterlegte Felder müssen individuell besetzt werden:

B3	$\Delta M_C [kNm]$ beziehungsweise $\Delta V_C [kN]$;
A, B, C, D	enthalten die Daten bis zum Beginn des Beobachtungszeitraums, auf den die Restlebensdauer bezogen ist, sowie Daten für künftigen Verkehr/künftige Verkehre:
A	Gesamtgewicht in [kN] während der einzelnen Betriebsperioden bis auf die letzte (künftiger Verkehr), für welche die Restlebensdauer ermittelt werden soll;
B3	$\Delta S_i / \gamma_{Mf}$;
B ab B7	Zugnummer (Zugtyp) für *sämtliche (einschließlich künftiger)* Betriebsperioden;
C ab C7	Gewicht pro Zug der Verkehrsmischungen in den jeweiligen Betriebsperioden in [kN]. Für die Betriebsperiode, für welche die Restlebensdauer berechnet werden soll, bleiben die Felder leer;
D ab D7	Anzahl der Zugüberfahrten pro Zug und Tag;
F ab F7	ΔS_i aus den Histogrammen;
G ab G7	n_i aus den Histogrammen;
H ab H7	Dynamischer Beiwert $1 + \varphi$ je Einzelzug;

Blau hinterlegte Felder können individuell besetzt werden (die Felder C3, D3, F3, G3 beschreiben die Wöhlerlinie; das Feld A3 sollte nicht überschrieben werden, da die Kerbfälle generell für 2 Mio. Lastwechsel festgelegt sind). Die Felder sind im Sinne der EN 1993-1-9 vorbesetzt;

C3	Neigung für $N \leq N_D$.
D3	N_D (allgemein: $5 \cdot 10^6$).
F3	Neigung für $N_D \leq N \leq N_L$ (allgemein: $5 \cdot 10^6$).
G3	N_L ($100 \cdot 10^6$ nach EN 1993-1-9, $30 \cdot 10^6$ nach ÖNORM B 4008-2).

8.9 Restlebensdauerberechnung

Gelb hinterlegte Felder entsprechen Zwischenergebnissen. **E, I, J, N** erhalten die entsprechenden Formeln, in **K** sind die Formeln zu r Ermittlung der Schädigungen hinterlegt, sie sollten nicht geändert werden.
Rot hinterlegte Felder enthalten das Endergebnis:
K4 Restlebensdauer in Jahren.

8.9.3 Direktauswertung der Wöhlerlinie für die Verkehrsmischungen nach EN 1991-2, Anhang D

Beispiel 1
EXCEL-BEISPIELE ZU ABSCHN. 8.9, Blatt 8.9.3-1

Hauptträger mit der Stützweite $L_S = 2,5\,m$ ($L_\Phi = 2,5\,m$)
Berechnung für Momente; „Widerstand" (Annahme)...
$\frac{\Delta M_C}{\gamma_{Mf}} = \frac{\Delta \sigma_C}{\gamma_{Mf}} \cdot W = 370,6\,kNm$
Verkehrsmischung „A" (vergangen):

> Reisezug/Typ 2/5300 kN/V = 160 km/h/16 Fahrten pro Tag
> Reisezug/Typ 4/5100 kN/V = 250 km/h/16 Fahrten pro Tag
> Güterzug/Typ 5/21600 kN/V = 80 km/h/12 Fahrten pro Tag
> Güterzug/Typ 7/10350 kN/V = 120 km/h/18 Fahrten pro Tag
> Verkehrsvolumen: $135 \cdot 10^8$ kN

Verkehrsmischung „B" (vergangen):

> Reisezug/Typ 2/5300 kN/V = 160 km/h/24 Fahrten pro Tag
> Güterzug/Typ 5/21600 kN/V = 80 km/h/24 Fahrten pro Tag
> Verkehrsvolumen: $88 \cdot 10^8$ kN

Verkehrsmischung „C" (künftig):

> Güterzug/Typ 5/21600 kN/V = 80 km/h/16 Fahrten pro Tag
> Güterzug/Typ 7/10350 kN/V = 120 km/h/12 Fahrten pro Tag

Gesucht: Restlebensdauer für die Verkehrsmischung „C"

Verkehrsmischung A:

Tab. 8.150 Angaben zur 1. Betriebsperiode (Verkehrsmischung „A")

ZUG	kN	ANZAHL/TAG	kN/TAG	ANZAHL GESAMT
2	5300	16	84.800	352.999
4	5100	16	81.600	352.999
5	21.600	12	259.200	264.749
7	10.350	18	186.300	397.124
		SUMME	611.900	(22.062)

Beispiel: Anzahl der Tage mit der Verkehrsmischung „A": $\frac{135 \cdot 10^8}{611900} = 22062$. Der Zug Nr. 2 zählt $16 \cdot 22062 = 352999$ Überfahrten.

Verkehrsmischung B:

Tab. 8.151 Angaben zur 2. Betriebsperiode (Verkehrsmischung „B")

ZUG	kN	ANZAHL/TAG	kN/TAG	ANZAHL GESAMT
2	5300	24	127.200	327.138
5	21.600	24	518.400	327.138
		SUMME	645.600	(13.631)

Beispiel: Anzahl der Tage mit der Verkehrsmischung „B": $\frac{88 \cdot 10^8}{645.600} = 13.631$. Der Zug Nr. 2 zählt $24 \cdot 13.631 = 327.138$ Überfahrten.

Verkehrsmischung C:

Tab. 8.152 Angaben für künftigen Verkehr (Verkehrsmischung „C")

ZUG	kN	ANZAHL/TAG	kN/JAHR
5	21.600	16	126.144.000
7	10.350	12	45.333.000
		SUMME	171.477.000

Beispiel: Mit 16 Überfahrten pro Tag, 365 Tage pro Jahr und dem Gewicht 21.600 kN für den Zug Nr. 5 erhält man für diesen $16 \cdot 365 \cdot 21.600 = 126.144.000$ kN pro Jahr.

8.9 Restlebensdauerberechnung

Momenten-Histogramme der vier Einzelzüge:

Tab. 8.153 Histogramme aus dem Datenträger

ZUG 2		ZUG 4		ZUG 5		ZUG 7	
M25U2		M25U4		M25U5		M25U7	
ΔM	N	ΔM	N	ΔM	N	ΔM	N
140,625	4	106,250	30	140,625	32	140,625	22
68,750	40			95,625	4	106,875	4
				61,875	60	61,875	20

Tab. 8.154 Dynamische Beiwerte $1 + \varphi$ für $L_\Phi = 2{,}50\,m$

ZUG	L_Φ [m]	max. V [km/h]	$1 + \varphi$
2	2,50	160	1,322
4	2,50	250	1,492
5	2,50	80	1,212
7	2,50	120	1,263

Berechnung mittels EXCEL-Tabellenkalkulation ergibt folgende Schädigungen:

Verkehrsmischung „A" $D_d^{(A)} = 0{,}5448$

Verkehrsmischung „B" $D_d^{(B)} = 0{,}2367$

Guthaben für Verkehrsmischung „C"

$\Delta D_d = 1{,}0 - (0{,}5448 + 0{,}2367) = 0{,}2185$

Verkehrsmischung „C" $D_d^{(C)} = 0{,}00578$ (pro Jahr)

Restlebensdauer für einen Hauptträger $\quad \frac{\Delta D_d}{D_d^{(C)}} = \frac{0{,}2185}{0{,}00578} = 38$ Jahre

Beispiel 2: Längsträger mit der Stützweite $L_S = 2{,}5\,m$ ($L_\Phi = 5{,}5\,m$)

EXCEL-Blatt
EXCEL-BEISPIELE ZU ABSCHN. 8.9, Blatt 8.9.3-2

Der einzige Unterschied zu Beispiel 1 sind die dynamischen Beiwerte. Diese sind kleiner, daher ist für die Längsträger eine größere Restlebensdauer zu erwarten als für Hauptträger (Tab. 8.155). Vom 1. Beispiel können die meisten Werte übernommen werden, hier werden nur die Ergebnisse mitgeteilt:

Tab. 8.155 Dynamische Beiwerte $1+\varphi$ für $L_\Phi = 5{,}50\,m$

ZUG	L_Φ [m]	max.V [km/h]	$1+\varphi$
2	5,50	160	1,294
4	5,50	250	1,464
5	5,50	80	1,184
7	5,50	120	1,235

Verkehrsmischung „A" $D_d^{(A)} = 0{,}4886$
Verkehrsmischung „B" $D_d^{(B)} = 0{,}2109$
Guthaben für Verkehrsmischung „C"
$\Delta D_d = 1{,}0 - (0{,}4886 + 0{,}2109) = 0{,}3005$
Verkehrsmischung „C" $D_d^{(C)} = 0{,}0515$ (pro Jahr)
Restlebensdauer für einen Längsträger $\frac{\Delta D_d}{D_d^{(C)}} = \frac{0{,}3005}{0{,}00515} = 58$ Jahre

8.9.4 Berechnung unter Anwendung von λ-Werten

Die Anwendung der λ-Werte wird anhand der Beispiele in Abschn. 8.9.3 gezeigt. In Tab. 8.156 sind die λ-Werte zusammengefasst. Diese stammen aus Tab. 8.21, 8.22 und 8.23 für Hauptträger beziehungsweise Tab. 8.29, 8.30, 8.31 und 8.32 für Längsträger und sind in diesen Tabellen durch Fettdruck hervorgehoben.

$G_1 \ldots 250 \cdot 10^8\,kN$
$G_2 \ldots 100 \cdot 10^8\,kN$
$G_3 \ldots 50 \cdot 10^8\,kN$
$G_4 \ldots 10 \cdot 10^8\,kN$

Da für den Längsträger eine größere charakteristische Länge L_Φ gilt als für den Hauptträger, sind für ersteren kleinere Schädigungen zu erwarten.

Tab. 8.156 λ-Werte für die Gewichte G_1 bis G_4 für $L_S = 2{,}50\,m$

ZUG	HAUPTTRÄGER				LÄNGSTRÄGER			
	G_1	G_2	G_3	G_4	G_1	G_2	G_3	G_4
2	1,229	1,024	0,858	…	1,348	1,122	0,941	…
4	1,464	1,316	1,146	…	1,608	1,446	1,259	…
5	1,290	1,074	0,938	…	1,411	1,175	1,026	…
7	1,444	1,213	1,056	…	1,582	1,329	1,157	…

8.9 Restlebensdauerberechnung

Zwar sind die λ-Werte für den Längsträger größer als jene für den Hauptträger, doch ist der dynamische Beiwert L_Φ für den Längsträger kleiner: $(\Phi_{LT}/\Phi_{HT})^5 = (1{,}491/1{,}67)^5 = 0{,}57$ und es ist *in allen Fällen* $(D_d)_{LT} < (D_d)_{HT}$.

Beispiel 1: Das Beispiel entspricht genau jenem in Abschn. 8.9.3.

Hauptträger mit der Stützweite $L_S = 2{,}5\,m$ ($L_\Phi = 2{,}5\,m$)
Es liegt die gleiche Situation vor wie beim 1. Beispiel in Abschn. 8.9.2.2, daher werden die entsprechenden Zahlen nicht neu angeschrieben. Benötigt werden nur noch die maximale Momentendifferenz infolge des Lastmodells 71 ΔM_{71} und der dynamische Beiwert Φ_2:

$$\Delta M_{71} = 160{,}3\,kNm$$

$$\Phi_2 = 1{,}67$$

Da die Verkehrsstärken für die Verkehrsmischungen „A" und „B" deutlich kleiner sind als der Grundwert ($135 \cdot 10^8 < 250 \cdot 10^8\,kN$, $88 \cdot 10^8 \ll 250 \cdot 10^8\,kN$) und in Abschn. 8.8.10 Spannweitenbeiwerte λ_1 auch für $100 \cdot 10^8\,kN$ und $100 \cdot 10^8\,kN$ angegeben sind, werden auch diese Werte herangezogen. Damit kann man sich genauere Ergebnisse erwarten als für $250 \cdot 10^8\,kN$.

Verkehrsmischung „A" mit λ für $250 \cdot 10^8\,kN$:

$$D_d^{(A)} = \left(\frac{\gamma_{Ff} \cdot \Delta M_{71} \cdot \Phi_2}{\Delta M_C/\gamma_{Mf}}\right)^5 \cdot \sum_{(Zug\,i=2,4,5,7)} \left[\lambda_{250 \cdot 10^8}^{(i)\,5} \cdot \left(\frac{G \cdot t}{G_0 \cdot t_0}\right)^{(i)}\right]$$

$$= \left(\frac{1{,}0 \cdot 160{,}3 \cdot 1{,}67}{370{,}6}\right)^5 \cdot \left(\begin{array}{c} 1{,}229^5 \cdot \dfrac{5300 \cdot 352999}{250 \cdot 10^8} + 1{,}464^5 \cdot \dfrac{5100 \cdot 352999}{250 \cdot 10^8} \\ +1{,}290^5 \cdot \dfrac{21600 \cdot 264749}{250 \cdot 10^8} + 1{,}444^5 \cdot \dfrac{10350 \cdot 397124}{250 \cdot 10^8} \end{array}\right)$$

$= 0{,}197 \cdot (0{,}210 + 0{,}484 + 0{,}817 + 1{,}032) = 0{,}500$ (nicht maßgebend)

Verkehrsmischung „A" mit λ für $100 \cdot 10^8\,kN$:

$$D_d^{(A)} = \left(\frac{\gamma_{Ff} \cdot \Delta M_{71} \cdot \Phi_2}{\Delta M_C/\gamma_{Mf}}\right)^5 \cdot \sum_{(Zug\,i=2,4,5,7)} \left[\lambda_{100 \cdot 10^8}^{(i)\,5} \cdot \left(\frac{G \cdot t}{G_0 \cdot t_0}\right)^{(i)}\right]$$

$$= \left(\frac{1{,}0 \cdot 160{,}3 \cdot 1{,}67}{370{,}6}\right)^5 \cdot \left(\begin{array}{c} 1{,}024^5 \cdot \dfrac{5300 \cdot 352999}{100 \cdot 10^8} + 1{,}316^5 \cdot \dfrac{5100 \cdot 352999}{100 \cdot 10^8} \\ +1{,}074^5 \cdot \dfrac{21600 \cdot 264749}{100 \cdot 10^8} + 1{,}213^5 \cdot \dfrac{10350 \cdot 397124}{100 \cdot 10^8} \end{array}\right)$$

$= 0{,}197 \cdot (0{,}211 + 0{,}711 + 0{,}817 + 1{,}079) = \mathbf{0{,}554}$ (maßgebend)

Verkehrsmischung „B" mit λ für $100 \cdot 10^8$ kN:

$$D_d^{(B)} = \left(\frac{\gamma_{Ff} \cdot \Delta M_{71} \cdot \Phi_2}{\Delta M_C / \gamma_{Mf}}\right)^5 \cdot \sum_{(Zug\ i=2,5)} \left[\lambda_{100 \cdot 10^8}^{(i)\,5} \cdot \left(\frac{G \cdot t}{G_0 \cdot t_0}\right)^{(i)}\right]$$

$$= \left(\frac{1,0 \cdot 160,3 \cdot 1,67}{370,6}\right)^5 \cdot \left(1,024^5 \cdot \frac{5300 \cdot 327138}{100 \cdot 10^8} + 1,074^5 \cdot \frac{21600 \cdot 327138}{100 \cdot 10^8}\right)$$

$$= 0,197 \cdot (0,195 + 1,010) = \mathbf{0,237} \text{ (maßgebend)}$$

Verkehrsmischung „B" mit λ für $50 \cdot 10^8$ kN:

$$D_d^{(B)} = \left(\frac{\gamma_{Ff} \cdot \Delta M_{71} \cdot \Phi_2}{\Delta M_C / \gamma_{Mf}}\right)^5 \cdot \sum_{(Zug\ i=2,5)} \left[\lambda_{50 \cdot 10^8}^{(i)\,5} \cdot \left(\frac{G \cdot t}{G_0 \cdot t_0}\right)^{(i)}\right]$$

$$= \left(\frac{1,0 \cdot 160,3 \cdot 1,67}{370,6}\right)^5 \cdot \left(0,858^5 \cdot \frac{5300 \cdot 327138}{50 \cdot 10^8} + 0,938^5 \cdot \frac{21600 \cdot 327138}{50 \cdot 10^8}\right)$$

$$= 0,197 \cdot (0,161 + 1,026) = 0,234 \text{ (nicht maßgebend)}$$

Guthaben für Verkehrsmischung „C":
$\Delta D_d = 1,0 - (0,554 + 0,237) = \mathbf{0,209}$.

Verkehrsmischung „C" (pro Jahr) ... Versuch mit λ für $50 \cdot 10^8$ kN:

$$D_d^{(C)} = \left(\frac{\gamma_{Ff} \cdot \Delta M_{71} \cdot \Phi_2}{\Delta M_C / \gamma_{Mf}}\right)^5 \cdot \sum_{(Zug\ i=5,7)} \left[\lambda_{50 \cdot 10^8}^{(i)\,5} \cdot \left(\frac{G \cdot t}{G_0 \cdot t_0}\right)^{(i)}\right]$$

$$= \left(\frac{1,0 \cdot 160,3 \cdot 1,67}{370,6}\right)^5 \cdot \left(0,938^5 \cdot \frac{21600 \cdot 5840}{50 \cdot 10^8} + 1,056^5 \cdot \frac{10350 \cdot 4380}{50 \cdot 10^8}\right)$$

$$= 0,197 \cdot (0,0183 + 0,0119) = \mathbf{0,0059}$$

Restlebensdauer für einen Hauptträger: $\frac{\Delta D_d}{D_d^{(C)}} = \frac{0,209}{0,0059} = 35$ Jahre

Kontrolle für die Verkehrsmischung „C": Das Verkehrsvolumen in 35 Jahren beträgt $171477000 \cdot 35,1 = 6,02 \cdot 10^9$ kN. Dieser Wert passt mit dem angenommenen Wert $50 \cdot 10^8$ kN gut zusammen, die Annahme war also richtig.

Beispiel 2: Das Beispiel entspricht genau jenem in Abschn. 8.9.3.

Längsträger mit der Stützweite $L_S = 2,5\,m$ ($L_\Phi = 5,5\,m$)
Es liegt die gleiche Situation vor wie beim 1. Beispiel in Abschn. 8.9.2.2, daher werden die entsprechenden Zahlen nicht neu angeschrieben. Benötigt werden nur noch die maximale Momentendifferenz infolge des Lastmodells 71 ΔM_{71} und der dynamische Beiwert Φ_2:

8.9 Restlebensdauerberechnung

$$\Delta M_{71} = 160{,}3\ kNm$$

$$\Phi_2 = 1{,}491$$

Da die Verkehrsstärken für die Verkehrsmischungen „A" und „B" deutlich kleiner sind als der Grundwert ($135 \cdot 10^8 < 250 \cdot 10^8\ kN$, $88 \cdot 10^8 \ll 250 \cdot 10^8\ kN$) und in Abschn. 8.8.10 Spannweitenbeiwerte λ_1 auch für $100 \cdot 10^8\ kN$ und $100 \cdot 10^8\ kN$ angegeben sind, werden auch diese Werte herangezogen. Damit kann man sich genauere Ergebnisse erwarten als für $250 \cdot 10^8\ kN$.

Verkehrsmischung „A" mit λ für $250 \cdot 10^8\ kN$:

$$D_d^{(A)} = \left(\frac{\gamma_{Ff} \cdot \Delta M_{71} \cdot \Phi_2}{\Delta M_C / \gamma_{Mf}}\right)^5 \cdot \sum_{(Zug\ i=2,4,5,7)} \left[\lambda_{250 \cdot 10^8}^{(i)5} \cdot \left(\frac{G \cdot t}{G_0 \cdot t_0}\right)^{(i)}\right]$$

$$= \left(\frac{1{,}0 \cdot 160{,}3 \cdot 1{,}491}{370{,}6}\right)^5 \cdot \left(\begin{array}{l} 1{,}348^5 \cdot \dfrac{5300 \cdot 352999}{250 \cdot 10^8} + 1{,}608^5 \cdot \dfrac{5100 \cdot 352999}{250 \cdot 10^8} \\ + 1{,}411^5 \cdot \dfrac{21600 \cdot 264749}{250 \cdot 10^8} + 1{,}582^5 \cdot \dfrac{10350 \cdot 397124}{250 \cdot 10^8} \end{array}\right)$$

$$= 0{,}112 \cdot (0{,}333 + 0{,}774 + 1{,}279 + 1{,}629) = 0{,}448\ \text{(nicht maßgebend)}$$

Verkehrsmischung „A" mit λ für $100 \cdot 10^8\ kN$:

$$D_d^{(A)} = \left(\frac{\gamma_{Ff} \cdot \Delta M_{71} \cdot \Phi_2}{\Delta M_C / \gamma_{Mf}}\right)^5 \cdot \sum_{(Zug\ i=2,4,5,7)} \left[\lambda_{100 \cdot 10^8}^{(i)5} \cdot \left(\frac{G \cdot t}{G_0 \cdot t_0}\right)^{(i)}\right]$$

$$= \left(\frac{1{,}0 \cdot 160{,}3 \cdot 1{,}491}{370{,}6}\right)^5 \cdot \left(\begin{array}{l} 1{,}122^5 \cdot \dfrac{5300 \cdot 352999}{100 \cdot 10^8} + 1{,}446^5 \cdot \dfrac{5100 \cdot 352999}{100 \cdot 10^8} \\ + 1{,}175^5 \cdot \dfrac{21600 \cdot 264749}{100 \cdot 10^8} + 1{,}329^5 \cdot \dfrac{10350 \cdot 397124}{100 \cdot 10^8} \end{array}\right)$$

$$= 0{,}112 \cdot (0{,}333 + 1{,}138 + 1{,}281 + 1{,}704) = \mathbf{0{,}498}\ \text{(maßgebend)}$$

Verkehrsmischung „B" mit λ für $100 \cdot 10^8\ kN$:

$$D_d^{(B)} = \left(\frac{\gamma_{Ff} \cdot \Delta M_{71} \cdot \Phi_2}{\Delta M_C / \gamma_{Mf}}\right)^5 \cdot \sum_{(Zug\ i=2,5)} \left[\lambda_{100 \cdot 10^8}^{(i)\,5} \cdot \left(\frac{G \cdot t}{G_0 \cdot t_0}\right)^{(i)}\right]$$

$$= \left(\frac{1{,}0 \cdot 160{,}3 \cdot 1{,}491}{370{,}6}\right)^5 \cdot \left(1{,}122^5 \cdot \frac{5300 \cdot 327138}{100 \cdot 10^8} + 1{,}175^5 \cdot \frac{21600 \cdot 327138}{100 \cdot 10^8}\right)$$

$$= 0{,}112 \cdot (0{,}308 + 1{,}583) = \mathbf{0{,}211}\ \text{(maßgebend)}$$

Verkehrsmischung „B" mit λ für $50 \cdot 10^8$ kN:

$$D_d^{(B)} = \left(\frac{\gamma_{Ff} \cdot \Delta M_{71} \cdot \Phi_2}{\Delta M_C / \gamma_{Mf}}\right)^5 \cdot \sum_{(Zug\ i=2,5)} \left[\lambda_{50 \cdot 10^8}^{(i)\,5} \cdot \left(\frac{G \cdot t}{G_0 \cdot t_0}\right)^{(i)}\right]$$

$$= \left(\frac{1{,}0 \cdot 160{,}3 \cdot 1{,}491}{370{,}6}\right)^5 \cdot \left(0{,}941^5 \cdot \frac{5300 \cdot 327138}{50 \cdot 10^8} + 1{,}026^5 \cdot \frac{21600 \cdot 327138}{50 \cdot 10^8}\right)$$

$$= 0{,}112 \cdot (0{,}256 + 1{,}607) = 0{,}208 \text{ (nicht maßgebend)}$$

Guthaben für Verkehrsmischung „C": $\Delta D_d = 1{,}0 - (0{,}498 + 0{,}211) = \mathbf{0{,}291}$

Verkehrsmischung „C" (pro Jahr) ... Versuch mit λ für $100 \cdot 10^8$ kN:

$$D_d^{(C)} = \left(\frac{\gamma_{Ff} \cdot \Delta M_{71} \cdot \Phi_2}{\Delta M_C / \gamma_{Mf}}\right)^5 \cdot \sum_{(Zug\ i=5,7)} \left[\lambda_{50 \cdot 10^8}^{(i)\,5} \cdot \left(\frac{G \cdot t}{G_0 \cdot t_0}\right)^{(i)}\right]$$

$$= \left(\frac{1{,}0 \cdot 160{,}3 \cdot 1{,}491}{370{,}6}\right)^5 \cdot \left(1{,}175^5 \cdot \frac{21600 \cdot 5840}{100 \cdot 10^8} + 1{,}329^5 \cdot \frac{10350 \cdot 4380}{100 \cdot 10^8}\right)$$

$$= 0{,}112 \cdot (0{,}0283 + 0{,}0188) = \mathbf{0{,}0053}$$

Restlebensdauer für einen Längsträger: $\frac{\Delta D_d}{D_d^{(C)}} = \frac{0{,}291}{0{,}0053} = 55$ Jahre

Kontrolle für die Verkehrsmischung „C": Das Verkehrsvolumen in 55 Jahren beträgt $171477000 \cdot 55{,}0 = 9{,}4 \cdot 10^9$ kN. Dieser Wert passt mit dem angenommenen Wert $100 \cdot 10^8$ kN gut zusammen, die Annahme war also richtig.

8.9.5 Zusammenfassung

Im vorliegenden Fall stimmen die Ergebnisse aus der Direktberechnung nach Abschn. 8.9.3 und 8.9.4 innerhalb der Rechengenauigkeit zusammen. Tab. 8.157 enthält die ermittelten Restlebensdauern nach den beiden Verfahren.

Tab. 8.157 Vergleich der Restlebensdauern nach Abschn. 8.9.3 und 8.9 4

BAUTEIL	DIREKT	λ-VERF	DIFFERENZ
HT	38	35	$-8\,\%$
LT	58	55	$-5\,\%$

Zur Verbesserung der Rechengenauigkeit wurden die Spannweitenbeiwerte λ_1 nicht für den Standardwert $250 \cdot 10^8$ kN herangezogen, sondern es wurde für die Verkehrsmischung „A" ($250 \cdot 10^6 > G_{''A''} > 100 \cdot 10^6$ kN) der ungünstigere beiden Werte für $250 \cdot 10^6$ kN und $100 \cdot 10^6$ kN und für die Verkehrsmischung

8.9 Restlebensdauerberechnung

„B" ($100 \cdot 10^6 > G_{"B"} > 50 \cdot 10^6 \, kN$) der ungünstigere der beiden Werte für $100 \cdot 10^6 \, kN$ und $50 \cdot 10^6 \, kN$ herangezogen. Für die zukünftige Verkehrsmischung „C" wurde die Jahresschädigung mit $100 \cdot 10^6 \, kN$ für den Hauptträger beziehungsweise $50 \cdot 10^6 \, kN$ für den Längsträger ermittelt. Wäre man für sämtliche Verkehrsmischungen vom Grundwert $250 \cdot 10^6 \, kN$ ausgegangen, hätte man die Restlebensdauern überschätzt: 45 *Jahre* für den Hauptträger und 66 *Jahre* für den Hauptträger, diese Werte liegen innerhalb der Rechengenauigkeit für Restlebensdauerberechnungen (diese Berechnungen sind hier nicht dokumentiert). Wäre man hingegen für sämtliche Verkehrsmischungen vom kleinsten Wert aus Abschn. 8.8.10, $G_4 = 10 \cdot 10^6 \, kN$, ausgegangen, hätte man die Restlebensdauern wesentlich überschätzt: 145 *Jahre* für den Hauptträger und 180 *Jahre* für den Längsträger (diese Berechnungen sind hier nicht dokumentiert). Diese Werte sind völlig unbrauchbar. Damit wurde gezeigt, dass die einzelnen Verkehrsperioden möglich zutreffend erfasst werden sollten.

Obwohl die dynamischen Beiwerte für einen Längsträger nur um maximal 2,3 % kleiner sind als jene für einen Hauptträger, erhält man eine um über 50 % größere Restlebensdauer. Das ergibt sich zunächst dadurch, dass die Schädigungen bis zum Referenzzeitpunkt, d. h. infolge der Verkehrsphasen „A" und „B", kleiner ausfallen (Unterschied ca. 10 %). Diese Schädigung, die hier im Bereich um 0,7...0,8 liegt, wird vom Grenzwert der Gesamtschädigung $D_d = 1,0$ abgezogen, und es verbleibt ein „Guthaben" von ca. 0,2...0,3. Hier beträgt der Unterschied bereits ca. 40 %. Außerdem ist in der Verkehrsphase „C" ist die Schädigung pro Jahr kleiner als für einen Hauptträger. Damit ist gezeigt, dass sich Ermüdungsberechnungen auch gegenüber kleineren Änderungen der Eingangswerte sehr empfindlich verhalten können.

Am zuverlässigsten sind Berechnungen, bei denen die Wöhlerlinien unmittelbar ausgewertet werden, dies kann unter Anwendung eines Tabellenkalkulationsprogramms leicht erfolgen. Rechenintensiv sind nur die Ermittlung der Schnittgrößen-Zeit-Verläufe (am besten durch Auswertung der zutreffenden Einflusslinie) und die Auswertung des Schnittgrößen-Zeit-Schriebes nach einem Zählverfahren (Rainflow-Methode, Reservoir-Methode).

Wie die Tabellen in Abschn. 8.8.10 zeigen, darf in den Tabellen für die λ-Werte für Stützweiten *nicht* interpoliert werden. Liegt eine Stützweite zwischen zwei Tabellenwerten, sollte der größere der beiden angrenzenden λ-Werte angesetzt werden, und selbst mit diesem liegt man nicht zwingend auf der sicheren Seite. Sollen für eine rasche Abschätzung Lastmodelle vereinfacht werden, so ist zu bedenken, dass die Spannungs- oder Schnittgrößendifferenzen mit der dritten beziehungsweise fünften Potenz am Zustandekommen der

Schädigung eingehen, die Lastspielzahlen nur linear. Dies erkennt man auch anhand der im Anhang abgelegten EXCEL–BEISPIELE. Daher müssen vorzugsweise die *größten beziehungsweise größeren Spannungs- (Schnittgrößen-) Differenzen* möglichst zuverlässig abgeschätzt werden.

8.10 Analytische und numerische Methoden

Die Empfindlichkeit eines Details gegenüber Ermüdungsversagen hängt maßgeblich von der Kerbwirkung ab. Ist die (ohne Berücksichtigung der Kerbwirkung zu ermittelnde) Nennspannung σ_0 in einem rechteckigen Blech unter der Wirkung einer Normalkraft N bekannt, $\sigma_0 = N/A$, so lassen sich lokale Spannungserhöhungen, beispielsweise durch Bohrungen oder andere geometrische Abweichungen von der Rechteckform durch den Kerbfaktor $K_t \geq 1{,}0$ ermitteln, die maximale, meist eng begrenzt lokal auftretende Kerbspannung ergibt sich zu $\sigma_k = K_t \cdot \sigma_0$. Der Kerbfaktor K_t ist abhängig von der (exakten) Geometrie und von der Einwirkung (Normalkraft, Moment, Querkraft). Da durch die Anwendung des Kerbfaktors K_t die „geometrischen Kerben" erfasst sind, kann die Kerbspannung dem Ermüdungswiderstand des ungekerbten Materials (FAT-Klasse 225 nach [21], das ist der statistisch abgesicherte Ermüdungswiderstand in [N/mm²] von Baustahl bei 2 Mio. Schwingspielen) gegenübergestellt werden, siehe die Nachweisformel Gl. 8.121.

$$\sigma_k \leq 225 \frac{N}{mm^2} \tag{8.121}$$

Kerbfaktoren können in Sonderfällen analytisch ermittelt werden, siehe [22]. In [21]–[23] finden sich weitergehende, praxisnahe Hinweise zur Modellierung, diese können bei einer numerischen Simulation angewandt werden, wenn, wie fast ausnahmslos, eine analytische Lösung des Problems nicht möglich ist. Besonders kritisch sind einspringende Ecken in der Zugzone eines Bauteils unter der Wirkung eines Biegemomentes.

Für die numerische, nicht-analytische Ermittlung der Kerbspannungen steht mit der FEM-Methode ein sehr leistungsfähiges Instrument zur Verfügung. Für die Nachrechnung von historischen Brücken sind diese numerischen Methoden jedoch meist ohne Bedeutung, da für alle Kerbdetails von historischen (genieteten, geschraubten und geschweißten) Brücken statistisch abgesicherte Versuchsergebnisse existieren, die als Widerstände in den Vorschriften angegeben sind und bei Ermüdungsnachweisen und Restlebensdauerberechnungen unmittelbar Verwendung können. Bei geschweißten Sonderdetails, für die es in der Literatur keine Angaben zum Ermüdungswiderstand gibt, kann die FEM-gestützte numerische Ermittlung von Kerbspannungen (als Einwirkung) die experimentelle Ermittlung des Ermüdungswiderstandes ersetzen oder zumindest ergänzen. Die normungswürdige Erarbeitung von Kerbzahlen erfordert neben numerischen Untersuchungen (analytisch oder mittels FEM) die statistische Absicherung durch Versuche.

8.11 Hinweise zur Aussagekraft von Ermüdungs- und Restlebensdauerberechnungen

Da die Nachrechnung eines Bestandstragwerkes auf der Grundlage der jeweils aktuellen Normen erfolgen muss, wird hier eine Bewertung des Ermüdungsverhaltens beziehungsweise der Restlebensdauer nach den folgenden Normen vorgenommen:

- EN 1991-2   Verkehrslasten: Dynamische Beiwerte, Lastmodell 71, Regelzüge, Verkehrsmischungen
- EN 1993-1-9   Sicherheitskonzept und Teilsicherheitsbeiwerte, Nachweisformate, Wöhlerlinien, Kerbfälle
- EN 1993-2   Hinweise zur vereinfachten Nachweisführung nach dem λ-Verfahren
- ÖNORM B 4008-2   Teilsicherheitsbeiwerte, Wöhlerlinien, Kerbfälle, Faktoren $f(\kappa)$ zur Berücksichtigung des Spannungsverhältnisses $\kappa = \frac{\sigma_{min}}{\sigma_{max}}$

Wegen der großen Streuung der experimentell ermittelten Zeitfestigkeitswerte selbst in einfachen Fällen, wegen der außerordentlich großen Abhängigkeit der ertragbaren Lastwechsel von der Spannungsdifferenz (siehe Abb. 8.12) und wegen der Schwierigkeit einer konsistenten Berücksichtigung realitätsnaher (berechneter oder gemessener) Spannungsverläufe (siehe Abschn. 8.8.4.6.2), besitzen zahlenmäßige Aussagen aus Ermüdungsberechnungen beziehungsweise Restlebensdauerberechnungen den Charakter einer Abschätzung beziehungsweise Prognose. Durch das Sicherheitskonzept laut EN 1993-1-9 beziehungsweise ÖNORM B 4008-2 soll jedoch sichergestellt werden, dass die Versagenswahrscheinlichkeit ermüdungsbeanspruchter Bauteile jener unter statischen Beanspruchungen entspricht beziehungsweise diese nicht unterschreitet. Rechnerisch ist der Grenzzustand der Ermüdungsfestigkeit erreicht, wenn die Gesamtschädigung den Grenzwert $D_d = 1,0$ erreicht, in der Realität kann der Bauteil jedoch noch über erhebliche Reserven verfügen.

Ähnliches gilt für Restlebensdauerberechnungen. Diese können auch auf vermeintlich kleine Änderungen der Ausgangssituation (z. B. Achslasten, Zuglängen, Verkehrsmischungen, Geschwindigkeit) außerordentlich empfindlich reagieren.

Es muss aber klar festgehalten werden, dass Restlebensdauerberechnungen *nicht* primär dazu dienen, den Zeitpunkt beginnender Ermüdungsschädigung vorauszusagen, sondern auf objektiver Grundlage

- die Möglichkeit der Weiterverwendung der Brücke zu beurteilen;
- kritische Stellen am Tragwerk zu identifizieren;
- die Notwendigkeit von Sanierungsmaßnahmen technisch und wirtschaftlich zu beurteilen;
- allfällige Verkehrsbeschränkungen (beispielsweise hinsichtlich Achslasten und Geschwindigkeiten, diese vorzugsweise bei Brücken mit Gleisachse im Bogen) festlegen zu können;
- Inspektionsintervalle festzulegen.

Weiterhin wird darauf hingewiesen, dass die Berechnung mit anderen Methoden als den hier gezeigten Methoden (beispielsweise Anwendung der Bruchmechanik statt der Direktberechnung nach Abschn. 8.8.7 oder 8.8.8 oder des λ-Verfahrens nach Abschn. 8.8.9) deutlich unterschiedliche Ergebnisse liefern können, was jedoch nicht auf die Unzulänglichkeit der Vorgangsweise nach EN 1993-1-9 beziehungsweise ÖNORM B 4008-2 zurückzuführen ist, sondern auf den generell groben Näherungscharakter von Ermüdungsberechnungen (und von statistisch ausgewerteten Ermüdungsversuchen) in der Bautechnik. Die Anwendung numerischer Methoden unter Anwendung Finiter Elemente ist allenfalls zu empfehlen für *ungewöhnliche Schweißdetails, für die es in den Normen und in der Literatur keine Kerbfälle gibt,* siehe beispielsweise [24, 25].

Der Schlüssel für eine konsistente Restlebensdauerberechnung ist die wirklichkeitsnahe Ermittlung des in der Vergangenheit über die Brücke gelaufenen Verkehrs sowie eine realistische Prognose des zukünftigen Verkehrs.

Literatur

Nachstehend sind jene Werke angegeben, auf die in Kap. 8 verwiesen wird.

1. [Haibach, 2002] Haibach Erwin: Betriebsfestigkeit: Verfahren und Daten zur Bauteilberechnung. Berlin: Springer 2002.
2. [Radaj, 2007] Radaj Dieter, M. Vormwald M.: Ermüdungsfestigkeit. Berlin: Springer 2007
3. [Fritsch/Pasternak, 1999] Fritsch, Reinhold und H. Pasternak: Stahlbau. Grundlagen und Tragwerke. Braunschweig/Wiesbaden: Vieweg 1999.
4. [Ramberger/Schnaubelt, 1998] Ramberger, Günter und S. Schnaubelt: Stahlbau. Wien: Manz 1998
5. [Aigner, 2011] Aigner, Francesco: Globale Schadensäquivalenzfaktoren für den vereinfachten Ermüdungsnachweis stählerner Eisenbahnbrücken mit beliebigen Verkehrsmischungen. TU Wien, Institut für Tragkonstruktionen/Stahlbau, 2011
6. [Tukhbatullin, 2021] Tukhbatullin, Rinat: EDV-gestützte Ermittlung von Schadensäquivalenzbeiwerten λ für den Ermüdungsnachweis von Eisenbahnbrücken. Diplomarbeit. TU Wien, Institut für Tragkonstruktionen/Stahlbau, 2021
7. [Aurnhammer, 1965] Aurnhammer, Georg: Die Dauerfestigkeitsforschung und Ihre Berücksichtigung im Brückenbau. ETR, Sonderausgabe Brückenbau 1965, S. 15–20
8. [Leonhardt, 1979] Leonhardt, Fritz: Vorlesungen über Massivbau, 6. Teil: Grundlagen des Massivbrückenbaues. Berlin, Heidelberg, New York: Springer, 1979
9. [Sattler, 1975] Sattler, Konrad: Lehrbuch der Statik. Zweiter Band, Teil A. Berlin: Springer 1975
10. [Petersen, 1992] Petersen, Christian: Stahlbau. Braunschweig, Wiesbaden: Vieweg-Verlag, 1992
11. [Seltenhammer] Seltenhammer: Erläuterung zur ÖNORM B 4300, 3. Teil – geschweißte Stahltragwerke, um 1952
12. [Bleich, 1924] Bleich, Friedrich: Theorie und Berechnung der eisernen Brücken. Springer 1924
13. [Stüssi, 1958] Stüssi, Fritz: Grundlagern des Stahlbaues. Springer 1958
14. [Brühwiler/Hirt, 1987] Brühwiler, Eugen und M. A. Hirt: Das Ermüdungsverhalten genieteter Brückenbauteile. Stahlbau 56 (1987), S. 1–8
15. [Herzog, 1975] Herzog, Max: Stahlgewichte moderner Eisenbahn- und Straßenbrücken. Stahlbau 44 (1975), S. 280–282
16. [Weyrauch, Jacob J., 1876] Weyrauch, Jacob J.: Festigkeits- und Dimensionsberechnung der Eisen- und Stahlkonstruktionen mit Rücksicht auf die neueren Versuche. Leipzig: Teubner, 1876
17. [Schächterle, 1933] Schächterle, Karl: Die Bemessung von dynamisch beanspruchten Konstruktionsteilen. Bauingenieur 14 (1933), S. 239–242

18. [Kommerell, 1933] Kommerell, Otto: γ-Verfahren zur Berechnung von Fachwerkstäben und auf Biegung beanspruchten Trägern bei wechselnder Belastung. Bautechnik 11 (1933), S. 114–116
19. [Kommerell, 1934] Kommerell, Otto: γ-Verfahren zur Berücksichtigung wechselnder und schwellender Spannungen bei dynamisch beanspruchten Stahlbauwerken. Bautechnik 12 (1934), S. 25–27 und S. 37–38
20. [Fink, 2019] Fink, Josef: Studienblätter zur Vorlesung Stahlbau 1. TU Wien, Institut für Tragkonstruktionen/Stahlbau, 2019
21. [Hobbacher, 2007] Hobbacher, Adolf: IIW Document IIW-1823-07 ex Xiii-2151r4-07/xv-1254r4-07. Recommendations for Fatigue Design of Welded Joints and Components, International Institute of Welding
22. [Neuber, 2012] Neuber, Heinz: Kerbspannungslehre. Berlin, Heidelberg: Springer-Verlag, 2012
23. [Feldmann et al., 2013] Feldmann, Markus, B. Eichler, B. Boos, J. Henkel und B. Mack: Modellierungsvarianten und Empfehlungen bei der Ermittlung von Struktur- und Kerbspannungen auf Basis Finiter Element-Berechnungen. Stahlbau 82 (2013), S. 289–301
24. [Aigner et al., 2019] Aigner, Francesco, J. Fink und M. Schachinger: Ermittlung von Kerbfunktionen für ein Trogbrücken-Detail nach dem Konzept der effektiven Kerbspannungen. Stahlbau 88 (2019), S. 478–487
25. [Aigner et al., 2021] Aigner, Francesco, J. Fink und P. Takács: Modifizierte Kerbfunktionen für ein Trogbrücken-Detail nach dem Konzept der effektiven Kerbspannungen. Stahlbau 90 (2021), S. 578–588

Straßenbrücken 9

9.1 Vorbemerkung

Für Straßenbrücken wird lediglich ein kurzer Überblick über die Entwicklung der Vorschriften gegeben.

9.2 Zuständigkeiten

Bezüglich der Zuständigkeit und damit der Vorschriften ist zu unterscheiden: Bahnüberbrückungen und Zufahrtsstraßenbrücken, deren Herstellung auf Kosten der Eisenbahnunternehmung erfolgt, waren in den Verordnungen für Eisenbahnbrücken aus den Jahren 1887 (XL. Reichsgesetzblatt vom 30. September 1887) und 1904 (Reichsgesetzblatt Nummer 97 vom 28. August 1904) geregelt. In diesen Verordnungen waren z. B. die Verkehrslasten und die zulässige Inanspruchnahme der Baumaterialien für oben genannte Bauwerke geregelt. Für die übrigen Straßenbrücken waren eigene Vorschriften des für Straßenbrücken zuständigen Ministeriums in Kraft. Die Berechnungsgrundlagen (Einwirkungs- und Widerstandsseite) für Straßenbrücken waren sowohl in der Verordnung für Eisenbahnbrücken aus dem Jahre 1887 und in der Vorschrift über die Herstellung eiserner Straßenbrücken aus dem Jahre 1892 als auch in der Verordnung für

---

Ergänzende Information Die elektronische Version dieses Kapitels enthält Zusatzmaterial, auf das über folgenden Link zugegriffen werden kann https://doi.org/10.1007/978-3-658-35954-6_9.

© Der/die Autor(en), exklusiv lizenziert durch Springer Fachmedien Wiesbaden GmbH, ein Teil von Springer Nature 2022
H. Brunner und F. Aigner, *Eisenbahnbrücken in Österreich 1918–1938*,
https://doi.org/10.1007/978-3-658-35954-6_9

Eisenbahnbrücken aus dem Jahre 1904 und in der Vorschrift über die Herstellung der Straßenbrücken mit eisernen und hölzernen Tragwerken aus dem Jahre 1905 ident.

9.3 Vorschriften, Verordnungen und Normen für Straßenbrücken 1892 bis 1938

1892 erließ das k.k. Ministerium des Innern (Zl. 21817 ex 1892) die Verordnung über die Herstellung eiserner Straßenbrücken. Dabei konnte man auf die Erfahrungen mit der Verordnung für Eisenbahnbrücken aus dem Jahre 1887 aufbauen.
Ein Jahr nach der Verordnung 1904 für Eisenbahnbrücken erschien die „Vorschrift über die Herstellung der Straßenbrücken mit eisernen und hölzernen Tragwerken" (Z. 49.898 ex 1905 des Ministeriums des Inneren). Die darin enthaltenen Angaben über die bei der Berechnung anzusetzende Verkehrslast galt auch für die „Vorschrift über die Herstellung von Tragwerken aus Stampfbeton oder Beton-Eisen bei Straßenbrücken" (genehmigt mit Erlass des k.k. Ministeriums des Innern vom 15. November 1907, Z. 37295). Diese Vorschrift wurde überarbeitet und 1911 neu aufgelegt mit geändertem Titel „Vorschrift vom 15. Juni 1911 über die Herstellung von Tragwerken aus Eisenbeton oder Stampfbeton bei Straßenbrücken" (Erlass Z. 42/30-IXd des Ministeriums für Öffentliche Arbeiten). Zwei Nachträge folgten, der erste vom 15. September 1918 mit einer Korrektur 1919 und der zweite vom 22. Dezember 1920. Der erste Nachtrag basiert auf den Empfehlungen des Österreichischen Ingenieur- und Architektenvereines vom 20. Juni 1918 (siehe Abschn. 3.5.2.2). Das Bundesministerium für Handel und Gewerbe, Industrie und Bauten veröffentlichte 1921 die „Vorschrift über die Herstellung von Tragwerken aus Eisenbeton oder Beton bei Straßenbrücken" (Z. 19.200-IXe von 1921). Darin war die Vorschriftenentwicklung ab 1911 mit den zwischenzeitlich erfolgten Korrekturen zusammengefasst. Noch immer war für die Verkehrsbelastung die Verordnung aus dem Jahre 1905 gültig.
Die Erlässe von 1907, 1911 und 1921 waren zweigeteilt und behandelten getrennt Hochbau und Straßenbrücken.
Im Gegensatz zur Entwicklung des Normenwesens für die Berechnung von Eisenbahnbrücken, die erst nach 1945 begann, erschienen ab 1929 die folgenden Normen für die Berechnung von Straßenbrücken:

B 6201	Straßenbrücken Belastungsannahmen Auflagen 15.06.1929 und 01.10.1936.	
B 6202	Straßenbrücken Allgemeine Berechnungsgrundlagen 15.06.1929	
B 6301	Straßenbrücken Berechnungsgrundlagen für Brücken aus Stahl 15.07.1929	
	Straßenbrücken Berechnungsgrundlagen für Tragwerke aus Stahl 01.04.1931	
	Straßenbrücken Genietete (geschraubte) Stahltragwerke Berechnungsgrundlagen 15.03.1938	
B 6302	Straßenbrücken Beanspruchung von Holz 15.06.1929	
	Straßenbrücken Tragwerke aus Holz 15.10.1936	
B 6303	Beanspruchung des Mauerwerkes Ausgaben 01.06.1930 und 15.11.1936	
B 6304	Gemauerte Straßenbrücken Berechnung und Ausführung 01.07.1937	
	B 6304 war die Ergänzungsnorm für Straßenbrücken zur Reihe B 2300 bis 2303.	
	Unter „gemauerte Brücken" im Sinne dieser Bestimmungen wurden Brücken aus natürlichen oder künstlichen Steinen, aus Beton oder Eisenbeton verstanden.	
B 6401	Straßenbrücken Hauptabmessungen Auflagen 01.06.1929 und 15.05.1937	
B 6402	Feldwegbrücken Breiten und Belastungen 15.09.1936	

Der Übergang von den aus der Zeit der Monarchie stammenden und auch nach 1918 noch weiter entwickelten Verordnungen zum Regelwerk der ÖNORMen ging allmählich vor sich. Im Folgenden wird der Vorschriftenstand des Jahres 1930 angeführt:

- Die „Besonderen Bedingnisse für die Ausführung von Tragwerken aus Beton oder Eisenbeton" aus dem Jahre 1930 (Z. 69.200-2 des Bundesministeriums für Handel und Verkehr) legen unter anderem folgendes fest:
  – Für die Belastung von Straßenbrücken: „Vorschrift über die Herstellung von Straßenbrücken mit eisernen oder hölzernen Tragwerken", Erlass des Ministeriums des Inneren, Z. 49.898-105 aus dem Jahre 1905;
  – Für die Berechnung von Tragwerken aus Beton bei Hochbauten und Straßenbrücken: „Bestimmungen für Beton", ÖNORM B 2300, eingeführt mit Erlass des Bundesministeriums für Handel und Verkehr, Z. 74.000-2-1930

- Für die Berechnung von Tragwerken aus Eisenbeton:
  bei Hochbauten die „Bestimmungen für Eisenbeton", ÖNORM B 2302, eingeführt mit Erlass des Bundesministeriums für Handel und Verkehr Z. 119.055-2-1927;
  bei Straßenbrücken die „Bestimmungen für die Ausführung von Tragwerken aus Eisenbeton bei Straßenbrücken", eingeführt mit Erlass des Bundesministeriums für Handel und Verkehr Z. 80.000-2-1928. Diese Bestimmungen erklären folgende aufgeführte Normen für verbindlich:
  B 2301 „Einheitliche Bezeichnung im Eisenbetonbau"
  B 2302 „Bestimmungen für Eisenbeton", ausgenommen § 17 Ziffer 4 und § 19, die Änderungen gegenüber dem Normtext sind im Erlass angeführt. Die Änderungen betreffen die Lastverteilung bei Radlasten und die zulässigen Spannungen.
  B 2303 „Bestimmungen für Versuche an Probewürfeln und Probebalken bei der Ausführung von Bauwerken aus Beton oder Eisenbeton
  Zur B 3303 „Portlandzement" wird der Hinweis gegeben, dass diese bereits seit 8. Jänner 1927 anerkannt ist.

Außerdem werden die Bestimmungen des ersten Abschnittes „Tragwerke aus Eisenbeton" der „Vorschrift über die Herstellung von Tragwerken aus Eisenbeton oder Beton bei Straßenbrücken" aus 1921 außer Kraft gesetzt, die Bestimmungen des zweiten Abschnittes „Tragwerke aus Beton" bleiben bis auf weiteres in Kraft.

Bemerkung: bis auf weiteres bedeutete 1928 das Jahr 1930, in dem ÖNORM B 2300 eingeführt wurde.

Angekündigt wird die Umarbeitung der „Besonderen Bedingnisse für Beton- und Eisenbetonarbeiten" aus dem Jahre 1920.

Literatur

Zeitschriften

Beton und Eisen Internationales Organ für Betonbau, Berlin
Verkehrswirtschaftliche Rundschau Monatsschrift für das gesamte Verkehrswesen, Wien
Österreichische Eisenbahn-Zeitung, Wien
Die Lokomotive Illustrierte Monats-Fachzeitung für Eisenbahn-Techniker, Wien
Stahlbau Rundschau, Zeitschrift des Österreichischen Stahlbauverbandes, Wien
Zeitschrift des Österreichischen Ingenieur- und Architekten-Vereines, Wien
Aviso Nr. 2/2000 80 Jahre Österreichisches Normungsinstitut, Wien
Der Bauingenieur, Berlin
Österreichische Monatsschrift bzw. Wochenschrift für den öffentlichen Baudienst, Wien
Die Baunormung Mitteilungen des deutschen Normenausschusses, Berlin
H. Heless Güterwagen-Correspondenz Artikelserie BBÖ Güterwagen-Austauschbau ab 1928 (N28)
Brückmann: Wirtschaftliche Eisenbahnbrücken mit Hilfe neuer idealer Regellastenzüge und neuer Verfahren zur Ermittlung der Belastbarkeit vorhandener Brücken, Eisenbahntechnische Rundschau, Sonderausgabe 4, Juli 1954
Stier: Gedanken zur Entwicklung der neuen Vorschrift für Eisenbahnbrücken und sonstige Ingenieurbauwerke (DS 804 der Deutschen Bundesbahn), Der Stahlbau, August 1981, Heft 8

Bücher

Joseph Melan Der Brückenbau, Franz Deuticke, Leipzig und Wien
H.Griebl, J. O. Slezak, H. Sternhart: BBÖ. Lokomotiv-Chronik 1923–1938, J.O. Slezak, Wien
Die Eisenbahnen in Österreich Offizielles Jubiläumsbuch zum 150jährigen Bestehen, Bohmann, Wien

Alfred Horn Eisenbahnbilderalbum, diverse Bände, Bohmann Verlag, Wien

H. Freihsl Bahn ohne Hoffnung, Wien

Elektrisierung der ÖBB Siemens Schuckert

Junk-Herzka Der Bauratgeber, Julius Springer, Wien

Vorträge aus dem Oberbau für die Bahnmeisterschulen der k.k. österreichischen Staatsbahnen K.k. Staatsbahndirektion Pilsen

Information Oberbau der ÖBB, Ausgabe 1974

K.Göbl Internationale und technische Vereinbarungen über Zulassung fremder Fahrzeuge und über Fahrzeugbauart, Strecke und Betrieb ÖBB-Lehrbehelf Nr. 79

Internationaler Güterwagenverband Übereinkommen für die gegenseitige Benutzung von Güterwagen im internationalen Verkehr (R.I.V.), Ausgabe Perugia

Liberalisierung und Harmonisierung der Eisenbahnen in Europa Edition ETR Hestra-Verlag Wiesbaden

F. Fingerloos Historische technische Regelwerke für den Beton-, Stahlbeton- und Spannbetonbau Ernst & Sohn, Berlin

A. Fischbach Das Lastbild KO für die Berechnung von Eisenbahnbrücken, unveröffentlicht

A.Taras, R.Greiner Statische Festigkeit und Ermüdungsfestigkeit genieteter Bauteile – Auswertung der Versuchsdaten und Bemessungsvorschläge, Technische Universität Graz, Institut für Stahlbau und Flächentragwerke, 2007, einschließlich dazugehöriger Berichte

Marek Pavel, Gustar Milan und Bathon Leander Tragwerksbemessung von deterministischen zu probabilistischen Verfahren Academia Praha 1998

Spaethe Gerhard Die Sicherheit tragender Baukonstruktionen Springer-Verlag Wien New York

Schneider Jörg Sicherheit und Zuverlässigkeit im Bauwesen Grundwissen für Ingenieure Verlag der Fachvereine Zürich, B.G. Teubner Stuttgart

Petersen Christian Stahlbau Grundlagen der Berechnung und baulichen Ausbildung von Stahlbauten Friedr. Vieweg & Sohn Braunschweig/Wiesbaden

Werner Frank Joachim Seidel Der Eisenbau Vom Werdegang einer Bauweise Verlag für Bauwesen Berlin München

Pottgießer Hans Eisenbahnbrücken aus zwei Jahrhunderten Birkhäuser Verlag Basel Boston Stuttgart

Hirt Manfred, Bez Rolf Stahlbau Grundbegriffe und Bemessungsverfahren Ernst & Sohn Berlin

Abschn. 8 hat ein eigenes Literaturverzeichnis, dieses ist am Abschnittsende eingefügt.

Internet

www.era.europa.eu
www.cit-rail.org
www.otif.org

MIX
Papier aus verantwortungsvollen Quellen
Paper from responsible sources
FSC® C105338

If you have any concerns about our products,
you can contact us on
ProductSafety@springernature.com

In case Publisher is established outside the EU,
the EU authorized representative is:
**Springer Nature Customer Service Center GmbH
Europaplatz 3, 69115 Heidelberg, Germany**

Printed by Libri Plureos GmbH
in Hamburg, Germany